Bernd Schmitt

# Freunde, Fans und Follower

Bernd Schmitt

# Freunde, Fans und Follower

**Das große Social-Media-Handbuch für alle Unternehmen, die das Maximum aus ihren Auftritten herausholen wollen**

- Facebook, Twitter, Snapchat & Co.: So funktionieren die wichtigsten Plattformen
- Planen, steuern, messen: Tools für die perfekte Social-Media-Strategie
- Shitstorms, Trolle, Abmahnungen: Krisensituationen erfolgreich meistern

Bibliografische Information der Deutschen Bibliothek

Die Deutsche Bibliothek verzeichnet diese Publikation in der Deutschen Nationalbibliografie; detaillierte Daten sind im Internet über http://dnb.ddb.de abrufbar.

© 2017 Franzis Verlag GmbH, 85540 Haar bei München

**Satz:** DTP-Satz A. Kugge, München
**art & design:** www.ideehoch2.de
**Druck:** M.P. Media-Print Informationstechnologie GmbH, 33100 Paderborn
Printed in Germany

ISBN 978-3-645-60540-3

# Vorwort

Ich war gerade auf dem Weg ins Theater, als mich mein Verlag anrief: »Ob mein neues Buch einen roten Faden hätte?«

Gleich nach der Vorstellung hatte ich die Antwort parat: Die Social-Media-Welt ist ein großes Theater. Alle möchten Applaus, und schlimmer als der Tumult ist es, nicht beachtet zu werden.

# Inhaltsverzeichnis

# 1  Idee und Inspiration

Nehmen Sie Platz.

Im ersten Abschnitt dieses Buchs erwartet Sie:

Nichts Technisches. Nichts Praktisches. Kein Tutorial.

Im Mittelpunkt steht das Theater selbst, das große Ganze! Lassen Sie sich bezaubern.

Finden Sie Ihre Inspiration.

Werden Sie ein bisschen wahnsinnig – und wieder nüchtern. Gönnen Sie sich für den Sprung auf die Bühne eine Anlaufstrecke.

## 1.1  Das Theater

Was unterscheidet den Menschen von allen anderen Lebewesen? Die Fähigkeit zum Schauspiel. Wo finden Schauspieler und Publikum zusammen? Im Theater. Seine andauernde Popularität verdankt das Theater wie keine andere Institution der Fähigkeit zum Wandel. Ganz grob lassen sich drei Epochen unterscheiden:

1. Das klassische Theater.

2. Das moderne Theater.

3. Das Social-Media-Theater.

### 1.1.1  Das klassische Theater

Im Athen der Antike war das Theater so beliebt, weil die Inszenierungen sehr genau widerspiegelten, was die Menschen im Stadtstaat bewegte: Liebe und Krieg, Triumphe und Niederlagen, Schicksale und Entscheidungen. Als Höhepunkt der Saison galten die Tragödien- und Komödienwettbewerbe, die in jedem Frühjahr zu Ehren des Dionysos ausgetragen wurden, des Gottes des Rauschs und der ungezügelten Ausschweifungen. Dieses Spektakel durfte sich keine Bürgerin und kein Bürger entgehen lassen. Höchstes öffentliches Ansehen genossen die Stückeschreiber, Regisseure und Schauspieler. Inspiriert wurden sie von den neun Musen, allesamt Töchter des Göttervaters Zeus und seiner Gespielin Mnemosyne. Sie werden diese Damen, die bis heute weder an Anmut noch an Bedeutung verloren haben, in diesem Buch noch näher kennen- und schätzen lernen.

## 1.1.2 Das moderne Theater

Dem Niedergang der griechischen Kultur und des römischen Imperiums folgte das finstere Mittelalter; die Schauspielkunst verlor für fast ein Jahrtausend an Bedeutung. Mit der Epoche der Renaissance, der Wiedergeburt der Ideen der Antike, begann dann der lange und stetige Aufstieg des modernen Theaters. Es wurde gespielt und zensiert, gestritten und randaliert, geliebt und politisiert. Dramatiker wie Shakespeare, Molière und Brecht brachten das Blut in Wallung und die Emotionen zum Kochen. Noch im vergangenen Jahrhundert, insbesondere in den 20er- und 60er-Jahren, galt das Theater gar als subversiv.

Nun sind die Spielstätten ja immer noch in Betrieb, und ihre Existenzberechtigung soll nicht angefochten werden, aber welche gesellschaftliche Relevanz kommt ihnen zu? Subversiv sind sie schon lange nicht mehr. Im Theater von heute sitzt – bedauerlicherweise – nur ein verschwindend geringer Teil der Bevölkerung. Und wozu erdreistet sich dieser bildungsbürgerliche Rest in der Pause oder gar heimlich, still und leise während der Vorstellung? Sie haben es erraten: Das Publikum widmet seine Aufmerksamkeit dem Smartphone. Es treibt sich auf Facebook, Twitter und Instagram herum. Was gibt es da zu sehen, etwa auch Schauspieler?

## 1.1.3 Das Social-Media-Theater

Ja, Schauspieler sind dort auch zu sehen. Allerdings wurde die klassische Form des Theaters aufgehoben – die Anordnung, die den Schauspielern einen Platz auf der Bühne garantiert und die Zuschauer auf die Ränge verbannt.

### Bühne ohne Barriere

Im Social-Media-Theater fehlt die Barriere zwischen Bühne und Saal. Auf den Brettern spielen alle wild durcheinander und buhlen gleichzeitig um Aufmerksamkeit. Gesehen und gehört wird allerdings nur, wer den Nerv der Zuschauer trifft – ihre Wünsche, Ängste und Bedürfnisse.

### Eine Bühne ist kein Konferenzraum

Eine Bühne ist weder Konferenzraum oder Auskunftsbüro noch Ort zur Verkündigung von Presseerklärungen. Links liegen lässt das vergnügungssüchtige Publikum alles, was auch nur im Verdacht steht, Langeweile zu verbreiten. Nur sehr spärliche Aufmerksamkeit erhalten die Neulinge. Gnadenlos unter geht jede Premiere, die nicht mit Emotionen und Geschichten begeistern kann – und sei es mit der Auslösung eines Skandals.

## 1.1.4 Die großen Skandale

Schon immer waren in der Welt des Theaters zwei Gruppen von Akteuren am Werk:

1. **Die Professionellen:** Sie erfüllen die Erwartungen, und das Publikum spendet ihnen dafür den verdienten Applaus.

2. **Die Besessenen**: Die Bühnenluft ist ihr Sauerstoff. Ohne ihn gehen sie elendig zugrunde. Sie erfüllen die Erwartungen nicht. Die Reaktionen des Publikums reichen von der völligen Missachtung über den tosenden Applaus bis zum schweren Tumult. Zu dieser Gruppe zählen ebenso Schauspieler wie Regisseure. Immer gut für einen Skandal war ein gewisser Herr Friedrich Schiller.

**Bild 1.1:** Er war für jeden Skandal zu haben: Friedrich Schiller.

Gerade einmal 22 Lenze zählte der »Feuerkopf«, als sein erstes Stück »Die Räuber« am 13. Januar 1782 im Mannheimer Nationaltheater uraufgeführt wurde. Über die Reaktionen des Publikums berichtet ein Augenzeuge:

*»Das Theater glich einem Irrenhause, rollende Augen, geballte Fäuste, stampfende Füße, heisere Aufschreie im Zuschauerraum. Fremde Menschen fielen einander schluchzend in die Arme, Frauen wankten, einer Ohnmacht nahe, zur Türe. Es war eine allgemeine Auflösung wie im Chaos, aus dessen Nebeln eine neue Schöpfung heranbricht.«*

Schiller selbst beobachtete die ausverkaufte Premiere inkognito in einer Loge, denn er war zu dieser Zeit als Regimentsarzt beim Militär verpflichtet und ohne Erlaubnis seines Dienstherrn von Stuttgart nach Mannheim gereist. Für seinen Bühnenerfolg musste er schwer bluten. Der Dichter bekam nämlich nicht nur vierzehn Tage Arrest aufgebrummt, sondern wurde auch noch – weit schlimmer für einen Kreativen – mit einem Schreibverbot belegt.

Doch von seiner Leidenschaft ließ er sich nicht abhalten. Schiller büxte aus, reiste unter falschem Namen umher und arbeitete besessen an den nächsten Werken. Unterdessen sorgten »Die Räuber« für weitere Skandale an den deutschen Bühnen. Das Drama wurde entweder völlig verboten oder durch zensorische Eingriffe abgemildert – aus politischen Gründen, aus moralischen Gründen oder um Schiller als Dichter in Misskredit zu bringen. Hart traf den jungen Rebellen die Absage des Mannheimer Theaters, hatte er sich doch dort nach dem Triumph seines Stücks eine feste Anstellung erträumt. Doch trotz aller Skandale konnte Schiller immer auf die Treue seines Publikums zählen. Sie ahnen, wo in unserer Zeit Stars geboren werden und wo sich die großen Gefühlsausbrüche ereignen? Sicher nicht in den Stadt- und Kreistheatern, denn das Publikum dort weiß sich zu benehmen.

### Adrenalinausschüttung

Seit Schiller vom Provokateur zum Klassiker mutiert ist, stiftet die Aufführung seiner Werke keine Unruhe mehr im Saal. Die Arbeit des Sicherheitspersonals beschränkt sich darauf, vor dem Heben des Vorhangs den ordnungsgemäßen Zustand der Feuerlöscher zu kontrollieren. Ganz andere Zustände herrschen dagegen auf den Social-Media-Bühnen. Hier hegen die Zuschauer noch große Erwartungen, und hier fallen Emotionen auf fruchtbaren Boden – mit den entsprechenden Folgen einer Adrenalinausschüttung:

Die Augen rollen, die Fäuste ballen sich, und die Füße stampfen. Das Publikum erlebt ein Wechselbad von Enthusiasmus, Verzweiflung und Erlösung. Kurz gesagt: Auf Facebook, Twitter, YouTube und Instagram herrscht ein Chaos wie zu Schillers Zeiten. Das Theater in seiner Form als Irrenhaus hat dort eine würdige Heimstätte gefunden.

## 1.2   Das Publikum

Was erwarten die Zuschauer im Social-Media-Theater? Dasselbe wie in jedem anderen Theater:

- Sie möchten unterhalten werden.

- Sie möchten als Mensch angesprochen und in der Seele berührt werden.

- Sie möchten sich mit all ihren Wünschen, Ängsten und Hoffnungen verstanden fühlen.

- In mancherlei Hinsicht unterscheiden sich die Theaterbesucher nicht von den Staatsbürgern, den Wählern. Allerdings stehen die Damen und Herren Politiker vor einem gewaltigen Dilemma:

- Gewählt werden sie nur, wenn sie vor dem Urnengang mit großen Versprechungen locken.

- Die Wähler erwarten, dass die Versprechungen hinterher auch eingehalten werden.

Wird nach den Wahlen irgendein Kuchen nicht gebacken oder ungerecht verteilt, hagelt es heftige Kritik von denen, die sich übergangen fühlen. Ob Autofahrer, Radfahrer, Skifahrer, Millionäre oder Habenichtse, irgendeine Gruppe meckert immer. Zum Glück gelten in der Welt des Theaters ganz andere Regeln. Nicht jeder geweckte Wunsch muss sich an der harten Realität messen lassen; von den Zuschauern bewertet wird alleine die gelungene Inszenierung. Kurzum: Ein Theater ist kein Parlament, sondern ein Ort für die Präsentation von Träumen und Sehnsüchten. Im Theater ist Platz für die Utopie.

---

**Gut leben in der Utopie**

Der Begriff »Utopie« entstammt dem Griechischen und lässt sich wörtlich mit »Nicht-Ort« übersetzen oder ein bisschen moderner mit »künstliche Welt«. Namensgebend ist der 1516 veröffentlichte Roman Utopia, verfasst vom Diplomaten und Schriftsteller Thomas Morus. Das unterhaltsame Buch – es beschreibt das gute Leben auf einer fiktiven Insel – enthält eine Fülle von Anspielungen auf die britische Gesellschaft. Tragischerweise wurde Thomas Morus 1535 enthauptet, allerdings nicht wegen seines Romans, sondern aufgrund gravierender Meinungsverschiedenheiten mit König Heinrich VIII. von England, Sie wissen schon, der mit den sechs Ehefrauen.

---

### Glanz und Gloria

Seit zweieinhalbtausend Jahren stellt das Publikum höchste Ansprüche an die Beschaffenheit eines Theaters. Es bevorzugt Orte voller Glanz und Gloria wie das Dionysostheater in Athen, die Arena von Verona und das Wiener Burgtheater. Die legendären Spielstätten glänzten bzw. glänzen nicht nur durch ein exzellentes Programm, sie tun sich auch durch modernste Technik und ein gewaltiges Fassungsvermögen hervor. Letzteres ist wichtig, damit man auch als Zuschauer ein Stück weit in das Licht der Öffentlichkeit tritt, um nicht nur zu sehen, sondern auch gesehen zu werden.

In der Social-Media-Welt vorzüglich flanieren lässt es sich auf Facebook, Twitter, YouTube und Instagram. Hier, wo so viele beisammen sind, kommen die Flaneure auf ihre Kosten. Ihre Likes werden beachtet, ihre Kommentare goutiert oder missbilligt.

In Stein gemeißelt ist in der Welt des Theaters allerdings nichts, und auch ihr Zentrum verschiebt sich von Zeit zu Zeit. Die New Yorker Metropolitan Opera hat das Dionysostheater als weltweit wichtigste Spielstätte abgelöst. Die Hamburger Elbphilharmonie, vollendet nach zehn Jahren Bauzeit, zieht manchen Zuschauer in den Bann, der früher zu den großen Aufführungen nach Wien oder Verona reiste.

Gleiches gilt, bei einer viel höheren Dynamik, für die digitale Welt. Instagram, Pinterest, WhatsApp und Snapchat benötigten kein Jahrzehnt, um den etablierten Bühnen Zuschauer abzujagen. Der Kampf um die Gunst des Publikums wird täglich neu ausgefochten, vorzugsweise im Genre der leichten Muse, der Unterhaltung.

## 1.2.1 Entertainment bitte

Stellen Sie sich folgende Situation in Ihrem Stadt- oder Kreistheater vor: Während sich das versammelte Publikum gerade für ein Lustspiel begeistert, rennt ein aufdringlicher Marktschreier auf die Bühne und preist dem Publikum seine Ware an. Dieses Szenario klingt reichlich absurd und wenig Erfolg versprechend, oder? Und doch, auf den Social-Media-Bühnen versuchen sich immer wieder Unternehmen mit der Holzhammermethode.

Von den Zuschauern wird so ein Marktschreier als jemand wahrgenommen, der mit dem eigentlichen Geschehen überhaupt nichts zu tun hat. Er macht sich beliebt wie ein Besucher, der während der Aufführung ins Telefon brüllt. Gleichermaßen beim Publikum in Ungnade fallen Störenfriede, die unversehens dazu auffordern, eine Reise oder einen Kurs zu buchen, einer Initiative beizutreten oder etwas zu spenden.

Kommen Sie also nicht auf die Idee, sofort und ständig Ihre Produkte zu bewerben, sondern halten Sie es wie ein guter Stückeschreiber: Versetzen Sie sich in die Perspektive und die Gefühlswelt des Publikums. Arbeiten Sie an einer guten Story und verbannen Sie den Kommerz ins Rahmenprogramm. Ihr erstes Ziel ist nicht die Produktpräsentation und schon gar nicht der Verkauf. Ihr erstes Ziel ist es, das Brot des Künstlers zu erheischen: den Applaus.

## 1.2.2 Applaus und Zugabe

Den Nerv des Publikums haben Sie erst getroffen, wenn Applaus erklingt. Den gibt es in unterschiedlichen Formen:

- **Stufe 1**: Höfliches Klatschen. Sie erhalten Likes.
- **Stufe 2**: Ordentlicher Applaus. Sie erhalten positive Kommentare.
- **Stufe 3**: Starker Applaus. Das Publikum teilt freudig Ihre Postings, Tweets, Videos, Pins und Blogbeiträge.
- **Stufe 4**: Zugabe-Rufe. Sie gewinnen neue Freunde, Fans und Follower.

## 1.2.3 Buhrufe und Saalflucht

Auch darauf müssen Sie im Theater vorbereitet sein: Buhrufe und Saalflucht. Stellen Sie sich darauf ein, um im Falle des Falles nicht in Panik zu geraten:

- **Stufe 1**: Leichte Buhrufe. Keine Reaktionen auf Ihre Darbietungen.
- **Stufe 2**: Starkes Buhen. Negative Reaktionen in Form von Beschimpfungen und Beleidigungen.
- **Stufe 3**: Saalflucht. Negative Reaktionen in Form von Entfolgen, Stummschalten und Blocken.
- **Stufe 4**: Tumult. Sie werden bedroht oder beim Bühnenbetreiber gemeldet.

Am besten treten Sie gar nicht erst in ein Fettnäpfchen. Verbreiten Sie keine Humorlosigkeit, Trägheit oder Inkompetenz. Das Publikum erwartet keine Ankündigungen und amtlichen Verlautbarungen, sondern kompetente und verständliche Reaktionen. Insbesondere auf Twitter empfiehlt es sich nicht, Fragesteller lange warten zu lassen und mit Allgemeinplätzen zu vertrösten – wie im folgenden Beispiel (Screenshot vom November 2016):

**Bild 1.2:** paydirekt veräppelt den Fragesteller.

Gründlich vergeigt hat es der Zahlungsdienstleister paydirekt im obigen Twitter-Dialog mit der Sparkasse. Die Frage der Sparkasse war ganz locker und mit Sprachwitz eingeleitet: »Kann paydirekt hier vielleicht direkt weiterhelfen?«

Einen halben Tag später trödelte die hilf- und humorlose Antwort ein: »Kurzfristig nicht, aber wir erkundigen uns noch mal bzgl. der Planungen.«

Der Dialog klingt nach einer Szene aus dem Stück »Warten auf Godot« von Samuel Beckett, dem Meister des absurden Theaters. Die Botschaft: Das Unternehmen hat keine Zeit, keine Ahnung und keine Lust.

Souveräner reagierte der Lebensmittelhändler Aldi Süd auf seinem Unternehmensblog auf die Nachfrage eines kritischen Verbrauchers zu Fair-Trade-Produkten.

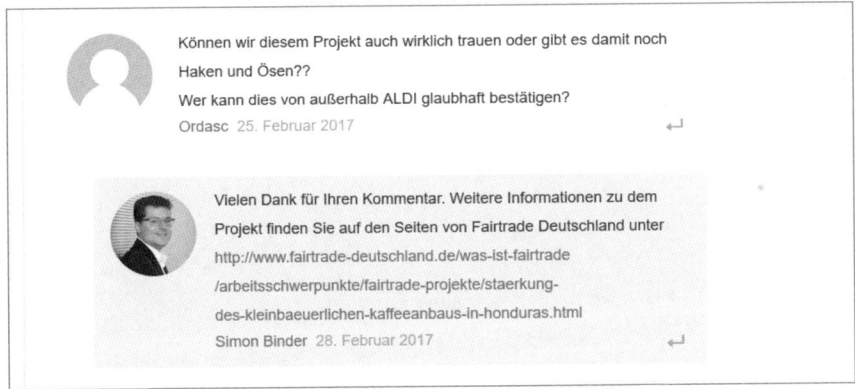

**Bild 1.3:** Aldi geht im Unternehmensblog auf eine kritische Frage ein.

Die Frage im Wortlaut: »Können wir diesem Projekt auch wirklich trauen oder gibt es damit noch Haken und Ösen?? Wer kann dies außerhalb von Aldi glaubhaft bestätigen?«

Die Antwort von Aldi: »Vielen Dank für Ihren Kommentar. Weitere Informationen zu dem Projekt finden Sie auf den Seiten von Fairtrade Deutschland«, gefolgt vom passenden Link.

Noch einmal zum Vergleich:

- paydirekt erkundigte sich.
- Aldi löste das Problem. Präsentiert wurde der zur Frage passende Link – zu einer glaubhaften Autorität außerhalb des Konzerns.

Punktabzug gibt es für Aldi allerdings bei der Reaktionszeit. Ganze drei Tage hat das Unternehmen den Fragesteller warten lassen.

## 1.2.4 Schubladendenken

Sie kennen vielleicht die Szene aus dem Film »Blues Brothers«, in der sich die Band einen Auftritt in einer Trucker-Kneipe erschwindelt hat. Schon bei den ersten Takten reagiert das Publikum mit Buhrufen, und es dauert nicht lange, bis die ersten Flaschen auf die Bühne fliegen. Was den Zorn erregte: Die Musik passte nicht in die Schublade Country & Western. Ein Publikum strömt nicht ohne bestimmte Erwartungen zusammen, nicht einmal ein Theaterpublikum, das sich selbst als vielseitig und weltoffen versteht.

Wer sich auf ein flottes Musical oder eine nette kleine Operette eingestellt hat, möchte nun mal nicht mit einer schweren griechischen Tragödie konfrontiert werden. Da spielt es dann auch keine Rolle mehr, mit welchem Können und welcher Leidenschaft die Schauspieler auftreten; mit dem Heben des Vorhangs steht das Ensemble schon auf verlorenem Posten. Im schlimmsten Fall steckt ein enttäuschter Nörgler seine Sitznachbarn an, worauf sich die halbe Reihe zum Ausgang bewegt. Schließlich lichtet sich der Saal, und die Unzufriedenen sammeln sich am Kassenschalter – um das Eintrittsgeld zurückzufordern.

Für einen gelungenen Auftritt muss alles perfekt aufeinander abgestimmt sein:

- Die Sparte.
- Das Genre.
- Die Rollen.

## 1.3 Sparten, Genres und Rollen

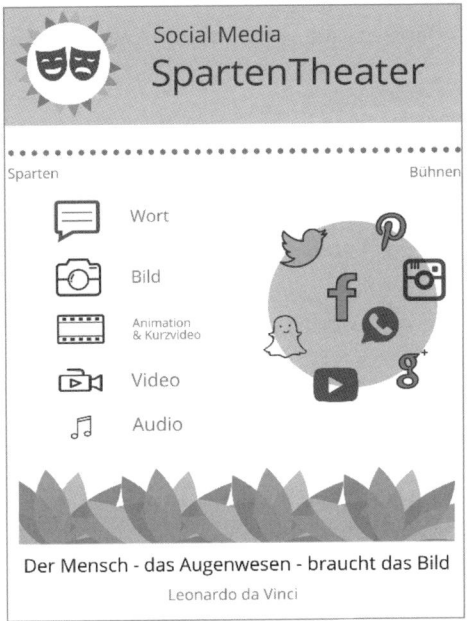

Je größer das Haus, desto vielfältiger das Angebot. Im stationären Theater werden diese fünf Sparten unterschieden:

- **Sparte Schauspiel**: Die überwiegend gesprochene Darbietung.

- **Sparte Oper**: Die grandiose Mischung aus Musik, Drama, Kulissen, Kostümen, Effekten und Überraschungen. Alles, was die Bühnenkunst zu bieten hat, findet in der Oper Platz.

- **Sparte Operette**: Die kleine und heitere Form der Oper.

- **Sparte Musical**: Eine moderne Form der Operette, bei der Musik und Tanz im Vordergrund stehen.

- **Sparte Ballett**: Der künstlerische Tanz.

Sie sehen schon: Das One-and-only-Theater gibt es gar nicht, in Wirklichkeit handelt es sich um eine gemeinsame Spielstätte unterschiedlicher Sparten.

### 1.3.1 Social-Media-Sparten

Die fünf Sparten des Social-Media-Theaters:

- **Sparte Wort**: Der pure Text.

- **Sparte Bild**: Unbearbeitete und bearbeitete Fotografien, Bildmanipulationen und Grafiken.

- **Sparte Animation**: Bewegte Bilder in ihrer einfachsten Form, der GIF-Animation.

- **Sparte Video**: Kleine und große Videofilme.

- **Sparte Audio**: Angebote zum Hören, die nicht mit bewegten Bildern hinterlegt sind.

Die Tabelle zeigt die Verbreitung der Sparten auf den wichtigsten Bühnen:

|  | Wort | Bild | Animation | Video/Audio |
|---|---|---|---|---|
| Facebook | *** | *** | * | ** |
| Twitter | *** | * | ** | * |
| YouTube | - | - | * | *** |
| Google Plus | *** | ** | * | * |
| Instagram | - | *** | * | * |
| Pinterest | - | *** | * | * |
| WhatsApp | *** | * | * | * |
| Snapchat | - | *** | * | *** |

- Sparte ist nicht oder fast nicht vertreten.

* Sparte ist schwach vertreten.

** Sparte ist durchschnittlich vertreten.

*** Sparte ist überdurchschnittlich vertreten.

Twitter ist die perfekte Bühne für die Meister der kurzen und prägnanten Texte, also für Rapper, Aphoristiker und Dadaisten. Besonders schlagfertige Twitterer verzichten auf einen Fundus an Texten und feuern ihre Wortsalven wie ein Stand-up-Comedian ab. Keinen Platz auf Twitter haben dagegen die großen Erzähler. Ihre langen Texte sind bei Facebook oder in einem Blog besser aufgehoben.

Bildbotschaften sind das Markenzeichen von Instagram, Pinterest und Snapchat. Einen immer größeren Anteil nehmen dabei die Animationen ein, kurze Bewegtbildsequenzen im GIF-Format.

Videokünstler schätzen YouTube als Heimatbühne, wo sie viel Zeit und Arbeit in den Aufbau und die Pflege des eigenen Channels stecken. Doch auch auf Facebook und Instagram wächst der Videoanteil.

Sie könnten die ketzerische Frage stellen, ob dieses ganze Schubladendenken nicht überholt sei. Schließlich stört sich ja heute niemand mehr daran, wenn die Einstürzenden Neubauten ein Konzert in der Elbphilharmonie geben oder ein Boulevardschauspieler eine Hauptrolle in einem klassischen Drama besetzt. Allerdings gilt auch in der Theaterwelt das Promi-Prinzip. Wer über einen hohen Bekanntheitsgrad verfügt und deshalb überall ein Publikum generiert, darf auf alle Grenzen pfeifen; wer nicht, der nicht.

Sie oder Ihr Unternehmen sind noch nicht wirklich prominent, möchten es aber gerne werden? Dann ist es klüger, den ersten Applaus im schützenden Biotop einzuheimsen und den Horizont später zu erweitern. Doch welches Biotop ist das richtige? Ein Opernsänger bringt seine Kunst mit der Unterstützung eines großen Orchesters zur Vollendung, ein Liedermacher würde von der massiven instrumentalen Begleitung erschlagen. Falls Sie sich nicht entscheiden können: Beginnen Sie auf Facebook.

### Facebook als Heimatbühne

Facebook eignet sich für eine Reihe von Sparten als geeigneter Nährboden. Die Gründe:

- Ob Text, Bild, Animation oder Video, alles lässt sich platzieren.

- Das Publikum ist schon da. Auf Facebook fehlt keine Zielgruppe.

- Es ist vergleichsweise einfach, einen Grundstock an Freunden für ein Facebook-Profil aufzubauen. Mit ein paar Tricks – Sie werden sie in diesem Buch noch kennenlernen – gelingt auch der Aufbau einer kritischen Masse an Fans für die Facebook-Seite.

- Es ist auf Facebook üblich, die Anhängerschaft auf andere Bühnen mitzunehmen. Häufige Ziele sind eigene Präsenzen auf Instagram und Snapchat. Außerdem ist Facebook gut geeignet, um zusätzlichen Traffic für die eigene Website zu generieren.

Der Nachteil dieser Riesenbühne ist allerdings, dass man sich im Gewirr der Möglichkeiten leicht verlaufen kann. Den Überblick behalten Sie auf Facebook und anderen Bühnen durch die Sortierung der Stücke nach unterschiedlichen Genres.

## 1.3.2 Social-Media-Genres

Die Stücke, die auf den Social-Media-Bühnen gespielt werden, lassen sich in vier Genres einsortieren:

- Unterhaltung.

- Tutorials.

- Werbung.

- Ideelles.

Die Tabelle zeigt die Präsenz der Genres auf den wichtigsten Bühnen.

| | Unterhaltung | Tutorials | Werbung | Ideelles |
|---|---|---|---|---|
| Facebook | *** | ** | *** | *** |
| Twitter | *** | * | * | ** |
| YouTube | *** | *** | *** | ** |
| Google Plus | * | *** | - | * |
| Instagram | *** | - | *** | * |

|  | Unterhaltung | Tutorials | Werbung | Ideelles |
|---|---|---|---|---|
| Pinterest | *** | * | *** | - |
| WhatsApp | *** | - | * | - |
| Snapchat | *** | - | * | - |

- Genre ist nicht oder fast nicht vertreten.

* Genre ist schwach vertreten.

** Genre ist durchschnittlich vertreten.

*** Genre ist überdurchschnittlich vertreten.

## Unterhaltung

Haben Sie sich eigentlich schon mal gefragt, welche Menschen den größten Teil des Social-Media-Traffics verursachen? Besonders wichtig sind drei Gruppen, die sich auch überschneiden können:

- **Berufstätige**: Viele Berufstätige werden von ihrem Arbeitgeber dazu verdonnert, täglich von 9 bis 17 Uhr an einem Bildschirm zu sitzen, egal ob irgendeine konkrete Arbeit vorliegt oder nicht. Wenn die Stunden bis zum Feierabend lang werden, tut Abwechslung not. Was machen die Berufstätigen dann? Sie beschäftigen sich mit lustigen Sprüchen, Bildern und Videos.

- **Schüler und Studenten**: Schüler und Studenten sind entweder auf der Suche nach schnellen Lösungen für ihre Hausaufgaben, oder sie sind einfach nur gelangweilt. Wenn sie gelangweilt sind, suchen sie nach Abwechslung durch Action oder Unterhaltung.

- **Pendler aller Art**: Pendler sind morgens müde und am Abend gestresst. Bahnpendler hängen während der gesamten Fahrt am Handy. Alle Pendler haben eines gemeinsam: Sie ertragen ausschließlich leichte Unterhaltung.

**Fazit**: Mit gut aufbereiteter Unterhaltung findet jede Social-Media-Präsenz ein Publikum.

## Tutorials

Die Technik sollte ja dazu dienen, das Leben der Menschen zu vereinfachen, und in vielen Bereichen ist das auch gelungen. Der beste Beweis sind Sie selbst, liebe Leserin und lieber Leser. Ihre Urgroßväter und Urgroßmütter hatten nämlich gar keine Zeit, dicke Bücher zu wälzen. Falls sie nicht gerade von adeliger Herkunft waren, rackerten sie sich in der Landwirtschaft ab oder absolvierten einen harten Zehnstundenarbeitstag in einer Fabrik. Der Fortschritt hat aber zwei Seiten. Mit dem Einzug der modernen Technik befreite sich der Mensch zwar vom Joch der harten körperlichen Arbeit, doch der Alltag wurde komplizierter.

Unsere Vorfahren hatten ihr überschaubares Arbeitsmaterial noch unter Kontrolle, sie schärften den Pflug und spitzten den Bleistift selbst. Der heutige Mensch ist ein Sklave der Technik, und der zu zollende Tribut wird immer höher. Die Lage:

- Die Welt ist voller Schalter und Knöpfe.
- Knöpfe sind wie Köpfe – einer Hydra. Für jeden abgeschlagenen wachsen drei neue nach.
- Die technischen Funktionen werden immer umfangreicher, die Bezeichnungen immer wirrer.
- Das mühsam angeeignete technische Wissen wird in immer kürzeren Zeiträumen wertlos.
- Verständliche Bedienungsanleitungen sind Mangelware.

Auf den Social-Media-Bühnen werden die Bedienungsanleitungen Tutorials genannt. Gute Tutorials generieren alle Formen von Interaktionen, insbesondere Kommentare und Nachfragen an den Autor.

**Fazit**: Auch mit diesem Genre lässt sich ein Publikum gewinnen.

### Werbung

Werbung ist noch nicht auf allen Bühnen ein selbstverständlicher Teil, und wo sie es ist, tritt schnell ein Sättigungseffekt ein. Klassische Werbeformen wie Banner blenden die Zuschauer unbewusst aus. Damit Werbung wahrgenommen wird, muss sie neue Wege gehen: Die Schlüsselwörter heißen Storytelling und Influencer-Marketing. Attraktiv sind Formate, die die Werbung nicht in den Vordergrund stellen.

**Fazit**: Mit offensiver Werbung allein lässt sich kein Publikum generieren.

### Ideelles

Ja, auch ideelle und politische Anliegen haben auf den Social-Media-Bühnen ihren Platz – wenn die Verpackung stimmt. Erfolgreiche Organisationen setzen hier ebenso wie die Werbeindustrie auf das Storytelling. Ein Problem von 100 oder 1.000 Menschen ist für das Publikum nur schwer zu greifen. Leichter nachvollziehbar ist die Geschichte eines einzelnen Menschen in einer konkreten Situation – stellvertretend für alle anderen.

**Fazit**: Ideelle Anliegen werden vom Publikum eher zur Kenntnis genommen, wenn sie zu einer Person in Verbindung stehen.

## 1.3.3 Eine Rolle einnehmen

Auf den Social-Media-Bühnen nehmen alle eine Rolle ein, sie mimen den harten Kerl oder die ausgeflippte Partymaus. Doch bei den durchschnittlichen Usern blitzt immer noch das Private durch. Neben ihrer Inszenierung bleiben sie Beamte, Mütter oder Fans des lokalen Sportvereins. Sie essen am Sonntag Kuchen und berichten darüber in ihren

Texten, Bildern und Videos. Als professioneller Akteur, der sich von der Masse abheben will, sollten Sie sich von dieser undifferenzierten Form der Selbstdarstellung lösen. Nehmen Sie lediglich eine Rolle ein und füllen Sie sie komplett aus.

### Rollen von Bedeutung

Jeder Schauspieler, egal ob er im stationären Theater auftritt oder den Social-Media-Bühnen, hat seine Lieblingsrolle. Für das Marketing sind diese vier von Bedeutung:

- **Der Spaßvogel**: Er ist universell einsetzbar, passt auf jede Bühne und glänzt auch im Verkauf. Wenn er am Sonntag Kuchen isst, tweetet er seine Beobachtungen über das seltsame Verhalten der Menschenschlange vor einer Kuchentheke.

- **Der Reporter**: Er kennt sich in der Welt des Sports und der Politik oder in den Niederungen von Tratsch und Klatsch aus. Zum Sonntagskuchen hat er einen Prominenten eingeladen und streamt das Interview live bei Facebook.

- **Der Verkäufer**: Er tritt ganz offen als jemand auf, der etwas an die Frau und den Mann bringen möchte. Den Kuchen genießt er auf einer Verkaufsmesse. Sein Bild- und Videomaterial veröffentlicht er als Story auf Snapchat und Instagram.

- **Der Erklärer**: Er löst die Probleme andere Leute. Sein Kuchen ist nach einem alten Rezept gebacken. Die Zutatenliste veröffentlicht er auf Facebook und Pinterest.

Die Tabelle zeigt, auf welchen Bühnen sich die vier genannten Rollen am besten spielen lassen:

|  | Spaßvogel | Reporter | Verkäufer | Erklärer |
|---|---|---|---|---|
| Facebook | ** | *** | *** | *** |
| Twitter | *** | *** | * | * |
| YouTube | *** | ** | ** | *** |
| Google Plus | * | - | - | *** |
| Instagram | *** | ** | ** | * |
| Pinterest | ** | * | *** | * |
| WhatsApp | * | *** | * | * |
| Snapchat | *** | ** | * | - |

- Rolle ist nicht oder fast nicht vertreten.

* Rolle ist schwach vertreten.

** Rolle ist durchschnittlich vertreten.

*** Rolle ist überdurchschnittlich vertreten.

Eine Rolle glaubwürdig zu spielen ist eine so große Herausforderung, dass sie der Mensch allein gar nicht bewältigen kann. Er benötigt Hilfe von oben – die Unterstützung der Götter.

### 1.3.4 Von der Muse geküsst

In der Welt der Antike entwickelte sich eine Idee nicht von selbst, sondern wurde von den Musen auf die Menschen übertragen. Die neun Schwestern hatte der Göttervater Zeus einst mit Mnemosyne gezeugt, der Göttin der Erinnerung. Und hier sind sie, die wahren Pioniere des Theaters:

**Urania**

**Bild 1.4:** Die Muse Urania. (Quelle: wikipedia)

Urania, die Muse der Sternenkunde und der Philosophie, trägt eine blaue Robe und hält Globus und Zeigestab in ihren Händen.

Sie dient als Inspirationsquelle für kosmische Angelegenheiten.

Beispiel für eine Astronomie- oder Astrologieseite:

Veröffentlichung von Sternbildern auf den Social-Media-Bühnen und Verlinkung zu Horoskopen oder Tutorials zur Himmelsbeobachtung.

Klio

**Bild 1.5:** Die Muse Klio.
(Quelle: wikipedia)

Klio heißt die Muse für die Geschichte und das Gitarrenspiel. Ihre typischen Accessoires: Buch und Feder sowie als Musikinstrument eine Gitarre oder eine Trompete. Auf dem Haupt trägt sie einen Lorbeerkranz.

Lassen Sie sich von ihr küssen, um historische Fakten in Ihre Texte, Bilder, Animationen und Videos einfließen zu lassen.

Beispiel für einen Bildungsanbieter:

»Hätten Sie es gewusst? 1901 wurde der erste Nobelpreis verliehen. Den Friedensnobelpreis erhielt Henri Dunant, der Gründer des Roten Kreuzes.«

## Euterpe

**Bild 1.6:** Die Muse Euterpe. (Quelle: wikipedia)

Euterpe heißt die Muse für Flötenmusik und lyrische Poesie. Leicht zu erkennen ist sie an der Doppelflöte, einem in der Antike weitverbreiteten Instrument. Lassen Sie sich von ihr inspirieren, um Poesie zu verbreiten.

Beispiel für eine Eventagentur:

Ein Gedicht zitieren, zum Beispiel von Ringelnatz oder Wilhelm Busch. Diese Poeten sind vor mehr als 70 Jahren verstorben, ihre Werke sind deshalb gemeinfrei. Die Werke von Erich Kästner und Loriot hingegen sind geschützt.

**Thaleia**

**Bild 1.7:** Die Muse Thaleia. (Quelle: wikipedia)

Thaleia verkörpert die leichte Unterhaltung, die Komödie und die ländliche Dichtung. Sie ist von freundlichem und angenehmem Wesen. Als Erkennungszeichen trägt sie oft einen Hirtenstab.

Lassen Sie sich von ihr inspirieren, um gute Laune zu verbreiten.

Beispiel für die ländliche Gastronomie:

Präsentation von humorvollen Sprüchen.

**Melpomene**

**Bild 1.8:**
Die Muse Melpomene.
(Quelle: wikipedia)

Melpomene ist für die tragische Dichtung zuständig. Sie trägt zumeist die Insignien der Macht, ist aber auch von Symbolen des Verfalls umgeben. Ihre ganze Erscheinung hat etwas Melancholisches.

Lassen Sie sich von ihr inspirieren, um vor Gefahren zu warnen.

Beispiel für eine Versicherung:

»Im Unglücksfall ist es beruhigend, zumindest finanziell abgesichert zu sein.«

## Terpsichore

**Bild 1.9:**
Die Muse Terpsichore liebt frohen Tanz und Chorgesang. (Quelle: wikipedia)

Dargestellt wird sie häufig tanzend oder mit einem Musikinstrument in der Hand. Außerdem gilt sie als Schirmherrin der Logik.

Lassen Sie sich von ihr inspirieren, um Besucher für Events anzulocken.

Beispiel für eine Tanzschule:

Produktion eines Videoclips für einen Ball.

**Erato**

**Bild 1.10:** Die Muse Erato.
(Quelle: wikipedia)

Erato bringt den Sterblichen Gesang, Tanz und Liebesdichtung. Abgebildet wird sie oft mit Myrten und Rosen oder in Begleitung eines geflügelten Amor, dem kleinen Knilch, der eifrig die Pfeile der Liebe verschießt.

Lassen Sie sich von ihr für alles inspirieren, was mit Herzensangelegenheiten zu tun hat.

Beispiel für einen Geschenkeshop:

Aufforderung an des Social-Media-Publikum, von den schönsten Liebeserlebnissen zu berichten – und mit einem Augenzwinkern von den schlimmsten.

**Polyhymnia**

**Bild 1.11:**
Die Muse Polyhymnia.
(Quelle: wikipedia)

Polyhymnia heißt die Muse für Tanz, Pantomime und den hymnischen Gesang. Zuständig ist sie aber nicht nur für die Musik, sondern auch für das perfekte Zusammenspiel von Stimme und Körper. Deswegen wird sie häufig mit einem Instrument und einer weißen Robe dargestellt.

Sie dient als Inspirationsquelle für Hymnen aller Art.

Beispiel für einen Sportverein:

Audioaufnahme der Vereinshymne.

**Kalliope**

**Bild 1.12:** Die Muse Kalliope. (Quelle: wikipedia)

Angeführt werden die Damen von der Hauptmuse Kalliope. Sie verkörpert das Saitenspiel, die heroische und die epische Dichtung.

Kalliope inspiriert alle, die sich auf Abenteuer einlassen.

Beispiel für einen Tourismusanbieter:

Marketing von Abenteuerreisen mit Bezug zu bekannten Mythologien – von Odysseus bis Jules Verne.

Lassen auch Sie sich von einer der Musen küssen – aber bitte nicht von allen gleichzeitig. Das wäre nicht nur sehr anstrengend, und das Ergebnis würde auch das Publikum überfordern.

Betrachten Sie sich selbst – und Ihr Team. Von welcher Muse fühlen Sie sich magisch angezogen? Falls Sie noch etwas unsicher sind, freunden Sie sich mit Thaleia an.

### 1.3.5 Zwischen Thaleia und Erato

Thaleia, die Muse der leichten Komödie und der ländlichen Dichtung, eignet sich für alle Social-Media-Premieren als Inspirationsquelle. Was die Dame so attraktiv macht? Die zeitlosen Eigenschaften, die der gestresste Städter mit dem Landleben in Verbindung bringt:

* Ehrlichkeit und Einfachheit

* Ruhe und Idylle

* Natur

* Freiheit

* Unschuld

Ein einfacher Spruch und ein idyllisches Bild genügen, um Thaleia ein Lächeln auf die Lippen zu zaubern – und eine positive Resonanz vom Publikum zu erhalten.

**Kein Porno mit Erato**

Die Muse Erato kann als Inspiration für Social-Media-Bühnen dienen, auf der sich das etwas reifere Publikum tummelt. Mit ihrem zärtlichen Gesang weckt sie die Lust bei allen eisernen Jungfrauen und anderen notorischen Singles. Wohlgemerkt – sie weckt die Lust. Für konkrete Darstellungen ist sie nämlich ebenso wenig zu haben wie Facebook, wo alle Bilder und Videos mit nackten Tatsachen von der Bühne verbannt werden.

Welche Lüste sind aber erlaubt? Diese hier:

* Die Lust an der Selbstinszenierung.

* Die Lust, einen Eindruck vom Gegenüber zu gewinnen und ihn ein bisschen aus der Reserve zu locken.

* Der Flirt mit dem Publikum.

## 1.4   Social-Media-Stars

Zur Abwechslung dürfen Sie nun eine kleine Aufgabe lösen. Verbinden Sie mit jedem der folgenden Stars eine bestimmte Attitüde. Zur Verfügung stehen:

* 1) Otto Waalkes, 2) Marilyn Monroe, 3) Martin Luther King, 4) Stephen Hawking, 5) Garfield

* a) Sex-Appeal, b) Gerechtigkeit, c) Gefräßigkeit, d) Intelligenz, e) Humor
  Lösung: 1e, 2a, 3b, 4d, 5c

* Zugegeben, das war keine wirkliche Herausforderung. Echte Stars verkörpern eine Attitüde so unmittelbar, dass Verwechslungen völlig ausgeschlossen sind. Natürlich

verfügt, von Garfield abgesehen, jeder Star auch über eine private Seite. Hinter so manchem Komiker verbirgt sich ein von Weltschmerz geplagter Moralist, der das Genre benutzt, um möglichst viele Menschen zu erreichen.

- In der Wahrnehmung des Publikums fallen solche philosophischen Feinheiten allerdings nicht ins Gewicht. Wer berühmt werden möchte, muss in der Öffentlichkeit ein klares Profil zeigen. Die Produktion eines Stars scheitert in der Regel nicht daran, dass der Darsteller zu eindimensional auftritt, sondern im Gegenteil zu diffus, zu sehr als Hansdampf in allen Gassen. Sie möchten einen Star aufbauen oder gar sich selbst zum Idol erheben? Dann studieren Sie die Erfolgsrezepte von Julien und Renate.

## 1.4.1 Erfolgsrezepte: von Julien Bam bis Renate Bergmann

Höchst unterschiedliche Charaktere stellen Julien Bam und Renate Bergmann dar, und das liegt nicht nur am Alter. Von YouTube-Star Julien können Sie nämlich ein Autogramm erhalten, aber niemals von der auf Twitter berühmt-berüchtigten Online-Omi Renate. Der Grund: Bei Frau Bergmann handelt sich um eine Kunstfigur. Die Erfolgsrezepte:

### Julien Bam und das Prinzip der Anpassung

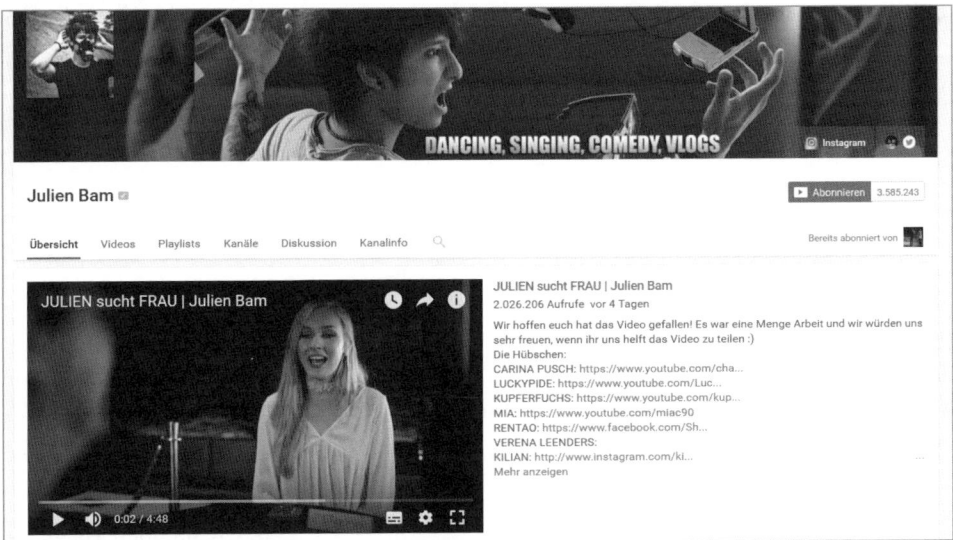

**Bild 1.13:** Der YouTube-Star Julien Bam tanzt, singt und parodiert.

YouTube-Star Julien Bam parodiert gern Fernsehsendungen, beispielsweise in seinem Clip »JULIEN sucht FRAU«. Er ist erfolgreich, weil er die Erwartungen des überwiegend jugendlichen Publikums auf lockere Art erfüllt und sich auf altersspezifische Themen beschränkt. Und natürlich befeuern er und sein Team gekonnt für das mediale Trommelfeuer:

- Auftritt mit einem klaren Profil.

- Nachhaltige Produktion hochwertiger und für die Zielgruppe relevanter Inhalte.

- Aufbau und Pflege der Followerschaft auf der Stammbühne YouTube.

- Präsenz auf anderen Bühnen, sofern sie für das Genre und die Zielgruppe relevant sind.

Die gleiche Klaviatur bespielt auch das Team um Renate Bergmann – bei einem konträren Ansatz. Renate Bergmann funktioniert als geschickt angelegte Provokation, die Dame passt sich nicht an, sie legt sich quer.

### Renate Bergmann und das Prinzip des Regelbruchs

**Bild 1.14:** Zur Twitter-Elite zählt Renate Bergmann geb. Strelemann, 82.

Das Team um Frau Bergmann inszeniert den Regelbruch, indem es mit den Vorurteilen über ältere Menschen spielt. Renate repräsentiert die aussterbende Art der Großmutter mit Kopftuch, Backschürze und Röhrenradio. Trotz ihrer 82 Lenze hat sie sich im Social-Media-Theater eingefunden und schlägt sich wacker durch »dieses Onlein«, wie sie selbst das Internet bezeichnet. Berührungsängste mit der jüngeren Generation kennt sie nicht.

**Bild 1.15:** Renate Bergmann rüstet sich zur WG-Einweihungsfeier.

Die sympathische Renate tweetet unverblümt: »Ich gehe jetzt zur Einweihungsfeier der jungen Leute von der WG. Nur noch zwei »Pfft, Pfft« Tosca hinters Ohr, und dann gehe ich hoch.«

Beliebt ist sie beim jungen Twitter-Publikum aber nicht nur aufgrund ihrer unvoreingenommenen Art; auf subtile Weise dient die Rentnerin als Projektionsfläche für die Sehnsüchte einer Jugend, die abseits der Bühnen mit Krisen und Unsicherheiten konfrontiert ist. Renates Leben verlief, so darf man es annehmen, typisch für ihre vom Wirtschaftswunder geprägte Generation: in materiell und politisch gesicherten Bahnen. Ihre Probleme drehen sich um die kleine Welt, alles andere banalisiert sie einfach weg.

Besonders pfiffig: Dieser einzigartige Charakter ist nicht sofort als Kunstfigur erkennbar. Viele Twitterer folgen ihr unter falschen Annahmen – bleiben ihr aber auch nach der Entzauberung treu.

> Es kann nur eine geben!
> Die Weisheiten der Renate Bergmann sind mittlerweile in Buchform erhältlich und in den Bestsellerlisten gut platziert. Die diversen Renate-Nachahmerinnen fristen hingegen auf Twitter ein Schattendasein. Es empfiehlt sich also nicht, einen bestehenden Charakter eins zu eins zu kopieren. Außerdem macht es keinen Spaß, ein Projekt als Plagiator voranzutreiben. Es gewinnt, wer selbst eine Figur auf die Beine stellt.

## 1.4.2 Neue Stars erschaffen

Die beiden genannten Stars stehen nicht im Dienste eines Unternehmens, sie genügen sich selbst. Renate Bergmann wirbt nicht für ein Produkt, sie ist das Produkt.

Sie benötigen einen firmeneigenen Star? Damit er später nicht von den Brettern fällt, legen Sie ihm die idealen Charakterzüge in die Wiege:

- Er legt für sein Unternehmen die Hand ins Feuer.
- Er ist Experte auf seinem Gebiet.
- Er zeigt sich gern in Aktion, er packt mit an.
- Er kann andere begeistern.

Denken Sie bei der Zeugung auch an seine sprachlichen Fähigkeiten. Sie spielt für die Glaubwürdigkeit Ihres Stars eine ganz wesentliche Rolle.

### Ausdrucksweise eines Stars

»Wie der schon redet …« Wer einen solchen Satz an den Kopf geworfen bekommt, ist beim Publikum durchgefallen. Die Wahl der Ausdrucksweise eines Charakters will gut überlegt sein.

Sie haben drei Möglichkeiten für die sprachliche Ausstaffierung:

- Verwendung einer Expertensprache.

- Verwendung einer Expertensprache als Mittel der Satire.

- Verwendung einer einfachen Sprache.

### Expertensprache

Expertensprache und Star? Irgendwie passt das nicht zusammen. Verwenden Sie diese Sprache nur, wenn es einen der folgenden Gründe gibt:

- **Unvermeidbarkeit**: Insbesondere die Welt der Technik beinhaltet Bereiche, in denen eine Diskussion ohne Fachtermini nur sehr mühsam und langatmig vorangeht. Wenn Ihr Star jedes Mal bei Adam und Eva beginnt, vergrault er das Fachpublikum, das sich schon länger mit der Materie auseinandersetzt und über Vorwissen verfügt.

  Beispiel: Sie möchten einen Shop für Teleskope bewerben. Für einen Experten auf diesem Gebiet wäre es nicht standesgemäß, alle Fachbegriffe zu umschreiben.

- **Exklusivität**: Sprache ist geeignet, eine exklusive Atmosphäre zu erzeugen. Die Expertensprache dient dabei als Beweis für die Leidenschaft, aber auch die Kompetenz des Anbieters.

  Beispiel: Sie vermarkten Opernreisen nach Verona. Der Glanz des Amphitheaters sollte sich auch in der leidenschaftlichen Sprache eines Opernexperten widerspiegeln.

### Expertensprache als Satire

Sprachliche Meisterleistungen vollbringen die prominenten Gäste der TV-Talkshows, ganz besonders die Politiker aller Couleur, die das Publikum immer wieder aufs Neue mit Wendungen und Wortschöpfungen beglücken. Ihnen gegenüber steht der Mann bzw. die Frau von der Straße. Der Unterschied wird deutlich, sobald eine gewöhnliche Angestellte an solch einer Diskussion teilnimmt, die das Vokabular der Experten nicht beherrscht. Sofort stürzt sich dann nämlich die versammelte Schar auf das Opfer und neutralisiert die Aussagen durch das Überstülpen schwammiger Begriffe.

Die Sprache dient dazu, Machtbereiche zu verteidigen. Wer verbale Angriffe nicht zu parieren weiß, nimmt die Rolle einer dekorativen Gestalt ein, vor der sich die Experten im hellen Lichte präsentieren.

Zum Glück verstehen es wortgewaltige Satiriker, die gestelzte Sprache der Experten als Stilmittel einzusetzen. Denken Sie an den berühmten Sketch der Herren im Bad, einen Klassiker von Loriot:

Herr Müller-Lüdenscheid und Herr Dr. Klöbner verteidigen hartnäckig wie zwei politische Kontrahenten ihre Badegewohnheiten, während sie sich eine Wanne teilen. Aus dem Gegensatz von grotesker Situation und gehobener Sprache entwickelt sich die Komik.

Gebrauchen Sie diesen Kniff, falls Sie Twitter mögen oder eine Satirerubrik auf Ihrem Unternehmensblog betreiben. Staffieren Sie Ihren Star mit einer geschliffenen Fachterminologie aus und schicken Sie ihn in problematische Situationen.

### Einfache Sprache

Sie möchten Ihr Publikum sprachlich nicht überfordern? Dann nehmen Sie sich Konrad Adenauer zum Vorbild. Linguisten haben nämlich herausgefunden, dass das Vokabular des ersten Bundeskanzlers nicht mehr als 800 Wörter umfasste. Lassen Sie Ihren Charakter eine möglichst einfache Sprache sprechen. Weg mit überflüssigen Fremdwörtern und Nebensätzen.

Praktische Übung:

1. Verfassen Sie einen kurzen Text.

2. Vereinfachen Sie diesen Text.

3. Fragen Sie einen Grundschüler nach der Bedeutung des Texts.

Beobachten Sie dann, ob das Kind Sie mit großen Augen ansieht. In diesem Fall ist Ihre Sprache zu kompliziert. Wiederholen Sie die Schritte 2 und 3 so lange, bis der Pennäler alles verstanden hat.

Noch ein Tipp: Falls sich Ihr Angebot auf eine bestimmte Region beschränkt, darf Ihr Charakter auch Dialektwörter und regionaltypische Sprüche verwenden.

## 1.4.3 Stars in Szene setzen

Gute Dramaturgen und Drehbuchautoren verstehen es, einen Star auf unterschiedliche Weise in Szene zu setzen. Neben der Sprache spielen dabei die Accessoires eine große Rolle. Ihre Vorteile:

- Sie schärfen das Profil eines Charakters.

- Sie sind unabhängig vom Ort der Handlung einsetzbar.

- Sie sind dazu geeignet, die Dramatik einer Handlung zu unterstützen.

## Accessoires kombinieren

**Bild 1.16:** Jan Böhmermann parodiert Xavier Naidoo.

Haben die den Sänger am Look erkannt? Auf den ersten Blick scheint es sich um Xavier Naidoo zu handeln, aber tatsächlich wird er von Jan Böhmermann gekonnt parodiert.

Böhmermann hat die Schiebermütze, den Hoodie und die glasige Brille übernommen (und auch den glasigen Blick). Die Accessoires sorgen dafür, dass die Satire »Die Hurensöhne Mannheims« erst so richtig zündet.

**Fazit**: Die Kombination von Accessoires ist stärker als ein einzelnes Kennzeichen. Orientieren Sie sich auch dabei an den Musen, beispielsweise an Urania. In ihrer kompletten Ausstattung mit blauer Robe (Sternenmantel), Globus und Zeigestab verkörpert sie die Astronomie ganz unverwechselbar.

### Der Hut ist der König der Accessoires

Unverzichtbare Accessoires des Abenteurers und Archäologen Indiana Jones sind die Peitsche und der Hut. Hüte können in ihrer Bedeutung für die Erscheinung eines Charakters gar nicht überschätzt werden. Denken Sie nur an den Dandy-Look von Warren Beatty und Faye Dunaway in »Bonnie und Clyde« oder Humphrey Bogarts Kopfbedeckung in »Casablanca«. Letztere wurde gar zum Begriff eines neuen Huttyps, dem Bogey.

Doch zurück zu Indiana Jones und seinem eleganten Fedora. Achten Sie beim nächsten Filmabend einmal darauf, wie oft er den Hut verliert, ihn kurz vor dem Abgrund wiederfindet und sich schnell wieder aufs Haupt setzt. Sie werden feststellen, dass Indy seinem verlorenen Hut die gleiche Aufmerksamkeit widmet wie einem verlorenen Schatz. Und natürlich sitzt der Mittelknick immer tadellos – auch im Kugelhagel oder kurz nach einer Explosion. Allerdings zählen die Indiana-Jones-Filme, trotz des für 2020 angepeilten Kinostarts des fünften Teils, zum Inventar der 1980er-Jahre.

Eine Kopfbedeckung ist heute nur dann attraktiv, wenn sie aktuell von Personen in der Öffentlichkeit getragen wird, die für eine Zielgruppe relevant sind. Um der Austauschbarkeit vorzubeugen, lohnt sich der Blick auf kultige Nischen, beispielsweise innerhalb der Musikszene.

**Bild 1.17:** Zum Style der Folk-Punk-Combo »The Rumjacks« zählen nicht nur schnelle Licks und harte Riffs, sondern auch edle Kopfbedeckungen.

Die Hutmarke Brixton – sie gehört zum australischen Unternehmen Strand Hatters – stattet die Folk-Punks von »The Rumjacks« mit passenden Kopfbedeckungen aus, unter anderem mit einem Fedora. Hier zeigt sich, dass dieser Huttyp auch jenseits der alternden Indiana-Jones-Gemeinde zur Stilbildung beitragen kann. Der Fedora hat alle Epochen überlebt.

Falls Sie sich fragen, wie er das geschafft hat: Gehen Sie auf YouTube und geben Sie »Kevin from JJ Hat Center« in die Suche ein. Sie finden eine Reihe von Videos eines ebenso trendigen wie hoch spezialisierten New Yorkers. Er erfindet den Fedora immer wieder neu, indem er mit den Formen spielt.

**Fazit:** Ein glaubwürdiger Charakter benötigt passende Accessoires – und der Hut ist der König der Accessoires.

## 1.4.4 Der treue Begleiter

- Was wären Sherlock Holmes ohne Dr. Watson, Tim ohne Struppi und Derrick ohne Harry? Schatten ihrer selbst. Das Leben eines Stars ist ja so viel einfacher, wenn ein ihnen treuer Freund zur Seite steht und in kritischen Situationen aus der Patsche hilft.

- Konstruieren Sie für Ihren Star einen passenden Gefährten oder nehmen Sie einen aus der Liste:

| Der Star | Sein Begleiter |
|---|---|
| Koch | Zutateneinkäufer |
| Comicfigur | Hund |
| Musiker | Manager |
| Sportler | Maskottchen |
| Schauspielerin | Stylistin |

Der Begleiter gibt dem Hauptcharakter einen Sidekick. Er ist Spezialist auf seinem Gebiet, ohne dem Star die Show zu stehlen.

### Beispiel für die Gastronomie

Ein Gastronom möchten kulinarische Events vermarkten und hat sich auf die französische Küche spezialisiert. Der Star ist Koch François, wobei es gar keine so große Rolle spielt, ob es sich um eine reale Person oder um eine Kunstfigur handelt. Erkennbar ist François an der hohen weißen Kochmütze. Er lädt auf Facebook und Twitter zu den Veranstaltungen ein und bestückt Instagram, Pinterest und Snapchat mit stimmungsvollen Bildern. François bedient auch die Newsletter-Abonnenten, die sich über das Firmenblog angemeldet haben, und verschickt Einladungen via WhatsApp.

Ihm zur Seite steht der pfiffige Helfer und Begleiter Pierre, ein Typ mit Ringelhemd und tätowiertem Anker auf dem Oberarm. Er weiß, wann die Fischer eintreffen, und organisiert immer die besten und frischsten Stücke. Außerdem kennt sich Pierre in den verruchten Spelunken des Hafenviertels aus. Mit seinem Seemannsgarn hält er die Gäste bei Laune.

Die Aufgabenverteilung ist klar geregelt: François ist für die Speisekarte zuständig, Pierre für die Schatzkarte.

### Storytelling mit François und Pierre

»Liebe Freunde, am x.x. benötigt unser Restaurant Ihre Hilfe. Unser guter Pierre hat nämlich nicht nur den frischsten Fang organisiert, sondern auch noch eine sehr rätselhafte Schatzkarte mitgebracht. Vielleicht können Sie uns helfen, die geheimnisvollen Zeichen zu entziffern?

Reservieren Sie jetzt online oder unter 0123/456789.

Ihr François

Chef de la Cuisine«

### Beispiel für einen Fair-Trade-Shop

Ein Shop verkauft Kleidung, die mit einem Fair-Trade-Siegel zertifiziert wurde. Hauptcharakter ist eine Vertreterin der Herstellerfirma, Begleiter ein Mitarbeiter des Shops vor Ort, der mit einer bestimmten Aufgabe vertraut ist, beispielsweise dem Wareneinkauf.

### Storytelling mit Juanita und Jörg

Stolz präsentiert Juanita, die Leiterin unseres Partnerunternehmens in Guatemala, ihre neue Kollektion. Stolz ist sie aber auch auf die Arbeitsbedingungen Ihrer Angestellten. Alle Mitarbeiterinnen und Mitarbeiter genießen ein Gehalt, von dem sie ihre Familie ernähren können, sowie Arbeitsschutzmaßnahmen und eine Lohnfortzahlung im Krankheitsfall.

»Möchten Sie mehr über uns und unsere Partner erfahren? Dann besuchen Sie doch unsere Fair-Trade-Modenschau am x.x., die wieder von unserem Einkäufer und Entertainer Jörg moderiert wird. Tickets erhalten Sie online oder unter 0123/356789.

PS: Juanita ist per Skype zugeschaltet. Sie haben die Möglichkeit, Fragen an sie zu stellen.«

### Beispiel für das Sportmarketing

Im Vordergrund steht der Trainer. Als Helferlein dient das Vereinsmaskottchen, vielleicht aber auch ein Masseur mit heilenden Händen, ein Hypnosetherapeut oder ein sagenumwobener Schamane.

### Storytelling in der Praxis

»Sportlich gut vorbereitet startet das Team von Trainer XY ins wichtige Heimspiel am kommenden Samstag. Für die mentale Stärke der Mannschaft sorgt der Mannschaftspsychologe Dr. Y, der mit seiner Hypnosetechnik schon manches verloren geglaubte Spiel in letzter Minute retten konnte. Tickets erhalten Sie online oder unter 0123/356789.«

**Achtung:** Machen Sie sich nicht der Hochstapelei schuldig. Konstruieren Sie eine Kunstfigur, falls Sie keinen echten promovierten Psychologen vorweisen können.

## 1.4.5 Der Chor

Zum unverzichtbaren Bestandteil des antiken Theaters zählt der Chor. Er kommentiert die Schlüsselstellen eines Dramas und hebt sie hervor. Dem Zuschauer fällt es dadurch leichter, der Handlung zu folgen. Im Theater der Moderne hat sich dieser Akzent etwas verschoben. Oft repräsentieren Chöre das einfache Volk, das entweder jubelt oder sich in größter Not gegen ein Unrecht empört. Der moderne Chor symbolisiert Geschlossenheit und Stärke. Er unterstützt gleichermaßen den Star wie die moralische Message einer Inszenierung.

**Bild 1.18:** Eine Initiative verbindet einen Spendenaufruf mit einem jubelnden Chor.

### Chorgestaltung

Im antiken Drama bestand der Chor aus 15 Sängern oder Sprechern in einheitlichen Gewändern. Eine Uniformierung weckt heute allerdings eher negative Assoziationen, besser ist eine gemischte Zusammensetzung. Sehen Sie sich noch einmal die Chorgewänder der obigen Initiative an. Hier freuen sich:

- Männer und Frauen.
- Menschen im Anzug und im T-Shirt.
- Halbschuh-, Turnschuh- und Sandalenträger.

Die bunte Zusammensetzung des Chors signalisiert, dass jede und jeder mitmachen darf. Im Idealfall wird das Anliegen von einem breiten Publikum aufgegriffen und weitergetragen.

## 1.5 Kulisse, Kostüme und Requisiten

Die Gestaltungsmöglichkeiten sind äußerst begrenzt. Am Facebook-Blau oder am Pinterest-Rot können Sie gar nicht rütteln, und der Platz ist überall knapp. Umso wichtiger ist es, die wenigen vorhandenen Möglichkeiten auszuschöpfen. An Kulisse, Kostümen oder Requisiten zu sparen wäre ein schwerer Design-Frevel.

**Bild 1.19:** Keine Aufführung ohne Kulisse

Beispiele:

- »Stellen Sie sich hier ein Schloss vor« – in Ermangelung einer Kulisse.
- »Dieser Schauspieler stellt einen König dar« – weil die Kostüme fehlen.

- »Der Hofmusikant hält eine Laute in seinen Händen« – als Ersatz für eine richtige Laute, wie beim Luftgitarrenwettbewerb.

Was wäre eine Aufführung ohne Kulisse, Kostüme und Requisiten? Für alle Beteiligten ziemlich anstrengend. Die Regie müsste dann nämlich das Publikum mit nervigen Belehrungen bombardieren.

Schöpfen Sie die Möglichkeiten aus, aber nehmen Sie sich in Acht. Erregen Sie nicht den Zorn der Musen. Geraten Sie nicht auf die schiefe Bahn. Ersparen Sie Ihrem Publikum diese Tristesse und verkaufen Sie sich als Regisseur nicht unter Wert. Seien Sie zickig, wecken Sie den inneren Klaus Kinski. Trinken Sie einen Whisky, stellen Sie sich vor den Spiegel und rufen Sie so laut, dass es die Nachbarn hören:

»Ich kann mich nicht unter Wert verkaufen. Ich präsentiere mein Stück nicht in einer lausigen Umgebung. Ich trete nicht an, bevor meine Forderungen erfüllt sind. Ich bestehe auf einer Kulisse mit einer passenden Atmosphäre. Sie muss so atmosphärisch sein wie der Wald für Robin Hood. Und ich will sexy Kostüme, die mir auf den Leib geschnitten sind.«

## 1.5.1 Die Kulisse

**Bild 1.20:** AOL Germany ist auf die schiefe Bahn geraten.

Einzigartiges Anschauungsmaterial zum Kulissenbau liefert das Twitter-Profil von AOL Germany. Inkonsequenz ist das Letzte, was man den Designern vorwerfen kann.

- Auf dem verstümmelten Headerbild ist das Motiv, die Kreuzberger Oberbaumbrücke, fast gar nicht mehr zu erkennen. Die Türme auf der rechte Seite sind unten abgeschnitten.

- Ganz rechts prangt ein Ensemble aus zwei Verbotsschildern, einer hässlichen Wand und der bedrohlichen Kante eines Stahlträgers.

Die Szenerie könnte aus einem Horrorfilm stammen. Botschaft an den Betrachter:

- Verbotszone. Halte dich hier nicht auf.

- Hier stößt du dich mit dem Kopf an der Stahlkante.

- Die Zombie-Apokalypse hat begonnen.

Nicht aufgehellt wird die trübselige Stimmung durch den Schriftzug @AOLGermany. Die Schriftart ist ebenso langweilig wie die Platzierung.

**Logo und Profiltext**

**Bild 1.21:** Der Profiltext schläfert das Publikum ein.

Die abschreckende Wirkung des Headerbilds ist schwer zu toppen, aber AOL Germany hat auch beim Rest der Kulisse ganze Arbeit geleistet. Das Logo sieht aus wie ein mit Word erstelltes Überbleibsel aus den 1990er-Jahren.

So richtig ins Kontor schlägt der Profiltext darunter. Genehmigen Sie sich eine Tüte Popcorn und lassen Sie sich jedes einzelne Wort genüsslich auf der Zunge zergehen. Das steht doch tatsächlich:

»*AOL ist ein Medienunternehmen, das es sich zur Aufgabe gemacht hat, das Internet für Verbraucher und Kreative zu vereinfachen.*«

Was der Leser jetzt wohl denkt? Ein Versuch:

Teil 1: »*AOL ist ein Medienunternehmen …*«

Interpretation des Lesers: Aha, Medienunternehmen. Steht die GEZ vor der Haustür? Dabei zahl ich doch die Gebühr.

Teil 2: »*… das es sich zur Aufgabe gemacht hat …*«

Interpretation des Lesers: Zur Aufgabe gemacht? Da hat jemand ein schlechtes Arbeitszeugnis erhalten.

Teil 3: »*… das Internet für Verbraucher und Kreative zu vereinfachen.*«

Interpretation des Lesers: Das Internet ist kompliziert. Die Verbraucher verstehen es nicht. Die Kreativen verstehen es auch nicht.

### Es kommt auf die Perspektive an

Nun sollte man den Verantwortlichen von AOL Germany allerdings keine böse Absicht unterstellen, denn die Wortwahl ist aus einer bestimmten Perspektive nachvollziehbar. Ein Regisseur spricht sein Ensemble ja auch in einer fachspezifischen Terminologie an. Das Problem dabei ist nur, dass sich das Publikum für diese Regie-Perspektive nicht interessiert. Während der Fertigstellung dieses Buchs hat AOL Germany die Reißleine gezogen und den Twitter-Auftritt gelöscht, sprich Schadensbegrenzung betrieben.

**Fazit**: Der Verzicht auf eine Präsenz ist besser als ein halbherziger Betrieb.

Wie man das Publikum mit einer krachenden Kulisse begeistert, zeigt die Präsenz von Wasa auf Facebook.

**Bild 1.22:** Die knackige Kulisse von Wasa.

Bei Wasa stehen leckere Sachen auf einem Tisch. Die Botschaft: Nimm und iss. Draußen ist es kalt, aber wir sorgen für dich. Wir haben uns für dich Zeit genommen und etwas Leckeres herbeigezaubert.

Der Tisch wirkt im positiven Sinn unperfekt. Vielleicht ist es auch gar kein richtiger Tisch, sondern nur ein auf Bierkisten gelegtes Brett? Egal, denn das Unperfekte steht hier nicht für Chaos, sondern für eine quirlige Aufbruchstimmung. Die Atmosphäre macht neugierig.

Mögen Sie kreative Umwege? Dann lassen Sie sich gleichermaßen von gelungenen wie abschreckenden Beispielen inspirieren. Experimentieren Sie mit Bildern und Texten aus der Hölle. Beispiel:

»WASA ist ein Nutrierungsunternehmen, das es sich zur Aufgabe gemacht hat, die Brotzufuhr für Verbraucher zu vereinfachen.«

Anschließend wenden Sie die Peinlichkeit um 180 Grad.

## 1.5.2 Kostüme und Accessoires

**Bild 1.23:** Tech-Nick präsentiert sich im Einheitsblau der Saturn-Märkte.

Der Begriff Kostüm ist in einem weiten Sinne zu verstehen. Entscheidend ist der Gesamteindruck, der durch die Wahl von Bekleidung, Kopfbedeckung, Haar- und Barttracht sowie Accessoires entsteht. Die Funktionen eines Kostüms:

• Das Kostüm unterscheidet den Schauspieler vom Zuschauer.

• Das Kostüm erleichtert es dem Schauspieler, seine Rolle einzunehmen.

• Das Kostüm stärkt den Wiedererkennungswert von Rolle und Marke.

Das obige Bild stammt aus einer Videokampagne der Handelskette Saturn. Die Clips werden im Fernsehen gezeigt und auf YouTube und Facebook verbreitet. Für die Hauptperson Tech-Nick hat die Produktionsfirma den deutsch-schweizerischen Schauspieler Antoine Monot engagiert. In den unterhaltsamen und selbstironischen Clips tritt er in einer Mischung aus Verkäufer und Erklärer in Erscheinung, entsprechend ist sein Outfit:

- Der Bart weist ihn als lockeren Hipster aus. Er gehört zu den selbstbewussten Verkäufern, die es sich dank ihres fundierten Wissens leisten können, unrasiert herumzulaufen. Man kann ihn sich auch gut als Abteilungsleiter vorstellen.

- Wie alle Saturn-Verkäufer trägt er ein blaues Hemd, auch in denjenigen Spots, die nicht im Laden, sondern im Studio spielen. Das einheitliche Erscheinungsbild bleibt in allen Rollen gewahrt.

- Das Namensschild auf der Brust verweist darauf, dass Tech-Nick nicht als Solokünstler oder Comedian auftritt, sondern im Dienst der Handelskette.

Auf den Einsatz allzu schriller Töne wurde bei der Kostümierung verzichtet. Die klare Botschaft an das Publikum: Hinter den Verkaufstheken von Saturn stehen nette und kompetente Mitarbeiter, die gute Beratung bieten und bei aller Begeisterung für die Technik Spaß verstehen.

### Mit Key-Visuals arbeiten

**Bild 1.24:** Lila Kühe ersetzen den Namen und das Logo der Marke Milka.

An was denken Sie, wenn Sie eine lila Kuh sehen? Richtig, an Milka-Schokolade. Ein rauchender Cowboy erinnert Sie dagegen sofort an die Marke Marlboro. Der Clou ist, dass Sie auch dann noch die richtigen Zuordnungen vornehmen, wenn weder der Markenname noch das Logo zu sehen ist. Schuld daran sind Key-Visuals, Schlüsselbilder, die die Marke im Gehirn der Adressaten unlöschbar eingebrannt haben.

Das Basisset zur Kreation von Key-Visuals:

- Eine überzeugende und zum Produkt passende Idee.

- Die ewige Wiederkehr des Gleichen. Das unverwechselbare Motiv muss wieder und wieder und wieder in allen Werbekampagnen präsent sein.

- Harmonie zwischen Kulisse und Kostümierung. Die folgende Tabelle zeigt noch einmal den Unterschied:

|  | Milka | Marlboro |
|---|---|---|
| Kulisse | Berge und Wiesen | Prärie |
| Kostümierung | lila Kuh | Cowboy-Outfit |

Ob die über Key-Visuals erzeugten künstlichen Welten die Wahrnehmung der Realität beeinflussen? Fragen Sie dazu eine Erzieherin, die in einem städtischen Ballungsraum arbeitet. Sie wird bestätigen, dass in Kinderzeichnungen zum Thema Bauernhof immer wieder die Farbe Lila auftaucht.

## 1.5.3 Triggernde Texte

In vielen Fachbüchern wird ein Werbetext als Gegenteil eines Theaterstücks oder literarischen Texts bezeichnet – weil die Werbebotschaft ohne Einleitung auf den Punkt gebracht werden muss. Diese Regel gilt allerdings nur für knappe einzeilige Slogans, wie sie unterhalb eines Produktnamens auf Plakatwänden prangen. Für das Social-Media-Theater darf es ein bisschen mehr sein. Lassen Sie sich von knackigen Eröffnungssätzen inspirieren, mit denen erfolgreiche Literaten ihr Publikum neugierig gemacht und zum Weiterlesen animiert haben:

- »Die seltsamen Ereignisse, denen diese Chronik gewidmet ist, haben sich 194. in Oran abgespielt.« (Albert Camus: Die Pest)

- »Die ewigen Top Five meiner unvergesslichsten Trennungen für die einsame Insel in chronologischer Reihenfolge: 1. Alison Ashworth 2. Penny Hardwick 3. Jackie Allen 4. Charlie Nicholson 5. Sarah Kendrew.« (Nick Hornby: High Fidelity)

- »Also, es fängt damit an, dass ich bei Fisch-Gosch in List auf Sylt stehe und ein Jever aus der Flasche trinke.« (Christian Kracht: Faserland)

Der Auslassungspunkt in der Jahreszahl, die Auflistung der Beziehungskatastrophen und das Flaschenbier im Schickimicki-Milieu haben dieselbe Funktion. Sie lösen einen Trigger aus – so nennen Psychologen einen Schlüsselreiz, auf den ein ganz bestimmtes Verhalten folgt. Im Beispiel: Der angetriggerte Leser blättert im Buch herum und entscheidet sich schließlich für den Kauf.

Auf den Social-Media-Bühnen fehlt es dem Publikum an Zeit und Geduld. Jedes Weiterlesen will erkämpft werden, und das Zuendelesen eines Beitrags ist nicht die Regel, sondern die Ausnahme. Schauen Sie einmal bei einem interessanten Beitrag, was die Leute in den Kommentaren so schreiben. Nicht selten hat ein Kommentator nur ein paar Reizwörter überflogen, um dann schon seine Meinung abzufeuern.

Sie möchten einen triggernden, zum Weiterlesen animierenden Text erstellen? Dann orientieren Sie sich an diesem Dreisatzschema:

1. Eröffnungssatz.

2. Neugierdesatz.

3. Aufforderungssatz.

Beispiel zur Neueröffnung eines Restaurants:

1. Die Lieblingsgerichte unseres Chefkochs: Beefsteaks mit Schafskäse und Calzone mit Thunfisch.

2. Wir haben aber noch nicht verraten, wann und wo.

3. Klicken Sie hier, um sich rechtzeitig einen Platz für unseren Eröffnungsabend zu reservieren.

### 1.5.4 Bühnenreife Bilder

**Bild 1.25:** Bilder wecken Emotionen.

Weil Bilder Emotionen wecken, erreichen sie die Herzen des Publikums viel schneller als reiner Text. Umso wichtiger sind sie bei der Präsentation trockener Materie. Im obigen Beispiel sollen die Besucher auf einen Fachartikel zur Absicherung von WordPress klicken – das Thema ist also nicht gerade sexy.

Ausgeglichen wird dieses Manko durch das Bild des küssenden Pärchens und die Überschrift »Liebe dein WordPress«. Mit der Szenerie harmoniert der Anreißertext:

»Liebe ist ja so wichtig – für WordPress. Vernachlässige es nicht, dann bleibt es dir für immer treu. Mit diesen Tipps hältst du deine Installation stabil:«

### Bilder wecken Assoziationen

Nervige Briefe, wie sie vom Finanzamt und anderen Behörden verschickt werden, verraten sich schon durch ihre äußere Form.

Oben stehe kryptischen Aktenzeichen, in der Mitte irgendwelche Paragrafen und je nach Art des Schreibens noch Zahlungsaufforderungen, Fristen und Termine.

**Beispiel**: »Vereinbaren Sie mit uns einen Termin im Zeitraum XY.« Die Reaktion beim Empfänger eines Amtsschreibens fällt dann entsprechend »freudig« aus.

Wie Sie solche Amtsbrief-Assoziationen erst gar nicht aufkommen lassen? Mit einem Bild.

**Bild 1.26:** Ein Bild sagt mehr als tausend Worte – hier gibt es Tickets zu kaufen.

Sie möchten Tickets verkaufen? Oder Sie möchten, dass Ihre Besucher einen Gesprächstermin mit Ihnen vereinbaren? Eine echte Allzweckwaffe sind Kalenderbilder. Die Einsatzgebiete:

- Ankündigungen für ein Seminar, ein Gastspiel oder eine Veröffentlichung.

- Ankündigung für den Launch einer Website.

- Hinweise auf Ferien, Fristen oder Feiertage.

- Buchungen und Reservierungen.

- Aufforderung zu Beratungsgesprächen, am besten in Kombination mit einer Kaffeetasse.

### Erfolgreiche Memes

**Bild 1.27:** Ein Meme besteht aus einer Bild-Text-Kombination.

Einen festen Platz auf den Social-Media-Bühnen nehmen heute Memes ein, Kombinationen aus Texten und Bildern.

Die beiden Zutaten für ein erfolgreiches Meme:

- Ein interessantes Bild.

- Ein witziger Spruch.

Damit sich das Meme verbreitet, muss der Spruch entweder sehr gut zum Bild passen – oder wie die Faust aufs Auge. Mit Memes anstelle von reinem Text nutzen Sie diverse Vorteile:

- Memes bringen Botschaften sehr schnell auf den Punkt.

- Mit Memes lassen sich alle Genres bedienen, von der Komödie bis zum politischen Appell.

- Memes können, unter Beachtung des Urheberrechts und des Persönlichkeitsrechts, mit allgemein bekannten Motiven erstellt werden.

- Auf Twitter werden Memes größer dargestellt als reine Textnachrichten.

- Memes lassen sich unverändert für Instagram und Pinterest einsetzen.

- Memes provozieren mehr Publikumsreaktionen als reine Texte.

- Memes, auf denen eine URL oder ein Hashtags als Text eingefügt wurde, verweisen dauerhaft auf den Urheber.

- Tools wie Canva oder Meme Generator enthalten eine Fülle von attraktiven Vorlagen. Ein Meme ist damit schnell erstellt.

## 1.5.5  Attraktive Animationen

**Bild 1.28:** Animierte Bilder wecken Emotionen.

Animationen, ein Mittelding zwischen Bild und Video, vereinen das Beste aus beiden Welten:

- Bewegte Bilder erhöhen die Aufmerksamkeit.

- Animationen sind nicht nur schnell geladen, sondern im Vergleich zum Videoclip auch schnell erstellt.

Auf Twitter und WhatsApp steht Ihnen ein großer Fundus vorproduzierter GIF-Animationen zur Verfügung. Sie müssen nur zugreifen.

Das Bild oben zeigt eine Animation aus dem Twitter-Fundus, versehen mit einem lockeren Spruch: »Applaus, Sie haben den Montag überstanden.« Der Affe klatscht dazu in einer Endlosschleife in die Hände. Die Message an das Publikum: Sie haben den ersten Tag der Arbeitswoche hinter sich gebracht, und darauf dürfen Sie stolz sein. Animationen dauern in der Regel nur einige Sekunden und eignen sich hervorragend als Pausenfüller. Sorgen Sie dafür, dass Ihr Publikum nicht ermüdet. Schieben Sie zwischen Ihre Texte, Bilder und Videos immer mal wieder eine spaßige Animation ein.

## 1.5.6 Virale Videos

**Bild 1.29:** Julien Bam in Action: Everyday Saturday.

Das erfolgreichste deutsche YouTube-Video des Jahres 2016 stammt vom Webvideoproduzenten und Musiker Julien Bam, der sich in Köln niedergelassen hat. Im Clip parodiert er den Rap »Everyday Saturday« von ApoRed. Julien nimmt darin so ziemlich alles aufs Korn, was dem Macho-Rapper heilig ist: Bling bling, heiße Girls, dicke Schlitten und harte Sprüche. Auf seinem chic aufgemotzten Fahrrad stiehlt er ApoRed die Show und verzeichnet mehr Klicks als das Original.

Die Erfolgsfaktoren:

* Spaß an der Parodie.

* Jugendlichkeit und Dynamik.

* Handwerklich gute Audio- und Videoarbeit.

Der Erfolg in Zahlen:

* Anzahl der YouTube-Abonnenten von Julien Bam: über 3.000.000.

* Anzahl der Videoaufrufe auf YouTube: über 300.000.000.

Beeindruckende Zahlen, oder? Allerdings gelingen Aufbau und Erhalt einer so gewaltigen Community nur mit einem Kitt, der alles zusammenhält. Sein Name? Comedy!

# 1.6 Comedy und Community

**Bild 1.30:** Griechische Theatermaske.

Ohne Theater wäre das Leben unerträglich. Ohne die Maske wäre das Theater unerträglich.

## 1.6.1 Die Marke hinter der Maske

Begeben Sie sich gedanklich zur wichtigsten Spielstätte der Antike. Fühlen Sie die ungeheure Anspannung bei den Schauspielern, die die Bühne des Dionysostheaters betraten, der Geburtsstätte des europäischen Dramas. Seien Sie gewiss, dass die frühen Dramaturgen alle menschlichen Abgründe kannten und sie gnadenlos auf die Bühne brachten – und auch die göttlichen, denn die Damen und Herren des Olymp waren mitunter ziemliche Rabauken.

Das frühe Theater glich einer Gratwanderung. Wehe den Schauspielern, wenn sie in Ausübung ihrer Kunst das Publikum zu sehr oder die Unsterblichen nur im Geringsten beleidigten. Die Darsteller waren zum Selbstschutz darauf angewiesen, dass die Handlung auf der Bühne als Theaterstück und als nichts anderes wahrgenommen wurde – und deswegen legten sie eine Maske an.

Die Funktion der Maske:

- Die Maske erzeugt eine äußere Distanz – zwischen dem Schauspieler und dem Publikum. Der Mensch unter der Maske genießt eine größere Freiheit als eine Privatperson.

- Die Maske erzeugt eine innere Distanz – zwischen dem Schauspieler und dem Stück. Sie schützt den Darsteller vor dem Durchdrehen. Mit dem Anlegen der Maske verlässt er die Realität, mit dem Ablegen kehrt er schmerzfrei zurück.

- Die Maske erzeugt einen Wiedererkennungswert für den dargestellten Charakter

Die Funktion der Marke:

Wie die Maske die Arbeit des Schauspielers erleichtert, so befördert die Marke den Auftritt eines Unternehmens:

- Eine Marke ermöglicht es, einseitig Stellung zu beziehen.

- Eine Marke kann inhaltlich neu positioniert werden.

- Eine sehr bekannte oder beim DPMA (*Deutsches Patent- und Markenamt*) eingetragene Marke genießt Rechtsschutz.

- Marken treten in einer Form auf, die man einem gewöhnlichen Sterblichen als Größenwahn ankreiden würde.

- Eine Marke ermöglicht die Anheuerung von Markenbotschaftern – einzelnen Personen, die den Markennamen kostenlos oder gegen Bezahlung verbreiten.

**Fazit**: Maske und Marke gewähren eine erhöhte Handlungsfreiheit.

### Komödie und Tragödie

Sie wollen Ihr Publikum doch sicher nicht mit der Wucht einer griechischen Tragödie in den Weltschmerz stürzen, sondern Umsätze erzielen oder ein Projekt voranbringen. Dann setzen Sie die passende Maske auf, und zwar die der Komödie, selbst wenn Ihnen gerade nicht danach zumute ist. Ertragen Sie Ungemach mit Ironie; das Wort kommt aus dem Griechischen und bedeutet Verstellung.

Als Meister der Ironie gelten die Briten, und das nicht erst seit der Produktion der Monty-Python-Filme. Das Inselvolk genießt grundsätzlich einen Humorbonus. Da das Publikum jeder Äußerung ein Augenzwinkern unterstellt, sind auf britischen Bühnen auch ein relativ derbe Späße immer noch akzeptabel.

In Deutschland pflegt man dagegen die etwas zurückhaltendere Art, wie im folgenden Dialog zwischen einem unzufriedenen Fahrgast und der Bahn.

## 1.6.2 Das ist doch hoffentlich Ironie

**Harry G**
17. Januar um 12:22 · 🌐

Ein Abschiedsbrief:
Ich weiss noch, als Kind habe ich dich geliebt, deine Größe, deine Kraft und
deine Ausdauer. Wie gerne war ich mit dir unterwegs und habe mir von dir
das Land zeigen lassen. Doch im Laufe der Zeit bist du alt, kompliziert und
inflexibel geworden und es gab zu viele attraktive Alternativen zu dir. Ich
habe dich nicht mehr beachtet, dich links liegen lassen, dich regelrecht
verschmäht. Erst vor kurzem habe ich den Entschluss gefasst wieder öfter
mit dir Zeit zu verbringen, mich wieder auf dich einzulassen und das
Ausmaß der Enttäuschung war enorm. Ganze vier mal in 2 Jahren haben wir
es wieder miteinander gewagt und was soll ich sagen, dreimal warst du über
45min zu spät und einmal bist du erst gar nicht gekommen. Deshalb mein
Entschluss, ich werde nie mehr in meinem ganzen Leben auch nur einen
Fuß in deine Türe setzen. Deutsche Bahn Personenverkehr und Deutsche
Bahn Konzern lebe wohl, ich hoffe du wirst glücklich mit einem anderen.
Aber glaub mir die lieben dich auch nicht, die haben bis jetzt auch nur
keinen besseren gefunden. Adios

**Bild 1.31:** Die ironische Kritik fordert eine angemessene Antwort heraus.

Der Comedian Harry G empörte sich auf seiner Facebook-Seite über die Deutsche Bahn in einem Abschiedsbrief:

»Ich weiß noch, als Kind habe ich dich geliebt, deine Größe, deine Kraft und deine Ausdauer. Wie gerne war ich mit dir unterwegs und habe mir von dir das Land zeigen lassen. Doch im Laufe der Zeit bist du alt, kompliziert und inflexibel geworden und es gab zu viele attraktive Alternativen zu dir. Ich habe dich nicht mehr beachtet, dich links liegen lassen, dich regelrecht verschmäht. Erst vor Kurzem habe ich den Entschluss gefasst, wieder öfter mit dir Zeit zu verbringen, mich wieder auf dich einzulassen, und das Ausmaß der Enttäuschung war enorm. […] Deshalb mein Entschluss, ich werde nie mehr in meinem ganzen Leben auch nur einen Fuß in deine Türe setzen. Deutsche Bahn Personenverkehr und Deutsche Bahn Konzern lebe wohl, ich hoffe, du wirst glücklich mit einem anderen. Aber glaub mir, die lieben dich auch nicht, die haben bis jetzt auch nur keinen besseren gefunden. Adios.«

Ziemlich harter Tobak, doch das Social-Media-Team der Bahn hat die Ironie aufgegriffen und eine geschliffene Antwort serviert:

»Lieber Harry,

schweren Herzens und mit Tränen in den Augen habe ich Deinen Abschiedsbrief gelesen. Ich erinnere mich an die Zeit, als wir ein gutes Team waren. Ich habe Dir die Welt gezeigt, und Deine strahlenden Kinderaugen blickten voller Begeisterung durch meine Scheiben, immer neue Landschaften flogen vorbei, und ich brachte Dich stets sicher ans Ziel. […] Ich weiß, dass es in letzter Zeit nicht mehr so rund lief, dass ich zu spät zu unseren Treffen kam oder Dich sogar ganz versetzte. Dies tut mir leid, und ich weiß, dass ich das nicht wiedergutmachen kann. Dennoch wäre es schön, wenn Du mich nicht ganz vergisst. Lass uns im Guten auseinandergehen, und wenn etwas Zeit ins Land gestrichen ist, können wir es noch einmal miteinander versuchen.«

Mit der ironischen Antwort gelang es der Bahn, einen Teil des Publikums wieder auf ihre Seite zu ziehen und positive Kommentare zu ernten: »Hut ab vor dem humorvollen Konter.«

**Bild 1.32:** Das Publikum honoriert den humorvollen Konter.

Die Vorteile einer Diskussion auf ironischer Ebene:

- Vermeidung von persönlichen Angriffen und Beleidigungen zwischen den Kontrahenten.

- Hoher Unterhaltungswert für das Publikum.

- Sympathiegewinn für alle Beteiligten.

Grundsätzlich empfiehlt sich der Einsatz von Ironie, wenn schon das Ausgangsposting mit einem Augenzwinkern verfasst wurde, der Ball also nur aufgegriffen werden muss. Alles andere hieße, die Aufführung eines vergnüglichen Stücks ohne Vorwarnung durch einen belehrenden Vortrag zu ersetzen.

### Die Tücken der Ironie

Im Internet werden Gestik, Mimik und Stimme nicht so unmittelbar wiedergegeben wie auf einer stationären Bühne. Hinzu kommt, dass sich das Publikums spontan zusammenfindet. Es fehlt der geschützte Theaterraum, in dem die Anwesenden ein Stück von Anfang bis Ende verfolgen. Stellen Sie sich vorsichtshalber auf diese Probleme ein:

- Ironie wird nicht von allen wahrgenommen.

- Ironie wird von einigen falsch interpretiert.

- Ironie wird nicht auf allen Bühnen gleich verstanden.

Sie können natürlich überall einen zusätzlichen Text mit der Warnung »nicht so gemeint« einfügen, aber diese Methode ist nicht gerade elegant. Hieven Sie Ihre Kommunikation dezenter auf das ironische Gleis, zum Beispiel mit Running Gags. Sehr verbreitet ist dieses Stilmittel auf Twitter.

## 1.6.3 Running Gags aufbauen

**Bild 1.33:** Die »Männergrippe« bedient sich bei anderen Twitterern – mit Quellenangabe.

Wie wunderbar Comedy und Community harmonieren, zeigt die »Männergrippe«. Dahinter steckt das Pharmaunternehmen Klosterfrau Healthcare Group. Extra dafür eingerichtet wurden kampagnenbezogene Präsenzen auf den wichtigsten Bühnen:

Auf Twitter: *https://twitter.com/Maennergrippe*

Auf Facebook: *https://www.facebook.com/DieMaennergrippe/*

Auf YouTube: *https://www.youtube.com/channel/UCZxhDPjfE5LV6br--lFEU4A*

Auf Google Plus:*https://plus.google.com/117245128986599515599*

Auf Instagram: *https://www.instagram.com/maennergrippe/*

Als eigene Website: *http://die-männergrippe.de/*

**Bild 1.34:** Der etwas wehleidige Mann ist das Maskottchen für die Arzneimittelwerbung.

Als Maskottchen dient die Silhouette eines kranken Hipsters mit einem Fieberthermometer im Mund. Die Darstellung spiegelt den Humor der Twitterer und auch der User anderer Social-Media-Bühnen wider:

Frauen bekommen Kinder, ohne zu jammern. Der Mann hingegen stellt gerne und in allen Details seine kleineren Wehwehchen zur Schau, und er möchte dafür von der Welt bemitleidet werden – oder für seine Tapferkeit bewundert.

Die Kampagne bespielt Twitter, Facebook, YouTube und Instagram unter Berücksichtigung der jeweiligen Sensibilitäten.

### Männergrippe auf Twitter

Auf Twitter schmückt sich die Männergrippe mit fremden Federn, nämlich den Zitaten anderer Twitterer. Allerdings werden die Urheber genannt und somit nicht vor den Kopf gestoßen. Sie sind im Textteil der Männergrippe-Tweets verlinkt. Im Idealfall fühlt sich der Urheber des Zitats geehrt und retweetet sich selbst – unter dem Label der Männergrippe. Sie werden auf raffinierte Art und Weise eingespannt.

Die Organisatoren der Kampagne haben verstanden, wie die kreative und selbstbewusste Community funktioniert:

*   Twitterer möchten respektvoll behandelt werden.

*   Kommerzielle Inhalte sind mit Humor zu verpacken.

*   Es ist tabu, einen Spruch zu stehlen.

*   Es wird geduldet, einen Spruch zu zitieren.

## Männergrippe auf Facebook

**Bild 1.35:** Eine Verlosung bildet usergenerierte Inhalte auf Facebook.

Auf Facebook inszeniert die Männergrippe Wettbewerbe, um qualitativ hochwertige Publikumsreaktionen zu provozieren. Die Aufgabe besteht darin, zum Motiv eines schnäuzenden Herrn im Bademantel eine originelle Bildüberschrift zu finden:

»Bildüberschrift gesucht. Schreibt eure kreativsten Antworten in die Kommentare. Unter den 100 besten Antworten verlosen wir unsere geilen Männergrippe-Tattoos.«

Der Gewinn für die Teilnehmer ist von symbolischem Wert und steht in keinem Verhältnis zum Wert, der für die Kampagne herausspringt:

- Ein Feuerwerk an Likes und Shares.
- Hochwertiger usergenerierter Inhalt in Form von Kommentaren.
- Über 600.000 Seitenabonnenten.

## Männergrippe auf YouTube

**Bild 1.36:** Spots im Stil einer Nachrichtensendung präsentiert die Männergruppe auf YouTube.

Immer für Lacher gut sind satirische Inhalte im Gewand einer Nachrichtensendung. Auf eine jahrzehntelange Tradition kann diese Methode im Fernsehen zurückblicken. Was in den 1970er-Jahren mit Loriots Telekabinett und Rudis Tagesshow begann, hat in unseren Tagen in der Heute-Show Platz gefunden. Unterhaltsame Clips im Nachrichtenstil produziert auch das Männergrippe-Team. Präsentiert werden sie auf Facebook und dem dafür eingerichteten YouTube-Channel.

Geschickt variiert die Männergrippe dabei zwischen Werbung und Satire. Einige Clips beschränken sich auf satirische Inhalte, andere verweisen am Ende auf ein bestimmtes Medikament. Die Strategie der Kampagne:

* Einrichten von Kampagnenaccounts auf allen wichtigen Bühnen, ergänzt durch eine kampagneneigene Website.

* Erzeugung von Aufmerksamkeit durch Satire.

* Verbreitung des Kampagnennamens.

* Aufbau einer Community.

* Animation der Community zur Produktion von Content.

- Pflege der Community durch Beantwortung von Kommentaren.

- Maßvolles Einstreuen von Werbeinhalten.

### Zum Verwechseln gute Satire verbreiten

**Bild 1.37:**  Die Satiriker des YouTube-Kanals *postillon24* berichten über die Entdeckung einer »historischen Ruine in Berlin«. Tatsächlich handelt es sich um den Flughafen BER.

Zur Produktion von »Nachrichten« inspiriert wurde das Männergrippe-Team mit ziemlicher Sicherheit durch den Erfolg der Satire-Website *www.der-postillon.com*, die auf YouTube unter dem Namen *postillon24* einen eigenen Channel betreibt. Die Meldungen des Postillons sind auch deswegen so populär, weil einige davon in regulären Nachrichtensendungen gelandet sind.

Ins journalistische Fettnäpfchen tappte beispielsweise der russische Sender Rossija 24. In einer frei erfundenen Nachricht hatten die Postillon-Schelme von den Nöten eines Kneipiers berichtet, der seinen Gästen bei der Fußballweltmeisterschaft 2014 für jedes deutsche Tor im Spiel gegen Brasilien einen Schnaps versprochen hätte. Da das Spiel 7:1 ausging, wäre der Wirt jetzt pleite. Rossija 24 hatte die Meldung ungeprüft übernommen.

Auf den Leim gegangen sind auch schon heimische Sendeanstalten. Der Mitteldeutsche Rundfunk (MDR) berichtete 2016 in einem Radiobetrag über kultusministerielle Pläne, im Zuge einer neuen Rechtschreibreform die gerne verwechselten Wörter »seid« und »seit« durch das einheitliche »seidt« zu ersetzen. Die Urheber dieser Pläne saßen allerdings nicht in irgendeinem Ministerium, sondern in der Postillon-Redaktion.

## 1.7 Die Bühnen der Welt

Die großen Drei, Facebook, Twitter und YouTube, genießen immer noch höchste Popularität unter den Social-Media-Bühnen. Doch die Gewohnheiten des Publikums ändern sich mit der steigenden Anzahl der mobilen Nutzer:

- Bilder verdrängen Texte.
- Mit Smartphone-Apps verfremdete Bilder verdrängen die einfache Fotografie.
- Bewegte Bilder verdrängen unbewegte.

Neue Bühnenbetreiber buhlen um die Gunst der Generation Smartphone. Im folgenden Kapitel unternehmen wir mit Ihnen einen Rundflug über die aktuelle Theaterlandschaft. Ausführliche Anleitungen zu den wichtigsten acht Spielstätten finden Sie dann im zweiten Kapitel dieses Buchs.

## 1.7.1 Die Großen: Facebook, Twitter und YouTube

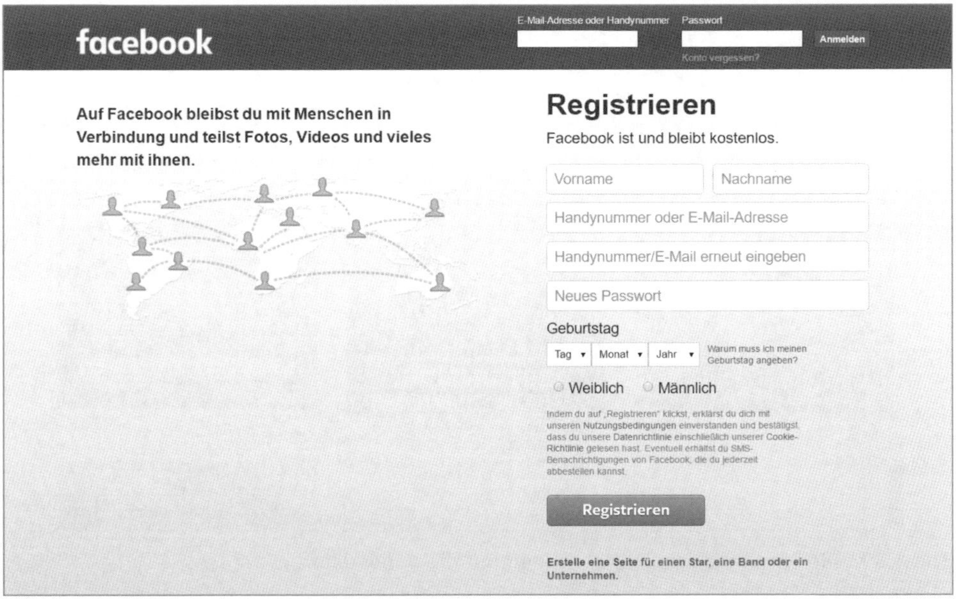

**Bild 1.38:** Die Startseite von Facebook fordert zur Registrierung auf.

### Facebook

Warum für das Social-Media-Marketing kein Weg an Facebook vorbeiführt? Weil hier alle Zielgruppen präsent sind. Für das erste Quartal des Jahres 2017 hat Facebook folgende Zahlen für die monatlich aktiven User veröffentlicht, die sogenannten MAUs (*Monthly Active Users*):

- Weltweit 1,9 Milliarden Profile.

- Weltweit 65 Millionen Unternehmensseiten.

- Weltweit 4 Millionen Unternehmen, die Geld für Werbung auf Facebook ausgeben.

- Europaweit 354 Millionen Profile.

Facebook hat die Zahlen zwar nicht nach Ländern aufgeschlüsselt, doch seriöse Schätzungen gehen von 26 Millionen monatlich aktiven Usern in Deutschland aus. Genaue Daten hat das Unternehmen für die weltweite Anzahl derjenigen Nutzer genannt, die sich ausschließlich über mobile Geräte einloggen. Rund 1,2 Milliarden Menschen verzichten beim Einloggen auf Facebook auf den stationären PC oder Laptop. Zwar fällt die Quote der ausschließlich mobilen User in Indien oder Nigeria erheblich höher aus als in Deutschland, doch auch in unseren Breitengraden wird das mobile Internet immer wichtiger.

## Twitter

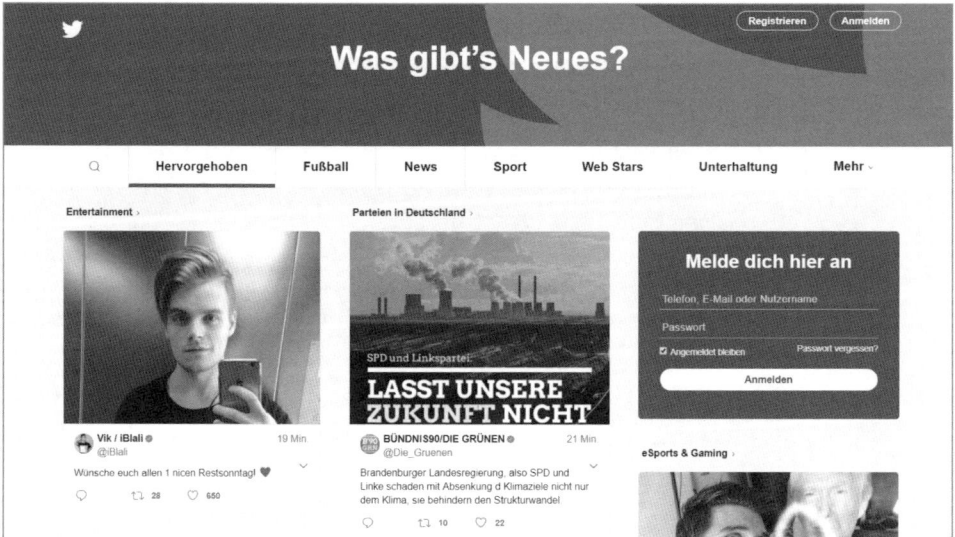

**Bild 1.39:** Die Startseite von Twitter präsentiert die neuesten Nachrichten.

Schätzungsweise zwei bis drei Millionen deutsche User finden sich regelmäßig auf Twitter ein. Quantitativ liegt die Bühne damit zwar nur im Mittelfeld, doch in der öffentlichen Wahrnehmung gilt Twitter als meinungsbildend. Nachrichtensender, Zeitungen und Onlinemedien berufen sich gerne auf Twitter-Trends, und sie zitieren auch einzelne Tweets.

An der Definition von Twitter beißen sich die Experten immer wieder die Zähne aus. Weil aktuelle Ereignisse aus Politik, Gesellschaft und Sport sehr schnell aufgegriffen werden, verwenden Presse und Fernsehen gerne den Begriff Kurznachrichtendienst. Die Twitterer selbst würden sich aber nur schwerlich als Journalisten bezeichnen; der überwiegende Teil ihres Contents ist persönlicher Natur. Der besondere Reiz von Twitter besteht darin, dass neben tagesaktuellen und politischen Themen auch Skurriles seinen Platz hat. Kurz gesagt: Twitter ist ein Improvisationstheater.

## YouTube

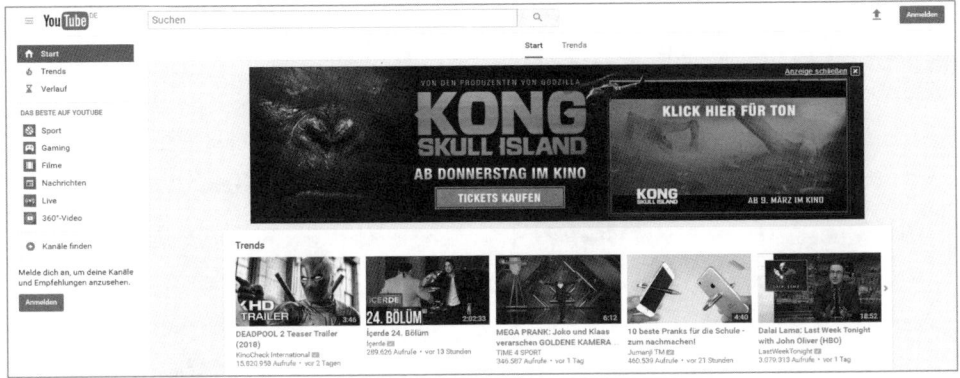

**Bild 1.40:**  Auf YouTube sind Videos auch ohne Registrierung abrufbar.

Schätzungsweise eine Milliarde User betrachten regelmäßig Videos auf YouTube, in Deutschland sind es je nach Umfragen zwischen 15 und 20 Millionen. Von den anderen Bühnen unterscheidet sich YouTube dadurch, dass die Inhalte auch ohne Registrierung eingesehen werden können.

### Facebooks Angriff

Konkurrenz erhält die zum Google-Imperium gehörende Bühne YouTube nicht nur von Vimeo und anderen Videoplattformen, sondern zunehmend auch von Facebook. Die beiden Giganten bekämpfen sich mit harten Bandagen:

- YouTube-Videos erhalten in den Trefferlisten der Suchmaschine Google einen besseren Platz als Facebook-Filme.

- Facebook stellt eigens hochgeladene Videos in einer attraktiveren Form dar als diejenigen, die via YouTube eingebunden wurden.

## 1.7.2 Die Neuen: Instagram, WhatsApp und Snapchat

**Bild 1.41:** Das Einsatzgebiet von Instagram: die Präsentation von Fotos und Videos.

### Instagram

Instagram, 2010 als Fotodienst gestartet und 2012 von Facebook übernommen, entwickelte sich zur ersten großen Bühne der Generation »Mobile only«. Eine Verwendung auf Desktop-PC oder Laptop ist für Normalanwender nämlich gar nicht vorgesehen. Die App verzeichnet heute schon über eine halbe Milliarde Downloads. Die weiteren Zahlen:

- Weltweit 700 Millionen monatlich aktive Teilnehmer, zwei Drittel davon nutzen Instagram täglich.

- Weltweit 5 Millionen Instagram-Business-Accounts.

- Schätzungsweise 5 Millionen aktive Nutzer in Deutschland.

- Weltweit 500.000 Unternehmen schalten Werbeanzeigen auf Instagram.

Seinen Aufstieg verdankt Instagram, dieser Marktplatz der Eitelkeiten, der Selfie-Welle. Weil die App mit der Kamerafunktion des Smartphones startet, kann sich der User sehr viel schneller in Szene setzen als über Facebook oder Twitter. Er braucht nur noch den Auslöseknopf zu drücken und ein paar Schlagwörter hinzuzufügen. Auf Instagram wird, von kurzen Kommentaren abgesehen, nicht mittels Fließtext kommuniziert, sondern über Bilder, Videos und Hashtags.

**Visual Storytelling**
Es gab mal eine Zeit, in der Comics als »Schundhefte« galten – die effekthascherischen Bilder standen nämlich im Verdacht, die Jugend von der Beschäftigung mit »echter« Literatur abzuhalten. Eine ähnliche Kritik könnte man heute gegen Instagram vorbringen, denn auch hier sind die Worte zum Beiwerk degradiert. Der Content reduziert sich auf Bild- und Videogeschichten. Die Werbeindustrie nennt diese Form Visual Storytelling.

## WhatsApp

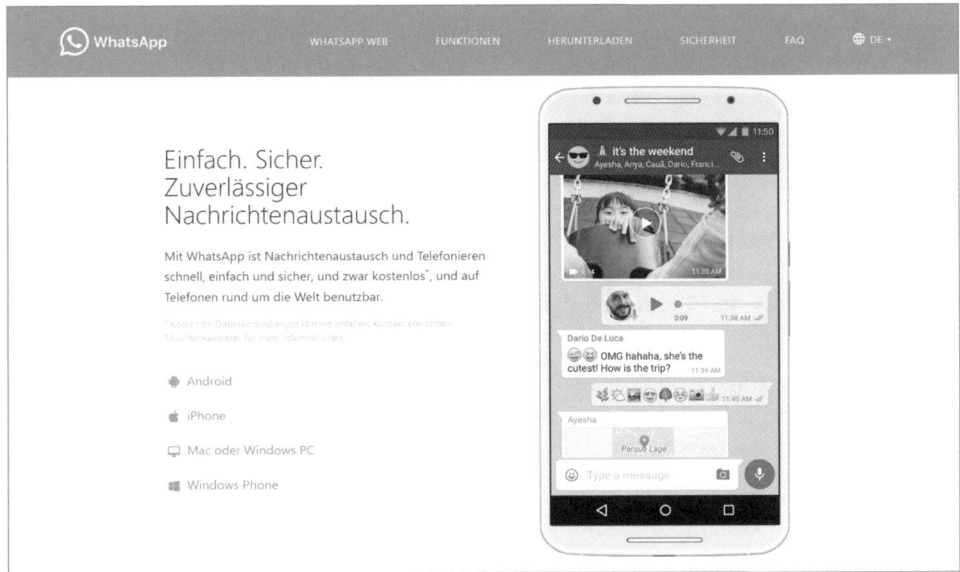

**Bild 1.42:** WhatsApp entwickelt sich vom Messenger zum Netzwerk.

Zum Facebook-Imperium zählt nicht nur Instagram, sondern auch der 2009 gegründete Messaging-Dienst WhatsApp, der heute weltweit von mehr 1,2 Milliarden Menschen genutzt wird. Weil Facebook seit der Übernahme im Jahr 2014 die Funktionen kontinuierlich erweitert, mutiert WhatsApp langsam, aber stetig vom Messenger zur respektablen Social-Media-Bühne. Zu den neuen bzw. sich in der Betaphase befindlichen Features von WhatsApp gehören:

- Editieren von abgesendeten Nachrichten.

- Absenden von Statusmeldungen, die nach 24 Stunden wieder verschwinden.

- Versenden von Einladungslinks.

WhatsApp ist das Erste, was sich die Käuferinnen und Käufer eines neuen Smartphones installieren. Und sie nutzen es 24 Stunden am Tag:

- Beim Frühstück, auf dem Klo und in der U-Bahn.

- Während der Arbeit, beim Shopping und im Restaurant.

- Im Club.

- Nach dem Club in der Tankstelle.

- Nach der Tankstelle beim Date.

- Nach dem Date.

**Fazit**: WhatsApp hat für die meisten Nutzer den Rang eingenommen, den früher das Festnetztelefon hatte. Die App ist ein unverzichtbarer Bestandteil der Kommunikation geworden, und das bei erheblich erweiterten Möglichkeiten.

Zum Zeitpunkt der Veröffentlichung dieses Buchs wird noch ein externer Dienstleister benötigt, um einen Massenversand von WhatsApp-Nachrichten zu organisieren. Im Vergleich zu Facebook, Twitter und Instagram steckt die werbliche Nutzung noch in den Kinderschuhen. Aus dieser Werbearmut ergeben sich für frühzeitig auftretende Akteure hervorragende Chancen, aus der Masse der Mitbewerber herauszutreten. Facebook-Anzeigen werden vom Publikum oft innerlich ausgeblendet – im Gegensatz zu Werbe-WhatsApps.

Falls Sie sich nun fragen, ob sich alle mobilen Bühnen in der Hand von Facebook befinden: Nein, nicht alle. Snapchat hat sich seine Unabhängigkeit bewahrt wie das berühmte gallische Dorf in den Asterix-Heften.

Die Gründer von Snapchat, die beiden Endzwanziger Evan Spiegel und Bobby Murphy, lehnten im Jahr 2013 ein Übernahmeangebot von Facebook in Höhe von drei Milliarden Dollar dankend ab.

**Snapchat**

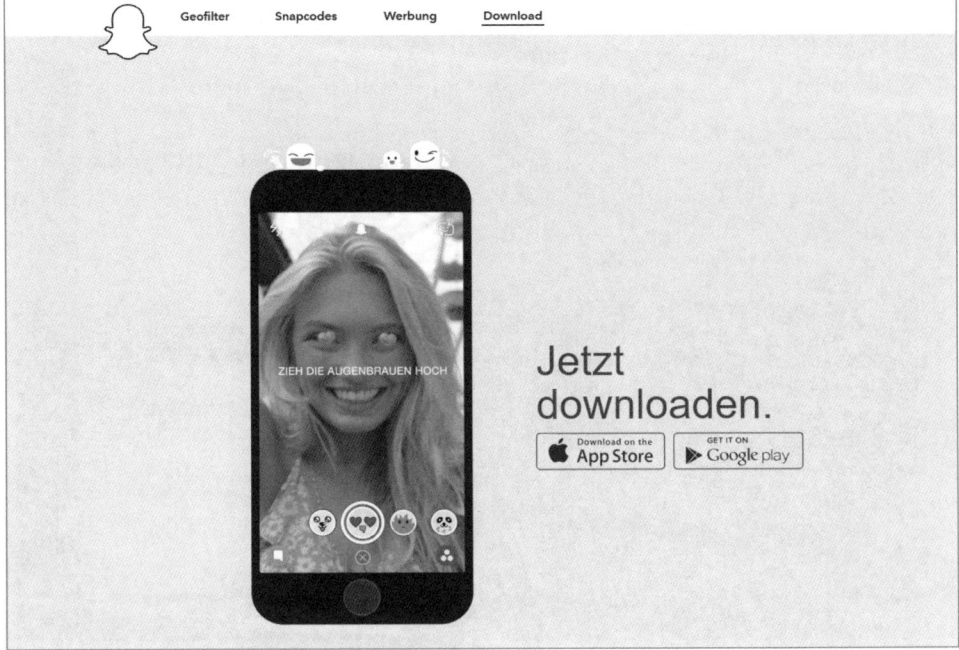

**Bild 1.43:** Snapchat macht jungen Leuten viel Spaß.

Die Foto- und Videobühne, deren Börsenwert nach der ersten Notierung im März 2017 über 20 Milliarden US-Dollar betrug, zählt zu den härtesten Konkurrenten von Facebook. Rund zehn Milliarden Kurzvideos werden pro Jahr via Snapchat aufgerufen.

Das junge Publikum liebt das Amüsement mit lustigen Bildern, Snapchat liefert die passende Technik: einen Messenger, mit dem sich Bilder und Videos schnell und unkompliziert aufnehmen, verfremden und verschicken lassen.

Den meisten Spaß haben Kinder und Jugendliche mit der Verwandlungsfunktion. Mit wenigen Klicks lässt sich ein Gesicht zum Beispiel mit Löwenohren, Schweinsnasen oder einer Hundezunge verzieren. Snapchat stellt dazu immer neue und fantasievollere Möglichkeiten zur Verfügung.

In 2013 scheiterte Mark Zuckerberg an der Übernahme des Rivalen, seither versucht sich der Boss von Facebook, Instagram und Snapchat im Ideenklau. Inspiriert von den Snapchat-Storys, verfügt seit 2016 auch Instagram über eine Funktion zum Zusammenfassen von Bildern und Videos. Man darf gespannt sein, welche »neuen« Features zur schnellen Bildbearbeitung noch in Facebook und WhatsApp Einzug halten werden.

### 1.7.3 Die Bilderbühne: Pinterest

**Bild 1.44:** Auf Pinterest gibt es viele Bilder zu sehen. Angeordnet sind sie wie in einem Katalog.

Grobe Schätzungen gehen von 2 Millionen deutschen Usern und 70 Millionen weltweit aus, die regelmäßig auf Pinterest Bilder zusammenstellen und betrachten. Dass die Mehrheit des Publikums weiblich tickt, enthüllt ein kurzer Blick auf die Themenpalette. Eine wichtige Rolle spielen Fashion, Lifestyle, Shopping, Heiraten, Ernährung und Erziehung.

**Das Pinterest-Prinzip**

Das Prinzip von Pinterest:

- Die User legen Pinnwände an und heften darauf Bilder von verschiedenen Webseiten.

- Mit zwei Klicks auf ein Bild landet der Betrachter auf der Quellseite.

Ansonsten hat Pinterest viel von den klassischen Social-Media-Bühnen. Die User folgen sich gegenseitig und teilen Inhalte. Über einen Repin werden Bilder an andere User weitergereicht. Pinterest ist wie geschaffen dafür, erstklassiges Bildmaterial viral zu verbreiten. Besonders diese Gruppen nutzen Pinterest als Marketinginstrument:

- Hersteller von Produkten.

- Onlinehändler mit eigenen Produktbildern.

- Modelabels und Fashion-Blogger.

- Reiseanbieter und Eventagenturen.

- Köche und Food-Blogger.

- Anbieter aus den Bereichen Bildung, Erziehung und Wellness.

- Anbieter von Waren und Dienstleistungen, die bei Frauen besonders beliebt sind.

## 1.7.4 Die Klangbühnen: Soundcloud und musical.ly

Wer 30 Lenze überschritten hat, erinnert sich noch an MySpace. Die einst so populäre Bühne für Bands und Fans existiert zwar noch, zieht aber heute so viel Publikum an wie eine Feuerwehrkapelle auf einem Heavy-Metal-Festival. Die Gründe für den tiefen Fall:

- Mit der Expansion vom Musiknetzwerk zur thematisch offenen Bühne wurde der Markenkern verwässert.

- Musikvideos finden bei YouTube ein viel größeres Publikum.

- Die Sogwirkung von Facebook hat bei MySpace zu massiven Abwanderungen geführt.

Die Präsentation von Musik- und anderen Audiodateien findet allerdings immer ein Publikum. Die von MySpace hinterlassene Lücke füllt sich wieder. Zu den Aufsteigern unter den Klangbühnen zählen Soundcloud und musical.ly.

**Soundcloud**

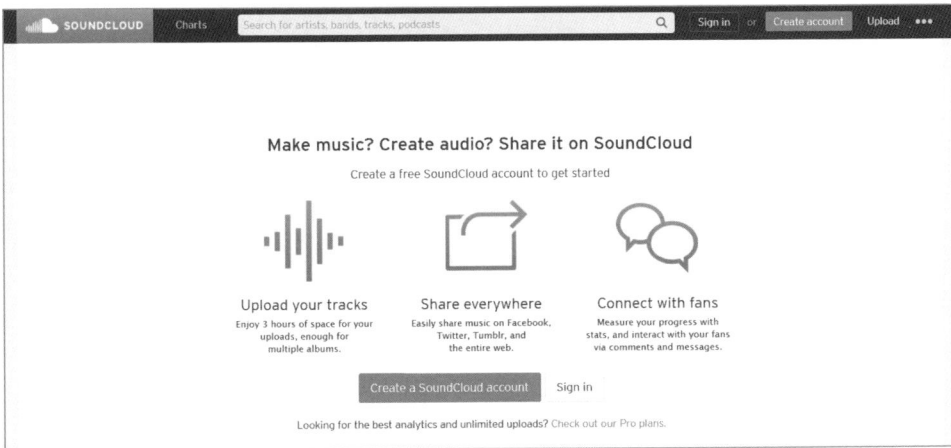

**Bild 1.45:** Auf Soundcloud können Audiofiles hochgeladen und dann auf Facebook, Twitter und in den Firmenblog eingebettet werden.

Die Jungs von Soundcloud operierten lange in einer rechtlichen Grauzone. Musikdateien wurden in den Anfangsjahren ohne Zustimmung der Urheber, Künstler, Labels und Verwertungsgesellschaften hochgeladen. Inzwischen hat man sich mit der Musikindustrie halbwegs arrangiert. Mit den großen Labels Sony und Universal wurden Lizenzverträge geschlossen, und über ein Bezahlmodell erhalten unbekannte Künstler die Möglichkeit, ihre Songs zu promoten.

**Mit Soundcloud die Verweildauer erhöhen**

Soundcloud ist gut geeignet, um die Aufenthaltsdauer der Besucher einer Social-Media-Präsenz oder eines unternehmenseigenen Blogs zu erhöhen. Testen Sie es und präsentieren Sie ein Interview. Die Vorgehensweise:

1. **Produktion des Tracks:** Ein Tonstudio benötigen Sie hierzu nicht. Interviews lassen sich in guter Qualität mit einem sogenannten Fieldrecorder aufzeichnen, einem handlichen Aufnahmegerät in Größe eines Rasierapparats. Für eine gute Audioqualität bei Interviews sorgen Geräte mit einem kleinen Standfuß und eingebauten Mikrofonen an Front- und Rückseite.

   Sie können den Fieldrecorder dann zwischen sich und Ihren Interviewpartner auf dem Tisch platzieren. Mit allen nötigen Features ausgestattet ist beispielsweise das Modell H2N des Herstellers Zoom.

2. **Anlegen eines Soundcloud-Accounts:** Wie auch auf anderen Bühnen müssen Sie sich vor dem Upload von Content registrieren.

3. **Hochladen:** Laden Sie den Track vom Fieldrecorder auf Ihren Computer und anschließend auf Soundcloud.

4. **Abrufen des Einbettungscodes:** Klicken Sie unterhalb Ihres Tracks auf die Schaltfläche *Share*.

5. **Einbetten:** Platzieren Sie den Einbettungscode auf Ihren Social-Media-Präsenzen und Ihrem Firmenblog. Ein Tipp, falls Sie Ihr Blog mit WordPress betreiben: Der Code kann direkt in einen Beitrag kopiert werden, ein spezielles Plug-in ist, analog zur Einbettung von YouTube-Videos, nicht erforderlich.

**Bild 1.46:** Edeka präsentiert den Song »All I Can Do« auf Facebook – via Soundcloud.

**Soundcloud über andere Bühnen anzapfen**

Der Lebensmittelhändler Edeka nutzt die Möglichkeit der Einbettung von Soundcloud-Tracks für seine Werbekampagne *#EATKARUS*. Im Zentrum steht der Kampagnensong »All I Can Do«. Das Bild oben zeigt die Facebook-Seite mit dem eingebetteten Link. Das Coverbild wird von Facebook automatisch übernommen.

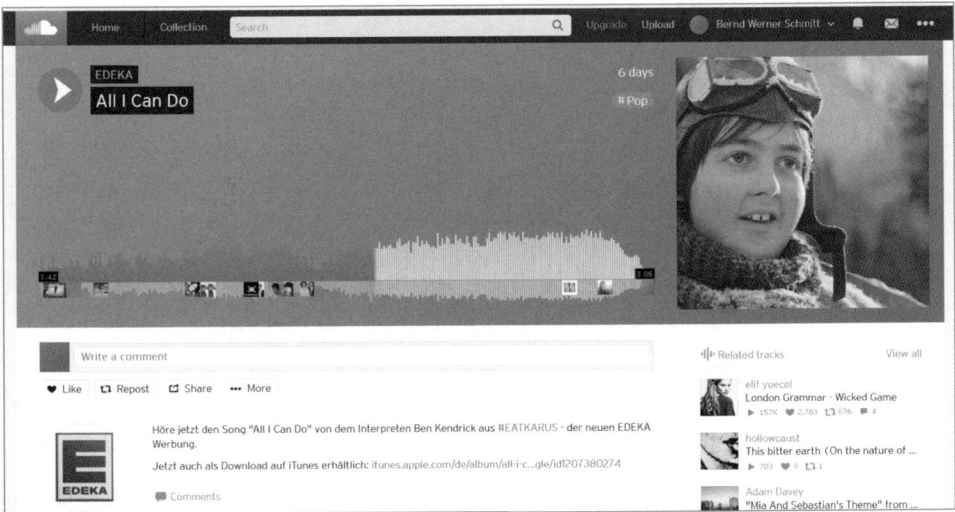

**Bild 1.47:** Soundcloud verzichtet auf Videofunktionen. Dafür werden die Tracks in Form einer Klangkurve visualisiert.

Mit einem Klick auf den Namen des Songs landen die Besucher auf Edekas Soundcloud-Präsenz. Die Besonderheiten dieser Bühne:

- Audiodateien werden in Form einer Klangkurve visualisiert. Es ist nicht möglich, auf Soundcloud Videos hochzuladen oder anzusehen.

- Besucher erkennen beim Anhören eines Tracks, an welcher Stelle sie sich gerade befinden.

- Besucher positionieren ihre Kommentare an einer von ihnen gewünschten Stelle im Track.

Der Dreh für Edeka: Das Unternehmen erreicht ein Publikum, das sich ursprünglich aus musikalischen Gründen eingefunden hat.

**musical.ly**

**Bild 1.48:** Die Teenagerbühne musical.ly.

Eine Warnung vorweg: Falls Sie sich zu den musikalischen Feingeistern zählen, sollten Sie sich von musical.ly lieber fernhalten. Suchen Sie um Himmels willen nicht nach »Best musical.ly Videos« auf YouTube und überblättern Sie die nächsten Seiten in diesem Buch.

**Die Zielgruppe**: Sie sind noch dabei? Dann blicken Sie der Wahrheit tapfer ins Auge: Die Zielgruppe von musical.ly erschöpft sich in Teenagern. Für Teenager stellt Musik weit mehr als eine Nebenbeschäftigung dar. Sie hören sie nicht als Hintergrund zum Staubsaugen oder Autofahren, sie durchleben ihre Lieblingslieder wie die Stars selbst – oder noch intensiver.

**Wie die App funktioniert**: Die von musical.ly Infizierten, sie nennen sich Muser, benötigen ein Smartphone. Während sie darüber ihren Lieblingssong abspielen lassen, richten sie die Kamera auf sich selbst und imitieren die (Lippen-)Bewegungen des Stars.

Das Ergebnis: Ein maximal 15 Sekunden langes Video, ein sogenanntes Musical. Diese Musicals werden nicht nur innerhalb von musical.ly verteilt, sondern breiten sich zunehmend auch auf anderen Bühnen wie YouTube, Facebook und Instagram aus.

**Community-Features**: Die Community-Features von musical.ly unterscheiden sich nur wenig von denen der großen Bühnen. Mit der Registrierung erhält jeder neue User ein eigenes Profil. Anschließend darf er Likes vergeben, Follower gewinnen und Kommentare samt Hashtags unter den Musicals posten.

**The next Big Thing?** Wohin sich musical.ly in Zukunft entwickelt? Diese Szenarien sind denkbar:

- Nach dem Abklingen des Hypes verschwindet die App wieder in der Versenkung.

- Nach einem weiteren Zuwachs an Usern entwickelt sich musical.ly zur respektierten Bühne.

- musical.ly wird von Facebook, Snapchat oder einem anderen Big Player übernommen.

**Marketing mit musical.ly**: Für Unternehmen und Projekte, die frühzeitig in einer wachsenden jungen Community Flagge zeigen möchten, ist musical.ly mit Sicherheit eine Überlegung wert. Bevorzugter Partner beim Marketing auf musical.ly ist, wenig verwunderlich, die Musikindustrie. Das Geld fließt in beide Richtungen. musical.ly verpflichtet Künstler, um sie bekannt zu machen, und Labels bezahlen an musical.ly, um den Bekanntheitsgrad ihrer Künstler zu erhöhen. Noch nicht geöffnet hat sich musical.ly für das direkte Marketing. Wer Werbung platzieren möchte, ist auf spezialisierte Agenturen angewiesen.

## 1.7.5 Die Businessbühnen: LinkedIn und XING

**Bild 1.49:** Die Anbahnung und Pflege nationaler und internationaler Geschäftskontakte hat sich LinkedIn auf die Fahne geschrieben.

XING und das 2016 von Microsoft aufgekaufte LinkedIn sind ganz auf die Anbahnung und Pflege von Geschäftskontakten ausgerichtet. Der Unterschied zwischen den beiden: LinkedIn ist international präsent, XING ein Netzwerk für Firmenkontakte vor allem im deutschsprachigen Raum.

**Bild 1.50:** Auch XING ist auf Geschäftskontakte spezialisiert, beschränkt sich aber auf den deutschsprachigen Raum.

### XING oder LinkedIn?

XING oder LinkedIn? Das ist ein bisschen wie Beatles gegen Stones. Die Fanboys der einen Seite haben für die andere nur ein müdes Lächeln übrig. Verwunderlich ist das nicht, denn die parallele Präsenz auf zwei ähnlich gestrickten Plattformen erfordert zu viel Zeit und bringt wenige zusätzliche Vorteile. Die Zielgruppen sind sehr ähnlich, und die Reichweite ist auf ein Special-Interest-Publikum beschränkt. Entscheiden Sie sich für eine der beiden Plattformen, falls Sie eine Businessbühne in Ihren Social-Media-Mix integrieren möchten.

### Risiken auf LinkedIn und XING

Gehen Sie sicher, dass Sie oder Ihre Mitarbeiter keine Betriebsgeheimnisse ausplaudern, die der Konkurrenz von Nutzen sein können, wozu auch detaillierte Informationen über Ihren Mitarbeiterstab gehören. Eine weitere Gefahr stellen Hacker dar, die LinkedIn und XING als Quelle zum Erwerb von Hintergrundwissen entdeckt haben und mit der Methode des Social Engineerings versuchen, an Passwörter und andere sensible Daten Ihres Unternehmens heranzukommen.

## 1.7.6 Die Spezialisten: Google Plus, Lego Life und Insta

### Google Plus

Google Plus, einst angetreten, um die Vorherrschaft von Facebook zu brechen, ist zwar als eigenständige Bühne grandios gescheitert, erfüllt aber dennoch eine wichtige Funktion, und zwar in Verbindung mit der Suchmaschine Google. Eine Präsenz auf Google Plus wirkt sich positiv auf das Ranking Ihrer Unternehmensseite aus. In der Regel kommen Sie an dieser Bühne gar nicht vorbei. Sobald Sie nämlich einen eigenen YouTube-Kanal eröffnen, erhalten Sie zwangsläufig eine Präsenz auf Google Plus.

**Bild 1.51:** Die Startseite von Google Plus.

### Lego Life

Einen ambitionierten Social-Media-Ansatz verfolgt der Spielzeughersteller Lego, der 2017 mit Lego Life an den Start ging. An Selbstbewusstsein mangelt es den Dänen dabei nicht, sie trommeln nämlich auch auf Facebook für die hauseigene Alternative. Die Spielregeln von Lego Life:

- Eltern müssen den Kindern eine Erlaubnis für den Zugang erteilen.

- Anonymität wird gewährleistet. Bilder von Personen sind nicht gestattet, für die Profilbilder werden Avatare im Lego-Design verwendet.

- Klarnamen sind nicht erlaubt und auch keine freien Namen. Es steht lediglich eine Auswahl vorgeschlagener Spitznamen zur Verfügung.

- Beiträge von Lego selbst können mit Texten kommentiert werden, Beiträge von Dritten nur mit Emojis und Stickern.

### Zielgruppe und Zugang

Die Zielgruppe ist ganz klar vorgegeben. Im Visier hat der Spielzeughersteller alle Kinder, die mit Lego spielen und basteln. Der Zugang ist nur mit mobilen Geräten möglich. Eine Besonderheit liegt in der Alterseinschränkung, denn das Mindestalter beträgt fünf Jahre. Zum Vergleich: Facebook und Twitter dürfen ab 13 Jahren genutzt werden, Instagram und Snapchat ab zwölf.

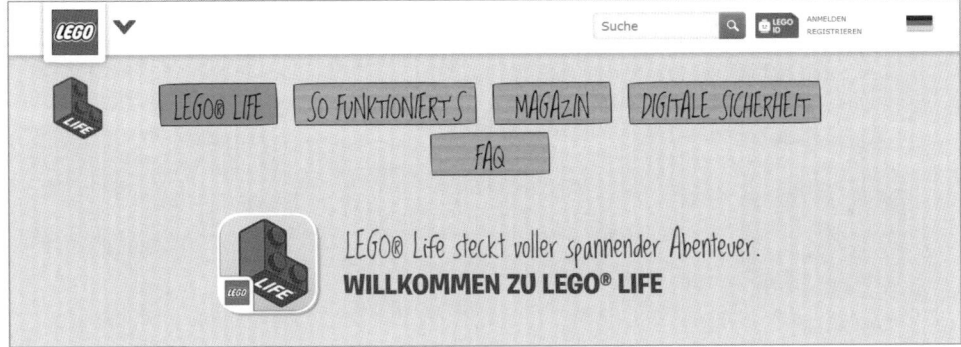

**Bild 1.52:** Der dänische Spielzeughersteller Lego hat mit Lego Life eine eigene Community aus der Taufe gehoben.

### Insta

Gerne verwechselt werden Instagram und die Nachrichten-App Insta. Verwunderlich ist das nicht, denn beide Namen ähneln sich, und beide haben sich ganz auf das mobile Publikum spezialisiert. Bei näherer Betrachtung werden aber große Unterschiede sichtbar:

- Instagram ist Teil des Facebook-Imperiums, Insta wird vom Anbieter Pylba Inc. betrieben, einem US-Start-up mit deutschem Entwicklerteam.

- Instagram fordert vom User eine Registrierung, für eine Teilnahme an Insta genügt die Installation der App.

- Auf Instagram werden Fotos und Videos von User zu User präsentiert. Insta dient der Verbreitung von Nachrichten in nur einer Richtung: vom Unternehmen zum Abonnenten. Der Schwerpunkt liegt bei Textnachrichten.

Insta gehört also nicht wirklich zu den Social-Media-Bühnen, bietet aber hervorragende Möglichkeiten für die Kommunikation von einem Sender zu vielen Empfängern.

Zugang zu Insta erhalten Werbetreibende über den Dienst WhatsBroadcast, der auch verschiedene Möglichkeiten für das WhatsApp-Marketing zur Verfügung stellt. Sie erreichen den Anbieter über diese URL: *https://www.whatsbroadcast.com/*

**Bild 1.53:** Die Insta-App sendet Nachrichten auf Smartphones.

## 1.7.7 Eine eigene Bühne gründen

Spielen Sie mit dem Gedanken, eine eigene Bühne zu gründen? Dann müssen Sie den Mut aufbringen, sich gegen den vorherrschenden Trend zu stellen. Aktuell werden nämlich mehr unabhängige Communitys auf die Social-Media-Bühnen verlagert als neue gegründet. Prominentes Beispiel ist die Internet Movie Database IMDb, die im Februar 2017 die hauseigenen Diskussionsforen schloss und ihre 250 Millionen Mitglieder mal eben auf Facebook und andere Social-Media-Alternativen verwies. Über die Ursache kann nur spekuliert werden, denn die notwendige Masse und Qualität an aktiven Usern konnte die IMDb zu jeder Zeit vorweisen.

### Aufbaustrategie und Besucherquellen

Um gegen die Macht der Facebook-Gruppen zu bestehen, benötigen Sie hoch motivierte Besucher, die von Beginn an fleißig Beiträge liefern und beantworten. Beginnen Sie Ihr eigenes Social-Media-Projekt nur dann, wenn Sie über mindestens eine der folgenden Besucherquellen verfügen:

* Eine große und gut gepflegte Liste von Newsletter-Abonnenten.

* Eine bereits existierende Onlinecommunity, zum Beispiel auf Facebook.

* Die Mitgliederbasis eines Vereins oder einer Initiative.

### Technische Umsetzung

Drei unterschiedliche Ansätze stehen Ihnen zur Verfügung:

- **Einsatz einer separaten Forensoftware:** Kostenpflichtig sind vBulletin und Simple Machines Forum, kostenlos phpBB.

- **Integration in ein Blog:** Falls Sie ein Unternehmensblog mit WordPress betreiben, benötigen Sie ein Community-Plug-in, weitverbreitet ist bbPress.

- **Individuelle Softwarelösung:** Falls Sie über das entsprechende Budget verfügen – und wirklich nur dann –, sollten Sie die Entwicklung einer auf Ihre Bedürfnisse zugeschnittenen Communitysoftware ins Auge fassen.

## 1.7.8 Vorsicht, Lampenfieber: Nicht stolpern!

Sie haben Ihre Bühnen gewählt und sind heiß auf den Start?

Bevor Sie losstürmen: Beamen Sie sich in Ihre Schulzeit zurück. Bestimmt hatten Sie damals auch eine Rolle in einem Theaterstück übernommen. Vielleicht ist Ihnen in diesem Zusammenhang die eine oder andere Katastrophe noch im Gedächtnis geblieben, vom vergessenen Text bis zum Stolpern beim Betreten der Bühne?

Mit Sicherheit wurde die Aufführung trotz des einen oder anderen Malheurs mit Applaus bedacht. Für ein Schultheater gelten schließlich entschärfte Regeln. Alle Schauspieler werden vom Publikum wie vom Bühnenbetreiber bedingungslos unterstützt, stolze Eltern verzeihen sämtliche Patzer, und die Schulleitung sorgt für einen reibungslosen organisatorischen Ablauf.

Ein ganz anderer Wind weht auf den Social-Media-Bühnen. Dort hilft Ihnen niemand auf die Beine, wenn Sie am Boden liegen, und organisatorische Fehler müssen Sie selbst ausbaden. Nehmen Sie deshalb einige Tipps mit, bevor Sie sich auf die Bretter wagen.

## Supportadressen mit dekorativer Funktion

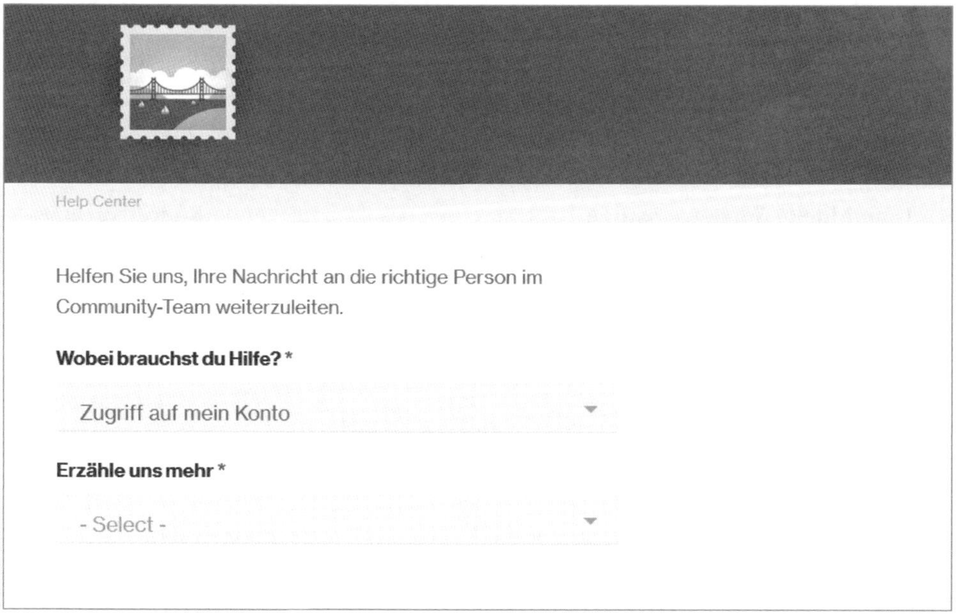

**Bild 1.54:** Die Hilfeseite suggeriert, dass sich irgendeine lebendige Person um organisatorische Probleme kümmere. In der Praxis werden die meisten Anliegen aber mit mehr oder weniger sinnlosen Wortbausteinen abgefertigt.

Das Bild oben zeigt die Hilfeseite eines beliebigen Bühnenbetreibers. Wenn Sie es genau wissen möchten: Es ist das Help Center von Pinterest. Das spielt aber keine Rolle, denn in einem Punkt sind alle Betreiber gleich: in der Art und Weise der Kommunikation mit den Usern, also mit Ihnen.

Nur weil da irgendwo Hilfe, Team, Support oder Community steht, heißt das nämlich noch lange nicht, dass sich jemand ganz konkret für Sie verantwortlich fühlt.

Die Faustregel lautet: Je größer das Theater, desto schlechter der Service. Wenn Sie überhaupt eine Antwort bekommen, dann in Form einer Standardmail aus Textbausteinen. Um es auf den Punkt zu bringen: Ein individueller Support findet kaum bis überhaupt nicht statt. Ihr persönliches Problem ist dem Bühnenbetreiber herzlich egal.

Weil die Supportadressen eine vor allem dekorative Funktion erfüllen, ist es umso wichtiger, beim Anlegen eines Accounts nicht zu stolpern. Kennen Sie die übelsten Stolperfallen – und tappen Sie nicht hinein:

- Fehlerhafte E-Mail-Adresse.

- Fehlerhafte URL.

- Falscher Accounttyp.

- Zugriff nur via Smartphone.

- Verzettelung.

### Stolperfalle 1: Fehlerhafte E-Mail-Adresse

Für die Registrierung eines neuen Accounts müssen Sie auf allen Bühnen eine E-Mail-Adresse angeben. Zwei Möglichkeiten haben Sie, um die Sache zu vergeigen: Sie vertippen sich, oder Sie geben eine E-Mail-Adresse korrekt ein, haben aber keinen Zugriff auf das zugehörige E-Mail-Konto.

Letzteres kann leicht passieren, wenn Sie ein älteres Konto bei web.de oder GMX angeben, das hinter Ihrem Rücken abgeschaltet wurde, weil Sie es länger nicht mehr benutzt haben.

In beiden Fällen verpfuschen Sie Ihre Präsenz von Anfang an. Nach dem Vergeben des Accountnamens können Sie nämlich die automatisch verschickte Bestätigungsmail nicht mehr beantworten und stehen mit dem halb fertigen Account im Regen. Sie können ihn weder benutzen noch löschen und haben im schlimmsten Fall Ihren Wunschnamen samt Wunsch-URL blockiert.

**Gegenmittel:** E-Mail-Konto vor dem Anlegen eines Accounts prüfen und in Accounts Tippfehler vermeiden.

### Stolperfalle 2: Fehlerhafte URL

Auf manchen Bühnen können Sie sofort eine sprechende URL eingeben, also so etwas wie *twitter.com/meinefirma_de*.

Wie Sie am Beispiel erkennen, wurde statt eines Punkts ein Unterstrich vor .de eingesetzt, es sind aber nicht alle Sonderzeichen bei der URL-Vergabe erlaubt. Erschwerend kommt hinzu, dass jede Bühne andere Regeln für die Sonderzeichen aufgestellt hat.

Steht die Wunsch-URL nicht zur Verfügung, wird nicht selten eine Entscheidung aus dem Bauch heraus getroffen. Die schlimmsten Unfälle:

- Eine holprige URL, zum Beispiel *twitter.com/meine-firmade* statt *twitter.com/meinefirma_de*.

- Eine Abweichung vom Markennamen.

**Gegenmittel:** Überprüfen Sie vor Beginn des Registrierungsvorgangs, ob die gewünschte URL schon vergeben ist. Informieren Sie sich über die erlaubten Sonderzeichen in der URL und überlegen Sie in aller Ruhe, welche URL für Sie am besten geeignet ist.

### Stolperfalle 3: Falscher Accounttyp

Einige Bühnen bieten unterschiedliche Accounttypen an, nämlich private und geschäftliche. Mit der Wahl eines falschen Typs fehlen Ihnen unter Umständen wichtige Features.

**Gegenmittel:** Überprüfen Sie vor der Registrierung, welcher Accounttyp Ihnen in der Startphase mehr Vorteile bringt.

**Achtung:** Falls Sie mit einem privaten Account beginnen, ist Fingerspitzengefühl nötig. Versuchen Sie beispielsweise nicht, einen privaten Facebook-Account für rein werbliche Zwecke zu verwenden.

### Stolperfalle 4: Zugriff nur via Smartphone

Instagram, Snapchat und WhatsApp sind für mobile Endgeräte konzipiert, und Whats-App ist an eine Telefonnummer gebunden. Wenn Sie eine Accounteinrichtung vermurksen, die an ein Smartphone geknüpft ist, ziehen Änderungen einen hohen administrativen Aufwand nach sich.

**Gegenmittel:** Sehr genau hinsehen und wirklich jeden Buchstaben und jedes Zeichen bei der Eingabe überprüfen.

### Stolperfalle 5: Verzettelung

Es ist logistisch nicht möglich, überall Präsenz zu zeigen und sie immer mit Volldampf zu fahren. Im schlimmsten Fall ersticken Sie unter einem Berg von Accounts, fühlen sich aber auf keiner einzigen Bühne heimisch.

**Gegenmittel:** Behandeln Sie nicht alle Bühnen, auf denen Sie Präsenz zeigen, gleich. Finden Sie Ihre persönliche Lieblingsbühne und bauen Sie sich dort eine ordentliche Zahl von Freunden, Fans und Followern auf. Mit dieser Hausmacht haben Sie gute Möglichkeiten, Ihre weiteren Präsenzen anzuschubsen.

Beispiel 1:

- Beginnen Sie auf Twitter und setzen Sie sich ein Ziel von 2.000 Followern.

- Legen Sie einen YouTube-Kanal und einen Snapchat-Account an.

- Verweisen Sie von Twitter auf YouTube und Snapchat.

Versuchen Sie nicht, mit Twitter Ihre Facebook-Präsenz zu pushen. Sie würden sich damit bei den Twitterern unbeliebt machen.

Beispiel 2:

- Sammeln Sie mit Ihrem privaten Account 200 Freunde auf Facebook.

- Legen Sie einen Instagram-Account an und wählen Sie dabei die Option *Über Facebook anmelden.*

- Es wird angezeigt, welche Ihrer Facebook-Freunde auch einen Instagram-Account haben. Folgen Sie ihnen, um zurückgefolgt zu werden und schnell die Anzahl Ihrer Freunde auf Instagram zu erhöhen.

# 2 Erfolg auf allen Bühnen

Das Repertoire einstudieren

Die Bühne betreten

Premiere

Das Publikum gewinnen

Applaus spüren

Die Präsenzen erweitern

Zugaben spielen

Zum Star werden

## 2.1 Vor dem Auftritt: den Fundus füllen

Hand aufs Herz, das kennen Sie doch bestimmt auch – ein Termin steht unmittelbar bevor. Sie haben die Lavalampe ein- und das Handy ausgeschaltet, sitzen an der Tastatur wie der Pianist am Instrument und möchten sich von den Musen inspirieren lassen, kreativ sein. Sie möchten und müssen etwas entwerfen, gestalten oder texten. Doch dann nimmt ein Drama in drei Akten seinen Lauf.

**1. Akt:** Sie surfen sinnlos herum, produzieren keinen Output und ärgern sich über die vertrödelte Zeit.

**2. Akt:** Stunden später sitzen Sie beim Italiener und beim dritten Glas Rotwein. Und dann, ausgerechnet dann, sprühen Sie vor Kreativität.

**3. Akt:** Am nächsten Tag können Sie sich nur noch schemenhaft an all die guten Ideen erinnern. Sie setzen ein paar Fragmente zusammen, aber es beschleicht Sie das Gefühl, dass ein Teil abhandengekommen ist.

### 2.1.1 Musen halten sich nicht an Zeitpläne

Den Musen sind Ihre Zeitpläne egal. Nur wirklich begnadete Comedians unterhalten ein Publikum frei von der Leber weg. Sie gehören nicht zu den Ausnahmetalenten? Dann nehmen Sie sich die Eichhörnchen zum Vorbild und beginnen Sie zu horten. Legen Sie einen Vorrat an Texten, Bildern, Animationen und Videos an, aus dem Sie jederzeit schöpfen können, an kreativen wie an unkreativen Tagen.

### Persönliches Repertoire

Füllen Sie den Fundus nicht mit beliebigen, sondern mit relevanten Inhalten. Geeignet ist, was

- Ihre Handschrift trägt,

- zu Ihrem Unternehmen und Ihrem Genre sowie Ihrer Rolle passt und

- beim Publikum ankommt.

### Texte schmieden

Bevor Sie mit dem Texten beginnen: Versetzen Sie sich zurück in die goldene Ära des Telefonbuchs, also ins vergangene Jahrhundert. Vom typischen Telefonbuchleser wurde die dicke Schwarte so benutzt:

- Name suchen und Informationen finden: Bernd Schmitt, Hauptstraße 25, Beruf Handelsfachpacker, Telefonnummer 0815/47114712.

- Informationen mit Zettel und Stift festhalten und Buch wieder zuklappen.

Gesamte Nutzungsdauer: maximal eine Minute. War das plötzliche Zuklappen des monumentalen Werks nicht ungeheuer respektlos? Wohl nicht – und das Social-Media-Publikum sieht das heute ähnlich. Stellen Sie sich auf diesen Durchschnittsleser ein:

- Er hat keine Zeit, sagt er.

- Seine Aufmerksamkeitsspanne gleicht der eines Dreijährigen.

- Er hat keine Lust, einen Text von vorne bis hinten zu lesen.

- Er verschwindet, sobald er das Gesuchte gefunden hat.

Sie denken, das wäre schon alles? Mancher treibt es noch schlimmer. Er klickt auf Like- und Share-Buttons, obwohl er nur die Überschrift gelesen hat. Ganz schön dreist, oder? Sie meinen, Sie könnten auf diesen Durchschnittsuser verzichten? Vergessen Sie es. Selbst wenn Sie sich mit Ihren Produkten und Dienstleistungen an ein geduldigeres Publikum wenden – auf den Social-Media-Bühnen entscheiden die Algorithmen über die Sichtbarkeit Ihrer Beiträge.

Was zu kompliziert ist, erzielt keine Likes, Shares und Kommentare. Es ist dann nicht existent. Gestalten Sie Ihre Texte bühnengerecht in Stil und Inhalt:

- Pro Posting nur ein Thema ansprechen.

- Beim Publikum kein Vorwissen erwarten.

- Pro Satz nicht mehr als einen Nebensatz verwenden.

- Bei längeren Texten das Wichtigste am Ende zusammenfassen.

## 2.1.2 Stil- und Ideensammlung

Lassen Sie sich von der folgenden Stil- und Ideensammlung inspirieren.

**Der Ton im Netz**
Ihre bevorzugte Lektüre besteht aus den Werken feingeistiger Schriftstellerinnen und Schriftsteller? Dagegen ist nichts einzuwenden, aber zwischendurch sollten Sie auch mal zu François Villon greifen (der mit dem Erdbeermund) oder sich mit der Ausdrucksweise von Charles Bukowski vertraut machen. Der Umgangston auf den Social-Media-Bühnen erinnert nämlich eher an die Kritzeleien auf einer Schultoilettentür als an einen Disput im literarischen Salon.

### Botschaften für den Montag texten

Als Privatperson gewinnen Sie mit dem launigen Montagstweet »Noch 5 Tage bis zum Wochenende« jede Menge Sympathien. Doch wenn Sie bei Ihrem Publikum nicht als genervter Arbeitgeber, sondern als kompetenter und motivierter Dienstleister in Erinnerung bleiben möchten, ist Fingerspitzengefühl gefragt. Bauen Sie die Anspielung auf den Beginn der Arbeitswoche etwas dezenter ein, präsentieren Sie sich gut ausgelastet, aber glücklich.

**Beispiel für einen Caterer:** »Montag war alles andere als Schontag. Habe aber alle satt bekommen. Kundschaft zufrieden, jetzt Badewanne.«

**Beispiel für eine Yogalehrerin:** »Pssst, sagt es nicht weiter: Habe heute alles um mich herum vergessen und meine Stunde um 20 Minuten überzogen.«

### Fünfsätzetexte

Sie lieben es kurz? Das ist gut, denn auf den Social-Media-Bühnen werden knappe Texte gern gelesen und geteilt. Legen Sie eine Obergrenze von fünf Sätzen fest und geben Sie Minitipps.

**Beispiel für eine Musikschule:** »Brauchen Sie auch ein bisschen »Extramotivation«, um ein Stück zu Hause zu üben? Dann behelfen Sie sich mit diesem Trick: Bereiten Sie Ihr Lieblinksgetränk zu und stellen Sie es sichtbar hinter den Notenständer. Dann gilt die eiserne Regel: Wenn Sie das Stück drei Mal durchgespielt haben, dürfen Sie das Getränk genießen.«

**Vorsicht:** Auf Ihrem Unternehmensblog gelten andere Spielregeln als auf den Social-Media-Bühnen. Auf Blogs richtet die Häufung kurzer Beiträge mehr Schaden als Nutzen an. Die Suchmaschine Google stuft Kurztexte unter Umständen als »Thin Content« ein, als inhaltlich wenig gehaltvoll.

### Selbstbewusstsein zeigen

Sie sind persönlich ein abwägender Typ? Dann leben Sie gesünder als jemand, der immer mit dem Kopf durch die Wand will. In der Werbewelt gelten allerdings andere Spielregeln. Verstecken Sie sich nicht hinter Kompromissen und Konjunktiven, stehen Sie hundertprozentig hinter Ihrem Projekt und Ihrer Arbeitsweise und posaunen Sie es in die Welt hinaus.

**Beispiel**: Sie vermarkten sich als DJ für Partys, Hochzeiten und Events? Dann präsentieren Sie sich standesgemäß.

Falsch: »Ab 2 Uhr versuche ich es mit Schlagern.«

Richtig: »Ab 2 Uhr steigt die legendäre Schlagerparty.«

### Suggestivsätze verwenden

Sie möchten ein Wir-Gefühl erzeugen? Dann verwenden Sie Suggestivsätze und legen den Adressaten die gewünschte Antwort schon in den Mund.

**Beispiel für die Bewerbung eines Onlineshops:** »Lieben Sie es auch, sich all die schönen Dinge ohne Hektik nach Hause bringen zu lassen?« Suggerierte Antwort: Ja.

**Beispiel für die Bewerbung einer Dienstleistung:** »Möchten Sie auf all diese Annehmlichkeiten verzichten?« Suggerierte Antwort: Nein.

### Hemmungslos Studien zitieren

Immer mehr Beiträge in Print- und Onlinemedien beziehen sich heute auf irgendeine Studie. Wonach niemand fragt, sind die genauen Bedingungen der Datenerhebung – ganz im Gegenteil, der nüchterne Blick des Wissenschaftlers wird als geradezu belästigend empfunden. Die Ergebnisse der meisten im Internet, im Fernsehen und in den Zeitungen veröffentlichten Studien stehen abhängig vom Auftraggeber schon vorher fest. Das ganze Brimborium dient nur einem Zweck: der pseudowissenschaftlichen Untermauerung einer persönlichen Meinung oder einer Werbebotschaft. Machen Sie es also wie andere auch, zitieren Sie irgendeine Untersuchung herbei und beginnen Sie den dazugehörigen Werbetext mit dem Signalwort Studie.

**Beispiel für die Gastronomie**

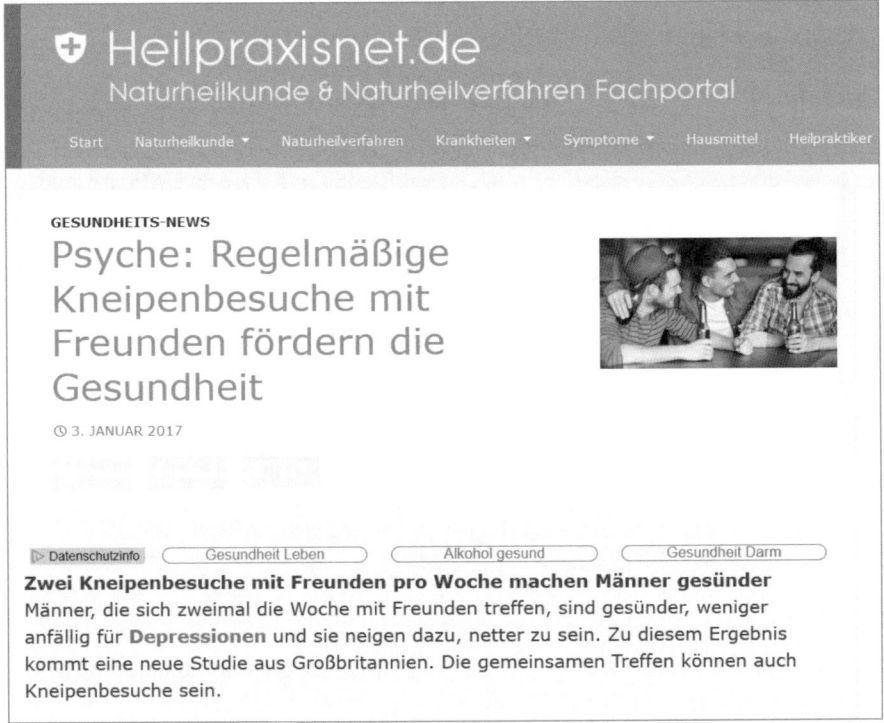

**Bild 2.1:**  Es ist erwiesen, dass Kneipenbesuche die Gesundheit fördern. Auch hierfür wurde eine Studie durchgeführt.

Die Website *Heilpraxisnet.de* glänzte 2017 mit dem Hinweis auf die gesundheitsfördernde Wirkung regelmäßigen Kneipenbesuchs. Zitat: »Nach einer britischen Studie erhöht der regelmäßige Kneipenbesuch mit Freunden die Gesundheit des Mannes.« Nun wurde diese Studie zwar von einer Brauerei finanziert, aber daran ist der Leser kaum interessiert. Schlagwörter wie »wissenschaftlich« oder »psychologisch« genügen, um das innere Kopfnicken auszulösen und dem Thekentrieb freien Lauf zu lassen.

**Grenzen von UWG und Heilmittelwerbegesetz**

Hüten Sie sich trotzdem davor, eine Studie frei zu erfinden. Damit würden Sie nämlich die Regeln des UWG brechen, des Gesetzes gegen den unlauteren Wettbewerb. Wer mit einer Studie oder einem Testergebnis wirbt, muss dies auch belegen können.

Besondere Vorsicht ist im medizinischen Bereich geboten, denn hier gelten die Grenzen des HWG, des Heilmittelwerbegesetzes. Strafbar machen Sie sich, wenn Sie ein Produkt oder eine Dienstleistung als Mittel gegen Krebs bewerben, ohne das belegen zu können – mit einer Studie, die diesen Namen nicht verdient. Begeben Sie sich hier auf gar keinen Fall auf unsicheres Terrain, Sie könnten einem Patienten Schaden zufügen.

**Marketing mit Umfragen**

Die kleine Schwester der Studie heißt Umfrage. Das Schöne an einer Umfrage ist, dass Sie auch selbst eine erstellen können. Führen Sie ein Firmenblog mit WordPress? Dann verwenden Sie ein Plug-in wie *WP-Polls* und erheben die Umfragedaten auf dem Blog Ihres Unternehmens. Die Ergebnisse können Sie auf allen Bühnen präsentieren.

Sie haben es geahnt: Ähnlich wie die meisten Studien werden auch Umfragen auf das Interesse Ihres Auftraggebers zugeschnitten. Das größte Potenzial zur Beeinflussung liegt bei der:

- Formulierung der Frage.
- Auswahl der zur Verfügung gestellten Antwortmöglichkeiten.

**Beispiel:** Ein Spezialist für Städtereisen möchte Wochenendtrips nach Paris, Amsterdam, Kopenhagen, Berlin und Malmö bewerben. Dazu konstruiert er eine Umfrage nach der beliebtesten Partymetropole Europas, wobei als Antwortmöglichkeiten die Kandidaten aus dem eigenen Angebot und vielleicht ein paar Alibiorte zur Verfügung stehen.

Bei Facebook, Instagram und Twitter wird zu lesen sein, dass einer der vom Anbieter favorisierten Städte vom Publikum zum Sieger gekürt wurde – gefolgt von einem Link zur Buchungsseite für den passenden Wochenendtrip.

**Publikum auf ein Thema hinweisen**

Sie präsentieren Tutorials und beantworten Fragen? Sie lassen Hilfesuchende nicht im Regen stehen? Dann weisen Sie Ihr Publikum darauf hin.

**Beispiel:** Nur zur Erinnerung: Falls ihr noch Fragen habt, könnt ihr sie auf meiner Facebook-Seite oder in meinem Blog loswerden. Ich bin für euch da.

---

**Locker einsteigen**

Nun haben Sie eine Menge Tricks kennengelernt, um Texte bühnengerecht zu präsentieren. Falls Sie noch am Anfang stehen und über wenige Freunde, Fans und Follower verfügen: Halten Sie den Ball flach und verschießen Sie noch nicht Ihr bestes Pulver. Sorgen Sie mit Text-Bild-Kombinationen für gute Laune. Legen Sie sich auch für diese Sparte einen jederzeit abrufbaren Fundus an.

---

## 2.1.3 Bilder und Bild-Text-Kombinationen

Einem stationären Theater stehen nicht nur sehr vielfältige Mittel zur Verfügung, es werkelt dort auch eine ganze Armada von Spezialisten. Für eine stimmungsvolle Szenerie arbeiten Dramatiker, Regisseure, Schauspieler, Bühnenbildner, Beleuchter, Musiker und Techniker Hand in Hand. Auf den Social-Media-Bühnen sind die Möglichkeiten dagegen relativ begrenzt. Umso wichtiger ist es, das vorhandene Potenzial voll auszuschöpfen. Nutzen Sie die folgenden Ideen als Vorlagen für Ihr Repertoire. Erzeugen Sie ein mediales Grundrauschen, aber auch hochwertigen Content. Heben Sie sich von der Konkurrenz ab und schlagen Sie eine Brücke von der Ästhetik zum Kommerz.

**Lustige Tierbilder**

**Bild 2.2:** Mit Tierbildern Sympathien gewinnen.

Tierbilder helfen, Follower bei der Stange zu halten und neue zu gewinnen. Warum das so ist? Sie sind lustig anzusehen, nicht nur für eine bestimmte Altersgruppe interessant und diskutieren nicht über Politik. Sie sind dankbar und erheben, von kritisch dreinblickenden und miauenden Katzen einmal abgesehen, keine Vorwürfe. Vielleicht finden Sie noch ein halbes Dutzend anderer Gründe, aber Sie brauchen sich gar nicht mit der Theorie zu beschäftigen. Schreiten Sie zur Tat – fotografieren Sie Ihre Haustiere oder die Ihrer Freunde und beuten Sie sie zum Aufbau Ihrer Followerschaft hemmungslos aus.

**Emotionsgeladene Bilder**

Die Welt benötigt dringend mehr Charme – oder Flausch, wie die Twitterer sagen. Wecken Sie Emotionen, setzen Sie Energien frei:

- Ruhe: Meer, Hängematte, Palmen.
- Kraft: Maschinen, Fahrzeuge, Gewichte.
- Harmonie: Landschaften, Berge, Muscheln, Land.

- Zuneigung: geschriebene Worte im Sand.
- Entscheidungen: Asphalt, Bahngleis, Laub, Schnee.
- Neuorientierung: Fußspuren im Sand oder im Schnee.
- Familie: Fußspuren von Mutter und Kind im Sand oder im Schnee.
- Liebe: Herz, Blumenstrauß, Ringe.

### Urlaubs- und Reisebilder

**Bild 2.3:** Urlaubsbilder wecken Sehnsüchte.

In den Sommermonaten wecken Sie Sehnsüchte mit typischen Urlaubsmotiven:

- Flugzeuge und Bahnhöfe.
- Koffer und Rucksack.
- Sonne und Meer.
- Palmen und Hängematte.
- Sehenswürdigkeiten.

Tipp: Zücken Sie im richtigen Moment Ihr Smartphone, wenn Sie auf Reisen sind.

### Bilder und Texte zum Wochentag

Seien Sie dauerhaft präsent. Veröffentlichen Sie ein-bis zweimal täglich Bilder, die niemandem wehtun. Geeignete Themen:

- Kaffeetasse am Morgen.

- Pausensnack, Mittagspause, Feierabend und Nightlife.

- Wochenendbegrüßung am Freitag.

- Fußball am Samstag.

Natürlich müssen Sie all diese Beiträge nicht in Echtzeit abschicken. Mit einem Programm wie Hootsuite lassen sich die Sendezeiten automatisieren.

### Passende Bilder zur Jahreszeit

Für die Erzeugung von Grundrauschen ebenfalls gut geeignet sind Bilder und Texte mit Bezug zur aktuellen Jahreszeit.

- Zum Frühling: Knospen, Blüten, ein blaues Band.

- Zum Sommer: Sonne, Sonnenbrille, Liegestuhl.

- Zum Herbst: Laub, Kastanien, Kastanienmännchen.

- Zum Winter: Schnee, Schneemann, Ohrenschützer.

### Bilder zum Feiertag

Feiertagen und andere Anlässe haben ihre eigene Bildersprache.

- Neujahr: Jahreszahlen und Sekt.

- Karneval: Luftschlangen und Kostüme.

- Ostern: Hasen und Eier.

- 1. Mai: Maibaum und Maibowle.

- Pfingsten: Festivals und Urlaub.

- Halloween: Geister und Kürbisse.

- Nikolaus: Nikolaus und Geschenke.

- Weihnachten: Weihnachtsbaum und Geschenke.

- Silvester: Feiern und Vorsätze.

### Bilder zur Tageszeit

Für Aktualität sorgen Bilder zur Tageszeit.

- Am Morgen: Wecker, Sonnenaufgang, Kaffeetasse.

- Am Mittag: Mittagessen, Spaziergänge, Shopping.

- Am Abend: Sonnenuntergang, Wein, Sofa.

- Am späten Abend und in der Nacht: Nightlife und Philosophisches.

### Bilder fürs Business

Eine Grundregel des Wirtschaftslebens lautet: Wer selbst keinen Erfolg ausstrahlt, wird auch keine Kunden überzeugen. Typische Erfolgsmotive:

- Ein abhebendes Flugzeug symbolisiert Energie.

- Ein Mensch mit im Wind fliegender Krawatte symbolisiert Dynamik.

- Pflanzen symbolisieren Wachstum.

- Trauben symbolisieren Ertrag.

### Bilder für Waren und Dienstleistungen

Nicht nur Menschen, auch Waren locken durch sinnliche Signale:

- Dampfender Kaffee.

- Schmelzendes Eis.

- Knackende Schokolade.

- Sonnencreme, die auf die Haut tropft.

**Bilder aus dem Büro**

**Bild 2.4:** Bürobilder dürfen auch zeigen, dass Sie Spaß bei der Arbeit haben, zum Beispiel während der Karnevalszeit.

Das Publikum liebt es, hinter die Kulisse zu spitzen, auch bei Ihrem Unternehmen. Vielleicht haben Sie jemanden im Team, der das richtige Händchen hat, um Begebenheiten während der Arbeit spontan einzufangen? Dann drücken Sie ihm ein Smartphone in die Hand und lassen Sie ihn Bildmaterial produzieren. Mit ein paar Schnappschüssen vermitteln Sie die Atmosphäre in Ihrem Unternehmen leichter als mit langen Erklärungen. Geeignete Motive:

- Große Warenstapel.

- Personen in Aktion, auf einer Leiter oder im Gabelstapler.

- Personen beim Telefonieren.

- Leute, die verrückte Sachen anstellen und ein bisschen Spaß haben.

**Achtung**: Sie müssen die Zustimmung Ihrer Mitarbeiter einholen, bevor Sie sie fotografieren und im Internet präsentieren.

Verfügen Sie über einen Bürohund oder einen Tischkicker? Diese Motive sind gut geeignet, denn sie signalisieren Ihrem Publikum, dass in Ihrem Unternehmen keine Hektik herrscht.

### Berufsbezogene Bilder

Bestücken Sie Ihren Fundus mit typischen Motiven aus Ihrer Tätigkeit.

- Handwerk: Berufskleidung und Werkzeuge.

- Bildung und Schulung: Bücherwand und Unterrichtsraum.

- Kunst und Kreativität: Musikinstrumente und Staffelei.

- Beratung und Coaching: zwei Kaffeetassen und ein Flipchart.

- Onlineshop: aufgestapelte Waren und Versandpakete.

- Wellness: Liege und massierende Hände.

### Homestory-Bilder

Gönnen Sie sich den Spaß, einmal wie eine Professorin oder ein Bundespräsident zu posieren. Setzen Sie sich eine schwere Brille auf die Nase und schauen Sie väterlich oder mütterlich in die Kamera. Ganz wichtig für diese Pose ist eine gut bestückte Bücherwand im Hintergrund.

## 2.2 Bilder effektiv erstellen

Theoretisch können Sie alle Bilder und Grafiken mit Photoshop oder einem anderen umfangreichen Programm bearbeiten, doch angesichts der benötigten Masse von Material, das für eine Bestückung der Bühnen benötigt wird, ist diese Vorgehensweise viel zu aufwendig. Effektiver geht die Arbeit mit spezialisierten Social-Media-Grafiktools wie Canva oder Easel.ly von der Hand. Die Vorteile:

- Auf Social-Media-Bühnen zugeschnittene Vorlagen.

- Schneller Workflow.

- Im Vergleich zu umfangreichen Grafikprogrammen eine sehr schnelle Einarbeitung. Sie haben weniger Möglichkeiten, sich in Menüs zu verirren.

- Keine Installation notwendig.

- Vergleichsweise günstige Monatsgebühren.

- Die Vorlagenfunktion der Tools erleichtern das Einhalten der Corporate Identity.

## 2.2.1 Passgenaue Bilder mit Canva

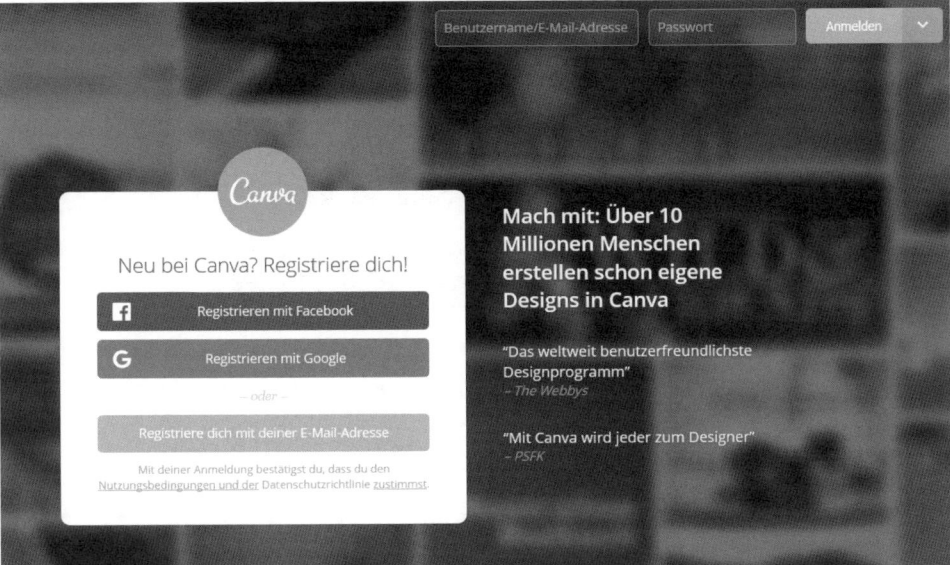

**Bild 2.5:** Das Onlinegrafiktool Canva.

Canva bietet eine schnelle und ansprechende Möglichkeit zur Erstellung von Grafiken für den Einsatz auf Social-Media-Bühnen. Bezahlen müssen Sie dafür nur wenige Euro pro Monat. So nutzen Sie dieses Onlinegrafiktool:

1. Sie erstellen einen kostenpflichtigen Account unter *https://www.canva.com/*.

2. Sie wählen aus verschiedenen Vorlagen eine aus und individualisieren sie nach Ihren Bedürfnissen.

3. Sie speichern die Grafik innerhalb von Canva ab. Auf diese Weise lassen sich nachträglich noch Änderungen vornehmen.

4. Sie laden die fertige Grafik auf Ihren Computer herunter und verteilen sie anschließend auf Ihre Social-Media-Präsenzen.

Zu den besonderen Features von Canva gehören das Markenkit und nach Bühnen sortierte Vorlagen. Beginnen Sie mit dem Aufruf des Markenkits und erledigen Sie dort etwa eine halbe Stunde Vorarbeit. Danach läuft Ihre Grafikproduktion am Fließband.

## Deine Marke

**Bild 2.6:** Im Markenkit von Canva werden Markenfarben, Logos und Schriftarten definiert.

Canva nimmt Sie bei der Hand. Sie können auch dann nicht viel falsch machen, wenn Sie keine Ausbildung als Designer genossen haben. Rufen Sie den Menüpunkt *Deine Marke* auf und definieren Sie diese Elemente Ihrer Corporate Identity:

- Die Farben Ihrer Marke.

- Die Schriftarten Ihrer Marke. Dabei können Sie auch eigene Schriftarten hochladen.

- Das Logo Ihrer Marke. Sie können hier ebenfalls weitere Bilder hochladen, zum Beispiel Varianten des Logos oder sonstige häufig benötigte Bilder.

Alles, was Sie hier speichern, lässt Canva in Ihre Vorlagen einfließen. Sie sparen dadurch eine Menge Zeit und dürfen auch mal Praktikanten oder neue Mitarbeiter mit der Erstellung von Grafiken beauftragen.

Kleiner Tipp: Vielleicht haben Sie oder Mitarbeiter Ihres Teams bisher gar keine strenge optische Linie eingehalten und öfter mal Farben und Schriftarten nach Bauchgefühl ausgewählt? Dann geloben Sie Besserung. Nutzen Sie die Gelegenheit, jetzt Ihre Corporate Identity exakt festzulegen.

### Idealmaße für alle Bühnen

**Bild 2.7:** Canva bietet Designvorlagen in bühnengerechter Höhe und Breite.

Wenn Sie mit Photoshop, GIMP oder einem anderen umfangreichen Grafikprogramm arbeiten, müssen Sie sich nach den Idealmaßen für die von Ihnen präferierte Bühne erkundigen. Diese mühselige Arbeit bleibt Ihnen mit Canva erspart.

Klicken Sie einfach auf die Vorauswahl für die gewünschte Bühne, beispielsweise auf *Twitter-Beitrag*, *Pinterest-Grafik* oder *Facebook-Beitrag*. Sie erhalten dann eine Fülle von optisch ansprechenden Vorlagen.

### Designvorlagen anpassen

**Bild 2.8:** Der Text einer Canva-Grafik lässt sich wie in einem Textverarbeitungsprogramm anpassen.

Nach Auswahl des Bildmotivs klicken Sie auf den Mustertext. Es erscheinen ein Textrahmen sowie oben eine Werkzeugleiste, wie Sie sie von Word, Pages oder LibreOffice kennen.

Klicken Sie auf den Textrahmen und geben Sie Ihren Wunschtext ein. Passen Sie dann über die Schaltflächen in der Werkzeugleiste oben die Eigenschaften der Schrift an. Wählen Sie Schriftart, Größe und Farbe aus.

## 2.2.2 Infografiken mit Easel.ly

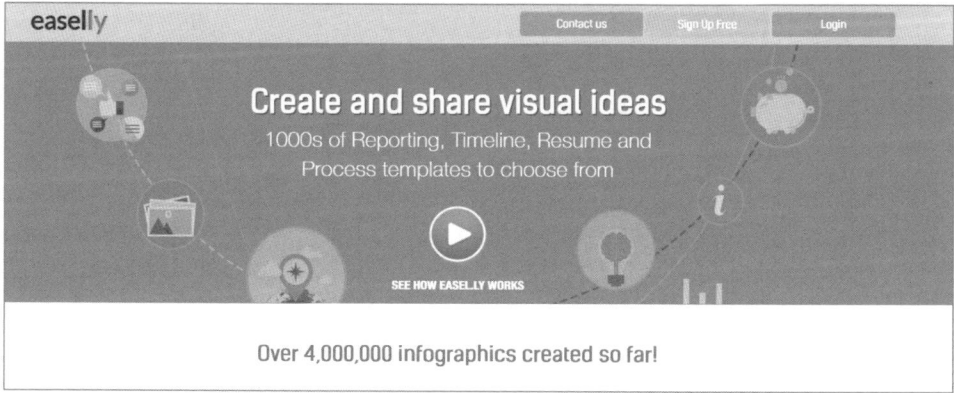

**Bild 2.9:** Mit dem Onlinegrafiktool Easel.ly lassen sich Infografiken erstellen.

Nicht ganz so fix wie mit Canva erzeugen Sie mit Easel.ly ansprechendes Bildmaterial. Das Onlinetool ist ganz auf Infografiken ausgerichtet, was naturgemäß etwas mehr Zeit erfordert. Verwenden Sie Easel.ly, wenn Sie Zahlenmaterial schnell veranschaulichen möchten.

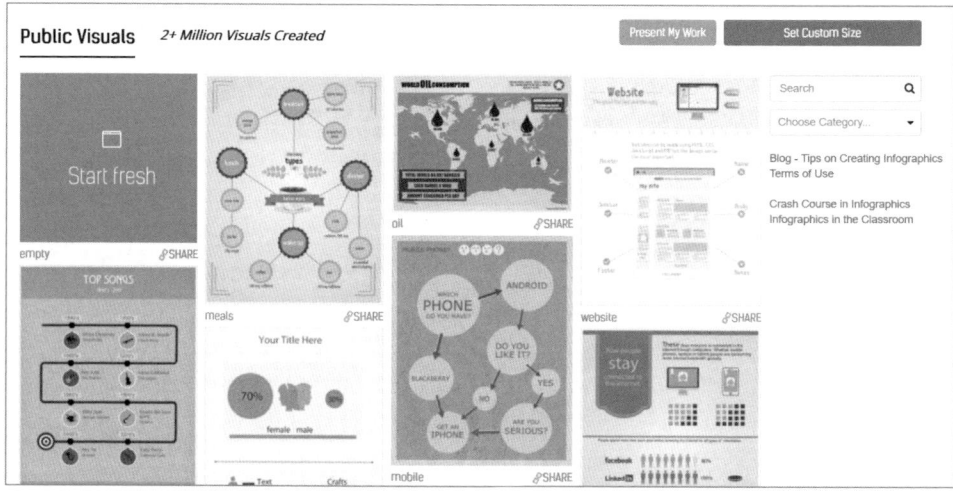

**Bild 2.10:** Zahlreiche Vorlagen sorgen für einen schnellen Workflow.

Viele Vorlagen sind in Form und Farbe auf bestimmte Bühnen abgestimmt, sie finden aber auch neutrale Designs, die sich für alle Einsatzgebiete eignen. Für diese Zwecke ist Easel.ly das ideale Tool:

- Visualisierung von Statistiken.
- Darstellung von Timelines und Roadmaps.
- Darstellung von Vergleichen und einfachen Flussdiagrammen.
- Produktion von Tutorials aller Art.

### 2.2.3 GIF-Animationen

Lassen Sie sich von Twitter inspirieren, bevor Sie sich selbst an Animationen heranwagen. Sie finden dort nämlich eine wohlsortierte Sammlung vorgefertigter qualitativ hochwertiger GIFs, und zwar direkt unter dem Tweet-Fenster.

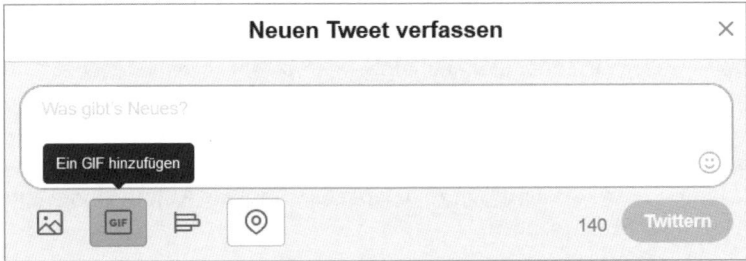

**Bild 2.11:** Über das *GIF*-Icon können vorgefertigte Animationen als Tweet versendet werden.

Klicken Sie auf das Icon *GIF*, um Ihren Tweet mit einer Animation aufzupeppen. Animierte GIFs auf Vorrat finden Sie übrigens auch in WhatsApp.

> **Das GIF-Format**
> Die Abkürzung GIF steht für *Graphics Interchange Format*. Geschaffen wurde dieses Datenformat schon in der Frühzeit des Internets, also in den 1980er-Jahren. GIF-Bilder zeichnen sich durch zwei Besonderheiten aus:
>
> 1.) Die Anzahl der möglichen Farben ist auf 256 beschränkt.
>
> 2) In einer GIF-Datei können mehrere Bilder gespeichert und als Animation wiedergegeben werden.
>
> Für die Darstellung einzelner hochwertiger Bilder im Internet werden heute die Formate JPEG und PNG verwendet; der Einsatz von GIFs beschränkt sich in der Regel auf Animationen.

## Animationen selbst erstellen

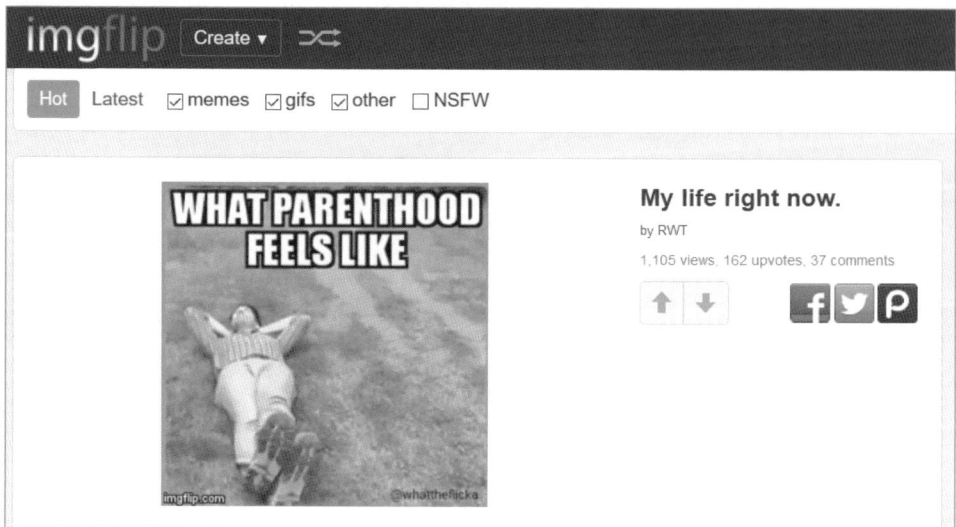

**Bild 2.12:**  Animierte GIFs lassen sich über das Onlinetool *imgflip.com* zügig erstellen.

Sehr schnell erzeugen Sie Animationen über die Webseite *imgflip.com*. In der Basisversion ist die Nutzung dieses Onlinetools kostenlos. Um das Einblenden des Markenzeichens abzuschalten, benötigen Sie allerdings einen professionellen Account, der mit monatlich 9,90 US-Dollar zu Buche schlägt.

## Animationen mit Photoshop erstellen

Vielleicht besitzen Sie bereits eine Lizenz von Photoshop, Premiere oder After Effects? Jedes dieser drei Adobe-Programme bietet Ihnen sehr umfangreiche Möglichkeiten zur Herstellung von animierten GIFs. Die manuelle Produktion nimmt allerdings viel Zeit in Anspruch. Schneller funktioniert die Umwandlung von Videos in GIFs. In Photoshop gehen Sie dazu auf diese Weise vor:

1   Wählen Sie ein möglichst kurzes Video. Ideal sind 10 bis 20 Sekunden. Klicken Sie beim Import auf *Datei/Importieren/Video Frames in Ebene*.

2   Begrenzen Sie den Import auf jeden zweiten Frame. Sie erhalten, wenn das Ausgangsmaterial mit 24 Bildern pro Sekunde aufgenommen wurde, 12 Einzelbilder pro Sekunde.

3   Manipulieren Sie die Bildsequenz in der Zeitleiste. Wirkungsvolle Effekte erzielen Sie durch die Änderung der Anzeigezeit einzelner Bilder.

4   Fügen Sie Untertitel hinzu. Benutzen Sie kräftige und auch vor Bildhintergründen noch gut lesbare Schriftarten wie Arial Bold oder Impact. Fügen Sie kontrastreiche Konturen hinzu.

5   Exportieren Sie die Datei im GIF-Format.

6   Überprüfen Sie die Dateigröße. Kleinere Dateien werden auf den Social-Media-Bühnen und Ihrem Blog schneller geladen. Peilen Sie eine Größe von 500 KByte bis maximal 1,5 MByte an. Entfernen Sie einzelne Frames, falls Sie darüber liegen, und exportieren Sie die Datei erneut.

**GIFs aus YouTube-Videos erstellen**

**Bild 2.13:**  GIFs über die Eingabe einer YouTube-URL erstellen.

Eine schnelle und kostenlose Möglichkeit zur Erstellung einer GIF-Animation aus einem
YouTube-Video finden Sie unter dieser URL: *http://gif-erstellen.com/youtube-video-gif.*

Allerdings müssen Sie bei dieser Lösung damit leben, dass sich der Anbietername nicht
aus der Animation entfernen lässt.

## 2.2.4  Gelungene Imagevideos

Um es ganz unverblümt zu sagen: Die meisten Imagevideos sind einfach nur Schrott,
und nicht nur die selbst hergestellten. Auch teure professionelle Produktionsfirmen liefern heute Clips ab, die nachher kein Mensch mehr freiwillig ansieht – obwohl sie technisch perfekt gedreht, geschnitten und nachbearbeitet wurden.

> **Verträge mit Videoagenturen**
> Mit der Beauftragung einer Videoagentur ersparen Sie sich viel Zeit für die Einarbei-
> tung in Hard- und Software, und Sie können darauf vertrauen, dass Ausleuchtung
> und Ton professionellen Standards entsprechen. Allerdings schlägt die externe Pro-
> duktion eines Imagevideos mit einem Betrag von mehreren Tausend Euro ins Kon-
> tor, und nachträgliche Änderungen müssen extra bezahlt werden.

Überprüfen Sie deshalb vor Abschluss eines Agenturvertrags, ob die Voraussetzungen stimmen. Prüfen Sie die Referenzprojekte der Agentur auf Qualität und erkundigen Sie sich, ob der Clip auch auf YouTube zu sehen ist. Die Anzahl der Views und die Kommentare geben Aufschluss über die Reaktionen des Publikums. Achten Sie darauf, dass Ihre Lizenz keine Einschränkungen enthält und Sie den Film universell verwenden dürfen: für alle Social-Media-Bühnen und Websites, aber auch für Messen und TV-Ausstrahlungen.

Imagevideos, die bei YouTube unter 1.000 Views herumdümpeln, zeichnen sich durch diese Mängel aus:

*   Schöne Bilder – keine Story.

*   Endlose Fakten – keine Emotionen.

*   Hohle Marketingphrasen – keine Authentizität.

*   Nervige Effekte – kein Stil.

*   Aufdringliche Botschaften – kein Humor.

*   Nerviges Hintergrundgedudel – keine schöne Musik.

*   Gelangweilte Gesichter – kein Ausbruch aus der Routine.

### Das Gelöbnis der Imagefilmer

Bevor Sie sich an die Technik der Videoproduktion wagen oder die Dienste einer Agentur in Anspruch nehmen, erheben Sie sich – nehmen Sie eine bedeutungsvolle Pose ein und sprechen Sie in salbungsvoller Stimme dieses Gelöbnis:

»Eingedenk der unumstößlichen Wahrheit, dass die meisten Imagefilme so langweilig sind, dass das Publikum sie nur unter vorgehaltener Pistole betrachtet, werde ich für mein Werk

*   keine Beweihräucherungsreden filmen oder filmen lassen,

*   Überblendungen und Effekte nur maßvoll einsetzen oder einsetzen lassen und

*   auf Drohnenkameras und anderen technischen Overkill verzichten.

Mein Film wird Emotionen zeigen und wecken, eine Story erzählen und dem Publikum genauso viel Spaß bringen wie mir selbst.«

## Das perfekte Imagevideo

**Bild 2.14:** »S'Lebn is a Freid« – das Imagevideo von Didis Obststand.

Geben Sie mal auf YouTube »S'Lebn is a Freid« ein. Der Clip über den Obsthändler Didi begeistert das Publikum, indem er die gängigen Phrasen der Medienindustrie parodiert. Hier passt einfach alles zusammen: Story, Humor und Technik. Sie haben Blut geleckt? Dann machen Sie sich mit den Basics der Videoproduktion vertraut.

## 2.2.5 Videos produzieren

Sie müssen keine Unsummen für eine Kamera und teure Schnittprogramme ausgeben. Mit einem guten Smartphone, einem externen Mikrofon und ein paar Lampen lassen sich heute schon sehr gute Clips für den Einsatz auf den Social-Media-Bühnen produzieren. Software für die Nachbearbeitung können Sie monatsweise mieten. Equipment und Software nützen Ihnen allerdings nichts, wenn die Story nicht überzeugt. Aber wahrscheinlich haben Sie schon ein paar Ideen im Kopf? Dann führen Sie einen Praxischeck durch.

### Praxischeck für eine Videoidee

Beantworten Sie diesen Fragebogen zu den Eckdaten Ihrer Videoidee und addieren Sie die Punkte:

**Genre des Films?**

a)  Ein Tutorial. (1)

b)  Ein Werbeclip für ein ganz bestimmtes Produkt oder eine Dienstleistung. (1)

c)  Allgemeines Imagevideo. (2)

**Welche Länge?**

a) Unter 60 Sekunden. (1)

b) Von 60 bis 120 Sekunden. (2)

c) Über 2 Minuten. (4)

**Soll der Clip Animationen enthalten?**

a) Nein, keine Animationen. (1)

b) Das Video beinhaltet teilweise Animationen. (3)

c) Das Video besteht ausschließlich aus Animationen. (6)

**Sind Schrifteinblendungen geplant?**

a) Nein, keine Schrifteinblendungen. (1)

b) Schrifteinblendungen im Vor- und im Abspann. (2)

c) Auch Schrifteinblendungen im Hauptteil. (3)

**Welche Drehorte?**

a) Drehorte nur in eigenen Räumlichkeiten. (1)

b) Drehorte auch außerhalb, aber leicht zugänglich. (2)

c) Drehorte müssen angemietet werden. (5)

**Welche Anforderungen werden an die Vertonung gestellt?**

a) Stummfilm. (1)

b) Nur Erzählstimmen. (3)

c) Auch Liveaufnahmen und/oder Hintergrundmusik. (5)

Auswertung:

**Unter 8 Punkten**: Glückwunsch, Sie haben sich für ein realistisches Projekt entschieden. Planen Sie zwei Drehtage und drei Tage zur Nachbearbeitung ein.

**9 bis 14 Punkte**: Sie haben sich für ein etwas ambitionierteres Projekt entschieden. Setzen Sie drei bis fünf Drehtage und fünf Tage für die Nachbearbeitung an.

**15 bis 19 Punkte**: Sie verfolgen ein sehr umfangreiches Projekt. Gehen Sie davon aus, dass Sie externe Hilfe benötigen werden, und setzen Sie jeweils eine Woche für die Drehzeit und die Nachbearbeitung an.

**20 und mehr Punkte**: Sie stehen kurz davor, sich mit einem Mammutprojekt zu belasten. Bevor Sie durchdrehen: Überprüfen Sie Ihre Story auf Praxistauglichkeit und nehmen Sie sich gegebenenfalls ein kleineres Projekt vor.

Haben Sie eine umsetzbare Idee? Dann geht es weiter mit dem Storyboard.

## Das Storyboard

Jedes Video, und dazu zählen auch Tutorials, Produkt- und Imagevideos, lebt von der Story und stirbt damit. Für den Einsatz auf den Social-Media-Bühnen gelten diese Gesetze:

- Die Story braucht einen Knalleffekt am Anfang. Eine verzwickte Situation, eine gewagte These oder eine ungewöhnliche Perspektive.

- Nicht ohne Emotionen. Zeigen Sie Lachen, Weinen, Zufriedenheit oder Zorn.

- Eine gute Story beinhaltet eine unerwartete Wendung. Etwas, womit der Zuschauer nicht gerechnet hat.

- Durch eine gute Story führt ein unterhaltsamer roter Faden.

- Eine gute Story hat ein schlüssiges und angenehmes Ende. Hinterlassen Sie beim Publikum ein wohliges Gefühl, wenn Sie etwas verkaufen möchten.

Für die Entwicklung eines Storyboards benötigen Sie ein großes Blatt und einen Zeichenstift, aber keinerlei zeichnerisches Talent. Es geht nur darum, die Geistesblitze zu fixieren und chronologisch anzuordnen.

Lassen Sie Ihrer Fantasie freien Lauf und bringen Sie die Handlung in einzelnen Szenen auf Papier. Schlafen Sie eine Nacht drüber, feilen Sie noch einmal an Ihrem Werk und besprechen Sie die Geschichte mit Ihrem Team, aber auch mit unbefangenen Personen. Passt die Handlung? Dann geht es weiter mit der Erstellung eines Drehbuchs.

## Das Drehbuch

Was Sie auf dem Storyboard nur grob skizziert haben, nimmt im Drehbuch konkrete Gestalt an. Steigen Sie um vom großen Blatt auf einen karierten Block, denn jetzt wird ein Ablaufplan erstellt. Notieren Sie zu jeder einzelnen Szene diese Details:

- Name der Szene und Beschreibung der Handlung.

- Drehort, an der Szene beteiligte Schauspieler und Requisiten.

- Perspektive der Kamera.

- Lichtverhältnisse und Einsatz künstlicher Beleuchtung.

- Optional: Tonaufnahmen.

Spätestens jetzt werden Sie feststellen, dass manche Ihrer Ideen nur unter großem Aufwand umsetzbar sind. Ihr Budget ist aber begrenzt? Dann nehmen Sie sich ein Beispiel an der Komikertruppe Monty Python und machen Sie aus der Not eine Tugend. Für den Dreh von Monty Python and the Holy Grail (Die Ritter der Kokosnuss) waren ursprünglich Pferde aus Fleisch und Blut vorgesehen. Dann wurde das Drehbuch aus finanziellen Gründen umgeschrieben und auf den Einsatz der Reiterei verzichtet. Als Ersatz diente ein Ritter, der mit dem Zusammenschlagen von Kokosnüssen betraut wurde, um die Atmosphäre mit Hufgeräuschen anzureichern. Der Film hatte einen Running Gag, und die Produktionskosten blieben im Rahmen.

### Effekte im Drehbuch

Effektideen sollten Sie bereits ins Drehbuch schreiben, auch wenn einige davon erst in der Nachbearbeitung hinzugefügt werden. Ein paar Anregungen:

*   Zeitraffer und Zeitlupe.

*   Jump-Cuts, also Auslassungen, die das Tempo eines Clips erhöhen.

*   Harte Wechsel zwischen der Totalen und Nahaufnahmen. Dieses beliebte Stilmittel aus der Glanzzeit des Italowestern hat sich inzwischen auch in anderen Genres etabliert. Zeigen Sie in den Nahaufnahmen nur Augen, Hände und besondere Gegenstände.

### Das Casting

Ob Laie oder Profi, wer vor der Kamera nicht voll motiviert ist, hat dort nichts verloren. Als Regisseur bleiben Ihnen in diesem Fall zwei Möglichkeiten, einen Clip zu retten: entweder die Schauspieler auswechseln oder sie durch ein Animationsprogramm ersetzen. Achten Sie auch auf die Motivation der Personen im Hintergrund und an der Seitenlinie.

**Beispiel**: Für das Imagevideo einer Tanzschule fängt die Kamera ein grandios tanzendes Paar ein. Damit der Clip gelingt, müssen alle weiteren sichtbaren Personen dem Tanzpaar mit leuchtenden Augen folgen. Eine gähnende Person im Hintergrund würde die gesamte Situation ins Lächerliche ziehen.

### Tipps zum ersten Clip

*   **Konzentration auf das Wesentliche:** Versuchen Sie nicht, sämtliche Facetten Ihres Unternehmens oder Vereins zu präsentieren, sondern konzentrieren Sie sich auf ausgewählte Aspekte. Nehmen Sie die Perspektive des Zuschauers ein.

    Beispiel für den Imageclip eines Vereins: Unwesentlich ist die Zusammensetzung des Vorstands, wesentlich die Frage, ob eine Mitgliedschaft Spaß bereitet.

*   **Filme in Serie produzieren:** Drei kurze und knackige Clips sind besser als ein langer. Nutzen Sie das Gesetz der Serie und produzieren Sie mehrere Clips in ähnlicher Ästhetik.

*   **Einsatz von Ironie:** Experimentieren Sie mit ironischen Elementen. Einen guten Effekt erzielen Sie mit einer gewollten Diskrepanz zwischen Bild und Ton.

    Beispiele: Kommentieren Sie einen alltäglichen Vorgang im Stil einer packenden Sportreportage oder unterlegen Sie Actionszenen mit trockenem Humor.

*   **Effekte begrenzen:** Das Kennzeichen »professioneller«, aber ideenloser Imagefilme ist die Anhäufung von Effekten. Bombardieren Sie das Social-Media-Publikum nicht mit nervigen Übergängen oder Slow-Motion-Effekten ohne Bezug zur Handlung. Weniger ist mehr.

*   **Glaubwürdige Personen zeigen:** Nichts gegen Ihr Team, aber glaubwürdiger als Ihre Mitarbeiterinnen und Mitarbeiter sind Personen, die nicht auf der Gehaltsliste Ihres

Unternehmens stehen. Interviewen Sie nicht Ihren Vertriebschef, sondern lassen Sie Kundinnen und Kunden vor die Kamera treten, ein Produkt auspacken oder über ein Erlebnis berichten.

- **Emotionen in fünf Sekunden:** Der typische Kinobesucher hat an der Kasse für sein Ticket bezahlt und denkt nicht daran, den Saal nach wenigen Augenblicken wieder zu verlassen. Hollywood-Regisseure können es sich also erlauben, eine Atmosphäre erst langsam zu entwickeln und einen Film mit scheinbar belanglosen Szenen zu eröffnen.

  Im Internet gelten andere Regeln. Was den Zuschauer nicht in den ersten fünf Sekunden in den Bann zieht, hat keine Chance – es wird nämlich gar nicht weiter betrachtet. Fesseln Sie das Publikum sofort mit Emotionen.

- **Auf Anti-Experten vertrauen:** Würzen Sie Tutorials mit einer ordentlichen Portion Humor oder erklären Sie Ihr Angebot ganz praktisch. Schildern Sie nicht, wie man ein Problem löst. Zeigen Sie im Video eine konkrete Person, die durch Ihre Produkte und Dienstleistungen glücklich wird. Setzen Sie nicht auf Strahlegesichter, sondern auf Durchschnittstypen und Tollpatsche.

  Für maximale Aufmerksamkeit sorgen unterhaltsame Tests von Anti-Experten. Dazu schnappen Sie sich Ihren Praktikanten und fragen ihn, ob er sich gern vor der Kamera produziert. Vereinbaren Sie aber aus persönlichkeitsrechtlichen Gründen, dass er vor der Veröffentlichung des Materials noch ein Wörtchen mitzureden hat. Wenn er Ja sagt, kann es losgehen. Das Video darf auch etwas verwackelt sein, auf technische Perfektion kommt es nicht an.

  **Beispiel:** Sie möchten Ihren Gartenmöbelshop bewerben. Filmen Sie eine Person, die fehlerhaft an die Sache herangeht, aber trotzdem alles meistert. Nicht wenige Betrachter werden sich mit einem Lächeln wiedererkennen.

> **Die Unternehmensphilosophie transportieren**
> Ein guter Clip spiegelt die Philosophie eines Unternehmens wider. Welche Werte repräsentieren Sie? Spontanität oder Genauigkeit? Durchsetzungsfähigkeit oder Gerechtigkeit? Produzieren Sie einen Film, der zu Ihrem Unternehmen passt.

## Die Aufnahmetechnik

Es bleibt Ihnen überlassen, ob Sie eine Kamera oder ein modernes Smartphone einsetzen. Halten Sie sich aber an diese Basics:

- **Stativ verwenden** – Der Einsatz eines Stativs erspart die mit Qualitätsverlusten verbundene Verwacklungskorrektur in einer Nachbearbeitungssoftware.

- **Externes Mikrofon einsetzen** – Externe Mikrofone ersparen das nachträgliche Anheben des Audiopegels und die damit verbundene Verstärkung von Rauschen, Stör- und Nebengeräuschen.

- **Helles Licht** – Eine ordentliche Beleuchtung bei der Aufnahme erspart die nachträgliche Korrektur von Helligkeit und Schattenwürfen. Nutzen Sie so viel Tageslicht wie möglich und so viel künstliches Licht wie nötig.

- **Nicht gegen die Sonne** – Wer gegen die Sonne filmt, erhält nur dunkle Objekte.

- **Wand statt Fenster** – Vor einem hellen Fenster erscheint alles dunkel. Bei Innenaufnahmen sollten Personen und Gegenstände vor einer Wand gefilmt werden.

## 2.2.6 Videos bearbeiten

Laien denken beim Stichwort Videobearbeitung primär an das Herausschneiden von verunglückten Szenen. Das ist natürlich nicht falsch, doch für das Storytelling spielt ein anderer Aspekt eine zumindest ebenbürtige Rolle: das Publikum über das Unternehmen hinter der Story zu informieren.

### Immer an die Verbreitung denken

Ein erfolgreiches Video wird heute nicht mehr nur auf dem firmeneigenen YouTube-Kanal, der Facebook-Seite und dem Unternehmensblog betrachtet, es verbreitet sich quer über alle Bühnen. Gar nicht so selten werkelt auch das Publikum im Clip herum, nimmt Kürzungen vor oder neue Vertonungen. Den Leuten ist es herzlich egal, ob damit die Wiedererkennbarkeit Ihrer Marke geschwächt wird, sie agieren allein aus Begeisterung für die Story.

Kurz gesagt: Sie übergeben, und das ist im Sinne der viralen Verbreitung erwünscht, Ihr Video in fremde Hände.

Umso wichtiger ist es, dass der Clip schnell und eindeutig zugeordnet werden kann. Hinterlassen Sie deshalb zumindest Ihre URL im Clip. Die weiteren Gründe, ein Video nicht unbearbeitet zu lassen:

- Einblendung von Informationen in Vor- und Abspann.

- Verbesserung der Qualität und klassischer Videoschnitt.

- Hinzufügen von Hintergrundmusik, Audiobearbeitung und -schnitt.

Für die komfortable Video- und Audiobearbeitung stehen Ihnen diverse Programme zur Verfügung.

### Adobe Premiere und andere Tools

Was Sie benötigen, um Ihr Video bühnengerecht zu präsentieren, ist ein Schnittprogramm. Zu den Marktführern zählen:

- Adobe Premiere und die abgespeckte Version Adobe Premiere Elements

- Final Cut

- Sony Vegas

- Avid Media Composer

Falls Sie bereits mit einem Videoschnittsystem vertraut sind, bleiben Sie am besten dabei. Die Einarbeitung in eine neue Oberfläche verschlingt nämlich viel Zeit, obwohl sich die großen Programme in ihren Funktionen immer weiter annähern. Ohnehin werden Sie nicht alle Möglichkeiten ausreizen. Für Filme, die auf Social-Media-Bühnen präsentiert werden, bringt eine besonders hohe Auflösung nur den nachteiligen Effekt einer längeren Uploadzeit. Ist der Upload abgeschlossen, vermindern YouTube, Facebook & Co. die Qualität wieder – um Bandbreite zu sparen und dem Publikum ein ruckelfreies Sehen zu garantieren.

### Der Videoschnitt

Im vergangenen Jahrhundert wurden Filme noch mit der Hand geschnitten, und die Szenen wurden mit kleinen Klebestreifen wieder zusammengeklebt. Heute funktioniert dieser Arbeitsgang natürlich auf Softwarebasis und damit wesentlich komfortabler. Die Videoclips lassen sich auf einem mit einer Zeitleiste versehenen Arrangierfenster in Spuren anordnen, schneiden und überblenden. Die weiteren grundlegenden Funktionen eines Schnittprogramms:

- Einbindung von Titel- und Abspannbildern.

- Erzeugung von Texten in Titel und Abspann.

- Platzierung von Bildern und Text innerhalb des Films.

- Erzeugung von Effekten beim Übergang zwischen den Szenen.

- Veränderung der Geschwindigkeit.

- Korrekturen von Farben und Helligkeit.

- Einsatz von Filtern und Effekten.

Zudem beherrschen die gängigen Schnittprogramme Audiofunktionen. Sie können damit Audiospuren anlegen und Ihre Videos mit Originaltönen, Kommentaren, Musik, Geräuschen und Effekten unterlegen.

### Adobe After Effects

Erweiterte Möglichkeiten zur Manipulation des Videomaterials bieten Post-Production-Programme wie Adobe After Effects. Die wichtigsten Features:

- Einfügen von Effekten wie Rauch, Wasser, Feuer und Explosionen, den sogenannten Partikeleffekten.

- Drastische Farb- und Transformationseffekte.

- Animation von grafischen Elementen.

- Erstellung und Animation von Texten.

- Arbeit mit Masken und Pfaden, Ausrichten von Texten.

- Reduzieren von Verwacklung.

- Einsatz von Green- oder Bluescreen-Techniken.

- 3-D-Effekte.

Ein paar dieser Features sind bei anderen Herstellern bereits im Schnittprogramm integriert. Adobe trennt nur etwas deutlicher zwischen Schnitt und Nachbearbeitung als die Konkurrenz.

### Welches Programm ist nötig?

Je nach Vorwissen benötigen Sie weniger oder mehr Zeit für die Einarbeitung. Die folgende Tabelle zeigt die unterschiedlichen Anforderungen für Adobe Premiere, Premiere Elements und After Effects:

| Anforderungen | Premiere Elements | Premiere | After Effects |
|---|---|---|---|
| Einstieg | x | | |
| Fortgeschritten | x | x | |
| Professionell | | x | x |

Beim Einsatz von After Effects besteht die Gefahr, dass Sie sich verzetteln, während Ihre Präsenzen auf YouTube, Facebook und Instagram nach Futter schreien. Sofern Sie sich nicht zu den professionellen Anwendern zählen, ist diese Strategie empfehlenswert:

- Ausklammerung der komplexen 3-D-Funktionen.

- Lernen der Grundlagen und der Keyframe-Animation.

- Beschränkung auf ein bis zwei weitere Anwendungsgebiete. Effektvoll und nicht allzu kompliziert sind Geschwindigkeitsänderungen und Textanimationen.

## 2.2.7 Videos veröffentlichen

**Bild 2.15:** Probelauf innerhalb einer Facebook-Videogruppe.

Die Videoproduzentin im obigen Bild hat alles richtig gemacht. Sie hat ihren ersten Clip nämlich nicht sofort auf allen Bühnen präsentiert, sondern nur innerhalb von Facebook vor einem ausgesuchten Publikum.

Als Plattform diente diese geschlossene Facebook-Gruppe: *https://www.facebook.com/ groups/VideoMarketingFuerSelbstaendige/.*

Dort erhielt sie auch gleich eine konstruktive Kritik und ein paar motivierende Worte: »Senke deine Stimme und lächle mehr. Ansonsten toll, dass du angefangen hast. Der erste Schritt ist gemacht.«

### Vom Probelauf zur Veröffentlichung

Ein Probelauf empfiehlt sich insbesondere für Anfänger. Stellen Sie sicher, dass Sie zu 100 % hinter Ihrem Video stehen, bevor Sie es auf mehreren Bühnen platzieren und die Jagd auf Likes, Shares und Kommentare beginnt. Planen Sie deshalb eine Zeitreserve für Änderungen ein, falls Sie den Clip im Rahmen einer Kampagne einsetzen möchten. Absolvieren Sie gegebenenfalls einen weiteren Testlauf, bevor Sie die eigentliche Veröf-fentlichung starten. Üblich ist die Platzierung auf Ihrem YouTube-Kanal und die Einbettung der YouTube-URL auf Ihrem Unternehmensblog. Sie können auch auf YouTube als Quelle zurückgreifen, um das Video auf Ihrer Facebook-Seite zu präsentieren, allerdings hat die Sache einen Haken: Facebook und YouTube bekriegen sich an der Videofront.

**YouTube und Facebook im Videokrieg**

Facebook versucht auf verschiedene Weise, dem Konkurrenten YouTube das Wasser abzugraben:

- Im Algorithmus: Direkt auf Facebook hochgeladene Videos werden bevorzugt.
- In der Darstellungsform: Direkt auf Facebook hochgeladene Videos werden in der Vorschau optisch attraktiver angezeigt.

Bei der Veröffentlichung auf beiden Bühnen bleibt es Ihnen nicht erspart, irgendeine Kröte zu schlucken.

- Option 1: Sie benutzen YouTube als Quelle für Ihr Video auf Facebook. Dafür werden Sie von Facebook abgestraft.
- Option 2: Sie veröffentlichen Ihr Video separat auf YouTube und auf Facebook. Dann erhalten Sie weniger Klicks auf YouTube und büßen dort an Reichweite ein.

Haben Sie genug Material beisammen? Dann ist es endlich an der Zeit, die Bretter zu betreten, die die Welt bedeuten. Das Publikum ist nämlich schon da. Auf Facebook, Twitter, YouTube, Google Plus, Instagram, Pinterest, WhatsApp und Snapchat. Vorhang auf.

## 2.3   Facebook – das Staatstheater

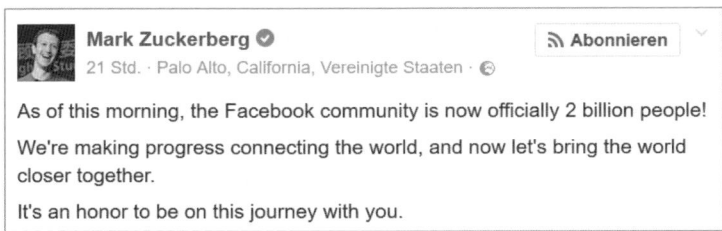

**Bild 2.16:** Nach Angaben von Mark Zuckerberg hat Facebook die Marke von zwei Milliarden Mitgliedern überschritten.

Facebook ist mit mehr als zwei Milliarden Mitgliedern die wichtigste Bühne unserer Zeit. Kein Unternehmen, kein Verein und kein Projekt kann es sich heute leisten, hier nicht Präsenz zu zeigen – es fragt sich allerdings, welche, denn Facebook unterscheidet zwei Arten: Profile und Seiten.

## 2.3.1 Profile und Seiten

Facebook-Profile sind für Privatanwender konzipiert und auf den ersten Blick kostenlos. Facebook ist allerdings kein Wohlfahrtsverein. Des Rätsels Lösung: Die Privatanwender bezahlen für die Teilnahme an Facebook nicht mit Geld, sondern auf indirektem Weg, nämlich durch die Herausgabe persönlicher Daten, die im Sinne der Werbewirtschaft aufbereitet werden – also auch in Ihrem Sinne als Unternehmer oder Vertreter eines Projekts. Die Features der Facebook-Profile sind relativ überschaubar.

### Facebook-Seiten

Facebook-Seiten sind für Unternehmen konzipiert und mit einem ganzen Sammelsurium von Möglichkeiten bestückt. Es stehen unterschiedliche Beitragstypen zur Verfügung, aber auch vorgefertigte Lösungen für Events und Gewinnspiele. Für die Ausschöpfung der Möglichkeiten und ganz allgemein das Voranbringen einer Seite möchte Facebook bare Münze sehen.

Übung: Stellen Sie sich vor den Spiegel und rufen Sie fünfmal laut: »Ich darf Facebook-Profil und Facebook-Seite nicht verwechseln.«

> **Facebook als Fallensteller**
> Facebook weist gern darauf hin, dass eine Seite »mehr Möglichkeiten« bietet als ein Profil. Allerdings gilt das auch für Facebook selbst. Eine Seite bietet zahllose Möglichkeiten, den Seitenbetreiber zu schröpfen – also Sie. Trotzdem sollten Sie nicht mit dem Gedanken spielen, eine kommerzielle Präsenz als Profil zu tarnen. Wenn die Sache auffliegt, lässt Facebook nämlich gern die Muskeln spielen. Es kann dann vorkommen, dass Ihr Profil von heute auf morgen in eine Seite zwangsumgewandelt wird – verbunden mit einem Verlust aller mühsam aufgebauten »Freunde«, wie Facebook die Follower nennt. Wenn Facebook ehrlich wäre, stünde diese Meldung auf der Startseite:
>
> »Facebook ermöglicht es Ihnen, auf einen Schlag alle Freunde zu verlieren.«

### Seiten schließen keine Freundschaften

Lassen Sie sich von Facebook nicht ins Bockshorn jagen. Der Seite fehlt das wichtigste Feature zur Gewinnung einer Leserschaft. Sie können damit nämlich keine Freundschaftsanfragen stellen. Für dieses Problem bietet Facebook gegen Geld gleich eine Lösung an: Sie sollen bezahlen, um die Seite hervorheben zu lassen und Fans zu gewinnen.

Ein weiteres Manko einer Facebook-Seite ist die eingeschränkte Möglichkeit zur Nutzung von Facebook-Gruppen. Mit einer Seite können Sie zwar eine eigene Gruppe gründen, aber keiner fremden beitreten.

Kurz gesagt: Facebook ist ein Biest, das bei den Hörnern gepackt werden will – und zwar mit der Cyrano-Methode, benannt nach der Komödie Cyrano de Bergerac. Der Inhalt in der Kurzfassung: Um bei seiner Angebeteten Gehör zu finden, bedient sich der Schönling Christian einer Person im Hintergrund, dem begnadeten Poeten und Strippenzieher Cyrano de Bergerac.

**Die Cyrano-Methode in der Praxis**

Ihre Angebetete ist das Facebook-Publikum. Ihre Eroberungstaktik:

- Das Facebook-Profil = der Poet und Strippenzieher im Hintergrund.
- Die Facebook-Seite = der Schönling im Vordergrund.

Und so funktioniert die Arbeitsteilung: Der Poet ist der Hauptverantwortliche. Er sorgt dafür, dass der Laden läuft, und entwickelt die Facebook-Fanbase. Der Schönling steht im Vordergrund und erntet die Früchte der Arbeit. Beide zusammen sind ein unschlagbares Team.

**Zunächst das Profil voranbringen**

Ein Facebook-Profil haben Sie wahrscheinlich schon. Falls nicht, legen Sie unter Ihrem persönlichen Namen eines an und erwerben eine Anhängerschaft. Mit einem Profil ist das nicht schwer. Der übliche Weg:

- Likes, Shares und Kommentare spendieren.
- Beteiligung an zwei oder drei Facebook-Gruppen.
- Freundschaftsanfragen an andere Profile stellen.

Haben Sie 100 bis 200 Freunde eingesammelt oder mehr? Dann ist es Zeit, eine Seite anzulegen.

## 2.3.2 Facebook-Seite anlegen

**Bild 2.17:** Hinter dem kleinen weißen Pfeil hat Facebook eine Menge Möglichkeiten versteckt.

Jetzt wird es tricky. Legen Sie keinen zweiten Account an, sondern loggen Sie sich ganz normal in Ihr Facebook-Profil ein. Dann klicken Sie im Menü oben auf den kleinen weißen Pfeil, um das Drop-down-Menü zu öffnen.

## Eine Seite erstellen

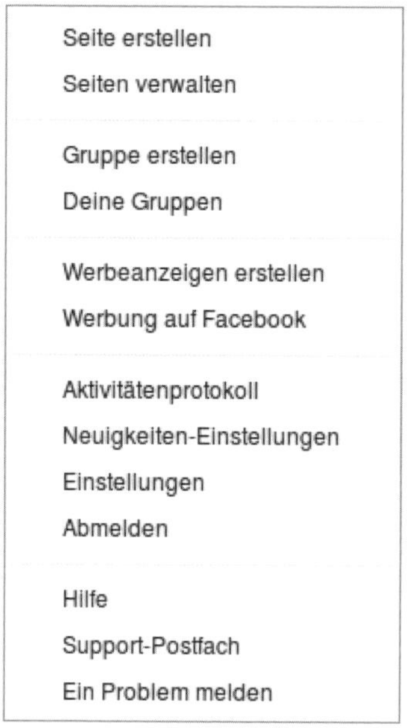

Seite erstellen

Seiten verwalten

Gruppe erstellen

Deine Gruppen

Werbeanzeigen erstellen

Werbung auf Facebook

Aktivitätenprotokoll

Neuigkeiten-Einstellungen

Einstellungen

Abmelden

Hilfe

Support-Postfach

Ein Problem melden

**Bild 2.18:** Im Drop-down-Menü erscheint die Option *Seite erstellen*.

Das Drop-down-Menü erscheint. Klicken Sie auf *Seite erstellen*. Noch mal zum Festhalten: Sie erstellen jetzt eine *Seite* aus einem *Profil* heraus. Eine so eingebundene Seite ist wesentlich komfortabler administrierbar als eine separate. Die Cyrano-Methode funktioniert nur mit dieser Konstellation.

## Kategorie auswählen

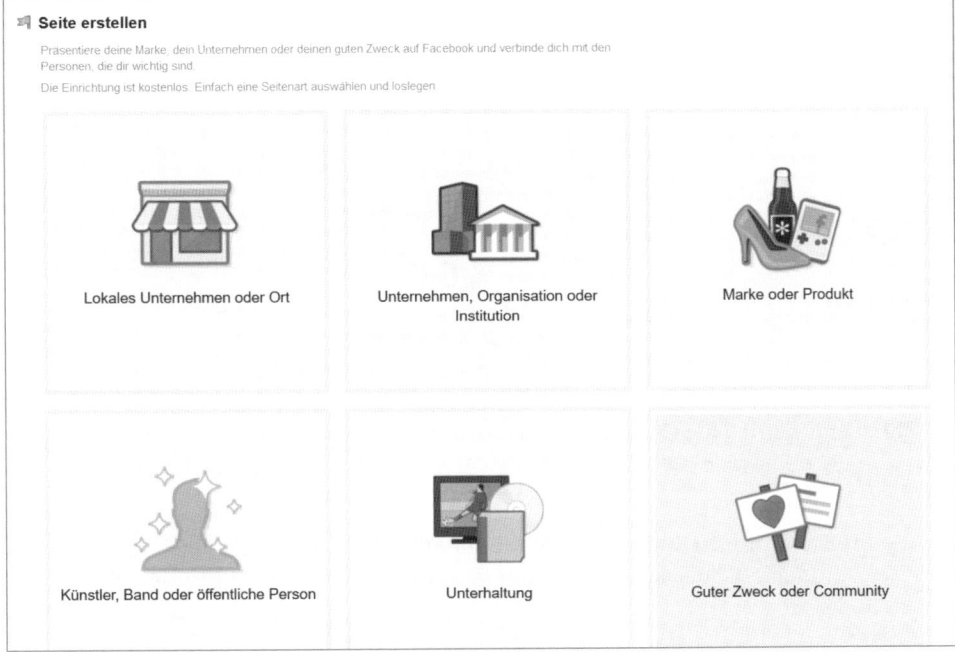

**Bild 2.19:** Facebook unterteilt Seiten in sechs Hauptkategorien.

Facebook führt Sie nun auf einen Auswahlbildschirm. Sechs Hauptkategorien stehen zur Verfügung:

- *Lokales Unternehmen oder Ort*
- *Unternehmen, Organisation oder Institution*
- *Marke oder Produkt*
- *Künstler, Band oder öffentliche Person*
- *Unterhaltung*
- *Guter Zweck oder Community*

Wählen Sie eine möglichst passende Hauptkategorie. Wenn Sie bei der Zuordnung unsicher sind, klicken Sie die sechs Felder an. Über die dann eingeblendeten Eingabemasken erfahren Sie mehr über den Typ und können sich besser entscheiden.

### Eingabemaske ausfüllen

**Bild 2.20:** Details zu einem lokalen Unternehmen oder Ort eingeben.

Anschließend werden die Details abgefragt. Beispiel für ein lokales Unternehmen: *Unterkategorie, Unternehmen oder Ortsname, Straße, Stadt/Bundesland, Postleitzahl* und *Telefon*.

Bei der Informationsgewinnung geht Facebook sehr rigide vor. Sie müssen schon zu diesem Zeitpunkt alle Felder ausfüllen. Zum Glück lassen sich Ihre Eingaben aber später wieder ändern.

Etwas weniger Vorabinformationen fordert Facebook in der Hauptkategorie *Unterhaltung*. Verlangt werden nur die Unterkategorie und ein Name, beispielsweise ein Film- oder Buchtitel.

**Bild 2.21:** In der Hauptkategorie *Unterhaltung* genügt der Name eines Projekts.

### Die vorläufige URL

Aus dem von Ihnen eingegebenen Namen konstruiert Facebook dann eine vorläufige und nicht sehr attraktive URL, beispielsweise:

- Als Name wurde eingegeben: *Onlineshops mit WordPress.*

- Als URL spuckt Facebook aus: *https://facebook.com/Onlineshops-mit-Word-Press-1155448344584500/.*

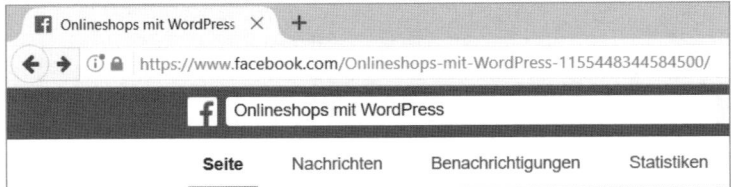

**Bild 2.22:** Die vorläufige Facebook-URL enthält eine Menge Ziffern und ist für das Marketing nicht attraktiv.

Die vielen Ziffern verunstalten die URL. Doch wenn Sie Ihre Facebook-Seite über Ihr Facebook-Profil administrieren – also mit der Cyrano-Methode –, lässt sich sofort Abhilfe schaffen.

### Benutzerdefinierte Facebook-URL anlegen

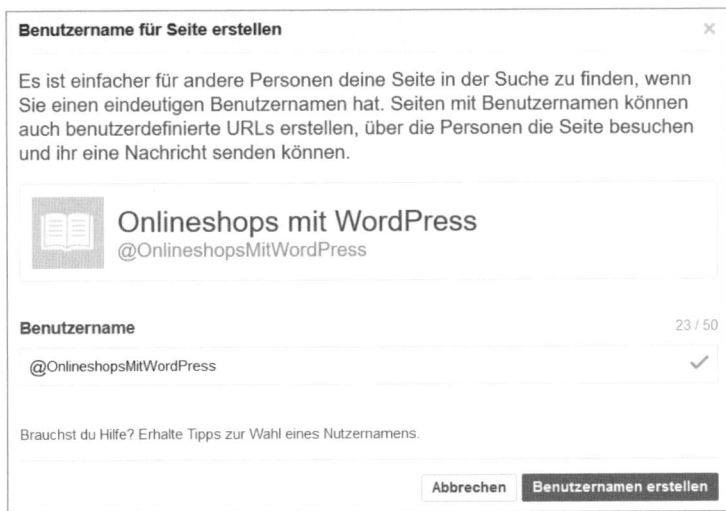

**Bild 2.23:** Das Fenster *Benutzername für Seite erstellen* bietet die Möglichkeit, eine attraktive URL zu erzeugen.

Klicken Sie auf den Menüpunkt *Benutzername für Seite erstellen*, um eine sehr wichtige Weichenstellung vorzunehmen. Hier legen Sie nämlich Ihre Facebook-URL fest – nach diesen Spielregeln:

- Beginn mit einem Großbuchstaben.

- Binde- und Unterstriche sind nicht erlaubt.

- Erlaubt ist es, die URL mit einem Punkt zu strukturieren.

Handeln Sie bei der Vergabe der Facebook-URL mit Bedacht. Eine Änderung ist nämlich nur ein einziges Mal möglich.

**Bild 2.24:** Die endgültige URL kommt ohne Zahlensalat aus.

Im Bild sehen Sie die endgültige URL einer Facebook-Seite, und zwar ohne den Zahlensalat am Ende.

- Eingegebener Benutzername: *@OnlineshopsMitWordPress*

- Erhaltene URL: *https://facebook.com/OnlineshopsMitWordPress*

### Zu Favoriten hinzufügen

Nach Eingabe der URL blendet Facebook einige weitere Fenster ein. Die meisten können Sie überspringen und später noch erledigen. Hilfreich ist allerdings der Button *Zu Favoriten hinzufügen*. Klicken Sie ihn an, um die neue Seite später von Ihrem Profil aus schneller zu finden. Achtung: Als Favoriten bezeichnet Facebook nicht die Favoriten in Ihrem Browser, sondern Ihre bevorzugten Präsenzen innerhalb von Facebook.

Was Sie möglichst sofort erledigen sollten, ist die Angabe eines Impressums. Alles andere hat Zeit; machen Sie sich zuerst einmal mit dem breiten Instrumentarium von Facebook vertraut.

### Impressum anlegen

| Startseite | WEITERE INFORMATIONEN |
| --- | --- |
| Beiträge | ℹ Bearbeiten Erscheinungsdatum |
| Bewertungen | ℹ Bearbeiten Genre |
| Videos | ℹ Bearbeiten Info |
| Fotos | ℹ Bearbeiten Impressum |
| **Info** | ℹ Bearbeiten ISBN |
| „Gefällt mir"-Angaben | ℹ Bearbeiten Herausgeber |
| Gruppen | 🏆 Bearbeiten Auszeichnungen |

**Bild 2.25:** Impressum anlegen.

Klicken Sie in der linken Spalte auf *Info* und dann auf *Bearbeiten Impressum*. Facebook blendet unter dem Eingabefeld eine irreführende Information ein:

»Dieses Feld ist optional. In einigen Ländern wie Österreich, Deutschland und der Schweiz können Unternehmen gesetzlich dazu verpflichtet sein, Angaben zur Inhaberschaft auf ihrer Webseite zu machen. Das Limit beträgt 2.000 Zeichen.«

Die rechtliche Lage ist eindeutig: Sie sind ganz klar zur Angabe eines ordnungsgemäßen und vollständigen Impressums verpflichtet. Falls der Platz auf Facebook nicht ausreicht, verlinken Sie von dort auf die Impressums-URL Ihrer Unternehmens-Website.

### 2.3.3 Die wichtigsten Facebook-Instrumente

Facebook ist eine sehr experimentierfreundliche Bühne. Das ist zwar begrüßenswert, weil dadurch neue Features Einzug halten, hat aber auch Schattenseiten. Die Übersicht leidet, und nicht jedes Feature überlebt die Experimentierphase. So hat Facebook beispielsweise die Möglichkeit entfernt, Profile und Seiten in Interessenlisten zu organisieren. Bereits existierende Listen wurden ohne Vorwarnung abgeschaltet.

**Fazit**: Das Ausschöpfen aller Möglichkeiten ist nicht immer von Vorteil.

#### Liken und abonnieren

**Bild 2.26:** Liken und abonnieren.

Der erste Kontakt zu einer Facebook-Seite führt in der Regel über den Like-Button, den berühmten Daumen nach oben. Der Button lässt sich auch auf externen Websites unterbringen, also beispielsweise auf Ihrem Unternehmensblog. In WordPress und anderen Content-Management-Systemen stehen dafür diverse Plug-ins zur Verfügung. Zu beachten sind einige juristische Vorgaben.

Mit dem Liken einer Seite aktiviert Facebook automatisch den Abonnieren-Button. Ab diesem Zeitpunkt erscheinen die Beiträge einer Facebook-Seite im Stream des Abonnenten. Für die Reichweite einer Seite ist die Anzahl der Abonnenten – Facebook nennt sie Fans – die wichtigste Kennziffer.

#### Nur Profile schließen Freundschaften

**Bild 2.27:** Nur in Profilen schließen Sie Freundschaften.

Wer über ein Facebook-Profil verfügt und zum ersten Mal eine Facebook-Seite eingerichtet hat, vergeudet in der Regel eine Menge Zeit auf der verzweifelten Suche nach dem gewohnten Button für die Freundschaftsanfrage. Die Wahrheit ist: Dieses für den Aufbau eines Publikums so wichtige Feature stellt Facebook für *Seiten* gar nicht zur Verfügung. Nur Profile sind in der Lage, ihre Reichweite über die Methode der Freundschaft auf Gegenseitigkeit zu erweitern.

## Beiträge teilen und kommentieren

**Bild 2.28:** Durch das Teilen gelangt ein fremder Beitrag in den eigenen Stream.

Das Teilen, also das Weiterreichen eines fremden Beitrags an den eigenen Stream, gehört zu den wichtigsten Interaktionen in Facebook. Machen Sie davon ausgiebig Gebrauch. Teilen Sie die Beiträge anderer User und vertrauen Sie auf das Prinzip der Gegenseitigkeit. Das Gleiche gilt für das Kommentieren.

## Teilen und Kommentieren als Seite

**Bild 2.29:** Der Klick auf das kleine Dreieck in der Kopfzeile eines Beitrags öffnet ein Auswahlmenü. Beiträge lassen sich auch als Seite teilen oder kommentieren.

Entscheiden Sie selbst, in welcher Identität Sie teilen oder kommentieren wollen. Mit einem Klick auf das kleine Dreieck in der Kopfzeile eines Beitrags öffnen Sie ein Auswahlmenü. Gelistet sind dort Ihr Profil und sämtliche damit verknüpften Seiten. Wählen

Sie aus, welches Projekt Sie voranbringen möchten. Teilen bzw. kommentieren Sie nicht ausschließlich mit Ihrem Profil, sondern ab und zu auch mit einer Seite.

### 2.3.4 Facebook-Seite ausstatten und Fans gewinnen

Im Theater ist edles Outfit angesagt. Verpassen Sie Ihrer Facebook-Präsenz einen ansprechenden Look, um einen guten ersten Eindruck zu hinterlassen. Am wichtigsten sind das Titelbild, das Profilbild und die Beschreibung.

**Das Titelbild**

**Bild 2.30:** Das Facebook-Titelbild von Focus Online enthält an den Rändern keine wichtigen Informationen. Alles Wesentliche bleibt auch dann präsent, wenn das Bild nicht vollständig angezeigt wird.

Dargestellt wird ein Facebook-Titelbild in diesen Abmessungen:

- Computer: in der Größe 820 × 312 Pixel
- Smartphones: in der Größe 640 × 360 Pixel

Die absolute Mindestgröße beträgt 399 × 150 Pixel. Besser ist es natürlich, die Idealmaße zu verwenden. Facebook nennt diese Vorgaben:

- Bildgröße: 851 × 315 Pixel
- Dateigröße: 100 KByte.

Leider schraubt Facebook wie alle anderen Bühnen immer mal wieder an den Größen. Außerdem variiert die Darstellung in Abhängigkeit vom Anzeigegerät. Sie müssen also mit Überraschungen, sprich mit abgeschnittenen Bereichen, rechnen. Optimieren Sie deshalb nicht bis ins letzte Pixel hinein, sondern entscheiden Sie sich für eine Best-Practice-Lösung:

- Erstellen Sie ein Bild im aktuellen Idealmaß 851 × 315 Pixel.

- Platzieren Sie keine wesentlichen Bestandteile am Bildrand. Absolut tabu sind dort Schriften.

- Verwenden Sie das Bildformat JPG bzw. JPEG.

- Verringern Sie die Bildqualität in Ihrem Bildbearbeitungsprogramm, bis Sie eine Dateigröße von ca. 60 bis 100 KByte erreicht haben.

### Das Profilbild

**Bild 2.31:** Profilbilder sind auf Facebook immer quadratisch.

Das Facebook-Profilbild wird je nach Anzeigegerät unterschiedlich dargestellt:

- Computer: Größe 170 × 170 Pixel

- Smartphones: in der Größe 128 × 128 Pixel

Weil die quadratische Form für alle Bildschirme beibehalten wird, müssen Sie sich um abgeschnittene Bereiche keine Gedanken machen. Erstellen Sie ein Profilbild in der Größe von 170 × 170 Pixel im Format JPG oder JPEG und peilen Sie eine Dateigröße von maximal 80 KByte an.

### Die Beschreibung

| Onlineshops mit WordPress | | | |
|---|---|---|---|
| @OnlineshopsMitWordPress | **Info** | | ✏ Seiteninfo bearbeiten |
| Startseite | ALLGEMEIN | STORY | |
| Beiträge | Kategorie **Buch** | Bearbeiten | + Story bearbeiten |
| Bewertungen | Name Onlineshops mit WordPress | Bearbeiten | |
| Videos | Benutzername @OnlineshopsMitWordPres s | Bearbeiten | |
| Fotos | Seiteninfo | | |
| **Info** | ⚑ Bearbeiten Anfangsdatum | | |
| „Gefällt mir"-Angaben | KONTAKTINFO | | |
| Gruppen | ☎ + Telefonnummer angeben | | |
| | ◎ @OnlineshopsMitWordPress | Nachricht senden | |
| | ✉ + E-Mail-Adresse eingeben | | |

**Bild 2.32:** Eingabe der Seiteninformationen.

Auf der linken Seite der Seitenadministration befindet sich der Menüpunkt *Info*. Rufen Sie ihn auf, um die wichtigsten Seiteninformationen einzugeben. Mit einem Klick rechts oben auf den kleinen Stift bei *Seiteninfo bearbeiten* öffnet sich die Eingabemaske.

**Details zur Seite eingeben**

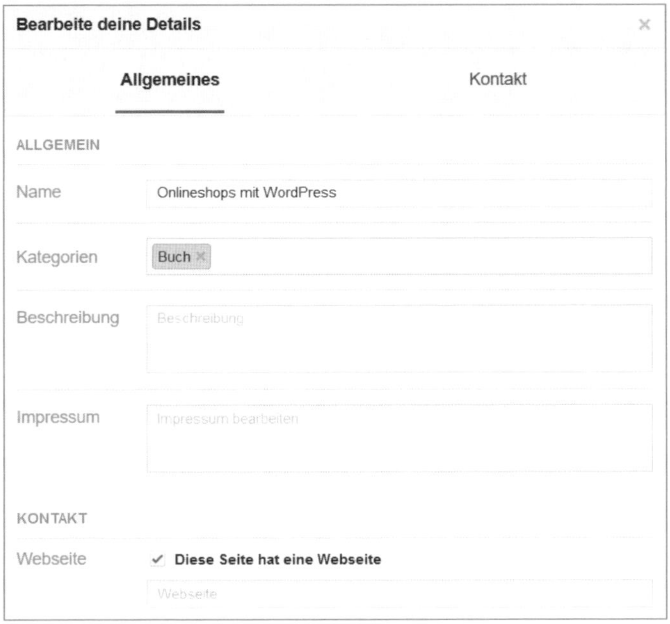

| Bearbeite deine Details | ✕ |
|---|---|

| | Allgemeines | Kontakt |
|---|---|---|

ALLGEMEIN

| Name | Onlineshops mit WordPress |
|---|---|
| Kategorien | Buch ✕ |
| Beschreibung | Beschreibung |
| Impressum | Impressum bearbeiten |

KONTAKT

| Webseite | ✓ **Diese Seite hat eine Webseite** |
|---|---|
| | Webseite |

**Bild 2.33:** Bearbeitung der Details.

In der Maske zur Bearbeitung der Details können Sie je nach Kategorie unterschiedliche Informationen eingeben. Schöpfen Sie alle Möglichkeiten aus, um innerhalb von Facebook das passende Publikum zu erreichen. Vergessen Sie dabei aber nicht den Link auf die externe Website Ihres Unternehmens.

**Für Traffic sorgen**

**Bild 2.34:** Über die Funktion *Freunde einladen* werden Follower eines Profils angesprochen, um eine Seite zu liken.

Wie gelangt das Publikum auf die neue Facebook-Seite? Am liebsten ist es Facebook, wenn Sie den Werbeanzeigenmanager öffnen und den Geldbeutel zücken. Doch wenn Sie nach der Cyrano-Methode vorgegangen sind, steht Ihnen eine kostenlose Alternative zur Verfügung. Klicken Sie auf die drei Punkte und im anschließend aufklappenden Menü auf *Freunde einladen.*

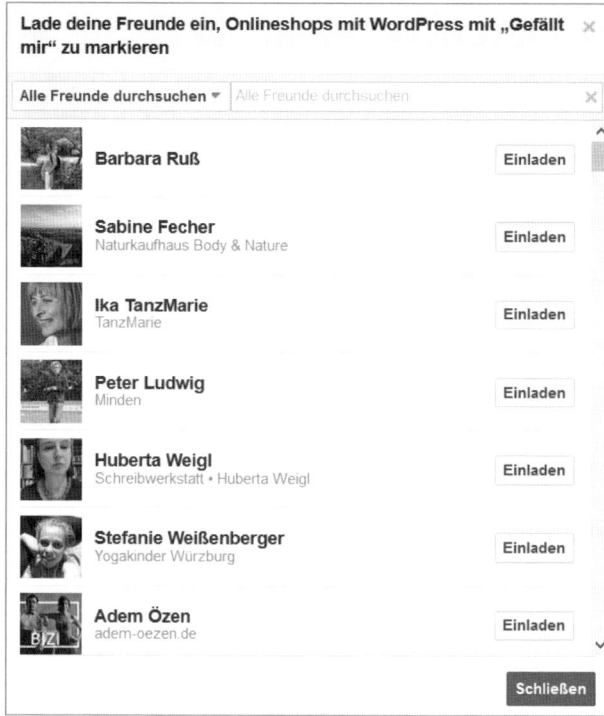

**Bild 2.35:** Die Freundesliste des Profils dient als Reservoir, um Fans für die Seite zu gewinnen.

Es klappt die gesammelte Freundesliste Ihres Profils auf. Klicken Sie einen Schwung Ihrer Freunde an, um die neue Seite voranzubringen. Wer der Einladung nachgekommen ist, wird auf der Seite als Fan bezeichnet.

### Die ersten 30 Fans

**Bild 2.36:** Ab einer Schwelle von 30 *Gefällt mir*-Angaben schaltet Facebook die Seitenstatistiken frei.

Wenn Sie über Ihr Profil eine ordentliche Anzahl von Freunden gesammelt haben, dürfte es nicht allzu schwer sein, die Schwelle von 30 *Gefällt mir*-Angaben für die Seite zu knacken. Ab dieser Anzahl schaltet Facebook Ihre Seitenstatistik frei. Am besten legen Sie immer mal wieder nach. Sammeln Sie mit dem Profil neue Freunde und fordern Sie sie zum Liken Ihrer Seite auf.

### Reichweite aufbauen

Die Reichweite Ihrer Seite bauen Sie am schnellsten aus, wenn Sie den Facebook-Algorithmus von Ihren Qualitäten überzeugen können. Relevant sind die Interaktionen Ihres Publikums.

**Beispiel**: 100 User geben »Kitesurfen« in die Facebook-Suche ein, um dann bei den Präsenzen A und B zu verweilen. Die Besuchsdauer auf Präsenz A beträgt im Durchschnitt nur zehn Sekunden bei einer geringen Interaktionsquote. Auf Präsenz B wird dagegen fleißig gelikt, geteilt und kommentiert. In der Folge werden in den Suchergebnissen, im Stream und an den verschiedenen Orten innerhalb von Facebook die Beiträge von Präsenz B im Vergleich zu A besser dargestellt.

## 2.3.5 Facebook-Marketing

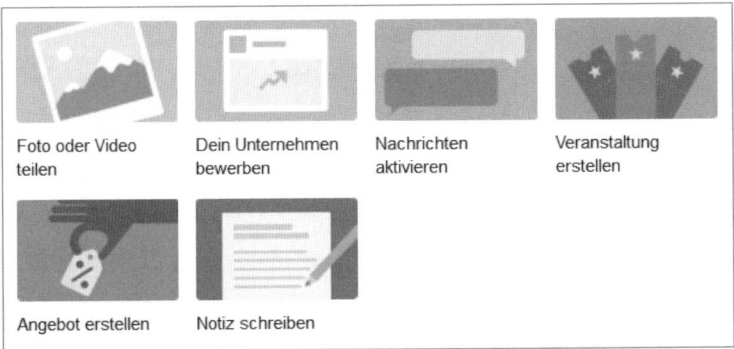

**Bild 2.37:** Beim Aufruf der eigenen Seite blendet Facebook die wichtigsten Marketinginstrumente ein.

Damit Sie die vielfältigen Möglichkeiten nicht übersehen, hilft Ihnen Facebook ein wenig auf die Sprünge. Unterhalb des Eingabefensters Ihrer Facebook-Seite – aber nicht Ihres Facebook-Profils – finden Sie, je nach Art Ihres Unternehmens, eine Reihe nützlicher Schaltflächen. Beginnen Sie Ihr Marketing mit einem Klick auf *Veranstaltung erstellen.*

Keine Sorge, die Veranstaltung können Sie als Entwurf speichern. Sie müssen also kein Event aus dem Ärmel schütteln.

## Veranstaltungen und Events

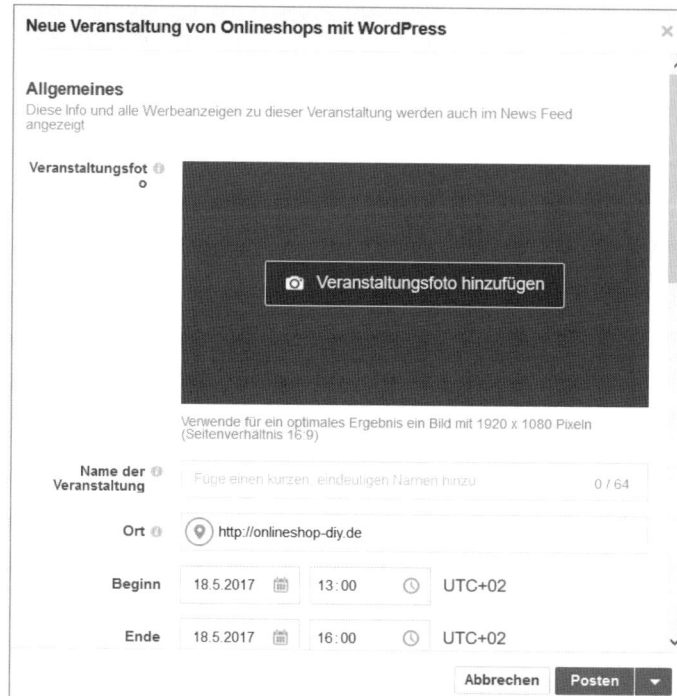

Bild 2.38:
Veranstaltungen
erzeugen
Aufmerksamkeit und
erhöhen die Reichweite
auf Facebook.

Den Begriff *Veranstaltungen* dürfen Sie sehr weit auslegen. Zulässig sind auch reine Webevents. Sie müssen also nicht unbedingt eine Veranstaltung vor Ort auf die Beine stellen. Nutzen Sie dieses Feature auch zur Erhöhung Ihrer Reichweite auf Facebook.

### Veranstaltungsfoto

Ganz wesentlich für den Erfolg ist ein attraktives Veranstaltungsfoto. Ideal ist eine Größe von 1.920 × 1.080 Pixeln, was dem gängigen Videoformat Full-HD und einem Verhältnis von 16:9 entspricht. Falls Sie kein Bild parat haben, gehen Sie so vor:

- Stellen Sie die Kamera Ihres Smartphones auf das Format 16:9 um (voreingestellt ist in der Regel 4:3).

- Erstellen Sie zu Ihrer Veranstaltung ein attraktives und per Smartphone passendes Bild und laden Sie es auf Facebook hoch.

### Name der Veranstaltung

Wählen Sie einen möglichst aussagekräftigen, eindeutigen, kurzen Namen, der die wesentlichen Inhalte Ihrer Veranstaltung vorwegnimmt.

**Beispiel**: Tanzparty in Frankfurt

## Ort, Beginn und Ende der Veranstaltung

Sie können nur einen Ort oder eine genaue Adresse angeben. Bei einer genauen Adresse kommt Facebook Ihren Besuchern entgegen und verlinkt das Ziel mit einem Routenplaner.

Pflicht ist diese Vorgehensweise aber nicht. Tragen Sie einfach eine Internetadresse ein, um Ihr Onlineevent zu bewerben, beispielsweise einen kreativen Wettbewerb mit Preisverleihung auf Ihrer Unternehmens-Website. Da Beginn und Ende der Veranstaltung nicht auf denselben Tag fallen müssen, lassen sich auch längere Aktionen und Events effektiv und kostenlos bewerben.

## Details und Tickets

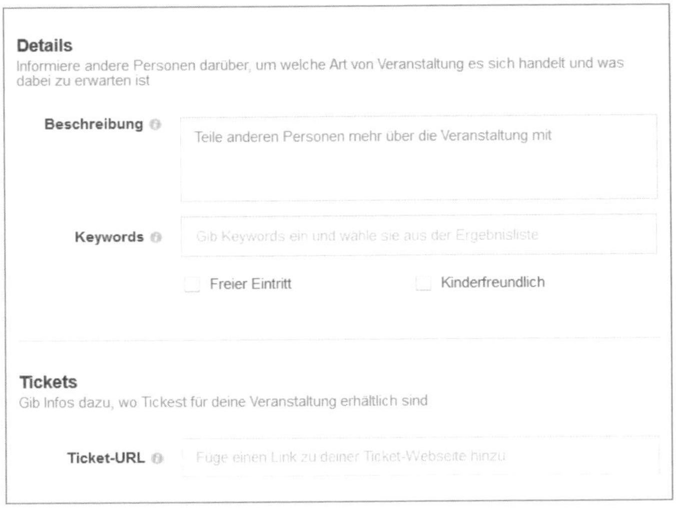

**Details**
Informiere andere Personen darüber, um welche Art von Veranstaltung es sich handelt und was dabei zu erwarten ist

Beschreibung ℹ
Teile anderen Personen mehr über die Veranstaltung mit

Keywords ℹ
Gib Keywords ein und wähle sie aus der Ergebnisliste

☐ Freier Eintritt       ☐ Kinderfreundlich

**Tickets**
Gib Infos dazu, wo Tickest für deine Veranstaltung erhältlich sind

Ticket-URL ℹ
Füge einen Link zu deiner Ticket-Webseite hinzu

**Bild 2.39:** Die Eingabe einer Ticket-URL sorgt in jedem Fall für zusätzlichen Traffic.

Im Beschreibungsfeld geben Sie weitere Informationen ein.

**Beispiel:** Tanzbarer Soul und Funk. Chill-out-Area. DJs: jBrown & Slowmo. Einlass ab 21 Uhr. 5 Euro im Ticketshop, 8 Euro an der Abendkasse. Frankfurt Grooves.

Denken Sie bei den Keywords an den Facebook-Algorithmus und wählen Sie möglichst präzise Begriffe.

**Beispiel:** Disco, Funk, Soul, Name der Stadt, Name der Location.

Das Feld zur Eingabe einer Ticket-URL sollten Sie auf jeden Fall nutzen, entweder um Tickets anzubieten oder für einen Link auf eine Seite, auf der weitere Informationen über Ihre Veranstaltung zu finden sind. Je länger sich ein Interessent damit auseinandersetzt, desto wahrscheinlicher ist seine Teilnahme.

## Weitere Gastgeber

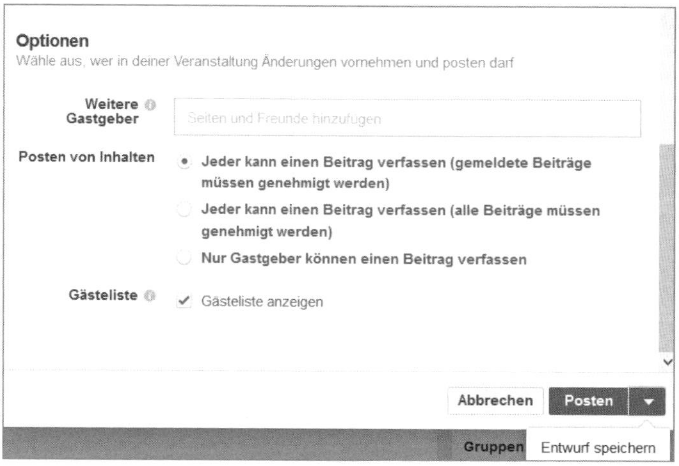

**Optionen**
Wähle aus, wer in deiner Veranstaltung Änderungen vornehmen und posten darf

Weitere ⓘ
Gastgeber            Seiten und Freunde hinzufügen

Posten von Inhalten    ● Jeder kann einen Beitrag verfassen (gemeldete Beiträge
                         müssen genehmigt werden)
                       ○ Jeder kann einen Beitrag verfassen (alle Beiträge müssen
                         genehmigt werden)
                       ○ Nur Gastgeber können einen Beitrag verfassen

Gästeliste ⓘ    ✓ Gästeliste anzeigen

                    Abbrechen    Posten    ▼

                    Gruppen    Entwurf speichern

**Bild 2.40:** Zusätzliche Gastgeber erhöhen die Reichweite einer Veranstaltung.

Unter *Optionen* können Sie Mitveranstalter hinzufügen. Dieses Feature ist ideal, um die Reichweite Ihres Events zu vergrößern.

**Beispiel**: Für Ihre Tanzparty haben Sie zwei DJs verpflichtet. Naturgemäß sind die beiden daran interessiert, dass die Sache ordentlich rockt. Fügen Sie sie bei *Weitere Gastgeber* hinzu. Von Facebook werden die beiden automatisch benachrichtigt und bei Zustimmung zu Administratoren erhoben. Anschließend erscheint die Veranstaltung auch auf den Facebook-Seiten der DJs.

Behalten Sie aber im Hinterkopf, dass die Mitveranstalter nun auch die Inhalte ändern können. Falls Sie mit Sponsoren zusammenarbeiten, sollten Sie diesen Punkt vertraglich klären. Am besten erlauben Sie Ihren Sponsoren nur die Verbreitung zusätzlicher Inhalte über Beiträge, untersagen aber Eingriffe.

### Veranstaltungen koordinieren

Sprechen Sie sich in der Planungsphase einer Veranstaltung mit allen Beteiligten ab, um gemeinsam eine große Reichweite zu erzielen.

- **Schlechte Lösung**: Sie, Ihre beiden DJs und der Inhaber der Location bewerben die Tanzparty auf Facebook jeweils separat, wozu vier Veranstaltungen erstellt werden.

- **Gute Lösung**: Alle Beteiligten erhalten auf Facebook die Administratorrechte für eine einzige Veranstaltung.

### Inhalte und Gästeliste posten

Erlauben Sie allen das Posten von Inhalten zu Ihrer Veranstaltung. Wählen Sie dazu die Option *Jeder kann einen Beitrag verfassen (gemeldete Beiträge müssen genehmigt werden)*. Kontrollieren Sie, ob der Haken in der Checkbox *Gästeliste anzeigen* gesetzt ist, um eine

Sogwirkung zu erzielen. Veranstaltungen von Facebook-Seiten sind, anders als Veranstaltungen von Facebook-Profilen, immer öffentlich.

Klicken Sie unten auf *Entwurf speichern*, falls Sie vor der Veröffentlichung noch einmal alles nachprüfen möchten.

### Freunde einladen

Haben Sie die Veranstaltung veröffentlicht? Dann – mit Verlaub – interessiert sich erst einmal keine Sau dafür. Jetzt heißt es, wieder auf das Facebook-Profil zurückzugreifen. Rufen Sie die Veranstaltung auf und klicken Sie auf *Freunde einladen*. Sie können entweder alle Freunde pauschal benachrichtigen oder eine bestimmte Auswahl treffen.

### Veranstaltungen pushen

Mit ein paar Tricks pushen Sie Ihre Veranstaltung zusätzlich. Eine beliebte Methode ist ein nachträgliches Ändern von Veranstaltungsinfos. Wechseln Sie dazu das Veranstaltungsbild aus oder fügen Sie einige Neuigkeiten hinzu. Ihre geladenen Gäste werden von Facebook darüber informiert. Übertreiben Sie die Sache aber nicht, denn Facebook nennt eine Obergrenze von maximal drei nachträglichen Veränderungen.

### Abgelaufene Veranstaltungen nutzen

Sie haben in der Vergangenheit schon Veranstaltungen durchgeführt? Dann fassen Sie noch einmal nach. Facebook vergisst nämlich nichts.

Setzen Sie Links von abgelaufenen Veranstaltungen auf die aktuelle Veranstaltung. Facebook benachrichtigt die ehemaligen Teilnehmer – und Sie binden Ihr Publikum an sich. Wer von Ihrem letzten Event begeistert war, wird wiederkommen.

### Die Bewertungsfunktion

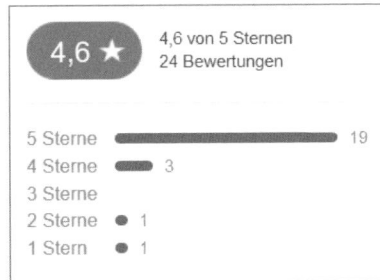

**Bild 2.41:** User können die Seiten lokaler Unternehmen mit einem bis fünf Sternen bewerten.

Von Amazon abgeschaut hat sich Facebook das Feature der Bewertung. Wie beim großen Vorbild können vom Publikum bis zu fünf Sterne vergeben werden.

Zur Verfügung steht die Bewertung allerdings nur für bestimmte Arten von Facebook-Seiten, zurzeit sind dies die lokalen Unternehmen.

Sind Sie sich nicht sicher, ob die Bewertungsfunktion bei Ihnen aktiviert sind, rufen Sie die URL *www.facebook.com/ihrefacebookurl/reviews* auf. Ist diese Seite nicht vorhanden, müssen Sie an den Einstellungen schrauben:

- Klicken Sie auf *Info/Seiteninfo/Lokales Unternehmen*.

- Geben Sie Ihre vollständige Adresse an und setzen Sie das Häkchen unter die Karte.

- Speichern Sie die Änderungen ab.

### Umgang mit negativen Bewertungen

Für einen Shop oder einen gastronomischen Betrieb gibt es nichts Schlimmeres als negative Bewertungen. Nehmen diese überhand, ist Schadensbegrenzung angesagt. Dazu haben Sie drei Möglichkeiten:

- Positive Bewertungen generieren, um die negativen Bewertungen zu relativieren.

- Reihenfolge der Bewertungen beeinflussen.

- Bewertungen deaktivieren.

Mehr positive Bewertungen erhalten Sie am einfachsten durch die Verbesserung Ihrer Leistung und das Einspannen Ihrer Freunde. Helfen diese Maßnahmen nicht weiter, bleiben noch die Beeinflussung der Reihenfolge und die Deaktivierung.

---

**Bewertungen nachträglich ändern**
Technisch ist es möglich, abgegebene Bewertungen nachträglich zu ändern. Sie könnten also die Absender negativer Kommentare um eine Korrektur bitten. Allerdings ist es nicht ratsam, von dieser Methode Gebrauch zu machen, denn der Schuss kann leicht nach hinten losgehen und einen Shitstorm verursachen. Bitten Sie nur dann um eine Korrektur, wenn Sie sicher sind, dass dem Bewerter beim Anklicken der Sterne ein Fehler unterlaufen ist.

---

### Reihenfolge der Bewertungen beeinflussen

Facebook lässt es sich nicht nehmen, die Reihenfolge der Bewertungen selbst festzulegen. Sie können aber über Kommentare ins Räderwerk eingreifen. Reagieren Sie bei einigen negativen Bewertungen mit kurzen Nachfragen. Anschließend bedanken Sie sich bei allen guten Bewertungen. Ihre jüngeren Kommentare rücken die positiven Bewertungen nach oben.

### Bewertungen deaktivieren

Leider lässt sich die Bewertungsfunktion nicht mit einem einfachen Klick ein- und ausschalten. Sie müssen deshalb ein bisschen tricksen Auf diese Weise verbannen Sie die Bewertungen von Ihrer Seite:

- Entfernen Sie Ihre Adresse aus dem Infobereich – Achtung, nur dort, aber nicht aus dem Impressumsbereich.

- Deaktivieren Sie die Kartenfunktion.

- Ändern Sie die Kategorie Ihres Unternehmens. Zur Erinnerung: Die Bewertungsfunktion steht aktuell nur für lokale Unternehmen zur Verfügung.

Achtung, Facebook vergisst nichts. Die Bewertungen werden auf diese Weise nur unsichtbar, aber nicht gelöscht. Sie können sie durch die Änderung Ihrer Einstellungen wieder an die Oberfläche befördern.

## 2.3.6  Animationen und Videos auf Facebook

Bewegte Bilder sind ein gutes Mittel, um die Reputation zu erhöhen. Animationen und Videos werden häufiger angeklickt als reine Textpostings, nicht zuletzt dank der Bevorzugung durch den Facebook-Algorithmus.

### Facebook-Animationen erstellen

Jeder hat mal klein angefangen. Sie sind kein Profi und suchen einen bequemen Einstieg in die Welt der bewegten Bilder? Facebook kommt den Betreibern einer Seite mit leicht zu bedienenden Features entgegen. Sie benötigen nicht einmal ein externes Tool, um aus Bildern eine Animation zu zaubern.

Erstellen Sie einen neuen Beitrag für Ihre Seite und klicken Sie im Fenster der Beitragstypen links oben auf *Foto oder Video teilen*. Lassen Sie sich von der Bezeichnung *teilen* nicht verunsichern, Sie haben hier auch die Möglichkeit, eine Animation zu erstellen.

Es öffnet sich nun ein Fenster mit diesen Optionen:

- *Fotos/Videos hochladen – Füge Fotos oder ein Video zu deinem Status hinzu.*

- *Fotoalbum erstellen – Erstelle ein Album aus mehreren Fotos.*

- *Foto-/Video-Karussell erstellen – Erstelle anhand eines Links ein Fotokarussell zum Scrollen.*

- *Slideshow erstellen – Füge 3 bis 10 Fotos hinzu, um ein Video zu erstellen.*

- *Canvas erstellen – Jetzt kannst du dank der Kombination aus Bildern und Videos noch bessere Geschichten erzählen.*

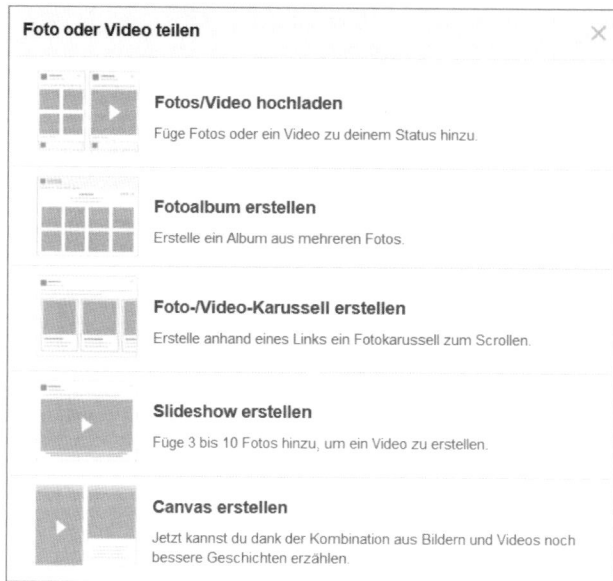

**Bild 2.42:** Über die Slideshow-Funktion ermöglicht Facebook die schnelle Erstellung einer Animation.

Der schnellste Weg zur ersten Animation führt über die Schaltfläche *Slideshow erstellen – Füge 3 bis 10 Fotos hinzu, um ein Video zu erstellen.*

**Wann ist ein Film ein Film?**

Facebook grenzt die Begriffe Slideshow und Video nicht klar voneinander ab, was absolut verzeihlich ist; auch der Betrachter macht sich über Schubladen wenig Gedanken. Sie als Produzent sollten das aber aus Gründen der Übersicht tun. Ein Facebook-Video, das auf einer Slideshow basiert, besteht aus der Aneinanderreihung einer sehr überschaubaren Anzahl ausgewählter Bilder. Im Unterschied dazu produziert eine Videokamera einen echten Film – mit einer Auflösung von beispielsweise 24 Bildern pro Sekunde.

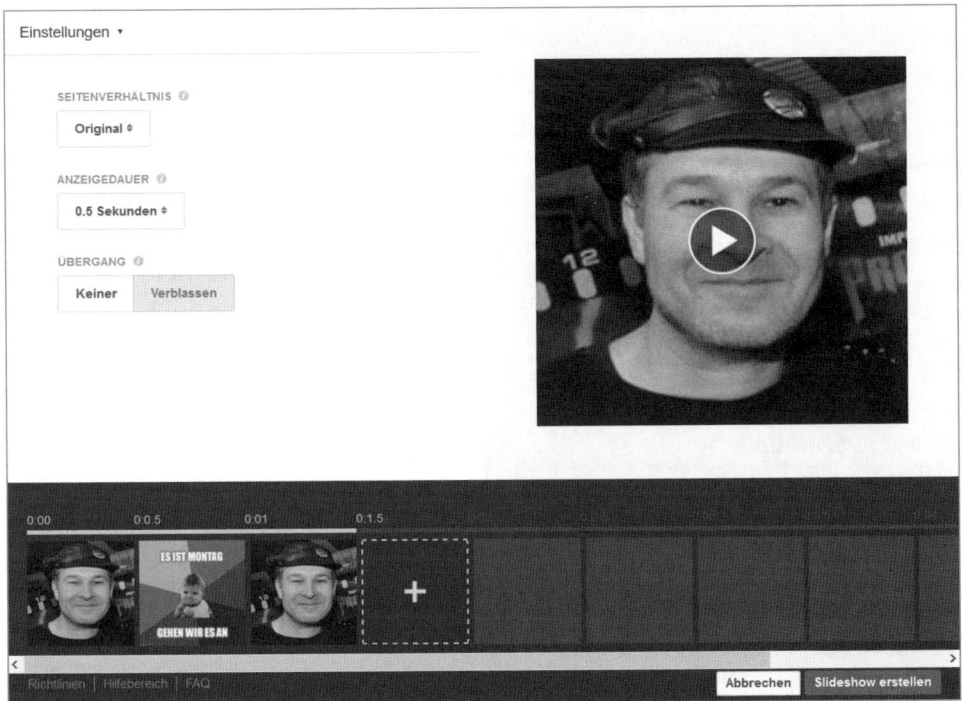

**Bild 2.43:** Drei bis zehn Bilder haben in einer Facebook-Animation Platz.

Über das Pluszeichen in der Zeitleiste können Sie Ihre Bilder hinzufügen und in eine Reihenfolge bringen. Links oben in den Einstellungen stehen verschiedene Werte zur Steuerung der Bildanzeige zur Verfügung. Testen Sie die unterschiedlichen Geschwindigkeiten und experimentieren Sie mit den zwei Optionen für die Übergänge von Bild zu Bild:

- *Keiner*: Mit dieser Einstellung erhalten Sie schnelle und harte Schnitte.

- *Verblassen*: Verwenden Sie diese Option für einen weichen Wechsel von Bild zu Bild.

Um die Animation mit Musik zu unterlegen, klicken Sie bei den Einstellungen auf das kleine Dreieck. Sie finden eine nach verschiedenen musikalischen Stilrichtungen sortierte Auswahl. Die Vorschau rechts bietet die Möglichkeit, das Ergebnis nach jeder Änderung zu betrachten. Mit einem Klick auf die Schaltfläche *Slideshow erstellen* – sie befindet sich unterhalb der Zeitleiste – beginnt Facebook mit dem Rendern, der Fertigstellung Ihrer Arbeit.

### Veröffentlichen oder noch mal bearbeiten

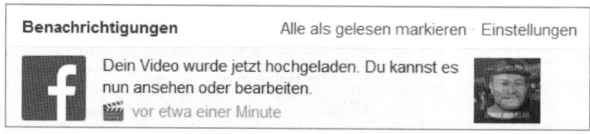

**Bild 2.44:** Facebook meldet die Fertigstellung.

Es dauert einen kurzen Moment, bis Facebook das Rendern abgeschlossen hat. Betrachten Sie nun das Ergebnis. Sind Sie zufrieden? Dann fügen Sie die Animation in einen Beitrag ein. Falls nicht, legen Sie noch einmal eine Runde zur Bearbeitung ein.

Ihre ersten Bewegtbilder sind auf Facebook erschienen? Dann zünden Sie die nächste Stufe und veröffentlichen Ihr erstes echtes Video.

### Videos auf Facebook

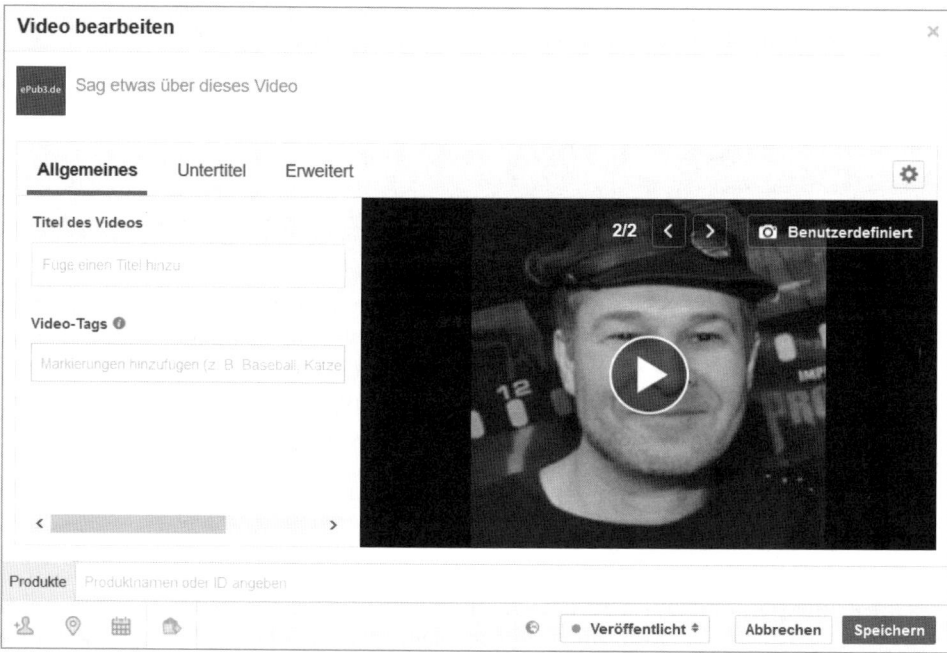

**Bild 2.45:** Facebook benötigt Informationen zu Ihrem Video.

Durch Facebook ist YouTubes Vormachtstellung zumindest für die Präsentation kürzerer Clips mächtig ins Wanken geraten. Allerdings unterscheiden sich die Rivalen in einigen Punkten. Für Facebook gilt:

- Die Videos werden vom Zuschauer nicht aktiv gesucht, sondern über den Facebook-Algorithmus in die Timeline gespült.

- Die Videos starten ohne Ton. Der Ton wird eingeschaltet, wenn der Zuschauer auf das Lautsprechersymbol klickt. Nicht wenige verzichten allerdings auf den Ton und sehen das Video als Stummfilm.

- Facebook-Videos werden vor allem über Smartphones betrachtet.

- Facebook bestraft die Verlinkung via YouTube mit einer schlechteren Sichtbarkeit.

Daraus ergeben sich folgende Anforderungen an ein Facebook-Video:

- Das Video sollte auch ohne Ton seine Aussagekraft behalten.

- Direkter Upload auf Facebook.

Ob Sie den letzten Punkt befolgen, hängt von Ihrer Gesamtstrategie ab. Bei einer Verlinkung von YouTube erhöhen Sie nämlich Ihre YouTube-Klickzahl. Sie müssen also in irgendeinen sauren Apfel beißen. Entweder bevorzugen Sie YouTube und werden von Facebook abgestraft, oder Sie laden auf beide Bühnen hoch, aber zulasten Ihrer You-Tube-Reputation.

### Untertitel verwenden

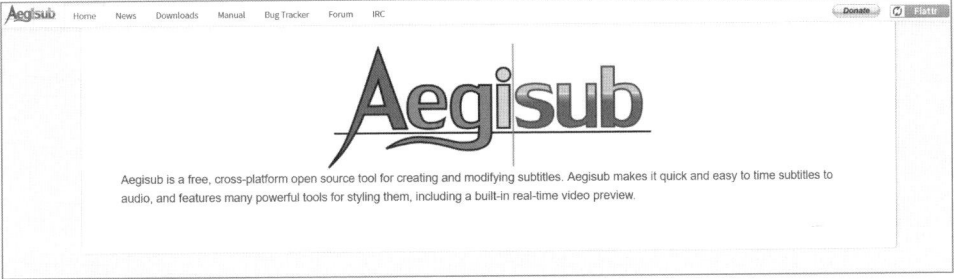

**Bild 2.46:** Mit der kostenlosen Software Aegisub lassen sich Untertitel erstellen.

Aus zwei Gründen ist es eine gute Idee, Facebook-Videos mit Untertiteln zu versehen. Das Video sticht aus der Masse heraus, und die Untertitel ersetzen den fehlenden Ton. Sie können natürlich die Untertitel direkt in den Film montieren, aber dadurch zerstören Sie das Ausgangsmaterial. Eleganter und flexibler ist die Auslagerung in eine externe Datei. Diese Aufgabe erledigen Schwergewichte wie Adobe Premiere und After Effects, aber auch spezialisierte und kostenlose Programme wie beispielsweise Aegisub.

Aegisub funktioniert auf allen Betriebssystemen: Windows, Mac und Linux. Ihre Untertitel erstellen Sie dort in einem Timeline-Editor. Anschließend exportieren Sie eine Datei mit der Endung *.srt*, dem SubRip-Dateiformat. Laden Sie die SRT-Datei dann, versehen mit einem Ländercode für die jeweilige Sprache, auf Facebook hoch, beispielsweise: *meineuntertitel.de_DE.srt*.

### Untertitel automatisch erstellen lassen

Alternativ können Sie Untertitel auch automatisch erstellen lassen, wobei Facebook dieses Feature noch nicht für alle Seiten anbietet. Kontrollieren Sie zunächst, ob Ihnen im Dialog für den Video-Upload ein *Generate*-Button mit einem Zauberstab eingeblendet wird. Ist das der Fall, probieren Sie das Feature einfach mal aus. Die automatisch erstellten Untertitel sind zwar grottenschlecht, Sie können aber alles, was Facebook ausgegeben hat, schnell ändern.

### Facebook-Live-Videos

Live-Videos werden im Vergleich zu Aufzeichnungen nicht nur häufiger angeklickt, sondern auch länger betrachtet. Aus diesen Gründen sind sie so attraktiv:

- Das Publikum kann in Echtzeit Kommentare abgeben.

- In vielen Streams darf das Publikum die Handlung durch Kommentare beeinflussen.

- Es macht Spaß, die direkte Reaktion der Darsteller zu verfolgen.

- Pannen können nicht einfach herausgeschnitten werden.

> **Zum Einstieg**
> Bevor Sie selbst auf Livesendung gehen, sollten Sie sich ein bisschen umsehen, und zwar auf *https://www.facebook.com/livemap*. Sie finden dort eine weltweite Übersichtskarte mit den aktuellen Livesendungen.

### Livesendung im Probelauf

Mit Ihrer ersten Übertragung fangen Sie am besten an, wenn keiner zusieht. Geht dann nämlich etwas schief, haben Sie nicht allzu viele Zuschauer verprellt. Für einen Probelauf genügen minimale Voraussetzungen:

- Halbwegs gute Lichtverhältnisse. Filmen Sie in heller Umgebung, aber nicht gegen die Sonne.

- Im Hintergrund sollten sich nicht gerade volle Aschenbecher oder leere Whiskyflaschen befinden, es sei denn, Sie möchten damit den Unterhaltungswert steigern.

Haben Sie die erste Session vor einer Handvoll Zuschauern über die Bühne gebracht? Dann begeben Sie sich auf das nächste Level. Jetzt heißt es, für solide Rahmenbedingungen zu sorgen und die Werbetrommel zu rühren.

### Solide Rahmenbedingungen

Achten Sie auf eine stabile Internetverbindung und auf den Ladestand Ihres Akkus, damit die Übertragung nicht plötzlich abbricht. Bei einem zu schwachen Signal wird der *Go Live*-Button ausgegraut dargestellt. Informieren Sie in diesem Fall Ihr Publikum über die technische Störung.

## Die beste Uhrzeit

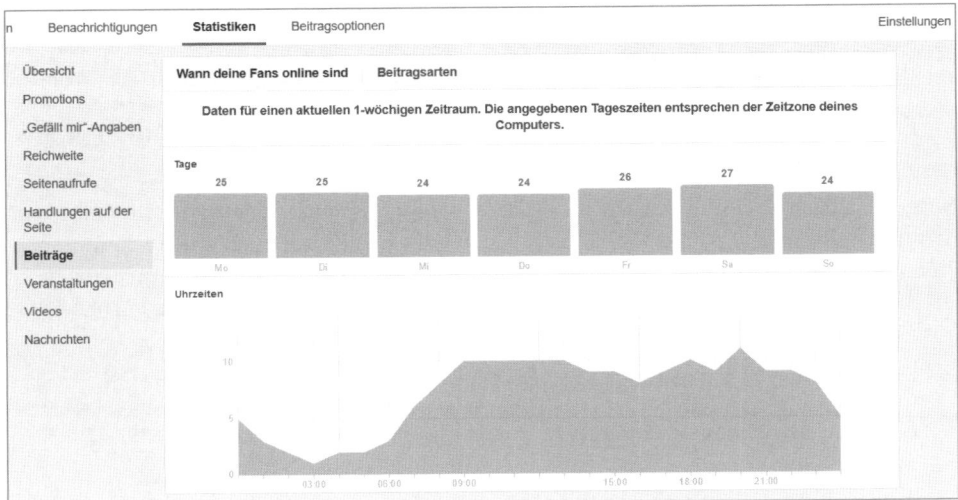

**Bild 2.47:** Die beste Uhrzeit ist die, zu der die eigenen Fans online sind.

Die beste Uhrzeit ist, wenn möglichst viele Zuschauer anwesend sind. Klicken Sie auf *Statistiken/Beiträge*, um die Besucherkurve Ihrer Fans zu betrachten. Angezeigt wird die Nutzerstatistik allerdings erst ab 30 Fans. Sollten Sie Ihre Facebook-Seite erst frisch aufgesetzt haben, wählen Sie am besten die Zeit zwischen 20 und 21 Uhr.

## Das Live-Video ankündigen

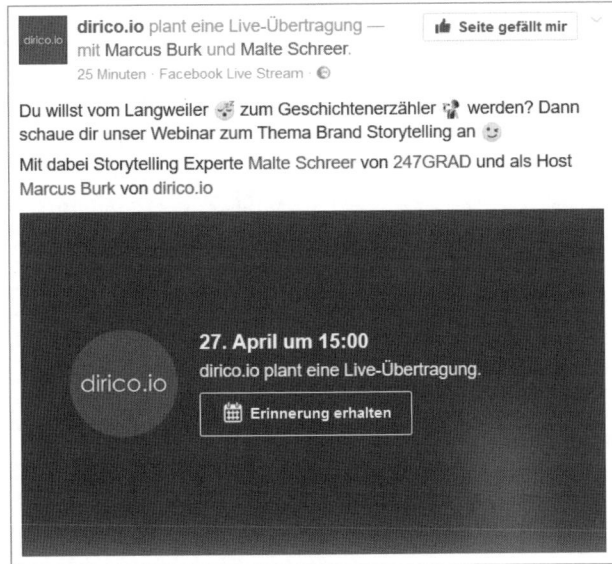

**Bild 2.48:** Das Unternehmen dirico.io kündigt ein Live-Video zum Thema Storytelling mit einer Kombination aus Text und Bild an.

Der Reiz eines Live-Videos, für die Zuschauer ebenso wie für den Facebook-Algorithmus, steigt mit der Anzahl der live abgegebenen Reaktionen. Einen viralen Effekt erzielen Sie auf diese Weise:

- Ihre Zuschauer verteilen Kommentare und Likes.

- Einige Follower Ihrer Zuseher, eine Auswahl trifft der Facebook-Algorithmus, werden über diese Reaktionen benachrichtigt.

Sorgen Sie deshalb dafür, dass eine möglichst große Zuschauerschaft zusammenkommt. Trommeln Sie nicht nur auf Facebook selbst, sondern auch auf allen anderen Bühnen, in Ihrem Unternehmensblog und Ihrem Newsletter. Kündigen Sie das Ereignis vorher an drei Zeitpunkten an, zum Beispiel eine Woche, einen Tag und eine Stunde vorher. Diese Informationen sollten in der Ankündigung enthalten sein:

- Ein möglichst aussagekräftiger Name.

- Ein Hinweis auf das Genre, zum Beispiel Webinar, Tutorial oder Comedy.

- Eine kurze Beschreibung des Events.

- Datum und Uhrzeit.

- Die URL zu Ihrer Facebook-Präsenz.

Wichtig ist, alle Informationen in eine flotte Sprache zu verpacken und den Nutzen für den Betrachter in den Vordergrund zu stellen.

**Beispiel:** »Du willst wissen, wie sich unsere Soundkarte in der Praxis schlägt? Dann sei mit Mario dabei – beim Facebook-Livestream zum Thema Soundkarten. Am 14. November um 21 Uhr.«

### Eine Anmeldeprozedur vorschalten

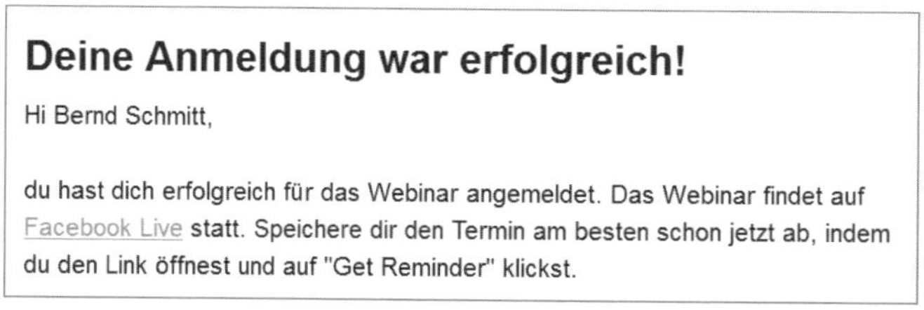

**Deine Anmeldung war erfolgreich!**

Hi Bernd Schmitt,

du hast dich erfolgreich für das Webinar angemeldet. Das Webinar findet auf Facebook Live statt. Speichere dir den Termin am besten schon jetzt ab, indem du den Link öffnest und auf "Get Reminder" klickst.

**Bild 2.49:** Eine Anmeldeprozedur signalisiert dem Publikum, dass ein Live-Video hochwertigen Content enthält.

Sie möchten ein hochkarätiges Tutorial oder ein Webinar übertragen? Dann machen Sie Ihr Publikum über einen Kniff darauf aufmerksam. Trommeln Sie für Ihre Übertragung mit einem Anmeldelink und bitten Sie dort, unter Einhaltung der datenschutzrechtlichen Bestimmungen, um die Anmeldung per E-Mail. Die Vorteile dieser Methode:

- Sie signalisieren dem Publikum, dass Ihre Übertragung hochwertigen Content bietet.

- Sie erhalten die Möglichkeit, Ihre potenziellen Teilnehmer noch einmal per E-Mail an den Termin zu erinnern.

- Sie üben auf Ihre potenziellen Teilnehmer einen sanften moralischen Druck aus. Im deutschsprachigen Raum ist es üblich, Terminvereinbarungen einzuhalten.

> **Automatisierung von E-Mails**
> Für das automatische Versenden von Anmeldebestätigungen, das Erinnern an Termine und das Management von Newslettern ist es empfehlenswert, auf ein spezialisiertes E-Mail-Tool zurückzugreifen. Ein populärer Anbieter ist Mailchimp.

### Herausfordernde Inhalte

Ein Live-Video ist etwas anderes als ein Vortrag. Provozieren Sie Reaktionen. Stellen Sie zu Beginn einfache Fragen ans Publikum. Ein Klassiker: »Aus welcher Stadt schaut ihr denn gerade zu?« Spitzen Sie Inhalte zu und fordern Sie das Publikum auf, Fragen zu stellen. Vergessen Sie nicht, sich mit einem Hinweis auf die nächste Livesendung zu verabschieden.

### Marktforschung betreiben

Live-Videos eignen sich hervorragend zur Marktforschung. Fragen Sie Ihr Publikum ganz direkt nach Meinungen und Wünschen zu Ihren Waren, Dienstleistungen und Projekten.

### Das Video geht nicht verloren

**Bild 2.50:** Ein Live-Video kann auch noch nach der Aufzeichnung betrachtet werden.

Auch nach der Show kann Ihnen das Video noch gute Dienste zur Steigerung der Reichweite leisten. Legen Sie nach und posten Sie das Video als Beitrag. Anschließend rühren Sie noch einmal die Werbetrommel. Verwenden Sie beispielsweise folgende Textvorlage:

»Wow, das Live-Video hat richtig Spaß gemacht. Wer es verpasst hat, kann es hier ansehen: Link.« Auf diese Weise stellen Sie sicher, dass auch Videos mit nur wenigen Livezuschauern nicht umsonst gedreht wurden.

## 2.3.7 Facebook-Gruppen aufbauen und administrieren

Dominierende Organisationsform für Internetgruppen aller Art war noch vor zehn Jahren das selbst betriebene Forum auf der eigenen Domain. Mit dem Gruppen-Feature ist es Facebook jedoch gelungen, der unabhängigen Forenkultur das Wasser abzugraben. Den vielen Enthusiasten, die mit Liebe ihre unabhängigen Communitys aufgebaut und administriert hatten, liefen die Schäfchen davon.

Zwar haben die großen Foren bis heute überlebt, doch für Neugründungen bietet Facebook die besseren Rahmenbedingungen:

- Eine Facebook-Gruppe lässt sich schneller erstellen als ein unabhängiges Forum.

- Eine Facebook-Gruppe lässt sich einfacher warten.

- Eine Facebook-Gruppe findet leichter neue Mitglieder.

Falls Sie noch keine Erfahrung mit diesem Feature haben: Treten Sie vor einer Gründung zunächst einer bestehenden Gruppe bei. Auf diese Weise lernen Sie die Spielregeln und Gepflogenheiten am besten kennen. Die Vorgaben von Facebook:

- Einer Gruppe können Sie nur mit Ihrem Profil beitreten, aber nicht mit Ihrer Seite.

- Früher durfte eine Gruppe nur über ein Profil gegründet werden. Allerdings weicht Facebook diese Regelung im Moment auf und gestattet immer mehr Gruppengründungen als Ergänzung zu einer Seite.

### Einer Gruppe beitreten

Empfehlenswert ist der Beitritt zu einer geschlossenen Facebook-Gruppe. Verwenden Sie die Suchfunktion von Facebook, um eine thematisch geeignete Gruppe zu finden. Stellen Sie dann eine Beitrittsanfrage an den Administrator und warten Sie auf eine Benachrichtigung.

### Nach dem Beitritt

Sie wurden in eine Gruppe aufgenommen? Dann begehen Sie nicht den Kardinalfehler, sofort Ihre Produkte oder Dienstleistungen zu bewerben. Wenn Sie gar in Ihrem ersten Gruppenbeitrag auf Ihr Unternehmensblog verlinken, werden Sie sich einen gehörigen Rüffel des Administrators einhandeln. Womit Sie sich Lorbeeren verdienen, ist die konstruktive Beteiligung an den Gruppendiskussionen und das Lösen der Probleme anderer.

Auf die Dauer kann diese Art der Beteiligung allerdings sehr unbefriedigend sein. Im schlimmsten Fall bezahlen Sie Ihre Beliebtheit, indem Sie die Konkurrenz mit Know-how füttern; Ihr Marketing bleibt dabei auf der Strecke. Wesentlich effektiver ist die Gründung einer eigenen Gruppe.

> **Das Fachwissen einer Gruppe für die eigene Seite nutzen**
> Mit Ihrer Facebook-Seite können Sie zwar keiner Gruppe beitreten, aber durch einen kleinen Trick profitieren Sie dennoch vom hohen Fachwissen, das innerhalb von Gruppen weitergegeben wird: Treten Sie einer Gruppe mit Ihrem Profil bei, klicken Sie beim Teilen eines Beitrags aber auf das kleine Dreieck und wählen Sie Ihre Seite aus. Der Gruppenbeitrag erscheint nun im Stream Ihrer Seite.

Was für die Gründung einer eigenen Facebook-Gruppe spricht:

- Eine eigene Facebook-Gruppe bietet Ihnen die Möglichkeit, mit einem geringen technischen Aufwand ein konkrete Zielgruppe zu erreichen. Dabei bestimmen Sie selbst die Gruppenregeln.

- Als Administrator einer florierenden Gruppe erhöhen Sie Ihre Reputation auf Facebook, aber auch ganz generell online und offline.

- In einer thematisch klar definierten Gruppe profitieren Sie vom Fachwissen, das Ihre Mitglieder einbringen.

- Mit einer Gruppe heben Sie sich auf Facebook gegenüber denjenigen Mitbewerbern ab, die lediglich über ein Profil und eine Seite verfügen.

- Facebook-Anzeigen kosten Geld, Gruppen sind kostenlos.

Die Nachteile einer Facebook-Gruppe:

- Eine Gruppe ist zwar schnell eingerichtet, doch mit dem Zuwachs an Mitgliedern steigt der Aufwand für die Administration.

- Ohne fundiertes Expertenwissen verspricht die Gründung einer Facebook-Gruppe wenig Erfolg. Wenn Sie aber über ein solches Wissen verfügen, stellt sich die Frage, ob die Präsentation innerhalb eines Unternehmensblogs nicht mehr Vorteile bietet. Guter Blogcontent bringt Kommentare ein, und Blogkommentare bringen Sie unmittelbar bei Google nach vorne.

### Die Gruppe inhaltlich konzipieren

Eine Facebook-Gruppe ist schnell gegründet, doch der Zulauf an Mitgliedern ist keine Selbstverständlichkeit. Nehmen Sie sich ein bisschen Zeit und machen Sie sich im Vorfeld Gedanken über die Eckpunkte. Sie benötigen Know-how, eine thematische Eingrenzung, einen Namen, eine Gruppenbeschreibung und klare Regeln für die Linksetzung.

**Die Gruppe als Grauzone**

Beim Einsatz einer Facebook-Gruppe zu Marketingzwecken ist eine gewisse Sensibilität erforderlich. Sie bewegen sich in dreifacher Hinsicht in einer Grauzone:

**Grauzone Facebook**: Mit einem Profil dürfen Sie auf Facebook eigentlich nicht gewerblich auftreten.

**Grauzone UWG**: Das Gesetz gegen den unlauteren Wettbewerb verbietet Schleichwerbung.

**Grauzone Moral**: Als Administrator einer Gruppe nutzen Sie fremden Content zur Erhöhung der eigenen Reichweite.

### Das nötige Know-how

Gründen Sie dann – und nur dann – eine Gruppe, wenn Sie als Expertin oder Experte in einem abgesteckten Terrain auf sicheren Füßen stehen und Ihren Mitgliedern konkrete Hilfen anbieten können, beispielsweise:

- Sie sind Experte für eine bestimmte Region.

- Sie geben Tipps zu kulinarischen Spezialitäten, Events, Wanderwegen und Übernachtungsmöglichkeiten in dieser Region.

- Sie beantworten schnell und gern Fragen zu dieser Region.

## Thematische Eingrenzung und Name

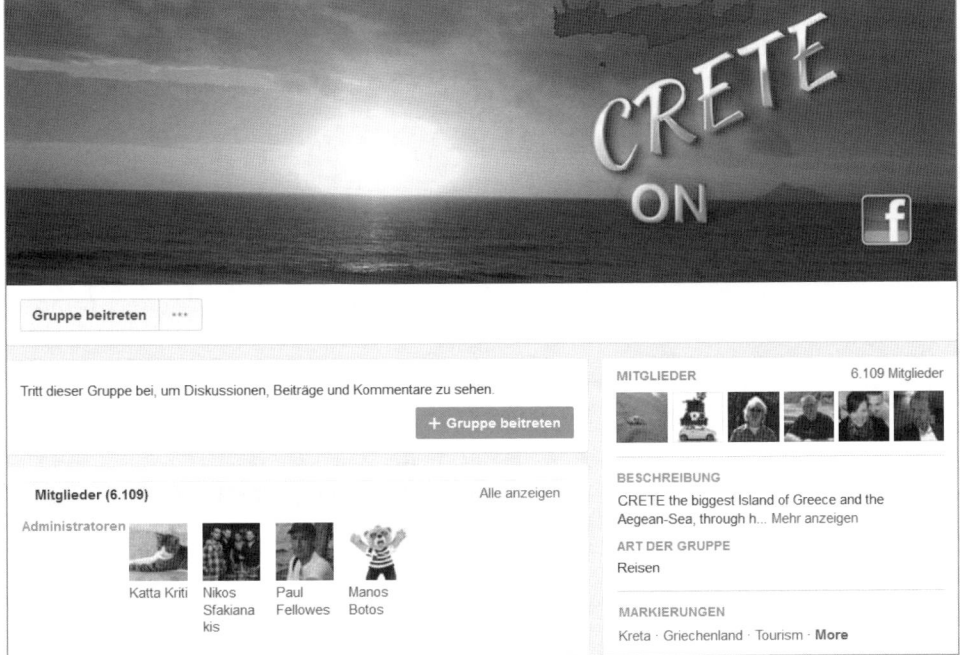

**Bild 2.51:** Voraussetzung für den Mitgliederzuwachs ist eine klare thematische Eingrenzung. Über 6.000 Mitglieder verzeichnet die Facebook-Gruppe zu Kreta.

Eine Gruppe für alle ist eine Gruppe für niemanden. Grenzen Sie das Thema klar ein und lassen Sie sich nicht von mitgliederstarken und breit aufgestellten Gruppen irritieren, deren Gründungsdatum schon lange zurückliegt. Um als Neuling heute wahrgenommen zu werden, ist eine Profilierung unabdingbar. Übertreiben Sie die Sache aber nicht, sondern suchen Sie den goldenen Mittelweg. Einige Beispiele für die Themen Reise, Sport und Musik zeigt die folgende Tabelle.

| Thema | Zu grobe Eingrenzung | Goldener Mittelweg | Zu enge Eingrenzung |
| --- | --- | --- | --- |
| Reise | Griechenland | Kreta | Einzelner Ort auf Kreta |
| Sport | Fußball | 2. Liga | Kreisklasse |
| Musik | Popmusik | Schwabenrock | Schwäbische Ukulelengruppen |

Der Schlüssel zum Erfolg ist ein treffender Name. Seien Sie hier unkreativ und fassen Sie das Thema in wenigen Worten zusammen. Alles andere führt dazu, dass sich die falschen Leute angesprochen fühlen und die richtigen sich nicht trauen. Zusätze sind nur dann hilfreich, wenn sie den Gemeinschaftscharakter betonen und mit dem Thema harmonieren.

Beispiele für gute Namen wären »Kreta-Taverne«, »Zweite-Bundesliga-Fans« oder »Schwabenrock-Fans«.

### Die Gruppenbeschreibung

Auch in der Gruppenbeschreibung ist eine klare Linie angesagt. Um potenzielle Krawallmacher abzuschrecken und seriöse Diskussionsteilnehmer zu gewinnen, sollten Sie Ihre gewünschte Zielgruppe und das Diskussionsthema schon im ersten Satz möglichst klar umreißen.

**Beispiel:** »In der Kreta-Taverne erzählen die Freundinnen und Freunde dieser wunderbaren Insel über ihre Urlaubserlebnisse und geben Tipps zu den schönsten Plätzen.«

In der weiteren Gruppenbeschreibung rücken Sie die Communityaspekte in den Vordergrund.

- **Diskussionsaspekt:** Austausch über ein gemeinsames Interesse.

- **Problemlösungsaspekt:** Gegenseitiges Beantworten von Fragen.

- **Organisationsaspekt:** Ankündigung und Koordination von Events. In diese Abteilung gehört auch die Planung von Fahrgemeinschaften.

- **Gemeinschaftsgefühl:** Erzeugung von Nestwärme.

**Beispiel:** »Hier sind die Kreta-Fans auf Facebook. Meldet euch, wenn ihr Fragen zu Flügen und Fähren habt oder wenn ihr an gemeinsamen Ausflügen interessiert seid. Nehmt Platz in der Kreta-Taverne. Yamas.«

### Regelung zur Linksetzung

Nicht jeder gibt sein Wissen ohne Hintergedanken weiter. Es ist nicht außergewöhnlich, dass Mitglieder einer Gruppe ab und zu Links auf eigene Projekte setzen, um dafür Traffic zu generieren. Legen Sie deshalb schon bei Gründung der Gruppe fest, welche Regelungen für das Setzen von Links gelten. Wählen Sie zwischen den folgenden Optionen. Den Text dürfen Sie für Ihre Gruppenbeschreibung übernehmen:

- »Alle Links sind erlaubt, solange sie nicht auf rechtlich bedenkliche Inhalte verweisen.«

- »Bitte verwende unsere Gruppe nicht als Linkschleuder. Links auf eigene Seiten gehen in Ordnung, sofern sie etwas mit dem Diskussionsthema zu tun haben. Links auf rechtlich bedenkliche Inhalte sind verboten.«

- »Links auf eigene und kommerzielle Seiten sind unerwünscht. Bitte schickt mir im Zweifelsfall vorher eine E-Mail. Verboten sind Links auf rechtlich bedenkliche Inhalte.«

- »Links sind in dieser Gruppe nicht gestattet.«

In den meisten Fällen fahren Sie mit der zweiten Option am besten. Falls Sie befürchten, dass sich Ihre Konkurrenz bei Ihnen einnistet und eifrig Links hinterlässt, sollten Sie sich für die dritte Option entscheiden.

Haben Sie Ihr Konzept gut überlegt und noch einmal darüber geschlafen? Dann legen Sie los und erstellen Ihre Gruppe.

### Eine Gruppe erstellen

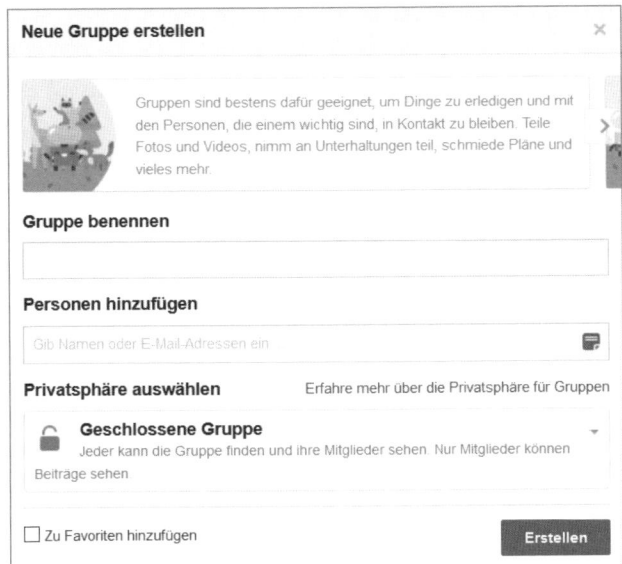

**Bild 2.52:** Eine neue Gruppe in Facebook erstellen.

Klicken Sie auf Ihrer Facebook-Startseite auf das kleine weiße Dreieck. Wählen Sie aus dem Menü den Punkt *Neue Gruppe erstellen*. Im Feld *Gruppe benennen* geben Sie den gewünschten Namen ein. Das darunterliegende Feld *Personen hinzufügen* ist sehr typisch für Facebook. Auf diesem Weg können Sie ein wenig dreist, aber sehr effektiv einen Grundstock an Gruppenmitgliedern anlegen.

### Alle Fans einer Seite hinzufügen

Noch schneller geht es, wenn Sie bereits über eine Seite mit vielen Fans verfügen. Klicken Sie im Fenster *Neue Gruppe erstellen* rechts oben auf den Pfeil. Sie haben dann die Möglichkeit, Ihre gesamte Fanbase auf einen Schlag in die neue Gruppe zu befördern. Falls Sie sich bei einzelnen Personen unsicher sind, klicken Sie einfach auf das Kreuz hinter dem Namen, um sie von der Massenaktion auszuschließen.

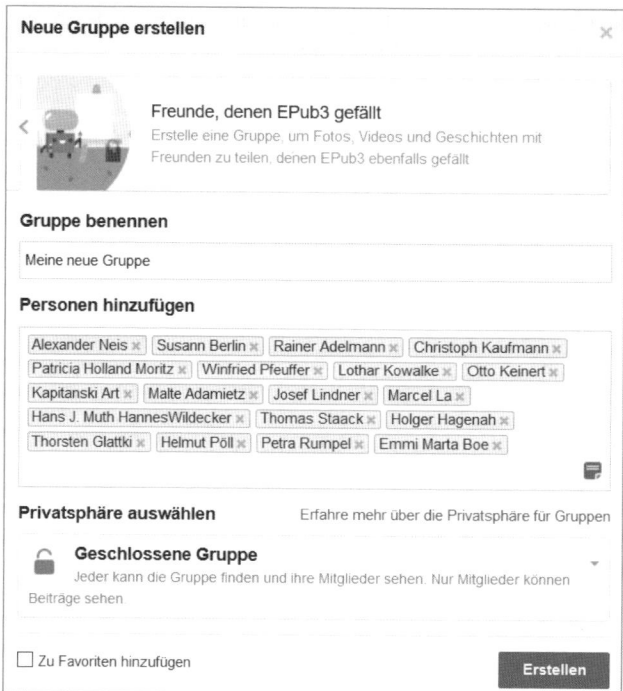

**Bild 2.53:** Mit einem Schlag lassen sich sämtliche Fans einer Seite einer Gruppe hinzufügen.

Bevor Sie auf *Erstellen* klicken, nehmen Sie noch die Einstellungen zur Privatsphäre für die neue Gruppe vor. Facebook unterscheidet offene, geschlossene und geheime Gruppen.

- **Offene Gruppen**: Beiträge sind für alle einsehbar, ebenso die Mitgliederliste.

- **Geschlossene Gruppen**: Beiträge sind nur für Mitglieder sichtbar. Mitglieder müssen aufgenommen werden, die Mitgliederlisten können aber offen eingesehen werden.

- **Geheime Gruppen**: Beiträge sind nur für Mitglieder sichtbar. Mitglieder müssen aufgenommen werden, die Mitgliederlisten sind nur für Mitglieder sichtbar. Geheime Gruppen können nicht über die Facebook-Suche gefunden werden. Der Zuwachs der Gruppe ist von persönlichen Einladungen abhängig.

Für das Marketing sind geheime Gruppen uninteressant. Entscheiden Sie sich für eine offene oder noch besser für eine geschlossene Gruppe. Letztere zeichnen sich auf Facebook durch eine höhere Seriosität aus.

### Die Administrationseinstellungen

Nachdem Sie eine Gruppe erstellt haben, klicken Sie das Zahnradsymbol rechts oben. In den Einstellungen können Sie:

- die Beschreibung der Gruppe hinzufügen,

- Schlagwörter definieren,

- eine E-Mail-Adresse für die Gruppe anlegen,

- ein Bild für die Gruppe hochladen und

- Regeln für die Administration festlegen.

## Berechtigung für die Veröffentlichung von Beiträgen

Sie können festlegen, dass neue Beiträge vor dem Erscheinen erst von Ihnen selbst oder einem von Ihnen ernannten Moderator freigegeben werden müssen. Üblich ist diese Restriktion allerdings nicht, denn sie hemmt den Diskussionsfluss erheblich. Erlauben Sie allen Mitgliedern Ihrer Gruppe, Beiträge ohne Rücksprache zu verfassen.

## Benachrichtigungseinstellungen vornehmen

Als Admin einer Facebook-Gruppe ist es wichtig, über neue Beiträge informiert zu sein, insbesondere in der Gründungsphase. Die ersten zarten Diskussionspflänzchen wollen schnell gegossen werden, ehe sie vertrocknen.

Später, wenn die Beiträge im Stunden- oder Minutentakt eintreffen, kann die Benachrichtigungsfunktion allerdings ganz schön nerven. Drehen Sie dann an der Feineinstellung, um der Benachrichtigungsflut Herr zu werden. Die Optionen:

- *Alle Beiträge*: Benachrichtigung bei jedem neuen Beitrag.

- *Highlights*: Benachrichtigung bei Beiträgen von Freunden und empfohlenen Beiträgen.

- *Beiträge von Freunden*: Benachrichtigungen.

- *Ausschalten*: Keine Benachrichtigungen.

Aktivieren und deaktivieren können Sie auch die Benachrichtigungen zu neuen Mitgliedsanfragen. Standardmäßig sind sie aktiviert.

### Die Eigenarten einer Gruppe

Facebook schraubt immer wieder an den Features für Profile, Seiten und Gruppen. Aktuell können Sie eine Gruppe nicht liken. Keine Einschränkungen gibt es dagegen bei den Arten der Beiträge. Texte, Bilder, Animationen und Videos können von allen Mitgliedern der Gruppe erstellt und betrachtet werden.

## Angehefteter Beitrag oben im Gruppen-Feed

Sie möchten auf Ihren Namen aufmerksam machen und neue Mitglieder mit guter Laune begrüßen? Dann nutzen Sie auf jeden Fall die Möglichkeit, ganz oben im Gruppen-Feed einen Beitrag anzuheften. Dieser rutscht nicht wie die anderen Beiträge im Laufe der Zeit nach unten, sondern bleibt so lange an dieser gut sichtbaren Stelle, bis Sie die Anheftung wieder deaktivieren.

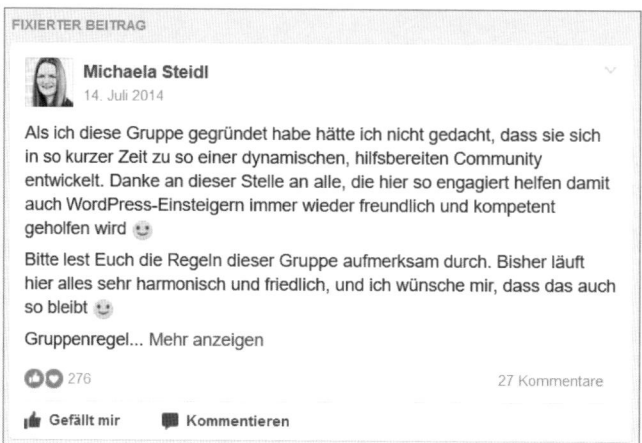

**Bild 2.54:** Über einen angehefteten Beitrag werden Neulinge schnell in die Gepflogenheiten innerhalb der Gruppe eingeführt.

## Eine Gruppe aufbauen

Sorgen Sie für Wachstum in Ihrer Gruppe und steigern Sie gleichzeitig die Reichweite Ihrer Facebook-Seite und Ihres Unternehmensblogs. Begehen Sie dabei aber nicht den Fehler, als Administrator die eigenen Produkte und Dienstleistungen in den Vordergrund zu stellen, das Publikum würde dadurch abgeschreckt. Schöpfen Sie stattdessen die Gruppenfeatures aus und bieten Sie ein paar Specials.

## Gruppenveranstaltungen nutzen

Veranstaltungen können Sie zwar auch als Betreiber einer Facebook-Seite erstellen, aber innerhalb einer Gruppe funktionieren die Einladungen ein paar Klicks schneller: Nach dem Anlegen einer Veranstaltung werden alle Mitglieder Ihrer Gruppe automatisch eingeladen.

## PDFs hochladen

Eine Gruppe wächst, wenn sich ihre Mitglieder rundum zufrieden fühlen. Zeigen Sie sich deshalb großzügig und spendieren Sie Ihren Schäfchen ab und zu ein paar Goodies in Form von Linklisten, Tutorials, Bildern oder Videos. Bei den Dateiformaten sind Sie hier relativ frei, Facebook akzeptiert auch PDFs und die gängigen Office-Formate. Der Workflow:

1. Goodies hochladen.

2. Eine freudige Mitteilung an alle Gruppenmitglieder senden. Textbeispiel: »Liebe Leute, erst mal vielen, vielen Dank für eure Anregungen. Ich habe daraus eine Linkliste zusammengestellt, die ihr ab sofort herunterladen könnt. Euer Gruppenguru«.

3. Sich zurücklehnen und lächeln, während die Linkliste von den Mitgliedern heruntergeladen wird. Natürlich haben Sie auch ein paar ganz spezielle Links eingefügt – zu Ihren Präsenzen auf anderen Social-Media-Bühnen und Ihrem Unternehmensblog.

### Exklusive Inhalte bieten und Fragen beantworten

Schnellen Zulauf erhält eine Facebook-Gruppe, wenn sie exklusive Inhalte und konkrete Hilfen bietet. Insbesondere Fragen und Anliegen von Neulingen dürfen nicht einfach so im Raum stehen gelassen werden. Der ideale Dünger zum Wachstum einer Gruppe sind zufriedene Mitglieder, die innerhalb und außerhalb von Facebook Empfehlungen aussprechen.

### Anwärterprofile überprüfen

Vorsicht ist die Mutter der Porzellankiste. Investieren Sie vor der Aufnahme etwas Zeit, um sich das Profil eines Anwärters anzusehen. Sie sparen sich die elende Arbeit, Plagegeister später wieder loszuwerden: Trolle, Fake-Profile, Bots und Linkschleudern.

### Auf die Netiquette verweisen

Irgendein Streithansel ist immer dabei. Integrieren Sie deshalb in die Gruppenbeschreibung einen Hinweis die Netiquette, die Benimmregeln im Internet. Im Fall des Falles weisen Sie in höflicher, aber bestimmter Form darauf hin: »Hallo XY, bitte lies dir die Gruppenregeln noch einmal durch. Wir halten uns an die Netiquette. Persönliche Angriffe und Beleidigungen gehören nicht zu unseren Umgangsformen.«

Eingreifen müssen Sie spätestens dann, wenn die notorischen Querulanten drauf und dran sind, Ihre konstruktiven Gruppenmitglieder zu vergraulen.

### Machtwort sprechen

Leider kommen Sie nicht darum herum, ab und zu auch mal ein Machtwort zu sprechen. Die typischen Fälle:

- Missbrauch Ihrer Gruppe als Linkschleuder.

- Wiederholter Verstoß gegen die Netiquette.

- Rechtlich bedenkliche Inhalte.

- Kapern von Themen. Dies ist der Fall, wenn ein Mitglied jede Diskussion in sein persönliches und zumeist obskures Lieblingsthema überführt.

In den meisten Fällen genügt eine Verwarnung, um die betroffenen Mitglieder in die Schranken zu weisen. Die Erfahrung zeigt, dass verwarnte Mitglieder ihr Engagement nach einiger Zeit von sich aus beenden. Greifen Sie nur in Ausnahmefällen zur großen Keule, der Entfernung eines Gruppenmitglieds.

## 2.3.8 Der Facebook-Knigge für Unternehmen

Facebook ist nicht nur die größte, sondern auch die funktionsreichste, sprich komplizierteste Bühne des Internets. Damit Sie hier nichts vergeigen, sollten Sie die wichtigsten Benimmregeln kennen und anwenden. Der Facebook-Knigge für Unternehmen:

### Der Aufbau einer Fanbase geht vor

Konzentrieren Sie sich am Anfang auf das Wichtigste: den Aufbau einer soliden Fanbase. Halten Sie sich zu Beginn mit werblichen Inhalten zurück und setzen Sie auf Tutorials und Entertainment.

### Nicht mit Facebook verscherzen

Facebook als Bühnenbetreiber hat das Hausrecht, Ihnen bleibt als kleiner Fisch im Konfliktfall nur das Winseln um Gnade. Wenn Sie gesperrt werden, geht sehr viel Arbeit verloren. Denken Sie daran, dass auch Instagram und WhatsApp zum Facebook-Imperium gehören. Lassen Sie die Finger von dubiosen Dienstleistern, die Ihnen Vorteile auf Facebook durch gekaufte Accounts versprechen.

### Profil und Seite unterschiedlich bestücken

Alles, was einen kommerziellen Charakter hat, gehört auf eine Facebook-Seite und nicht ins Profil. Nutzen Sie die Möglichkeiten Ihres Profils mit Bedacht. Achten Sie auf einen hohen Anteil persönlicher Themen in Ihren Profilpostings. Versehen Sie werbliche Hinweise, unter Einhaltung des Wettbewerbsrechts, mit einer starken persönlichen Note.

Die richtige Wortwahl für eine Facebook-Seite: »Am Dienstag, den 12. August startet mein Seminar. Unter diesem Link könnt ihr euch anmelden: …«

Die richtige Wortwahl für ein Facebook-Profil: »So Leute, am Dienstag halte ich mein Seminar. Bin schon in Vorfreude und gespannt auf euch … und ob die letzten zwei Plätze noch besetzt werden. Wer Lust hat, meldet sich hier noch schnell an: … eure Daggie«.

### Aggressive Werbung vermeiden

Facebook-Fans sind die richtigen Adressaten für Werbung. Bei Ihren Facebook-Freunden sollten Sie sich dagegen zurückhalten. Bombardieren Sie sie nicht ständig mit Aufforderungen, irgendetwas zu liken. Ebenfalls auf negative Resonanz stoßen in den meisten Gruppen kommerzielle Inhalte. Lesen Sie zumindest die Gruppenregeln, bevor Sie einen Link setzen. Übertreiben Sie es auch in Ihrer eigenen Gruppe nicht. Faustregel: 90 % aller Postings in Profilen und Gruppen sollten keinerlei werbliche Botschaften enthalten.

### Keine Schüsse aus der Hüfte

Was einmal in Facebook gepostet wurde, bekommen Sie so schnell nicht wieder weg. Das Internet vergisst nichts und Facebook noch weniger. Ein missverständlicher Kommentar, ein problematisches Bild oder selbst ein simples Like kann ein Schrumpfen Ihrer Followerschaft auslösen. Das gilt umso mehr, wenn Sie auf fremden Präsenzen posten. Schießen Sie also nicht aus der Hüfte.

### 2.3.9  CHECKLISTE FACEBOOK

* Profil angelegt.

* Seite angelegt, die vom Profil aus administriert wird.

* Seite besitzt eine attraktive und markenrechtlich sichere Facebook-URL.

* Seite besitzt Headerbild und Profilbild in optimaler Größe und im Corporate Design.

* Seite besitzt Beschreibung und Impressumslink.

* Seite besitzt bei lokalen Unternehmen eine Anfahrtsbeschreibung, Informationen über den Standort und Öffnungszeiten.

* Aktivität in zwei bis drei fremden Gruppen.

* Optional eine eigene Gruppe gegründet, Beschreibung und Gruppenregeln angelegt.

* 30 Fans aufgebaut und mit statistischer Auswertung begonnen.

* Den Facebook-Fundus auf Konformität zum Urheber-, Persönlichkeits- und Markenrecht geprüft.

* Kontrolle des usergenerierten Contents auf Verstoß gegen die Netiquette.

* Kontrolle des usergenerierten Contents auf Beleidigung, üble Nachrede, Verleumdung, Volksverhetzung und Hate Speech.

## 2.4   Twitter – die Narrenbühne

Im Jahr 1844 verfasste der dänische Philosoph Søren Kierkegaard die Schrift »Philosophische Brocken«. Die wichtigsten Fakten zu diesem Werk:

* Veröffentlichung unter Pseudonym. Der Verfasser nannte sich nämlich Johannes Climacus.

* Hohe Schreibgeschwindigkeit. Das Buch war in nur vier Tagen vollendet.

* Einige Brocken sind spaßig zu lesen, andere schwerer verdaulich.

Hiermit steht zweifelsfrei fest: Der erste Gründer von Twitter heißt Søren Kierkegaard, der zweite Jack Dorsey. Letzterer hat 2006 die technische Umsetzung realisiert und ein geniales Sammelsurium aus Albernheiten, Nachrichten und Philosophischem geschaffen.

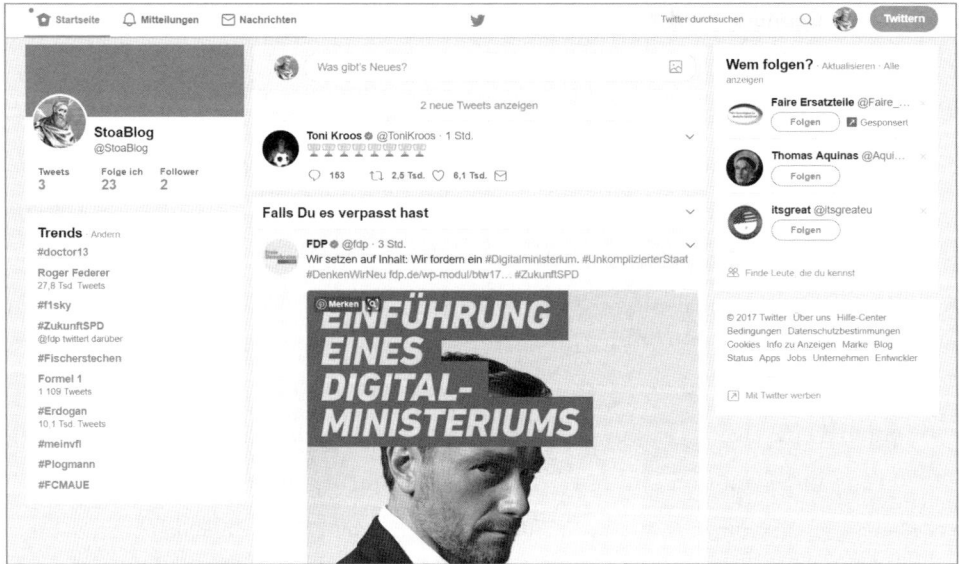

**Bild 2.55:** Twitter ist eine Ansammlung von Albernheiten, ernsten Nachrichten und philosophischen Sprüchen.

## 2.4.1 Spirit hinter Twitter

Ihnen sind lockere Sprüche lieber als lange Litaneien? Dann sind Sie auf Twitter richtig. Diese Bühne erteilt den Labertaschen Hausverbot. Jeder Tweet, so nennen die Twitterer ihre Kurznachrichten, darf aus maximal 140 Zeichen bestehen. Die Obergrenze hat ihren Ursprung darin, dass Twitter einst als SMS-Dienst gestartet war. Für die Jüngeren: Damals gab es noch kein WhatsApp. Für die Älteren: Erinnern Sie sich noch an die Telefonzellen und was außen dranstand? »Fasse dich kurz.«

Tja, es kommt doch alles wieder. Wer auf Twitter ist, beherrscht die Kunst der Komprimierung.

## 2.4.2 Account anlegen

Das Anlegen eines Twitter-Accounts ist eine besondere Kunst – dabei können Sie eine ganze Menge falsch machen. Ein Twitter-Name besteht nämlich aus zwei Teilen:

*vorderteil@hinterteil*

- Der vordere Teil nennt sich Profilname.
- Der hintere Teil nennt sich Nutzername.

Möglich sind unterschiedliche Strategien zur Namensgebung, zum Beispiel:

- firmenname@firmenname

- maxmustermann@firmenname

Die erste Lösung empfiehlt sich, um einen unbekannten Firmennamen schnell auf Twitter zu verbreiten, die zweite, um die Zugehörigkeit eines Accounts zu einer Firma zu betonen.

**Name und URL**

**Bild 2.56:** Jeder Bestandteil eines Twitter-Namens will gut überlegt sein.

»Melde Dich noch heute bei Twitter an.« Tun Sie das nicht, sondern schlafen Sie eine Nacht drüber. Was im Registrierungsfenster von Twitter so einfach klingt, muss gut überlegt werden.

Der Profilname ist der unproblematischere Teil. Hier haben Sie etwas mehr Spielraum für nachträgliche Änderungen.

Auch den Nutzernamen können Sie nachträglich noch ändern, aber allzu oft sollten Sie davon nicht Gebrauch machen. Twitter nennt zwar keine Obergrenze, reagiert aber auf häufige Namensänderungen allergisch – ebenso wie Ihre Followerschaft. Im Klartext: Sollte die zweite oder dritte Änderung des Nutzernamens nicht funktionieren, stehen Sie im Regen.

Zudem ist der Nutzername Teil Ihrer Twitter-URL.

**Bild 2.57:** Der Nutzername ist Teil der Twitter-URL.

Bringen Sie den Namen Ihres Unternehmens oder Projekts im Twitter-Nutzernamen unter. Eine gute Idee ist es, dabei auch Ihre eigene Domain bekannt zu machen. Allerdings dürfen Sie auf Twitter keine Punkte verwenden. Zur Strukturierung bleibt Ihnen der Unterstrich oder die Verwendung von Großbuchstaben. Anwendungsbeispiele:

- Nutzername *MeineFirma*, Twitter-URL: *twitter.com/MeineFirma*

- Nutzername *Meine_Firma*, Twitter-URL: *twitter.com/Meine_Firma*

- Nutzername *MeineFirma_de*, Twitter-URL: *twitter.com/MeineFirma_de*

Denken Sie bei der Festlegung an jede weitere Verwendung, zum Beispiel für die Werbung auf Visitenkarten und in Werbematerialien. Wählen Sie einen Nutzernamen, mit dem Sie gut und lange leben können.

### Nach dem Anlegen des Accounts

**Bild 2.58:** Der neue Twitter-Account ist angelegt.

Nach dem Anlegen des Twitter-Accounts prüfen Sie noch einmal, ob bei Name und URL alles in Ordnung ist. Falls Ihnen ein Fehler unterlaufen ist, haben Sie zwei Möglichkeiten: Entweder ändern Sie den Nutzernamen via *Profil und Einstellungen/Einstellungen und Datenschutz/Nutzername*, oder Sie legen einen Neustart hin.

Twitter erlaubt den Betrieb von mehreren Accounts. Wenn Sie noch wenig Erfahrung haben, legen Sie einen zweiten Account an und verwenden den ersten als Spielwiese.

Sie haben die Registrierung abgeschlossen und sind rundum glücklich? Dann werfen Sie einen Blick auf die wichtigsten Twitter-Instrumente.

### 2.4.3 Twitter-Instrumente

Tweet, Retweet, Liken, Folgen? Das Instrumentarium klingt komplizierter, als es ist. Die Twitter-Terminologie:

**Der Tweet**

**Bild 2.59:** Einen Tweet verfassen.

Ein Tweet ist nichts anderes als eine Nachricht mit maximal 140 Zeichen. Klicken Sie auf *Twittern*, um einen Tweet zu verfassen. Es öffnet sich ein Eingabefenster. Sie können darin Texte erstellen und Bilder einfügen. Mit dem Anklicken des Sendebuttons erreicht der Tweet Ihre Follower.

**Der Retweet**

**Bild 2.60:** Einen Tweet mit einem Retweet weiterreichen.

Klicken Sie auf den Doppelpfeil. Mit einem Retweet reichen Sie den Tweet eines anderen zu Ihren Followern weiter, machen ihn also populär. Ihre Follower können den Retweet auch selbst retweeten, es handelt sich also um ein Schneeballsystem. Ein richtig guter Tweet erreicht auf diese Weise ein Publikum von mehreren Hundert oder Tausend Twitterern.

Üblicherweise wird, um eine inhaltliche Zustimmung zu signalisieren, ein Retweet mit einem Like kombiniert. Ein Retweet ohne Like steht unter dem Verdacht einer Distanzierung.

**Bild 2.61:** Über einen Klick auf das Herz wird ein Tweet gelikt.

Eingefleischte Twitterer sagen noch Faven (von Favorisieren) dazu. Bis vor gar nicht so langer Zeit durfte jeder User ein Sternchen an einen Tweet »kleben«, um seine Zustimmung auszudrücken. 2016 hat Twitter die Sternchen durch ein Herzchen ersetzt – und an der Terminologie geschraubt. Wie bei Facebook darf jetzt auch bei Twitter »gelikt« werden. Das Liken erfüllt drei Funktionen:

- Das Ausdrücken von Zustimmung.

- Das Befördern eines Tweets. Die positive Bewertung beeinflusst nämlich den Twitter-Algorithmus. Die Anzahl von Reaktionen wie Likes, Retweets und Antworten erhöht die Sichtbarkeit eines Tweets.

- Das persönliche Abspeichern von besonders wichtigen Tweets.

**Einen Tweet beantworten**

**Bild 2.62:** Einen Tweet beantworten.

Mit einem Klick auf die Sprechblase kann eine Antwort auf einen Tweet gesendet werden. Twitter bildet dann den gesamten Dialog ab.

**Anderen Twitterern folgen**

**Bild 2.63:** Anderen Twitterern folgen.

Twitterer verbinden sich über den *Folgen*-Button. Um das Ganze zu beschleunigen, blendet Twitter auf der rechten Seite eine Box mit Vorschlägen ein. Üblich ist es, vor dem Anklicken des Buttons einen Blick auf das Profil des Accounts zu werfen.

### Mit Listen die Übersicht bewahren

Tweet an @Be_Schmitt

Den Listen hinzufügen oder daraus entfernen

@Be_Schmitt stummschalten

@Be_Schmitt blockieren

@Be_Schmitt melden

Retweets ausschalten

Mobile Mitteilungen aktivieren

Dieses Profil einbetten

**Bild 2.64:** Eine Liste anlegen.

Ab einer gewissen Anzahl von Followern kann es auf Twitter unübersichtlich werden. Listen dienen dazu, das Publikum nach selbst gewählten Kategorien zu sortieren. So gehen Sie dabei vor:

1. Einen Twitterer anklicken, dem Sie folgen.

2. Auf die drei kleinen Punkte rechts neben *Folge ich* klicken.

3. Klick auf *Den Listen hinzufügen oder daraus entfernen*. Falls Sie noch keine Liste besitzen, können Sie nun eine Liste erstellen und den Twitterer sofort hinzufügen.

**Achtung:** Beim Hinzufügen zu einer Liste erhält der betreffende Follower eine Benachrichtigung, in der auch der Listenname erwähnt wird. Es empfiehlt sich deshalb nicht, verräterische Bezeichnungen wie etwa »Potenzielle Neukunden« zu verwenden.

Um eine Liste aufzurufen, klicken Sie links oben auf Ihrer Twitter-Startseite auf *Follower* und dann auf den Namen der Liste. Sie sehen nun alle Tweets der in dieser Liste enthaltenen Follower.

## 2.4.4 Account ausstaffieren

Bevor es losgeht, staffieren Sie Ihren Account noch standesgemäß aus. Beginnen Sie mit dem Headerbild, dem Profilbild, Ihren Profilinformationen und dem Link zum Impressum.

### Das Headerbild erstellen

Bevor Ihnen ein Twitterer folgt, wirft er in der Regel einen Blick auf Ihre Profilseite. Was sofort ins Auge springt, ist Ihr Headerbild. Eine attraktive Optik trägt dazu bei, Sympathie beim Publikum zu gewinnen und die Anzahl der Follower zu erhöhen. Die Idealgröße für das Headerbild von Twitter:

- Breite 1.500 Pixel

- Höhe 500 Pixel

Erstellen Sie das Headerbild mit Photoshop oder einem anderen Bildbearbeitungsprogramm. Wählen Sie ein passendes Motiv und, falls Sie nicht über einen firmeneigenen Schriftzug verfügen, eine gut lesbare Schriftart wie beispielsweise Myriad Pro.

Lassen Sie links ein bisschen Platz, damit sich später nichts überschneidet. Twitter verdeckt einen Teil des Header nämlich auf der linken Seite mit Ihrem Profilbild.

Speichern Sie die Datei in einem für Twitter geeigneten Format ab, üblich ist JPEG. Als Bildqualität stellen Sie, wenn Sie Photoshop verwenden, *Mittel* ein. Der Wert lässt sich anschließend mit dem Schieberegler noch feiner justieren. Sie müssen die Verkleinerung der Datei aber nicht übertreiben, denn Twitter optimiert die Dateigrößen automatisch.

### Header bei Twitter hochladen

**Bild 2.65:** Der Button *Profil bearbeiten* führt zu den wichtigsten Einstellungsmöglichkeiten für das eigene Twitter-Profil.

Klicken Sie rechts oben auf den Kreis zwischen *Twitter durchsuchen* und *Twittern*, um zu den Profileinstellungen zu gelangen, und anschließend auf den Button *Profil bearbeiten*. Nun können Sie das Headerbild hochladen.

## Profilbild

**Bild 2.66:** Profilbilder sind quadratisch.

Das Profilbild erstellen Sie in der gleichen Art und Weise. Ein wichtiger Unterschied besteht allerdings beim Seitenverhältnis: Es muss ein quadratisches Bild sein. Als Idealmaß nennt Twitter 400 × 400 Pixel, und daran sollten Sie sich halten. Auf mobilen Geräten wird das Profilbild dann problemlos auf 200 × 200 Pixel herunterskaliert.

Mit unschönen Überraschungen müssen Sie dagegen rechnen, wenn Sie das Idealmaß unterschreiten und der Betrachter am Desktop-PC sitzt. Das Hochskalieren kann eine unscharfe Wiedergabe nach sich ziehen.

> **Neue Twitter-Optik**
> Im Frühjahr 2017 hat Twitter ein bisschen an der Optik gefeilt. Dabei wurden zwar die idealen Größen von Header und Profilbild beibehalten, eine kleine Änderung gibt es aber in der Darstellung des Profilbilds. Angezeigt wird es nun in einer runden Form.

## Profil-Informationen

**StoaBlog**

@StoaBlog

Offizieller Account der Firma
Unverzagt 😃 Impressum:
http://firmenblog.de/impressum

Berlin

http://firmenblog.de

Design-Farbe

Geburtstag

**Bild 2.67:** Die Profil-Informationen.

Headerbild und Profilbild sind hochgeladen? Dann rufen Sie noch einmal *Profil und Einstellungen/Profil bearbeiten* auf.

In der linken Spalte finden Sie eine Reihe von Eingabefeldern. Hier geben Sie Ihren Besuchern einige kurze Informationen – und erhöhen mit dem Impressumslink die Rechtssicherheit Ihrer Twitter-Präsenz.

## Profilname

Ganz oben steht Ihr Profilname, also der Namensteil vor dem @. Falls Sie irgendwann damit hadern: In diesem Feld können Sie den Profilnamen ändern.

## Biografiefeld

Im Feld darunter dürfen Sie auf sehr knappem Platz einige persönliche Dinge preisgeben. Die meisten Twitterer beschränken sich auf lustige Sachen wie Einhornzüchter oder Mettbrötchenvertilger. Sie als professioneller Akteur sollten die 140 möglichen Zeichen allerdings anders nutzen, nämlich zur Erhöhung der Rechtssicherheit Ihrer Präsenz. Geben Sie sich aus wettbewerbsrechtlichen Gründen als Account eines Unternehmens aus und verlinken Sie an dieser Stelle auf das Impressum Ihrer eigenen Website.

**Beispiel**: »Offizieller Twitter-Account der Firma Unverzagt GmbH. Impressum: http:// unverzagt.de/impressum«

## Unternehmensstandort

Im Feld darunter können Sie Ihren Unternehmensstandort angeben, müssen es aber nicht. Nutzen Sie diese Möglichkeit, falls Sie Follower aus Ihrer Region gewinnen möchten.

## URL eingeben

Im Biografiefeld haben Sie schon auf Ihr Impressum verlinkt?Dann nutzen Sie das URL-Feld, um Traffic auf die Startseite Ihrer externen Website zu bringen. Die hier angegebene URL erscheint nämlich gut sichtbar auf Ihrer Twitter-Profilseite.

## Design-Farbe

Über das Farbfeld können Sie das Design Ihres Twitter-Accounts anpassen. Twitter geht hier allerdings sehr radikal vor, von der Änderung ist nämlich auch die Schriftfarbe betroffen. Verwenden Sie keine Farben, die vor dem weißen Hintergrund zu wenig Kontrast bieten. Besser geeignet als Gelb oder Hellgrün sind kräftige und dunkle Töne.

## Geburtstag eingeben

Ganz unten in den Profileinstellungen haben Sie die Möglichkeit, Ihren Geburtstag einzugeben. Die meisten Twitterer lassen dieses Feld leer.

Sie haben Ihren Account aufgehübscht und alle wesentlichen Informationen eingetragen. Dann legen Sie los. Überzeugen Sie das Publikum von Ihren Qualitäten.

## 2.4.5 Einstieg in Twitter

Vorsicht, Twitter birgt Suchtpotenzial. Wenn Sie richtig abhängig sind, verbringen Sie unbemerkt mehrere Stunden in der Timeline – obwohl Sie »nur noch den einen Tweet« abschicken wollten. Gegen solche Exzesse helfen nur drastische Mittel, wie dieser Dreipunkteplan:

1. Vertrauen Sie sich vor dem Anlegen eines Twitter-Accounts einem Freund an, einem wirklich sehr guten Freund. Oder einem Therapeuten.

2. Geben Sie der Vertrauensperson den Auftrag, Auffälligkeiten festzustellen. Typisches Symptom einer Twitter-Sucht ist die häufige Benutzung von Insiderwörtern wie Einhornwald, Gnihihi (inneres Lachen) und FUMP (Geräusch beim Öffnen einer Bierflasche). Hinzu kommen körperliche Probleme wie Schwellungen am »Twitter-Finger«.

3. Tritt Punkt 2. ein, bevollmächtigen Sie die Vertrauensperson, Ihr Smartphone wegen schwerer Twitteritis sofort zu konfiszieren und in einen Tresor einzuschließen.

### Die ersten Tweets

Bevor Sie anderen retweeten oder folgen: Lassen Sie übungshalber ein paar Sprüche vom Stapel. Beginnen Sie mit humorvollen Tweets, um die Sympathie derjenigen zu gewinnen, die später Ihr Profil besuchen. Übertreiben Sie es aber nicht, denn noch haben Sie überhaupt kein Publikum.

### Mit anderen interagieren

Sie kennen das aufregende Gefühl, wenn Sie sich neu in einer Gruppe befinden? Es ist alles sehr spannend, aber trotzdem präsentieren Sie sich nicht sofort selbst, sondern hören erst mal zu. Übertragen Sie die Situation auf Twitter. Folgen Sie anderen, liken und retweeten Sie fleißig und beantworten Sie ab und zu Tweets, bevor Sie selbst so richtig loslegen.

### Mitteilungen und Nachrichten

**Bild 2.68:** Twitter sendet Mitteilungen und ermöglicht das Versenden von Privatnachrichten.

Sie haben es vielleicht schon bemerkt: Im Menü oben befinden sich das Icon *Nachrichten.* Twitter bietet damit eine Möglichkeit zur Versendung von Privatnachrichten. Allerdings ist es nicht üblich, diesen Kanal zur Anfrage nach Followerschaften zu nutzen. Folgen Sie anderen, nachdem Sie einen Blick auf deren Profil geworfen haben – aber ohne weitere Rücksprache.

Gleich daneben befindet sich das Icon *Mitteilungen*. Betrachten Sie es als Ihr Applausometer. Es meldet sich zuverlässig, wenn eines der folgenden erfreulichen Ereignisse eingetreten ist:

- Ihr Tweet wurde gelikt.
- Ihr Tweet wurde beantwortet.
- Ihr Tweet wurde retweetet.
- Sie haben einen neuen Follower.
- Sie wurden einer Liste hinzugefügt.

Das Mitteilungssystem funktioniert natürlich auch in die andere Richtung. Wenn Sie selbst interagieren, erhält der Betroffene eine Nachricht darüber. Im Idealfall folgt er Ihnen dann.

### Twitter macht Spaß

**Bild 2.69:** Der Running Gag mit den Keksen funktioniert auf Twitter immer.

Sie haben die ersten zaghaften Follower gewonnen? Dann geben Sie ihnen ein paar Häppchen, zum Beispiel ein paar Running Gags. Fangen Sie am besten mit einfachen Sprüchen an, etwa in dieser Bauart:

»Ihr habt keine Beweiffe, daff if die Kekfe gegeffen hab.« Achten Sie darauf, den Running Gag mit den passenden Hashtags zu ergänzen, im obigen Beispiel sind das *#kekse*, *#cookie* und *#nomnomnom*.

Das Stammpublikum wird den Witz verstehen. Auf Twitter beliebt sind diese Gag-Schablonen:

- »Mögt ihr eh nicht« – in Verbindung mit einem Bild von einem leckeren Essen.
- »Wer von euch war das?« – in Verbindung mit einem Bild, das eine skurrile Situation zeigt.
- »FUMP« – in Verbindung mit einer Bierflasche.

Verlassen Sie sich aber nicht darauf, dass der Twitter-Humor überall verstanden wird. Die Faustregel: Was auf Twitter floppt, kommt auf anderen Bühnen garantiert nicht an. Was auf Twitter rockt, kann auch anderswo Begeisterungsstürme auslösen – muss es aber nicht.

> **Schablonen sind okay, Tweetklau nicht**
> Das Nutzen von Schablonen ist okay, hüten Sie sich aber davor, einen Tweet ein-
> fach abzuschreiben. Entscheiden Sie sich für einen Retweet, wenn Ihnen gerade
> nichts Originelles einfällt. Falls Sie von einem anderen Twitterer zu einer kreativen
> Leistung inspiriert wurden, ergänzen Sie Ihren Tweet mit diesem Zusatz: *insp. von*
> *@benutzername.*

## 2.4.6 Reichweite erhöhen

In der Szene kursiert dieser treffende Spruch: Es gibt zwei Sorten von Twitterern. Die
einen wollen mehr Follower, die anderen lügen. Die ganz gewieften Twitter-Lügner
erkennen Sie daran, dass sie auch noch betonen, wie unwichtig ihnen die Follower sind.
Sie können sich aber sicher sein, dass solche Understatement-Tweets nur von Accounts
mit sehr vielen Followern losgelassen werden.

Die gute Nachricht: Der Aufbau von Followern geht auch für Unternehmen schnell
voran, wenn Sie mit etwas Fingerspitzengefühl arbeiten.

### Reichweite behutsam aufbauen

Gras wächst nicht schneller, wenn man daran zieht. Es braucht etwas Zeit, einen Follo-
wer-Stamm aufzubauen. Wenn Sie wahllos folgen, wird man Sie als Spammer wahrneh-
men und blocken.

Zudem besteht die Gefahr, dass Sie von Twitter selbst ins Visier genommen werden. Das
massenhafte Folgen und Entfolgen widerspricht nämlich den Community-Guidelines.
Achten Sie deshalb auf ein halbwegs organisches Wachstum. Es ist unproblematisch, täg-
lich 20 bis 30 Accounts neu zu folgen. Eine rote Linie überschreiten Sie allerdings, wenn
Sie täglich 100 Accounts folgen und davon 90 am nächsten Tag wieder entfolgen, weil
Ihre Avancen nicht erwidert wurden.

Eine grobe Hausnummer für Twitter: 500 bis 1.000 Follower in einem Jahr sind schon
eine gute Zahl und ohne exzessives Folgen und Entfolgen erreichbar.

### Die 2.000-Follower-Schwelle

Bis zu einer Anzahl von 2.000 Followern beschränkt Twitter die Möglichkeit, anderen zu
folgen. Das Limit liegt bei 10 % der Anzahl der eigenen Follower. Mit Erreichen der Zahl
2.000 dürfen Sie anderen unlimitiert folgen. Aus Imagegründen sollten Sie davon aber
nicht Gebrauch machen. Ein hohes Image genießen Accounts mit einem großen Follo-
wer-Überhang. Wenn Sie nur 500 Leuten folgen, aber eine Followerschaft von 10.000
verzeichnen, dürfen Sie sich zur Twitter-Elite zählen.

## Das richtige Twitter-Timing

**Bild 2.70:** Ein Tweet zur falschen Zeit ist ein vergeudeter Tweet.

Twitter ist ein Echtzeitmedium, in dem Trends sehr schnell auftauchen und wieder verschwinden. Das obige Bild zeigt die typischen Trends an einem späten Samstagnachmittag – während die Spiele der Bundesliga ausgetragen werden. Zu dieser Zeit ist Twitter komplett im Fußballfieber, und diese Tatsache sollten Sie respektieren. Setzen Sie einen Fußballtweet ab oder warten Sie eine Weile, um irgendetwas anderes mitzuteilen.

**Bild 2.71:** Beliebt sind tageszeitabhängige Tweets.

Profi-Twitterer vermeiden nicht nur zeitlich unpassende Tweets, sie nutzen auch die Gunst der Stunde. Mit dem richtigen Timing lassen sich auf unkreative Weise Likes abfischen und Sympathien gewinnen. Beispiele:

- »Moorgäääääähn …« – zwischen 5 und 8 Uhr.

- »Ich sag nur: Wochenende« am Freitag zwischen 15 und 20 Uhr.

## 2.4.7 Tipps und Tricks

Mit einigen Tricks können Sie den Aufbau Ihrer Followerschaft noch beschleunigen. Nutzen Sie die Möglichkeit zur Anheftung eines Tweets.

### Tweet anheften

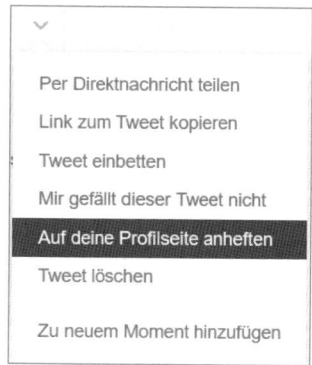

**Bild 2.72:** Ein einzelner Tweet lässt sich auf der Profilseite anheften.

Heften Sie einen charakteristischen Tweet auf Ihrer Profilseite an, um ihn jedem Besucher Ihres Profils anzeigen zu lassen. Platzieren Sie darin einen Link, beispielsweise um ein Produkt oder eine Dienstleistung in den Vordergrund zu stellen. Die Vorgehensweise:

- Klicken Sie auf einen vorhandenen Tweet oder erstellen Sie einen neuen.
- Klicken Sie rechts in der Kopfzeile des Tweets auf den kleinen Pfeil.
- Wählen Sie aus dem Drop-down-Menü den Punkt *Auf deine Profilseite anheften.*

### Tweets wiederholen

Auf Twitter dürfen Sie, was auf Facebook verpönt ist: sich wiederholen. Schicken Sie besonders wichtige Nachrichten, beispielsweise zur Bewerbung eines Tutorials auf Ihrem Unternehmensblog, mehrfach ab – einmal für die Frühaufsteher, einmal tagsüber und vielleicht noch mal in der Nacht für das Partyvolk. Die Wiederholung merkt entweder keiner, oder man nimmt es Ihnen nicht krumm – jedenfalls solange Sie die Sache nicht übertreiben.

Falls Sie sich fragen, ob Sie für Ihre Top-Tweets einen Wecker kaufen müssen: Nein. Tools zur Wiederholung und Automatisierung von Tweets finden Sie in Kapitel 3.2.

### Followermanagement betreiben

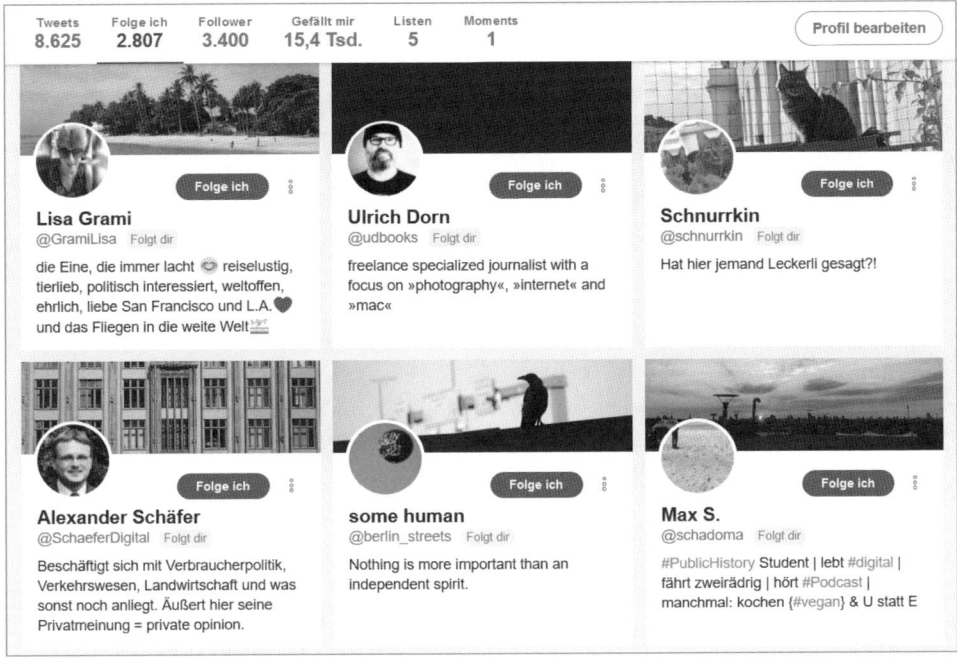

**Bild 2.73:** Followermanagement betreiben.

Klicken Sie immer mal wieder auf die Menüpunkte *Folge ich* und *Follower*, um ein wenig Followermanagement zu betreiben:

- Accounts entfolgen, die Ihnen nicht zurückfolgen oder sich irgendwann davongeschlichen haben.
- Accounts zurückfolgen, die Ihnen folgen.

Das Zurückfolgen ist vor allem am Anfang wichtig. Sollten Sie später in der glücklichen Lage sein, massenhaft Follower anzuziehen, dürfen Sie auf das Zurückfolgen auch verzichten.

### Auf gute Nachbarschaft achten

Achten Sie auf eine gute Nachbarschaft und begeben Sie sich nicht in die Nähe von Accounts, deren Tweets Sie nur mit spitzen Fingern anfassen. Es ist auf Twitter kein Drama, wenn Sie einem Account wieder entfolgen, und manchmal sogar notwendig. Einige Accounts geben sich ganz harmlos, entpuppen sich später aber als Schmuddelkinder.

### Schnell antworten

Twitter ist ein sehr schnelles Medium. Weil die Timeline von hartgesottenen Twitterern neue Tweets im Sekundentakt ausspuckt, verschieben sich die älteren schnell nach unten.

Erfolgreiche Kundendialoge führen Sie auf Twitter deshalb am besten in Echtzeit. Halten Sie die Kunden mit schnellen Reaktionen bei der Stange, dann generieren Sie auch sofort Likes und Retweets.

### Twitter zur Marktforschung nutzen

Mit Twitter haben Sie ein hervorragende Möglichkeit, mit potenziellen und bestehenden Kunden in Kontakt zu treten. Fragen Sie einfach mal ganz direkt nach Wünschen und Kritik zu Ihren Produkten, Dienstleistungen und Projekten.

## 2.4.8 CHECKLISTE TWITTER

* Account angelegt.
* Profilname ist rechtssicher und prägnant.
* Benutzername ist rechtssicher und prägnant.
* Attraktiver Header hochgeladen. Keine wichtigen Bilder oder Schriften am linken Rand.
* Attraktives Profilbild hochgeladen.
* Biografiefeld ist mit Text versehen.
* Verlinkung zum Impressum im Biografiefeld.
* Verlinkung zur Unternehmens-Website im URL-Feld.
* Farbdesign ausgewählt.
* Tweet auf der Profilseite angeheftet.

## 2.5   YouTube – die Videobühne

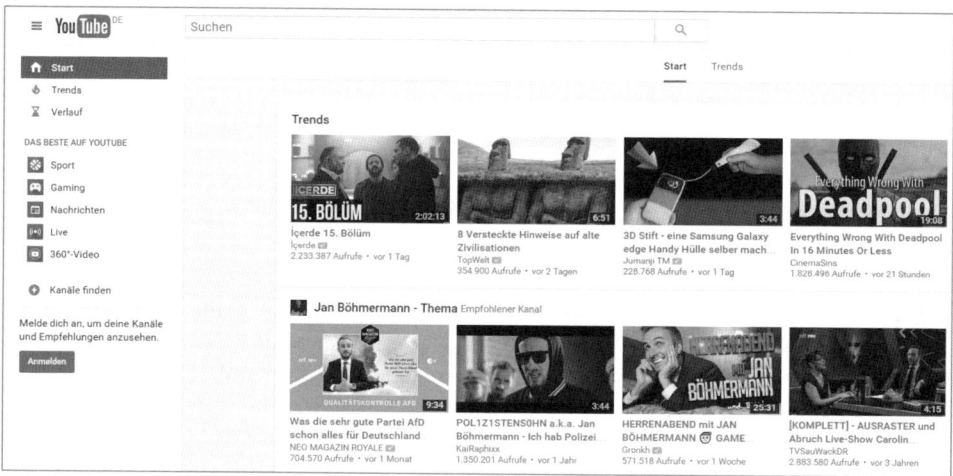

**Bild 2.74:** Die Startseite von YouTube.

Für bewegte Bilder bietet YouTube mit großem Abstand die wichtigste Bühne. Auch wenn die Konkurrenz an der Vormachtstellung rüttelt – mehr als eine Milliarde Zuschauer pro Monat warten hier auf neue Clips. Es wäre sträflich, nicht vertreten zu sein.

Allerdings besteht nicht gerade ein Mangel an Material. Pro Minute werden nämlich über 400 Stunden Videomaterial hochgeladen. Das meiste, was auf YouTube bereitliegt, erreicht nicht mehr Besucher als ein öffentlicher Filmabend in der Volkshochschule.

Es ist also nicht damit getan, eine brillante Idee zu haben. Der Clip allein ist nicht genug, selbst wenn er von einem Hollywoodstudio produziert wurde. Um aus der Masse herauszutreten, müssen Sie YouTube den richtigen Input geben.

## 2.5.1 YouTube-Basiswissen

Worum geht es eigentlich auf dieser Bühne?

Praktische Übung: Kontrollieren Sie, ob Ihr Browser so konfiguriert ist, dass Sie ständig bei YouTube bzw. beim Mutterkonzern Google eingeloggt sind. Ist das der Fall? Dann loggen Sie sich aus, um eine neutrale Perspektive einzunehmen. Dann klicken Sie unbelastet auf die Startseite von YouTube. Auf der linken Seite finden Sie den Menüpunkt *Das Beste auf YouTube*. Darunter sind verzeichnet: *Sport, Gaming, Nachrichten, Live* und *360°-Video*.

Sie sehen schon, es gibt zwei Aspekte, auf die YouTube besonderen Wert legt: die Zuordnung zu einem bestimmten Thema und die Ausschöpfung technischer Möglichkeiten.

Ach ja, die Währungseinheiten auf YouTube heißen Views und Abos:

- Views: Anzahl der Betrachter eines Videos.

- Abos: Anzahl der Abonnenten eines Kanals.

Einige grobe Hausnummern: Eine Band, deren Song mehr als 1.000.000 Views generiert hat, darf auf einen Vertrag mit einer großen Plattenfirma hoffen. Ein Kanal qualifiziert sich ab 100.000 Abonnenten für das Influencer-Marketing.

## Aktuelle Trends

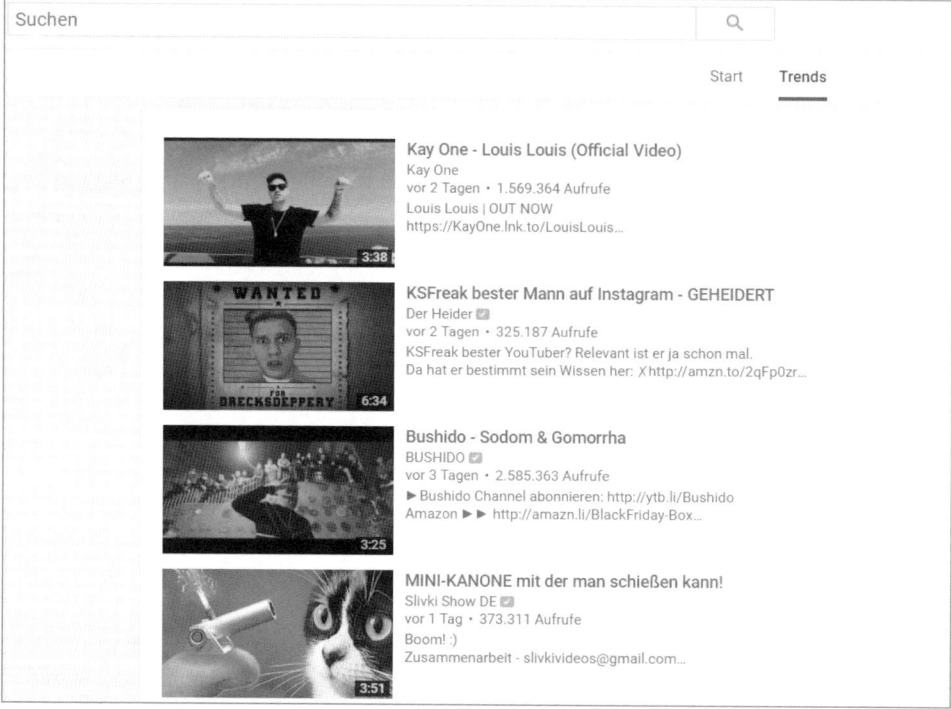

**Bild 2.75:** Unter *Trends* präsentiert YouTube Videos, die in kurzer Zeit sehr viele Views erhalten haben.

Klicken Sie auf den Menüpunkt *Trends*, um die neuesten Senkrechtstarter zu verfolgen. Hier platziert YouTube diejenigen Clips, die innerhalb weniger Tage eine sehr hohe Anzahl von Views erreicht haben. Beim Ansehen werden Sie Folgendes feststellen:

- Musik- und Comedyclips erhalten sehr viele Views.

- Vieles, was hier gelistet wird, stammt von YouTube-Kanälen mit einer hohen Anzahl von Abonnenten.

Eine ordentliche Kanalpflege gehört zu den wesentlichen Voraussetzungen für eine hohe Anzahl von Views – etwas polemischer ausgedrückt: Gute Clips scheitern, wenn sie von einem schwachen Kanal präsentiert werden. Gute Kanäle spülen dagegen auch mittelmäßige Clips nach oben.

> **Kanalqualität versus Clipqualität**
> Böse Zungen behaupten, dass reichweitenstarke YouTube-Kanäle jeden Schrott nach oben pushen. Das mag kurzfristig funktionieren, doch darunter leidet des Image des Kanals. Mit langweiligen Clips lässt sich auf Dauer kein Kanal erfolgreich betreiben.

## 2.5.2 Eigener YouTube-Kanal

Brauchen Sie wirklich einen eigenen Kanal auf YouTube? Ja, und zwar aus diesen Gründen:

- Ohne einen eigenen Kanal ist es nicht möglich, ein Video auf YouTube hochzuladen.

- Ein eigener Kanal dient dazu, Videos zu ordnen und Playlists anzulegen.

- Ein eigener Kanal besitzt eine eigene URL, zum Beispiel *https://www.youtube.com/channel/meinkanal* oder *https://www.youtube.com/meinkanal.*

- Ein eigener Kanal dient der Kommunikation mit anderen YouTubern und der Gewinnung von Abonnements.

- Ein Kanal ermöglicht die Einrichtung von Livestreams.

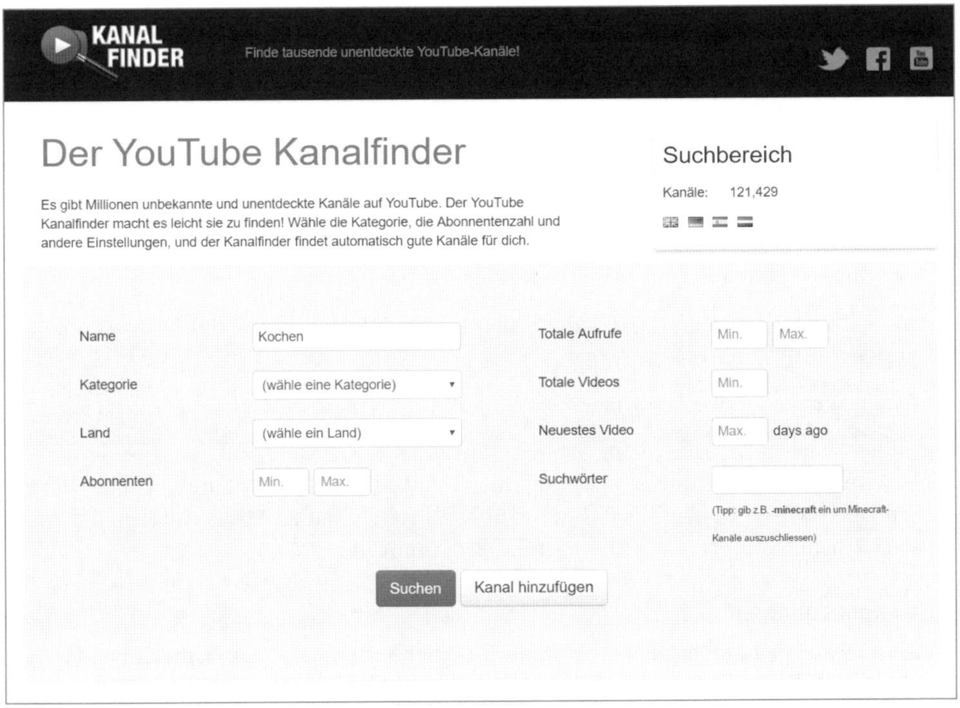

**Bild 2.76:** Der YouTube-Kanalfinder bietet einen Überblick.

Bevor Sie loslegen, sollten Sie sich erkundigen, welche Konkurrenz Sie erwartet. Eine gute Übersicht bietet die Seite *www.kanalfinder.de*. Betrieben wird sie vom YouTuber Commentorio, der auf seinem Kanal eine Menge Tipps für Einsteiger parat hat: *https://www.youtube.com/CommentorioDE*.

Der nette Niederländer produziert zwar keine neuen Videos mehr, aber seine Tipps gehören immer noch zum Besten, was YouTube für Einsteigerinnen und Einsteiger zu bieten hat.

### Wahl eines Kanalnamens

Ein guter Kanalname muss folgende Kriterien erfüllen:

* Rechtssicherheit. Am besten enthält der Kanal den Namen Ihrer Marke.

* Einen hohen Wiedererkennungswert.

* Keine Sonderzeichen und keine Leerstellen. Erlaubt ist eine Mischung aus Klein- und Großbuchstaben.

* Abgrenzung von Hobbyfilmern.

Die Abgrenzung von den Hobbyfilmern gelingt am einfachsten durch das Anhängen der beiden Buchstaben *TV*.

**Beispiel:** Als Inhaber eines Reisebüros planen Sie den Betrieb eines YouTube-Kanals unter dem Namen SamosReisen. Ohne den Zusatz *TV* geht das Publikum davon aus, dass der Kanal von einem begeisterten Urlauber betrieben wird, der seine persönlichen Eindrücke von dieser wunderbaren Insel weitergeben möchte – einschließlich aller Szenen, in der Tante Amalie am Flughafen winke, winke macht.

Nennen Sie Ihren Kanal deshalb lieber SamosReisenTV. So signalisieren Sie Ihrem Publikum, dass

* der Kanal regelmäßig mit Inhalten befüllt wird,

* professionelle Videos mit Informationen zu Flügen, Hotels und Sehenswürdigkeiten zu sehen sind und dass

* Sie auch selbst Videos produzieren und nicht nur fremdes Material hochladen.

Besonders wichtig ist das kleine Anhängsel, wenn Sie andere Videos kommentieren. Viele Kommentatoren besitzen nämlich nur deshalb einen Account, um sich an Diskussionen auf YouTube zu beteiligen, sie sind aber Nicht-Uploader. Mit dem Namen SamosReisenTV heben Sie sich ganz klar von dieser Gruppe ab.

### Einen Kanal anlegen

Weil YouTube zu Google gehört, richten Sie auch einen YouTube-Kanal über Google ein. Loggen Sie sich in Ihren Google-Account ein oder legen Sie einen an. Sie kommen sowieso nicht daran vorbei, denn Sie benötigen mit Sicherheit irgendwann einen der zahlreichen Google-Dienste, zum Beispiel AdWords, AdSense, Google Analytics, Google Plus oder Google Maps.

So legen Sie den YouTube-Kanal an:

1. Loggen Sie sich in Ihren Google-Account ein.

2. Rufen Sie *youtube.com* auf.

3. Folgen Sie den Anweisungen, um einen neuen Kanal anzulegen.

### Kategoriewahl

Gleich unter dem Namensfenster können Sie die gewünschte Kategorie einstellen. Zur Auswahl stehen:

- *Produkt oder Marke*

- *Unternehmen, Einrichtung oder Organisation*

- *Kunst, Sport oder Unterhaltung*

- *Sonstiges*

Mit dem neuen Kanal erhalten Sie automatisch eine dazugehörige Google-Plus-Seite, und Sie werden genötigt, die AGB von Google Plus zu akzeptieren. Es liegt an Ihnen, mit welcher Intensität Sie die Zwangsseite pflegen, schaden kann es jedenfalls nicht, den You-Tube-Kanal ein bisschen über Google Plus zu pushen.

Für professionellere Akteure ist es empfehlenswert, Nägel mit Köpfen zu machen. Entscheiden Sie sich für *Produkt oder Marke*. Sie erhalten dann ein Google Plus-Markenkonto und einen Markenkanal.

### Benutzerdefinierte Kanal-URL

YouTube kennt zwei Formen einer Kanal-URL:

- Die Standard-URL, zum Beispiel *https://www.youtube.com/channel/1f3fb5zth56c*.

- Die benutzerdefinierte URL, zum Beispiel *https://www.youtube.com/channel/firmennameTV*.

Die benutzerdefinierte URL ist deutlich attraktiver. Um sie zu erhalten, stehen zwei Methoden zur Verfügung. Die Standardmethode führt über diese vier von Google festgelegten Eignungsvoraussetzungen für einen Kanal:

- Er muss mindestens 100 Abonnenten haben.

- Er muss seit mindestens 30 Tagen bestehen.

- Er muss über ein hochgeladenes Foto als Kanalsymbol verfügen.

- Er muss über hochgeladene Kanalbilder verfügen.

Außerdem muss sich der Kanal in einwandfreiem Zustand befinden, es dürfen also keine Userbeschwerden vorliegen oder Streitigkeiten über Urheberrechte gemeldet worden sein. Sind diese Voraussetzungen erfüllt, schaltet YouTube die Möglichkeit zur benutzerdefinierten URL frei. Beachten Sie folgende Regeln, wenn Sie die Freischaltung erhalten haben:

• Jeder berechtigte YouTube-Kanal kann nur über eine einzige benutzerdefinierte URL verfügen.

• Eine benutzerdefinierte URL kann weder übertragen noch einem anderen Kanal zugewiesen werden.

### Alternative zur benutzerdefinierten URL

Die größte Hürde zur Erlangung der benutzerdefinierten URL stellt für YouTube-Anfänger die Gewinnung von 100 Abonnenten dar. Zum Glück gibt es einen Trick, um schneller ans Ziel zu kommen. Er führt über die eigene Website:

1. Legen Sie eine eigene Website an, zum Beispiel ein WordPress-Blog, mit eigener URL: *www.firmenname.de.*

2. Verknüpfen Sie diese Website mit Ihrer eigenen Google Plus-Seite, und zwar genau derjenigen, die bei der Einrichtung des YouTube-Kanals angelegt wurde.

3. Nach der Verifizierung der Verknüpfung erhalten Sie die Option, den Website-Namen für Google Plus und YouTube zu übernehmen.

**Alte Nutzernamen**
Für Verwirrung sorgen die früher von YouTube vergebenen Nutzernamen und die damit verbundenen URLs. Beispiel: *https://www.youtube.com/user/nutzername.*

Die Nutzernamen sind heute für den Betrieb eines Kanals nicht mehr erforderlich. Wenn Sie schon länger auf YouTube präsent sind, haben Sie einen nicht mehr änderbaren Nutzernamen. Es ist empfehlenswert, ihn nicht weiter zu kommunizieren. Richten Sie Ihr Marketing stattdessen auf den Kanalnamen aus.

### Kanalnamen nachträglich ändern

Sie möchten Ihren Kanalnamen nachträglich ändern? Wägen Sie ab, ob sich der Aufwand lohnt, denn Sie dürfen beliebig viele YouTube-Kanäle parallel betreiben. Es ist also keine Katastrophe, wenn Sie Ihren ersten Kanal nach drei Tagen wieder schließen.

Anders sieht die Sache aus, wenn Sie schon über einen Grundstock an Abonnenten verfügen. In diesem Fall klicken Sie auf das Zahnrad auf der Startseite Ihres Kanals.

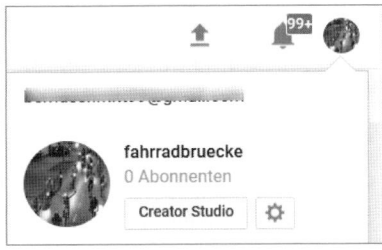

**Bild 2.77:** Erster Klick zur Änderung des Kanalnamens: der Zahnradbutton.

Im nächsten Fenster klicken Sie auf *Bei Google bearbeiten*. Geben Sie dann den neuen Kanalnamen ein.

**Bild 2.78:** Zweiter Klick zur Änderung des Kanalnamens: *Bei Google bearbeiten*.

Nach der Eingabe des neuen Namens spuckt YouTube diese Meldung aus:

»Im richtigen Leben ändern Menschen ihre Namen nur selten. Google beschränkt daher die Häufigkeit, mit der du deinen Namen ändern kannst.

Wenn du deinen Namen hier änderst, wird er in allen Google-Diensten geändert. Es kann einige Zeit dauern, bis die Änderungen wirksam werden.«

Im Klartext enthält dieses Kauderwelsch eine Drohung und einen technischen Hinweis.

Die Drohung: Ihre Namensänderung geht in Ordnung, aber Google und YouTube haben Sie auf dem Radar. Führen Sie keine weiteren Änderungen durch, wenn Ihnen an Ihrem Account etwas liegt, jedenfalls nicht in nächster Zeit.

Der technische Hinweis: Mit dem YouTube-Kanalnamen ändert sich auch Ihre Google-Plus-URL.

Kontrollieren Sie den neuen Namen und stimmen Sie der Änderung zu.

## 2.5.3 Den Kanal ausstaffieren

**Bild 2.79:** Über die Schaltfläche *Mein Kanal* lässt sich der Kanal einrichten.

Auf YouTube wie auf allen anderen Bühnen gilt: Die Präsenz will attraktiv und rechtssicher ausgestattet sein. Beginnen Sie am besten mit dem Header, dem Kanalbild. Klicken Sie auf die Startseite von YouTube und anschließend auf *Mein Kanal*.

### Kanalbild hochladen

**Bild 2.80:** Hinzufügen des Kanalbilds.

Über *Kanalbild hinzufügen* können Sie ein Kanalbild von Ihrem Computer auswählen und hochladen.

- Empfohlene Bildgröße: 2.560 × 1.440 Pixel. Diese Größe sollten Sie einhalten.

- Maximale Dateigröße: 4 MByte. Es empfiehlt sich allerdings nicht, diese Größe auszuschöpfen. Besser ist ein Kanalbild in einer Dateigröße von ca. 100 bis 200 KByte, also 0,1 bis 0,2 MByte. Sie stellen damit sicher, dass Ihr Kanal ohne Verzögerung geladen wird.

Werfen Sie noch einen Blick auf das Vorbild, bevor Sie mit der Erstellung und dem Upload des Kanalbilds beginnen.

**Bild 2.81:** In den Randbereichen des Kanalbilds befinden sich keine wesentlichen Informationen.

Auf dem Kanalbild des YouTube-Kanals von *Otto.de* wurden an den Rändern rechts und links keine wesentlichen Informationen platziert, vor allem keine Schriftzüge. Damit ist sichergestellt, dass auch auf mobilen Anzeigegeräten, auf denen ein Header öfter mal abgeschnitten oder überlagert angezeigt wird, nichts verloren geht. Achtung: Das Logo links gehört nicht zum Headerbild, es handelt sich um das Kanalsymbol.

### Kanalsymbol hochladen

**Bild 2.82:** Mit einem Klick auf den Buchstaben lässt sich ein Kanalsymbol hochladen.

Nach dem Anlegen eines Kanals erhalten Sie von YouTube ein Kanalsymbol in Form des Anfangsbuchstabens Ihres Kanalnamens.

Diese Notlösung sollten Sie so schnell wie möglich ersetzen. Klicken Sie auf das Stiftsymbol rechts oben im Buchstabenfeld, um Ihr eigenes Logo zu platzieren. Wählen Sie dazu ein quadratisches Bild in der Größe 800 × 800 Pixel aus. Erlaubt sind die Formate JPEG, GIF, BMP und PNG. Nicht gestattet sind animierte GIFs.

### Links und Impressum hinzufügen

Was nun noch fehlt? Diverse Links, besonders wichtig ist aus juristischen Gründen der Link zu Ihrem Impressum.

Links

⊕ otto.de                        ⊕ Corporate Website

⊕ Jobs bei OTTO                  ⊕ Nachhaltigkeit bei OTTO

⊕ Service bei OTTO               ⊕ Impressum

▶ Fashion YouTube Channel        🗗 Facebook

⊚ Instagram                      ◔ Twitter

**Bild 2.83:** In der Kanalinfo darf der Link zum Impressum nicht fehlen.

Im Bild sehen Sie die Links des Otto-Versands. Hier ist auf knapper Fläche alles Wesentliche untergebracht:

- Diverse Links zu Unternehmensseiten.

- Links zu den Otto-Präsenzen auf den anderen Bühnen.

- Der rechtlich verpflichtende Link zum Impressum.

Nicht ganz einfach zu finden sind die Eingabefelder für die Links. Klicken Sie zunächst auf das kleine Zahnrad auf Ihrer Kanalseite, es befindet sich links neben dem Button *Abonnieren*.

**Bild 2.84:** Das kleine Zahnrad führt zu den Kanaleinstellungen.

Nun poppt das Fenster *Kanaleinstellungen* auf. Aktivieren Sie den unteren Schieberegler bei *Kanallayout anpassen* und klicken Sie dann auf *Speichern*.

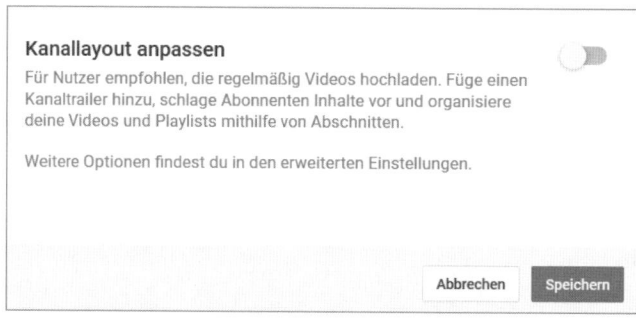

**Kanallayout anpassen**

Für Nutzer empfohlen, die regelmäßig Videos hochladen. Füge einen Kanaltrailer hinzu, schlage Abonnenten Inhalte vor und organisiere deine Videos und Playlists mithilfe von Abschnitten.

Weitere Optionen findest du in den erweiterten Einstellungen.

Abbrechen   Speichern

**Bild 2.85:** Der Schieberegler *Kanallayout anpassen* aktiviert die Anzeige eines Kanalmenüs.

YouTube zeigt Ihnen jetzt ein Menü auf Ihrer Kanalseite. Ganz rechts finden Sie den Punkt *Kanalinfo*.

**Bild 2.86:** Der Punkt *Kanalinfo* führt zu den Eingabefeldern für die Links.

Klicken Sie auf *Kanalinfo* und scrollen Sie anschließend nach unten, um die Links einzugeben.

**Bild 2.87:** Das Drop-down-Feld mit den Ziffern bestimmt, wie viele der ersten Links direkt im Kanalbild eingeblendet werden.

Sie haben es endlich geschafft und können Ihre Links platzieren. Besonders wichtig ist das Drop-down-Feld vor *Benutzerdefinierte Links im Kanalbild einblenden*. Hier bestimmen Sie, wie viele Links direkt im Kanalbild eingeblendet werden. Empfehlenswert ist diese Konfiguration:

1. Stellen Sie den Wert *1* ein.

2. Legen Sie zuerst den Link auf das Impressum Ihrer Unternehmens-Website an.

3. Legen Sie über die Schaltfläche *Hinzufügen* Ihre übrigen Links an.

4. Klicken Sie auf *Fertig*.

5. Wechseln Sie dann wieder in die Besucheransicht. Rechts unten im Kanalbild finden Sie nun einen Link zu Ihrem Impressum.

## 2.5.4 Videos hochladen

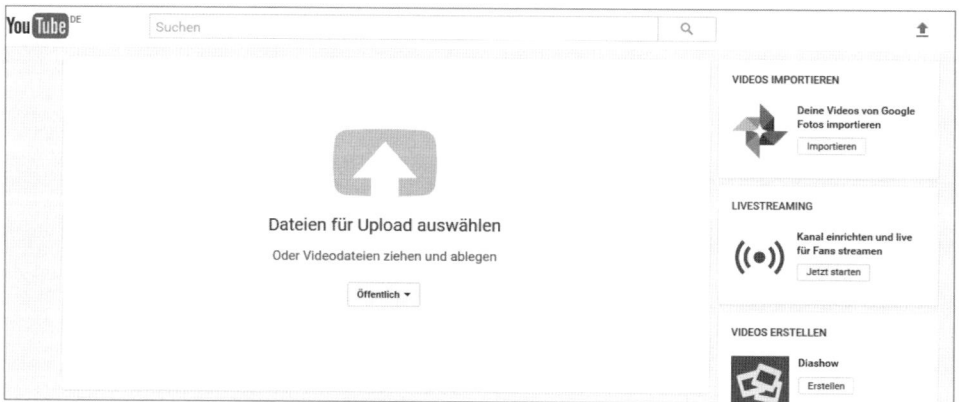

**Bild 2.88:** Der Uploadscreen von YouTube.

Wie wird das erste Video hochgeladen? Sie müssen nicht lange herumklicken, sondern lediglich in YouTube eingeloggt sein. In der rechten oberen Ecke sehen Sie den kleinen Pfeil, der zum Uploadscreen führt. Zwei Quellen stehen Ihnen zum Upload eines Clips zur Verfügung: Ihre Festplatte und die Cloud von Google Fotos.

### Upload eines Clips von der Festplatte

Sie möchten einen Clip von der Festplatte Ihres Computers hochladen? Dann klicken Sie auf das große Feld *Dateien für den Upload wählen* und holen sich das gewünschte Video. Unterhalb des Uploadfelds befindet sich noch ein kleines Drop-down-Menü, das standardmäßig auf *Öffentlich* eingestellt ist. Behalten Sie diese Einstellung bei, denn Sie wollen ja, dass Ihre Filme von möglichst vielen Menschen gesehen werden.

### Upload aus der Cloud

Sie filmen mit dem Smartphone, nutzen den Dienst Google Fotos und lagern Ihre Aufnahmen in der Cloud? Dann können Sie den direkten Weg nutzen, um Ihre Videos auf YouTube zu bringen. Klicken Sie im Uploadscreen rechts oben auf *Deine Videos*. Sie erhalten auf diese Weise einen komfortablen Zugriff auf Ihre Clips in Ihrer Cloud.

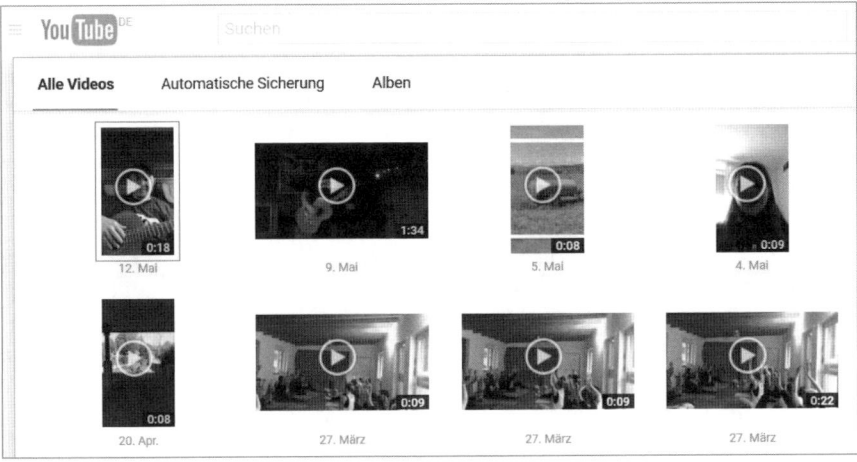

**Bild 2.89:** Videos direkt aus der Cloud hochladen.

Wählen Sie ein Video aus, um es direkt aus Googles Fotocloud in Ihren YouTube-Kanal zu verschieben. Bedenken Sie aber, dass sich die Bearbeitungsmöglichkeiten in diesem Fall auf die wenigen Bordmittel von YouTube beschränken. Falls Sie den Clip professionell schneiden und nachbearbeiten möchten, sollten Sie den klassischen Weg wählen:

1. Überspielen des Clips vom Smartphone auf die Festplatte.
2. Bearbeitung auf dem Computer.
3. Upload vom Computer auf YouTube.

### Video veröffentlichen

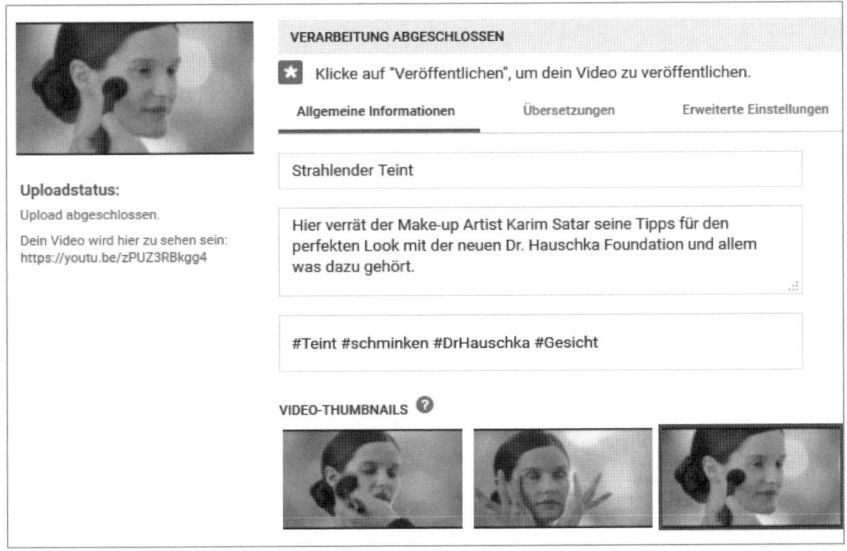

**Bild 2.90:** Das Video veröffentlichen.

Nach dem Upload, der je nach Länge und Qualität des Clips wenige Minuten oder auch eine Viertelstunde dauern kann, haben Sie die Möglichkeit zur Eingabe *Allgemeiner Informationen.*

Schöpfen Sie aus, was YouTube bietet, damit Ihr Film von Ihrer Zielgruppe gefunden und gesehen wird.

- **Filmtitel:** Im kleinen Feld oben geben Sie einen möglichst aussagekräftigen Titel ein.

- **Beschreibung:** Ebenso wichtig wie der Filmtitel ist die Beschreibung. Verzichten Sie auf allzu kreative Formulierungen. Nennen Sie die Dinge beim Namen und fassen Sie den Inhalt des Clips kurz und knackig zusammen. Kommunizieren Sie dem Publikum, warum sich das Ansehen lohnt, und machen Sie es ein bisschen neugierig. Der Text im obigen Beispiel: »Hier verrät der Make-up-Artist Karim Satar seine Tipps für den perfekten Look mit der neuen Dr. Hauschka Foundation und allem, was dazugehört.«

- Das dritte Textfeld ist für die Eingabe von Hashtags reserviert. Am besten ist es, allgemeine und spezifische Begriffe zu mischen. Mit allgemeinen Hashtags erreichen Sie ein großes Publikum, haben aber mit einer starken Konkurrenz zu kämpfen. Spezifische Hashtags sprechen ein kleineres Publikum an, sind aber innerhalb eines Themengebiets umso präsenter.

Weiter unten im Veröffentlichungsfenster werden Ihnen drei Vorschläge für Video-Thumbnails präsentiert. Wählen Sie das attraktivste Bild aus, YouTube verwendet es als Vorschaubild.

Sind Sie mit Titel, Beschreibung, Hashtags und Vorschaubild zufrieden? Dann klicken Sie auf *Veröffentlichen.*

### Video teilen

**Bild 2.91:** Mit einem Klick auf den Menüpunkt *Teilen* zeigt YouTube die Video-URL an.

Nach der Veröffentlichung sehen Sie das Video aus der Perspektive der Publikums. Sind Sie mit Ihrem Werk zufrieden? Dann klicken Sie auf den Menüpunkt *Teilen*. YouTube zeigt Ihnen nun die Video-URL und eine Reihe von Buttons: zu Facebook, Twitter, Google Plus und zu anderen Bühnen. Mit einem Klick auf die Buttons verbreiten Sie Ihren Clip automatisiert.

Sie können aber auch etwas individueller vorgehen. Kopieren Sie die URL aus dem Fenster unterhalb der Share-Buttons und fügen Sie sie mit persönlichen Worten in einen Facebook-Post oder einen Tweet ein.

**Beispiel**: »Liebe Leute, unser neues Video ist frisch auf YouTube. Wir freuen uns auf euer Feedback …«

### Video in WordPress-Beitrag einfügen

Sie betreiben ein Unternehmensblog mit WordPress? Das ist gut, denn ein YouTube-Video ist dort fix eingefügt. Sie benötigen weder ein Plug-in noch HTML-Kenntnisse. Die drei Arbeitsschritte:

1. Video-URL aus YouTube herauskopieren.

2. Einen neuen Beitrag in WordPress anlegen oder einen bereits bestehenden Beitrag bearbeiten.

3. Die Video-URL in eine separate Zeile einfügen. Achten Sie darauf, dass in der Zeile, in der Sie die Video-URL einfügen, nichts anderes steht. WordPress sorgt dann ganz automatisch für die richtige Verlinkung.

### Quellseite oder Community

Eine reichweitenstarke Social-Media-Präsenz ist nicht über Nacht zu haben, sondern das Ergebnis jahrelanger Arbeit. YouTube nimmt allerdings eine Sonderstellung unter den Bühnen ein. Ein eigener Kanal lohnt sich auch dann, wenn Sie lediglich eine Quellseite für Videos benötigen, die auf Ihrem Unternehmensblog eingebunden werden. Entscheiden Sie sich für eine diese beiden Strategien:

- YouTube als Lagerplatz verwenden – und auf die Communityfunktionen verzichten.

- YouTube als Bühne verwenden – und über die Communityfunktionen die Reichweite erhöhen.

## 2.5.5  Reichweite erhöhen

Einige Zeit nach dem Hochladen der ersten Videos stellt sich bei vielen YouTubern eine gewisse Ernüchterung ein: Die Clips wurden nur von ein paar Dutzend Zuschauern angesehen, und die Anzahl der Kanalabonnenten liegt bei null. Nun heißt es, aktiv zu werden und die Netzwerkfunktionen der Videobühne zu nutzen.

### Kommentare geben und nehmen

Auch auf YouTube gilt das Prinzip »Geben und Nehmen«. Besuchen Sie andere Kanäle und hinterlassen Sie ein paar lustige oder hilfreiche Kommentare. Gehen Sie dabei, um keine Energie zu vergeuden, nicht mit der Gießkanne vor. Engagieren Sie sich nur in Kanälen, die thematisch zu Ihnen passen, und sortieren Sie ein bisschen vor:

- **Wenig gepflegte Kanäle**: Überprüfen Sie, wann ein Kanal zuletzt mit neuen Videos bestückt wurde. Haben Sie den Eindruck, dass der Betreiber seine Motivation verloren hat? Dann besteht keine Chance auf eine Gegenreaktion. Lassen Sie die Finger davon.

- **Promi-Kanäle**: Bei den YouTube-Stars gehen Sie in der Masse unter. Wer über eine Million Abonnenten verfügt, wird nicht bei jedem Kommentator einen Gegenbesuch abstatten. Rechnen dürfen Sie aber mit einem Nebeneffekt. Ein Teil des Publikums eines Promis will immer wissen, wer sich hinter einem lustigen Kommentar verbirgt. Auf diese Weise zweigen Sie YouTube-Traffic auf Ihre Kanalseite ab.

- **Kanäle auf Augenhöhe**: Hier sind Sie richtig. Spähen Sie nach Kanälen mit ähnlicher Größe, um gegenseitig Kommentare zu hinterlassen und Abonnenten zu gewinnen.

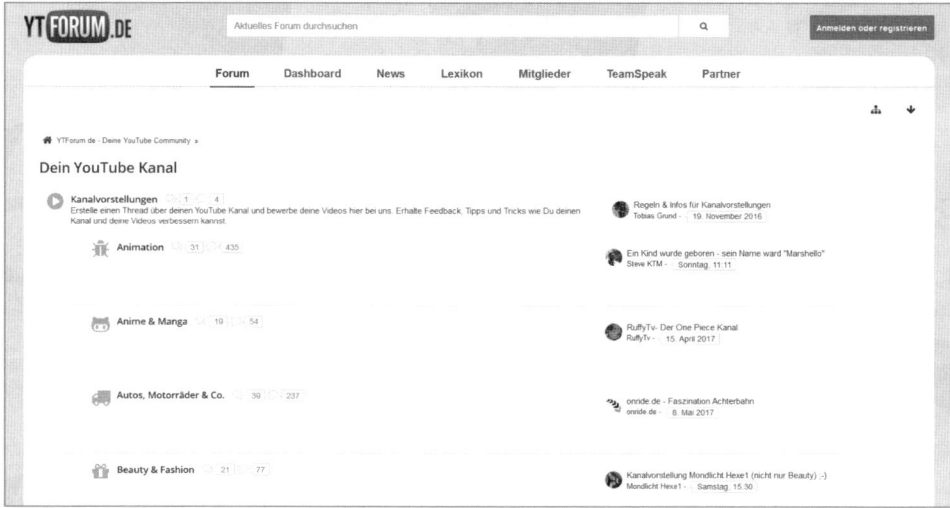

**Bild 2.92:** Auf der Website *https://ytforum.de* tauschen sich YouTuber aus und stellen ihre Kanäle vor.

Starthilfe für neue YouTube-Kanäle bietet die Website *https://ytforum.de*. Hier finden Sie Gleichgesinnte, die Sie bei der Erhöhung Ihrer Reichweite unterstützen.

### Aufforderung zur Interaktion

Haben Sie sich ein paar Kommentare und Abonnenten von anderen Kanalinhabern verdient? Dann schalten Sie einen Gang höher und sprechen Ihr Publikum im Video ganz direkt an. Der Wortlaut der Aufforderung sollte mit dem Charakter des Videos harmonieren. Gehen Sie Ihrem Publikum entgegen.

Beispiel für ein Imagevideo: »Hat dir unser Blick hinter die Kulissen gefallen? Dann freuen wir uns über einen Kommentar.«

Beispiel für ein Erklärvideo: »Hast du noch eine Frage? Dann schreib sie zu den Kommentaren.«

Beispiel für ein Storytelling-Video: »Wie soll die Geschichte weitergehen? Hast du eine Idee? Dann schreib einen Kommentar.«

### Aufforderung zum Abonnement

Fordern Sie Ihr Publikum ganz direkt auf, Ihre Videos zu liken und Ihren Kanal zu abonnieren. Nennen Sie wieder ein paar Vorteile und achten Sie auf den Wortlaut.

Beispiel für einen Newskanal: »Du willst unsere Videos zuerst sehen? Dann abonniere unseren Kanal.«

Beispiel für einen Comedykanal: »Du willst noch mehr lachen? Ja, dann abo fix.«

Bisher haben Sie die Möglichkeit kennengelernt, Ihre Reichweite über die Communityfunktionen und über Aufforderungen im Video selbst zu erhöhen. Echte YouTuber schöpfen aber noch ein weiteres Mittel aus – die Endcards.

### Endcards nutzen

Der Name Endcard klingt nicht gerade einladend. Es lohnt sich aber mit Sicherheit, auf dieses YouTube-Instrument zurückzugreifen. Die Features:

- Endcards bieten die Möglichkeit, interaktive Schaltflächen über ein Video zu legen.
- Über Endcards lassen sich sanfte Übergänge realisieren: vom Betrachten eines Clips zur Interaktion, beispielsweise zum Kanalabo.
- Endcards erhöhen die Aufmerksamkeit des Publikums vor dem Ende des Clips, also in einer kritischen Phase, in der nicht wenige Zuschauer zum Wegklicken neigen. Wenn dies durch eine Endcard verhindert wird, erhöht sich die Wiedergabezeit eines Clips – mit positiven Folgen für das Ranking.
- Auf Endcards lassen sich lustige Sprüche oder für den Zuschauer interessante Informationen unterbringen. Auch ein Firmenlogo ist auf einer Endcard gut platziert.
- Endcards lassen sich variieren, ohne dass man den Clip selbst verändern zu muss.

### Endcards anlegen

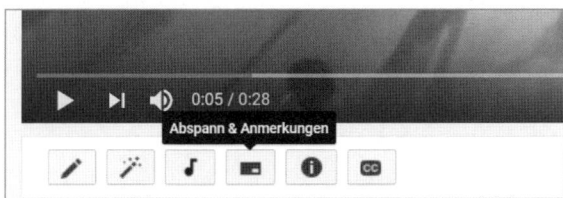

**Bild 2.93:** Über die Schaltfläche *Abspann & Anmerkungen* wird der Clip mit interaktiven Elementen versehen.

Erstellen lassen sich Endcards entweder in YouTube selbst oder mithilfe von externen Programmen. Beschränken Sie sich auf hauseigene Mittel, denn sie funktionieren auch im mobilen Einsatz zuverlässig. Loggen Sie sich in YouTube ein und rufen Sie einen Clip auf, der mit einer Endcard ausstaffiert werden soll.

Unterhalb des Clips befindet sich eine kleine Menüleiste. Klicken Sie dort auf die Schaltfläche *Abspann & Anmerkungen*. Es öffnet sich der Editor für den Abspann und die Anmerkungen bzw. erst einmal der Begrüßungsbildschirm zu diesem effektiven Tool.

Klicken Sie diese kleine Übersicht nicht gleich weg, denn YouTube ist derzeit eifrig dabei, neue Abspannelemente hinzuzufügen. Vielleicht können Sie Ihr Publikum mit einem neuen Feature begeistern.

**Bild 2.94:** YouTube erweitert den Funktionsumfang der Endcards ständig.

Nach dem Überfliegen des Features klicken Sie auf *OK*, um den Editor selbst aufzurufen.

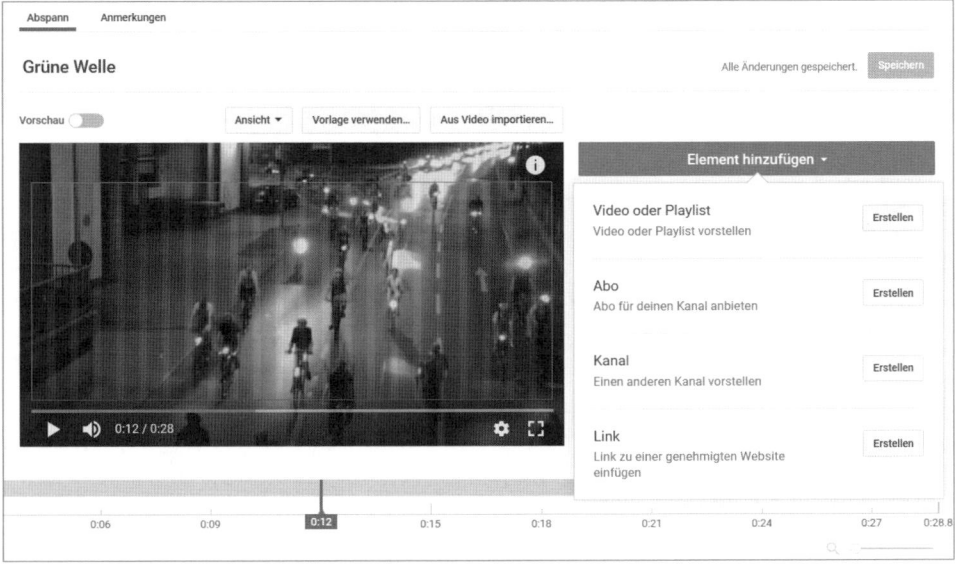

**Bild 2.95:** Auf der rechten Seite werden die Elemente der Endcard ausgewählt.

Auf der rechten Seite finden Sie eine Liste der Elemente, mit denen eine Endcard bestückt werden kann:

- Andere Videos.
- Playlists.
- Schaltflächen zum Kanalabo.
- Schaltflächen zur Vorstellung eines anderen Kanals.
- Links.

Klicken Sie ein Element Ihrer Wahl an und ziehen Sie es per Drag-and-drop an eine beliebige Stelle innerhalb der schraffierten Fläche im Clipfenster.

Ganz unten im Editor können Sie in einer Zeitleiste die Ein- und Ausblendzeiten für jedes Endcard-Element separat festlegen. Zur Verfügung stehen allerdings nur die letzten 20 Sekunden eines Films.

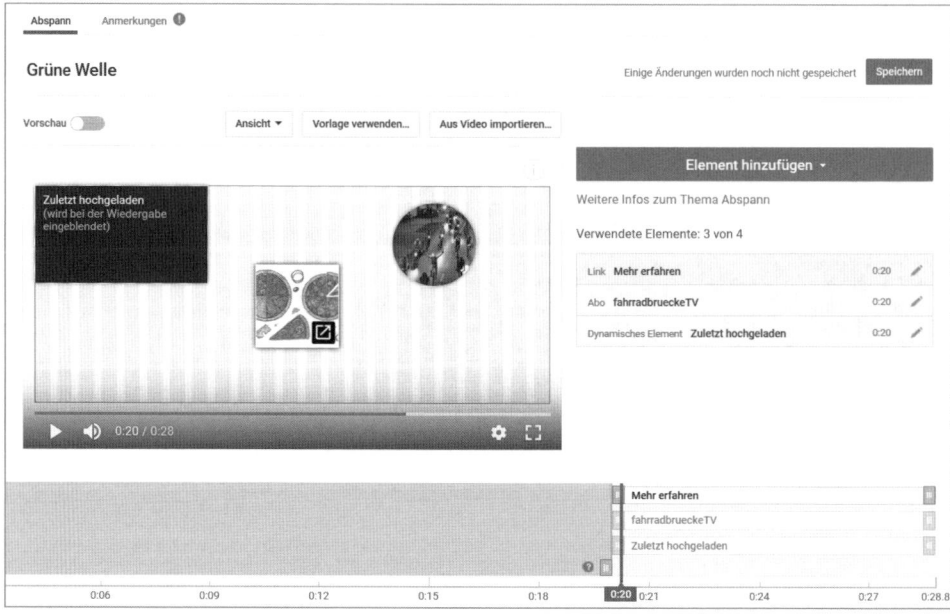

**Bild 2.96:** Die Elemente können im Abspann frei platziert werden.

Komfortabel sind die Einstellungsmöglichkeiten und das Handling des Editors. Sie können beispielsweise einen Link zu Ihrer Website mit einem beliebigen Bild hinterlegen, das Sie in den Editor hochladen. Zudem erhält der Besucher beim Überfahren mit der Maus Informationen über die bevorstehende Aktion.

Klicken Sie nach der Anordnung der Elemente rechts oben auf *Speichern*, um sich das Ergebnis anzusehen. Sind Sie nicht zufrieden, können Sie die Endcard noch einmal nachbearbeiten – ohne das Video selbst antasten zu müssen.

**Tipp**: YouTube Analytics bietet die Möglichkeit, die Klickzahlen der Endcard-Elemente einzusehen. Überprüfen Sie, welche Elemente am effektivsten sind, und überladen Sie Ihre Videos nicht.

## 2.5.6 Tipps und Tricks für YouTube

Der Aufbau und die Pflege eines YouTube-Kanals bedeuten ein langfristiges Projekt. Mit den folgenden Tipps binden Sie ein Stammpublikum an Ihren Kanal und erhöhen die Anzahl Ihrer Abonnenten.

## Kanalbeschreibung anpassen

| Übersicht | Videos | Playlists | Kanäle | **Kanalinfo** | |
|---|---|---|---|---|---|

1 Abonnent · **154** Aufrufe
Beitritt am 22.09.2016

Beschreibung

Tipps zur Einrichtung eines eigenen Onlineshops

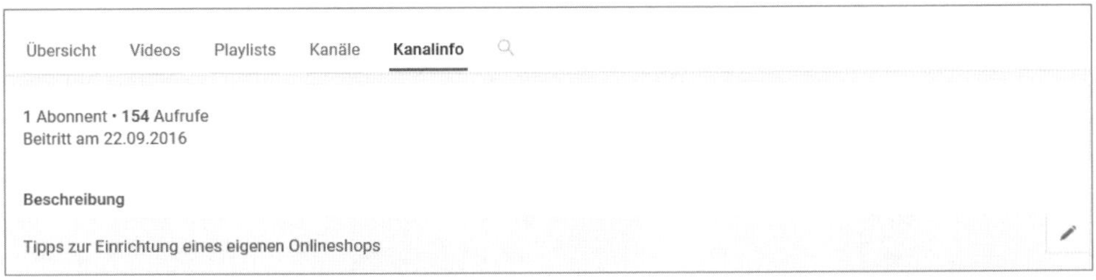

**Bild 2.97:** Über den Menüpunkt *Kanalinfo* lässt sich die Kanalbeschreibung anpassen.

In der Kanalbeschreibung erhalten Ihre Besucher einen schnellen Überblick über Ihr Thema. Klicken Sie auf *Kanalinfo*, um einen kurzen, präzisen Text einzugeben.

Negatives Beispiel zu einem Kitesurfung-Kanal: Hallo, hier ist Guido von Guido GmbH. Hier gibt es die neuesten Infos und ein buntes Sammelsurium über mich und das Kitesurfen.

Positives Beispiel zu einem Kitesurfing-Kanal: Abonniere den Kitesurfing-Kanal. Ich zeige dir die Tricks der Profis und die besten Locations.

### Playlists anlegen

Playlists sind ein ebenso einfaches wie wirkungsvolles Instrument, um die Reichweite eines YouTube-Kanals zu erhöhen. Die Vorteile:

- Die Videos einer Playlist werden dem Publikum ohne Übergang präsentiert. Die Zuschauer müssen sich nicht nach jedem Clip entscheiden, ob sie einem Kanal treu bleiben oder zur Konkurrenz wechseln wollen.

- Eine Playlist bietet eine gute Möglichkeit, die Videos eines Unternehmens oder Projekts in die richtige Reihenfolge zu bringen.

- Eine Playlist ist unverzichtbar für Clips, die in Serien produziert wurden.

- Über Playlists lassen sich Videos befördern, die nur wenige Views verzeichnen.

- Playlists verbessern das Ranking der enthaltenen Videos – nicht nur innerhalb von YouTube selbst, sondern auch auf Google und Google Plus.

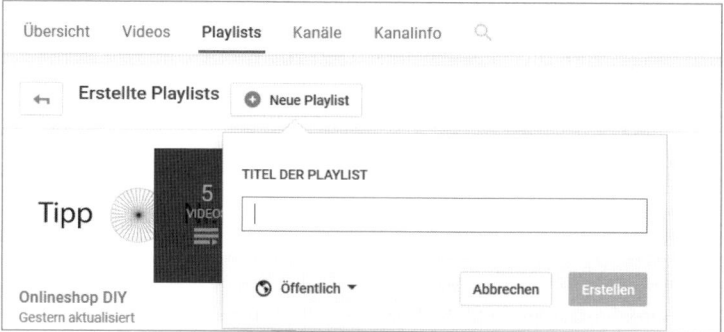

**Bild 2.98:** Playlists erhöhen die Verweildauer eines Besuchers auf einem Kanal.

Um eine Playlist anzulegen, wählen Sie auf Ihrer Kanalseite den Menüpunkt *Playlists* aus. Klicken Sie dann auf *Neue Playlist*, vergeben Sie einen aussagekräftigen Titel und ordnen Sie die gewünschten Videos zu.

### Playlists statt zusätzlicher Kanäle

**Bild 2.99:** Auch Playlists können geteilt werden.

YouTube-Anfänger promoten mehrere Kanäle parallel und vergeuden dabei ihre Ressourcen. Ökonomischer ist es, innerhalb eines Kanals mehrere Playlists zu pflegen und das Publikum zum Teilen einer Playlist zu animieren. Auf diese Weise bündeln Sie alle Views und Abos in einem einzigen starken Kanal.

Legen Sie erst dann einen weiteren Kanal an, wenn Sie die Möglichkeiten der Playlists ausgeschöpft haben und Ihre YouTube-Präsenz thematisch erweitern möchten.

### Serien über Playlists bewerben

Der Mensch ist ein Gewohnheitswesen. Drehen Sie Ihre Videos als Mehrteiler und wählen Sie einen festen Termin zur Veröffentlichung, etwa einen festen Wochentag oder immer den dritten Tag im Monat.

Kommunizieren Sie das Datum auf allen Bühnen mit einem flotten Slogan und weisen Sie dabei auch auf Ihre Playlists hin.

**Beispiel:** »Heute ist wieder unser Comedy-Monday. Freut euch auf den Clip zum Wochenstart … und falls ihr was verpennt habt, schaut auf unsere Playlist Comedy-Monday.«

**Videos auf allen Bühnen verlinken**

Vergessen Sie nicht, auf Ihren anderen Bühnenpräsenzen für Ihren YouTube-Kanal zu trommeln. Betten Sie Ihre Videos ein oder verlinken Sie darauf.

### 2.5.7 CHECKLISTE YOUTUBE

- Google-Account vorhanden.
- Professioneller Kanalname mit TV am Ende ausgewählt.
- Kanal angelegt.
- Header und Kanalbild hinzugefügt.
- Kanalinfo erstellt.
- Link zum Impressum erstellt.
- Video hochgeladen.
- Videobeschreibung, Hashtags erstellt.
- Optimales Vorschaubild gewählt.
- Likes, Kommentare und Abos hinterlassen.
- Elemente für Endcards ausgewählt.
- Elemente für Endcards in Clip platziert.
- Playlists erstellt.
- Clips und Kanal auf anderen Bühnen beworben.

## 2.6 Google Plus – die gescheiterte Bühne

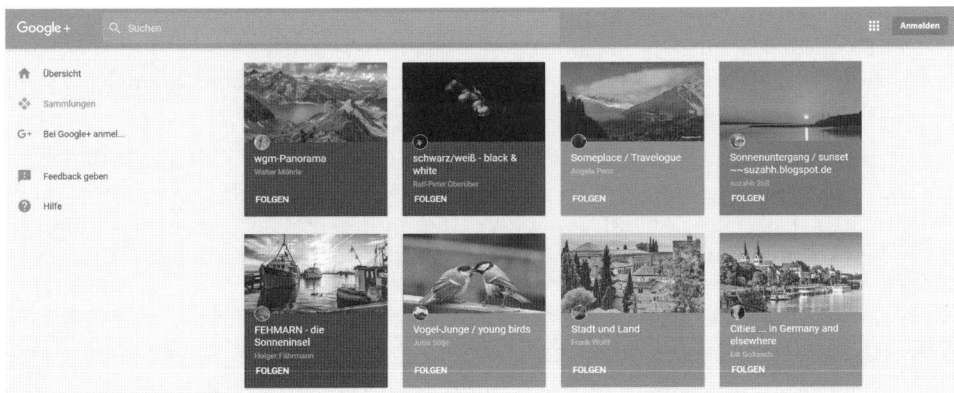

**Bild 2.100:** Die Einstiegsseite von Google Plus.

## 2.6.1 Trauen Sie keiner Statistik

Hinterfragen Sie, wie Daten erhoben werden und welche Aussagekraft die Zahlen haben. Laut dem Portal Statista.de verzeichnet Google Plus über zwei Milliarden Mitglieder, und nach Befragungen diverser Marktforschungsinstitute sind in Deutschland mehrere Millionen User monatlich aktiv.

Was die Statistikbastler wohl übersehen haben, ist die Anzahl der Karteileichen. Zudem werden die Begriffe leicht verwechselt. Wenn der Normalbürger telefonisch befragt wird, ob er in den letzten 30 Tagen Google Plus benutzt hat, sagt er zwar Ja – meint aber etwas ganz anderes: Google als Suchmaschine.

Vorhalten kann man den Befragten dieses Unwissen angesichts der katastrophalen Entwicklung von Google Plus nicht. Das G in Google Plus steht für gescheitert, und das Plus für noch mal gescheitert:

- Beim Start 2011 versuchte sich Google Plus als besseres Facebook.

- Seit dem Relaunch 2015 versuchte sich Google Plus als besseres Pinterest.

Das Publikum zog die Originale vor. Zwar ist auf Google Plus jede Menge Content zu finden, aber sehr viel wird automatisch eingespielt und kaum gepflegt. Interaktionen und Diskussionen finden fast nur noch in Nischenbereichen statt. Für Mode- und Lifestyle-Interessierte hat die Bühne wenig zu bieten.

Eines ist sicher wie das Amen in der Kirche: Sollte Google Plus jemals von der Konzernmutter abgespalten werden, würde der letzte Vorhang schnell fallen.

Fragen Sie sich, worum Sie ein leeres Theater überhaupt bespielen sollten? Aus diesen Gründen:

- Der Account ist schon da. Beim Anlegen eines YouTube-Kanals erhalten Sie zwangsweise auch eine eigene Seite auf Google Plus. Sie müssen sich also nicht noch einmal durch eine Registrierung quälen.

- Suchmaschinenoptimierung. Die Konzernmutter Google bzw. Alphabet, wie sich das Unternehmen seit 2015 nennt, misst der hauseigenen Bühne immer noch eine gewisse Bedeutung bei. Nun gehört eine Präsenz bei Google Plus zwar nicht zu den wichtigsten Rankingfaktoren für die Suchmaschine Google, aber Kleinvieh macht auch Mist.

- Nutzung für Nischenthemen. Mit Boulevardthemen lässt sich auf Google Plus zwar kein Blumentopf gewinnen, aber in manchen Nischen hat sich doch ein Publikum gefunden. Falls Sie Produkte oder Dienstleistungen zu den Themen Computer, Video, Technik und Sport bewerben möchten, ist Google Plus zumindest eine Überlegung wert.

### Mitmachen, bleiben lassen oder was?

Mit halbherzigen Engagements ist das so eine Sache, denn in der Regel bringen sie null Erfolg. Bei Google Plus dürfen Sie aus den oben genannten Gründen eine Ausnahme machen. Verzetteln Sie sich aber nicht, sondern legen Sie sich auf eine ökonomisch vertretbare Stufe fest. Die Tabelle zeigt, was Sie an Aufwand und Ertrag erwartet.

| Stufe | Engagement | Aufwand | Ertrag |
|---|---|---|---|
| 1 | Unternehmensseite einrichten | einmalig 30 Minuten | kaum messbar |
| 2 | Zusätzlich automatisierte Inhalte vom Unternehmensblog einspielen | einmalig weitere 30 Minuten | kleiner SEO-Effekt |
| 3 | Individuellen Content anbieten und aktiv an der Community teilnehmen | mindestens 60 Minuten pro Woche | SEO-Effekt und Generierung von Klicks und Followern |

Bevor Sie sich für eine der Stufen entscheiden: Besuchen Sie einige erfolgreiche Google-Plus-Präsenzen.

## 2.6.2  Was läuft auf Google Plus?

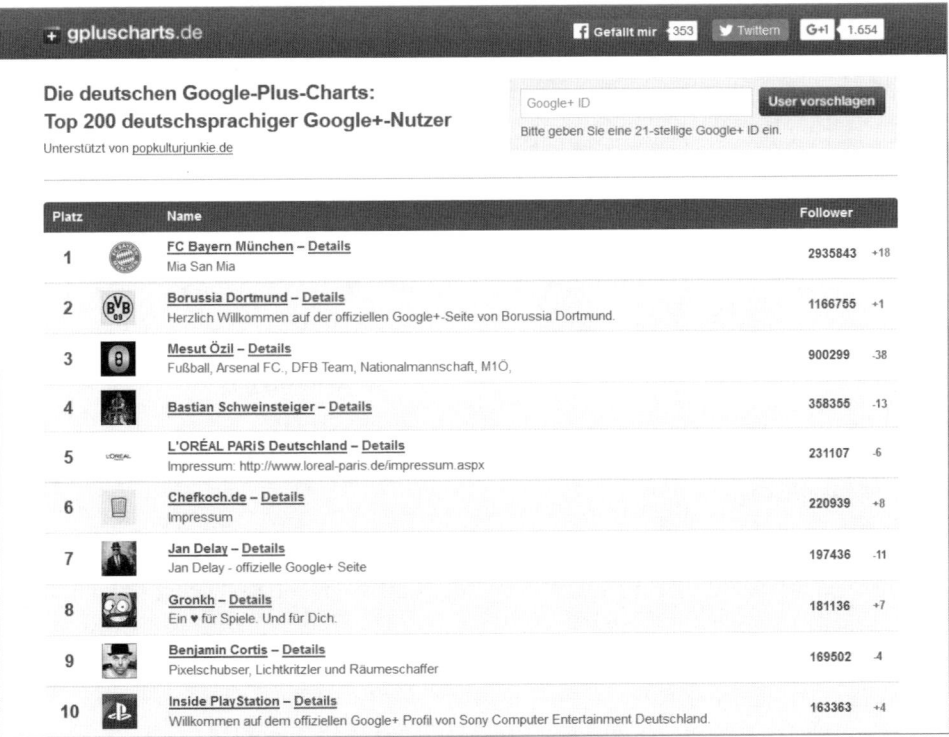

**Bild 2.101:**  Die Seite *www.glpuscharts.de* listet wichtige deutsche Google Plus-Präsenzen auf.

Einen brauchbaren Einstieg bietet die Seite *www.glpuscharts.de*. Ganz oben stehen Fußballseiten, lassen Sie sich aber nicht von den absoluten Zahlen blenden. Zum Vergleich: Der FC Bayern München verzeichnet fast drei Millionen Follower auf Google Plus bei über 40 Millionen *Gefällt mir*-Angaben auf Facebook.

Gut platziert ist auch eine Reihe von Präsenzen mit dem Schwerpunkt auf Videocontent. Das verwundert nicht, denn Google Plus wird gerne verwendet, um die eigene Präsenz auf YouTube zu pushen. Zur Erinnerung: Beide Bühnen sind Teil des Google-Imperiums.

### 2.6.3 Ein Markenkonto einrichten

**Bild 2.102:** Ein Google-Konto genügt für alle Google-Dienste. Erstellt wird es unter *https://accounts.google.com/SignUp*.

Sie besitzen einen eigenen YouTube-Kanal oder verwenden Google Analytics, AdWords, AdSense, den Messenger oder einen anderen der zahllosen Google-Dienste? Dann haben Sie zwangsläufig auch ein Google-Konto und müssen Google Plus nur noch freischalten lassen.

Ist das jedoch nicht der Fall, erstellen Sie Ihr Google-Konto auf der Webseite *https://accounts.google.com/SignUp* und legen eine Markenseite für Google Plus an.

Was Sie beim Anlegen der Markenseite noch nicht definieren können, ist eine gut lesbare URL. Zunächst müssen Sie mit einem Zahlengewirr dieser Art vorliebnehmen: *https://plus.google.com/+123456780815.*

## Regeln für benutzerdefinierte URLs

**Bild 2.103:** Das MAGGI Kochstudio ist auf Google Plus unter dieser URL zu erreichen: *https://plus.google.com/+MaggiKochstudio.*

Schöner ist eine gut lesbare und benutzerdefinierte URL wie beispielsweise *https://plus. google.com/+MaggiKochstudio.* Dazu müssen Sie diese nicht allzu schwierigen Hürden nehmen:

- Mindestens 10 Follower.
- Die Google-Plus-Seite muss seit mindestens 30 Tagen existieren.
- Ein Profilfoto wurde hochgeladen.
- Es liegen keine Beschwerden vor, beispielsweise zu Markenrechtsverletzungen oder anstößigen Inhalten.

## 2.6.4 Suchmaschinenoptimierung mit Google Plus

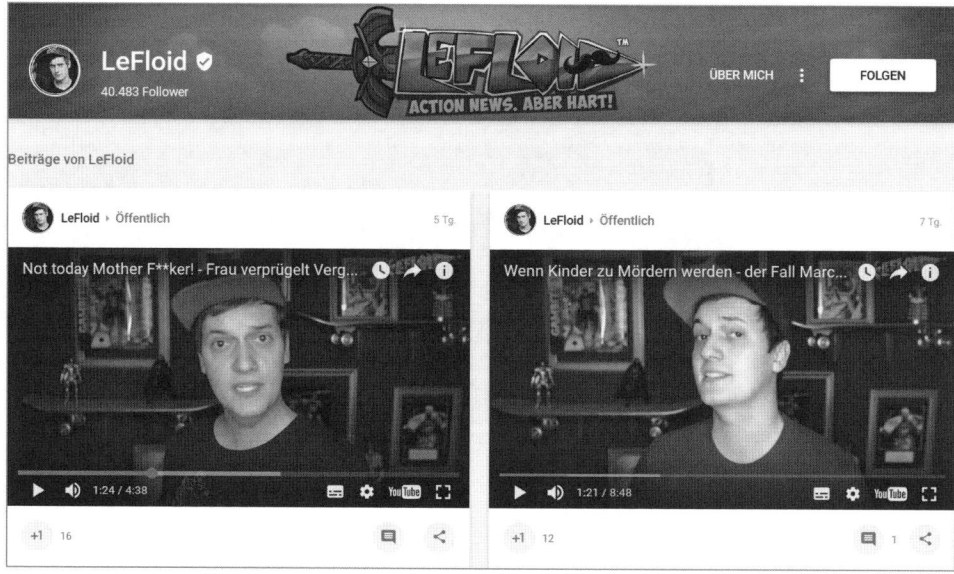

**Bild 2.104:**   YouTube-Stars wie LeFloid und Gronkh nutzen Google Plus als Zweitbühne.

Die Suchmaschine Google bevorzugt Präsenzen auf der hauseigenen Social-Media-Bühne gegenüber der Konkurrenz – zwar nicht zu extrem, denn das würde die Qualität der Trefferlisten beeinträchtigen, aber doch so weit, dass eine gewisse Aktivität auf Google Plus die Sichtbarkeit positiv beeinflusst.

Sie sollten diesen Effekt auf jeden Fall nutzen, wenn Sie bei YouTube einen eigenen Kanal betreiben. Dieselbe Strategie verfolgen auch LeFloid und Gronkh. Beide veröffentlichen ihre Videoclips parallel auf Google Plus, ohne sich allzu sehr auf dieser Bühne ins Zeug zu legen. Sie sind und bleiben YouTube-Stars – von Google Plus-Stars hat die Welt noch nie gehört.

## 2.6.5 Tipps zu Google Plus

Stecken Sie nicht zu viel Energie in Ihre Google-Plus-Präsenz, aber nehmen Sie mit, was geht. Mit den folgenden Tipps schöpfen Sie die Möglichkeiten der Bühne ideal aus.

### Den Knowledge Graph füttern

Googeln Sie mal nach einem Unternehmen oder einer Institution, zum Beispiel dem Städel-Museum. Rechts neben den Treffern erhalten Sie eine Zusammenfassung der wichtigsten Informationen. Für das Städel sind dies:

- mehrere Bilder,

- die Lage des Museums in Google Maps,

- Google-Rezensionen,

- der Anfang des zugehörigen Wikipedia-Eintrags,

- Adresse, Öffnungszeiten und Telefonnummer sowie

- eine Übersicht kommender Veranstaltungen.

**Bild 2.105:** Der Knowledge Graph für das Frankfurter Städel.

Diese Informationen werden Knowledge Graph genannt. Worüber Google schweigt und die Gelehrten streiten, ist die Art und Weise, wie die Daten für den Knowledge Graph erhoben werden. Es ist anzunehmen, dass Google vor allem aus diesen vier Quellen schöpft:

- Informationen auf der Website, insbesondere der Impressumsseite.

- Informationen aus Wikipedia, sofern ein passender Eintrag vorhanden ist.

- Informationen, die Webmaster selbst an Google übermittelt haben, beispielsweise über die Google Search Console (die ehemaligen Webmastertools). Sie finden sie unter dieser URL: *https://www.google.com/webmasters/tools/home?hl=de*.

- Informationen aus Google Plus.

Über Google Plus haben Sie eine Möglichkeit, aktiv Informationen einzuspeisen, um den Knowledge Graph ein bisschen zu beeinflussen. Nutzen Sie diese Chance, auch wenn die Gewichtung und die exakte Darstellung dann nicht mehr in Ihren Händen liegen.

---

**Google-Anzeigen: Fehlanzeige**
Innerhalb von Google Plus ist es derzeit nicht möglich, eine Anzeige zu platzieren, nicht einmal über Google AdWords. Über die Gründe kann nur spekuliert werden. Vielleicht sollen die wenigen aktiven User nicht durch kommerzielle Inhalte abgeschreckt werden. Dies hindert Sie natürlich nicht daran, in Beiträgen, Bildern und Videos über Ihre Produkte und Dienstleistungen zu berichten.

---

### Verschiedene Markenkonten verwalten

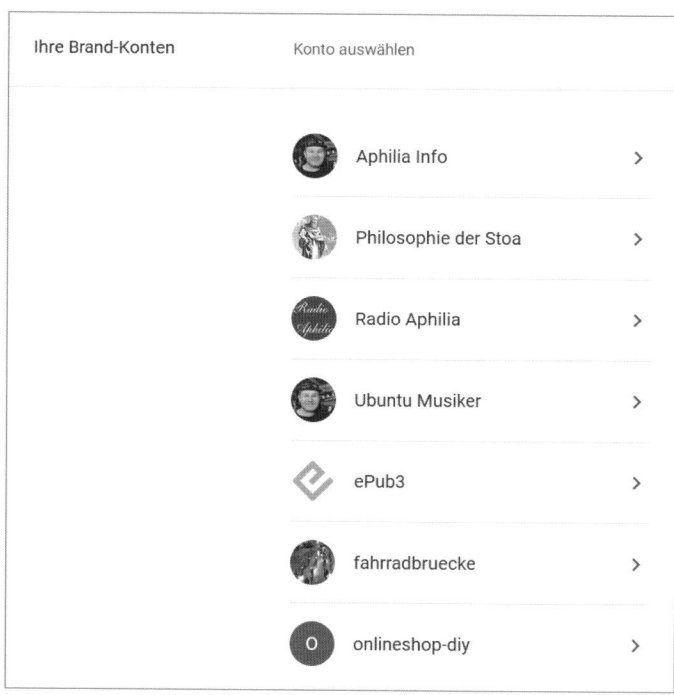

**Bild 2.106:** Mehrere Markenkonten können über einen einzigen Account verwaltet werden.

Zwangsweise erhalten Sie mit jedem neu angelegten YouTube-Kanal ein neues Markenkonto. Zum Glück ist die Verwaltung mehrerer Markenkonten auf Google Plus relativ einfach zu handhaben. Wenn Sie eingeloggt sind, können Sie unkompliziert zwischen Ihren Konten wechseln. Ein zweiter Zugang zu Google Plus oder gar ein separates Google-Konto ist nicht nötig.

### 2.6.6 CHECKLISTE GOOGLE PLUS

* Google-Account vorhanden.

* Überprüft, welche Seiten via YouTube eingerichtet wurden.

* Optional neue Seite auf Google Plus angelegt.

* Festgelegt, ob Google Plus aktiv bespielt werden soll.

* Profilfoto hochgeladen.

* Schwelle von zehn Followern überschritten.

* Benutzerdefinierte URL eingerichtet.

* Relevante Informationen für den Knowledge Graph eingegeben.

## 2.7   Instagram – die Fotobühne

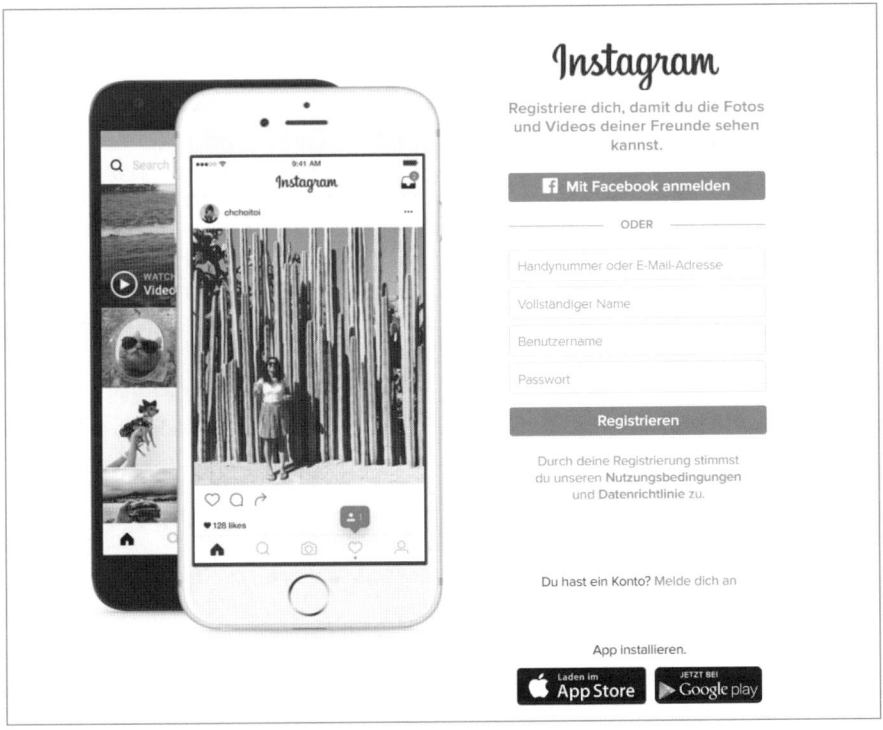

**Bild 2.107:** Fotos und Videos sind wichtiger als Worte.

Gestartet war Instagram, die bevorzugte Bühne für das Visual Storytelling, als Fotosharing-Plattform. Was heute noch an die Wurzeln erinnert, ist der knappe, aber aussagekräftige Text auf der Registrierungsseite:

»Registriere dich, damit du die Fotos und Videos deiner Freunde sehen kannst.«

Lassen Sie sich diesen Zwölfwörtersatz noch einmal auf der Zunge zergehen und nehmen Sie ihn sich als Vorbild. Er schlägt nämlich mehrere Fliegen mit einer Klappe:

- Erklärung einer Funktion: Auf Instagram sind Fotos und Videos von Freunden zu sehen.

- Platzierung einer Aufforderung: Registriere dich.

- Nennung eines Vorteils: Wer sich registriert, darf die Fotos betrachten.

Auf Instagram haben Sie wenig Platz für Texte. Sie wollen auf sich aufmerksam machen und Follower gewinnen? Dann arbeiten Sie an einheitlichen Bildern und an Ihren eigenen Zwölfwörtersätzen, beispielsweise für einen Fair-Trade-Onlineshop:

»Folge uns auf *www.instagram.com/unser_shop*, um unsere Fair-Fashion-Shootings nicht zu verpassen.«

Wer wachsen will, muss eine Nische besetzen und die Dinge auf den Punkt bringen. Auf Instagram werden täglich über 150 Millionen neue Bilder hochgeladen. Niemand nimmt Sie wahr, wenn Sie sich in Beliebigkeiten verlieren. Der Schlüssel zum Erfolg liegt in der Entwicklung einer unverwechselbaren visuellen Identität.

## 2.7.1 Visuelle Identität

Instagram ist die Jugendorganisation von Facebook. Jugendliche wollen unter sich sein. Frei nach der Parole »Trau keinem über 30«, fühlen sie sich im Umfeld der Accounts von Verwandten, Schulen und diversen Institutionen nicht mehr wohl. Außerdem verwendet das junge Publikum lieber Bilder als Texte, um sich im Internet zu präsentieren und die Freunde auf dem Laufenden zu halten. Aus der eingetippten Mitteilung »Ich bin in der Pizzeria« wurde das Pizzeria-Selfie. Entsprechend hat Instagram den Startbildschirm der App gestaltet. Nach dem Öffnen findet der Anwender kein Texteingabefeld, stattdessen blickt er durch das Auge der Handykamera. Die Kamera hat die Tastatur ersetzt, und sie muss nicht erst aufgerufen werden.

> **Von Facebook zu Instagram**
> Der Übergang von Facebook zu Instagram fällt leicht. Wer sich über seinen Facebook-Account auf Instagram anmeldet, findet sofort eine Liste seiner Facebook-Freunde vor.

## 2.7.2 Instagram-Basiswissen

Der größte Fehler, den Sie auf Instagram machen können: sich vornehmen, jeden Tag ein bisschen zu knipsen, zu liken, zu folgen, Kommentare abzugeben und die Stories zu nutzen. Auf diese Weise werden Sie vielleicht bei Facebook und Twitter groß, aber niemals bei Instagram. Wenn Sie kein Promi sind, haben Sie mit so einem Sammelsurium keine Chance.

Verfallen Sie nicht in operative Hektik, sondern feilen Sie an Ihrem visuellen Konzept. Nehmen Sie sich ein Beispiel an zwei erfolgreichen Instagram-Bildstrategien:

- Jung sein und Spaß haben.

- Schlau sein und Spaß haben.

**Jung sein und Spaß haben**

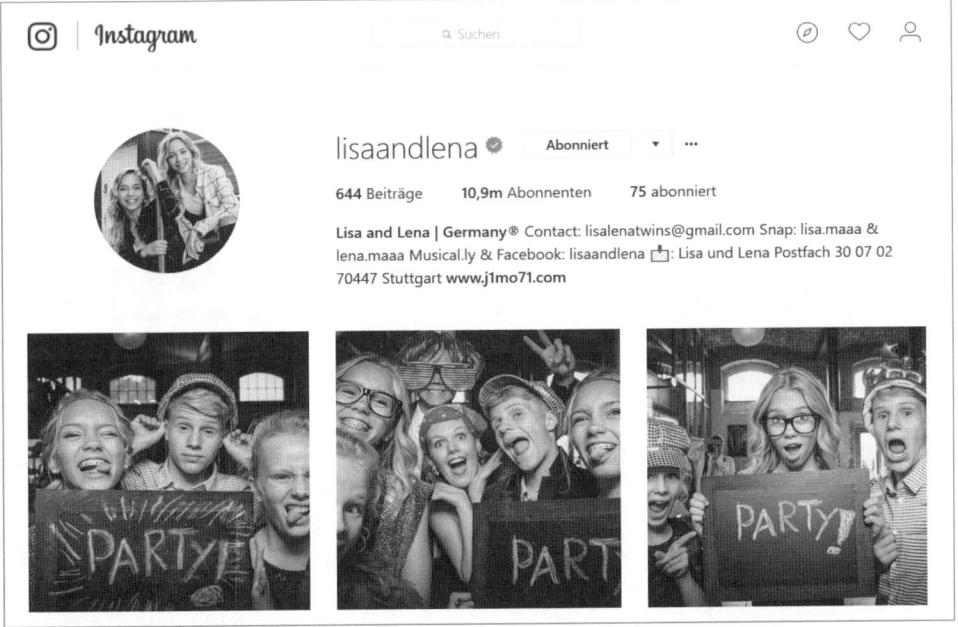

**Bild 2.108:** Der Instagram-Account *www.instagram.com/lisaandlena* verzeichnet fast elf Millionen Abonnenten.

Zu den größten deutschen Instagram-Accounts zählen die vieler Profifußballer, aber von denen können Sie wenig lernen. Sie verfügen über viele Abonnenten, wie die Follower auf dieser Bühne genannt werden, weil sie aufgrund ihrer Leistungen auf dem Rasen prominent sind. Ganz anders sieht die Sache bei Lisa und Lena aus, einem Stuttgarter Zwillingspärchen mit fast elf Millionen Instagram-Abonnenten. Berühmt wurden sie durch die *musical.ly*-App, doch auch ihr Instagram-Account überzeugt durch Professionalität.

Achten Sie auf die Bildersprache: Die Jugend hat Spaß am Leben, feiert Partys und zelebriert sich selbst. Sie entdecken keine Besonderheiten? Das mag sein, aber die lockeren Szenerien sind authentisch, gewähren Einblick in das Familienleben und befinden sich optisch auf einer strengen Linie. Hier passt einfach alles zusammen.

### Schlau sein und Spaß haben

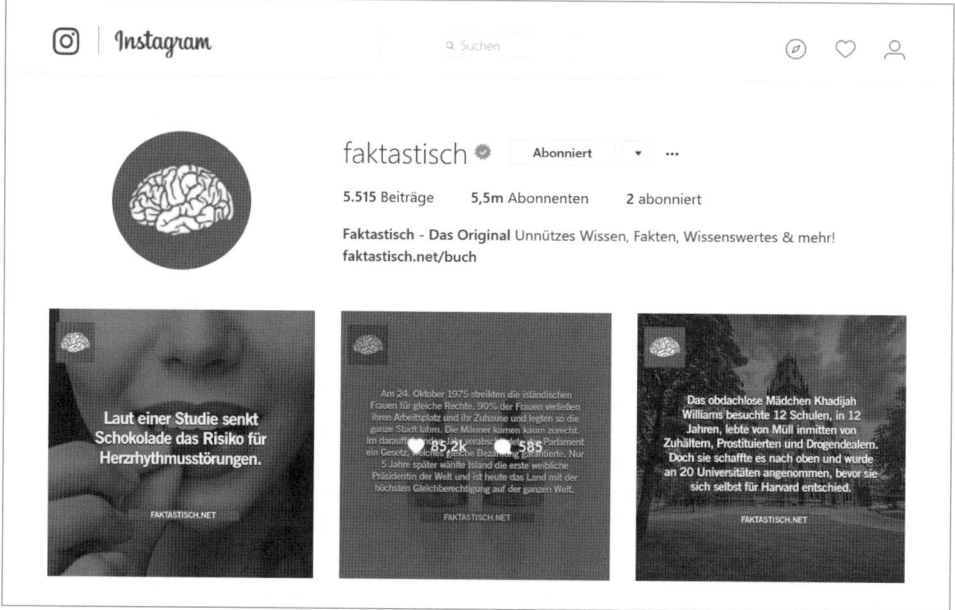

**Bild 2.109:** Der Instagram-Account *www.instagram.com/faktastisch* verzeichnet 5,5 Millionen Follower.

Sie sind nicht mehr so jung und attraktiv wie Lisa und Lena? Ihr Unternehmen oder Projekt spricht eine ganz andere Zielgruppe als Zahnspangen tragende Mädchen an? Das macht nichts, denn auch mit trockenen Inhalten lässt sich ein Publikum aufbauen.

Das obige Bild entstammt dem Account *www.instagram.com/faktastisch*. Er verfügt über die beachtenswerte Zahl von 5,5 Millionen Abonnenten – und das mit dem Thema Bildung auf der Eitelkeiten-Bühne Instagram. Was ist da nur richtig gelaufen? Werfen Sie einen Blick auf diese drei Aspekte:

- Die Portionierung.

- Die Sprache.

- Die Präsentation.

## Die Portionierung

Das typische Social-Media-Publikum ist nicht bereit, lange Texte zu lesen, die Instagram-Community schon gar nicht. Was aber gut funktioniert, sind kleine Häppchen in der Länge von ein bis drei Sätzen.

## Die Sprache

Botschaften auf Instagram werden gelesen und geschätzt, wenn sie glaubwürdig und in einer leicht verständlichen Sprache verfasst sind.

**Beispiel**: »Laut einer Studie senkt Schokolade das Risiko für Herzrhythmusstörungen.« Die Phrase »Laut einer Studie« sorgt für eine Erhöhung der Glaubwürdigkeit, das Weglassen von Nebensätzen dafür, dass die Message von allen verstanden wird.

## Die Präsentation

Auf Instagram ist kein Platz für lange Texte, aber für die Betreiber von Faktastisch ist dieser Umstand kein Problem. Die Textbotschaften befinden sich direkt in einheitlich gestalteten Bildern. Die weiteren optischen Qualitätsmerkmale:

- Das für Instagram charakteristische quadratische Format.

- Ein Logo links oben.

- Attraktive Hintergrundbilder.

- Die Einblendung der Website-URL *www.faktastisch.net* im unteren Drittel der Bilder.

**Fazit**: Auf Instagram geht vieles, wenn es richtig angepackt wird. Der Schlüssel zum Erfolg ist die Ausarbeitung und Umsetzung einer visuellen Strategie.

## Instagram zwingt zur Spezialisierung

Betrachten Sie Instagram aus der Perspektive eines professionellen Fotografen. Wer heute in dieser Kunst seine Brötchen verdient, hat sich in der Regel auf ein ganz bestimmtes Genre spezialisiert. Beispiele:

- Urbane Fotografie und Lost Places.

- Porträts und Hochzeiten.

- Produkt- und Lebensmittelfotografie.

- Gebäude und Architektur.

- Wissenschaft und Technik.

- Fashion und Lifestyle.

- Promis und Boulevard.

- Tiere und Natur.

- Reisen.

Beschränken Sie sich auf ein eng begrenztes Gebiet, das sich gut für das visuelle Storytelling eignet. Arbeiten Sie an Bilderserien und entwickeln Sie Ihren unverkennbaren Stil. Der Aufbau einer erfolgreichen Präsenz ist echte Maßarbeit. Denken Sie daran, dass Instagram als Fotobühne populär wurde. Mit allzu häufigen oder gar minderwertigen Bildern verschrecken Sie Ihr Publikum. Posten Sie nur in Ausnahmenfällen mehr als zweimal pro Tag.

### Instagram ist international

Texte nehmen einen relativ geringen Anteil am Content ein. Es bietet sich daher an, Instagram konsequent mehrsprachig oder international auszurichten, was schon bei der Wahl des Accountnamens beginnt. Von Anfang an haben auch die Zwillinge Lisa und Lena ihre Präsenz auf das internationale Publikum ausgerichtet. Zu erreichen sind sie nämlich unter *www.instagram.com/lisaandlena.*

**Tipp**: Achten Sie bei der Pflege eines international ausgerichteten Accounts auf das richtige Timing. Die idealen Uhrzeiten für die Veröffentlichung:

* Für das deutsche Publikum: 19 Uhr MEZ.

* Für das US-Publikum: 1 Uhr MEZ.

### Werbung und Schleichwerbung

Kritiker werfen Instagram Schleichwerbung vor, und so ganz unrecht haben sie nicht. Zahlreiche Accounts bedienen sich Hashtags wie *#beauty* oder *#fashion*, um ihre Markenbotschaften an die Frau und den Mann zu bringen. Dies gelingt auch deshalb, weil sich das Publikum auf dieser Bühne durch die starke Markenpräsenz kaum belästigt fühlt. Die Übergänge zwischen privaten Inhalten, Lifestyle und Werbung sind hier fließend.

### Hohe Interaktionsquote

Was Instagram von anderen Bühnen unterscheidet, ist die hohe Interaktionsquote. Gute Bilder werden hier relativ häufig gelikt und kommentiert. Was dagegen nicht funktioniert, ist das direkte Teilen innerhalb von Instagram. Sie können ein Bild lediglich über Privatnachrichten verschicken oder über WhatsApp weiterreichen.

## 2.7.3 Account anlegen

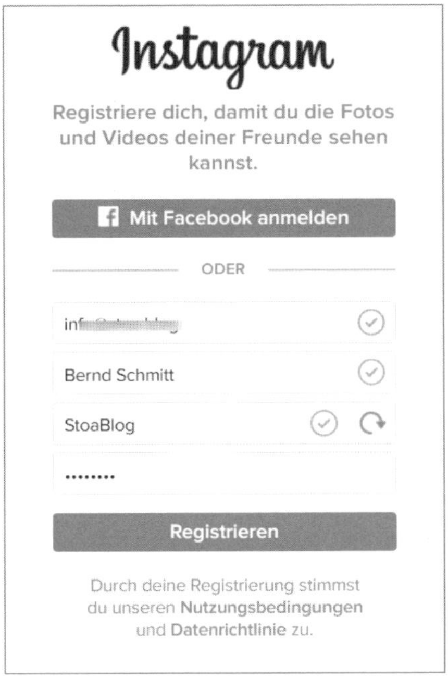

**Bild 2.110:** Registrierung eines neuen Instagram-Accounts via Smartphone.

Laden Sie die Instagram-App auf Ihr Smartphone, um einen neuen Account anzulegen. Achtung: Beim Anlegen eines Instagram-Accounts ist die Auswahl des Namens wichtiger als auf den meisten anderen Bühnen. Entscheiden Sie sich lieber für einen Namen, der gute Keywords enthält, als für eine kreative Lösung. Auf diese Weise werden Sie über die interne Suche leichter gefunden.

### Kickstart über die Facebook-Instagram-Connection

Nicht wenige Instagramer haben bereits einen Facebook-Account. Sie gehören auch dazu und haben sich mit Ihrem Profil eine hübsche Anzahl von Freunden eingesammelt? Dann nutzen Sie Ihre Anhängerschaft zum Aufbau eines Grundstocks an Instagram-Followern. Bejahen Sie die Frage, ob Instagram auf Ihre Facebook-Freunde zugreifen darf.

### Umwandlung in ein Businessprofil

Auch Instagram kennt professionelle Accounts, doch im Unterschied zu Facebook sind damit keine großen Einschränkungen verbunden. Die konkreten Vorteile des Instagram-Businessprofils:

- **Der Kontakt-Button.** Sie haben die Möglichkeit, einen Kontakt-Button anzulegen. Ihre Abonnenten können Sie auf diese Weise direkt per E-Mail kontaktieren oder anrufen.

- **Freischaltung von Statistiken.** Sie erhalten Zugriff auf die *Instagram Insights*, die Statistiken zu Ihrem Account.

- **Werbung schalten.** Na klar, Instagram möchte Sie auch ein bisschen schröpfen. Mit einem Businessprofil erhalten Sie die Möglichkeit, zielgruppenorientierte Werbeanzeigen zu platzieren. Die Prozedur verläuft ähnlich wie bei Facebook. Sie legen ein bestimmtes Budget fest und bestimmen die Laufzeit. Es bleibt Ihnen überlassen, ob Sie die Anzeigen über den Facebook-Werbeanzeigenmanager schalten oder direkt in Instagram.

Die Umwandlung ist unter einer Voraussetzung fix erledigt: Sie müssen bereits über eine Facebook-Seite für Ihr Unternehmen verfügen. Holen Sie diesen Schritt gegebenenfalls nach.

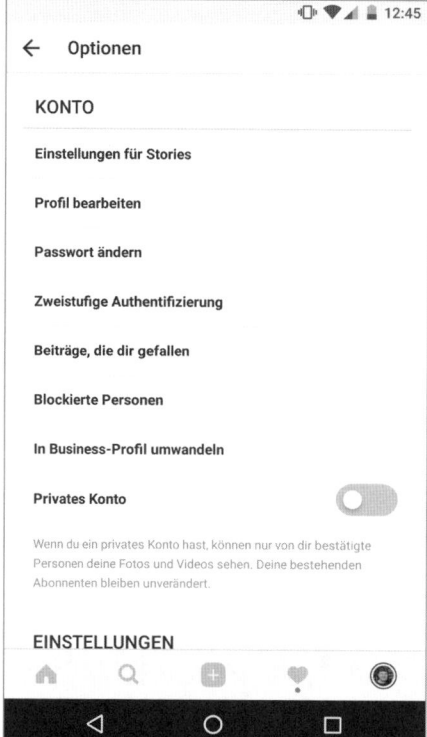

**Bild 2.111:** In den *Optionen* lässt sich ein privates Profil in ein Businessprofil umwandeln.

Gehen Sie auf der Startseite von Instagram rechts unten auf Ihr Profilbild, um Ihre Profilseite anzeigen zu lassen. Anschließend rufen Sie rechts oben die *Einstellungen* auf. Klicken Sie dazu auf die drei senkrechten Punkte. In den *Optionen* finden Sie den Unterpunkt *In Business-Profil umwandeln*. Aktivieren Sie diese Optionen und folgen Sie den Anweisungen, um Ihre Facebook-Seite zu verknüpfen.

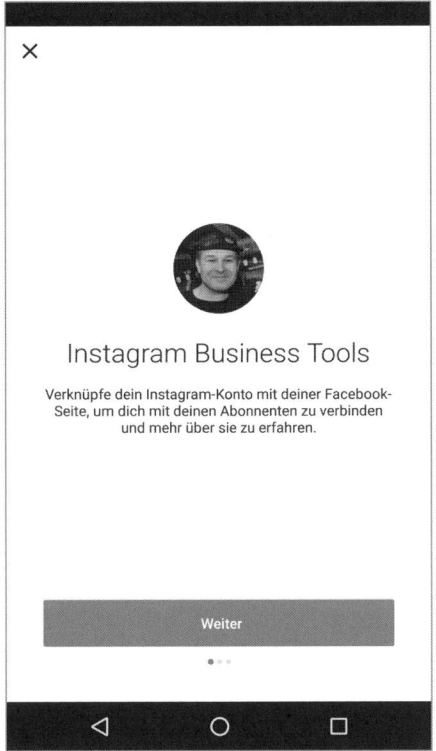

**Bild 2.112:** Freischaltung
der *Instagram Business Tools*.

Es erwarten Sie diverse Bildschirme, die Sie abnicken müssen, damit Instagram einen Zugriff auf Ihre Schätze erhält, die Sie auf Facebook gelagert haben: Bilder und Follower.

Den Datenschützern stehen die Haare zu Berge, aber da müssen Sie durch, wenn Sie die Reichweite Ihrer Instagram-Präsenz schnell und effektiv erhöhen möchten. Schließlich können Sie noch Ihre Kontaktadresse angeben. Besonders nützlich ist diese Möglichkeit, wenn Sie ein Ladengeschäft, ein Restaurant oder ein Büro mit Publikumsverkehr betreiben.

Smartphone oder Desktop?
Junge Menschen haben das Handy 24 Stunden am Tag und 7 Tage in der Woche um sich – in den Wachzeiten am Körper, während der Schlafenszeiten in greifbarer Nähe. Instagram ist auf diesen Trend zugeschnitten. Für Sie als professionellen Akteur ist es empfehlenswert, die Instagram-App auch auf dem Desktopcomputer zu installieren oder sich bei *www.instagram.com* über eine Weboberfläche einzuloggen. Für die Verwaltung des Accounts bietet der größere Bildschirm mehr Komfort. Allerdings müssen Sie sich bei den Desktoplösungen auf unliebsame Überraschungen einstellen. Eine Reihe von Features steht ausschließlich für das Smartphone zur Verfügung. Verzweifeln Sie also nicht, wenn Sie einen Button auf der Desktopoberfläche nicht finden, sondern wechseln Sie das Gerät.

## 2.7.4 Instagram-Instrumente

**Bild 2.113:** Die Startseite von Instagram.

Der Startbildschirm von Instagram präsentiert sich übersichtlich. Die runden Knöpfe oben auf der Seite sollten Sie zunächst ignorieren, denn sie führen zu den Story-Funktionen, also zu Inhalten mit begrenzter Verfügbarkeit. Am Anfang wichtiger ist das Gewinnen eines Publikums, und dazu eignen sich zeitlos gute Bilder und Videos viel besser.

### Die Uploadfunktion

Instagram bietet Ihnen zwei Möglichkeiten, Bilder zu platzieren.

- Direkt von der Kamera – über das Kamerasymbol ganz oben links.

- Aus der Galerie – über das Pluszeichen in der Mitte der unteren Menüleiste.

Am besten legen Sie sich zuerst einen Vorrat an einheitlichen Bildern an, die Sie in der Galerie lagern.

Falls Sie mit externen Bildbearbeitungsprogrammen arbeiten: Es ist zwar mittlerweile auch möglich, Bilder vom Computer direkt auf Instagram hochzuladen, allerdings müssen Sie dabei mit Schwierigkeiten rechnen. Dieser Weg funktioniert nicht mit jedem Browser, und es stehen Ihnen bei der Veröffentlichung nicht alle Instagram-Features zur Verfügung. Auf Nummer sicher gehen Sie, wenn Sie Bilder und Videos auf Vorrat produzieren, auf dem Computer zu bearbeiten und sie vor der Veröffentlichung von der Festplatte auf das Smartphone übertragen.

**Bild 2.114:** Alle Fotos und Videos auf dem Smartphone stehen für die Veröffentlichung auf Instagram zur Verfügung.

Wählen Sie ein Bild oder Video aus der Galerie aus und klicken Sie anschließend rechts oben auf *Weiter*, um die Instagram-Filter aufzurufen.

### Die Instagram-Filter

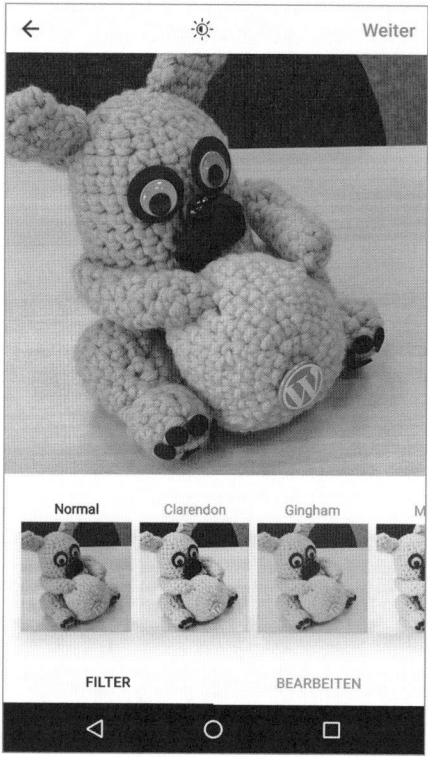

**Bild 2.115:** Die Filterfunktionen von Instagram.

Vor der Veröffentlichung können Sie, um Ihrem Bild eine besondere Note zu verleihen, einen Farbfilter auswählen. Im Sinne einer einheitlichen Optik ist es empfehlenswert, dass Sie sich für Ihre Instagram-Präsenz auf maximal zwei bis drei Filter festlegen, die Sie immer wieder verwenden. Klicken Sie nach der Filterauswahl oben rechts auf *Weiter*, um das Bild zu veröffentlichen.

### Videos auf Instagram

Auch Videos können Sie auf Instagram hochladen und mit Filtern bearbeiten – unter diesen Bedingungen:

- Die Mindestlänge beträgt 3 Sekunden.

- Die Höchstlänge beträgt heute 60 Sekunden (bis 2016 waren es nur 15 Sekunden).

Die Begrenzung der Höchstdauer führt dazu, dass Instagram-Videos häufiger bis zum Schluss angesehen werden als auf anderen Bühnen.

Sie haben ein längeres Video produziert? Dann fertigen Sie eine Kurzversion für Instagram an und verweisen auf das gesamte Video bei YouTube oder Facebook. Wer von den Ausschnitten begeistert ist, wird auch die Langversion sehen wollen.

### Instagram-Stories

Das Facebook-Imperium, zu dem auch Instagram gehört, entschied sich nach der gescheiterten Übernahme von Snapchat für eine neue Strategie: den Ideenklau.

Mit den Instagram-Stories wurde das Markenzeichen von Snapchat kopiert, das Prinzip der begrenzten Verfügbarkeit. Wie beim Original sind auch Fotos und Videos nur 24 Stunden verfügbar.

Unterschiedliche Möglichkeiten bieten die Apps allerdings bei den optischen Spielereien. Snapchat ist ganz klar auf ein jüngeres Publikum ausgerichtet und bietet entsprechende Gimmicks. Instagram-User dürfen Anmerkungen in Fotos hineinschreiben, haben aber weniger Spielereien zur Verfügung.

Um in die Welt der Stories einzutauchen, haben Sie zwei Alternativen:

- Klicken Sie oben auf einen der Kreise. Dort hat Instagram einige Stories von Personen platziert, denen Sie folgen.

- Klicken Sie auf ein Profil. Falls der User eine aktuelle Story auf Lager hat, erscheint um das Profilbild ein Kreis. Mit einem Klick auf das Profilbild gelangen Sie zur Story.

### Stories betrachten und erstellen

Was Sie in einer Story erwartet, ist ein Ablauf von Bildern und Videos im Zehnsekundentakt. Falls der Urheber der Story Kommentare erlaubt hat, finden Sie links unten einen entsprechenden Button. Der Kommentar erscheint dann öffentlich.

Um eine Story zu erstellen, klicken Sie im Stream links oben auf Ihr Profilbild. Erstellen Sie dann eine Serie von Bildern und Videos für Ihre Follower.

## 2.7.5  Biografieseite editieren

**Bild 2.116:** Die Profilseite von Instagram erlaubt das Setzen eines Links.

Wichtiger als auf den meisten anderen Bühnen ist auf Instagram die Profilseite, der unbedarfte Instagramer nennt sie flapsigerweise auch Bio oder Biografie.

Tatsächlich passt da aber kein Lebenslauf hin, denn der Platz ist auf 150 Zeichen begrenzt. Was macht dann aber diese Seite so besonders?

- Sie bietet die einzige Möglichkeit, einen direkt anklickbaren Link zu setzen, zum Beispiel auf das Unternehmensblog.

- Auf der Profilseite werden der Abonnement-Button sowie die Anzahl der Abonnenten und Abonnements eines Users angezeigt.

- Für Suchmaschinen sind Texte ergiebiger als Bilder. Weil bei Instagram die Bilder dominieren, spielen die wenigen Texte eine besondere Rolle.

**Achtung:** Das Instagram-Publikum benutzt zu 100 % mobile Geräte. Bevor Sie einen Link setzen, sollten Sie Ihr Linkziel auf Mobiltauglichkeit prüfen. Geben Sie auf dieser Seite Ihre Ziel-URL ein: *https://search.google.com/search-console/mobile-friendly*.

### Profilnamen vergeben

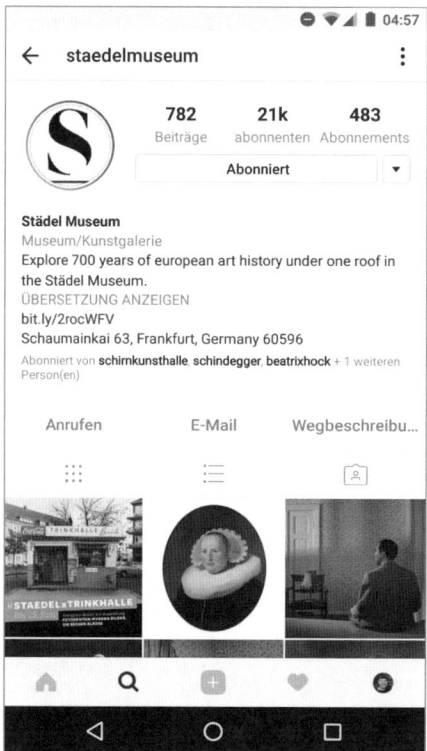

**Bild 2.117:** Der Profilname *Städel Museum* unterscheidet sich vom Benutzernamen und damit auch von der URL *www.instagram.com/staedelmuseum*.

Im Bild oben sehen Sie den Instagram-Account des Frankfurter Städel-Museums, das auf der Profilseite auch genau so heißt und nicht etwa staedelmuseum.

Nutzen Sie das Profilnamensfeld, um sich ideal darzustellen. Maximal 30 Zeichen sind erlaubt. Sie können den Platz auch ausschöpfen, um ein besonderes Charakteristikum Ihres Unternehmens oder Projekts im Profilnamen unterzubringen, zum Beispiel »Pizza-Bringdienst«. Der Betrachter weiß dann schon beim ersten Lesen Ihres Namens, welche Leistungen Sie anbieten.

### Das Wichtige in wenigen Worten

Angesichts der Platzbegrenzung will jedes Wort gut überlegt sein, und das gilt umso mehr für neue, noch unbekannte Unternehmen und Projekte. Gehen Sie davon aus, dass das Publikum kein Vorwissen mitbringt, und beantworten Sie auf Ihrer Profilseite diese elementaren Fragen:

- Welche Produkte und Dienstleistungen bietet mein Unternehmen an?
- Was unterscheidet mein Unternehmen von anderen?
- Welche Message hat mein Unternehmen?
- Was hat mich dazu inspiriert, für dieses Unternehmen zu arbeiten?

### Adresse und Kontaktdaten

Sie betreiben einen stationären Laden, ein Büro, eine Gaststätte oder eine Event-Location? Dann vergessen Sie nicht, Ihre Adressdaten, eine Telefonnummer und eine E-Mail-Adresse auf Ihrer Profilseite unterzubringen.

### Link setzen

Auf vielen Bühnen können Sie an den unterschiedlichsten Stellen Links setzen, aber nicht bei Instagram. Hier sind die Möglichkeiten zur Verlinkung sehr begrenzt, es gibt nämlich nur zwei:

- Verlinkung auf der Profilseite.
- Verlinkung einzelner Postings, wenn sie als Anzeige hervorgehoben wurden.

Die zweite, kostenpflichtige Möglichkeit steht nur für Businessprofile zur Verfügung.

Vielleicht liegt es an dieser Linkbeschränkung, dass das Instagram-Publikum eine vergleichsweise hohe Interaktionsquote aufweist. Es verliert sich nicht so schnell in den Weiten des World Wide Web.

Sie möchten aber doch ganz gern etwas Traffic von Instagram auf Ihre Unternehmensseite oder eine andere externe Seite umleiten? Dann weisen Sie das Publikum in Ihren Postings immer mal wieder auf den wertvollen Link auf Ihrer Profilseite hin.

**Beispiel**: »Klick auf den Link in der Bio, um bei unserer Aktion mitzumachen.«

### Formatierung der Biografie

Für die Darstellung des Biografietexts können Sie Fließtext oder Listen einsetzen. Mischen Sie die beiden Formen nicht, sondern treffen Sie eine Grundsatzentscheidung; andernfalls kann es für das Publikum unübersichtlich werden. Aufgrund der unterschiedlichen Displaygrößen und Betriebssysteme können Sie nämlich nicht davon ausgehen, dass die Formatierungen auf allen Geräten korrekt angezeigt werden.

Was inzwischen flächendeckend funktioniert, ist die Anzeige von Emojis. Machen Sie davon Gebrauch, um eine jüngere Zielgruppe anzusprechen oder ein jugendliches Image zu pflegen.

### Individuelle Schriftarten

Um die Schriftart auf Ihrer Profilseite ein bisschen aufzupeppen, stehen Ihnen diverse Apps zur Verfügung. Probieren Sie einige Schriften von *Cool Fonts* für Android oder *Fonts* für iOS aus, achten Sie aber darauf, dass Ihre Profilseite einigermaßen leserlich bleibt. Weniger ist mehr.

## 2.7.6 Hashtags gezielt einsetzen

Auf Instagram spielen Hashtags eine größere Rolle als auf allen anderen Bühnen. Geizen Sie also nicht, sondern spendieren Sie jedem Bild ein gutes Dutzend davon, allerdings nicht blindlings.

**Beispiel**: Sie möchten einen Liebesroman vermarkten, der in der Tangoszene von Buenos Aires spielt, und posten das Buchcover.

Welche Hashtags dazu passen? Der Name des Autors und der Buchtitel, aber sicherlich auch *#Roman*, *#Liebesroman*, *#Tango*, *#TangoArgentino* und *#BuenosAires*. Und so mixen Sie den passenden Hashtag-Cocktail:

*   Name des Autors und des Buchtitels.

*   Zwei bis drei allgemeine Begriffe. Allerdings gehen Sie mit allzu populären Hashtags wie *#love* oder *#music* leicht in der Masse unter. Besser geeignet sind *#Roman* und *#Liebesroman*.

*   Präzise Begriffe wie *#Tango* und *#TangoArgentino*.

*   Passende Nischenbegriffe wie *#Milonga*, *#Favela*, *#Piazzolla* oder *#Barrio*. Diese werden zwar seltener gesucht, aber Sie haben damit weniger Konkurrenz am Hals.

### Spezielle Hashtags

Wie auf Twitter haben sich auch auf Instagram einige Hashtags durchgesetzt, die Sie ab und zu einfließen lassen können.

*   *#MondayMotivation* – Für Postings am Montagmorgen.

*   *#TBT* – Das Kürzel steht für *Throwback Thursday*. Posten Sie unter diesem Titel Bilder aus vergangenen Zeiten.

*   *#FF* – *Follow Friday*. Mit diesem Hashtag signalisieren Sie, dass Sie an einem Freitag zum gegenseitigen Folgen bereit sind.

- *#noFilter* – Für Bilder, die nicht mit einem Instagram-Filter bearbeitet wurden.

- *#instameets* – Mit diesem Hashtag vernetzen sich Instagramer, um ganz reale Treffen zu organisieren, beispielsweise zum gemeinsamen Fotoshooting.

### Ungeeignete Hashtags

Mit zu allgemeinen Hashtags wie *#love* oder *#follow* locken Sie dagegen keine Hunde mehr hinter dem Ofen hervor. Sie werden zu oft verwendet – leider auch von Bots und Spam-Accounts.

## 2.7.7 Reichweite erhöhen

Sie können Influencer für sich arbeiten lassen oder selbst zum Influencer werden. Mit den folgenden Methoden vergrößern Sie die Reichweite Ihrer Instagram-Präsenz.

### Auf anderen Bühnen trommeln

Aller Anfang ist schwer, denn die ersten Follower kommen nicht von allein. Schubsen Sie Ihre Instagram-Präsenz über alle Bühnen an, auf denen Sie vertreten sind. Setzen Sie Links von Facebook, Twitter und YouTube.

### Andere Bilder liken und kommentieren

Lob spornt an. Hinterlassen Sie Likes und aufmunternde Kommentare zu gelungenen Bildern, um Sympathien zu gewinnen – und Abonnenten.

### Benutzergenerierter Content ist Trumpf

**Bild 2.118:** Die Sängerin Lena Meyer-Landrut ruft Instagramer dazu auf, für ihr neues Album ein Logo und einen Schriftzug zu gestalten.

Mühselig ist die Instagram-Kleinarbeit, das ständige Veröffentlichen, Liken, Kommentieren und Abonnieren. Schneller bauen Sie eine Followerschaft auf, indem Sie andere für sich arbeiten lassen. Das Zauberwort heißt: benutzergenerierter Content. Zu dieser Methode greift beispielsweise die Sängerin Lena Meyer-Landrut. Sie fordert ihre Fans auf, ein Logo oder einen Schriftzug für ihr kommendes Album zu gestalten.

Sie sind nicht so prominent wie Lena? Dann versuchen Sie auf andere Weise, benutzergenerierten Content auf Instagram zu gewinnen:

- Rufen Sie das Publikum dazu auf, ein Produkt von Ihnen zu fotografieren und mit einem von Ihnen vorgegebenen Hashtag zu veröffentlichen.

- Veranstalten Sie einen kleinen Kreativwettbewerb. Beispiel: »Wohin würdest du das Produkt XY gerne mitnehmen?« Verlosen Sie ein paar kleine Preise unter allen Teilnehmern, die ihre Ideen als Kommentar posten.

- Stellen Sie Ihrem Publikum eine einfach zu beantwortende Frage zum Bild. Beispiel: »Wo, meint ihr, habe ich dieses Bild aufgenommen?«

Denken Sie bei der Gewinnung von benutzergeneriertem Content nicht nur an die Erhöhung Ihrer Reichweite, sondern auch an die Steigerung Ihrer Glaubwürdigkeit, zum Beispiel für die Vermarktung von Reisen.

Wahrscheinlich geht es Ihnen auch so: Sie haben manchen Kauf nur deshalb getätigt und manche Reise nur deshalb gebucht, weil Ihre Freundinnen und Freunde davon geschwärmt hatten. Weiterempfehlungen können im Marketing gar nicht hoch genug eingeschätzt werden. Betrachten Sie benutzergenerierten Content als Vertrauensbeweis des Publikums für Ihren Markenauftritt und als Vorstufe zu Weiterempfehlungen. Bringen Sie sich durch andere ins Gespräch.

### Intimitäten

Echte Instagram-Stars überzeugen nicht nur durch ihre Fotografien, sondern auch durch ihren Lebensstil. Sie inszenieren sich durchgängig – als Model, das dem Schönheitsideal entspricht, oder als Mensch, der dem Schönheitsideal nicht entspricht. Was das Publikum besonders interessiert, ist der Blick hinter die Kulissen. Geben Sie Einblicke in Ihren Alltag und präsentieren Sie auch Ihre Freunde und Familienmitglieder – natürlich nur, wenn diese Spaß an der öffentlichen Darstellung haben und der Verwendung der Aufnahmen ausdrücklich zustimmen.

### An der Bildsprache feilen

Bleiben Sie in Ihrer Bildsprache nicht stehen, sondern feilen Sie weiter an der Gestaltung. Entwickeln Sie Ihre persönliche Handschrift und erhöhen Sie Ihren Wiedererkennungswert. Ihr Grundkonzept müssen Sie dabei nicht über den Haufen zu werfen. Schrauben Sie behutsam an einigen Stellen:

- Schränken Sie die Motivwahl weiter ein. Beispiel: Sie haben sich durch Ihre Fotografie von Lost Places eine kleine Anhängerschaft erworben, kommen aber mit dem Aufbau einer relevanten Reichweite nicht wirklich vom Fleck. Probieren Sie es mit einer weiteren Spezialisierung und konzentrieren Sie sich ausschließlich auf verlassene Sportstätten oder aufgegebene Hotels.

- Beschränken Sie sich auf Schwarz-Weiß-Bilder.

- Setzen Sie besonders markante Effekte ein.

- Fotografieren Sie nur zu einer bestimmten Tageszeit.

- Arbeiten Sie mit neuen Schriftarten, falls Sie Texte oder Sprüche direkt auf den Bildern platzieren.

- Verfremden Sie typische Stockfotos durch originelle Sprüche. Erkundigen Sie sich aber bei Ihrem Stockfotoanbieter, ob diese Art der Verwendung von der Lizenz gedeckt ist.

### 2.7.8 CHECKLISTE INSTAGRAM

- Schlüssiges visuelles Konzept entworfen.

- Grundstock an Bildmaterial vorhanden, idealerweise im quadratischen Format.

- Videoclips mit maximal 60 Sekunden Länge vorhanden.

- Rechtssicherer und markanter Benutzername ausgewählt.

- Instagram-App auf Smartphone installiert.

- Account angelegt.

- Account mit Facebook verbunden.

- Facebook-Freunde zu Instagram eingeladen.

- Umwandlung in ein Instagram-Business-Profil, Voraussetzung ist eine Facebook-Seite.

- Profilseite gestaltet.

- Profilname gewählt.

- Link von der Profilseite auf Blog oder Website gesetzt.

## 2.8 Pinterest – die Pinnwandbühne

In unserer Theateranalogie müssen Sie sich Pinterest so vorstellen: In einem riesigen Saal befinden sich lange Reihen mit vielen Fotostellwänden und einigen Videoschirmen. Die Teilnehmer dieses Spektakels durchschreiten die Reihen und hinterlassen Kommentare auf den Wänden. Und sie kopieren, was ihnen gefällt, um es an ihre eigene Wand zu heften. Jeder Aussteller verfügt über einen abgegrenzten Bereich mit thematisch sortierten Stellwänden.

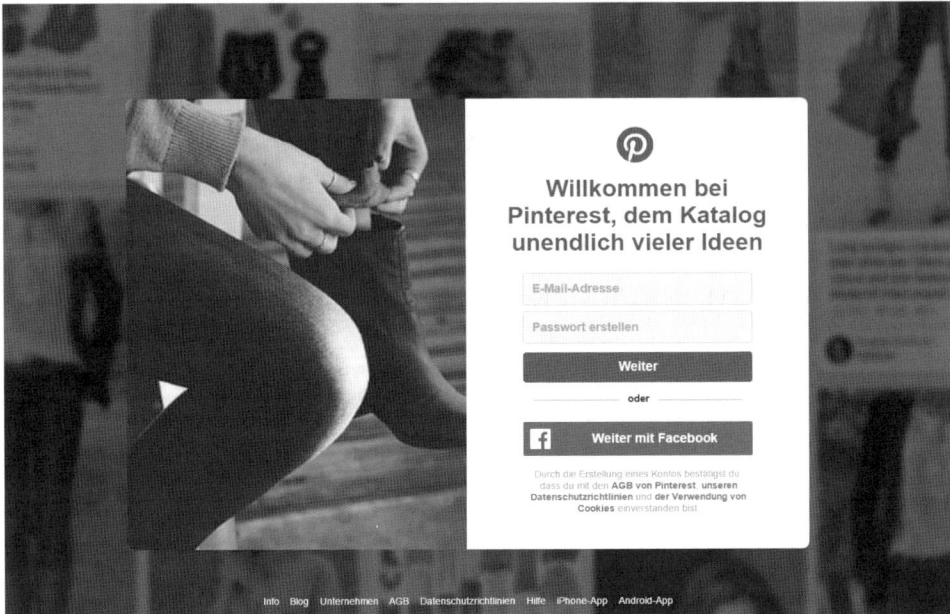

**Bild 2.119:** Das Bildernetzwerk Pinterest.

Auf Pinterest werden die Stellwände Boards genannt. Der Name Pinterest setzt sich aus Pin (Reißnagel) und Interest (Interesse) zusammen. In der Eigenbeschreibung rückt der Bühnenbetreiber nicht Personen, sondern Themen in den Vordergrund: »Pinterest ist ein Katalog unendlich vieler Ideen. Suche und sammle Rezepte, Erziehungstricks, Modetrends und viele andere Ideen zum Ausprobieren.« Seinen Sitz hat das Unternehmen in der Stadt Palo Alto im Silicon Valley.

## 2.8.1 Pinterest-Basiswissen

Die Experten streiten darüber, was Pinterest genau ist. Zur Wahl stehen zwei Auffassungen:

* Meinung A: Pinterest gehört, trotz der Spezialisierung auf Bilder, immer noch zu den klassischen Social-Media-Bühnen.

* Meinung B: Pinterest ist nichts anderes als eine Bildersuchmaschine.

### Social-Media-Funktionen

Ein Reihe von Features sprechen dafür, Pinterest bei den Social-Media-Bühnen einzuordnen. Was Pinterest mit Facebook, Twitter und anderen gemeinsam hat:

* Anlegen von Profilen.

* User können eigenen Content hochladen und im Content von anderen stöbern.

* Möglichkeit zum einseitigen und gegenseitigen Folgen.

- Anzeige eines Newsstreams.

- Wer einem User folgt, wird informiert, sobald dieser neuen Content erstellt hat.

- Interaktion über Kommentare.

- Möglichkeit zum Sharen, auf Pinterest wird diese Aktion Repinnen genannt.

- Möglichkeit zum Pinnen von Videos, die auf YouTube oder Vimeo gelagert sind.

- Navigation über Hashtags.

- Zugriff über den Desktop und über mobile Geräte.

- Ausgefeilte Suchmaschine.

Der letzte Punkt der Liste ist eigentlich nichts Besonders. Nicht nur Facebook, YouTube und Twitter besitzen eine interne Suchmaschine, auch jede WordPress-Website hat sie standardmäßig integriert. Die Pinterest-Suchmaschine ist allerdings so ausgefeilt, dass sie von manchen Leuten nicht als Zusatz-, sondern als Hauptfunktion angesehen wird.

### Pinterest als Suchmaschine

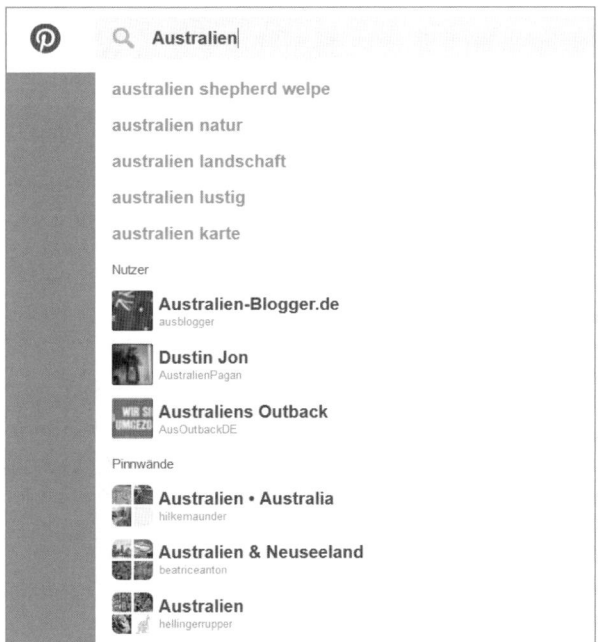

**Bild 2.120:** Die Suchmaschine von Pinterest ergänzt Eingaben mit eigenen Vorschlägen und präsentiert in der Trefferliste sowohl Nutzer wie auch Pinnwände.

Eines steht fest: Die Suchfunktion spielt in Pinterest eine größere Rolle als auf allen anderen Bühnen. Am besten probieren Sie die Suche einmal selbst aus. Tippen Sie irgendein Wort ein, zum Beispiel »Australien«. Das Ergebnis:

- Die Suchmaschine ergänzt Ihren Begriff mit eigenen Vorschlägen wie »Natur«, »Landschaft« oder »lustig«.

- In der Trefferliste werden Nutzer angezeigt.

- In der Trefferliste werden Pinnwände angezeigt.

Einen guten Rang erhalten diejenigen Nutzer und Pinnwände, die das Suchwort Australien im Titel oder im Untertitel führen. Behalten Sie diesen Zusammenhang im Hinterkopf, wenn Sie später vor der Qual der Namenswahl stehen. Keywordgerechte Wörter sind besser als kreative. Bei der Auswahl des Benutzernamens und der Benennung Ihrer Pinnwände stellen Sie wichtige Weichen.

### Was ist Pinterest?

Fazit zum Streit über das Wesen von Pinterest: Pinterest ist beides, Social-Media-Bühne und Bildersuchmaschine. Für das Marketing stehen damit zwei Aufgaben im Vordergrund: der Aufbau einer Pinterest-Präsenz mit großer Reichweite und die Fütterung der Pinterest-Suchmaschine mit eigenem Bildmaterial.

### Wie Pinterest funktioniert

Wie bei Facebook, Twitter und Instagram gelangt der User auch bei Pinterest zunächst auf einen Nachrichtenstream. Gespeist wird der Stream auf die übliche Weise, also von den Accounts, denen der User folgt. Das Besondere an Pinterest (und Instagram) ist, dass dieser Stream ausschließlich aus Bildern besteht.

Klickt der User auf eines dieser Bilder, befindet er sich zunächst in einer vergrößerten Ansicht. Klickt er ein weiteres Mal darauf, landet er auf der Quelle des Bilds, in der Regel einer Webseite.

**Pinterest und die anderen Bühnen**
Pinterest gehört weder zum Google- noch zum Facebook-Imperium. Eine Allianz pflegten die Bühnenbetreiber früher mit Instagram, doch seit der Einverleibung durch Facebook hat sich Pinterest neu orientiert: Unterstützt wird die Schnittstelle *Twitter cards*, mit der Pinterest-Content in Tweets eingebettet werden kann. Allerdings sind die Twitterer ein recht eigenes Völkchen. Sie bevorzugen Inhalte, die direkt auf Twitter präsentiert werden.

### Pinterest und der Onlinehandel

Pinterest schreit geradezu danach, von Onlinehändlern genutzt zu werden, vor allem wenn gutes eigenes Bildmaterial vorhanden ist. Stehen Ihnen attraktive und einzigartige Produktbilder zur Verfügung? Dann setzen Sie sie in Szene, um Besucher von Pinterest abzuholen und auf Ihren Shop zu bringen.

## 2.8.2 Einen Pinterest-Account anlegen

**Bild 2.121:** Einrichten eines Pinterest-Unternehmenskontos.

Pinterest bietet die Wahl zwischen einem privaten und einem Unternehmensprofil. Im Unterschied zu Facebook sind die Möglichkeiten zum Aufbau einer Followerschaft bei einem Unternehmensprofil aber nicht eingeschränkt. Legen Sie deshalb gleich einen professionellen Account an. Sie haben schon ein privates Pinterest-Profil? Dann nutzen Sie die Möglichkeit der Umwandlung in ein Unternehmensprofil. Eine Anleitung finden Sie am Ende dieses Kapitels.

### Start-Feed zusammenstellen

**Bild 2.122:** Einrichten des Pinterest-Start-Feeds.

Nach dem Anlegen Ihres Accounts legen Sie fest, mit welchen Themen der Start-Feed gespeist wird. Nehmen Sie bei der Auswahl die Perspektive Ihres Wunschpublikums ein.

**Beispiel**: Sie haben sich mit Ihrem Dienstleistungsunternehmen auf die Organisation von Hochzeiten spezialisiert. Wählen Sie die Themen *Hochzeit, Dekoration, Geschenke, Frisuren* und *Fotografie* für Ihren Start-Feed aus. Auf diese Weise geraten Sie gleich in die passende Nachbarschaft.

### Installation des Browserbuttons

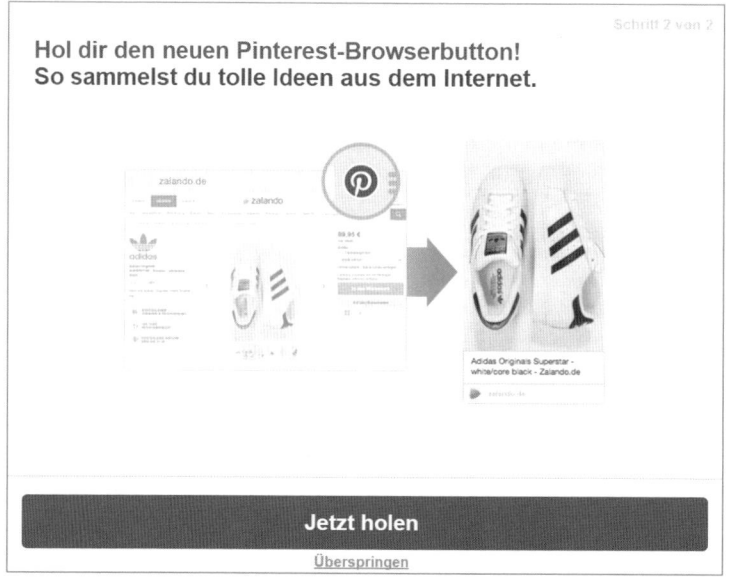

**Bild 2.123:** Installation des Browserbuttons.

Im nächsten Schritt fordert Sie Pinterest auf, Ihren Browser mit dem Pinterest-Button zu erweitern. Zum Betrieb einer Pinterest-Präsenz ist dieser Schritt zwar nicht notwendig, aber ganz gewiss zum Aufbau einer Followerschaft. Klicken Sie auf *Jetzt holen*, um Ihren Browser aufzurüsten und dieses wichtige Instrument zu nutzen. Pinterest-Buttons erhalten Sie für alle wichtigen Browser: Google Chrome, Mozilla Firefox, Internet Exporer, Safari und Microsoft Edge.

## Umwandlung in ein Unternehmensprofil

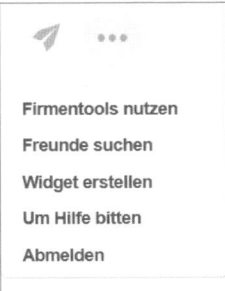

**Bild 2.124:**  Gestalten Sie Ihr Unternehmensprofil.

Zur Umwandlung in ein Unternehmensprofil klicken Sie auf den runden Button mit den drei waagerechten Punkten und anschließend auf *Firmentools nutzen*.

Ihre E-Mail-Adresse ändert sich bei der Umwandlung nicht. Im Feld darunter geben Sie einen Namen für Ihr Unternehmen oder Projekt ein. Wählen Sie anschließend einen Unternehmenstyp.

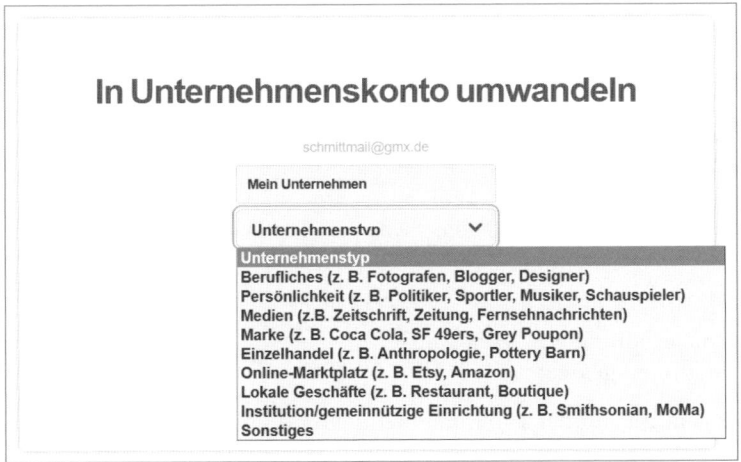

**Bild 2.125:**  Im Drop-down-Menü bietet Pinterest unterschiedliche Unternehmenstypen an.

Pinterest unterscheidet folgende Unternehmenstypen:

- *Berufliches (z. B. Fotografen, Blogger, Designer)*

- *Persönlichkeit (z. B. Politiker, Sportler, Musiker, Schauspieler)*

- *Medien (z. B. Zeitschrift, Zeitung, Fernsehnachrichten)*

- *Marke (z. B. Coca Cola, SF 49ers, Grey Poupon)*

- *Einzelhandel (z. B. Anthropologie, Pottery Barn)*

- *Online-Marktplatz (z. B. Etsy, Amazon)*

- *Lokale Geschäfte (z. B. Restaurant, Boutique)*

- *Institution/gemeinnützige Einrichtung (z. B. Smithsonian, MoMa)*

- *Sonstiges*

Wählen Sie nicht *Sonstiges*. Entscheiden Sie sich für den Typ, der Ihrem Vorhaben am nächsten kommt. Klicken Sie dann auf den großen Button *Umwandeln*.

Falls Sie sich bei der Festlegung auf den Unternehmenstyp ein bisschen quälen müssen: Sehen Sie den gewählten Typ als Ansporn, Ihr Profil zu schärfen. Pinnen Sie nicht alles Mögliche, sondern alles Passende.

### 2.8.3 Pinterest-Instrumente

Wie jede Bühne erfordert auch Pinterest eine gewisse Einarbeitungszeit in Technik und Sprache. »Pinnen« nennt sich die Standardaktion.

**Der Pin**

**Bild 2.126:** Dieser Browser wurde mit Pinterests *Merken*-Button erweitert.

Und so funktioniert das Pinnen:

1. Sie haben Ihren Browser mit dem *Merken*-Button erweitert und sind beim Surfen in Ihren Pinterest-Account eingeloggt.

2. Sie surfen eine Webseite an, auf der sich Bilder befinden, was bei über 90 % aller Seiten der Fall ist.

3. Beim Überfahren eines Bilds mit der Maus erscheint ein roter Button mit dem Pinterest-Icon und der Beschriftung *Merken*.

4. Ihnen gefällt ein interessantes Bild, beispielsweise in einem Shop oder auf einem Blog.

5. Mit einem Klick auf den Button befördern Sie das interessante Bild an eine Ihrer Pinnwände und ergänzen den Pin durch einen kurzen Text.

Anstatt sie zu pinnen, können Sie Bilder natürlich auch direkt auf Pinterest hochladen, beispielsweise solche, die Sie mit dem Smartphone aufgenommen haben. Bei dieser Methode verzichten Sie allerdings auf den automatisch platzierten Link zur Bildquelle.

### Der Link zur Quelle bleibt erhalten

Beim Verwenden des *Merken*-Buttons behält Pinterest den Link bei. Klickt einer Ihrer Pinterest-Follower auf das Bild, landet er zunächst in der Galerieansicht, mit einem weiteren Klick aber auf der entsprechenden Quellseite – Ihrer Unternehmensseite, falls Sie den Pin von dort durchgeführt haben. Ein guter Pin bringt Ihnen also Besucher und Kunden. Wenn Sie Glück haben, wird Ihr Follower einen Repin durchführen oder ebenfalls einen Pin setzen – mit einem Bild von Ihrer Website. Pinterest ist ideal, um erstklassige Bilder samt Bildquelle viral zu verbreiten.

### Der Repin

Der Repin findet innerhalb von Pinterest statt – immer wenn ein User ein schönes Bild auf einer fremden Pinnwand entdeckt und ihn an seiner eigenen Pinnwand anheftet. Beim Repinnen handelt es sich um eine Win-win-Situation. Beide Accounts gewinnen an Aufmerksamkeit beim Publikum. Tipp: Benutzen Sie die Suchmaschine, um attraktive Pins für das Repinnen zu entdecken.

### Die Boards

Alle Bilder werden auf einem Board abgelegt, also an einer Pinnwand; die Begriffe stehen für dasselbe. Die meister User verteilen ihre Pins auf mehrere Boards, die thematisch unterschiedliche Schwerpunkte setzen, aber einen Bezug zueinander aufweisen.

**Beispiel**: Ein Veranstalter bietet Australienreisen zu zwei Destinationen an, Sydney und dem Great Barrier Reef. Zur Vermarktung dienen zwei Boards mit entsprechenden Namen: »Sydney-Reisen« und »Bilder vom Great Barrier Reef«.

### Das Folgen

Wie auf anderen Social-Media-Bühnen gilt auch auf Pinterest: Das Folgen ist die Voraussetzung, um den Content in einen Stream zu befördern. Eine Besonderheit gibt es aber doch: Sie können nämlich nicht nur Usern folgen, sondern auch einzelnen Boards. Die erste Methode empfiehlt sich, um Sympathien zu gewinnen, die zweite, um den Stream schlank und damit übersichtlich zu halten.

### Der verschwundene Like-Button

Wer schon etwas länger auf Pinterest unterwegs ist, kennt noch den *Like*-Button. Wie bei anderen Bühnen diente er dem Publikum dazu, einem User für seinen Beitrag per Herzchen Applaus zu spenden.

Im Jahr 2017 hat sich der Bühnenbetreiber für die Abschaffung des *Like*-Buttons entschlossen, wohl auch zur Abgrenzung gegenüber Facebook. Ein positiver Nebeneffekt ist, dass die User nun verstärkt pinnen und repinnen, wodurch der Content neu kuratiert wird – auf den Boards und damit auch im Feed. Zudem ist die Bühne übersichtlicher geworden, was Neulingen den Einstieg erleichtert.

### Kommentare und Hashtags

Auch auf Pinterest dürfen Sie Kommentare platzieren und Hashtags vergeben. Machen Sie davon Gebrauch, um mit anderen Pinterest-Usern in Kontakt zu treten und die Auffindbarkeit Ihrer Pins zu erhöhen. Gehen Sie dabei aber nicht nach dem Gießkannenprinzip vor, sondern wachsen Sie in Ihrer Nische. Legen Sie sich eine Liste von 20 bis 30 Hashtags an, die Sie immer wieder verwenden.

## 2.8.4 Einstieg bei Pinterest

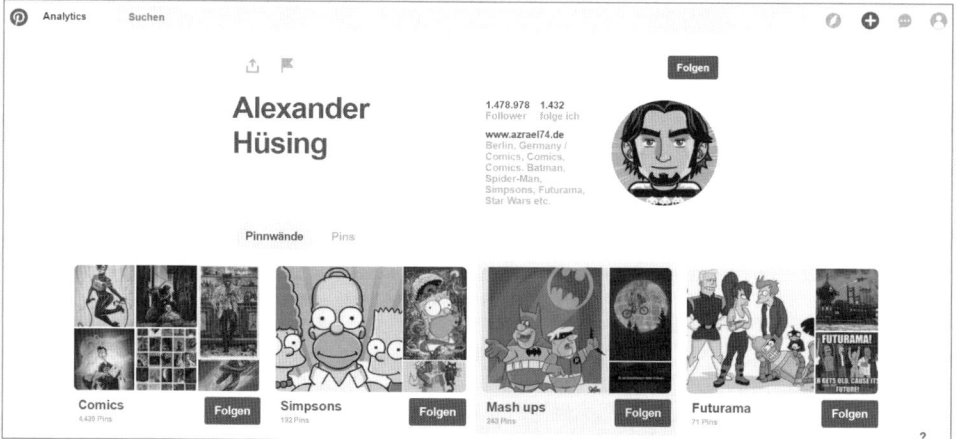

**Bild 2.127:** Alexander Hüsing hat seine Präsenz und seine Pinterest-Boards gut organisiert. Unter dem Hauptthema Comics finden sich Boards zu diversen Comic-Unterthemen.

Mit einem Board allein können Sie auf Pinterest keine große Reichweite erzielen. Gehen Sie auf *Mein Profil/Pinnwände/Pinnwand erstellen* und legen Sie sich zum Start einen Satz von sieben Boards an.

**Die Themenpalette von Pinterest**
Thematisch rankt sich vieles auf Pinterest um Küche, Erziehung, Mode und Shopping. Unterrepräsentiert sind dagegen die Bereiche Technik, Politik und Sport. Pinterest gilt als die weiblichste aller Social-Media-Bühnen.

## Boards mit System anlegen

- **Board 1**: Das Universalboard. Hier pinnen Sie alles, was zu Ihrem Thema passt.

- **Board 2–6**: Die Themenboards. Hier bedienen Sie jeweils ein eng eingegrenztes Unterthema.

- **Board 7**: Das Sammelsurium. Hier kommt hin, was interessant ist, aber nicht sofort einem Unterthema zugeordnet werden kann.

## Boards benennen

Natürlich verpassen Sie Ihren Boards nur im stillen Kämmerlein einen Namen wie Sammelsurium. So was klingt zwar sympathisch, ist für die Suche aber völlig uninteressant. Niemand tippt »Sammelsurium« in die Pinterest-Suchmaschine ein – und ebenso wenig »Tschakka Tschakka«. Bei der Namensvergabe richten Kreativität und Originalität mehr Schaden als Nutzen an.

Geben Sie Ihren Boards ebenso aussagekräftige wie suchmaschinengerechte Namen und mischen Sie allgemeine Begriffe mit Spezialisierungen. Beispiel für die Pinterest-Präsenz eines auf Australien spezialisierten Reiseanbieters:

- Board 1: »Australien«

- Board 2: »Sidney«

- Board 3: »Tauchurlaub«

- Board 4: »Ayers Rock«

- Board 5: »Great Barrier Reef«

- Board 6: »Crocodile Dundee«

- Board 7: »Traumland Australien«

## Mit Pins jonglieren

Legen Sie die Boards bewusst so an, dass ein Bild mehrfach platziert werden kann. Die obige Aufteilung bietet drei Möglichkeiten, eine interessante Unterwasseraufnahme vom Great Barrier Reef zu pinnen: auf den Bords 1, 3 und 5. Sie können auch etwas Bewegung in die Sache bringen, indem Sie sich ab und zu von Board zu Board selbst repinnen.

## Impressum und Profil

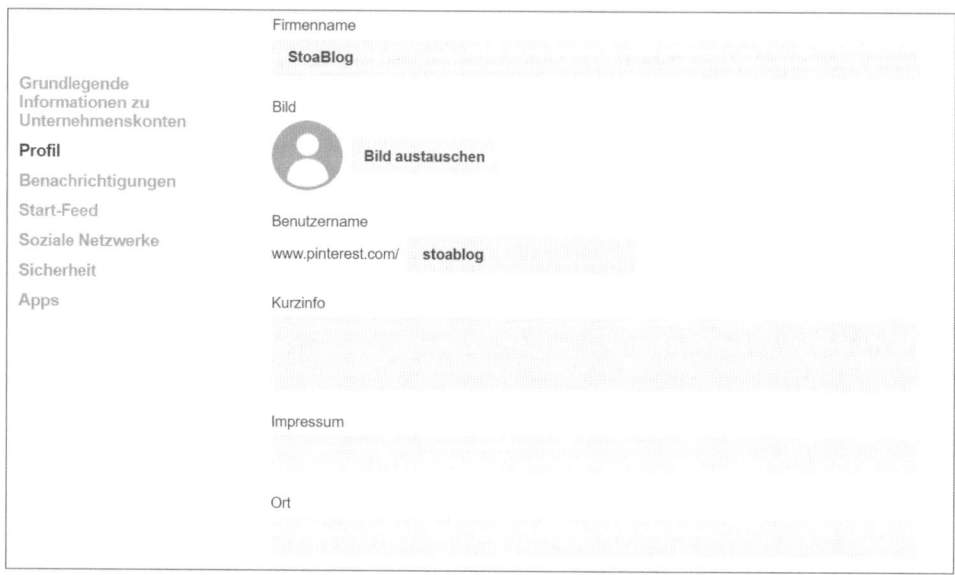

**Bild 2.128:** Eingabe des Impressumslinks über *Einstellungen/Profil*.

Klicken Sie rechts oben auf das runde Profilbild und anschließend auf *Einstellungen/ Profil*, um ein attraktives Profilbild in der Größe von 200 × 200 Pixel hochzuladen und die wichtigsten Informationen einzugeben. Verfahren Sie beim Impressum wie auf den anderen Bühnen und verlinken Sie zu einem ausführlichen Impressum auf der Website Ihres Unternehmens.

### Den Algorithmus füttern

Der *Merken*-Button erfüllt unterschiedliche Funktionen. Mit einem Pin signalisieren Sie, dass Ihnen ein bestimmtes Bild gut gefällt. Außerdem können Sie jederzeit auf Ihre Pins zurückgreifen, thematisch geordnet auf Ihren Boards.

Eine dritte Funktion findet diskret im Hintergrund statt. Mit jedem *Merken* füttern Sie den Algorithmus mit Informationen. Pinterest lernt auf diesem Weg Ihre Vorlieben kennen und manipuliert Ihren Stream entsprechend. Sie sehen vorzugsweise Bilder, von denen die Bühnenbetreiber annehmen, dass sie Ihren Interessen entsprechen.

**Höher ist besser**
Greifen Sie in die Trickkiste, um Ihre Bilder und Grafiken gut sichtbar zu platzieren. Verwenden Sie Material mit einer opulenten Höhe. Pinterest staucht die Bilder bei der Darstellung im Stream und auf den Boards nämlich nur auf eine einheitliche Breite zusammen, tastet aber das Seitenverhältnis nicht an. Faustregel: je höher ein Bild, desto sichtbarer.

## 2.8.5  Reichweite erhöhen

Auf Pinterest gilt wie auf allen anderen Bühnen: Wer sich nicht um das Thema Reichweite kümmert, bleibt ein Rufer in der Wüste. Provozieren Sie Reaktionen, nutzen Sie die Möglichkeit von *Gruppenboards* und verwenden Sie *Rich Pins*, um Ihre Followerschaft zu vergrößern.

### Reaktionen provozieren

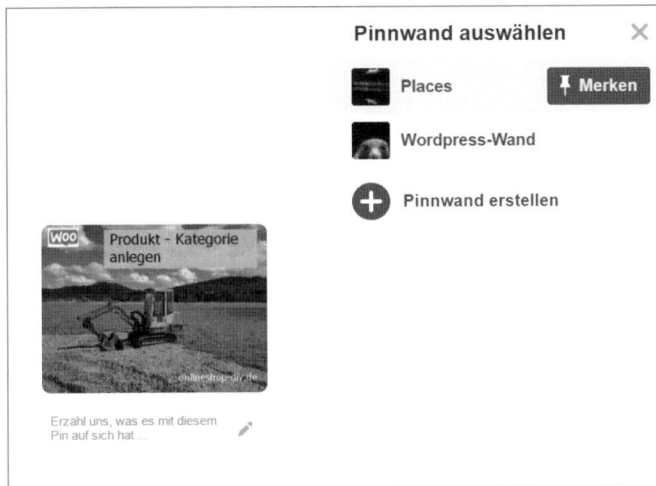

**Bild 2.129:** Unterhalb des Bilds ist Platz für Anmerkungen.

Sie möchten, dass andere Pinterest-User Ihr Bild repinnen und kommentieren? Dann ermuntern Sie Ihr Publikum ein bisschen, und zwar durch Anmerkungen unterhalb des Bilds im Feld *Erzähl uns, was es mit diesem Pin auf sich hat.* Verfassen Sie ein paar lustige oder erklärende Worte. Achten Sie darauf, dass die Anmerkung gut mit Ihrem Bild und dem ausgewählten Board harmoniert. Verwenden Sie auch passende Hashtags.

### Gruppenboards nutzen

Der Erfolg der Facebook-Gruppen hat auch die Bühnenbetreiber von Pinterest inspiriert. Das Prinzip: Personen mit einem gemeinsamen Interesse finden zusammen, um sich gegenseitig zu stärken.

Eine Gruppe mit vielen Followern ist ideal, um Aufmerksamkeit für die eigenen Präsenz zu erzeugen und geeignete Marketingpartner zu finden. Es fällt leichter, sich gegenseitig zu folgen und anderweitig zu kooperieren, beispielsweise durch Gastartikel im Unternehmensblog, wenn man sich innerhalb einer Gruppe beschnuppert hat.

Der Ort, an dem sich Gruppen auf Pinterest treffen, nennt sich passenderweise Gruppenboard. Dort pinnen mehrere User zu einem bestimmten Thema.

### Gruppenboards beitreten

Testen Sie die Funktionsweise ganz praktisch. Zuerst wählen Sie ein geeignetes Gruppenboard aus. Die Kriterien:

- Thematische Übereinstimmung mit Ihrem Interessengebiet.

- Eine ordentliche Anzahl an Followern. Je mehr, desto besser.

- Auf dem Gruppenboard sind Accounts vertreten, die auch selbst über eine große Followerschaft verfügen.

Falls Sie noch keinen genauen Plan haben, rufen Sie diese URL auf und sehen sich auf dem Gruppenboard ein bisschen um:

*https://de.pinterest.com/blogyourthing/blogging-tipps-von-für-bloggerinnen/*

**Bild 2.130:** Das Gruppenboard *Blogging Tipps von & für BloggerInnen*.

Mit diesen drei Schritten treten Sie einer Gruppe bei:

1. Folgen Sie dem Gruppenboard.

2. Schicken Sie eine kurze Mail an die in der Gruppenbeschreibung angegebene Adresse.

3. Warten Sie auf eine Bestätigungsmail von Pinterest. Sie erhalten sie, sobald Sie vom Gründer des Gruppenboards hinzugefügt wurden. Rechnen Sie mit einer Zeitspanne von einigen Stunden.

### Auf Gruppenboards pinnen

Sie wurden in eine Gruppe aufgenommen? Dann dürfen Sie mitpinnen. Um auf einem fremden Gruppenboard einen guten Eindruck zu hinterlassen und das eigene Projekt voranzubringen, sollten Sie sich auf thematisch passende Pins beschränken und Sie mehrmals pro Woche aktiv werden.

Leider macht es Pinterest seinen Usern nicht leicht, normale Boards und Gruppenboards zu unterscheiden. Auch die Suche hebt Gruppenboards nicht besonders hervor. Es bleibt Ihnen nur die manuelle Überprüfung. Die Auswertung ist ganz einfach: Es handelt sich um ein Gruppenboard, wenn mehrere Leute dort etwas pinnen.

Ob sich der Aufwand lohnt? Ja, denn wie in Facebook gewinnen auch auf Pinterest die Gruppen an Bedeutung und die Gruppen-Admins an Renommee. Falls Sie sich stärker in Pinterest engagieren möchten, gehört die Erstellung eines Gruppenboards einfach dazu.

### Ein Gruppenboard erstellen

Sie sind Experte auf einem bestimmten Gebiet, für das noch kein passendes Gruppenboard existiert? Dann erstellen Sie eines.

Im Vorfeld sollten Sie sich aber darüber Gedanken machen, wer Sie in der wichtigen Startphase unterstützen kann. Sie brauchen mindestens zwei oder drei Mit-Pinner.

Haben Sie Ihr Startteam beisammen? Dann geht es los. Auf technischer Seite ist alles ganz einfach. Erstellt wird das Gruppenboard nicht anders als eine normale Pinnwand. Klicken Sie oben auf Ihren Profilbutton und dann auf *Mein Profil*, um sich Ihre bereits existierenden Pinnwände anzeigen zu lassen. Mit einem Klick auf das Pluszeichen erstellen Sie eine neue Pinnwand und vergeben einen Namen.

Nun folgt der Schritt, der ein Gruppenboard auszeichnet. Klicken Sie auf das Pluszeichen rechts unter dem Namen Ihres frisch erstellten Boards.

**Bild 2.131:** Über das Pluszeichen rechts unterhalb des Boardnamens werden andere User zum Pinnen auf das Gruppenboard eingeladen.

Nach Klick auf das Pluszeichen können Sie andere User einladen, auf Ihrem Board mitzupinnen. Mit diesem Schritt haben Sie das Gruppenboard auch schon erstellt.

Was Sie noch tun sollten: eine Beschreibung hinzufügen. Legen Sie das Thema des Gruppenboards, die Sprache und die Aufnahmebedingungen fest.

**Beispiel**: »Auf diesem Gruppenboard dreht sich alles um den Tango Argentino. Sprachen sind Deutsch und Spanisch. Wenn du mitpinnen willst, folge unserem Board und schick eine Mail an pedro@dieunternehmenswebseite.de«.

### Rich Pins nutzen

Rich Pins enthalten eine Reihe von Zusatzinformationen zu Bildern und Videos. Zur Verfügung stehen dabei verschiedene Klassen, die sich durch ihre Metadaten unterscheiden. Diese drei Klassen sind aus der Sicht der meisten Anwender am wichtigsten:

- Produktpins
- Rezeptpins
- Artikelpins

### Metadaten einfügen

Eingefügt werden die Metadaten nicht auf Pinterest selbst, sondern auf der Quellseite. Sie müssen die Daten auf Ihrem Unternehmensblog so aufarbeiten, dass sie von Pinterest korrekt ausgelesen werden können. Zu diesem Zweck stehen die Formate *Open Graph* und *Schema.org* zur Verfügung.

Klingt kompliziert, oder? Zum Glück gibt es, falls Sie WordPress verwenden, ein Plug-in, das Ihnen die Arbeit abnimmt: *Yoast*. Haben Sie zehn Minuten Zeit? Dann los.

### WordPress und Yoast – ein starkes Team

Falls Sie Yoast noch nicht verwenden, installieren Sie das Plug-in über das Backend von WordPress und aktivieren es. Die kostenlose Version genügt.

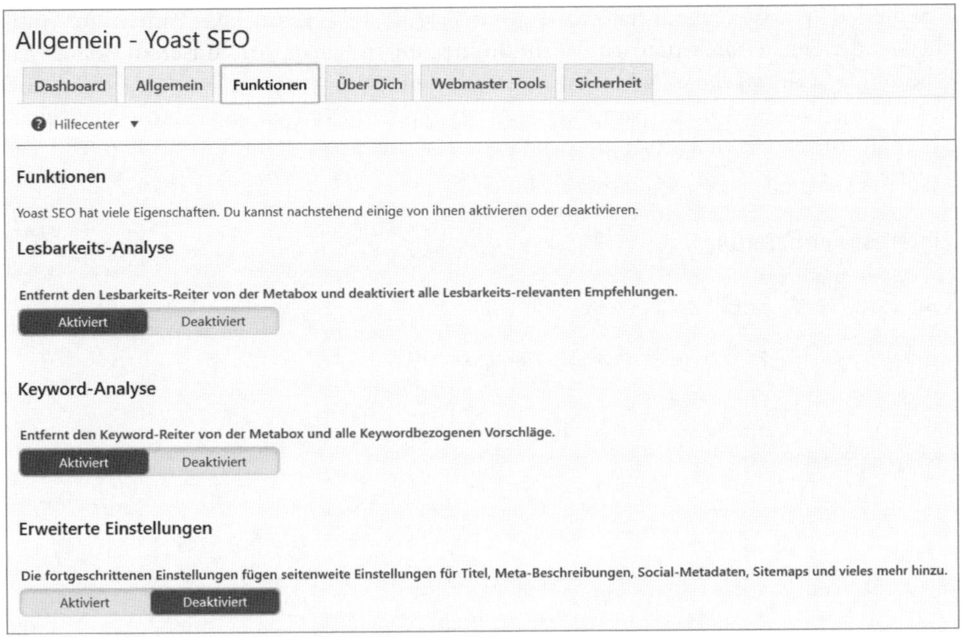

**Bild 2.132:** Unter *Funktionen* werden *Erweiterte Einstellungen* aktiviert.

Nach der Aktivierung rufen Sie das Yoast-Dashboard auf und wählen das Fenster *Funktionen*. Nun heißt es, das Plug-in auszureizen. Den Turbo schalten Sie ein, indem Sie unten bei *Erweiterte Einstellungen* auf *Aktiviert* klicken. Danach kann Yoast die nötigen Social-Metadaten erzeugen. Social-Metadaten? Ja, Sie haben richtig gelesen, nicht Media, sondern Meta. Gemeint sind diejenigen Daten, mit denen Yoast die Darstellung Ihrer Blogbeiträge auf Pinterest und anderen Social-Media-Bühnen verbessert.

**Facebook-Graph aktivieren**

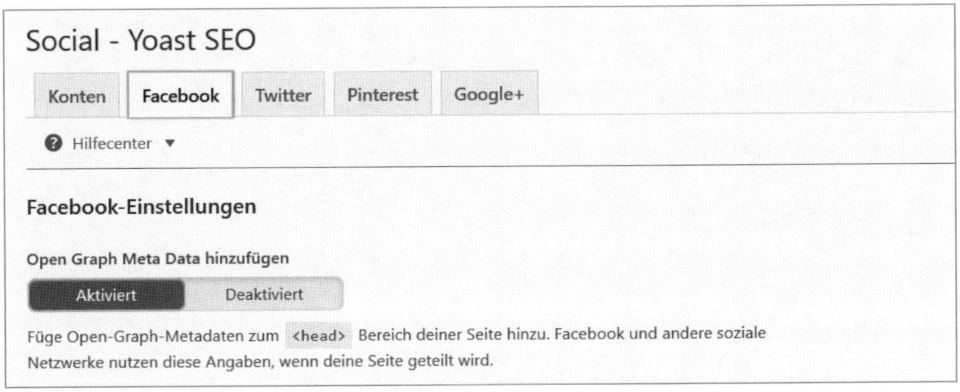

**Bild 2.133:** Einstellungsmöglichkeiten für die Social-Metadaten.

Klicken Sie im erweiterten Menü links auf den Eintrag *Social*, um das Fenster zur Aktivierung der Social-Metadaten zu öffnen. Kontrollieren Sie, ob im Facebook-Fenster die Option *Open Graph Meta Data* aktiviert ist, und holen Sie diesen Schritt gegebenenfalls nach. Lassen Sie sich nicht vom Begriff *Facebook-Einstellungen* irritieren, es geht ganz generell um die Bereitstellung der Metadaten. Klicken Sie dann auf die Registerkarte *Pinterest*.

### Pinterest-Verifizierung

**Bild 2.134:** Die Website für Pinterest verifizieren.

Pinterest will sichergehen, dass die Quellseite Ihres Boards auch wirklich Ihnen gehört. Dazu stellt Pinterest das sogenannte Metatag zur Verfügung, das Sie im Feld *Pinterest-Bestätigung* eingeben müssen.

So rufen Sie das Metatag in Pinterest auf:

1. Klicken Sie auf Ihrer Pinterest-Seite oben auf Ihren Namen.

2. Klicken Sie auf das Zahnrad und dann auf *Profil/Website verifizieren*.

Es wird das Fenster *Website verifizieren* eingeblendet.

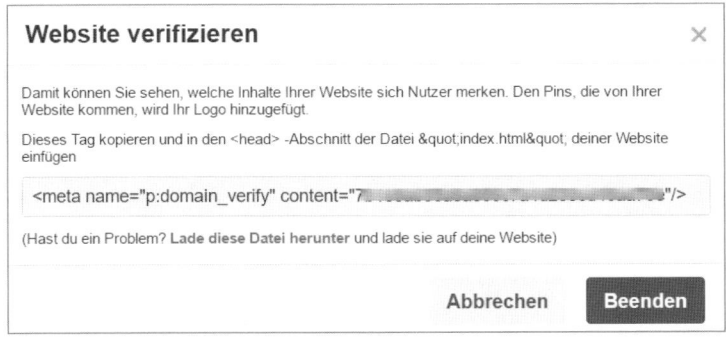

**Bild 2.135:**
Pinterest verifiziert Webseiten über das Metatag.

Kopieren Sie den Code aus dem Fenster heraus und fügen Sie ihn bei Yoast wieder ein, um Ihre WordPress-Website von Pinterest verifizieren zu lassen.

### Rich Pins validieren

Nun stehen Sie vor dem letzten Schritt, nämlich der Validierung der Rich Pins. Rufen Sie dazu diese Validator-URL auf:

*https://developers.pinterest.com/tools/url-debugger/*

Pinterest prüft, ob die Metadaten in Ordnung sind, und zwar exemplarisch an einer einzigen URL. Ist alles in Ordnung, wählen Sie noch die Methode aus, mit der Sie Ihre Seiten aufbereiten, für die Verwendung von Open Graph ist *HTML-Tags* die richtige Option.

Ab jetzt können Sie Rich Pins ohne weitere Validierungen erzeugen.

## 2.8.6 Pinterest und das Urheberrecht

In der Pinterest-Community scheren sich die meisten sehr wenig um rechtliche Fragen. Sie als Betreiber einer professionellen Präsenz sollten dieses Thema aber nicht außer Acht lassen, denn die Abmahnwellen werden früher oder später auch die Pinterest-User und den Bühnenbetreiber selbst erreichen. Als Konsequenz droht die Verschärfung der Pinterest-AGB. Ein solcher Schritt beschert denjenigen nachträgliche Arbeit, die alle juristischen Fragen einfach ausgeblendet hatten – in der Meinung, Pinterest sei ja nur eine Suchmaschine.

Gehen Sie kein Risiko ein. Bevor Sie irgendetwas in Pinterest einspeisen, müssen diese rechtlichen Fragen geklärt sein:

- Verstößt das Bild gegen Urheberrechte?

- Verstößt das Bild gegen Markenrechte?

- Verstößt das Bild gegen Persönlichkeitsrechte?

Am meisten Spaß macht Ihnen Pinterest, wenn Sie nicht nur über attraktives, sondern auch rechtlich unbedenkliches Bildmaterial verfügen.

### 2.8.7 CHECKLISTE PINTEREST

- Name gewählt.

- Account angelegt.

- Browserbutton integriert.

- Umwandlung in Businessaccount.

- Verlinkung auf Impressum.

- Profilbild hochgeladen.

- Profilinformationen hinzugefügt.

- Mehrere Boards angelegt.

- Boards mit Pins gefüllt.

- Repins und Kommentare abgegeben.

- Gruppenboard angelegt.

- Rich Pins freigeschaltet und validiert.

- Unternehmensseite validiert.

## 2.9 WhatsApp – die mobile Bühne

Niemand versendet heute noch freiwillig eine SMS. Schuld daran ist der Messengerdienst WhatsApp, der im Jahr 2014 für einen Preis von 19 Milliarden US-Dollar von Facebook aufgekauft wurde. Der Name entspringt einem lockeren »What's up?«, zu Deutsch »Was geht ab?«. Wozu WhatsApp in klassischer Weise verwendet wird: zum Chatten mit Freunden, sprich, um Textnachrichten und mehr zu verschicken.

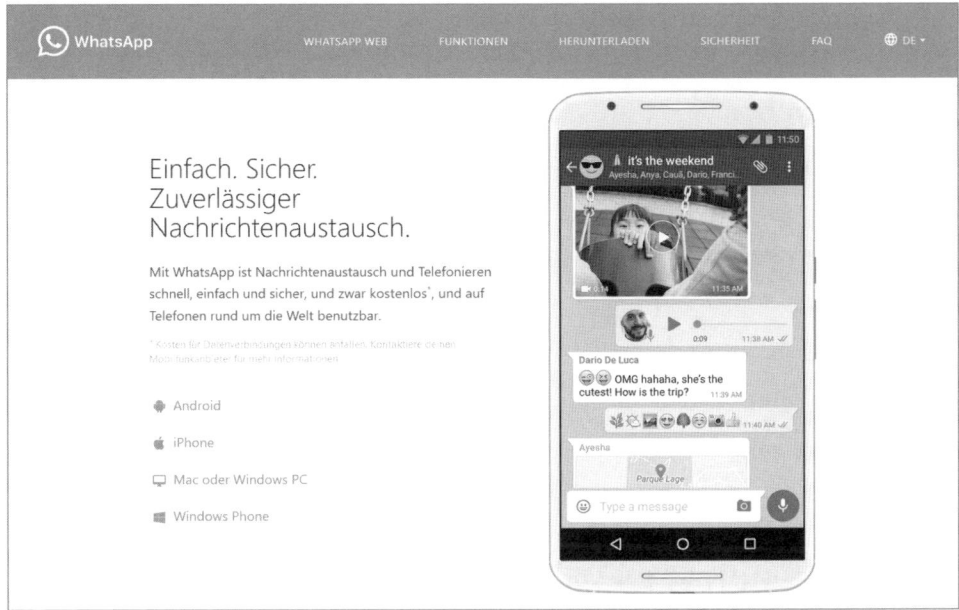

**Bild 2.136:**  Die beliebteste App auf dem Smartphone: der WhatsApp-Messenger.

Gegenwärtig ist die Konzernmutter Facebook eifrig dabei, WhatsApp neu auszurichten und dem Rivalen Snapchat mit neuen Features das Wasser abzugraben. WhatsApp wird umfangreicher, bunter und verspielter. Die Tabelle zeigt, wohin die Reise geht:

|  | Klassisches WhatsApp | Neues WhatsApp |
| --- | --- | --- |
| Umfang | Messenger | Social Media |
| Zweck | Nachrichten | auch Beratung und Unterhaltung |
| Kommunikationsweg | 1 zu 1: von einem Sender zu einem Empfänger | 1 zu X: von einem Sender zu vielen Empfängern |
| Sparten | hauptsächlich Text | Text, Bild, Animation, Audio, Video |
| Bildfunktionen | Aufnehmen und verschicken | Aufnehmen, manipulieren und verschicken |
| Vermarktung | Vermarktung via Facebook selbst | Öffnung für Agenturen und direktes Marketing |

## 2.9.1  WhatsApp-Marketing

Klicken Sie mal auf die Website der altehrwürdigen Jugendzeitschrift Bravo und sehen Sie sich die Kopfzeile an. Das Menü links oben wird Ihnen sogleich ein Lächeln aufs Gesicht zaubern. Ein gewisser Doktor Sommer gibt dort nämlich immer noch den

Experten für Liebesangelegenheiten. Haben Sie alles durchgelesen und noch etwas dazulernen können? Dann betrachten Sie die Buttons rechts oben. Was auffällt: Hier gelangen die Seitenbesucher nicht zu Facebook und Twitter, sondern zu Snapchat und WhatsApp, den Bühnen der Jugend.

**Bild 2.137:** Die Jugendzeitschrift Bravo bevorzugt Snapchat und WhatsApp.

### Bühne für Frühstarter

Das WhatsApp-Marketing befindet sich noch im Anfangsstadium. Die Ausgangslage für Frühstarter:

- Noch ist diese Bühne nicht mit Werbung und Spam geflutet. WhatsApp-Nachrichten finden mehr Beachtung als eine Facebook-Anzeige.

- Mobile User ziehen die WhatsApp-Nachricht einer E-Mail vor.

- Über WhatsApp lassen sich nicht nur Textnachrichten verschicken, sondern auch Bilder, Videos und Sprachnachrichten. Hinzu kommen die Möglichkeiten der WhatsApp-Telefonie.

- Für Beratung und Marketing bieten sich unterschiedliche Formate an, vom individuellen Chat über personalisierte Nachrichten bis zum Newsletter.

Die Reichweite von WhatsApp ist gigantisch. Weltweit sind über eine Milliarde Teilnehmer bei WhatsApp angemeldet. In Deutschland wird WhatsApp von über 30 Millionen Menschen genutzt und ist damit beliebter als Facebook. Nach einer Umfrage wollen über 75 % der deutschen Smartphone-Nutzer nicht auf WhatsApp verzichten.

**Fazit**: Die WhatsApp-User warten darauf, von Ihnen abgeholt zu werden. Aktuell stehen Ihnen drei Ebenen für das WhatsApp-Marketing zur Verfügung:

- Einbindung des Share-Buttons. Auf diese Weise erleichtern Sie es den Besuchern Ihres Unternehmensblogs, Beiträge auf WhatsApp zu teilen.

- Nutzung als Servicekanal. Sie bieten eine individuelle Beratung über WhatsApp an.

- Newsletter-Versand. Sie versenden Newsletter an Abonnenten.

**Ein separater Anschluss für das WhatsApp-Marketing**
WhatsApp ist wie keine andere Bühne an die entsprechende Hardware bzw. an eine Telefonnummer gebunden. Warum Sie als Werbetreibender von vornherein auf eine Trennung von Privatem und Geschäftlichem achten sollten:

Der WhatsApp-Mutterkonzern Facebook hat bei Datenschützern einen schlechten Ruf, und das nicht ohne Grund. Mit einer AGB-Änderung im Herbst 2016 gab er den Datenaustausch zwischen den beiden Bühnen bekannt. Gehen Sie davon aus, dass Facebook immer wieder neue Tricks versuchen wird, um Ihre privaten Kontakte auf die eine oder andere Weise zu verwerten.

Zudem benötigen Sie für die Nutzung als Servicekanal oder zum Newsletter-Versand die Unterstützung von WhatsBroadcast oder einem anderen Dienstleister. Die Dienstleister stellen Ihnen zwar eine eigene Nummer zur Verfügung, doch falls Sie schon mit dem WhatsApp-Marketing begonnen haben, steht Ihnen eine Migration Ihrer Kontakte bevor. Möglicherweise sind Sie dabei auf externe Hilfe angewiesen. Sicherlich möchten Sie externen Dienstleistern keinen Einblick in Ihre privaten Daten gewähren.

## 2.9.2 Share-Button einbinden

Mit dem Einbinden des Share-Buttons erleichtern Sie es den Besuchern Ihres Unternehmensblogs, Beiträge auf WhatsApp zu teilen. Das Prinzip:

1. Auf Ihrem Unternehmensblog erscheint am Beginn oder am Ende jedes Beitrags ein WhatsApp-Button.

2. Ein Besucher Ihres Blogs freut sich so über einen interessanten Beitrag, dass er ihn mit einem seiner WhatsApp-Kontakte oder einer WhatsApp-Gruppe teilen möchte.

3. Der Besucher klickt auf den Share-Button und wählt einen Empfänger.

4. Der Empfänger liest die Nachricht und gelangt über den automatisch generierten Link auf Ihr Blog.

**Bild 2.138:** Am Ende eines Beitrags auf Spiegel Online laden Share-Buttons zum Teilen ein, darunter auch ein WhatsApp-Button.

### Einbindung nur in responsive Websites

Achtung, der Einbau eines Share-Buttons ist lediglich unter der Voraussetzung sinnvoll, dass Sie eine responsive, für Mobilgeräte optimierte Website haben. Setzen Sie den Share-Button nur dann ein, wenn Ihre Beiträge handytauglich präsentiert werden. Berücksichtigen Sie die mobilen User auch bei der Erstellung Ihres Contents. Ideal sind Beiträge mit kurzen Überschriften und einem ersten Satz, der den Inhalt vorwegnimmt.

### WhatsApp-Button mit Plug-ins einbinden

Für Content-Management-Systeme stehen diverse Erweiterungen zur Verfügung, mit denen sich WhatsApp und andere Social-Media-Buttons einbinden lassen:

*   Für Joomla! empfiehlt sich die Extension *WhatsApp Button*: *https://extensions.joomla. org/extension/whatsapp-button/*

*   Für Drupal steht das Modul *WhatsApp Share* bereit: *https://www.drupal.org/project/ whatsappshare.*

Sie verwenden WordPress? Dann haben Sie vielleicht schon das sehr funktionsreiche Plug-in *Jetpack* im Einsatz. Gute Dienste leistet es auch für die Einbindung von WhatsApp.

Jetpack von WordPress.com
Von Automattic
Herunterladen

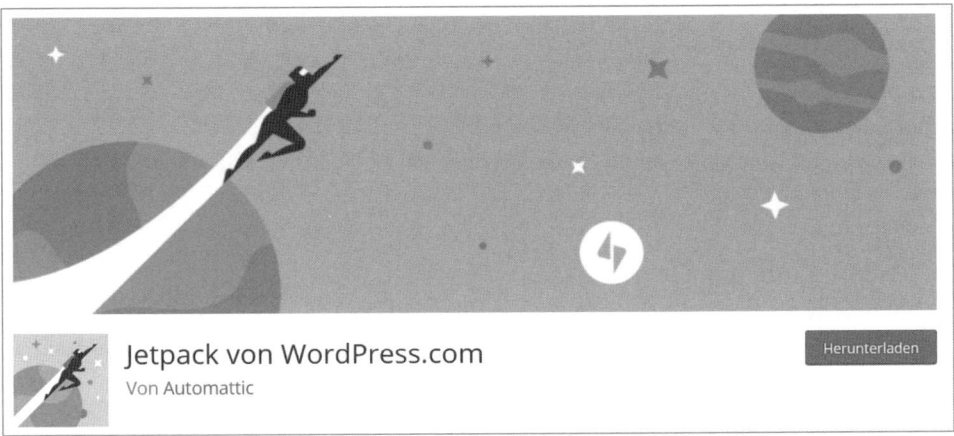

**Bild 2.139:** Das Plug-in *Jetpack* bietet für WordPress kostenlose Social-Media-Buttons inklusive WhatsApp.

Klicken Sie auf das Dashboard von Jetpack und dort auf *Einstellungen/Sharing*. Aufgelistet wird eine Fülle von Diensten, unter anderem Facebook, Twitter, Pinterest und Google Plus. Mit im Boot ist seit einiger Zeit auch WhatsApp.

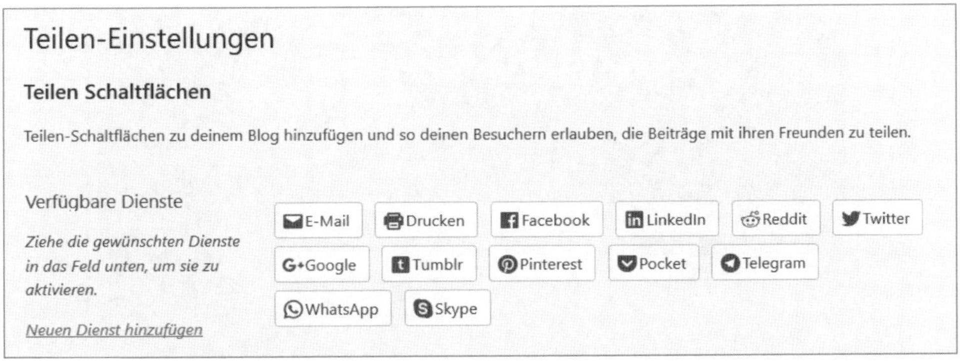
Teilen-Einstellungen
Teilen Schaltflächen
Teilen-Schaltflächen zu deinem Blog hinzufügen und so deinen Besuchern erlauben, die Beiträge mit ihren Freunden zu teilen.
Verfügbare Dienste
Ziehe die gewünschten Dienste in das Feld unten, um sie zu aktivieren.
Neuen Dienst hinzufügen
E-Mail
Drucken
Facebook
LinkedIn
Reddit
Twitter
Google
Tumblr
Pinterest
Pocket
Telegram
WhatsApp
Skype

**Bild 2.140:** Jetpack ermöglicht die unkomplizierte Einbindung des WhatsApp-Share-Buttons.

Wählen Sie die Schaltfläche *WhatsApp* aus, ziehen Sie den Button per Drag-and-drop nach unten und speichern Sie das Ganze ab. Dann zücken Sie Ihr Smartphone und kontrollieren in der Besucheransicht, ob und wie der Button eingeblendet wird.

Falls Sie mit der Optik hadern: Jetpack hat ein weiteres Ass im Ärmel, und zwar die Optimierung für Smartphones und Tablets. Zur Aktivierung gelangen Sie über *Jetpack/Einstellungen/Writing*.

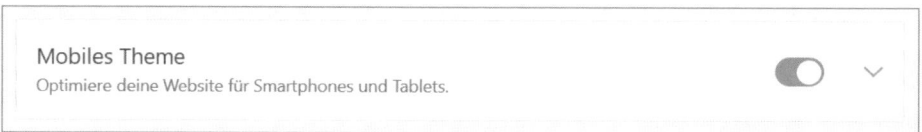

**Bild 2.141:** Auf Knopfdruck optimiert Jetpack das eingesetzte Theme für Smartphones und Tablets.

### Share-Button nur für mobile Nutzer anzeigen

Im folgenden Bild sehen Sie die Desktopversion des Beitrags von Spiegel Online. Blättern Sie noch einmal an den Anfang dieses Kapitels und vergleichen Sie die Leiste mit den Share-Buttons. Was fehlt in der Desktopversion? Richtig, der WhatsApp-Button. Das ist auch gut so, denn für alle nicht mobilen Besucher ist er völlig überflüssig. Die geräteabhängige Anzeige von Share-Buttons lässt sich allerdings nicht mit Jetpack realisieren.

**Bild 2.142:** In der Desktopversion einer Website ist der WhatsApp-Button überflüssig.

**Easy Social Share Buttons for WordPress**

Umfangreiche Möglichkeiten zur Konfiguration von Share-Buttons bietet das kostenpflichtige Plug-in *Easy Social Share Buttons for WordPress*. Sie erhalten es auf dem Envato-Marktplatz unter dieser URL: *https://codecanyon.net/item/easy-social-share-buttons-for-wordpress/6394476.*

Mithilfe des Plug-ins können Sie sämtliche Share-Buttons in Abhängigkeit vom Endgerät einblenden. Empfehlenswert ist es, die Anzeige des WhatsApp-Buttons auf mobile User zu beschränken.

**Bild 2.143:** Das kostenpflichtige Plug-in *Easy Social Share Buttons for WordPress* bietet umfangreiche Möglichkeiten zur Konfiguration von Share-Buttons.

## 2.9.3  Beratungs- und Servicekanal

Rein technisch betrachtet, genügt ein Smartphone, um die Kundschaft per WhatsApp zu beraten. Doch mit steigender Anzahl von Kontakten wird die Angelegenheit unübersichtlich. Aus organisatorischen Gründen ist es besser, auf spezialisierte Anbieter zurückzugreifen, die Ihnen für die Chats mit Interessenten und Kunden eine komfortable Weboberfläche zur Verfügung stellen.

**Bild 2.144:** Beratung per WhatsApp.

Professionelle Dienste erleichtern aber nicht nur die Kommunikation mit Ihren Kunden und die statistische Auswertung, sie stellen auch eine Werbeform zur Verfügung, die den E-Mail-Newsletter ablösen wird: den WhatsApp-Newsletter.

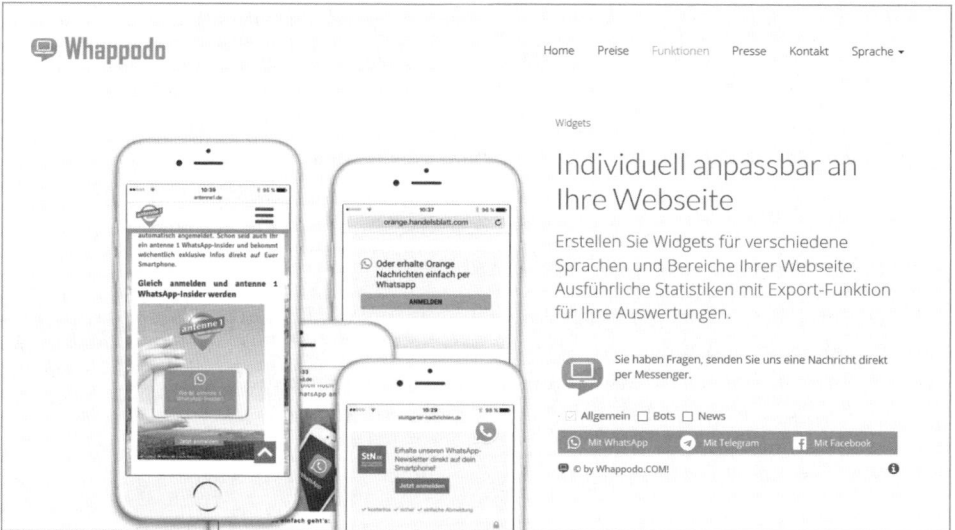

**Bild 2.145:** Der Anbieter Whappodo stellt eine Oberfläche für die Abwicklung von WhatsApp-Chats zur Verfügung.

## 2.9.4 Newsletter mit WhatsApp

Der klassische Newsletter funktioniert noch per E-Mail, doch im Smartphone-Zeitalter gewinnt WhatsApp immer mehr Anteile an diesem wichtigen Instrument zur Kundenbindung.

**Bild 2.146:** Die »Berliner Zeitung« bietet den Newsletter-Versand via WhatsApp an.

### Marketingdienstleister nutzen

Sie als Blogbetreiber haben aktuell noch keine Möglichkeit zum direkten Newsletter-Versand und sind auf einen externen, kostenpflichtigen Dienstleister wie WhatsBroadcast, Whappodo oder WhatsATool angewiesen. Vom Dienstleister erhalten Sie Folgendes:

- Ein Widget zum Einbau in die Website bzw. das Blog Ihres Unternehmens.
- Einen Zugang zu einer komfortablen Verwaltungsoberfläche. Sie benötigen kein Smartphone.
- Eine eigene WhatsApp-Mobilfunknummer.
- Tools zur statistischen Auswertung.

**Bild 2.147:** Marketingdienstleister ermöglichen den Newsletter-Versand per WhatsApp.

### Anmeldung zum Newsletter

So meldet sich ein Besucher Ihrer Website bei Ihrem WhatsApp-Newsletter an und ab:

1. Er klickt auf den Button *WhatsApp*, der auffällig im Widget platziert ist.

2. Er legt für die angezeigte Rufnummer einen Kontakt im Telefonbuch seines Handys an.

3. Er sendet an diesen Kontakt per WhatsApp eine Nachricht mit dem Inhalt »Start«.

4. Mit der Nachricht »Stop« kann er das Abonnement wieder beenden.

Am besten platzieren Sie eine kurze Erklärung zur Anmeldung in der Nähe des Widgets und versehen sie mit einer knackigen Überschrift, beispielsweise »Wie funktioniert es?« oder »So funktioniert es!«.

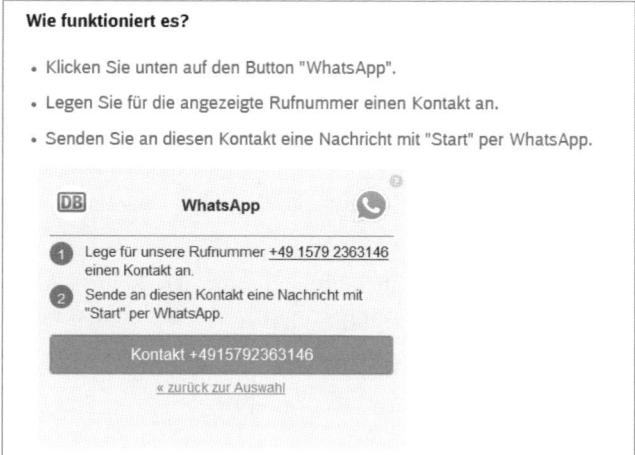

**Bild 2.148:** Die Bahn hat oberhalb des Anmelde-Widgets eine kurze Gebrauchsanweisung platziert.

### Praxistipp für die Newsletter-Frequenz

Es empfiehlt sich nicht, die Abonnenten eines WhatsApp-Newsletters unter Dauerbeschuss zu nehmen. Die meisten Zeitungen und Infoportale senden maximal einen Newsletter täglich, für gewöhnliche Unternehmen empfiehlt sich eine Frequenz von einem Newsletter pro Woche oder Monat.

### Newsletter bewerben

Wie für einen E-Mail-Newsletter steigern Sie die Anzahl Ihrer Abonnenten am einfachsten mit der Nennung konkreter Vorteile.

Locken Sie Ihre Website-Besucher mit Gutscheinen, limitierten Angeboten, Insidertipps, Informationen über Produktneuheiten und bevorzugtem Support.

### Rechtliche Grauzone

Im Vergleich zu der Newsletter-Anmeldung, für die ein Double-Opt-in-Verfahren vorgeschrieben ist, funktioniert das Newsletter-Abo sehr viel unkomplizierter.

Der Grund liegt im zeitlichen Abstand zwischen dem Aufkommen einer neuen Technologie und der gesetzlichen Regulierung. Im Moment befinden Sie sich als WhatsApp-Werber in einer rechtlichen Grauzone. Gehen Sie aber davon aus, dass das Anmeldeverfahren in absehbarer Zeit mit weiteren Hürden versehen werden wird.

## 2.9.5 WhatsApp-Statusmeldungen

Die WhatsApp-Statusmeldung ist relativ neu. Sie wird zwar von den WhatsApp-Dienstleistern noch nicht flächendeckend unterstützt, dennoch sollten Sie dieses Feature für das Marketing im Auge haben. Die wesentlichen Merkmale:

- Innerhalb von Statusmeldungen können Bilder, Videos und animierte GIFs versendet werden, die Bilder lassen sich mit lustigen Stickern verzieren.

- Besonderes Kennzeichen der Statusmeldungen ist die Flüchtigkeit. Die Inhalte verschwinden nach 24 Stunden wieder.

- Die Statusmeldung ermöglicht eine Kommunikation von einem Sender zu vielen Empfängern. Statusmeldungen werden an alle WhatsApp-Kontakte verschickt – an ein Publikum und nicht eine einzelne Person.

Vor allem letztere Funktion verspricht neue Möglichkeiten für das Marketing. Alles, was als Meme oder Video in einen WhatsApp-Account gelangt ist, hat Chancen auf eine virale Verbreitung innerhalb dieser Social-Media-Bühne.

**Bild 2.149:** Über eine Statusmeldung lassen sich sämtliche WhatsApp-Kontakte ansprechen.

### Statusmeldungen versenden

Um das Feature der Statusmeldungen zu nutzen, tippen Sie auf den Menüpunkt *Status*. Er befindet sich in der Mitte der oberen Menüleiste. Rechts unten finden Sie einen runden Button mit einem Pluszeichen. Wählen Sie ihn an, um eine Statusmeldung zu erstellen. Sie wird standardmäßig allen Ihren Kontakten angezeigt, in deren Adressbuch

Sie auch stehen. Sie haben aber die Option, einzelne Empfänger auszuschließen. Empfangen werden die Statusmeldungen nicht im Chat-, sondern ebenfalls im Statusfenster.

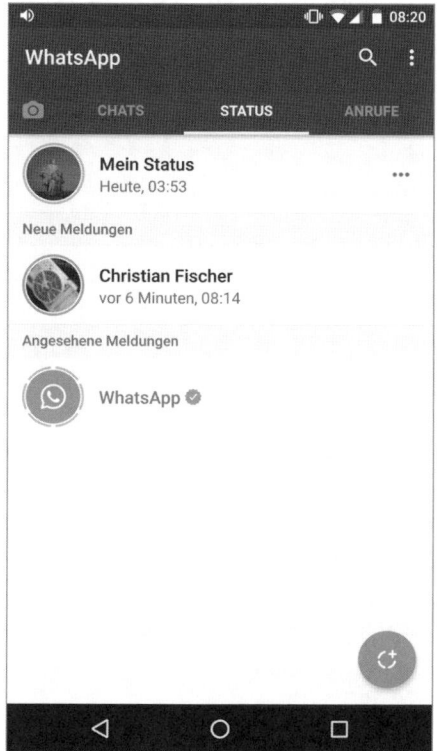

**Bild 2.150:** Statusmeldungen werden nicht im Chatfenster abgesendet und empfangen, sondern auf einem separaten Bildschirm, der über den Menüpunkt *Status* geöffnet wird.

## WhatsApp greift Snapchat an

Wer Snapchat kennt, weiß die neuen Features sofort einzuordnen. Die Konzernmutter Facebook hat die Ideen dreist beim Konkurrenten geklaut und wie schon für Instagram auch für WhatsApp neu aufbereitet. Diese drei Features sind im Kern das Gleiche:

- Snapchat-Stories.

- Instagram-Stories.

- WhatsApp-Statusmeldungen.

**Bröckelnder Widerstand gegen neue Funktionen**
Nach jeder Feature-Erweiterung auf Facebook, Instagram und WhatsApp ist das gleiche Schauspiel zu bewundern. Im ersten Akt beschwert sich ein Teil des alteingesessenen Publikums heftig über die Neuerungen und droht mit Abwanderung. Im zweiten Akt werden die neuen Möglichkeiten entdeckt und noch kritisch beäugt. Im dritten Akt kehrt wieder Friede ein. Das Publikum nutzt die neuen Features, als wären sie schon immer da gewesen.

### 2.9.6 CHECKLISTE WHATSAPP

*   Trennung von privatem und geschäftlichem Account.

*   Einbindung eines Share-Buttons.

*   Ausblenden von Share-Buttons für alle Desktop-User.

*   Nutzung als Beratungs- und Servicekanal.

*   Auswahl eines WhatsApp-Dienstleisters.

*   Einrichtung eines WhatsApp-Newsletters.

*   Platzierung des Widgets zum Gewinn von Abonnenten.

*   Kurzanleitung für das Abonnement in der Nähe des Widgets.

*   Nennung von Vorteilen für Abonnenten in der Nähe des Widgets.

*   Optional: Nutzung von Statusmeldungen.

## 2.10  Snapchat – die Nachwuchsbühne

Fragen Sie mal Kinder und Jugendliche, womit sie sich lieber beschäftigen, mit der Lektüre Ovids oder mit Snapchat. Die Antwort dürfte eindeutig ausfallen – trotz der gemeinsamen Leidenschaft, die der römische Dichter und die kalifornischen App-Entwickler teilen. Beide begeistern sich nämlich für die Kunst der Verwandlung.

Ovid schildert in seinen Metamorphosen allerlei fantastische Verwandlungen zwischen Mensch und Tier, Snapchat garniert menschliche Antlitze mit Hundeohren und Schweinsnasen. Würde Ovid heute leben, er zöge mit dem Smartphone durch die Metropolen, um Snapchat-Sessions zu produzieren und die Bilder dann auf seinem Blog zu veröffentlichen. Und wahrscheinlich würde er auch einen handfesten Skandal verursachen.

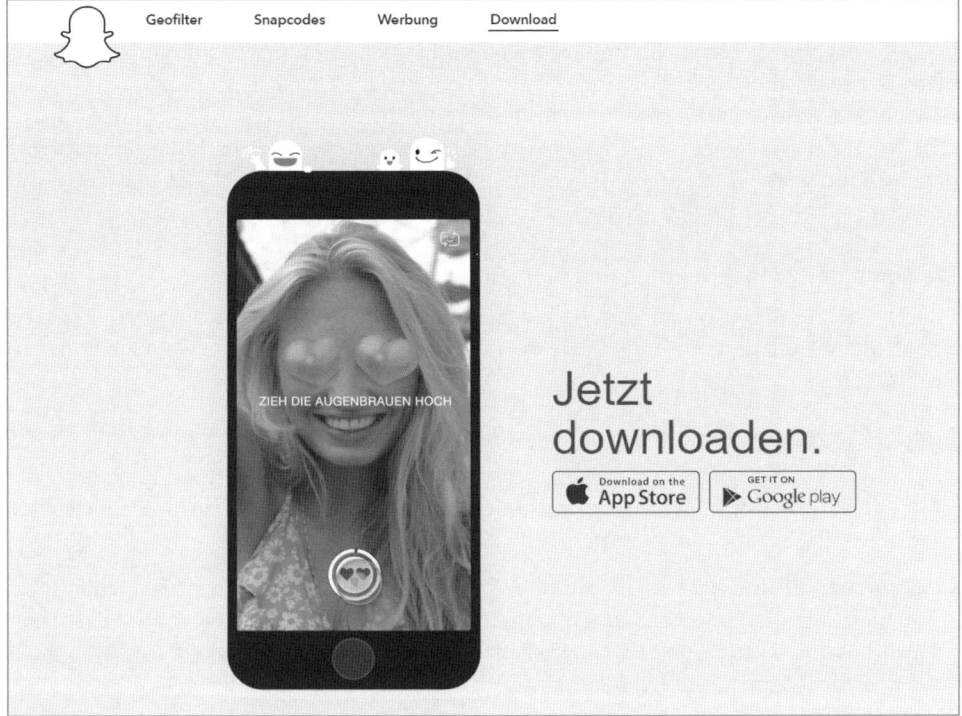

**Bild 2.151:** Der Nachwuchs trifft sich bei Snapchat.

Der heute so verehrte Dichter musste nämlich die letzten zehn Jahre seines Lebens in der Verbannung verbringen – weit weg von Rom in einem trostlosen Nest am Schwarzen Meer. Über die Gründe der Verurteilung wird heute noch gerätselt, möglicherweise stolperte der Dichter über eine Affäre mit einer gewissen Julia, einer Enkelin des Kaisers Augustus.

## 2.10.1 Snapchat-Basiswissen

Die junge Bühne Snapchat blickt auf eine beeindruckende Erfolgsgeschichte zurück. Gegründet wurde das Unternehmen 2010, und zwar von drei Studenten der Stanford-Universität. Bereits innerhalb kurzer Zeit verbreitete sich die App zunächst im angelsächsischen Raum und dann weltweit. Ein milliardenschweres Übernahmeangebot von Facebook wiesen die Gründer im Jahr 2013 selbstbewusst zurück. Sie haben davon noch gar nichts gehört und auch kein Snapchat installiert? Dann sind Sie schon eine Weile aus dem Alter heraus, in dem man Zahnspangen trägt. Das Mindestalter, und auch das übliche Eintrittsalter, beträgt 13 Jahre. Ein Höchstalter ist zwar nicht in den AGB festgelegt, aber die Snapchat-Community traut niemandem über 30. Und niemandem über 23.

### Anti-Erwachsenen-Strategie

Dass Kinder und Jugendliche im Gegensatz zu Erwachsenen am besten durch Ausprobieren lernen, haben die Bühnenbetreiber besser verstanden als die Konkurrenz. Wer, für Erwachsene typisch, mit einer Erwartungshaltung an die Sache herangeht, wird Snapchat frustriert wieder zur Seite legen. Der unbefangene Nachwuchs hingegen entdeckt die Funktionen auf spielerische Art und gibt das Know-how an Gleichaltrige weiter – auf dem Pausenhof oder in der Mensa.

### Die Community möchte unter sich bleiben

Führen Sie ein Experiment durch. Fragen Sie einen Teenager nach seinen diversen Social-Media-Accounts und ob er Sie dort als Freund hinzufügt. Die wahrscheinlichen Reaktionen:

- **Facebook**: Kein Problem, er nennt Ihnen sofort seinen Namen und fügt Sie als Freund hinzu.

- **Twitter**: Er nennt schweren Herzens seinen Twitter-Namen und warnt Sie gleich vor einigen Tweets, die »nicht so gemeint« sind.

- **Snapchat**: Er flüchtet wortlos aus dem Raum. Jugendliche wollen auf Snapchat unter sich bleiben. Sie möchten auf gar keinen Fall, dass die Bilder der gestrigen Party von den falschen Leuten betrachtet werden – von Erwachsenen. Und sie möchten auch nicht über Snapchat reden oder verraten, wie die App funktioniert.

### Typische Snapchat-Userin

Die typische Snapchat-Userin ist Schülerin, Auszubildende oder Studentin in den unteren Semestern. Und so sieht ihr Snapchat-Verhalten aus:

- 8.30 Uhr – Bild vom Frühstück senden.

- 12.00 Uhr – Bild vom Mensaessen senden.

- 16.00 Uhr – Bild aus der Bibliothek senden.

- 21.00 Uhr – Bild von der Party senden.

- 23.00 Uhr – Story vom Tag senden.

### Vergänglichkeit und Internationalität

Mal von der Community und den Möglichkeiten der Bildmanipulation abgesehen, was ist das Besondere an Snapchat? Zum einen die Vergänglichkeit. Die Bilder, GIFs und Videos, die ein User an seine Follower schickt, werden nämlich nach dem Ansehen wieder gelöscht. Zum anderen bedient Snapchat eine Form der Kommunikation, die etwas mit dem Lebensstil der jungen Generation zu tun hat.

Dank Billigflügen, Austauschprogrammen und Auslandssemestern pflegt der Nachwuchs zahlreiche internationale Freundschaften. Die Kommunikation auf der Basis von Bildern, Emojis und Stickern ist populär, weil sie die Sprachgrenzen auf spielerische

Art überwindet. Snapchat hat verwirklicht, woran das Esperanto-Projekt immer wieder scheitert: der Durchsetzung einer internationalen, aber einfach zu erlernenden Sprache.

### Snapchat und die anderen Bühnen

Snapchat ist so ziemlich das Gegenteil von Facebook, YouTube und den anderen etablierten Bühnen. Während die User anderswo viel Material ansammeln, um die Sichtbarkeit ihrer Präsenz zu erhöhen, dreht sich bei Snapchat alles um die Magie des Moments. Im Vertrauen auf die Vergänglichkeit veröffentlichen die User auch vergleichsweise intime Einblicke in ihr Privatleben. Eine untergeordnete Rolle spielt dagegen die Aufnahmequalität. Was nur für den Moment gedacht ist, bedarf keiner technischen Präzision.

## 2.10.2  Account anlegen

Snapchat ist nicht für den Einsatz auf dem Desktop-PC oder einem Laptop konzipiert, sondern für das mobile Internet. Die Snapchat-App laden Sie aus dem Google Play Store oder dem App Store kostenlos herunter. Nach Öffnen der App gelangen Sie zum Log-in. Wählen Sie Ihren Benutzernamen, den es auf Snapchat nur ein einziges Mal geben darf, sorgfältig aus. Er lässt sich nachträglich nämlich nicht mehr ändern.

**Bild 2.152:** Snapchat ist für das Smartphone konzipiert.

### Bindung an die Handynummer

Gehen Sie keine unüberlegten Schritte, denn Snapchat ist eine Mimose. Sie haben beispielsweise Ihre Telefonnummer geändert, die mit Ihrem Account verknüpft ist? Dann haben Sie 72 Stunden Zeit, die Nummer auch in den Einstellungen von Snapchat zu ändern. Bei einer Überschreitung der Frist besteht die Gefahr, den Account zu verlieren.

### Snapchat-AGB

Die Bühnenbetreiber sind ja alle nicht zimperlich, aus dem Content ihrer User Kapital zu schlagen. Wie der Deal läuft, steht in den allgemeinen Geschäftsbedingungen. Folgender Kernsatz räumt der Firma Snap Inc. und ihren Partnerunternehmen, wer immer das auch sein mag, sehr weitgehende Rechte ein:

»Für alle Services außer Live Storys, Lokalen Storys und sonstigen Crowdsourcing-Services gewährst du der Snap Group Limited, Snap Inc. und ihren Partnerunternehmen eine weltweite, gebührenfreie, unlizenzierbare Lizenz zum Hosten, Speichern, Verwenden, Anzeigen, Reproduzieren, Verändern, Anpassen, Bearbeiten, Veröffentlichen und Verteilen dieser Inhalte, solange du die Services nutzt.«

Abrufen können Sie die AGB hier: *snap.com/de-DE/terms.*

Speisen Sie angesichts dieser Unterwerfungsbedingungen nichts auf die Schnelle ein, was Ihnen heilig ist. Und vor allem: Achten Sie bei Snapchat noch mehr als bei anderen Bühnen darauf, hochwertige und von Ihnen erstellte Inhalte zu kennzeichnen. Am besten platzieren Sie den Domainnamen Ihrer Unternehmens-Website direkt auf dem Bildmaterial.

Zwei Dinge verbieten die AGB ausdrücklich:

- Erstellen mehrerer Accounts für eine Person.
- Erstellen eines neuen Accounts, falls der erste von Snap.com deaktiviert wurde.

Eine Deaktivierung droht Ihnen schon aus nichtigem Anlass:

»So können wir z. B. deinen Account deaktivieren, weil du lange inaktiv warst, oder jederzeit und aus beliebigem Grund deinen Nutzernamen zurückfordern.«

Als Gerichtsstand bestimmen die AGB ausschließlich englische Gerichte im Vereinigten Königreich. Um die juristische Lage kurz zusammenzufassen: Bei anderen Bühnen haben Sie dem Betreiber gegenüber schlechte Karten, bei Snapchat gar keine.

## 2.10.3 Snapchat-Instrumente

Wenn Sie neu auf Snapchat sind, werden Sie eine Reihe von klassischen Social-Media-Funktionen vermissen. Nicht zur Verfügung, oder zumindest noch nicht, stehen Ihnen diese Instrumente:

- Interne und externe Verlinkungen.
- Eine Kommentarfunktion.

- Einbettung externer Inhalte, zum Beispiel von YouTube.

Neu lernen müssen Sie eine Reihe von Funktionen, die irgendetwas mit Bildern zu tun haben.

### Snaps und Sticker

Die Standardfunktion nennt sich Snap, zu Deutsch Schnappschuss. Die Funktionsweise ist ganz einfach. Nach dem Öffnen der App startet, wie bei Instagram, sofort die Kamera. Mit einem Klick auf den runden Button wird ein Bild aufgenommen. Auf der rechten Seite befindet sich ein Menü, über das sich schnelle Bearbeitungen vornehmen lassen. Probieren Sie die fünf Grundfunktionen einfach aus:

**Bild 2.153:** Die Snapchat-Werkzeuge rechts oben: *Text*, *Zeichnen*, *Sticker*, *Ausschneiden*, *Timer*:

- Das große *T* – Sie fügen einen Text per Tastatur ein.

- Das *Stiftzeichen* – damit malen Sie per Finger in das Bild hinein.

- Der *Aufkleber* – dient dazu, einen oder mehrere Sticker einzufügen.

- Die *Schere* – damit schneiden Sie einen bestimmten Bereich aus dem Bild heraus, um ihn an anderer Stelle wieder einzufügen.

• Der *Timer* – diese Funktion dient nicht der Bildbearbeitung. Hier stellen Sie die Anzahl der Sekunden ein, die dem Betrachter zum Anschauen bleiben, bevor sich das Werk wieder zerstört.

### Filter und Sticker

**Bild 2.154:** Das Bild wurde aus einem fahrenden Bus aufgenommen. Über den Aufruf des entsprechenden Filters blendet Snapchat die Geschwindigkeit ein.

Haben Sie die Grundfunktionen getestet? Dann wischen Sie nach rechts und links, um verschiedene Filter und Sticker aufzurufen. Probieren Sie sie einfach mal aus. Sie verändern das Bild mit Farbfiltern und Spielereien, aber auch mit diversen Informationen, die sich Snapchat unter anderem aus den Standortdaten Ihres Smartphones holt:

• Aktuelle Uhrzeit.

• Aktuelle Temperatur.

• Aktuelle Geschwindigkeit.

• Die Stadt, in der Sie sich befinden.

• Das Land, in dem Sie sich befinden.

**Bild 2.155:** Verzierung mit einem Sticker und Einblenden der Uhrzeit.

## Linsen

Linsen sorgen für den hohen Spaßfaktor von Snapchat. Haben Sie die Einleitung zum Snapchat-Kapitel gelesen? Dann dürfen Sie auch Ovid-Funktion dazu sagen. So rufen Sie die Linsen auf:

1. Aktivieren Sie, falls es noch nicht der Fall ist, die Frontkamera. Der Umschalter zwischen Front- und Rückkamera befindet sich rechts oben.

2. Richten Sie das Smartphone auf sich, bis Ihr Gesicht groß und deutlich zu erkennen ist.

3. Tippen Sie nicht auf den Auslöser, sondern direkt auf Ihr Gesicht. Sobald die App das Schema von Augen, Nase und Mund erkannt hat, erscheint ein Gitternetz über Ihrem Gesicht.

4. Wenn Sie sich im Gitternetzmodus befinden, sehen Sie rechts neben der normalen Aufnahmetaste diverse Linsen-Aufnahmeknöpfe. Wählen Sie einen davon aus, um Ihr Antlitz mit allerlei Zusätzen zu verzieren: Tierohren und -nasen, Geweihen, Sonnenbrillen und was den Snapchat-Spaßvögeln so einfällt.

Damit keine Langeweile aufkommt, kreieren die Bühnenbetreiber immer wieder neue Linsen. Manche sind mit Aufforderungen verknüpft, zum Beispiel: »Strecke die Zunge heraus«, »Ziehe die Augenbrauen hoch« oder »Mach einen Kussmund«. Folgen Sie den Anweisungen, um Ihre Bilder noch etwas aufzupeppen – oder Ihre Videos.

**Bild 2.156:** Linsen machen Spaß.

## Videos aufnehmen

Um ein Video aufzunehmen, müssen Sie ganz einfach mit dem Finger auf dem Aufnahmeknopf bleiben, unabhängig davon, ob Sie eine Linse einsetzen. Während der Aufnahme erscheint ein Timer-Button, der zehn Sekunden herunterzählt. Mehr Zeit haben Sie für ein Snapchat-Video nicht. Hier haben die Bühnenbetreiber von Twitter gelernt, wo eine Textnachricht aus maximal 140 Zeichen besteht. Durch die Begrenzung weiß das Publikum, was auf der Bühne geboten wird: ein kurzer Spaß und keine ellenlange Belehrung.

## Stories und Memories

Aneinanderreihungen von Bildern und Videos werden Storys genannt. Im Unterschied zu einzelnen Bildern und Videos zerstören sie sich nicht nach dem einmaligen Betrachten, sondern erst nach 24 Stunden. Ihre Follower können die Storys innerhalb dieses Zeitrahmens beliebig oft ansehen. So erstellen Sie eine Story:

1. Erzeugen Sie einen Snap, also ein Bild oder ein Video.

2. Tippen Sie anschließend auf das weiße, abgerundete Viereck mit dem Pluszeichen.

3. Der Snap markiert den Beginn Ihrer Story.

4. Tippen Sie erneut auf das weiße, abgerundete Viereck mit dem Pluszeichen, um den nächsten Snap für die Story auszuwählen.

5. Tippen Sie auf *Senden*, um den Snap der Story hinzuzufügen.

6. Wiederholen Sie so lange die Schritte 3 bis 5, bis Sie Ihre Story abgeschlossen haben.

Haben Sie eine originelle Story erstellt? Dann wäre es doch schade, wenn sich Ihre Arbeit nach 24 Stunden wieder in Luft auflösen würde. Aber zum Glück gibt es ja noch die Memories.

**Bild 2.157:** Links unten hat Snapchat die Icons für die Memories und Stories platziert.

### Memories

So ganz flüchtig ist Snapchat doch wieder nicht. Über das 2016 eingeführte Feature *Memories* lassen sich Bilder, Videos und Stories nämlich abspeichern. Tippen Sie links unten auf *Speichern*, um Ihre Schätze vor dem Verfall zu bewahren. Die Funktion ist ideal, um Bilder und Videos nachzubearbeiten, zu professionalisieren und zu einem späteren Zeitpunkt noch einmal zu verwenden – nicht nur auf Snapchat, sondern auf allen Bühnen.

## 2.10.4  Der Einstieg in Snapchat

Snapchat startet mit der Frontkamera, die den Benutzer auch gleich ins Visier nimmt. Um zwischen Front- und Rückkamera zu wechseln, tippen Sie entweder oben rechts auf das Kamerasymbol oder zweimal kurz auf den Bildschirm. Am besten starten Sie in Snapchat, wie die meisten User, mit dem Ausprobieren der Linsen. Richten Sie die Kamera auf sich und die Anwesenden, tippen Sie auf ein Gesicht, bis das Gitternetz erscheint, und wählen Sie eine spaßige Linse aus. Wie Sie im Bild sehen, funktionieren einige Linsen auch mit mehreren Personen.

**Bild 2.158:** Der Einstieg in Snapchat gelingt spielerisch mit der Linsenfunktion.

Am Anfang werden Sie eine Unmenge von Snaps produzieren, die Sie weder verschicken noch in den Snapchat-Memories speichern möchten. Klicken Sie in solchen Fällen gleich nach der Aufnahme auf das *X* in der linken oberen Ecke, um den Snap zu löschen. Haben Sie an Snapchat Gefallen gefunden? Dann richten Sie Ihr Profil ein bzw. das, was Ihnen zur Verfügung steht. Eine Präsentationsfläche für das eigene Unternehmen oder Projekt bietet diese Bühne nämlich nicht.

### Profil einrichten

Gehen Sie auf die Startseite von Snapchat und wischen Sie von oben nach unten, um Ihre Profilseite aufzurufen. Über das Zahnrad rechts oben können Sie Ihren Profilnamen ändern und diverse Einstellungen für Ihren Account vornehmen. Sie können beispielsweise erlauben oder verbieten, dass Snapchat Zugriff auf Ihren Standort erhält.

Auf der Profilseite selbst nehmen Sie ein Profilbild auf. Was Snapchat nicht erlaubt, ist das Einfügen eines Bilds aus der Galerie. Sie haben aber die Möglichkeit, einen Avatar zu verwenden. Installieren Sie hierzu die App *Bitmoji* und verknüpfen Sie sie mit den Snapchat-Diensten.

**Bild 2.159:** Die Snapchat-Profilseite einrichten. Als Profilbild dient ein Avatar, der von der App *Bitmoji* erstellt wurde.

Über diese drei Menüpunkte auf der Profilseite verwalten Sie Ihre Follower:

- *Hat mich geaddet* – Ihre Snapchat-Präsenz ist erfolgreich, wenn Sie hier viele Einträge verzeichnen.

- *Freunde adden* – Wie auf anderen Bühnen ist es auch auf Snapchat üblich, als Neuling zunächst anderen Accounts zu folgen.

- *Meine Freunde* – Eine Übersicht über Ihre Snapchat-Kontakte.

**Ein Impressum in Snapchat?**
Von allem, was Sie auf Ihrer Profilseite eingerichtet haben, sehen andere lediglich Ihr Bild, Ihren Profilnamen und Ihren Benutzernamen. Sie haben keine Möglichkeit, ein paar Worte zu Ihrem Unternehmen zu platzieren, und Sie können auch keinen Link auf Ihr Impressum setzen.

Wie so oft in der Social-Media-Welt befinden Sie sich auch bei Snapchat in einer juristischen Grauzone. Ihnen bleibt nur der Trost, dass die Konkurrenz mit denselben Einschränkungen leben muss. Es ist allerdings nur eine Frage der Zeit, wann Snapchat zusätzliche Features für Profilseiten anbietet und die Juristen auch Snapchat als Betätigungsfeld erschließen. Informieren Sie sich über die Weiterentwicklung dieser Bühne, um Abmahnungen zu vermeiden.

### Freunde adden

Ihr Engagement auf Snapchat bleibt für das Marketing bedeutungslos, solange Sie die App nur als persönlichen Messenger nutzen und eine handverlesene Schar mit ein paar Späßen unterhalten. Was Sie auf Snapchat brauchen, ist eine ordentliche Followerschaft. Los geht's. Folgen Sie anderen, damit auch Sie zurückgefolgt werden.

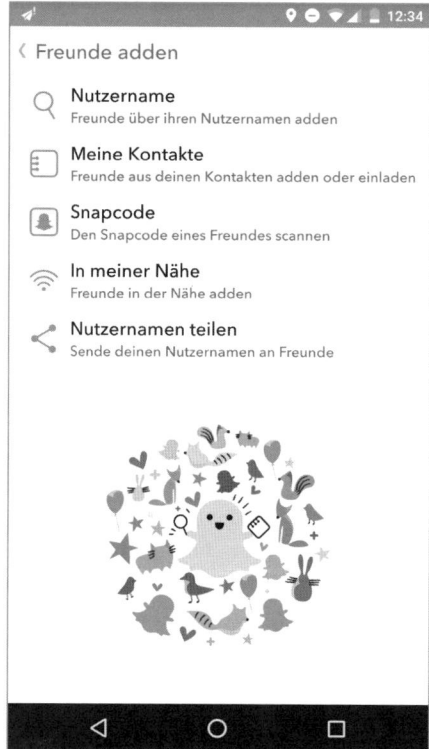

**Bild 2.160:** Am einfachsten lassen sich Freunde über den genauen Nutzernamen adden.

Rufen Sie Ihre Profilseite auf und tippen Sie auf *Freunde adden*. Dieser Vorgang ist etwas komplizierter als auf anderen Bühnen. Es stehen Ihnen unterschiedliche Methoden zur Verfügung:

- *Freunde über Nutzernamen adden* – Geben Sie den exakten Nutzernamen ein und tippen Sie dann auf *Adden*.

- *Freunde aus deinen Kontakten adden oder einladen* – Bei dieser Methode scannt Snapchat die Kontaktliste Ihres Smartphones und zeigt diejenigen User an, die einen Snapchat-Account besitzen und ihn mit ihrer Handynummer verknüpft haben. Sie wählen dann aus, welche Personen Sie adden möchten.

- *Den Snapcode eines Freundes scannen* – Für diese Methode benötigen Sie das gelbe Profilbildchen mit den kleinen Löchern eines anderen Users. Hinter diesen Löchern verbirgt sich nämlich der Snapcode. Fotografieren Sie das Profilbild und tippen Sie auf *Freund adden.*

* *Freunde in der Nähe adden* – Beide User müssen sich in unmittelbarer Nähe befinden und möglichst gleichzeitig auf das Feld tippen.

Ganz unten finden Sie den Menüpunkt *Nutzernamen teilen.* Machen Sie davon ausgiebig Gebrauch, denn das Adden über den Nutzernamen ist am einfachsten. Weil Snapchat aber keine Namen automatisch ergänzt, ist die Weiterverbreitung des exakten Benutzernamens für den Aufbau einer Followerschaft Gold wert.

### Wiedererkennungswert von Bildmaterial

Für Snapchat-Neulinge stellt der Aufbau einer Followerschaft eine echte Herausforderung dar. Achten Sie deshalb auf die Feinheiten. Schöpfen Sie nicht sämtliche Filter aus, sondern nur einige. Profilieren Sie sich, stärken Sie Ihren Wiedererkennungswert. Bewerben Sie Fahrzeuge, Boote oder Drohnen? Dann verwenden Sie bevorzugt den Geschwindigkeitsfilter. Oder sind Sie als Reiseanbieter tätig? Dann blenden Sie die Städtenamen ein.

Nutzen Sie die Möglichkeit, Text, Filter und Sticker zu kombinieren. Drücken Sie länger auf den *T*-Button, um den Text zu vergrößern. Färben Sie die Schrift mithilfe der Farbskala in Ihrer Unternehmensfarbe ein. Interessante Effekte lassen sich auch durch das Drehen und Verschieben von Texten und Stickern erzielen. Für fast alle Zwecke gut verwendbar ist der Kussmund. Experimentieren Sie ein bisschen, um Besonderheiten herauszufinden.

**Beispiel**: Mit dem Antippen der Uhrzeit wechselt Snapchat auf die Datumsanzeige.

## 2.10.5 Stories verbreiten

Haben Sie einen Grundstock an Followern gesammelt? Chatten Sie nicht mit allen einzeln, sondern verbreiten Sie Ihre Materialien, und zwar effektiv. Nutzen Sie die Vorteile der Stories:

* Stories lassen sich mehrfach betrachten.

* Über Stories lassen sich Bilder und Videos ordnen.

* Auch Stories können in den Memories konserviert werden.

* Stories eignen sich, um den Wiedererkennungswert eines Unternehmens zu erhöhen.

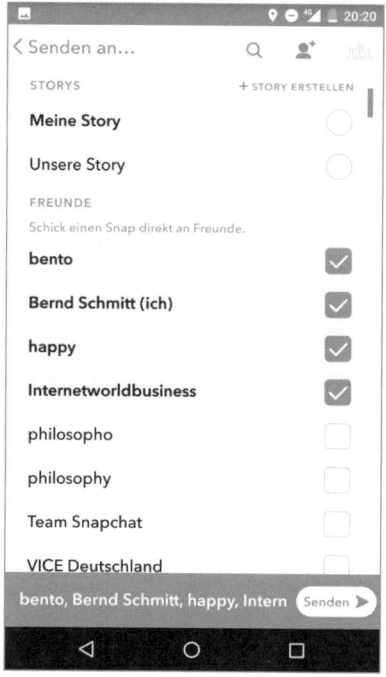

**Bild 2.161:** Die Snapchat-Story wird an alle Freunde versendet.

Stories sind eine preisgünstige Alternative für kleine und mittlere Unternehmen, die nicht über einen sechsstelligen Werbeetat verfügen. Eine solche Summe muss nämlich auf den Tisch gelegt werden, um diese Marketingmöglichkeiten zu nutzen:

- Firmeneigene Sticker, beispielsweise in Form des Markenlogos.

- Firmeneigene Linsen, die als »Sponsored Lenses« die Auswahl der Filter erweitern.

- Eigene Teaser, Videos und andere Werbeformen, die innerhalb von Snapchat auffällig platziert werden. Diese Form nutzen im Moment nur sehr große Portale wie CNN, Cosmopolitan oder Spiegel Online.

**Snapchat und die Werbeindustrie**

Die Bühnenbetreiber konzentrieren sich derzeit noch auf die Big Player – mit Erfolg. Im Jahr 2015 betrugen die Werbeerlöse knapp 60 Millionen Dollar, 2016 hat sich der Betrag mehr als versechsfacht, und für 2017 hat Snapchat die Grenze von einer Milliarde US-Dollar im Visier. Die Werbekunden stammen zu über 90 % aus den USA.

Allerdings steht das Unternehmen nach dem Börsengang im Frühjahr 2017 unter gewaltigem Druck. Nach wie vor schreibt die Snap Inc. in jedem Betriebsjahr Verluste, 2016 waren es immerhin 514 Millionen Dollar. Es bleibt spannend, ob und auf welche Weise das Management die Ansprüche der Aktionäre befriedigen kann. Möglicherweise gelingt Snapchat ein Coup mit der Kamerabrille Spectacles.

## 2.10.6  Die Reichweite erhöhen

Anzahl und Qualität der Follower sind auf Snapchat, wo der Content nur eine begrenzte Zeit verfügbar ist, wichtiger als auf jeder anderen Bühne. Was nicht schnell betrachtet wurde, ist nicht existent. Machen Sie es Ihren Besuchern deshalb so leicht wie möglich, Ihnen zu folgen.

Verbreiten Sie Ihr Snapchat-Profilbild und Ihren Nutzernamen auf allen Ihren Social-Media-Präsenzen und auf der Website Ihres Unternehmens und liefern Sie gleich eine Gebrauchsanleitung mit.

**Beispiel**: »So addest du uns auf Snapchat:«

**Bild 2.162:** Die Onlineplattform *bento.de* hat unterhalb des Geistsymbols eine sehr kurze Anleitung platziert.

Die Anleitung der Plattform *bento.de* fällt sehr knapp aus: »Snappe oder Screenshotte zum Adden«. Nutzen Sie die folgende Musteranleitung, falls Sie auch technisch weniger versierte User ansprechen möchten.

»Du bist auch auf Snapchat? So addest du uns:

- **Methode 1**: Logge dich in Snapchat ein und gehe auf *Freunde adden/Nutzername*. Gib dann genau ein: FirmaXY.

- **Methode 2**: Schieße ein Foto vom Geist und speichere es als Screenshot. Dann öffne Snapchat, gehe auf *Freunde adden/Snapcode* und wähle den Screenshot aus.«

## 2.10.7 CHECKLISTE SNAPCHAT

- Account angelegt.

- Konzept für einheitliche Bildersprache entwickelt.

- Verwendung von Filtern.

- Verwendung von Linsen.

- Speichern in Memories.

- Aufbau von Followern.

- Produktion von Stories.

- Bewerbung des Accounts auf der Firmen-Website.

- Bewerbung des Accounts auf anderen Social-Media-Präsenzen.

- Platzierung einer Kurzanleitung zum Folgen.

# 3 Regie und Recht

Wer sorgt dafür, dass die Aufführung reibungslos verläuft,

das Budget eingehalten wird,

sich das Theater wirtschaftlich trägt?

Wer kümmert sich um Spielpläne und Besetzungen?

Wer lässt den Deus ex Machina zur rechten Zeit erscheinen?

Die Regie und die Rechtsabteilung geben

den Schauspielern auf der Bühne

Rückhalt und Sicherheit.

## 3.1 Im Regieraum

Wird ein Schauspieler während der Aufführung so heftig von der Muse geküsst, dass er die Bodenhaftung verliert und in der Rolle eines wahnsinnigen Rächers völlig aufgeht, begeistert er das Publikum. Diese Momente sind die Würze jeder Inszenierung. Doch greift der Wahn dauerhaft auf die Regie über, zerfällt das ganze Theaterprojekt. All die Frauen und Männer, die sich um die Organisation kümmern, benötigen einen kühlen Kopf und festen Boden unter den Füßen. Die wesentlichen Fragen wollen formuliert und beantwortet sein. Doch was sind wesentliche Fragen? Für den Maler Paul Gauguin diese drei: Woher kommen wir? Wer sind wir? Wohin gehen wir?

**Bild 3.1:** Der Maler Paul Gauguin gab diesem Bild einen höchst philosophischen Titel: »Woher kommen wir? Wer sind wir? Wohin gehen wir?«

Falls Sie die existenziellen Fragen nicht wie aus der Pistole geschossen beantworten können, sind Sie noch nicht reif für die Regie. Die möglichen Folgen:

- Sie werden in der Regiearbeit wankelmütig.

- Sie inszenieren Aufführungen, zu denen Sie innerlich auf Distanz gehen.

- Das Publikum spürt, dass Sie mit sich selbst nicht im Reinen sind.

- Sie geraten in eine Mikroblase: Wenige Enthusiasten verehren Sie, doch von der Masse werden Sie ignoriert.

Gewinnen Sie Klarheit über den eigenen Weg, über Ihre Story und die Ihres Unternehmens. Nehmen Sie sich Zeit und suchen Sie sich einen Platz zum Nachdenken. Sie müssen dazu nicht unbedingt wie Gauguin nach Tahiti reisen, für das kleine Budget genügt auch eine Berghütte oder eine Ferienwohnung auf einer inspirierenden Insel in heimischen Gestaden. Packen Sie ordentlich Proviant ein, denken Sie über Ihre Pläne nach und formulieren Sie den Kern Ihres Vorhabens.

Kehren Sie erst wieder zurück, wenn Sie diese vier Ankersätze inhaltlich gefüllt haben, und rufen Sie sie sich bei Ihrer Regiearbeit immer wieder ins Gedächtnis:

- Ich weiß, wo ich herkomme.

- Ich weiß, wo ich bin.

- Ich kenne mein Ziel und meine Zielgruppe.

- Ich weiß, wie ich mich präsentiere.

## 3.1.1 Ich weiß, wo ich herkomme

Vertrauen zählt zu den wichtigsten Faktoren der Social-Media-Welt, und das in zweifacher Hinsicht:

- Vertrauen in das eigene Unternehmen.

- Vertrauen des Publikums.

Sie haben alle Selbstzweifel überwunden? Dann gewinnen Sie das Vertrauen des Publikums – für Sie als Person und für Ihr Unternehmen. Rücken Sie alles ins rechte Licht.

Der richtige Ort für vertrauensbildende Maßnahmen ist eine *Über mich*- bzw. *Über uns*-Seite. Weil auf den meisten Bühnen hierfür nur sehr begrenzter Platz zur Verfügung steht, empfiehlt sich folgende Lösung:

- Knappe Selbstdarstellung auf den Social-Media-Präsenzen.

- Verlinkung zur ausführlichen Version auf dem Unternehmensblog bzw. der Unternehmensseite.

### Die Selbstdarstellung

Das Wichtigste an einer Selbstdarstellung ist ein überzeugendes Bild. Alles richtig gemacht hat die Berliner Initiative Volksentscheid Fahrrad. Wer auf der Website *https:// volksentscheid-fahrrad.de/* den Menüpunkt *Über uns* anklickt, wird von vier strahlenden Gesichtern begrüßt. Die emotionale Aussage des Bilds:

* Wir haben Spaß bei der Arbeit.

* Wir wissen, was wir tun.

* Wir können, was wir tun.

* Wir freuen uns darüber, dass Sie uns besuchen.

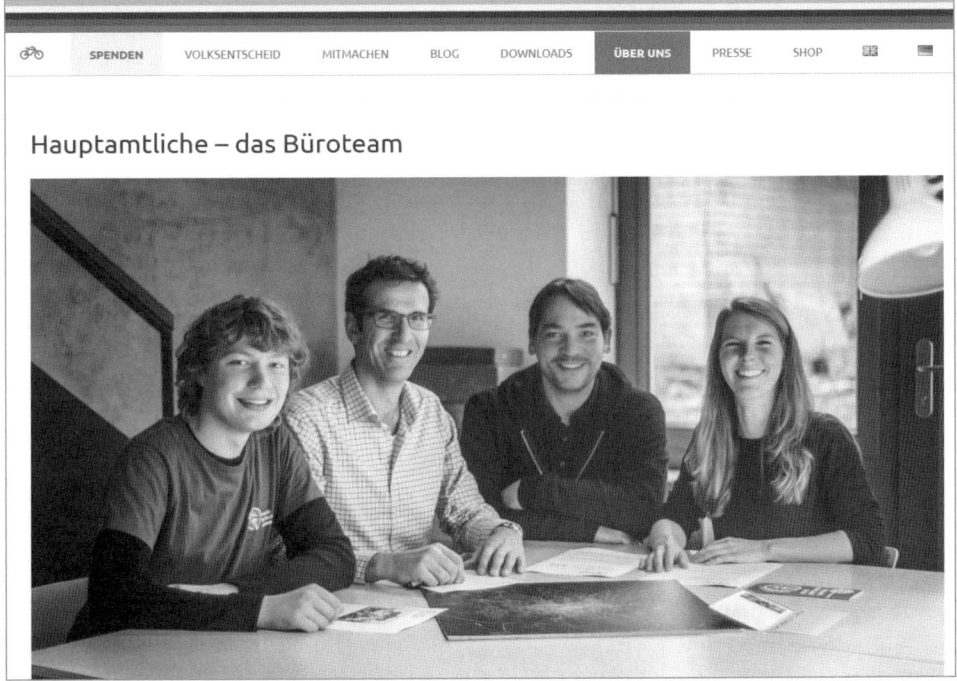

**Bild 3.2:** Selbstbewusste Gesichter erzeugen Vertrauen.

### Das Erweckungserlebnis

Betonen Sie nicht, dass Sie sich für irgendetwas entschieden haben, denn diese Aussage klingt nicht nur langweilig, sie macht Sie auch verdächtig. Das Publikum könnte annehmen, dass Sie sich aus einer persönlichen oder beruflichen Zwangslage heraus mit einer Sache arrangiert haben. Mit der Mitleidsmasche gewinnen Sie keinen Blumentopf, lassen Sie es ordentlich krachen. Gehen Sie in die Offensive und präsentieren Sie ein Erweckungserlebnis, ein Schicksal, das Sie auserwählt hat. Beispiel für die *Über mich*-Seite einer Eisdiele:

»Der Beruf des Gelatiere hat mich im August 2004 gefunden. Ich war damals völlig pleite in Bologna gestrandet und musste mir das Geld für das Hostel zusammenklauben. Zum Glück hat mir eine Eisdiele aus der Patsche geholfen und mich als Aushilfe eingestellt. Aus der Not wurde Liebe. Ich habe nicht nur im Verkauf geholfen, sondern auch alles über Zutaten und Kreationen gelernt. Ich wusste gleich: Genau das will ich auch machen.«

> **La Gelateria**
> Falls Sie nach Bologna reisen, unternehmen Sie unbedingt einen Abstecher nach Anzola dell'Emilia und besuchen Sie das La Gelateria. Dann wissen Sie, wie ich auf den Geschmack gekommen bin.

Nach dem überzeugenden Opener nennen Sie noch einige Details, die unterschiedliche Ebenen für die Gewinnung von Vertrauen bedienen. Unterstreichen Sie Ihren Expertenstatus. Stellen Sie die Nische heraus, in der Sie sich von der Konkurrenz abheben. Stellen Sie sich als Person in den Vordergrund. Schöpfen Sie Inhalte aus Ihrer Biografie, die Sie dem Publikum nicht vorenthalten möchten. Setzen Sie emotionale Anknüpfungspunkte für Ihr Publikum. Beispiele:

- Fun Facts und kleine Marotten, Lieblingstiere, bevorzugte Orte und Essgewohnheiten.
- Veröffentlichung von Büchern, Liedern oder Hörspielen.
- Erwähnungen in der Presse. Preise, Ehrungen und Ausstellungen.
- Referenzen, Arbeitsproben und Berufliches.
- Ausbildungen und Studiengänge, Titel und Ämter.
- Erfindungen und Patente.

**Die Zukunft zählt**

Ein besonderes Thema sind berufliche Veränderungen oder Brüche. Was Sie vermeiden sollten, ist das Verharren in der Vergangenheit. Sie waren in einem früheren Leben einmal Lehrer, Jurist oder Sportler, haben aber eine neue Perspektive als Unternehmer gefunden? Dann setzen Sie die richtigen Akzente. Wälzen Sie sich nicht in den Schlammpfützen der Vergangenheit, sondern sehen Sie nach vorne. Präsentieren Sie sich in Ihrer neuen Rolle.

## 3.1.2 Regie auf die Zielgruppe abstimmen

Ihre Aufführung darf nicht zu einer seelenlosen Veranstaltung verkommen, in der alles Mögliche Platz hat. Der Regie kommt die Aufgabe zu, einen kulturellen Kristallisationspunkt für eine ganz bestimmte Zielgruppe zu formen und auszugestalten – in Abstimmung mit Ihren Unternehmenszielen.

- **Beispiel für einen Reiseanbieter**: Sie bieten Reisen in eine ganz bestimmte Region an? Inszenieren Sie Impressionen zu Land und Leuten, regionaltypische Gerichte und kulturelle Eigenheiten.

- **Beispiel für eine Initiative**: Sie suchen Sponsoren für eine Initiative? Formulieren Sie Ihre Botschaft emotional, rücken Sie einzelne Betroffene in den Vordergrund. Präsentieren Sie Vorbilder und erreichte Ziele.

- **Beispiel für eine Filmpromotion**: Sie möchten eine Filmproduktion bewerben oder über Crowdfunding finanzieren? Zeigen Sie Gesicht, erzählen Sie über Ihre Motivation und begeistern Sie das Publikum für das Thema und die Darsteller Ihres Films.

Begehen Sie aber nicht den Fehler, immer alles richtig und jeden glücklich machen zu wollen. Besuchen Sie zur Erdung mal wieder eine Kellerbar.

## 3.1.3 In der Kellerbar

Die Welt ist voller Quacksalber, die mit Rezepten für den schnellen Erfolg um sich werfen. Am schlimmsten geht es in Seminarräumen zu. Falls Sie einmal in so etwas reingeraten: Genießen Sie die Häppchen und die Bionade, aber schließen Sie während der PowerPoint-Präsentation die Augen. Sie verpassen nichts. Die Realitäten werden nämlich nicht am Rednerpult verkündet, sondern im Dämmerlicht und im leicht angeheiterten Zustand. Horchen Sie mal rein.

### Es geht nicht ohne harte Arbeit

Die Social-Media-Welt wartet auf niemanden, nicht auf Sie und nicht auf Ihre Idee. Die meisten Ideen, die auf den unerbittlichen und übersättigten Markt geworfen werden, zerplatzen wie Seifenblasen. Es ist harte Arbeit nötig, um überhaupt einen einzigen Interessenten für irgendetwas zu begeistern.

### Ohne Reichweite ist alles sinnlos

Alles wird scheitern, wenn Ihre Reichweite zu gering ist, sprich Ihre Fanbase nur aus Verwandten, Bekannten oder einem Dutzend Verehrern besteht, die Sie ganz persönlich für einen Guru halten.

### Die Bühnenbetreiber wollen bezahlt werden

Ein Theater kann nicht kostenfrei betrieben werden. Im stationären Theater wird jeder Zuschauer mit öffentlichen Geldern gefördert, und zwar in mehrfacher Höhe des Eintrittspreises. Und im Social-Media-Theater? Auch hier ist die Nutzung nicht kostenlos, es wird nur in einer anderen Währung bezahlt – mit Daten.

### Alle wollen kuscheln

Ihre Zuschauerinnen und Zuschauer möchten nicht als Masse, sondern als Individuen wahrgenommen werden. Diese Aufgabe können Sie allerdings gar nicht erfüllen, denn der Tag hat nur 24 Stunden. Sie können es sich schlichtweg nicht leisten, ständig persönliche Anfragen zu beantworten und persönliche Anliegen zu übernehmen. Sie können nicht mit jedem kuscheln.

### Es funktioniert nicht ohne Ausrüstung

Wer sich nicht im Dschungel verirren oder bis zur Erschöpfung verausgaben will, benötigt eine professionelle Ausrüstung. Nutzen Sie einige Tools, um Ihre Präsenz voranzubringen, aber wählen Sie sie mit Bedacht aus. Sie können nämlich problemlos eine ganze Saison ausschließlich damit verbringen, die Funktionen der Social-Media-Tools zu studieren.

## 3.2   Tools einsetzen

An Eitelkeit steht das Publikum den Schauspielern in nichts nach. Die Leute lieben es, wenn ihre Umgebung als Nabel der Welt betrachtet oder zumindest für irgendeine Sparte als herausragend gewürdigt wird. Die Regisseure von Gastspielensembles wissen diese Empfänglichkeit gut zu nutzen, wenn sie vor der Aufführung betonen, dass die besondere Atmosphäre von Kleinkleckersdorf jedes Schauspielerherz höher schlagen lasse – so hoch, dass man am liebsten die ganze Saison hier verbringen würde. Weil Kleinkleckersdorf alleine das Ensemble aber nicht ernähren kann, zieht die Truppe weiter; sie steigt in den Tourbus und bewegt sich zum nächsten Ort, den der Manager im Plan eingetragen hat.

### 3.2.1  Bühnen effektiv bespielen

Auf einer Social-Media-Bühne herrscht fast rund um die Uhr Betrieb. Nehmen Sie zum Beispiel Twitter, dort setzt ab 6 Uhr die erste Welle muffeliger Morgentweets ein, und bis spät nach Mitternacht wird noch über den Sinn des Lebens philosophiert. Um mit allen Usern optimal zu kommunizieren, müssten Sie runde 20 Stunden aktiv sein. Die Nachteile dieser Methode:

- Sie benötigen eine gesundheitlich bedenkliche Menge an Kaffee.

- Andere Bühnen werden vernachlässigt.

Leichter arbeitet es sich mit diversen Tools, die Sie von Routinearbeiten entlasten.

### 3.2.2  Deus ex Machina nutzen

Einige Stadttheater präsentieren bei Führungen auch die Räumlichkeiten und Apparaturen hinter der Bühne. Gehen Sie da mal hin und staunen Sie über die vielen Traversen, Kabelstränge und verdeckten Zugänge. Hinter den Kulissen wird automatisiert und ein bisschen geschummelt – und das seit den Anfängen.

Griechische Dramatiker verwendeten den Deus ex Machina (Gott aus der Maschine), einen hinter der Bühne versteckten Kran, um im entscheidenden Moment eine Schutzgöttin einfliegen zu lassen.

**Fazit**: Die Automatisierung ist kein Teufelswerk. Die Kunst besteht darin, die technischen Hilfen möglichst diskret einzusetzen, damit das Publikum nicht von der Aufführung abgelenkt wird.

### 3.2.3 Crowdfire

Ab einer vierstelligen Anzahl ist die manuelle Kontrolle der Follower mit hohem Aufwand verbunden. Um den Überblick zu bewahren, benötigen Sie ein Tool wie Crowdfire. Die App unterteilt Ihre Follower in unterschiedliche Gruppen und unterstützt damit den systematischen Aufbau Ihrer Fanbase. Was Sie dafür tun müssen:

- Registrierung bei Crowdfire. Für den Start genügt ein kostenloser Account.

- Anschluss Ihrer Social-Media-Bühnen. Zur Verfügung stehen Twitter, Instagram, Facebook und Pinterest. Weiter Bühnen sind in Planung.

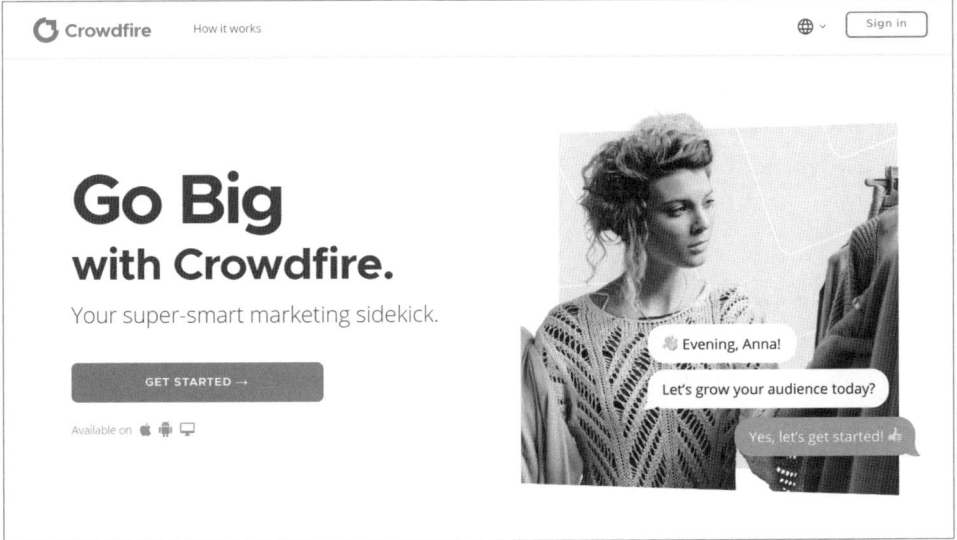

**Bild 3.3:** Das Tool *Crowdfire* unterstützt das Follower-Management für Präsenzen auf Twitter, Instagram, Facebook und Pinterest.

### Bühnen anschließen

Damit Crowdfire arbeiten kann, müssen Sie für jeden Ihrer Social-Media-Accounts eine Zugriffsberechtigung erteilen. Mit einem Klick auf *Accounts* öffnet sich das Fenster *Connect your Accounts*. Geben Sie dort die jeweiligen Zugangsdaten ein.

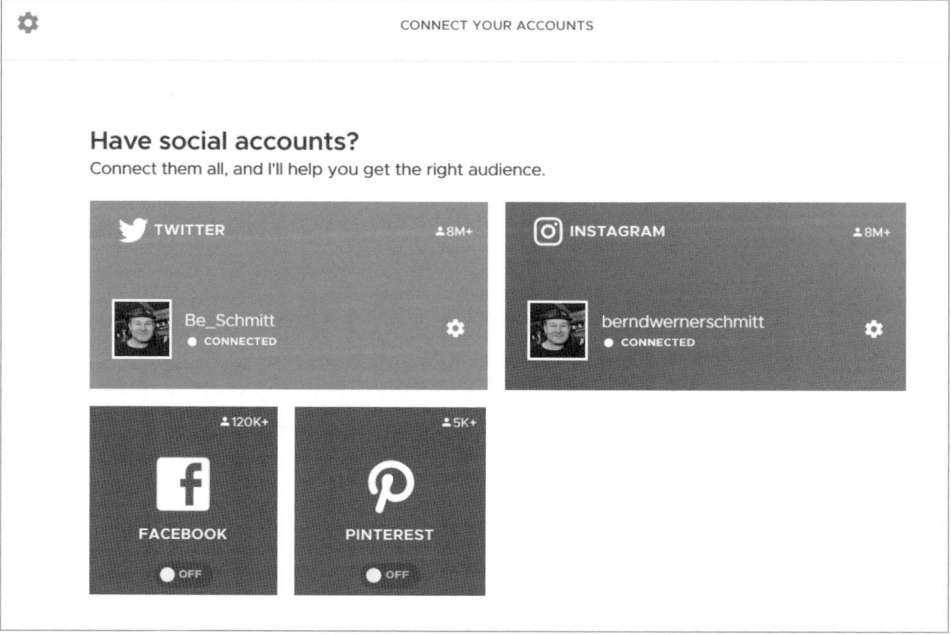

**Bild 3.4:** Verknüpfung mit den Social-Media-Accounts.

### Twitter Growth Features

Am besten arbeitet Crowdfire mit Twitter zusammen. Klicken Sie im Hauptmenü auf den Punkt *Twitter Growth Features*, um das Follower-Management zu beginnen.

**Bild 3.5:** Mit Twitter arbeitet Crowdfire am besten zusammen.

Ganz oben listet Crowdfire den Menüpunkt *Non-Followers* auf. Gemeint sind Twitterer, denen Sie folgen, die Ihnen aber nicht zurückfolgen. Sortieren Sie sie nach Datum und entfolgen Sie den Usern, auf deren Tweets Sie in Zukunft verzichten möchten.

Als Fans bezeichnet Crowdfire alle Twitterer, die Ihnen einseitig folgen. Überprüfen Sie, ob Sie dem einen oder anderen Fan nicht doch zurückfolgen möchten – bevor er Ihnen untreu wird.

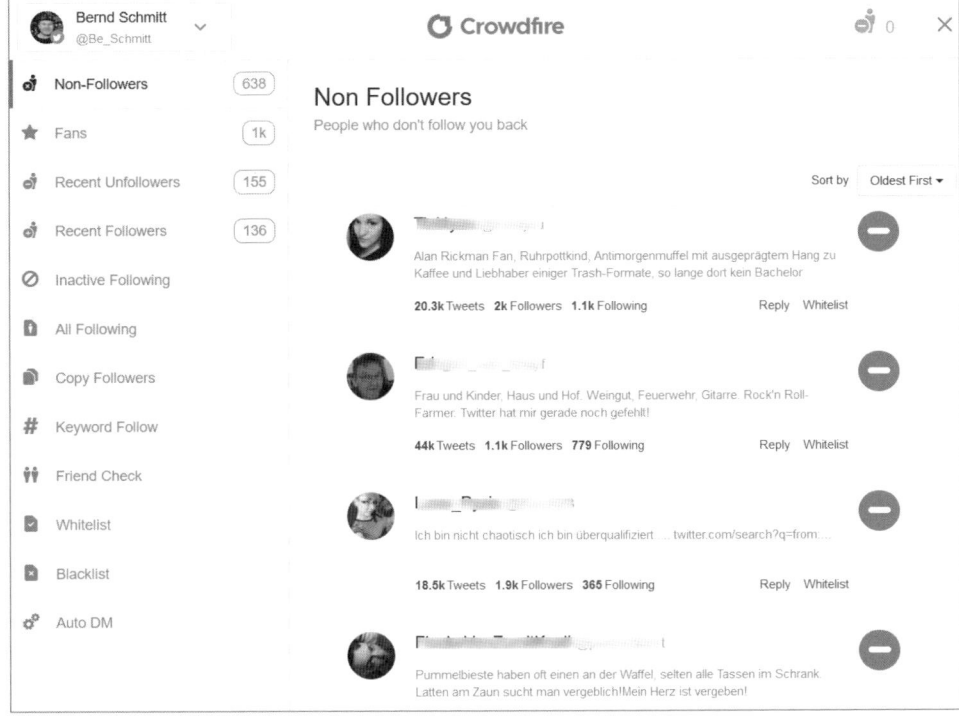

**Bild 3.6:**  Crowdfire listet alle Non-Follower auf.

## Keyword Follow

Das Feature *Keyword Follow* bietet eine gute Möglichkeit, Twitterer aus Ihrer Zielgruppe zu finden. Geben Sie ein Keyword und eine Region ein, um passgenaue Follow-Empfehlungen zu erhalten.

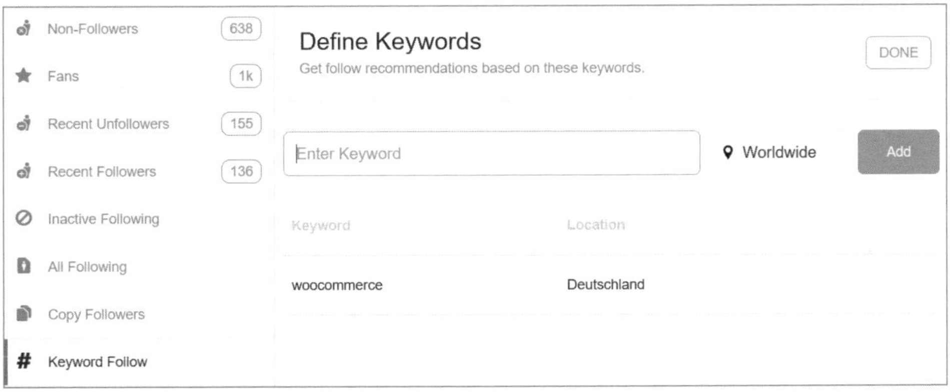

**Bild 3.7:**  Crowdfire scannt Twitter nach bestimmten Keywords.

**Auto-DM**

Über die Funktion *Auto DM* haben Sie die Möglichkeit, eine Direktnachricht an neue Follower zu versenden. Setzen Sie darin einen Link zu Ihrem Blog oder einer anderen URL, falls Sie auf diese Weise Traffic für externe Websites generieren möchten.

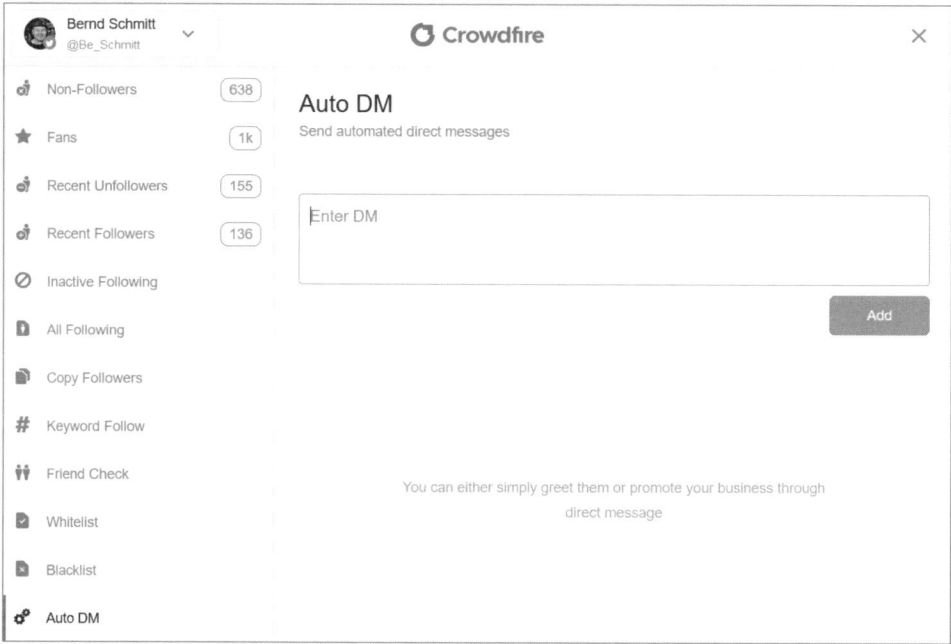

**Bild 3.8:** Crowdfire bietet die Möglichkeit, jedem neuen Follower automatisch eine Begrüßungs-DM zu senden.

## 3.2.4 Hootsuite

Wesentlich umfangreicher als Crowdfire ist die Hootsuite. Hier erhalten Sie zentralen Zugriff auf alle wichtigen Netzwerke und eine Fülle von Features. Die wichtigsten:

- Alle Social-Media-Profile über ein Dashboard zentral verwalten.

- Beiträge planen und zur Wunschzeit veröffentlichen.

- Beiträge auf mehreren Bühnen parallel veröffentlichen.

- Social-Media-Listening, also das Aufspüren von Diskussionen, in denen bestimmte Markennamen und Hashtags verwendet werden.

**Bild 3.9:** Mit der *Hootsuite* lassen sich alle Social-Media-Aktivitäten zentral steuern.

### Einstieg in die Hootsuite

Nachdem Sie einen Account auf *https://hootsuite.com* angelegt haben – für die ersten 30 Tage müssen Sie dafür nichts bezahlen –, gelangen Sie auf die Seite mit den *praktischen Guides*. Klicken Sie sie nicht weg, sondern nutzen Sie die Möglichkeit, die Netzwerke gleich anzuschließen und einen Überblick über die wichtigsten Features zu erhalten.

**Bild 3.10:** Nach dem Anlegen eines Accounts auf *https://hootsuite.com* empfängt Sie die Hootsuite mit *praktischen Guides*.

## Soziale Netzwerke anschließen

Klicken Sie auf *Interaktion mit Ihrer Zielgruppe.* Hier verknüpfen Sie Ihre bestehenden Social-Media-Accounts mit der Hootsuite.

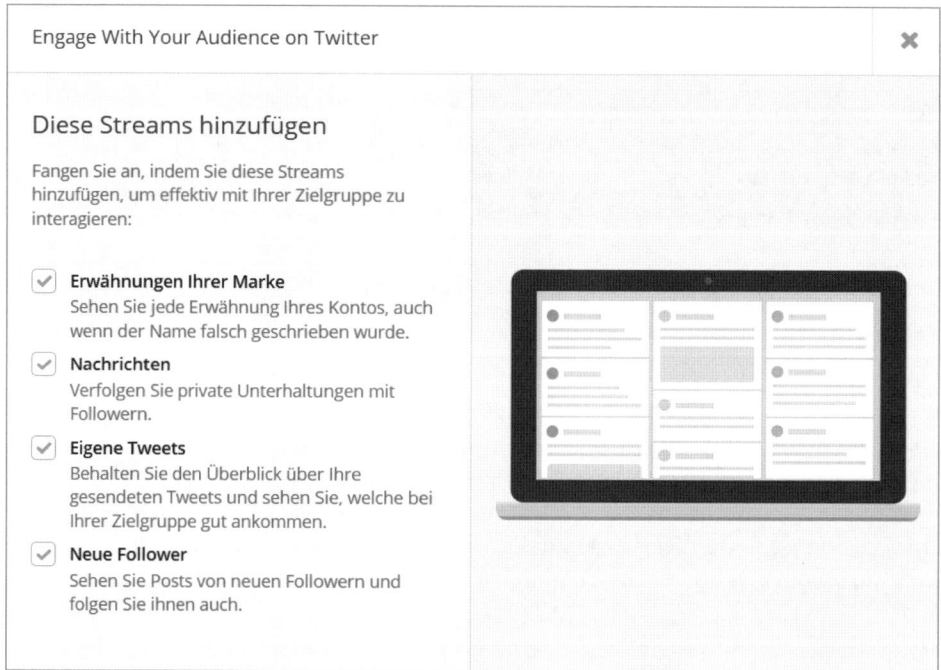

**Bild 3.11:** Hinzufügen der Social-Media-Accounts.

## Alle Profile hinzufügen

Fügen Sie Twitter, Facebook und alle anderen Bühnen hinzu, auf denen Sie präsent sind. Die maximale Anzahl ist abhängig von der Qualität Ihres Hootsuite-Accounts.

**Bild 3.12:** Verbindung mit Twitter, Facebook und weiteren Bühnen.

Klicken Sie für jede Ihrer Social-Media-Präsenzen auf den Button *Zum Dashboard hinzufügen*. Nach Abschluss werden Sie zum Dashboard der Hootsuite weitergeleitet.

**Bild 3.13:** Hinzufügen der Social-Media-Accounts zum Dashboard.

### Der Social-Media-Stream

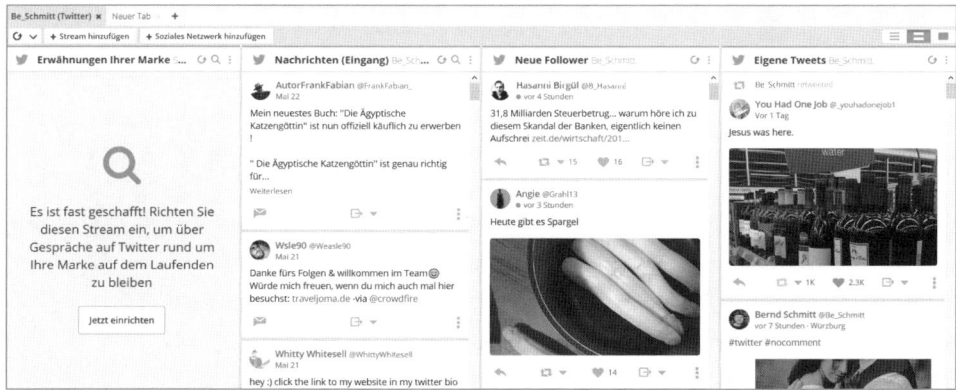

**Bild 3.14:** Der Stream in der Hootsuite.

Nach dem Hinzufügen gelangen Sie auf Ihren Social-Media-Stream. Im Bild sehen Sie, wie die Hootsuite Ihren Twitter-Account aufschlüsselt, und zwar in diesen vier Spalten von links nach rechts:

- *Erwähnungen Ihrer Marke*
- *Nachrichten (Eingang)*

- *Neue Follower*

- *Eigene Tweets*

Über der Kopfleiste können Sie weitere Streams einblenden. Klicken Sie hierzu auf den Tab *+Stream hinzufügen.*

Zuvor sollten Sie aber noch einen Blick auf die erste Spalte werfen, die *Erwähnungen Ihrer Marke.* Hier bietet Ihnen die Hootsuite die Möglichkeit zum Social-Media-Listening: »Richten Sie diesen Stream ein, um über Gespräche auf Twitter rund um Ihre Marke auf dem Laufenden zu bleiben.«

### Social-Media-Listening

Mit der Methode des Social-Media-Listening halten Sie nach bestimmten von Ihnen eingegebenen Begriffen Ausschau. Sie können dabei Ihren Markennamen eingeben, aber auch jedes andere Wort.

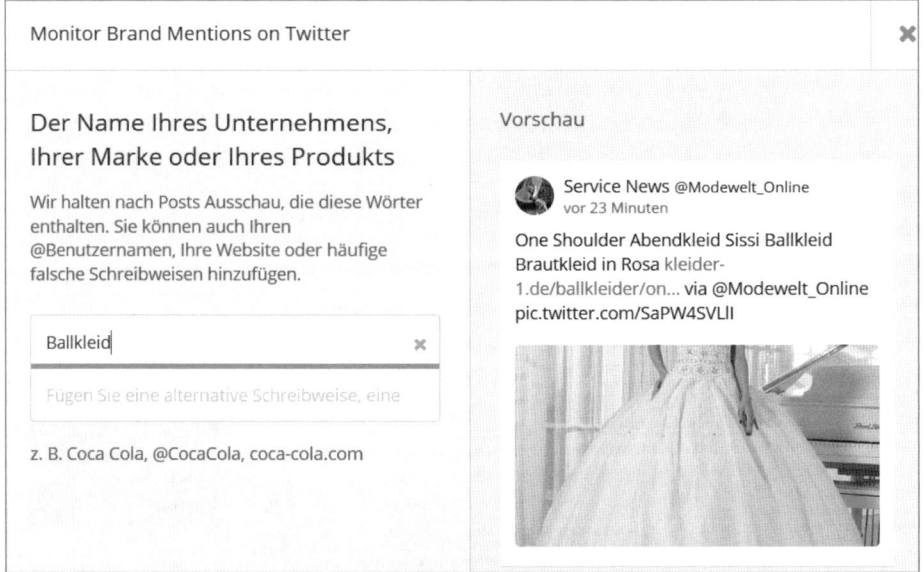

**Bild 3.15:**  Social-Media-Listening: Suche nach bestimmten Begriffen.

**Beispiel**: Sie möchten edle Ballbekleidung bewerben. Geben Sie »Ballkleid« in das Feld auf der linken Seite ein. Nach wenigen Sekunden gibt Ihnen die Hootsuite alle Tweets aus, in denen »Ballkleid« enthalten ist. Es liegt an Ihnen, ob und in welcher Weise Sie sich an der Diskussion beteiligen.

Besonders hilfreich ist dieses Feature für die Erfolgsmessung von Kampagnen.

**Beispiel**: Sie haben ein spezielles Hashtag ins Leben gerufen und möchten wissen, ob das Publikum darauf anspringt. Geben Sie das Hashtag ein und überprüfen Sie die Verbreitung.

Das Social-Media-Listening funktioniert auch mit Benutzernamen und URLs.

Klinken Sie sich in Diskussionen ein, um einen Überraschungseffekt auszulösen. In der Regel ist es dem User nämlich nicht bewusst, dass Sie seinen Beitrag nur aufgrund einer gezielten Fahndung bemerkt haben. Nutzen Sie das Social-Media-Listening auch, um kritische Äußerungen über Ihr Unternehmen aufzuspüren und schnell darauf zu reagieren.

### Beiträge auf mehreren Bühnen gleichzeitig veröffentlichen

Über den Publisher können Sie Beiträge auf mehreren Bühnen gleichzeitig veröffentlichen. Zuvor müssen Sie die betreffenden Accounts auswählen, und zwar über das Dropdown-Menü neben dem Feld *Profil suchen*.

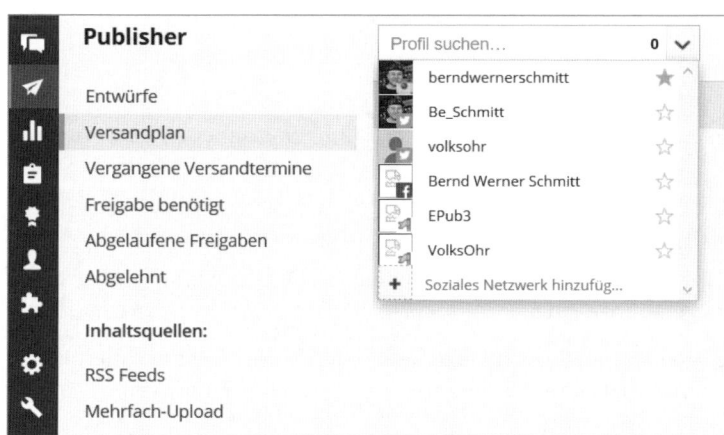

**Bild 3.16:** Im Publisher können Beiträge auf mehreren Bühnen gleichzeitig veröffentlicht werden.

### Beiträge absenden

In der linken Spalte sehen Sie die von Ihnen ausgewählten Profile. Erstellen Sie im Textfeld Ihren Beitrag und klicken auf *Jetzt senden* – oder auf das Kalender-Icon, um einen späteren Zeitpunkt festzulegen. Im Tarif *Hootsuite Professional* lassen sich bis zu zehn Profile anschließen. Falls Sie beispielsweise einen Zweitaccount auf Twitter besitzen, können Sie die Bühne mehrfach bespielen.

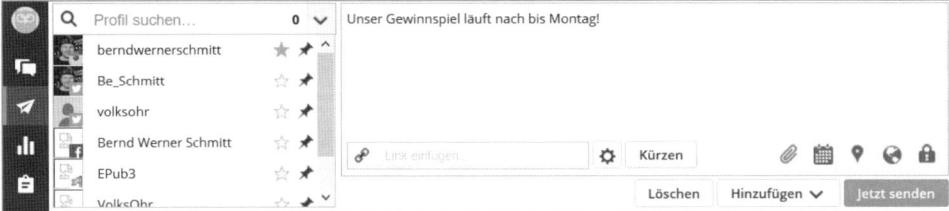

**Bild 3.17:** Mit einem Klick auf den Sendebutton wird ein Beitrag auf allen angeschlossenen Bühnen platziert.

# 3.3 WordPress als zentrale Bühne

Nicht wenige Unternehmen lassen die eigene Website völlig schleifen, um sich ganz in die Hände der Social-Media-Bühnen zu begeben. Ein schwerer Fehler, denn die Vorzüge einer Unternehmens-Website bzw. eines Unternehmensblogs machen sich schnell bezahlt:

- Eine eigene Domain genießt rechtlichen Schutz.

- Ausübung des Hausrechts, statt sich den AGB der Bühnenbetreiber zu unterwerfen.

- Flexibilität im Design.

- Freie Platzierung und Sortierung der Inhalte.

- Mit einer Erweiterung zum Shop können auf der eigenen Website Waren, Dienstleistungen oder Tickets verkauft werden.

- Die eigene Website ist eine gute Basis für das Newsletter-Marketing und unerlässlich für die Gewinnung von WhatsApp-Abonnenten und Snapchat-Followern.

- Pinterest-Marketing ist nur sinnvoll, wenn auch Bilder der eigenen Website als Quelle verwendet werden.

- Ein eigenes Blog bietet die Möglichkeit, die Social-Media-Präsenzen effektiv zu bespielen.

**Warum WordPress?**

Alle diese Vorteile kommen am besten zum Tragen, wenn Sie für Ihre Website ein leicht zu handhabendes und flexibles Content-Management-System (CMS) einsetzen. WordPress lässt hier keine Wünsche offen. Sie können WordPress auf folgende Weise einsetzen:

- **Für eine Website Ihres Unternehmens**: zur Präsentation überwiegend statischer Inhalte.

- **Für ein Blog Ihres Unternehmens**: zur Präsentation fortlaufend aktualisierter Inhalte.

- **Als Steuerzentrale**: zur Streuung aktueller Inhalte auf Ihre Social-Media-Bühnen.

Ideal ist die Kombination von Blog und Steuerzentrale. In diesem Kapitel erfahren Sie, wie Sie WordPress so verdrahten, dass Sie doppelt Traffic generieren: auf dem Blog und auf den Bühnen.

Was Sie für eine eigene WordPress-Installation benötigen:

- Eine eigene Domain, im Idealfall *www.firmenname.de.*

- Webspace für WordPress.

Beides erhalten Sie in dem Hostingpaket eines Providers. Doch da ist nicht alles Gold, was glänzt.

## 3.3.1 Providerwahl vor der Installation

Der anvisierte Domainname ist prägnant, markenrechtlich sicher und noch nicht belegt? Dann geht es weiter mit der Suche nach einem für WordPress passenden Provider.

### Voraussetzung PHP 7

Installieren Sie WordPress nur bei einem Provider, der mindestens PHP 7 zur Verfügung stellt. WordPress selbst läuft auch noch auf älteren Versionen, aber Yoast nicht mehr. Dieses Plug-in leistet Ihnen gute Dienste bei der Suchmaschinenoptimierung und der Verifizierung Ihrer Website für Facebook, Twitter, Pinterest und Google Plus. Außerdem wurde mit PHP 7 die Performance verbessert. Die Anfragen an den Server werden deutlich schneller ausgeliefert als bei der Vorgängerversion. Das heißt: Ihr Blog wird schneller geladen und besser gefunden. Auch die Ladezeit gehört nämlich zu den Kriterien für das Ranking bei Google.

**PHP umschalten**
Nicht jedes Plug-in und jedes Theme läuft auf allen Versionen. Zu 98 % liegt das Problem bei veraltetem PHP. Doch in einzelnen Fällen arbeitet ein Plug-in ausgerechnet mit der neuesten PHP-Version nicht zusammen. In diesem Fall ist es hilfreich, wenn der Provider einen Wechsel zwischen unterschiedlichen PHP-Versionen ermöglicht.

### Voraussetzung MySQL

Für WordPress 4.8 wird MySQL 5.6 oder höher empfohlen. Eine Installation lässt sich zwar schon ab MySQL 5.0 durchführen, ist dann aber für Angriffe von Hackern ein leichteres Ziel. Es ist allerdings unwahrscheinlich, dass ein Provider PHP 7 in Kombination mit veraltetem MySQL einsetzt. Faustregel: Ist PHP aktuell, ist auch MySQL aktuell.

### Voraussetzung Mod Rewrite

Um von Google komfortabel eingesaugt und auf den Trefferlisten gut platziert zu werden, muss Ihre Website URLs in dieser Form erzeugen können:

*www.meine-adresse.de/mein-blogbeitrag.*

Diese suchmaschinenfreundlichen URLs funktionieren in WordPress aber nur, wenn der Provider seine Hausaufgaben gemacht hat. Er muss das Modul *Mod Rewrite* aktiviert haben. Es gehört zur Grundausstattung eines Apache-Webservers, und die meisten Webserver laufen unter diesem System.

Und wenn nicht? Ohne *Mod Rewrite* werden nur sehr kryptische URLs erzeugt, etwa in dieser Art:

*www.meine-adresse.de/?ID=127.*

Die Suchmaschinen können mit so einem Wirrwarr wenig anfangen und platzieren die betreffenden Seiten schlechter. Gehen Sie keine Kompromisse ein. Ohne *Mod Rewrite* stehen Sie mit Ihrem Projekt von Beginn an auf verlorenem Posten.

### Voraussetzung PHP Memory Limit

Einige Plug-ins funktionieren nur ab einem bestimmten Wert für das *PHP Memory Limit*. Dummerweise kürzen die Provider die Einheit unterschiedlich ab, entweder mit M oder mit MB, was zu Verwechslungen mit dem physischen Arbeitsspeicher des Servers führen kann. Für eine solide WordPress-Installation dürfen es 256 M oder besser 512 M sein – für das *PHP Memory Limit* und nichts anderes.

### Besser mit SSL

Eine SSL-Verschlüsselung ist heute Standard, machen Sie es also nicht ohne. Denken Sie daran, dass Sie auf Ihrem Blog auch Daten erheben, zum Beispiel über ein Kontaktformular. Sicher wollen Sie nicht riskieren, dass der Browser Ihres Besuchers dabei einen Warnhinweis einblendet.

Was Sie brauchen, ist ein sogenanntes SSL-Zertifikat. Viele Provider bieten Hostingpakete an, die ein oder mehrere SSL-Zertifikate integriert haben, oder sie ermöglichen die Integration eines Zertifikats als Zusatzoption. Eine unrühmliche Ausnahme bildet United Domains. Der Provider verkauft immer noch Webspace, auf dem sich überhaupt kein SSL installieren lässt (Stand Juni 2017). Falls Sie dort eine Domain erworben haben: Wechseln Sie zu einem anderen Provider, bevor Sie WordPress oder irgendein anderes CMS installieren.

Verschlüsselte Seiten erkennen Sie am grünen Schlösschen in der Adresszeile und dem Beginn der URL.

- Unverschlüsselt: *http://www.firmenname.de* oder *http:firmenname.de.*
- Verschlüsselt: *https://www.firmenname.de* oder *https://firmenname.de.*

**SSL-Verschlüsselung von Anfang an**
Zwingende Voraussetzung für die Installation und den Probebetrieb ist eine SSL-Verschlüsselung nicht. Sie können also WordPress zunächst auf einer unverschlüsselten URL installieren und den Einbau des Zertifikats dann nachholen. Es spart Ihnen aber eine Menge Arbeit, wenn Sie WordPress gleich auf einer verschlüsselten URL aufspielen. Sie müssen später keine Weiterleitungen von HTTP nach HTTPS anlegen.

### Domain und Provider

Zuständige Registrierungsstelle für eine Domain mit der Endung *.de* ist die DENIC. Die Abkürzung steht für *Deutsches Network Information Center*, der Sitz ist Frankfurt. Sie selbst müssen allerdings keinen direkten Kontakt mit der Registrierungsstelle aufnehmen, das erledigt Ihr Provider.

Die Prozedur: Mit der Bestellung der Domain meldet Sie der Provider auch als Domaineigentümer an. Er wickelt also das Organisatorische in Ihrem Auftrag ab. Bei einem Providerwechsel dürfen Sie Ihren Domainnamen mitnehmen. Allerdings ist ein Wechsel bei einem laufenden Projekt immer mit Aufwand und Stress verbunden. Wählen Sie Ihren Provider zu Projektstart sorgfältig aus, um dieses ärgerliche Szenario zu vermeiden:

1. WordPress bei Provider A installieren.

2. Website aufbauen, mit den Social-Media-Bühnen verzahnen und mit Provider A herumärgern.

3. Hektisch zu Provider B umziehen.

Um gleich auf das richtige Pferd zu setzen, ist etwas Forschungsarbeit angesagt. Schauen Sie sich bei einigen Providern um und achten Sie auf die inneren Werte.

### Die inneren Werte

Sicher, leicht bekleidete Damen auf Werbeseiten sind schön anzusehen, aber die Models wollen ja auch bezahlt werden. Bei allzu viel nackter Haut stellt sich die Frage, an welcher Stelle der Provider seine Prioritäten setzt: Körbchen am Model oder Service am Kunden?

### Vorsicht bei Dumpingpreisen

Einige Provider locken mit extrem günstigen Konditionen.

**Beispiel:** Webspace inklusive eines Zehnerpacks Domains für 2,99 Euro. So ein Deal ist aber nur für kleinere Projekte oder zum Horten billiger Domains geeignet. Billig-Webspace wird nämlich zumeist auf Servern mit einer veralteten PHP-Version verramscht.

Zur Not lässt sich WordPress auch auf einer alten Kiste zum Laufen bringen, aber spätestens bei der Installation von anspruchsvollen Plug-ins tauchen die ersten Probleme auf.

Zudem erfordern einige Programme im Umfeld von WordPress bestimmte Voraussetzungen. Vielleicht möchten Sie später das Tracking-Tool Piwik installieren. Auf einem Server, der schon bei WordPress zickt, versagen auch Piwik und andere Hilfsprogramme.

### Support ist wichtig

Ein kompetenter Support zahlt sich vor allem dann aus, wenn WordPress nicht reibungslos funktioniert oder überhaupt nicht erreichbar ist. Das gilt umso mehr für ein mit Social Media verbundenes Blog oder einen Onlineshop. Jeder verlorene Tag zerstört Vertrauen, bringt Sie bei Google in Misskredit und kostet bares Geld. Es sind drei Ebenen, auf denen Sie im Fall des Falles Support benötigen:

- **Website-Ebene** – Fragen zu Installation und Betrieb der Website. Zuweisung von Domain und Webspace. Einrichtung von Datenbanken und E-Mail-Adressen.

- **WordPress-Ebene** – Hilfe zur WordPress-Installation und bei Problemen im laufenden Betrieb.

- **Themes- und Plug-in-Ebene** – Support für spezielle Komponenten.

Streng genommen ist der Provider nur für den Support auf der ersten Ebene zuständig. Weil sich WordPress aber zu einem Standard für Websites etabliert hat, finden Sie bei besseren Anbietern auch Hilfen zu WordPress allgemein und in einigen Fällen auch zu populären Themes und Plug-ins.

Ein freundlicher und kompetenter Support hat nicht nur einiges praxisrelevante Wissen gesammelt, er hilft auch weiter, ohne sich einen Zacken aus der Krone zu brechen – sogar dann, wenn die Frage nicht ganz genau in einen umrissenen Bereich passt.

### Der Providercheck

Haben Sie drei oder vier Provider in der engeren Auswahl? Dann geht es darum, den besten herauszufiltern. Die Plus- und Minuspunkte:

Pluspunkte:

- Klare Darstellung der unterschiedlichen Leistungen. Schwerpunkte sollten Hostingpakete und Server einnehmen. Achten Sie darauf, dass beides vorhanden ist, dann können Sie mit dem Wachstum Ihrer Website vom Hostingpaket auf einen Server upgraden.

- Detailangaben zum Webspace. Achten Sie auf transparente Angaben. Beim PHP Memory Limit ist ein Wert von 256 M das Minimum, besser sind 512 M.

- Informationen darüber, mit wie vielen Sie einen Server teilen müssen. 100 Kunden pro Server sind zu viele. 20 Kunden pro Server sind annehmbar.

- PHP 7 inbegriffen. Sehr praktisch sind Auswahlmöglichkeiten unterschiedlicher PHP-Versionen.

- Ein SSL-Zertifikat sollte entweder schon im Hostingpaket integriert oder einfach bestellbar sein.

- Verständliche FAQs und Tutorials, in denen auch spezielle Fragen zu WordPress beantwortet werden.

- Klare Kostenstruktur. Es ist ja schön und gut, wenn für die ersten Monate nichts bezahlt werden muss. Aussagekräftiger ist aber der Preis danach.

Minuspunkte:

- Im Vordergrund stehen Baukastensysteme und »Managed WordPress«, aber keine echten Webspace-Angebote? Für diese Prioritätensetzung gibt es einen Minuspunkt.

- Der Provider hat sich auf andere Systeme wie Joomla!, Drupal oder TYPO3 spezialisiert. Zugegeben, damit lässt sich auch einiges machen. Es ist aber beim Support von Vorteil, wenn sich Provider und Website-Betreiber auf einer Wellenlänge befinden. Sie unterhalten sich ja auch nicht mit Schlagerfans über Punkrock.

Wenn Sie dem Provider ordentlich auf den Zahn fühlen wollen, rufen Sie vor Abschluss eines Vertrags dort an oder schicken eine E-Mail an den Support. Schildern Sie Ihr Projekt und fragen Sie auch nach Details wie dem PHP Memory Limit und dem SSL-Zertifikat. Bewerten Sie die Reaktion.

Hatte man ein offenes Ohr für Sie, und wurden die Detailfragen kompetent beantwortet? Oder wurden Sie schon vor Vertragsabschluss nach Schema F abgefertigt? Dann ist Vorsicht geboten. Erfahrungsgemäß wird der Service nach dem Anmieten von Webspace nicht besser.

## Webspace anmieten

Der Provider steht fest? Gut, aber er hat unterschiedliche Produkte im Angebot. Beim Anmieten von Webspace müssen Sie höllisch aufpassen, sich keinen überflüssigen Schnickschnack andrehen zu lassen. Besonders die großen Anbieter haben da so ihre Tricks auf Lager:

- **1-Klick-Installationen** – Als Spielwiese zum Ausprobieren von WordPress ist so etwas in Ordnung, aber diese Möglichkeit haben Sie auch immer über das Anlegen eines Accounts bei *wordpress.com*. Bei der Entscheidung für oder gegen ein bestimmtes Hostingpaket sind 1-Klick-Installationen irrelevant.

- **Managed WordPress** – Der Popularität von WordPress ist es zu verdanken, dass einige Provider auch ein Mittelding zwischen 1-Klick-Installation und echter Installation anbieten, zum Beispiel unter dem Namen »Managed WordPress«. Der Deal: Sie zahlen etwas mehr, dafür kümmert sich der Provider um die Details. Er stellt eine optimale Serverumgebung zur Verfügung und kümmert sich um die Updates. Das klingt verlockend und kann für eine Standard-Website durchaus eine Alternative sein.

  Weniger geeignet ist Managed WordPress allerdings für eine Website, die sich durch eine enge Verzahnung mit den Social-Media-Bühnen auszeichnet. Halten Sie die Fäden lieber selbst in der Hand oder übergeben Sie das Management einer externen, auf WordPress spezialisierten Agentur. Ein vernünftiges Preis-Leistungs-Verhältnis finden Sie beispielsweise bei AdminPress (*https://adminpress.de/*).

Was Sie am Anfang brauchen: Webspace ohne Schnickschnack in der mittleren bis gehobenen Preislage. Für so ein Paket bezahlen Sie 5 Euro aufwärts im Monat, inklusive einer oder mehrerer Domains.

### 3.3.2 WordPress installieren

Der Webspace ist bestellt und die Domain dem Installationsverzeichnis zugeordnet? Dann erscheint wahrscheinlich irgendein Baustellenschild, wenn Sie Ihre Website ansurfen. Also in die Hände gespuckt und erst mal das Basissystem installiert. Erster Schritt: WordPress herunterladen, und zwar:

- von der richtigen Quelle,
- in der richtigen Version sowie
- in der richtigen Sprache.

**Deutsche Bezugsquelle**

**Bild 3.18:** Bezugsquelle für die deutsche WordPress-Version: *https://de.wordpress.org*.

WordPress ist kostenlos. Sie dürfen das Programm beliebig oft herunterladen und installieren. Weder für einen Download noch für eine Installation ist eine Registrierung notwendig. Bezahlen müssen Sie lediglich für besonders hochwertige Themes und Plug-ins.

Für den Download einer deutschen Version gehen Sie auf *de.wordpress.org*.

Nicht zu übersehen ist der Download-Button, der zur jeweils aktuellen Version führt. Diese steht entweder als *latest-de_DE.zip* zur Verfügung oder mit einem Versionshinweis im Namen, beispielsweise als *wordpress-4.8-de_DE.zip*. In jedem Fall ist es eine Produktiv- und keine Betaversion. Sie dürfen sie mit gutem Gefühl herunterladen.

### WordPress öffne dich

Nach dem Anklicken des Download-Buttons werden 9 MByte auf Ihren Computer heruntergeladen. Die Dateiendung *.zip* verrät, dass WordPress nicht als ausführbare Datei, sondern als Archiv vorliegt.

| | | |
|---|---|---|
| 📄 wordpress-4.8-de_DE | 9.196 KB | ZIP-komprimierter Ordner |

**Bild 3.19:** Das WordPress-Archiv nach dem Download. Das *DE* im Dateinamen weist auf die deutsche Version hin.

Vor dem Hochladen auf den Server müssen Sie das Archiv entpacken. Kein Problem, denn die meisten Betriebssysteme können eine ZIP-Datei heute ohne Zusatzprogramme öffnen. Im Windows-Explorer genügt ein Rechtsklick auf das Archiv. Wählen Sie aus dem aufklappenden Kontextmenü die Option, alles zu extrahieren oder zu entpacken.

### Wichtige Verzeichnisse und Dateien

| Name | Änderungsdatum | Typ |
|---|---|---|
| wp-admin | 08.06.2017 23:40 | Dateiordner |
| wp-content | 08.06.2017 23:40 | Dateiordner |
| wp-includes | 08.06.2017 23:42 | Dateiordner |
| index.php | 08.06.2017 23:40 | PHP-Datei |
| license | 08.06.2017 23:40 | Textdokument |
| liesmich | 08.06.2017 23:40 | Firefox HTML Document |
| readme | 08.06.2017 23:40 | Firefox HTML Document |
| wp-activate.php | 08.06.2017 23:39 | PHP-Datei |
| wp-blog-header.php | 08.06.2017 23:39 | PHP-Datei |
| wp-comments-post.php | 08.06.2017 23:40 | PHP-Datei |
| wp-config-sample.php | 08.06.2017 23:40 | PHP-Datei |
| wp-cron.php | 08.06.2017 23:39 | PHP-Datei |
| wp-links-opml.php | 08.06.2017 23:40 | PHP-Datei |
| wp-load.php | 08.06.2017 23:40 | PHP-Datei |
| wp-login.php | 08.06.2017 23:40 | PHP-Datei |
| wp-mail.php | 08.06.2017 23:39 | PHP-Datei |
| wp-settings.php | 08.06.2017 23:40 | PHP-Datei |
| wp-signup.php | 08.06.2017 23:40 | PHP-Datei |
| wp-trackback.php | 08.06.2017 23:39 | PHP-Datei |
| xmlrpc.php | 08.06.2017 23:39 | PHP-Datei |

**Bild 3.20:** Der Inhalt des entpackten WordPress-Ordners. Die Datei *wp-config-sample.php* ist auch als Konfigurationsdatei bekannt. In dieser Datei werden die Zugangsdaten für die MySQL-Datenbank eingetragen.

Haben Sie das Archiv entpackt? Dann öffnen Sie den WordPress-Ordner. Sie finden darin die drei Unterverzeichnisse *wp-admin*, *wp-content* und *wp-includes*. Diese kommen aber erst später ins Spiel. Wichtiger sind jetzt drei der einzelnen Dateien. Die Lizenz und die Liesmich-Datei sollten Sie einmal grob überfliegen. Genauer unter die Lupe nehmen müssen Sie dagegen die Datei *wp-config-sample.php*, die Konfigurationsdatei. Hier werden nämlich die Zugangsdaten der Datenbank eingetragen – die vor der Installation angelegt sein muss.

**Die Datei .htaccess**
Früher oder später muss sich jeder Webmaster mit der Datei *.htaccess* herumschlagen. Mitgeliefert wird sie von WordPress allerdings noch nicht. Erst während der Konfiguration, und zwar bei der Einstellung der suchmaschinengerechten Permalinks, wird sie heimlich, still und leise erzeugt.

## MySQL-Datenbank anlegen

WordPress funktioniert nicht ohne Datenbank, und es legt auch keine für Sie an. Das müssen Sie selbst in die Hand nehmen. Leider ticken hier alle Provider ein bisschen anders. Loggen Sie sich deshalb in das Kundencenter Ihres Providers ein und erforschen Sie Tutorials und FAQs zur Anlage von MySQL-Datenbanken. Einige Provider bieten die Möglichkeit, den Datenbanknamen selbst zu wählen. Aus Sicherheitsgründen sind leicht zu erratende Namen wie »wordpress« oder »name« nicht empfehlenswert. Wählen Sie eine für Hacker nicht zu erratende Mischung aus Buchstaben und Zahlen.

**Sonderzeichen**
Bei Namen und Passwörtern von Accounts dürfen und sollen Sie Sonderzeichen wie @ oder ; verwenden. Bei Datenbank- und Verzeichnisnamen gelten andere Spielregeln. Um die Funktionalität nicht zu gefährden, verwenden Sie hierfür nur Buchstaben und Zahlen.

Notieren Sie sich gleich beim Anlegen der Datenbank die folgenden vier Zugangsdaten. Sie benötigen sie später für die Konfigurationsdatei:

- den Namen der Datenbank,
- Ihren MySQL-Datenbankbenutzernamen,
- Ihr MySQL-Passwort sowie
- die MySQL-Serveradresse.

## Administration mit phpMyAdmin

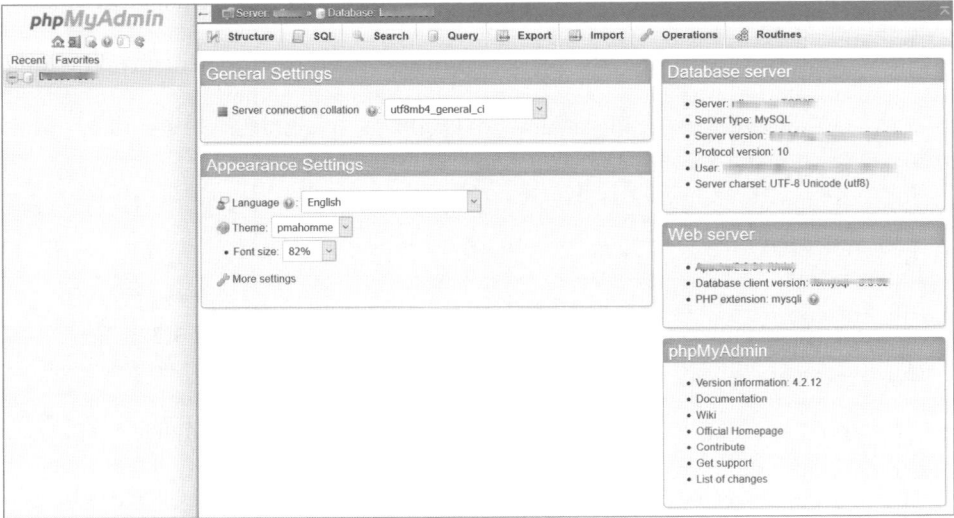

**Bild 3.21:** Die MySQL-Datenbank wird mit *phpMyAdmin* administriert.

MySQL-Datenbanken werden über die grafische Oberfläche *phpMyAdmin* verwaltet. Die meisten Provider haben dieses Tool vorinstalliert. Auf den Hilfeseiten des Providers ist auch die URL für den phpMyAdmin-Zugang angegeben.

## Die Konfigurationsdatei

Die Konfigurationsdatei *wp-config-sample.php* ist dazu da, die Verbindung mit der Datenbank herzustellen, und nicht etwa, um die Admins zu ärgern. Trotzdem ist sie häufig ein Stolperstein bei der WordPress-Installation. Beim ersten Mal geht immer etwas schief. Rechnen Sie mit Vertippern – die sich aber leicht beheben lassen.

### Konfigurationsdatei öffnen

```
// ** MySQL-Einstellungen ** //
/** Diese Zugangsdaten bekommst du von deinem Webhoster. **/

/**
 * Ersetze datenbankname_hier_einfuegen
 * mit dem Namen der Datenbank, die du verwenden möchtest.
 */
define('DB_NAME', 'datenbankname_hier_einfuegen');

/**
 * Ersetze benutzername_hier_einfuegen
 * mit deinem MySQL-Datenbank-Benutzernamen.
 */
define('DB_USER', 'benutzername_hier_einfuegen');

/**
 * Ersetze passwort_hier_einfuegen mit deinem MySQL-Passwort.
 */
define('DB_PASSWORD', 'passwort_hier_einfuegen');

/**
 * Ersetze localhost mit der MySQL-Serveradresse.
 */
define('DB_HOST', 'localhost');
```

**Bild 3.22:** Die Zugangsdaten für die Datenbank werden in der Datei *wp-config-sample. php* eingegeben.

Öffnen Sie die Konfigurationsdatei. Weil sie Formatierungen hinterlassen, sind umfangreiche Textverarbeitungsprogramme wie Word oder OpenOffice für das Arbeiten mit der Konfigurationsdatei nicht geeignet. Benutzen Sie stattdessen das Programm Notepad++ oder einen möglichst einfachen Editor. In Windows finden Sie unter *Start/Windows-Zubehör/Editor* ein geeignetes Programm. Auf dem Mac können Sie das Programm TextEdit verwenden. Speichern Sie damit aber nur reinen Text ab.

### Zugangsdaten eintragen

Scrollen Sie bis zur Position MySQL-Einstellungen. Die Zugangsdaten für die Datenbank haben Sie beim Anlegen vom Provider erhalten. Falls Sie sie nicht mehr vorliegen haben oder unsicher sind, gehen Sie noch einmal in den Kundenbereich. Alles beisammen? Geändert wird die Konfigurationsdatei an vier Stellen:

- Name der Datenbank: 'datenbankname_hier_einfuegen'

- MySQL-Datenbankbenutzername: 'benutzername_hier_einfuegen'

- MySQL-Passwort: 'passwort_hier_einfuegen'

- MySQL-Serveradresse: 'localhost'

### Konfigurationsdatei speichern

Das Wörtchen *sample* innerhalb von *wp-config-sample.php* steht für die Vorläufigkeit der Datei. Nach der Eingabe der Zugangsdaten speichern Sie sie unter dem neuen und endgültigen Namen *wp-config.php*. Achten Sie darauf, den Speicherort beizubehalten. Die *wp-config.php* befindet sich nun neben der *wp-config-sample.php* im Ordner *wordpress*.

Jetzt können alle WordPress-Dateien auf den Server hochgeladen werden, natürlich ohne die alte Datei *wp-config-sample.php*. Werfen Sie diese aber nicht weg, sondern behalten Sie sie auf Ihrem Computer. Es kann sein, dass Sie zur Problemlösung noch einmal auf eine unveränderte Konfigurationsdatei zurückgreifen müssen.

### Upload via FTP

WordPress ist nun bereit für die Installation auf Ihrem Webspace. Weil die Dateien aber nicht von allein dorthin wandern, benötigen Sie ein FTP-Programm, genau genommen einen FTP-Client.

Die Abkürzung FTP steht für *File Transfer Protocol*. Es regelt den Transfer von Dateien zwischen verschiedenen Computern. Für Ihren Zweck hat das FTP-Programm zwei Hauptaufgaben zu stemmen:

- **Sofort**: Zur WordPress-Installation die Dateien vom heimischen Computer auf den Webserver hochladen.
- **Später**: Zur WordPress-Sicherung die Dateien vom Webserver auf den heimischen Computer herunterladen.

Viele Provider stellen ein hauseigenes FTP-Programm zur Verfügung. Der Vorteil: Sie müssen sich für den Transfer von Dateien nur in das Kundencenter einloggen, die Installation eines neuen Programms auf Ihrem Computer entfällt. Allerdings verlangt die providereigene Lösung Einarbeitungszeit, und die Bedienung ist nicht immer sehr komfortabel. Früher oder später greifen die meisten Webmaster zu einem unabhängigen FTP-Client.

### FileZilla oder FireFTP?

Weitverbreitet ist der kostenlose FTP-Client FileZilla. Er läuft eigenständig auf allen Plattformen, also auf Windows, macOS und Linux. Zu Unrecht noch ein Geheimtipp ist der ebenfalls kostenlose Client FireFTP. Vielleicht liegt es daran, dass dieses kleine Tool nur als Add-on für den Browser Firefox erhältlich ist. Alleine ist FireFTP nicht lauffähig.

Wenn Sie ohnehin mit dem Firefox surfen, erweitern Sie ihn mit FireFTP. Das Tool bietet alle Funktionen, die Sie für Installation und Datensicherung von WordPress benötigen.

Suchen Sie im Firefox-Menü nach dem Unterpunkt *Add-ons*. Geben Sie dann in die Add-on-Suchmaschine »FireFTP« ein. Gefunden? Klicken Sie auf *Add to Firefox*. So schnell ist kein anderer FTP-Client installiert. Ebenso genial funktioniert die Einbindung in die Firefox-Architektur. Der Client arbeitet nämlich in einem eigenen Browsertab. Der Wechsel zwischen den Tabs von FireFTP und der WordPress-URL ermöglicht eine sofortige Kontrolle der Änderungen nach dem Transfer von Dateien.

### FileZilla downloaden und installieren

Sie bevorzugen FileZilla? Das Programm ist ebenfalls kostenlos, aber erheblich umfangreicher. Zur Wahl stehen ein FileZilla-Client und ein FileZilla-Server. Benötigt wird ausschließlich der Client. Auf der Herstellerseite *https://filezilla-project.org* finden Sie die Clientversionen für Windows und macOS.

## Mit dem Server verbinden

Vor dem Upload von Dateien müssen Sie sich erst einmal mit Ihrem Server verbinden.

- Für die Benutzer von FileZilla: Links oben befindet sich der *Servermanager*.
- Für die Benutzer von FireFTP: Links oben befindet sich die Schaltfläche *Ein Benutzerkonto einrichten*.

Dort geben Sie die Verbindungsdaten ein, die Sie vom Provider erhalten haben:

- FTP-Adresse
- FTP-Benutzername
- FTP-Kennwort

Jeder Serververbindung können Sie einen eigenen Namen zuweisen. Das ist ganz praktisch, um mehrere Projekte zu verwalten. Ist alles richtig eingegeben? Dann können Sie das Serverprofil speichern und auf *Verbinden* klicken.

> **SFTP-Modus einsetzen**
> Jeder gängige FTP-Client besitzt auch einen SFTP-Modus, in dem die Dateien verschlüsselt übertragen werden. Klicken Sie in FireFTP auf *Verbindungen* und wählen Sie *SFTP* aus, um die Sicherheit beim Datentransfer zu erhöhen.

## WordPress hochladen

Die FTP-Verbindung steht? Dann wählen Sie im FTP-Client die richtigen Verzeichnisse aus. Links öffnen Sie das WordPress-Verzeichnis auf dem eigenen Computer, rechts das Zielverzeichnis auf dem Server. Im Kundencenter Ihres Providers haben Sie die Zuweisung von URL und Verzeichnis definiert. Falls nicht, können Sie noch schnell über den FTP-Client einen Ordner erstellen und ihn später beim Provider mit der URL verbinden.

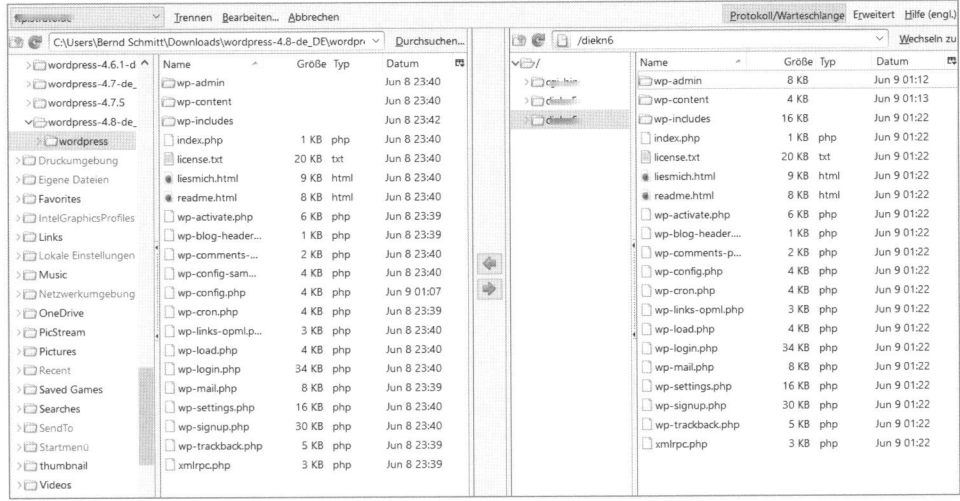

**Bild 3.23:** FireFTP im Einsatz. Links befindet sich das Quell-, rechts das Zielverzeichnis.

### Upload auf den Server

Markieren Sie alle Dateien innerhalb des WordPress-Ordners auf Ihrem Computer und starten Sie dann das Hochladen (Upload). Die Übertragung der Dateien auf den Server lässt sich mit einem kleinen Bierchen ganz gut mitverfolgen.

Je nach Internetverbindung dauert die Angelegenheit ein paar Minuten oder ein Viertelstündchen. Nachdem die Übertragung abgeschlossen ist, sollten Sie noch einmal kurz die Verzeichnisse links und rechts überprüfen.

### Installation starten

Bis auf die Datei *wp-config-sample.php* sieht alles gleich aus, und die *wp-config.php* ist auch im Boot? Gut, nach all dem Vorgeplänkel beginnt endlich die eigentliche Installation. WordPress wirbt ja immer mit der berühmten »Fünfminuteninstallation«. Das stimmt – ab jetzt.

Um die Installations-URL aufrufen, hängen Sie */wp-admin/install.php* an Ihre Adresse an. Daraus ergibt sich zum Beispiel diese Adresse:

*https://firmenname.de/wp-admin/install.php*

Wenn alles richtig eingegeben wurde, erscheint dieser Willkommensbildschirm:

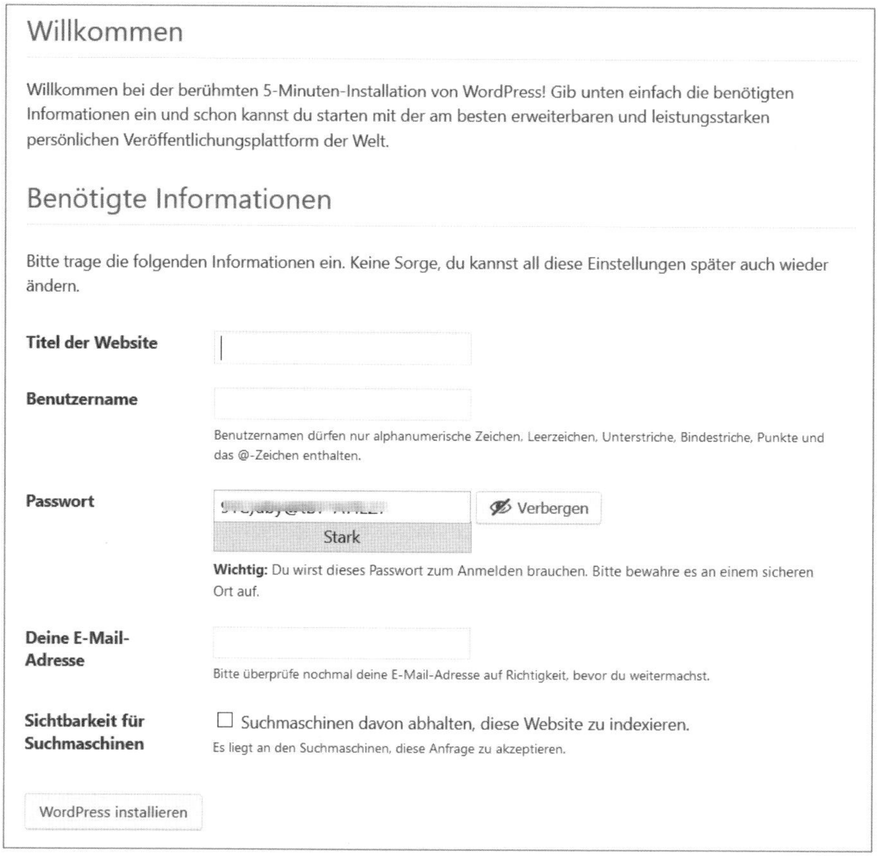

## Willkommen

Willkommen bei der berühmten 5-Minuten-Installation von WordPress! Gib unten einfach die benötigten Informationen ein und schon kannst du starten mit der am besten erweiterbaren und leistungsstarken persönlichen Veröffentlichungsplattform der Welt.

## Benötigte Informationen

Bitte trage die folgenden Informationen ein. Keine Sorge, du kannst all diese Einstellungen später auch wieder ändern.

**Titel der Website**

**Benutzername**

Benutzernamen dürfen nur alphanumerische Zeichen, Leerzeichen, Unterstriche, Bindestriche, Punkte und das @-Zeichen enthalten.

**Passwort**

👁 Verbergen

Stark

**Wichtig:** Du wirst dieses Passwort zum Anmelden brauchen. Bitte bewahre es an einem sicheren Ort auf.

**Deine E-Mail-Adresse**

Bitte überprüfe nochmal deine E-Mail-Adresse auf Richtigkeit, bevor du weitermachst.

**Sichtbarkeit für Suchmaschinen**

☐ Suchmaschinen davon abhalten, diese Website zu indexieren.

Es liegt an den Suchmaschinen, diese Anfrage zu akzeptieren.

WordPress installieren

**Bild 3.24:** Die berühmte Fünfminuteninstallation von WordPress.

Auf dem Installationsbildschirm ist zu lesen, dass *all diese Einstellungen* später geändert werden können. Diese Aufforderung zur Arglosigkeit gilt aber nur für den Titel der Website. Wenn Sie sich aussperren, können Sie gar nichts mehr ändern. Nach dem Titel geben Sie bitte alles Weitere mit Bedacht ein. Notieren Sie sich das Passwort und – noch wichtiger – vertippen Sie sich nicht bei der E-Mail-Adresse. Nur über diese erhalten Sie nämlich im Notfall ein Ersatzpasswort.

Ganz unten ist noch eine fiese Falle für diejenigen eingebaut, die instinktiv überall ein Häkchen setzen. Da lauert doch tatsächlich neben dem Punkt *Sichtbarkeit für Suchmaschinen* eine Checkbox zum Aktivieren. Tun Sie das nicht, denn rechts daneben sind die verheerenden Folgen erklärt: Das Aktivieren der Checkbox verhindert nämlich, dass die Suchmaschinen Ihre Website indexieren. Finger weg, wenn Ihre Website bei Google, Bing und Konsorten gefunden werden soll.

## Installation abschließen

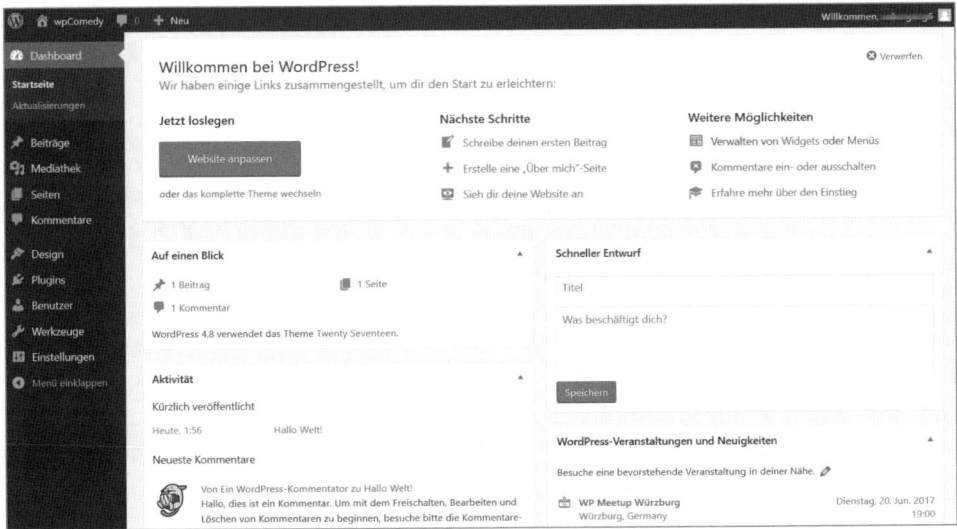

**Bild 3.25:** Installation erfolgreich – WordPress läuft.

Das war es auch schon. Das Fenster *Installation erfolgreich!* zeigt an, dass das Basissystem von WordPress steht. Mit einem Klick auf *Anmelden* geht es weiter.

### Bei WordPress anmelden

Über das Anmeldefenster von WordPress gelangen Sie ins Backend, der Kommandozentrale von WordPress.

## 3.3.3 WordPress-Basiswissen

**Bild 3.26:** Das Backend von WordPress direkt nach der Installation.

Was der gewöhnliche User nicht sieht – und auch nicht sehen soll –, befindet sich im Backend von WordPress. Das Bild zeigt die recht aufgeräumte »Kommandobrücke« frisch nach der Installation.

Oben und auf der linken Seite befinden sich die schwarzen Menüleisten. Wenn Sie Word-Press-Anfänger sind, sollten Sie einfach ein bisschen auf den Schaltflächen herumklicken und sich mit dem System vertraut machen. Jetzt gleich. Warum?

Mit der Installation von Plug-ins vermehren sich Menüs und Schaltflächen nämlich wie die Karnickel. Gehen Sie es stufenweise an. Zuerst kommt das normale WordPress.

### Die Grundausstattung

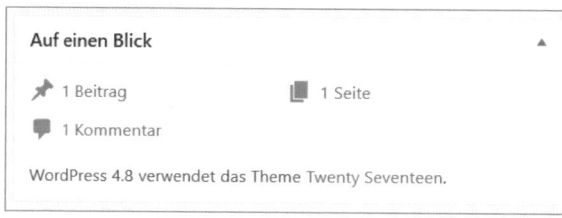

**Bild 3.27:** *1 Beitrag, 1 Seite, 1 Kommentar*, die Grundausstattung einer frischen WordPress-Installation.

Zur Grundausstattung von WordPress gehören drei bereits mitgelieferte Inhalte, die ausschließlich Demonstrationszwecken dienen. Suchen Sie im Backend das Kästchen *Auf einen Blick*. Dort sehen Sie, was WordPress hinter Ihrem Rücken hinterlassen hat:

- *1 Beitrag*

- *1 Seite*

- *1 Kommentar*

### Beiträge und Seiten

Wie kommen die Texte auf die Website? WordPress hält grundsätzlich zwei Möglichkeiten (Post Types) bereit: Beiträge und Seiten.

- **Beiträge** sind charakteristisch für den Einsatz von WordPress als Blog. Jeder Beitrag wird automatisch mit Datum, Uhrzeit und Kategorie versehen. Außerdem kann und sollte er von Ihnen mit Schlagwörtern bestückt werden. Der jeweils neueste Beitrag schiebt die älteren nach unten.

- **Seiten** sind hingegen weniger aktuell und typisch für ein klassisches CMS (*Content-Management-System*). Sie werden ohne die für Beiträge üblichen Zusatzinformationen dargestellt und über Menüs aufgerufen.

Sie arbeiten sich neu in WordPress ein? Am einfachsten ist es, wenn Sie mit der Erstellung von Beiträgen beginnen, denn in diesem Fall sehen Sie in der Besucheransicht sofort die Früchte Ihrer Arbeit. Anders als Seiten benötigen Beiträge kein Menü, um aufgefunden zu werden.

### Den ersten Beitrag erstellen

Im kleinen Feld oben wird die Überschrift erstellt, im großen Feld unten der Text. Um einen Beitrag zu erzeugen, müssen Sie eingeloggt sein. Klicken Sie links oben auf der schwarzen Leiste den Menüpunkt *+Neu* an. Es klappt nach unten ein Menü auf. Wählen Sie *Beitrag*. Automatisch öffnet sich der WordPress-Editor. Dass Sie auch wirklich im Beitragsmodus gelandet sind, erkennen Sie am Hinweis *Neuen Beitrag erstellen*. Im oberen einzeiligen Feld tragen Sie den Titel (die Überschrift) ein, im unteren Hauptfeld den Text.

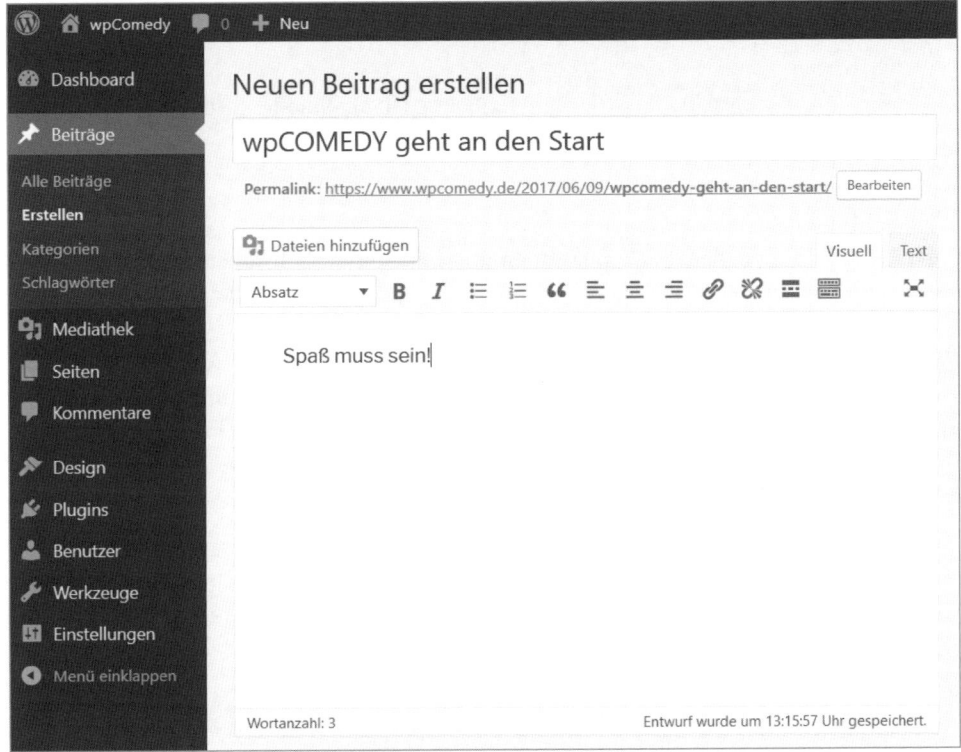

**Bild 3.28:**  Im Editor entsteht ein neuer Beitrag.

### Beitrag veröffentlichen

Nach dem Erstellen klicken Sie rechts auf den großen Button *Veröffentlichen*. Nun landen Sie zwar wieder im Editor, sehen aber die Meldung *Beitrag veröffentlicht* und den Link *Beitrag ansehen*. Klicken Sie darauf, um den Beitrag aus der Perspektive Ihrer Besucher zu betrachten.

Speziell für Sie (für Ihre Besucher unsichtbar) blendet WordPress den Link *Bearbeiten* am Ende des Beitrags ein. Haben Sie einen Tippfehler entdeckt, oder soll noch etwas ergänzt werden? Dann drehen Sie eine zweite Runde. Über den Link gelangen Sie wieder zurück in den Editor.

**Bild 3.29:** Erst mit der Veröffentlichung wird der Beitrag für alle Besucher sichtbar.

### Seite erstellen

Um eine Seite zu erstellen, klicken Sie oben im Menü auf der schwarzen Leiste wieder auf *+Neu*, anschließend aber auf *Seite*. Die weitere Prozedur verläuft analog.

### Der Editor

Der Editor öffnet sich automatisch, sobald Sie einen neuen Beitrag oder eine neue Seite erstellen. Mit der Schaltfläche rechts oben lässt sich eine zweite Werkzeugleiste einblenden. Jetzt erinnert der Editor an ein Textverarbeitungsprogramm. Um die Werkzeuge auszuprobieren, können Sie den Musterbeitrag *Spaß muss sein.* verwenden.

**Bild 3.30:** Mit einem Klick auf die Schaltfläche rechts oben wurde eine zweite Werkzeugleiste eingeblendet.

### Links einfügen

Um einen Link zu setzen, rufen Sie das Werkzeug mit dem Kettensymbol auf. Nachdem Sie ein oder mehrere Wörter markiert und auf die geschlossene Kette geklickt haben, öffnet sich ein Fenster zur Eingabe der Ziel-URL.

Im Beispiel führt ein externer Link, erkennbar am vorangestellten *https://*, auf die Wikipedia-Seite über William Shakespeare. Mit einem Klick auf das Zahnrad rechts öffnen Sie die Linkoptionen.

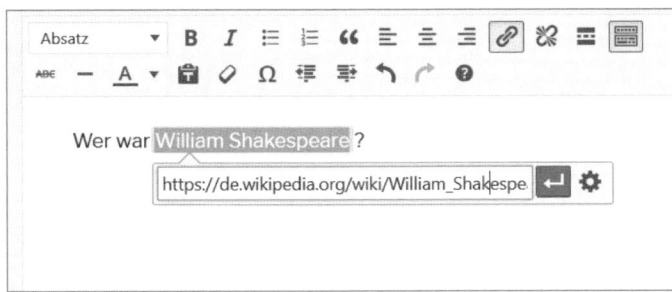

**Bild 3.31:** Zunächst wird der Linktext markiert, dann mit einem Klick auf das Kettensymbol das Eingabefenster geöffnet.

Die aktivierte Checkbox *Link in einem neuen Tab öffnen* bewirkt, dass sich im Browser des Besuchers ein neues Fenster bzw. ein neuer Tab öffnet. Auf diese Weise verlässt der Besucher Ihre Site auch dann nicht, wenn er einen externen Link anklickt. Für interne Links ist der Haken dagegen schädlich, denn er erschwert Ihren Besuchern die Navigation.

Um einen Link zu löschen, klicken Sie im Editor auf das Symbol der geöffneten Kette.

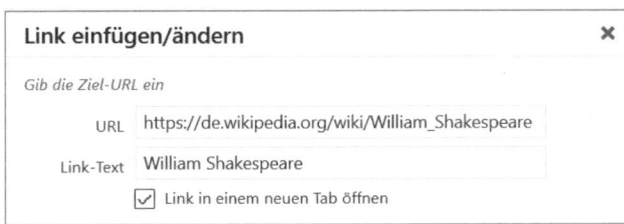

**Bild 3.32:** Mit der Option *Link in einem neuen Tab öffnen* bleibt Ihnen der Besucher treu – auch beim Anklicken externer Links.

### Weiterlesen ... wir bauen einen Teaser

Das Werkzeug rechts von den beiden Ketten bedarf einer kleinen Erklärung. Es dient dazu, einen Teaser vom Haupttext abzutrennen. Der Klick auf *Weiterlesen* führt den Besucher dann zum kompletten Beitrag.

**Bild 3.33:** Das Weiterlesen-Werkzeug trennt zwischen Teaser und Text.

Wählen Sie das Teasersymbol aus und klicken Sie an die Stelle, an der der Teaser und der weitere Text getrennt werden sollen.

Durch das Prinzip der Anrisstexte verbessert sich die Platzaufteilung. Im Idealfall entdeckt jeder Besucher sofort ein für ihn interessantes Thema. Die eingefügte Trennung zwischen dem Teaser und dem weiteren Text wird im Editor durch die unterbrochene Linie und den Hinweis *MORE* angezeigt.

**Bild 3.34:**  Getrennt werden Teaser und weiterer Text durch die unterbrochene Linie *---MORE---*.

### Umschalten in die Codeansicht

In der Praxis kommt es immer wieder vor, dass sich ein im Editor eingegebener Text nicht im Sinne des Autors verhält und ein bisschen herumzickt. Um die Ursache zu finden und zu beheben, wechseln Sie oben rechts im Editor von der Registerkarte *Visuell* zu *Text*. Leider verwirrt die Bezeichnung *Text* ein bisschen. Treffender wäre *HTML-Code* gewesen, denn nun sehen Sie den Text einschließlich der ihn umgebenden HTML-Tags.

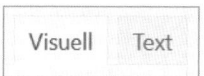

**Bild 3.35:**  Wechsel zwischen visueller Ansicht und HTML-Code.

## 3.3.4  Theme auswählen und einrichten

Themes bestimmen primär die Optik Ihrer Seite, greifen aber indirekt auch in die Funktionalität ein. Beispielsweise blendet nicht jedes Theme alle Bereiche ein, die ein Onlineshop benötigt. Auf einem frischen WordPress-System finden Sie einige vorinstallierte Themes mit nicht sehr fantasievollen Namen wie *Twenty Seventeen* oder *Twenty Sixteen*. Es handelt sich um die jährlich neu erscheinenden Standard-Themes. Aktiviert ist derzeit *Twenty Seventeen*. Die Vorteile von Standard-Themes:

- Gute Anpassung an unterschiedliche Gerätetypen vom Smartphone bis zum Desktop-PC.

- Keine Einschränkungen in der Funktionalität.

- Lang fortdauernde Aktualisierungen durch die WordPress-Entwickler.

- Gut geeignet zur Einarbeitung in WordPress.

In puncto Optik fallen die Standard-Themes sehr unterschiedlich aus. *Twenty Sixteen* zählt zu den fürchterlichsten WordPress-Themes aller Zeiten, *Twenty Seventeen* überzeugt dagegen durch einen modernen Look.

> **Standard-Theme als sicherer Hafen**
> Das jeweils aktuelle Standard-Theme sollten Sie nie löschen. Falls Probleme mit einem Shop-Theme auftauchen, sind Sie mit der Aktivierung des Standard-Themes nämlich schnell wieder im sicheren Hafen.

### Themes verwalten

**Bild 3.36:** Die Themes-Verwaltung von WordPress. Das aktive Theme befindet sich immer links oben.

Die Themes-Verwaltung lässt sich über *Design/Themes* aufrufen. Nachdem Sie die Maus über ein Vorschaubild bewegt haben, werden verschiedene Schaltflächen eingeblendet. In der Mitte erscheint *Theme-Details*. Per Klick erhalten Sie einen »Steckbrief«, mit dem sich die Brauchbarkeit für Ihr Projekt ganz gut einschätzen lässt. Mehr Spaß macht es aber, Themes direkt auszuprobieren. Klicken Sie dazu unten auf *Aktivieren* und experimentieren Sie ein wenig mit den drei mitgelieferten Themes. Das jeweils aktivierte springt in der Ansicht immer nach links oben.

### Die Live-Vorschau

Eine Alternative zur Aktivierung bietet die Live-Vorschau. Sie ermöglicht es, ein installiertes, aber nicht aktives Theme im Backend ein bisschen zu testen. Praktisch ist dieses

Feature für laufende Projekte, weil Sie sich damit durch Themes wühlen können, ohne Ihre aktuellen Besucher zu verwirren. Aktiv wird das Theme erst mit einem Klick auf die Schaltfläche *Speichern & Aktivieren.*

**Nacharbeit beim Theme-Wechsel**
Ein Theme-Wechsel verläuft nicht immer ganz reibungslos. Probleme können beispielsweise auftreten, wenn ein neues Theme ein Widget oder eine Menüleiste nicht oder nicht mehr an der vorgesehenen Stelle platziert. Dann ist nach einem Theme-Wechsel Handarbeit angesagt: Sie müssen Menüs und Widgets neu sortieren.

### Themes aus dem WordPress-Directory

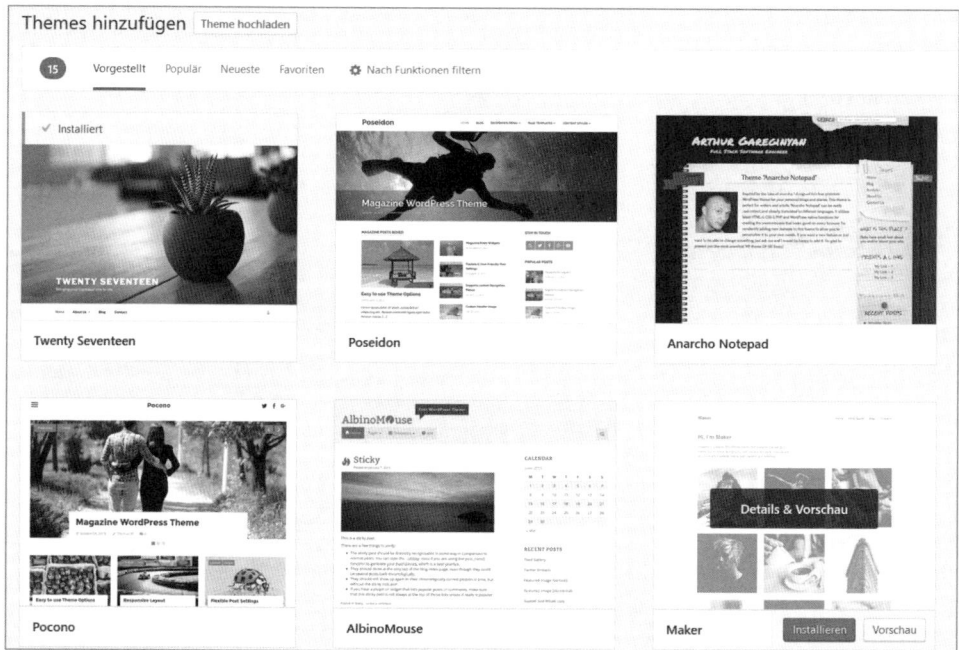

**Bild 3.37:** Kostenlose Themes lassen sich direkt über das Backend von WordPress auswählen und installieren.

Zum Ausprobieren kostenloser Themes müssen Sie WordPress nicht verlassen. Unter *Design/Themes/Installieren* findet sich eine Auswahl, die Laune macht. Neue und populäre Themes in Hülle und Fülle erscheinen als Vorschaubild. Sie können sich nach Herzenslust durchklicken und einige Kandidaten installieren.

Quelle der im Backend gelisteten Themes ist das Themes-Directory von WordPress.org. Sie können dort auch unabhängig von Ihrer Website stöbern: *https://de.wordpress.org/themes/.*

Noch einige Tipps, bevor Sie loslegen:

### Zuschnitt auf das Projekt

Werfen Sie vor der Installation eines Themes einen Blick in die Beschreibung. Themes gibt es für alle Anwendungen, zum Beispiel für Magazine, Mode- oder Reiseblogs. Sie können auch gezielt nach Einsatzgebieten suchen.

**Beispiel**: Geben Sie das Wort »Shop« oder »WooCommerce« in das Suchfeld rechts oben ein, falls Sie auf Ihrer Website Waren oder Dienstleistungen anbieten möchten.

### Responsive Themes sind Pflicht

Sie möchten Ihre Website den Besuchern von Instagram, WhatsApp, Snapchat und anderen mobilen Bühnen gut navigierbar präsentieren? Dann verwenden Sie kein Theme aus vergangenen Zeiten, als das Web ausschließlich über Desktop-PCs betrachtet wurde. Achten Sie auf Angaben zum Responsive Webdesign.

Das steckt dahinter: Für Betrachter auf dem Smartphone wird immer nur eine einzige Navigationsspalte oder ein einziger Text dargestellt, auf dem Desktop dagegen die Webseite in ihrer ganzen Breite.

### Keine ollen Kamellen

Im Themes-Verzeichnis finden Sie unter *Weitere Informationen* auch das Datum der letzten Aktualisierung. Faustregel: Sind seither schon mehr als sechs Monate vergangen, hat der Entwickler das Projekt wohl aufgegeben. Verwenden Sie ein anderes Theme.

### Externe Themes

Wozu externe (und kostenpflichtige) Themes einsetzen, wenn doch das WordPress-Verzeichnis so reichhaltig bestückt ist? Die Pro- und Kontra-Argumente für Bezahl-Themes:

Pro:

- Zusätzliche Features wie Slider und Hover-Effekte.
- Zuschnitt auf sehr spezielle Einsatzgebiete, zum Beispiel auf Podcasts, Hotels oder Onlineshops.
- Professioneller Support.

Kontra:

- Zusätzliche Kosten.
- Zusatzarbeit für Installation und Updates.
- Einige externe Themes sind überladen. Sie erfordern viel Einarbeitungszeit, kosten Nerven und schrauben die Systemanforderungen nach oben.

### Bezugsquellen für Bezahl-Themes

Falls Sie für ein Theme Geld bezahlen, sollte es in jedem Fall auf das Einsatzgebiet zugeschnitten sein. Denken Sie dabei auch an den Support. Sie können vom Hersteller eines Foto-Themes keine Antwort auf eine Frage zum Einbau eines Podcasts erwarten.

### Themeforest

Eine Fülle von Themes diverser Anbieter finden Sie auf dem internationalen Marktplatz Themeforest.

Bezugsquelle: *http://themeforest.net/*

### Template Mela

Der indische Anbieter Template Mela hat sich auf E-Commerce spezialisiert. Die Themes sind auf unterschiedliche Warengruppen spezialisiert.

Bezugsquelle: *http://www.templatemela.com/cms-blog-templates/wordpress-themes.html*

### MarketPress

Der Hersteller MarketPress bietet eine Serie kostenpflichtiger Themes für den Einsatz in Kombination mit dem Plug-in *WooCommerce* an.

Bezugsquelle: *https://marketpress.de/products/themes/*

### Elmastudio

Elmastudio ist eine kleine, aber feine Themes-Schmiede mit deutschsprachigem Supportforum. Der Schwerpunkt liegt auf schlanken und userfreundlichen Themes.

Bezugsquelle: *https://www.elmastudio.de/*

### Kosten

Die Preise sind bei allen Quellen ähnlich moderat. Als Grundpreis müssen Sie mit etwa 50 bis 70 Euro rechnen. Weitere Kosten kommen hinzu, wenn der erste Supportzeitraum nach sechs oder zwölf Monaten ausläuft. Die Fristen sind je nach Anbieter verschieden.

### Schlankes oder umfangreiches Theme?

Insbesondere bei kostenpflichtigen Themes sollten Sie neben der Optik auch auf Angaben wie »schlank« oder »reich an Features« achten. Beides lässt sich nämlich schwer vereinen. Die Problematik wird in der folgenden Tabelle verdeutlicht:

|  | Schlankes Theme | Umfangreiches Theme |
|---|---|---|
| Einarbeitungszeit | kurz | lang |
| Anforderungen an den Server | mittel | hoch |
| Features | wenige | viele |

Problematisch für Anfänger sind sehr umfangreiche Themes. Es kostet einige Nerven, die vielen Funktionen zu verstehen und in brauchbare und überflüssige zu trennen. Überfrachten Sie Ihre Installation nicht mit einem schwer beherrschbaren Theme-Monstrum. Sie wollen bei schönstem Badewetter Ihren Nachmittag doch nicht mit dem Herumklicken in der Konfiguration verbringen?

### Support externer Themes

Mit dem Kauf eines externen Themes erwerben Sie auch eine bestimmte Zeitspanne für den Support. Nach Ablauf sollten Sie diesen verlängern. Aber was ist überhaupt mit Support gemeint?

- **Nachfragen beim Theme-Anbieter erlaubt** – Solange Sie sich innerhalb der Supportfrist befinden, dürfen Sie den Anbieter mit Fragen löchern und erhalten hoffentlich brauchbare Antworten. Danach sind Sie auf sich allein gestellt.

- **Updates für Ihr Theme** – Ein Theme wird immer wieder angepasst, und das nicht nur aus kosmetischen Gründen. Wenn eine neue PHP-Version auf Ihren Server aufgespielt wurde, können veraltete Themes in der Funktion beeinträchtigt sein. Sie sollten kein Risiko eingehen und den Support nicht dauerhaft unterbrechen.

### Sicherheit beim Einsatz externer Themes

Noch etwas spricht dafür, den Support für ein externes Theme dauerhaft in Anspruch zu nehmen:

Nur während der Supportzeit steht Ihnen ein frisches und unangetastetes Theme zum Download von der Anbieterseite zur Verfügung. Das kann im Katastrophenfall sehr nützlich sein.

**Beispiel**: Beim Editieren im Quellcode haben Sie eine Datei des Themes zerschossen, und auf Ihrem PC liegt keine gesicherte Originaldatei. Das Malheur lässt sich eventuell mit folgender Methode beheben:

1. Theme neu herunterladen.

2. Theme entpacken.

3. Frische Datei per FTP hochladen und die zerschossene Datei ersetzen.

### Systemcheck vor dem Kauf

Besser vor als nach dem Kauf eines externen Themes sollten Sie sichergehen, dass die Systemvoraussetzungen auf Ihrem Server ausreichen. Ansonsten kann es Ihnen passieren, dass sich das Theme zwar installieren lässt, dann aber den Dienst verweigert. Achten Sie insbesondere auf Angaben zu diesen Voraussetzungen:

- PHP-Version

- PHP Memory Limit

- Post Max Size

### Download und Installation externer Themes

In der Regel bezahlen Sie ein externes Theme per PayPal und können es sofort nach dem Kauf als ZIP-Datei auf Ihren Computer herunterladen. Vom Anbieter des Themes erfahren Sie, wie die Installation idealerweise abläuft. Für alles, was nicht aus dem WordPress-Directory stammt, stehen prinzipiell zwei Wege offen:

- Installation via WordPress – über das Backend.
- Manuelle Installation – über Ihren FTP-Client.

### Installation über das Backend

Der Upload über das Backend ist die einfachere Variante. Entpacken Sie die ZIP-Datei nicht. Gehen Sie auf *Design/Themes* und dann auf *Theme hochladen*.

Über die Schaltfläche *Durchsuchen* wählen Sie das Theme aus, das Sie zuvor vom Anbieter auf Ihren Computer heruntergeladen hatten.

Die ZIP-Datei lassen Sie immer noch gepackt. Nach dem Upload klicken Sie *Installieren* an, und schon macht sich WordPress an die Arbeit. Die Prozedur läuft jetzt nicht anders ab als bei einem Theme aus dem offiziellen WordPress-Directory. Nach wenigen Sekunden ist die Installation beendet. Jetzt müssen Sie das Theme nur noch aktivieren.

**Bild 3.38:** Über die Schaltfläche *Theme hochladen* lassen sich externe Themes unkompliziert installieren.

### Manuelle Installation per FTP

Dies ist die komplizierte Variante. Sie benötigen vier Schritte:

1. Anders als bei der Installation aus dem Backend müssen Sie das Theme selbst entpacken. Sie erhalten dann einen namensgleichen Ordner – z. B. *meintheme2000*.
2. Öffnen Sie Ihr FTP-Programm und verbinden Sie sich mit dem Server.
3. Öffnen Sie auf Ihrem Server das Themes-Verzeichnis. Es befindet sich hier innerhalb der WordPress-Installation: */wp-content/themes/*.
4. Laden Sie den entpackten Theme-Ordner in dieses Verzeichnis. Das Resultat sollte so aussehen: */wp-content/themes/meintheme2000*.

Danach finden Sie Ihr externes Theme in der Themes-Verwaltung – installiert, aber noch nicht aktiviert. Klicken Sie auf *Aktivieren*, um die Früchte Ihrer Arbeit zu genießen.

### Theme anpassen

Über Schaltflächen haben Sie die Möglichkeit, Ihr Theme anzupassen. Der Vorteil ist, dass Sie alle Schritte wieder rückgängig machen können. Der Nachteil: Angesichts der

Fülle von Optionen ist es nicht ganz einfach, sich die getätigten Veränderungen zu merken. Haben Sie ein sehr gutes Gedächtnis? Dann legen Sie einfach los. Falls nicht – es gibt da einige Tricks:

- **Die klassische Methode:** Sie nehmen Zettel und Stift zur Hand und notieren Ihre Veränderungen – wie ein Lehrling, der alles in sein Berichtsheft einträgt. Beispiel: »In der Einstellung Headerbild gewesen und blauerheader14.jpg hochgeladen. Sieht besser aus als blauerheader13.jpg.«

- **Die Foto-Methode:** Sie knipsen Ihre Einstellungen mit dem Smartphone ab.

- **Wie ein echter Nerd:** Sie halten Ihre Konfiguration in Screenshots fest.

Und so gelangen Sie zu den Einstellungsmöglichkeiten: In der Themes-Verwaltung, aufrufbar über *Design/Themes*, befindet sich das Vorschaubild des gerade aktivierten Themes links oben. Fahren Sie mit der Maus darüber. Über die Schaltfläche *Anpassen* erreichen Sie dann den Customizer.

### Arbeiten im Customizer

Im Customizer werden Veränderungen zwar sofort angezeigt, aber erst mit Klick auf die blaue Schaltfläche rechts oben wirksam. Der Vorteil: Sie können nach Herzenslust herumprobieren und die Auswirkungen ohne Wechsel ins Frontend betrachten. In den folgenden Abschnitten sind die Einstellungsmöglichkeiten für *Website-Informationen*, *Farben*, *Header-Medien*, *Theme-Optionen* und *CSS* beschrieben, Menüs und Widgets lassen sich dagegen komfortabler über *Design/Menüs* bzw. *Design/Widgets* konfigurieren.

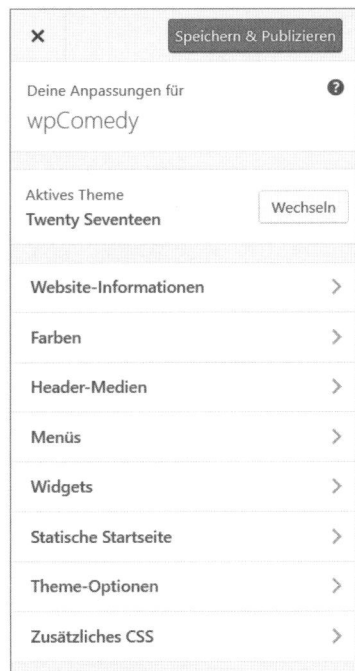

**Bild 3.39:** Die Einstellungsmöglichkeiten im Customizer, wie sie im Standard-Theme *Twenty Seventeen* zur Verfügung stehen. In anderen Themes können die Optionen abweichen.

### Website-Informationen

Unter *Website-Informationen* können Sie – und das ist in WordPress noch nicht allzu lange der Fall – nun auch ein Logo hochladen. Altbekannt ist hingegen die Möglichkeit, im Customizer den Seitentitel und den Untertitel einzustellen und zu verändern. Beachten Sie auch die dazugehörige Checkbox. Standardmäßig ist dort der Haken vor *Titel und Untertitel der Website anzeigen* gesetzt. Sie können den Headertext ausblenden, um Überschneidungen mit dem Headerbild oder dem Logo zu vermeiden.

Darunter lässt sich ein Icon hochladen, das Ihre Website im Browser hervorhebt. Falls Sie dieses Feature verwenden möchten: Die ideale Icongröße liegt bei 512 Pixeln in Breite und Höhe.

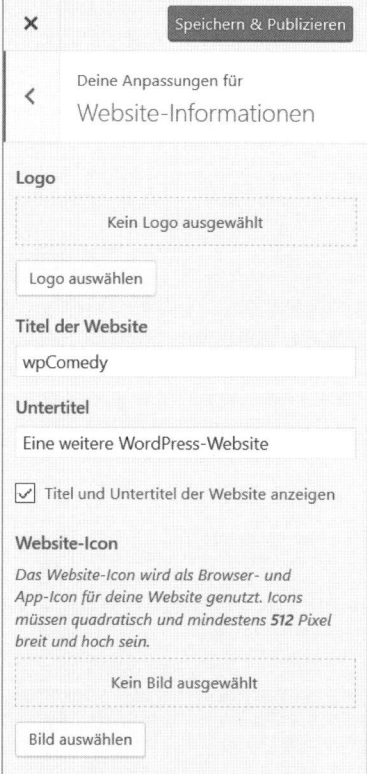

**Bild 3.40:** Seitentitel und Untertitel lassen sich ändern oder ausblenden.

### Theme-Farben anpassen

Farben gehören unbestritten zum wichtigsten Gestaltungsmittel. Über die ideale Zusammensetzung von Farben streiten die Gelehrten, seit Goethe seinen Farbkreis entwickelt hat. Keine Sorge, durch diese Theorie müssen Sie sich nicht durchwühlen.

Unter dem Menüpunkt *Farben* finden Sie je nach Theme eine unterschiedliche Anzahl voreingestellter Farbschemata. Das Durchklicken erzeugt immer wieder einen Aha-Effekt: So schnell kann man mit WordPress den Charakter einer Website geschmackvoll ändern. Außerdem bewahrt diese Methode automatisch vor den schlimmsten Designkatastrophen. Grüne Schrift auf rosa Grund ist in Ihrem Theme (hoffentlich) nicht dabei.

Sie möchten die Hausfarben Ihres Unternehmens abbilden? WordPress bietet für Elemente wie Hintergrund, Texte und Links spezifische Farbpaletten an. Klicken Sie auf *Farbe wählen* und definieren Sie die exakten Unternehmensfarben mit Hexadezimalwerten. Der Wert *#dd9933* beispielsweise steht für einen Orangeton. Es empfiehlt sich, auch dazu Notizen zu machen. Vielleicht möchten Sie später ja Farbdefinitionen via CSS vornehmen.

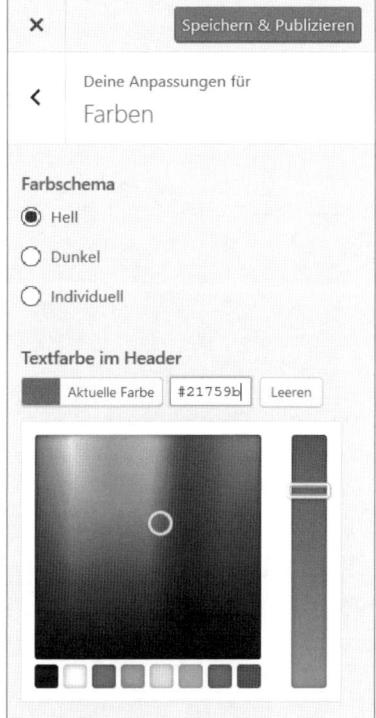

**Bild 3.41:** Die Farben des Themes lassen sich über Farbvorlagen oder individuell anpassen.

### Header-Medien

Das Headerbild steht auf jeder Seite ganz oben und ist wie die Farben wesentlich für die Optik einer Website verantwortlich. Bevor Sie sich an die Gestaltung machen, sollten Sie die ideale Größe ablesen. Diese ist von Theme zu Theme verschieden. Über die Schaltfläche *Neues Bild hinzufügen* wird der Header in die Mediathek hochgeladen und auf der Website platziert.

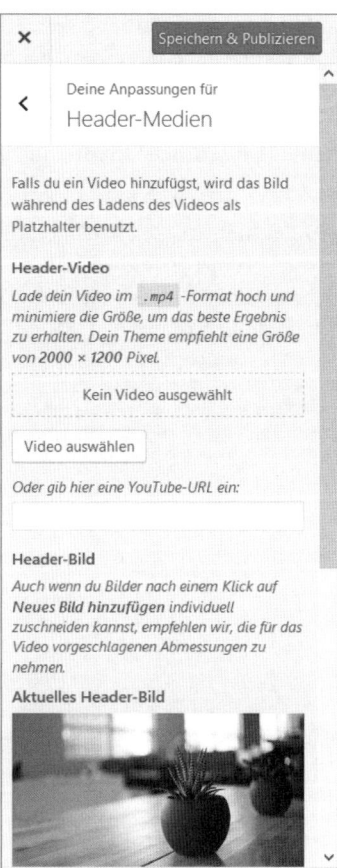

**Bild 3.42:** Das Theme verrät die ideale Größe des Headerbilds.

### Video im Header platzieren

Im Theme *Twenty Seventeen* können Sie im Header auch ein Video platzieren. Behalten Sie dabei aber die Ladezeit Ihrer Website im Blick. Empfehlenswert sind nur Clips von wenigen Sekunden Dauer.

### Theme-Optionen

Die Optionen fallen von Theme zu Theme unterschiedlich aus. In *Twenty Seventeen* können Sie das Seitenlayout und das Aussehen der Startseite ändern. Die Startseite ist in unterschiedliche Abschnitte aufgeteilt. Wählen Sie im Drop-down-Menü aus, welche Inhalte in einem bestimmten Abschnitt platziert werden sollen.

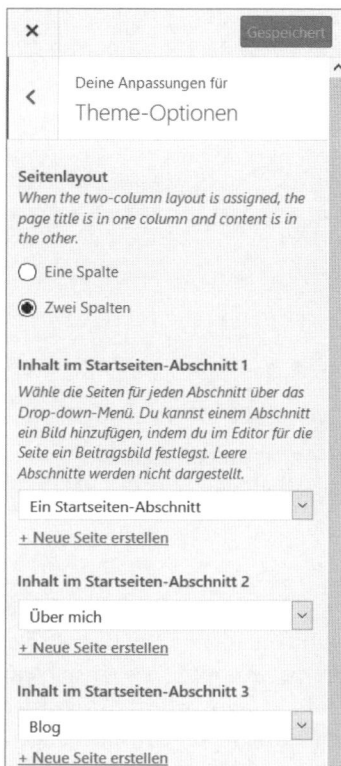

**Bild 3.43:** In den Theme-Optionen von *Twenty Seventeen* lassen sich das Seitenlayout und die Anordnung der Startseiteninhalte ändern.

### Zusätzliches CSS

Der Menüpunkt *Zusätzliches CSS* ist für WordPress-Anwender konzipiert, die über Kenntnisse in der Formatierungssprache CSS verfügen. Über die Eingabebox können beispielsweise Schriftarten und Schriftgrößen geändert werden – ohne das Risiko, die zentrale CSS-Datei des Themes zu zerschießen. Zudem bleiben die Änderungen in der Box nach einem Update des Themes erhalten.

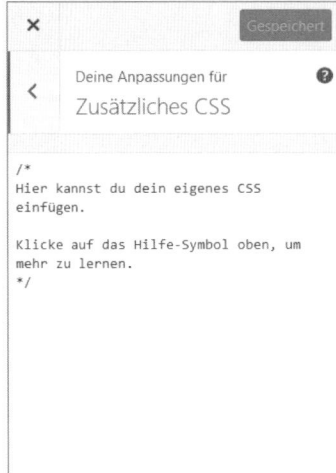

**Bild 3.44:** Für eigene CSS-Anpassungen steht im Customizer eine CSS-Box zur Verfügung.

### Themes aktualisieren

Alle Themes aus dem Fundus von *wordpress.org/themes/* machen sich recht deutlich im Dashboard bemerkbar, sobald ein Update vorliegt. Dies gilt nicht nur für das aktive, sondern für jedes installierte Theme. Updates können Sie per Knopfdruck einspielen. Externe Themes melden sich nicht selbstständig, wenn ein Update vorliegt. Anwender erhalten stattdessen vom Hersteller eine E-Mail mit Informationen zu den Neuerungen und der Update-Methode. In der Regel stehen Ihnen die Möglichkeiten zur Verfügung, die Sie schon von der Installation externer Themes kennen: bequem über das Backend oder etwas aufwendiger via FTP.

### Themes löschen

Diese Themes sollten Sie niemals löschen:

- Das aktivierte Theme. In weiser Voraussicht hat WordPress hier einen Sicherheitsriegel eingebaut. Sie können ein Theme erst dann via Backend löschen, nachdem es deaktiviert wurde. Löschen Sie es aber auch nicht per FTP.

- Das Standard-Theme. Betrachten Sie dieses Theme als »Fliehburg«, falls das aktivierte Theme mal zickt. Zum Standard-Theme können Sie immer zurückkehren, und es kann wertvolle Dienste zur Fehleranalyse leisten.

- Das Eltern-Theme, falls Sie WordPress-Experte sind und ein Child-Theme erstellt haben.

Alle anderen Theme-Leichen dürfen Sie mit gutem Gewissen wieder entfernen, denn sie schaffen nur unnötige Update-Arbeit und blähen das System auf. Der Löschbutton befindet sich in der rechten unteren Ecke des Vorschaubilds in der Themes-Übersicht.

**Gelöschtes Theme noch einmal installieren**
Falls Sie ein gelöschtes Theme noch einmal installieren, bleiben diejenigen Einstellungen erhalten, die Sie über Schaltflächen verändert haben. Diese Einstellungen wurden nämlich in der MySQL-Datenbank gespeichert. Überschrieben werden nur Änderungen, die Sie im Quellcode vorgenommen haben.

### 3.3.5 Mehr Funktionen mit Plug-ins

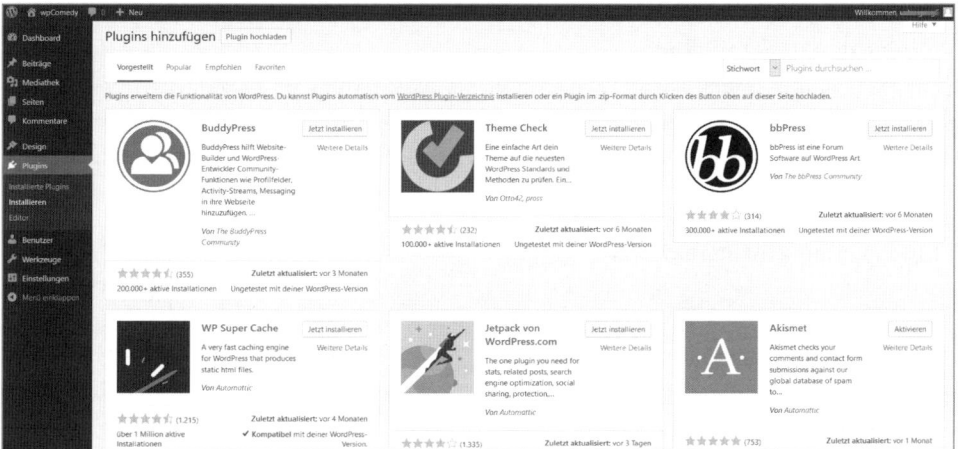

**Bild 3.45:** Mit einem Klick auf den Menüpunkt *Plugins/Installieren* öffnet sich das Plug-in-Directory von WordPress.

Plug-ins erweitern die Funktionen von WordPress. Die meisten sind kostenlos und können direkt aus dem Backend heraus installiert werden.

**Kostenpflichtige Plug-ins**

Für Onlineshops und andere Zwecke stehen zwei Typen von kostenpflichtigen Plug-ins zur Verfügung:

- Plug-ins mit einer freien Basisversion und kostenpflichtigen Premium-Features. Sie können die freie Version aus dem offiziellen Directory beziehen und auf Herz und Nieren prüfen. Bei Bedarf können Sie sie später upgraden.

- Von Grund auf kostenpflichtige Plug-ins. Diese sind nicht im offiziellen Directory enthalten.

### Auf Qualität achten

Das offizielle Verzeichnis auf *https://de.wordpress.org/plugins/* listet schon fast 50.000 verschiedene WordPress-Erweiterungen auf. Zu jedem Plug-in liefert eine Infobox Argumente für oder gegen eine Installation:

- Bewertung der WordPress-Community auf einer Skala von 1 bis 5 Sternen.

- Anzahl der aktiven Installationen.

- Infos zur Kompatibilität.

- Datum der letzten Aktualisierung.

### Plug-ins direkt installieren

Wie die kostenlosen Themes werden auch die kostenlosen Plug-ins über das Backend installiert. Über *Plugins/Installieren* erhalten Sie direkten Zugang zum offiziellen Plug-in-Directory. Mit einem Klick auf den Installationsbutton und einer Bestätigung mit *OK* holt sich WordPress, was es braucht.

### Plug-ins alternativ installieren

Kostenpflichtige Plug-ins können Sie in der Regel nicht über das offizielle Directory beziehen. Stattdessen gehen Sie auf die Herstellerseite und laden von dort die aktuelle Version auf Ihre Festplatte. Analog zu den externen Themes gibt es auch bei den Plug-ins zwei alternative Installationsmöglichkeiten: das Hochladen als Archiv und die manuelle Installation.

### Als Archiv hochladen

Liegt das Plug-in als ZIP-Archiv vor, entpacken Sie es nicht. Gehen Sie auf *Plugins/Installieren/Plugin hochladen* und wählen Sie das Plug-in aus. WordPress holt sich das Archiv von Ihrer Festplatte und erledigt den Rest für Sie.

### Manuelle Installation

Ist das Plug-in schon entpackt, das Hochladen über das Backend gescheitert oder gar nicht vorgesehen? Dann laden Sie das entpackte Plug-in über den FTP-Client manuell in das Verzeichnis */wp-content/plugins*.

### Plug-ins aktivieren und konfigurieren

Via *Plugins/Installierte Plugins* lassen sich die Plug-ins aktivieren und löschen. Der Link *Bearbeiten* ist nur für sehr fortgeschrittene Anwender interessant.

Plug-ins sind Schläfer. Nach der Installation warten sie auf die Aktivierung, vorher passiert gar nichts. Das gilt auch für die beiden vorinstallierten Plug-ins *Akismet* und *Hello Dolly*. Das erste ist ein Antispam-Plug-in, zu dem es gute Alternativen gibt, das zweite ein reines Spaßtool. Sie mögen Jazz? Dann erwecken Sie *Hello Dolly* zum Leben.

**Der Plug-in-Editor**

Der Link *Bearbeiten* führt nicht etwa zu den Schaltern für die Konfiguration eines Plug-ins, sondern öffnet einen Editor zur Bearbeitung des Quellcodes. Empfehlenswert ist diese Methode nur für Anwender mit Programmierkenntnissen.

### Plug-ins aktualisieren

Nicht nur der Kern von WordPress und die Themes, auch die Plug-ins werden von den Entwicklern immer wieder auf den neuesten Stand gebracht. Aus dem Backend heraus lassen sich diejenigen komfortabel updaten, die aus dem offiziellen Verzeichnis *wordpress.org/plugins/* stammen.

Besondere Spielregeln gelten für externe Plug-ins. Diese müssen alternativ aktualisiert werden, entweder per Upload über die Plug-in-Verwaltung oder manuell über FTP. Der Hersteller informiert Sie über neue Versionen und das Vorgehen bei der Aktualisierung.

**Inaktive Plug-ins**

Hacker können Ihr System auch über inaktive Plug-ins angreifen. Aus Sicherheitsgründen sollten Sie diese immer auf dem neuesten Stand halten – oder löschen.

Genug der grauen Theorie. Nun sollten Sie einige Plug-ins ausprobieren. Was Sie mit Sicherheit benötigen, ist ein Mittel gegen Spam.

### WP-SpamShield

Die Welt ist voller Verrückter. Einige davon befinden sich in Amt und Würden, andere im Spam-Business. Magisch angezogen wird Spam von der Kommentarfunktion. Schnell tummeln sich auf einem nicht abgesicherten WordPress haufenweise Links zu windigen Verdienstmöglichkeiten, gefälschten Markenartikeln und dubiosen Potenzmitteln.

WordPress hat zwar mit dem vorinstallierten Plug-in *Akismet* ein Hausmittel an Bord, allerdings müssen Sie sich für die Aktivierung auf einer externen Seite registrieren und einen von dort erhaltenen API-Schlüssel (Zahlencode) in WordPress eingeben. Außerdem ist *Akismet* nur für private Seiten kostenlos. Unkomplizierter und mit weniger als einer Minute Zeitaufwand kommen Sie mit der Installation und Aktivierung von *WP-SpamShield* ans Ziel.

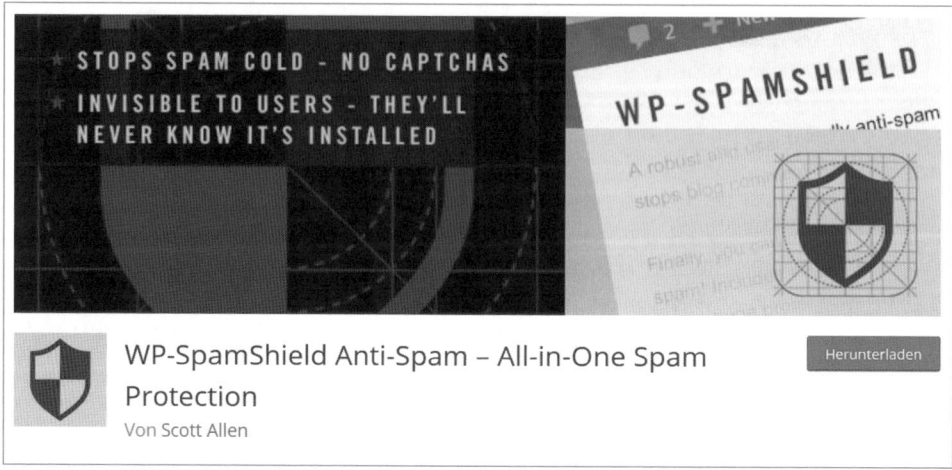

**Bild 3.46:** Probates Mittel gegen Spam: das Plug-in *WP-SpamShield*.

Das auch für kommerzielle Websites kostenlose Plug-in leistet eine zuverlässige Abwehr gegen Kommentar-Spam jeder Art. Dabei ist es einfach zu bedienen und schon in der Grundkonfiguration sehr treffgenau eingestellt. Falls nötig, kann der Webmaster noch nachjustieren. Ein Pflicht-Plug-in für alle, die auf ihrer Website Kommentare zulassen.

> **AntiSpam Bee – eine Alternative?**
> In vielen WordPress-Ratgebern wird das kostenlose Plug-in AntiSpam Bee empfohlen, das in puncto Spam-Erkennung auch zuverlässig arbeitet. Leider können Sie dieses Plug-in aber nicht einsetzen, wenn Sie die Kommentarfunktionen von Jetpack nutzen. Die Plug-ins kommen sich in diesem Fall nämlich in die Quere.

### WP Broken Link Status Checker

Wer mit WordPress langlebige Projekte betreibt – und dafür ist es ja im Gegensatz zu manch anderem System gedacht und geeignet –, kennt das Problem: Vor allem von älteren Beiträgen führen immer mehr ausgehende Links auf Fehlerseiten. Das passiert zum Beispiel, wenn sich die URLs der verlinkten Seiten geändert haben.

Ärgerlich sind solche Irrwege nicht nur für Ihre Besucher, sondern auch in Hinblick auf die Suchmaschinenoptimierung. Eine Website mit vielen toten Links wird von Google abgestraft.

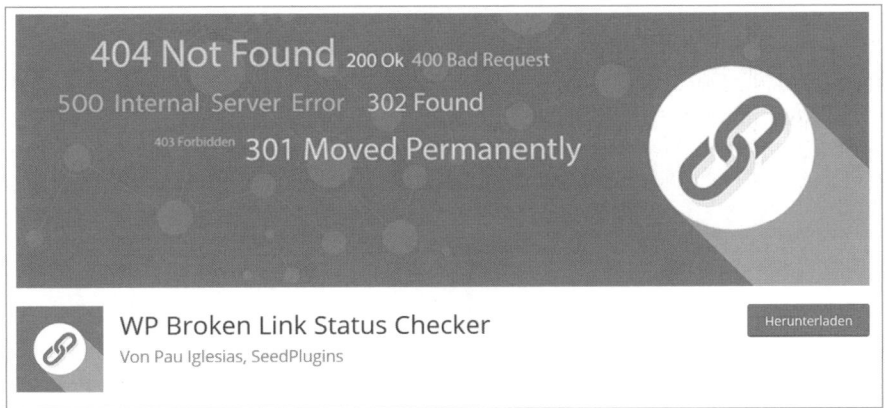

**Bild 3.47:** Zuverlässig überprüft der *WP Broken Status Link Checker* alle internen und externen Links der Site.

Abhilfe schafft das Plug-in *WP Broken Link Status Checker*. Lassen Sie Ihre WordPress-Installation damit regelmäßig durchscannen. Der Checker überprüft sämtliche Links – innerhalb der Site und nach außen. Fehlerhafte URLs werden zuverlässig angezeigt. Sie können sie dann komfortabel und schnell ausbessern oder löschen.

Pflicht ist der Einsatz eines Linkcheckers immer, nachdem Sie etwas an den Menüs oder der Struktur Ihrer Website verändert haben.

**Broken Link Checker – eine Alternative?**
Nicht nur bei den Antispam-Plug-ins, auch bei den Linkcheckern sollten Sie auf die Feinheiten achten. Das im Namen ähnliche und sehr populäre Plug-in *Broken Link Checker* ist zwar etwas komfortabler zu bedienen als der *WP Broken Link Status Checker*, wurde aber bei Drucklegung dieses Buchs schon seit über zwölf Monaten nicht mehr aktualisiert. Weil nicht mehr gepflegte Plug-ins ein Sicherheitsrisiko darstellen, sollte es derzeit nicht eingesetzt werden.

**Yoast**

**Bild 3.48:**  Das Plug-in *Yoast* dient der Suchmaschinenoptimierung, aber auch der Verifizierung von Websites für Social-Media-Präsenzen.

*Yoast* ist ein sogenanntes Freemium-Plug-in. Sie erhalten es in einer freien Variante und können zur Bezahlversion upgraden. Nötig ist das allerdings nicht, denn die kostenlose Version bringt schon sehr umfangreiche Features. Haupteinsatzgebiet ist die Suchmaschinenoptimierung, außerdem dient *Yoast* aber der Verifizierung Ihrer Website bei diversen Social-Media-Bühnen.

---

**PHP 7 ist Voraussetzung**
*Yoast* ist ein ebenso umfangreiches wie anspruchsvolles Plug-in. Für einen störungsfreien Betrieb benötigen Sie PHP 7.0 oder eine höhere Version. Erkundigen Sie sich vor der Installation bei Ihrem Provider, ob diese Voraussetzung gegeben ist.

---

## 3.3.6 WordPress mit Widgets bestücken

Widgets sind Zusatzmodule, die die Funktionalität einer WordPress-Website ergänzen, aber auch kleinere Texte, Bilder, Videos, Audios, Menüs oder Links enthalten können. Platziert werden sie hier:

- In einer oder mehreren Sidebars (Seitenleisten).

- Über, unter oder neben dem Inhalt.

- Als Footer-Widget am unteren Ende aller Seiten.

Beliebt sind Footer-Widgets, um darin Links zu Pflichtseiten unterzubringen, wie beispielsweise zum Impressum und zur Datenschutzerklärung. Die Besucher sollen ja auf den Content gelotst werden und sich nicht im Kleingedruckten verlieren.

### Themes definieren Widgetbereiche

Das Theme bestimmt, wie viele Widgetbereiche zur Verfügung stehen und wo sie angezeigt werden. Ein sehr umfangreiches Theme kann auch mal mit einem halben Dutzend Widgetbereichen bestückt sein. Nach einem Theme-Wechsel sollten Sie die Lage der Widgets prüfen, denn nicht selten sind einige abgetaucht. Zwanghaft ausschöpfen müssen Sie die Widgetbereiche nicht. Was nicht bestückt ist, wird von WordPress ganz einfach ausgeblendet.

Im Standard-Theme *Twenty Seventeen* stehen drei Widgetbereiche zur Verfügung. Sie sind alle mit mindestens einem Widget ausgestattet und somit auch im Frontend zu sehen. Falls Sie die Sidebar vermissen: In *Twenty Seventeen* heißt sie »Blog Sidebar« und wird nur neben den Blogbeiträgen angezeigt. Klicken Sie auf den Menüpunkt *Blog*, um im Frontend die Widgets in der Sidebar zu überprüfen.

### Widgets verwalten

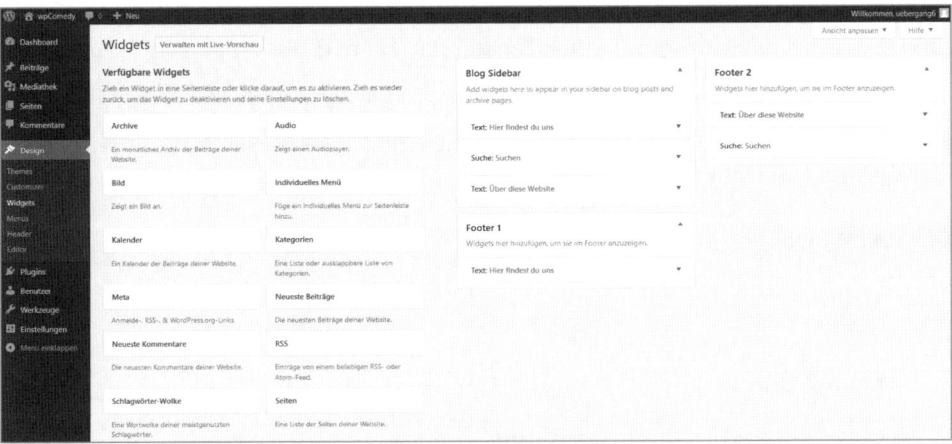

**Bild 3.49:** Aufgeräumt präsentiert sich die Widgetverwaltung im Standard-Theme *Twenty Seventeen*. Links befinden sich die verfügbaren Widgets, rechts die drei Widgetbereiche. Über Drag-and-drop werden die Widgets angeordnet.

Im Backend erreichen Sie die Widgetverwaltung via *Design/Widgets*. Einem frisch installierten WordPress liegen die *Suche* und das *Text-Widget* mit zwei Mustertexten bei: *Hier findest du uns* und *Über diese Website*.

WordPress-Neulinge fühlen sich von der Fülle der Widgets erst einmal erschlagen. Aber welche sind davon wirklich wichtig? Zunächst diese hier:

- *Suche*: Auf jede gute WordPress-Site gehört eine Suchmaschine. Ihre Besucher sollen ja nicht abspringen, wenn sie nicht sofort das Gewünschte finden.

- *Kategorien*: Kategorien geben nicht nur Ihren Besuchern, sondern auch den Suchmaschinen einen schnellen Überblick über die wichtigsten Themen der Website.

- *Letzte Beiträge*: Falls Sie Ihre WordPress-Website als Blog betreiben, gehört dieses Widget einfach dazu. Es zeigt dem Besucher in der Standardeinstellung die zehn neuesten Beiträge an. Die Zahl der Beiträge können Sie in den Widgetoptionen variieren.

### Das gemeingefährliche Meta-Widget

Noch vorhanden, aber seit WordPress 4.8 nicht mehr standardmäßig in der Sidebar platziert ist das *Meta-Widget* – und das ist auch gut so. Das Meta-Widget enthält nämlich einen Link zum Backend. Diese drei Gruppen von Benutzern werden mit dem Meta-Widget direkt auf den Anmeldeschirm gelotst:

- Sie selbst und Ihre Mitarbeiter, das ist praktisch.

- Alle Besucher Ihrer Website, das ist seltsam. Die normalen Besucher haben im Backend nichts verloren.

- Alle Angreifer Ihrer Website, und das ist gemeingefährlich.

Vielleicht verwenden Sie WordPress schon länger und haben das Meta-Widget noch im Einsatz, um sich bequem zum Backend zu klicken. Dann gehen Sie so vor:

1. Notieren Sie sich Ihre Backend-URL. Beispiel: *www.meine-websites.de/wp-admin/*.

2. Schmeißen Sie das *Meta-Widget* aus der Sidebar oder wo immer es sich versteckt hat. Weg mit dem Unhold.

### Das Text-Widget

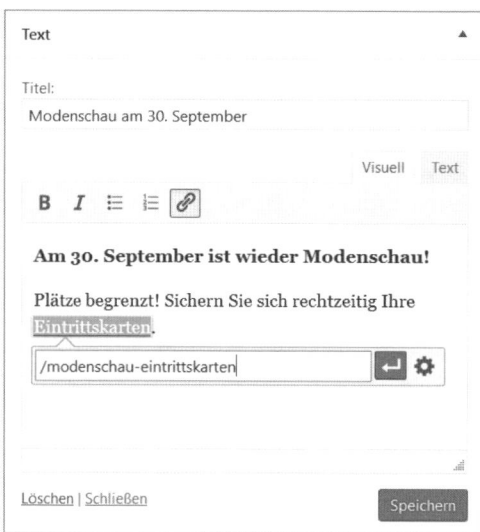

**Bild 3.50:** Mit dem *Text-Widget* lassen sich kleine, aber wichtige Texte gut platzieren. Seit WordPress 4.8 hilft eine Werkzeugleiste bei der Formatierung und der Linksetzung.

Ebenfalls aus der Reihe fällt das *Text-Widget*, aber positiv. Damit lässt sich auf schnelle Weise unterbringen, was für einen Beitrag oder eine Seite nicht geeignet ist. Der Vorteil:

Im Gegensatz zu einem Beitrag ist ein Widget nicht nur auf der Startseite und später im Archiv präsent, sondern auf jeder einzelnen Seite.

**Beispiel**: Für Ihre Modenschau wird ein auffälliger Hinweis benötigt, der sich optisch vom Rest jeder Seite abhebt. Hier bietet sich ein Widget gleich oben in der Sidebar an. Nicht nur die Besucher werden sofort darauf stoßen, sondern auch die Suchmaschinen. Was am Beginn einer Seite steht, wird als wichtig eingestuft.

Das Schöne an WordPress ist, dass mit jeder neuen Version kleine Verbesserungen einfließen. Seit WordPress 4.8 verfügt das *Text-Widget* auch über eine kleine Werkzeugleiste. Sie können damit den Text formatieren und auf bequeme Weise Links einfügen – ohne sich mit HTML-Code herumschlagen zu müssen. Zudem wurde die Widgetfamilie ergänzt.

### Neue Widgets ab WordPress 4.8

Neu hinzugekommen sind dieses drei Medien-Widgets:

- *Bild-Widget*: zum einfachen Platzieren von Bildern.

- *Video-Widget*: zur einfachen Präsentation von Videos.

- *Audio-Widget*: zum einfachen Abspielen von Audiodateien.

### Inaktive Widgets zwischenlagern

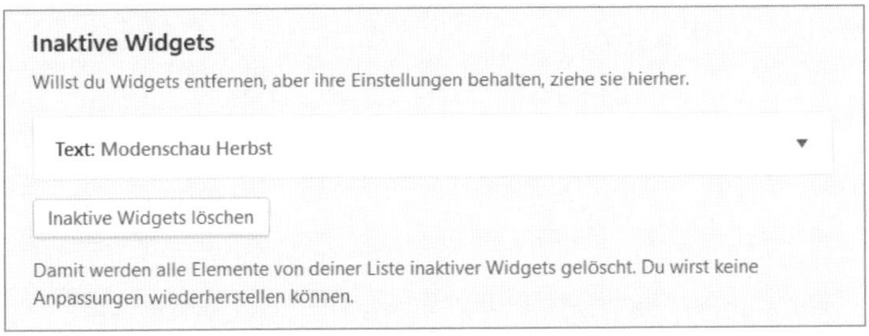

**Bild 3.51:** *Inaktive Widgets*, das Zwischenlager für bearbeitete, aber aktuell nicht benötigte Widgets.

Wenn Sie in der Widgetverwaltung nach unten scrollen, finden Sie den frisch nach der Installation noch leeren Bereich *Inaktive Widgets*. Hier können Sie Widgets platzieren, deren Texte und Einstellungen erhalten bleiben sollen.

**Beispiel**: Sie veranstalten Modenschauen. Die Präsentation der neuesten Kollektion findet jeweils im Frühjahr und Herbst statt. Das passende Text-Widget wird immer einige Zeit vor der Modenschau in der Widgetleiste platziert. Nach dem Event wird es bei den inaktiven Widgets zwischengelagert. Der Text bleibt erhalten. Nun kennen Sie die Komponenten, die WordPress zur Platzierung von Content bereitstellt:

- Beiträge

- Seiten

- Widgets

Weiter geht es mit der Konfiguration von WordPress. Beginnen Sie mit der Einrichtung von Menüs. Menüs sorgen dafür, dass der Content gefunden wird, insbesondere Ihre Seiten.

## 3.3.7 WordPress konfigurieren

Das Standard-Theme *Twenty Seventeen* bringt zwar ein paar Menüpunkte mit, aber wenn Sie eine neue Seite erstellen, ist sie für Ihre Besucher noch nicht erreichbar. Lernen Sie deshalb, Menüpunkte hinzuzufügen, Menüs zu ordnen und Menübereiche zuzuweisen.

### Die Menüverwaltung

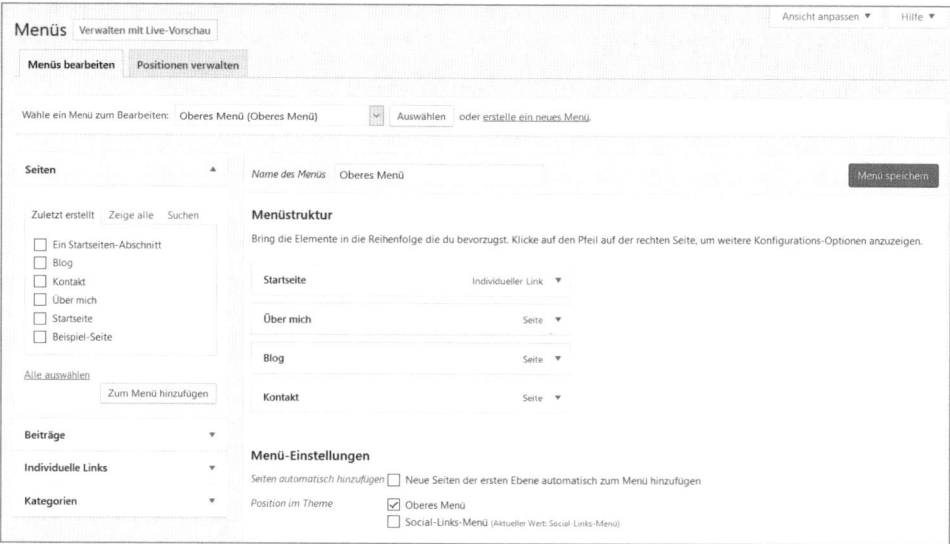

**Bild 3.52:** Das Standard-Theme *Twenty Seventeen* verfügt über zwei bereits angelegte Menüs: *Oberes Menü* und *Social-Links-Menü*.

Klicken Sie im Dashboard auf *Design/Menüs*, um die Menüverwaltung aufzurufen. Nun hängt es von Ihrem Theme ab, welche Menüs bereits angelegt sind. Im Standard-Theme *Twenty Seventeen* sind es diese beiden:

* *Oberes Menü*

* *Social-Links-Menü*

Angezeigt ist das Hauptmenü, das in diesem Thema als *Oberes Menü* bezeichnet wird. Den Namen können Sie beliebig ändern, er dient nur der internen Verwaltung.

## Menüpunkte hinzufügen

Am besten erstellen Sie erst einmal zwei oder drei Testseiten. Dann rufen Sie die Menüverwaltung noch einmal auf und kontrollieren die linke Spalte. Die Testseiten müssen dort gelistet sein. Markieren Sie dann die Checkboxen vor den neuen Seiten und klicken Sie auf den Button *Zum Menü hinzufügen*.

Nun befinden sich die Einträge auf der rechten Seite im Fenster *Menüstruktur* – aber mit hoher Wahrscheinlichkeit nicht an der optimalen Position.

> **Die Menüfunktion ausreizen**
> Nicht nur Seiten lassen sich in ein Menü integrieren, sondern auch Beiträge, individuelle Links und Kategorien. Schöpfen Sie aber nicht alle Möglichkeiten aus, die Besucher Ihrer Website würde das eher verwirren.

## Menüpunkte ordnen

Bewegen Sie den Mauszeiger auf den gewünschten Eintrag im Fenster *Menüstruktur*. Der Cursor verändert sich zu einem Griff oder einem Pfeilkreuz. Klicken Sie auf den Eintrag und halten Sie die linke Maustaste gedrückt. Dann ziehen Sie den Eintrag an die gewünschte Position und lassen ihn los. Durch Einrücken erzeugen Sie einen Unterpunkt, Sie können aber auch weitere Ebenen bilden.

> **Automatisches Hinzufügen von Seiten**
> Über die Checkbox bei *Menü-Einstellungen* haben Sie die Möglichkeit, sich zukünftig Arbeit zu ersparen. Setzen Sie einen Haken, damit neu erstellte Seiten der ersten Ebene schon bei der Erstellung dem Menü hinzugefügt werden.

## Menüpositionen verwalten

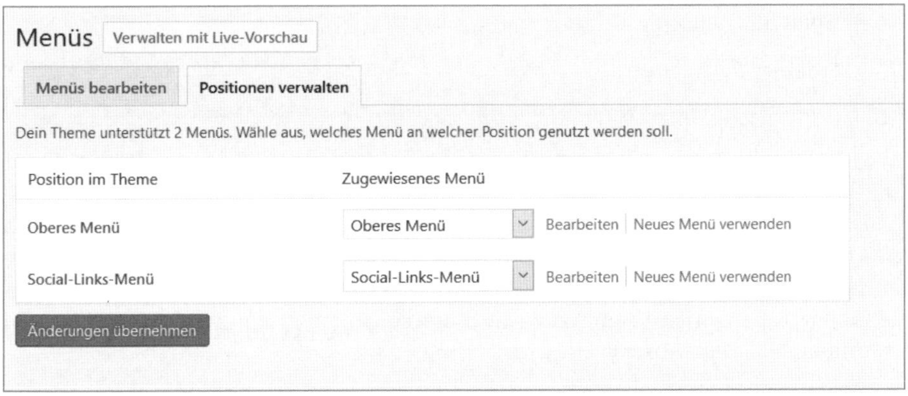

**Bild 3.53:** Das Standard-Theme *Twenty Seventeen* verfügt über zwei Menüpositionen.

Klicken Sie auf das Register *Positionen verwalten*, um die Möglichkeiten Ihres Themes zu überprüfen. Spartanische Themes sehen nur eine einzige Position für Menüs vor, bei umfangreichen Themes sind es drei oder mehr.

*Twenty Seventeen* verfügt über zwei Menüpositionen. In der Grundeinstellung befindet sich das Hauptmenü oben, während das *Social-Links-Menü* etwas unauffälliger platziert ist. Tauschen Sie die Positionen, falls Sie die Links zu Ihren Social-Media-Präsenzen etwas auffälliger präsentieren möchten.

### Das Social-Links-Menü

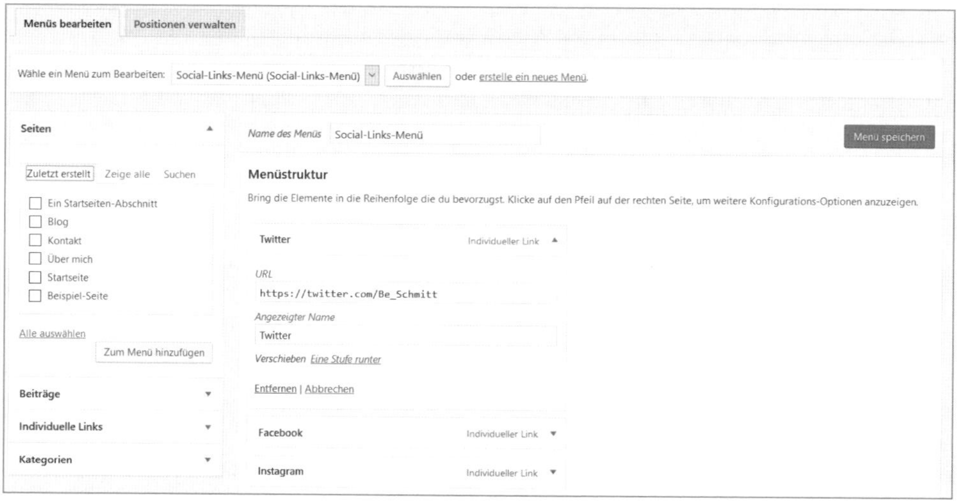

**Bild 3.54:** Das *Social-Links-Menü* von *Twenty Seventeen*. Links zu Social-Media-Bühnen werden mit Icons hinterlegt.

Im *Social-Links-Menü* von *Twenty Seventeen* haben Sie die Möglichkeit, Ihre Profilseiten auf den Social-Media-Präsenzen zu verlinken. Die URL ergibt sich aus Ihrem Benutzernamen. Beispiel für Twitter:

* Benutzername: *Be_Schmitt*

* URL zur Profilseite: *https://twitter.com/be_schmitt*

### Das Kommentarsystem

Leben in die Bude kommt durch den Dialog mit den Lesern, also mit Kommentaren. Via *Einstellungen/Diskussionen* gelangen Sie zu den Grundeinstellungen für Kommentare. In einem frisch installierten WordPress ist die Kommentarfunktion für jede Seite und jeden Beitrag aktiviert. Um einen Kommentar zu hinterlassen, muss der Besucher auch einen Namen und eine E-Mail-Adresse eingeben.

Ein Kompromiss zwischen Sicherheit und Userfreundlichkeit ist unten in der letzten Checkbox voreingestellt. Aktiviert ist diese Einstellung:

*Bevor ein Kommentar erscheint, muss der Autor bereits einen genehmigten Kommentar geschrieben haben.*

Für ein neues Firmenblog können Sie ein bisschen mit dieser Einstellung experimentieren und das Häkchen probeweise deaktivieren. Voraussetzungen sind allerdings ein Antispam-Plug-in und die tägliche Kontrolle.

### Kommentare bearbeiten und löschen

Nutzen Sie das Kommentarsystem für den Support, werden Sie feststellen, dass Besucher manchmal datenschutzrechtlich bedenkliche Dinge hinterlassen, zum Beispiel eine persönliche Telefonnummer.

In diesem Fall sollten Sie den Kommentar bearbeiten, aber mit Feingefühl. Immerhin greifen Sie in einen fremden Text ein. Üblich ist es, im editierten Text eine Nachricht zu hinterlassen, im genannten Fall wäre »Telefonnummer aus Datenschutzgründen entfernt« angemessen.

Offensichtlichen Spam, also unerwünschte Werbung und Links zu dubiosen Angeboten, sollten Sie immer sofort löschen. Ansonsten wächst er schnell nach und vertreibt die seriöse Leserschaft.

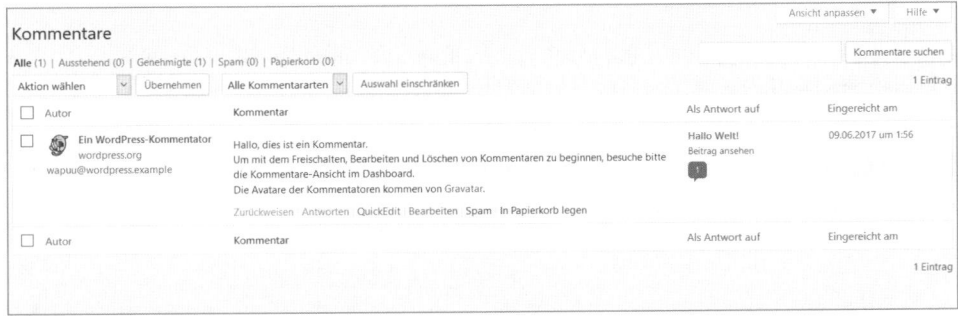

**Bild 3.55:** Die Übersicht der Kommentare im Backend.

Im Dashboard gelangen Sie links über den Menüpunkt *Kommentare* zu einer vierspaltigen Übersicht. Links ist der Autor angegeben, in der Hauptspalte sehen Sie den Kommentartext und rechts den Beitrag bzw. die Seite, auf die sich der Kommentar bezieht, sowie das Datum. Hier können Sie auch mehrere Kommentare gleichzeitig löschen.

### Kommentare beantworten

Wenn Sie auf den Antwortlink in der Kommentarverwaltung klicken, wird Ihr Text später etwas eingerückt dargestellt. So sieht der Fragesteller, dass Sie sich genau auf seinen Kommentar beziehen. Sie möchten stattdessen lieber eine Mitteilung an die Allgemeinheit loswerden? Dann schicken Sie einen Kommentar über das Frontend ab – ohne Einrückung.

## Diskussionen schließen

Es ist zwar erfreulich, wenn Ihre Besucher viele Kommentare zu einem Thema hinterlassen, aber Debatten können schnell ausarten. Wenn die Fetzen fliegen oder es rechtlich bedenklich wird, hilft nur noch eines: Schließen Sie die Diskussion.

Sie können die Kommentarfunktion für jeden Beitrag und jede Seite einzeln deaktivieren. Von vornherein sollten Sie das für alle Seiten mit Pflichttexten erledigen. Kommentare haben auf einer Impressums- oder Datenschutzerklärungsseite absolut nichts verloren.

Das sonst so benutzerfreundliche WordPress macht es dem Admin leider nicht gerade einfach, die Deaktivierung vorzunehmen. Es geht nur »von hinten durch die Brust ins Auge«. Drei Schritte sind notwendig.

### 1. Beitrag oder Seite aufrufen

Rufen Sie den betreffenden Beitrag bzw. die betreffende Seite im Backend auf. Dann klicken Sie oben rechts unterhalb der schwarzen Leiste auf *Ansicht anpassen*. Es klappt ein Feld mit diversen Checkboxen auf.

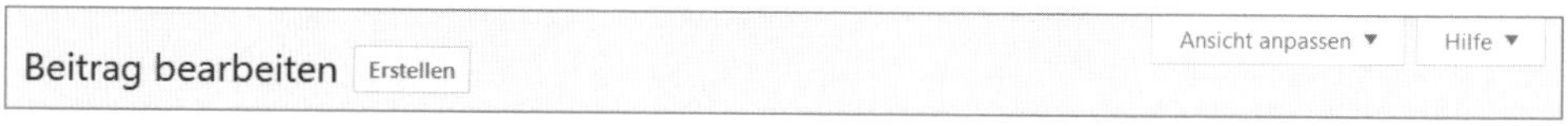

| Beitrag bearbeiten Erstellen | Ansicht anpassen ▼    Hilfe ▼ |
|---|---|

**Bild 3.56:** *Ansicht anpassen* – der Schlüssel zur beitrags- und seitenspezifischen Kommentareinstellung.

### 2. Checkboxen Diskussion und Kommentare aktivieren

Standardmäßig deaktiviert sind die Checkboxen *Diskussion* und *Kommentare*. Setzen Sie dort jeweils ein Häkchen.

Boxen
☑ Beitragsformat  ☑ Kategorien  ☑ Schlagwörter  ☑ Beitragsbild  ☐ Auszug  ☐ Trackbacks senden  ☐ Benutzerdefinierte Felder
☑ Diskussion  ☑ Kommentare  ☐ Titelform  ☐ Autor

**Bild 3.57:** Die Häkchen in den Checkboxen *Diskussion* und *Kommentare* wurden aktiviert.

### 3. Kommentare ein- und ausschalten

Weiter geht es im Feld unterhalb des Texteditors. Dort erscheinen jetzt die Checkboxen für *Kommentare erlauben* sowie *Trackbacks und Pingbacks*. Und erst an dieser Stelle definieren Sie, ob Kommentare und das andere Zeugs (angezeigte Verlinkungen auf Sie) erlaubt sind.

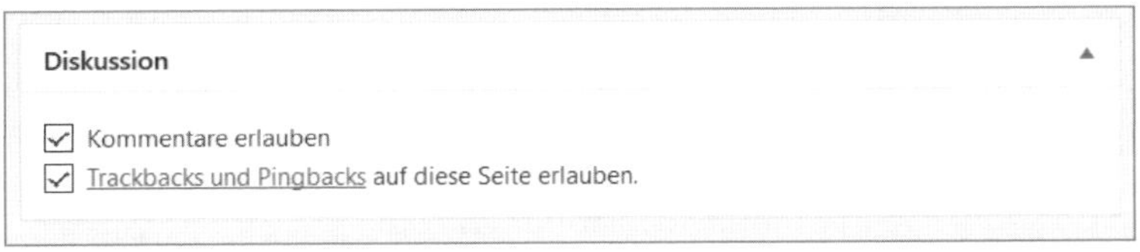

**Diskussion**                                                    ▲

☑ Kommentare erlauben
☑ Trackbacks und Pingbacks auf diese Seite erlauben.

**Bild 3.58:** Erst im nun eingeblendeten Feld können Diskussionen beendet werden.

Mit dem Entfernen des Hakens vor *Kommentare erlauben* verschwindet die Kommentareingabemöglichkeit. Schon bestehende Kommentare bleiben allerdings erhalten. Sie müssen sie manuell entfernen. Tipp: Entfernen Sie überall dort, wo Sie keine Kommentare möchten, auch den Haken vor *Trackbacks und Pingbacks*.

### Avatare

In der Kommentarverwaltung von WordPress finden Sie beim Herunterscrollen verschiedene Optionen für die Darstellung von Avataren, die kleinen mehr oder weniger persönlichen Bildchen neben den Kommentaren. Voreingestellt ist die *Geheimnisvolle Person*, es handelt sich dabei um den im Internet sehr verbreiteten »Typ vor der grauen Wand«. Die Beibehaltung dieser Standardeinstellung empfiehlt sich für Websites, die auf hohe Seriosität bedacht sind.

Wenn Sie die Sache etwas lockerer angehen möchten: Das Monsterset ist eher für die jüngere Zielgruppe gedacht, das Retroset eignet sich dagegen für alle Besucher. Weil die Sets die verschiedenen Kommentare eines Nutzers mit demselben Avatar bestücken, werden die Diskussionen dadurch übersichtlicher. Für die Verwendung der Kommentarfunktion als Supportsystem kann sich das als Vorteil erweisen.

### Kategorien und Schlagwörter

In WordPress werden Kategorien und Schlagwörter verwendet, um thematisch ähnliche Beiträge zu sortieren – ausschließlich. Seiten werden nämlich nicht damit bestückt. Abhängig vom Theme erscheinen Kategorien oberhalb oder unterhalb des Beitragstexts. Zugewiesen werden sie vom Autor des Beitrags, die Eingabefelder befinden sich rechts neben dem Editor.

### Kategorien vergeben

Kategorien können Sie zwar auch spontan beim Erstellen neuer Beiträge vergeben, ratsam ist das aber nicht. Mit der Zeit verlieren Sie den Überblick und vermischen zwangsläufig Kategorien mit Schlagwörtern. Gehen Sie die Erstellung von Kategorien lieber generalstabsmäßig an. Im Dashboard finden Sie die Kategorienverwaltung unter *Beiträge/Kategorien*. Schon angelegt ist die für Suchmaschinen völlig wertlose Kategorie *Allgemein*. WordPress weist sie automatisch jedem Beitrag zu, den Sie nicht selbst mit einer Kategorie versehen.

Schicken Sie *Allgemein* gleich in die Wüste. Bestücken Sie Ihre Beiträge lieber mit aussagekräftigen Kategorien, die zu Ihrem Projekt passen, zum Beispiel »Kleider« oder

»Handtaschen« für ein Fashion-Blog. Ideal sind Kategorien mit für Sie und für Google gleichermaßen hoher Relevanz. Sie können dabei auch Hierarchien bilden, zum Beispiel:

- Kategorie: Kleider

- Unterkategorien: Cocktailkleider, Brautkleider, Sommerkleider

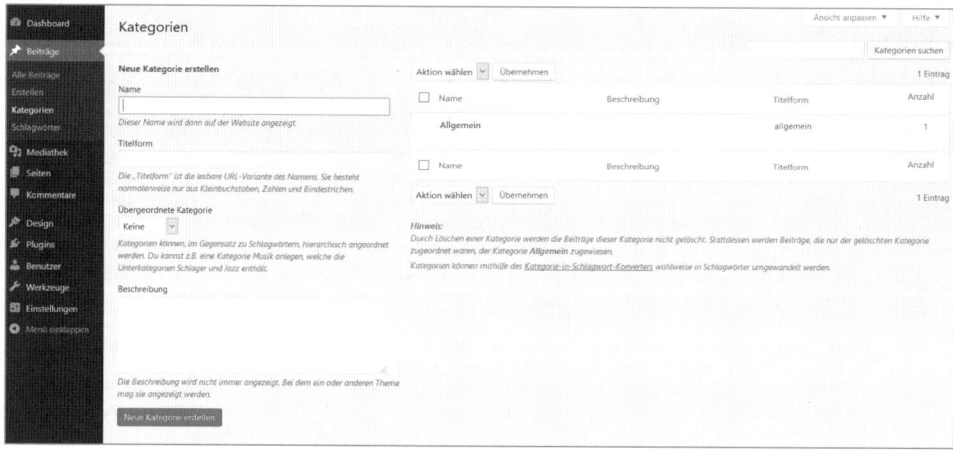

**Bild 3.59:** Die Kategorienverwaltung von WordPress. Im linken Bereich werden neue Kategorien angelegt. Die Übersicht rechts zeigt alle bestehenden Kategorien. Nicht kategorisierte Beiträge werden automatisch der Kategorie *Allgemein* zugeordnet.

### Schlagwörter vergeben

Etwas weniger streng können Sie die Organisation der Schlagwörter angehen. Anders als bei den Kategorien ist keine hierarchische Anordnung vorgesehen. Es bleibt Ihrem persönlichen Geschmack überlassen, ob Sie systematisch oder spontan vorgehen. Verwaltet werden die Schlagwörter über *Beiträge/Schlagwörter*.

Haben Sie Spaß an Schlagwörtern und auch ein bisschen am Retrotrend im Webdesign? Dann rufen Sie via *Design/Widgets* die Widgetverwaltung auf und setzen die *Schlagwortwolke* in einen Widgetbereich.

Die Größe der dargestellten Schlagwörter wächst mit der Häufigkeit ihrer Verwendung. Denken Sie dabei auch an neue Besucher Ihrer Website, die sich ja erst mal fragen, worum es bei Ihnen überhaupt geht. Eine Schlagwortwolke bietet eine schnelle wie originelle Antwort, und das Anklicken eines Schlagworts führt dann gleich zum jeweiligen Beitrag.

### Die Mediathek

Bilder und mehr finden Sie links im Dashboard unter dem Menüpunkt *Mediathek* – allerdings nur solche, die Sie selbst dorthin hochgeladen haben. Eine Ausnahme bilden die mitgelieferten Bilder der in WordPress enthaltenen Standard-Themes.

## Medien hochladen

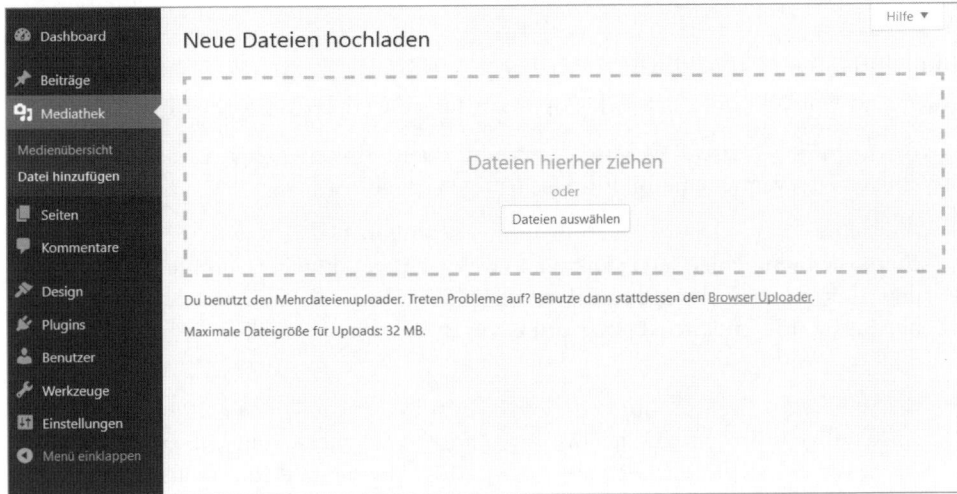

**Bild 3.60:** Medien in die Mediathek hochladen.

Nach einem Klick auf *Datei hinzufügen* erscheint das Uploadfeld. Medien können Sie entweder wie üblich hochladen oder per Drag-and-drop direkt vom Bildschirm in das gestrichelte Feld ziehen. Die maximale Dateigröße für den Upload ist auch vom Provider abhängig. Im Beispiel beträgt sie 32 MByte. Ausschöpfen werden Sie diese Grenze für Bilder natürlich nicht, denn die entsprechenden Ladezeiten würden die Besucher nicht erfreuen.

Mit einer Größe von maximal 0,1 MByte (100 KByte) pro Bild sind Sie dagegen auf der sicheren Seite. Falls Sie das Limit für eine Bild-, Audio- oder Videodatei überschreiten, können Sie die Datei per FTP in das richtige Verzeichnis der Mediathek hochladen. Für Videos ist in den meisten Fällen eine Verlinkung die bessere Lösung: Sie laden das Video nicht in die Mediathek, sondern auf YouTube oder eine andere Plattform hoch. Dann betten Sie es in einen Beitrag oder eine Seite ein. Auf diese Weise generieren Sie zusätzliche Klicks für das Video und Ihren YouTube-Kanal, erhöhen also auch Ihre Reputation auf YouTube.

WordPress sortiert alle hochgeladenen Medien in nach Jahren und Monaten benannte Ordner ein. Um das Prinzip zu verstehen, gehen Sie am besten den Weg über einen Beitrag:

Schreiben Sie einen Beitragstext und laden Sie dazu ein Bild hoch. Daraufhin legt WordPress die für die Mediathek relevanten Verzeichnisse *uploads* und *2017* sowie den Monatsordner an. Kontrollieren können Sie die neuen Verzeichnisse über Ihr FTP-Programm. Nun ist die Mediathek voll einsatzbereit, und Sie können »auf Vorrat« weitere Medien hochladen.

Bei allen Bildern müssen Sie natürlich das Copyright beachten. Das folgende Bild mit dem Pferd stammt aus dem persönlichen Besitz des Autors.

### Bildinformationen hinzufügen

Nach dem Upload öffnet sich ein Fenster zur Eingabe von Bildinformationen .

- *Beschriftung* – Dieser Text wird direkt unter dem Bild angezeigt. Lassen Sie das Feld einfach leer, wenn keine Bildunterschrift gewünscht ist.

- *Alternativer Text* – Dieses Feld bitte immer ausfüllen. Der Text wird nicht in der Besucheransicht eingeblendet, erfüllt aber zwei wichtige Aufgaben: Blinde Leser erhalten den Alternativtext als Information zum Bild – ebenso die Suchmaschinen. Beschreiben Sie das Bild möglichst präzise in wenigen Worten. Beispiel: »Pferd blickt aus dem Stall.«

- *Beschreibung* – Die Bedeutung dieses Felds ist innerhalb der WordPress-Community von Mythen umrankt. Mit den bisher genannten Möglichkeiten sind ja eigentlich alle Arten von Bildinformationen abgedeckt. Möglicherweise erfüllt es ähnliche Funktionen wie der Alternativtext. Es bleibt Ihnen überlassen, ob Sie das Beschreibungsfeld nutzen.

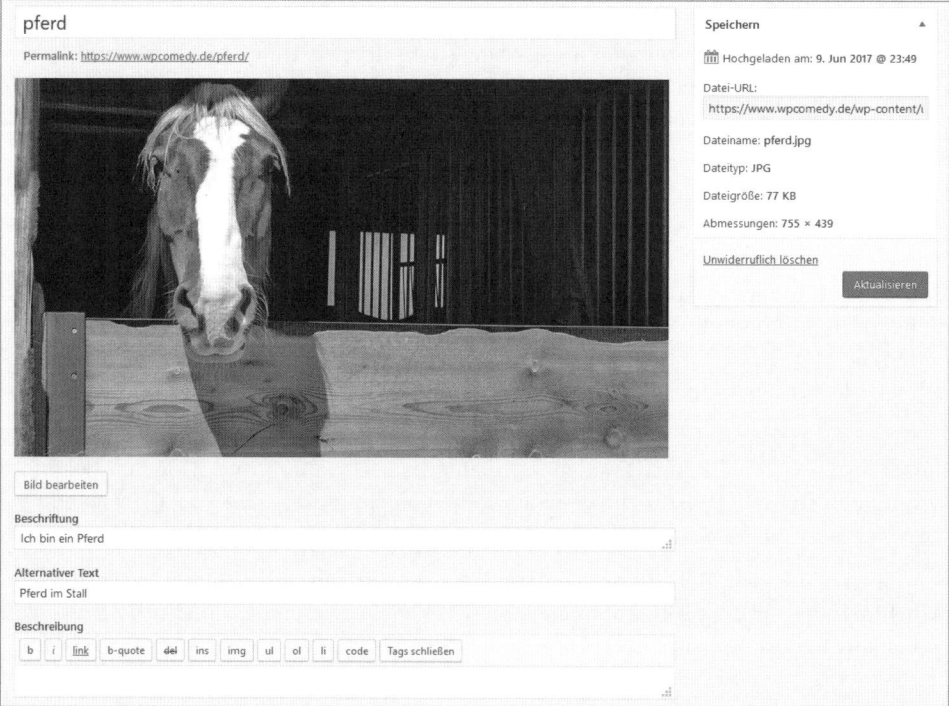

**Bild 3.61:** Bildinformationen hinzufügen.

**Bildformate fürs Internet und für Effekte**
Für das Internet sind nur schlanke und standardisierte Bildformate geeignet. Kommen Sie also nicht auf die Idee, ein Bild im Photoshop-Format PSD hochzuladen. WordPress nimmt dieses Format gar nicht an. Geeignet sind die drei Webformate GIF, JPG und PNG.

Am verbreitetsten ist zwar JPG, aber für Extras müssen Sie auf die beiden anderen zurückgreifen. Interessante Effekte lassen sich mit transparenten Bildern erzielen, hinter denen der Seitenhintergrund durchscheint. Das Format PNG-24 ist dafür bestens geeignet, weil der Übergang zwischen Bild und Hintergrund in einer für das Auge stufenlosen Transparenz realisiert wird. Mit GIF können Sie nicht nur transparente Bilder herstellen, sondern auch kleine Animationen.

Klicken Sie in einem Beitrag, einer Seite oder einem Bilder-Widget auf *Dateien hinzufügen*, um das Bild aus der Mediathek einzufügen. Auf Beiträgen und Seiten wird über dem Bild eine kleine Leiste eingeblendet. Sie dient der Ausrichtung des Bilds und bietet verschiedene Optionen für den Textumfluss. Probieren Sie die Werkzeuge aus, bis Text und Bild harmonieren.

## Arbeiten im Team

Da Sie WordPress aufgesetzt haben, sind Sie der Administrator. Als solcher haben Sie alle Hebel in der Hand. Sie können Beiträge schreiben, Seiten hinzufügen und WordPress konfigurieren.

Vielleicht möchten Sie mit dem Wachsen des Projekts ein Team aufbauen? Dann benötigen Ihre Gehilfen natürlich auch einen Zugang zum System – also ein eigenes Profil auf Ihrer WordPress-Site.

## Sicherheit geht vor

WordPress ist für sehr unterschiedliche Zwecke ausgelegt. Sie können theoretisch auch eine Community errichten, in der sich Besucher selbstständig als Mitglieder registrieren dürfen. Der Generalschalter für diese Funktion ist gar nicht so einfach zu finden. Rufen Sie über das Backend diese Seite auf: *Einstellungen/Allgemein*.

Scrollen Sie dort ein wenig nach unten zur Einstellungsmöglichkeit *Mitgliedschaft*. Daneben finden Sie eine Checkbox mit dem dazugehörigen Text *Jeder kann sich registrieren*. Entfernen Sie den Haken in der Checkbox, damit sich niemand in Ihr System einschleichen kann.

Der riskante Haken ist weg? Gut. Dann bestimmen Sie selbst, wer sich im System registrieren darf. Die dafür notwendigen Accounts legen Sie eigenhändig an. Gehen Sie im Backend auf *Benutzer*, um die Verwaltung Ihres Teams zu starten.

## Das Rollensystem

Um zu verhindern, dass Anfänger oder Unbefugte in Ihrer WordPress-Installation Schaden anrichten, weisen Sie neuen Gehilfen verschiedene Rollen zu. Dabei gilt das Prinzip »so viel wie nötig, so wenig wie möglich«. WordPress kennt fünf unterschiedliche Arten der Mitgliedschaft:

- *Abonnent*: Die unterste Stufe. Immerhin dürfen Abonnenten ihr eigenes Profil bearbeiten. Das war es auch schon.

- *Mitarbeiter*: In der Mitarbeiterstufe dürfen auch Beiträge geschrieben und eingereicht werden. Besonderes Vertrauen genießt der Mitarbeiter allerdings nicht. Seine Werke müssen zumindest von einem Redakteur freigeschaltet werden.

- *Autor*: Besser hat es der Autor. Er darf eigene Beiträge schreiben und ohne weitere Überprüfung freischalten sowie Dateien in die Mediathek hochladen. Er hat aber keinen Zugriff auf Seiten.

- *Redakteur*: Umfangreiche Befugnisse genießt der Redakteur. Er darf Beiträge und Seiten erstellen, bearbeiten und löschen – nicht nur die eigenen. Zugriff hat er auch auf die Kommentarverwaltung, nicht aber auf die Benutzerverwaltung.

- *Administrator*: Der Boss darf alles: Themes auswechseln, Plug-ins installieren, das ganze System steuern – oder ins Nirwana befördern.

**Zweitaccount unterhalb der Administratorebene**
Wichtige Entscheidungen sollten nur nüchtern und ausgeschlafen getroffen werden. Das sind Sie selten? Dann legen Sie sich noch einen zweiten Account auf einer niedrigeren Stufe an, um die Moderation von Kommentaren und andere Routineaufgaben gefahrloser erledigen zu können.

## WordPress aktualisieren

Eine WordPress-Site ist ein Dauerläufer. Sie können Ihr Projekt – und das unterscheidet WordPress positiv von anderen Systemen – über Jahre und (bisher) auch über ein Jahrzehnt betreiben. Voraussetzung ist, dass Sie die Site ständig aktualisieren – aus Sicherheitsgründen und um die technischen Neuerungen nicht zu verpassen.

Für den WordPress-Kern, die Themes und die Plug-ins veröffentlichen die Entwickler im Abstand von grob einem halben Jahr neue Versionen. Die kleinen Sicherheitsupdates des Kerns, erkennbar an der dritten Versionsziffer, spielt WordPress automatisch ein. Sie müssen also nicht selbst von 4.8.1 auf 4.8.2 aktualisieren, sondern nur auf WordPress 4.9, 5.0 etc. Der Sprung auf WordPress 5.0 verläuft relativ unspektakulär. Die Entwickler zählen einfach die Zahl hinter dem Punkt weiter, eine Neuausrichtung ist nicht geplant.

### Die Updatemeldungen

**Bild 3.62:** Das Dashboard meldet Updatebedarf. Insgesamt drei
Aktualisierungen stehen zur Verfügung.

Nicht zu übersehen sind die Benachrichtigungen über verfügbare Updates im Word-
Press-Backend direkt auf dem Dashboard. Um seine Sicherheit besorgt, addiert Word-
Press dabei die Anzahl der zu aktualisierenden Komponenten. Näheres erfahren Sie,
wenn Sie den Menüpunkt *Aktualisierungen* anklicken. Das Ganze liest sich wie eine
Getränkebestellung: 1 x WordPress selbst, 1 x Plug-in und 1 x Themes bitte. Aber zügig.

### Vor dem Update sichern

Vorsicht ist die Mutter der Porzellankiste. Vor dem Update sollten Sie Ihre Installation
sichern. Probleme kann es in diesen Fällen geben:

* Die Internetverbindung bricht während des Updates zusammen.

* Ein Plug-in arbeitet nicht mehr mit der neuesten WordPress-Version zusammen.

* Plug-ins kommen sich nach einem Update in die Quere.

* Die neuere Version eines Plug-ins verweigert den Dienst, weil der Server die Systemvoraussetzungen nicht mehr erfüllt. Beispiel: Yoast benötigt ab Version 4.5 mindestens PHP 7.0.

Zur Datensicherung stehen Ihnen verschiedene Möglichkeiten zur Verfügung. Eine
Standardsicherung umfasst diese Komponenten:

* Sicherung der einzelnen WordPress-Dateien via FTP.

* Sicherung der MySQL-Datenbank über phpMyAdmin oder das Kundencenter des
  Providers.

### Update-Probleme lösen

Falls das Update des WordPress-Kerns nicht eingespielt werden kann, ist höchstwahr-
scheinlich ein Plug-in schuld. Es empfiehlt sich dann folgende Vorgehensweise:

1. Plug-in deaktivieren. Notfalls durch eine Umbenennung via FTP-Zugriff.

2. Update durchführen.

3. Plug-in wieder aktivieren.

Diese Methode ist allerdings nur eine Notlösung. Sollte ein Plug-in über eine längere Zeit nicht mehr auf dem neuesten Stand gehalten werden, sollten Sie es aus Sicherheitsgründen deaktivieren und löschen.

### Externe Themes und Plug-ins aktualisieren

Themes und Plug-ins aus dem WordPress-Directory aktualisieren Sie ganz einfach per Klick. Für das Update externer Themes und Plug-ins beachten Sie bitte die Hinweise des jeweiligen Herstellers.

> **Update nach Änderungen im Quellcode**
> Bedenken Sie, dass Änderungen, die Sie direkt im Stylesheet oder in anderen Dateien via Quellcode vorgenommen haben, mit dem Update überschrieben werden können. Nicht davon betroffen sind CSS-Anweisungen, die Sie in der CSS-Box des Customizers eingetragen haben.

### Permalinks einstellen

Permalink ist ein typisches Wort aus der WordPress-Terminologie. Gemeint sind die URLs aller Beiträge, Seiten und Kommentare einer WordPress-Website. Vor dem Begriff braucht kein Admin ehrfürchtig in den Staub zu sinken – vor der Sache aber schon. Ohne eine vernünftige Permalink-Einstellung ist alle weitere Suchmaschinenoptimierung für die Katz.

Als Standard wird nach dem Domainnamen das Datum angehängt.

*   Ergebnis: *www.meine-website.de/2017/10/02/kitesurfen-locations/*
*   Schöner wäre in vielen Fällen: *www.meine-website.de/kitesurfen-locations/*

Festgelegt wird die Permalink-Struktur im Backend unter *Einstellungen/Permalinks*. Schalten Sie dort von *Tag und Name* auf *Beitragsname* um. Langfristig ist das die beste Option, denn alle anderen enthalten zusätzliche Zahlen und Schrägstriche, die in den meisten Fällen für die Suchmaschinen wenig aussagekräftig sind. Von der Nutzung der Option *Benutzerdefinierte Struktur* ist dagegen abzuraten – wenn Sie Besucher und Suchmaschinen nicht verwirren wollen.

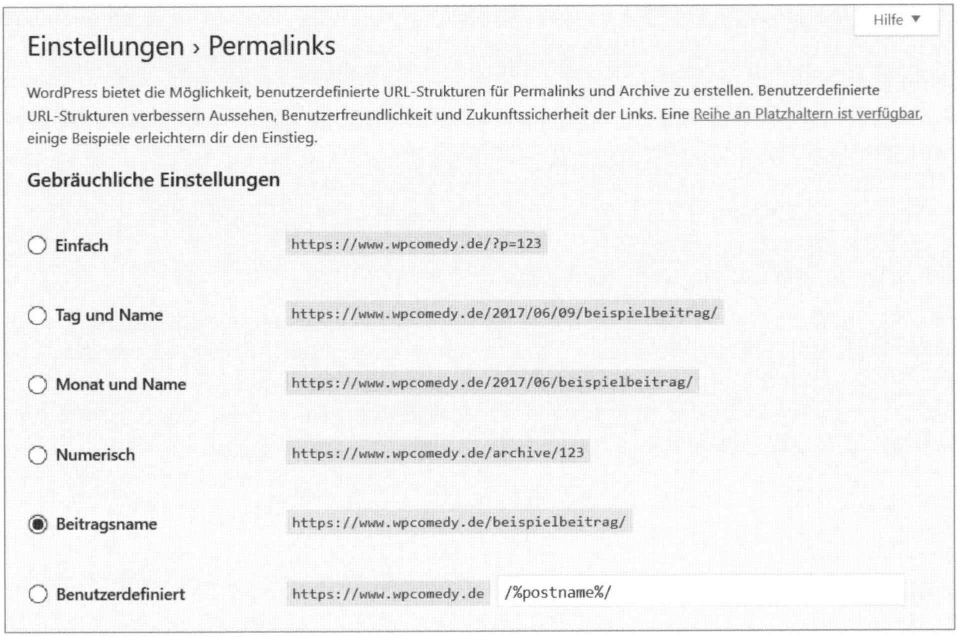

**Bild 3.63:** Die Permalink-Struktur wurde aktualisiert.

Nach der Umstellung auf die Option *Beitragsname* ist das störende Datum verschwunden. Gehen Sie nun ins Frontend und überprüfen Sie, ob sowohl die Startseite als auch alle anderen Seiten korrekt angezeigt werden.

Falls Sie nach der Umstellung plötzlich auf weiße Seiten mit der Fehlermeldung *Not Found* starren, brauchen Sie nicht in Panik zu geraten. Stellen Sie zunächst die Einstellung *Tag und Name* wieder her oder probieren Sie die Option *Einfach*. Wenden Sie sich dann an Ihren Provider und erkundigen Sie sich, ob in Ihrem Tarif das Modul *Mod Rewrite* enthalten ist. Gegebenenfalls benötigen Sie einen höherwertigen Webspace.

### Basis für Kategorien und Schlagwörter umstellen

Die Permalink-Umstellung hat geklappt? Dann können Sie jetzt noch eine Schippe drauflegen. Wenn Sie unter *Einstellungen/Permalinks* nach unten scrollen, haben Sie bei *Optional* die Möglichkeit, knackige Namen für die Basis der Kategorien und Schlagwörter zu vergeben. Auch diese werden nämlich als URL in den Ergebnisseiten von Google und Kollegen angezeigt.

In der Standardeinstellung verwendet WordPress die Begriffe *category* und *tag*. Beide sind nichtssagend und damit wertlos. Ersetzen Sie sie durch googelbare Begriffe, um die Kategorien und Schlagwörter für die Suchmaschinenoptimierung einzuspannen.

### 3.3.8  WordPress als Blog betreiben

Das Schöne an WordPress ist die Flexibilität. Zur Auswahl stehen drei Betriebsarten:

*   WordPress als CMS (Content-Management-System)

*   WordPress als Mischung aus CMS und Blog

*   WordPress als Blog

#### Die Standardeinstellung von WordPress

Die Standardeinstellung von WordPress ist von der Version und vom Standard-Theme abhängig. Wenn Sie mit WordPress 4.8 und dem Theme *Twenty Seventeen* arbeiten, finden Sie eine Mischung aus CMS und Blog vor. Der Besucher landet auf einer statischen Startseite und erreicht das Blog über einen Menüpunkt. Klicken Sie auf *Einstellungen/ Lesen*, um Ihre derzeitige Betriebsart zu überprüfen.

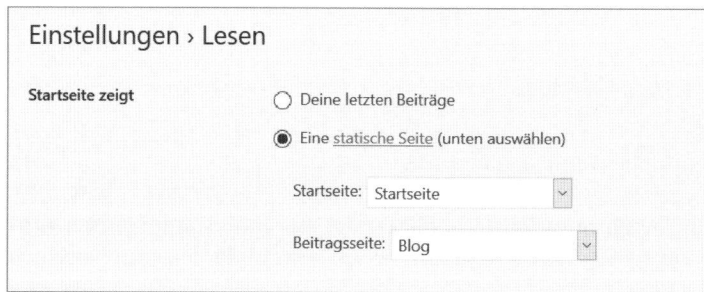

**Bild 3.64:** In der Standardeinstellung zeigt die Startseite eine statische Seite.

#### Umstellung auf ein echtes Blog

Ein echtes Blog zeigt schon auf der Startseite die neuesten Beiträge an. Wählen Sie diese Betriebsart, falls Sie fortlaufend neuen Content produzieren.

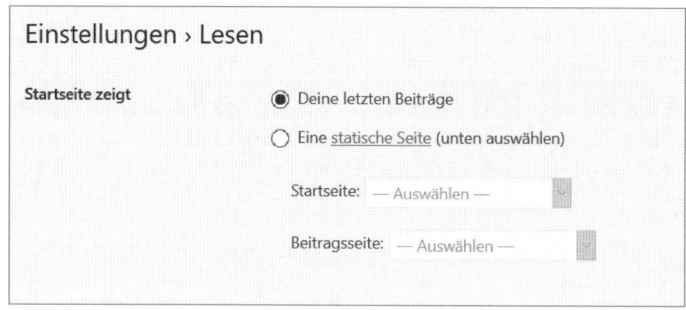

**Bild 3.65:** Die Startseite zeigt die letzten Beiträge.

Wählen Sie bei *Einstellungen/Lesen* in der Zeile *Startseite zeigt* die Option *Deine letzten Beiträge*.

Nun landen Ihre Besucher direkt auf Ihren Beiträgen – und teilen sie hoffentlich fleißig auf den Social-Media-Bühnen.

Sie können Ihre Beiträge aber auch selbst auf Ihre Präsenzen bringen – mit dem Einsatz von Social-Media-Plug-ins. Empfehlenswert sind *Jetpack* und *Blog2Social*.

> **Ein Text-Widget als Lotse**
> Sie möchten die statische Startseite beibehalten, aber trotzdem mehr Traffic auf Ihr Blog bringen? Dann lotsen Sie die Besucher nicht nur über das Menü, sondern auch auf andere Weise auf das Blog, zum Beispiel mit einem gut platzierten Text-Widget – inklusive Link. Textvorschlag: »Was gibt es Neues? Hier geht es zu unserem Blog.«

### 3.3.9  Social-Media-Bühnen anschließen

Mit dem richtigen Kniff sorgen Sie sowohl in WordPress als auch in Ihren Social-Media-Präsenzen für mehr Traffic – ohne Ihr Zeitbudget zu sprengen. Plug-ins verteilen Ihre Blogbeiträge schon beim Erstellen auf die angeschlossenen Bühnen – einschließlich eines Links, der auf das Blog zurückführt. Der Besucher entscheidet selbst, an welchem Ort er sich an einer Diskussion beteiligt – in der Kommentarspalte des Blogs oder beispielsweise auf Ihrer Facebook-Präsenz. Sie profitieren von beidem.

Umfangreiche Social-Media-Funktionen stellt das Plug-in Jetpack zur Verfügung.

#### Jetpack installieren

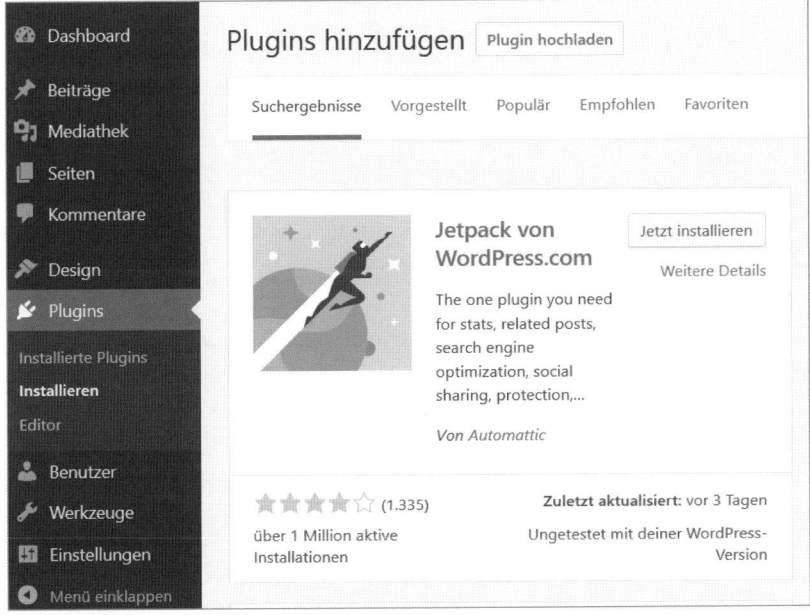

**Bild 3.66:**  Das Plug-in *Jetpack* installieren.

*Jetpack* lässt sich ganz normal über die Plug-in-Verwaltung installieren. Allerdings sind danach noch ein paar Schritte notwendig, um es in Betrieb zu nehmen.

### Jetpack und wordpress.com

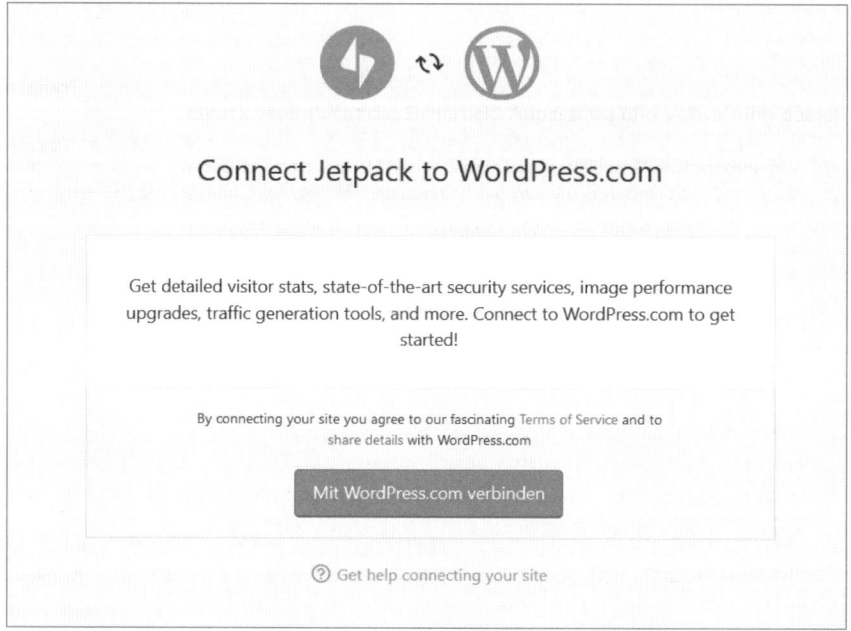

**Bild 3.67:** *Jetpack* mit *wordpress.com* verbinden.

Nach Installation und Aktivierung führt Jetpack Sie auf die Seite *wordpress.com*, wo Sie die Jetpack-Verbindung autorisieren müssen. Erforderlich ist ein Account bei *wordpress. com*. Wenn Sie WordPress dort schon einmal ausprobiert haben, haben Sie bereits ein Konto. Falls nicht, ist es schnell angelegt.

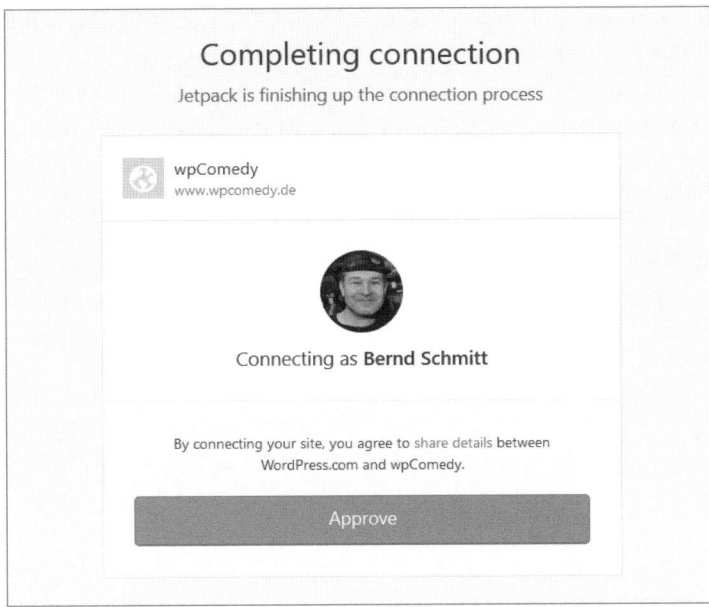

**Bild 3.68:** *Jetpack* verlangt die Bestätigung der AGB.

Voraussetzung zur Nutzung ist die Zustimmung zu den *share details*, den AGB der Herstellerfirma Automattic, die auch den Service *wordpress.com* betreibt. Durch die Verknüpfung geben Sie Daten Ihrer Besucher an *wordpress.com* weiter, betreiben also Auftragsdatenverarbeitung. Informieren Sie Ihre Besucher darüber in Ihrer Datenschutzerklärung. Klicken Sie dann auf *Approve*.

**Bild 3.69:** Die Verbindung ist hergestellt.

Wenn Sie das obige Fenster sehen, haben Sie es geschafft. *Jetpack* steht nun mit allen Funktionen zur Verfügung.

Das Plug-in ist so umfangreich, dass man darüber ein eigenes Buch schreiben könnte. Sie können auf *Empfohlene Funktionen aktivieren* klicken, um einige Features automatisch einzuschalten. Zum Anschluss Ihrer Social-Media-Präsenzen ist aber auf jeden Fall Handarbeit nötig. Klicken Sie oben auf *Dashboard*.

### Das Dashboard von Jetpack

Auf dem Dashboard von *Jetpack* finden Sie eine Sortierung nach diesen Aufgabengebieten:

- *Writing*
- *Sharing*
- *Discussion*
- *Traffic*
- *Security*

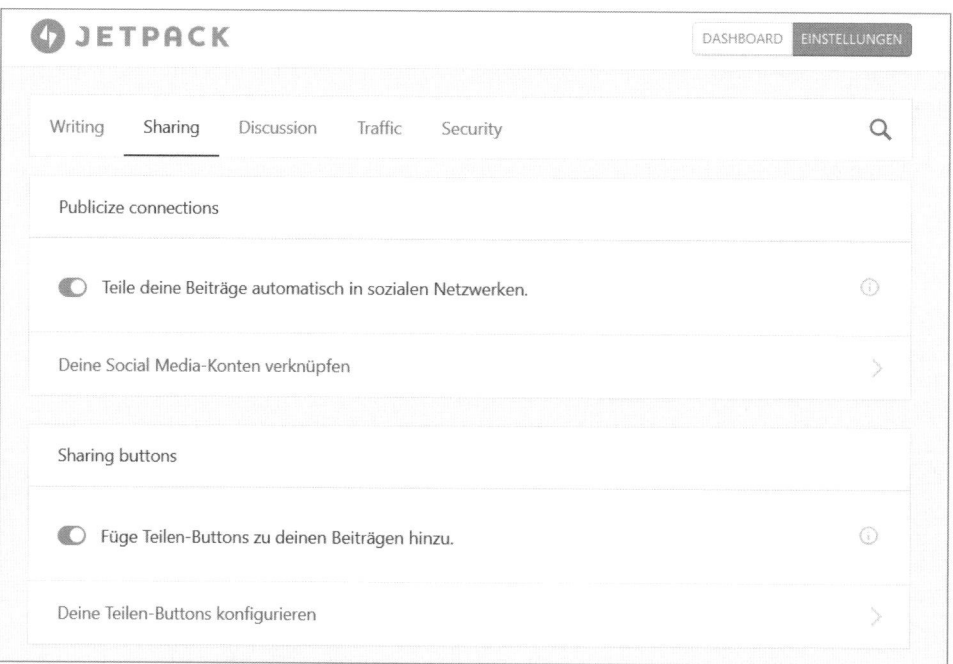

**Bild 3.70:** Das *Jetpack*-Dashboard.

Klicken Sie auf das Register *Sharing* und aktivieren Sie die beiden Schieberegler *Publicize connections* und *Sharing buttons*.

Mit der Aktivierung der *Sharing*-Buttons erzeugen Sie unterhalb Ihrer Blogbeiträge einen Button für Facebook, Twitter und Google Plus. Hinzufügen können Sie auch noch Pinterest, WhatsApp und weitere Bühnen.

Wenn Sie möchten, können Sie die Buttons auch unterhalb von WordPress-Seiten platzieren. Sinnvoll ist das aber nicht unbedingt. Auf Pflichtseiten, wie beispielsweise dem Impressum, stiftet ein Share-Button nur Verwirrung.

Für das automatische Publizieren zuständig ist der obere Schieber *Publicize connections*. Klicken Sie nach der Aktivierung auf *Deine Social Media-Konten verknüpfen*.

### Beiträge automatisch teilen

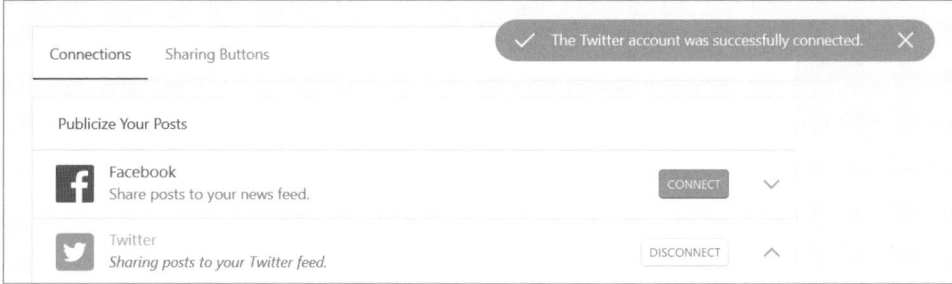

**Bild 3.71:** Beiträge automatisch teilen.

Schließen Sie Facebook, Twitter, Google Plus und weitere Bühnen an. Am einfachsten funktioniert es, wenn Sie auf der jeweiligen Bühne über Ihren Browser ständig eingeloggt sind.

**Beispiel für Twitter**: Klicken Sie auf *Connect* und warten Sie, bis Jetpack *The Twitter account was sucessfully connected* anzeigt. Ab jetzt gilt: Mit dem Erstellen streuen Sie einen Beitrag parallel auf Twitter.

Einen kleinen Haken hat die parallele Veröffentlichung via *Jetpack* allerdings. Sie haben aktuell nämlich nur diese sechs Bühnen zur Verfügung:

- Facebook

- Twitter

- Google Plus

- LinkedIn

- Tumblr

- Path

Mehr Bühnen erreichen Sie mit einem anderen dem Plug-in: *Blog2Social*.

### Mit Blog2Social mehr Bühnen erreichen

*Blog2Social* ist in der Basisversion kostenlos. Sie können das Plug-in also ganz normal über das Backend von WordPress installieren und aktivieren.

**Bild 3.72:** Mit *Blog2Social* mehr Bühnen erreichen.

Der Unterschied zu Jetpack:

- Automatisches Publizieren auch auf Instagram, Pinterest und weiteren Bühnen.

- Zielgenaues Publizieren innerhalb einer Bühne, beispielsweise auf Facebook, wo zwischen Profil, Seite und Gruppe unterschieden wird. In der kostenlosen Version sind Facebook-Gruppen allerdings nicht enthalten.

Mit einem Premium-Account bei *Blog2Social* erhalten Sie zusätzliche Features. Bezahlen müssen Sie dafür je nach Qualität zwischen 5,75 und 16,58 Euro pro Monat.

Am besten starten Sie mit der kostenlosen Version und schöpfen die darin enthaltenen Möglichkeiten erst einmal aus.

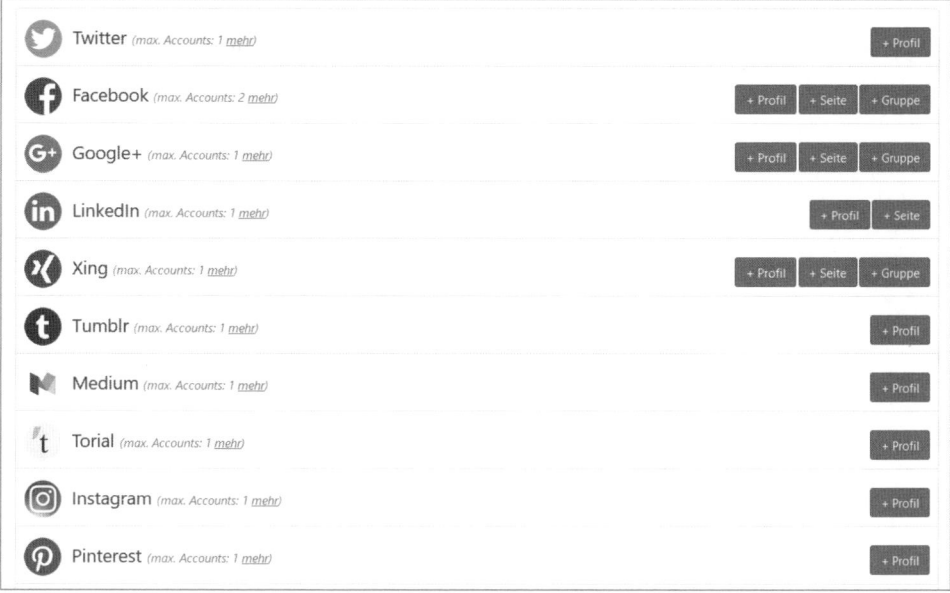

**Bild 3.73:** Das Plug-in *Blog2Social* schließt Instagram, Pinterest und weitere Bühnen ein.

## 3.3.10  CHECKLISTE WORDPRESS

• Geeigneter Provider.

• Geeigneter Webspace inklusive Mod Rewrite.

• Mindestens PHP 7.

• Domain mit Verzeichnis verbunden.

• FTP-Programm installiert.

• MySQL-Datenbank angelegt.

• WordPress hochgeladen.

• WordPress installiert.

• Theme ausgewählt.

• Theme konfiguriert.

• Plug-ins ausgewählt.

• Widgets platziert.

• Menüs angeordnet.

• Bilder in Mediathek hochgeladen.

- Erste Beiträge und Seiten erstellt.
- Optional Blog als Startseite ausgewählt.
- Jetpack oder Blog2Social installiert.
- Social-Media-Buttons eingerichtet.
- Bühnen für das parallele Publizieren angeschlossen.

# 3.4   Im Kassenhäuschen: Social-Media-Monitoring

Ob die Akteure auf der Bühne den Geschmack des Publikums treffen? Der unmittelbare Applaus in Form von Likes, Shares und Kommentaren ist natürlich kein schlechtes Indiz für den Erfolg.

Allerdings erhalten Sie auf diese Weise keine Auskunft darüber, ob Sie mit der Woge des Erfolgs auch die Ziele Ihres Unternehmens umsetzen.

Wenn Sie Pech haben, landen Ihre Perlen nämlich beim falschen Publikum – bei Personen, die Sie zwar als Erklärer oder Entertainer schätzen, sich aber in keiner Weise für Ihre Produkte, Dienstleistungen oder Projekte interessieren.

## 3.4.1  Erfolg messen

Die Social-Media-Bühnen sind gespickt mit Accounts, die sich in einer Mikroblase bewegen – weil sie das Social-Media-Monitoring vernachlässigen.

### Aufgaben des Social-Media-Monitorings

- **Quantitative Analyse der Publikumsreaktionen**: Messung der Likes, Shares, Kommentare und Klicks auf die Website.
- **Qualitative Analyse**: Überprüfung, ob die Reaktionen mit den Marketingzielen des Unternehmens übereinstimmen.
- **Analyse der Zusammensetzung des Publikums**: Wurde die richtige Zielgruppe erreicht?
- **Reichweitenanalyse**: Wurden neue Freunde, Fans und Follower aus der Zielgruppe gewonnen?
- **Vergleich**: Welcher Content provoziert die meisten und hochwertigsten Reaktionen?

Was Sie für das Monitoring benötigen, sind zuverlässige Statistiken. Zum Glück stellen Ihnen die meisten Bühnenbetreiber hierfür spezielle Tools zur Verfügung. Die Nutzung der internen Statistiken ist kostenlos, Voraussetzung ist allerdings ein Unternehmenszugang. Im Fall von Facebook ist das eine Seite, mit einem Profil alleine erhalten Sie keine detaillierten Informationen über die Zusammensetzung und das Verhalten Ihres Publikums.

## 3.4.2 Facebook-Statistiken

**Bild 3.74:** Aufruf der Facebook-Statistiken. Externe Programme sind für die Messung der Reichweite auf Facebook nicht erforderlich.

*Insights* nennt sich das hauseigene Statistiktool für Facebook-Seiten. Es wird ab einer Anzahl von 30 Fans automatisch freigeschaltet. Die Statistik-Startseite begrüßt Sie mit der *Seitenzusammenfassung*, einer Übersicht über die wichtigsten Kennzahlen der letzten sieben Tage. Über die kleinen Doppelpfeile wechseln Sie zu diesen Zeiträumen:

* *Heutiger Tag*

* *Gestriger Tag*

* *Letzte 28 Tage*

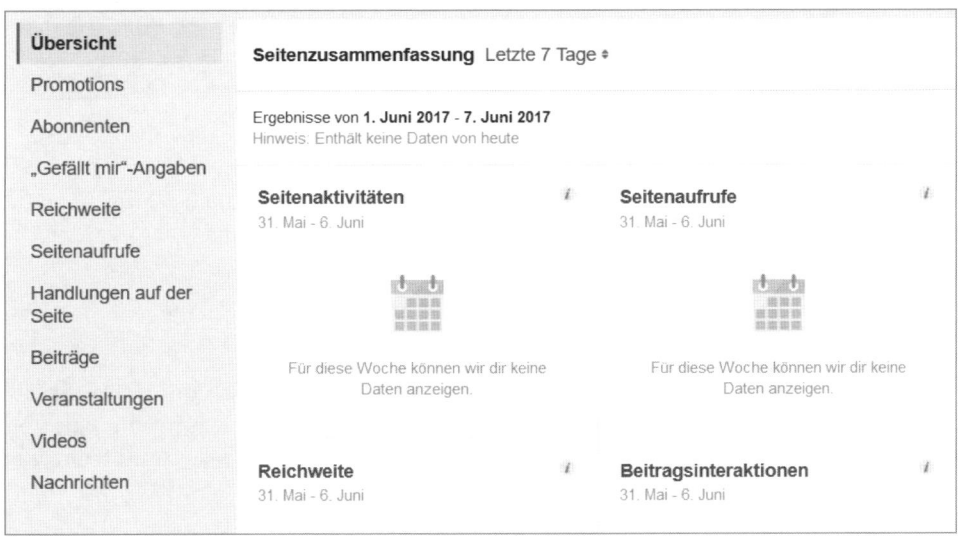

**Bild 3.75:** Auf der Statistik-Startseite präsentiert Facebook eine Zusammenfassung der letzten sieben Tage.

Über das Menü in der linken Spalte können Sie sehr detaillierte Informationen abrufen. Besonders wichtig ist der Punkt *Reichweite*. Rufen Sie ihn auf, um die Anzahl der Personen zu überprüfen, die Ihre Facebook-Beiträge überhaupt zu Gesicht bekommen.

Sehr aufschlussreich ist auch der Punkt *Beiträge*. Facebook präsentiert Ihnen dort eine Analyse nach Beitragstyp, Reichweite und Interaktionen. Hier können Sie vergleichen, welche Beiträge bei Ihrem Publikum die meisten Reaktionen hervorrufen.

Außerdem wird Ihnen angezeigt, an welchen Wochentagen und zu welcher Stunde Ihre Fans besonders aktiv sind. Verschleudern Sie keine Energien und veröffentlichen Sie Ihre Beiträge zur idealen Zeit. Wichtig ist es, möglichst schnelle Reaktionen des Publikums zu erzeugen, um über Facebook-Algorithmen bevorzugt dargestellt zu werden.

**Bild 3.76:** Unter *Beiträge* liefert die Facebook-Statistik Informationen zur Reichweite und zu Reaktionen auf einzelne Beiträge.

### 3.4.3 Twitter Analytics

Twitter unterscheidet nicht zwischen privaten und Unternehmensaccounts. Das Statistiktool Twitter Analytics können Sie daher in jedem Fall nutzen, auch unabhängig von der Anzahl Ihrer Follower. Es spricht nichts dagegen, den Analytics-Account frühzeitig zu aktivieren. Loggen Sie sich bei Twitter ein und surfen Sie auf diese URL: *https://analytics.twitter.com*. Mit einem Klick schalten Sie Ihre Statistiken frei.

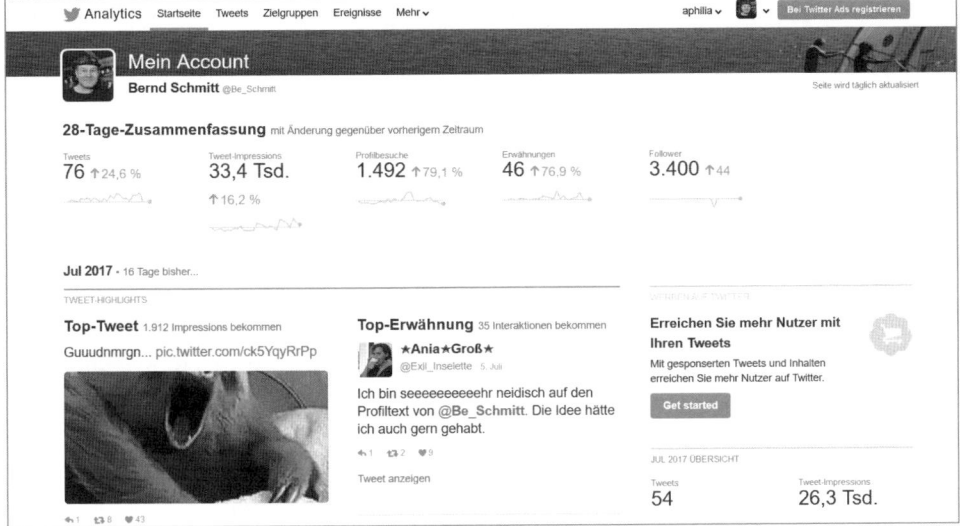

**Bild 3.77:** Twitter Analytics präsentiert die Zusammenfassung der letzten 28 Tage.

Auf der Startseite von Twitter Analytics erhalten Sie einen Überblick über die letzten 28 Tage. Die Informationen in der ersten Zeile:

- *Tweets*: Die Anzahl Ihrer Tweets. Retweets werden nur mitgezählt, wenn Sie sie kommentiert haben.

- *Tweet-Impressionen*: Die Summe aller Ansichten Ihrer Tweets in den letzten 28 Tagen.

- *Profilbesuche*: Die Anzahl der Twitterer, die Ihr Profil besucht haben, also Ihre potenziellen Follower.

- *Erwähnungen*: Die Summe aller Kommentare zu Ihren Tweets sowie der Erwähnungen Ihres Benutzernamens in fremden Tweets. Nicht mit eingerechnet sind Retweets.

- *Follower*: Die aktuelle Anzahl Ihrer Follower.

Rechts neben den absoluten Zahlen zeigt Twitter an, wie sich die Werte in Prozentzahlen verändert haben.

Falls Sie von den diversen Zahlen und Begriffen erschlagen sind: Kehren Sie zur Twitter-Timeline zurück und rufen Sie einen einzelnen Tweet auf, den Sie in letzter Zeit abgeschickt haben.

### Einzelne Tweets beobachten

Nach der Freischaltung von Twitter Analytics ist jeder einzelne Tweet mit einem Statistiksymbol ausgestattet. Klicken Sie unterhalb Ihres Tweets auf die drei Balken ganz rechts.

Es öffnet sich ein Fenster, in dem die wichtigsten Kennzahlen für den einzelnen Tweet angezeigt werden.

Bernd Schmitt @Be_Schmitt · 7. Juni
#Brennelementesteuer ist mir egal! Ich hab noch nie Brennelemente gekauft, und habe es auch nicht vor.
5
3
25

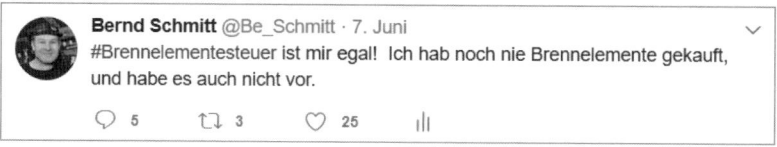

**Bild 3.78:** Nach der Freischaltung von Twitter Analytics ist jeder Tweet mit einem Statistik-Icon ausgestattet.

Der obige Tweet wurde 2.590 Twitterern angezeigt und hat 85 Interaktionen ausgelöst. Die Interaktionsrate liegt bei ungefähr 3 % und damit im durchschnittlichen Bereich. Sehr gute Tweets erzeugen Interaktionsraten von 10 % und mehr.

Kehren Sie wieder zu Twitter Analytics zurück, um die Interaktionsraten zu vergleichen.

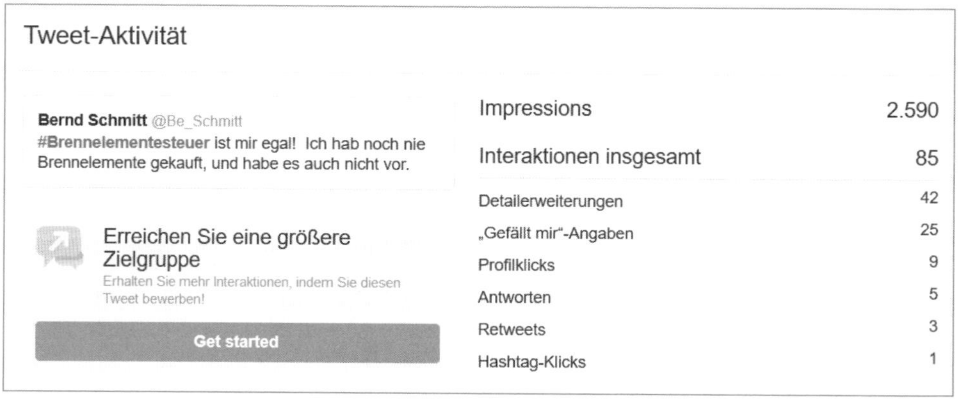

Tweet-Aktivität
Bernd Schmitt @Be_Schmitt
#Brennelementesteuer ist mir egal! Ich hab noch nie Brennelemente gekauft, und habe es auch nicht vor.
Erreichen Sie eine größere Zielgruppe
Erhalten Sie mehr Interaktionen, indem Sie diesen Tweet bewerben!
Get started
Impressions 2.590
Interaktionen insgesamt 85
Detailerweiterungen 42
„Gefällt mir"-Angaben 25
Profilklicks 9
Antworten 5
Retweets 3
Hashtag-Klicks 1

**Bild 3.79:** Schnelle Anzeige der Tweet-Aktivität.

### Die Interaktionsraten vergleichen

Klicken Sie oben auf den Menüpunkt *Tweets*, um die Interaktionsraten Ihrer Tweets zu vergleichen.

Analytics
Startseite
Tweets
Zielgruppen
Ereignisse
Mehr
Tweet-Aktivität

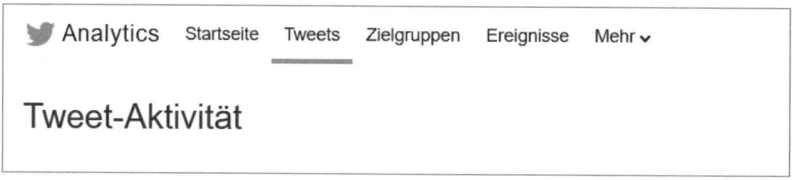

**Bild 3.80:** Anzeige der Tweet-Aktivität, also der gesamten Reaktionen auf einen Tweet.

Im unteren Bild sehen Sie vier Tweets im Vergleich. Die Interaktionsraten schwanken zwischen 1,1 und 11,7 %. Nehmen Sie sich Tweets mit hohen Raten als Inspiration, um Ihren Stil zu entwickeln, Ihre Reputation zu erhöhen und neue Follower zu gewinnen.

| | | | |
|---|---|---|---|
| **Bernd Schmitt** @Be_Schmitt · 10. Juni<br>So, langsam Feierabend #fump<br>pic.twitter.com/y5e1vPE6pd<br>Twitter Aktivitäten anzeigen | 334 | 39 | 11,7 % |
| **Bernd Schmitt** @Be_Schmitt · 10. Juni<br>I'm sexy and I Know it. pic.twitter.com/E02qA4JfYL<br>Twitter Aktivitäten anzeigen | 294 | 29 | 9,9 % |
| **Bernd Schmitt** @Be_Schmitt · 10. Juni<br>#Twitter-Hinweis: Schreibt bitte klar und mixt nicht alles durcheinander, weil ja Lego und Leguane oder Kartoffelsuppe Krombacher auszuuf<br>Twitter Aktivitäten anzeigen | 288 | 6 | 2,1 % |
| **Bernd Schmitt** @Be_Schmitt · 9. Juni<br>#schlagermodernisieren<br>Ingrid Peters: . 🖉 So schnell kann doch kein LAN sein...<br>Twitter Aktivitäten anzeigen | 633 | 7 | 1,1 % |

**Bild 3.81:** Interaktionsraten im Vergleich.

**Erfolgreiche Tweets**
Das Schöne an Twitter Analytics ist, dass sich die Zahlen sehr schnell aktualisieren. Sie können nahezu in Echtzeit beobachten, wie sich die Reichweite eines erfolgreichen Tweets aktualisiert.

## Monatszusammenfassung

Auf der Startseite von Twitter Analytics wird Ihnen auch eine schnelle Monatsübersicht präsentiert. Die wichtigsten Inhalte.

*   *Top-Tweet*: Der Tweet mit den meisten Impressions im aktuellen Monat.
*   *Top-Erwähnung*: Der Tweet mit den meisten Erwähnungen, in der Regel mit den meisten Kommentaren.
*   *Top-Follower*: Derjenige Ihrer neuen Follower, der über die größte eigene Followerschaft verfügt.
*   *Top-Medien-Tweet*: Der Bild- oder Videotweet mit den meisten Impressionen.

Für den Aufbau einer Followerschaft besonders relevant ist der Top-Follower. Wenn Sie von ihm retweetet werden, wächst Ihre Sichtbarkeit auf Twitter.

Alles richtig gemacht haben Sie, wenn der Top-Follower gut in Ihre Zielgruppe passt.

### 3.4.4 YouTube Analytics

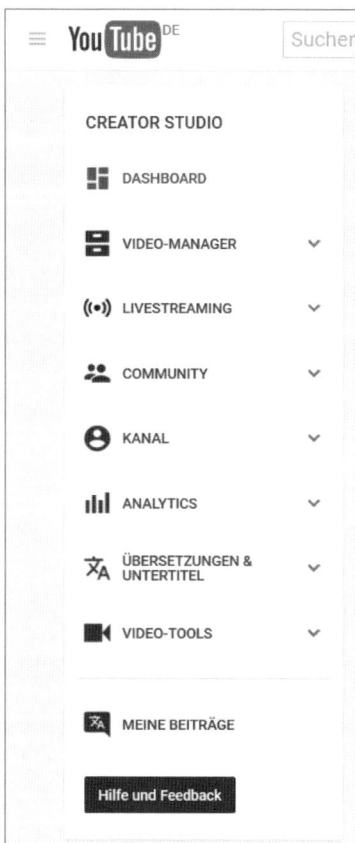

**Bild 3.82:** YouTube Analytics
ist Teil des *Creator Studios*.

Der Weg zu YouTube Analytics führt über das Creator Studio. So gelangen Sie zu Ihren Statistiken:

1. Loggen Sie sich in YouTube ein.

2. Rufen Sie Ihren Kanal auf.

3. Klicken Sie rechts oben auf das Kontosymbol.

4. Klicken Sie auf den Button *Creator Studio*.

5. Klicken Sie im Creator Studio auf das kleine Dreieck hinter dem Menüpunkt *Analytics*.

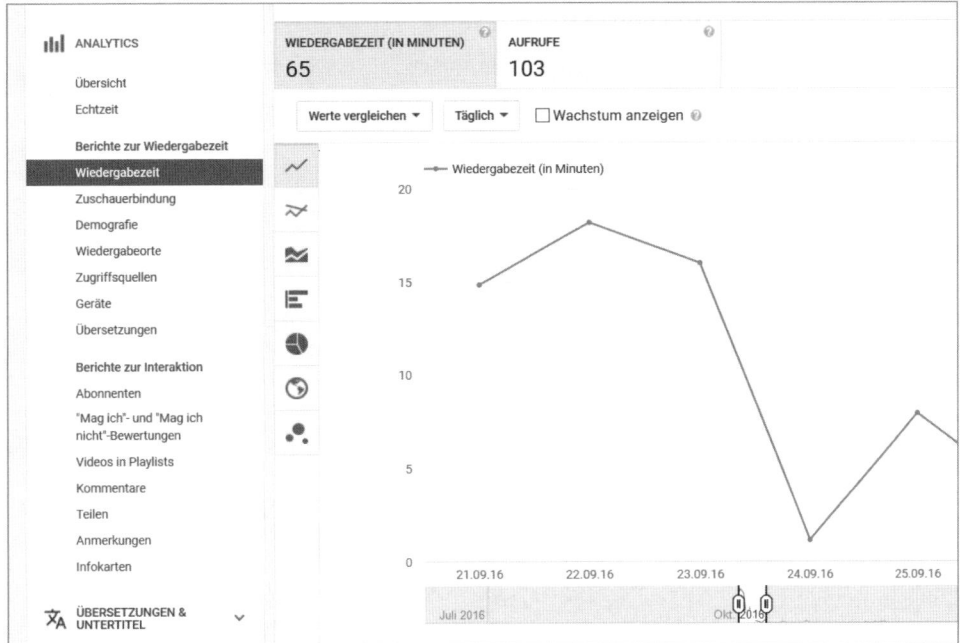

**Bild 3.83:** YouTube Analytics gewährt Einblick in das Nutzerverhalten.

Auf der linken Seite finden Sie eine Vielzahl von Unterpunkten, mit denen Sie detaillierte Informationen zum Nutzerverhalten abrufen können. Unterhalb der jeweiligen Kurve befindet sich ein Schieberegler zur Eingrenzung des Beobachtungszeitraums. Besonders interessant sind die Tage kurz nach der Veröffentlichung eines Clips oder während einer Kampagne.

Einen schnellen Überblick erhalten Sie mit diesen Unterpunkten:

- *Wiedergabezeit*: Die Summe aller Videoaufrufe in Minuten.

- *Kommentare*: Die Anzahl der Kommentare.

Besonders wichtig für die Sichtbarkeit von Clips und Kanälen ist die Anzahl der Kommentare. YouTube tickt hier nicht anders als die anderen Bühnen. In den sichtbaren Bereich gerät, was Reaktionen erzeugt. Nutzen Sie negative Kommentare, um darauf zu antworten. Schlimmer als ein negatives Feedback ist es, vom Publikum ignoriert zu werden.

### 3.4.5 Erfolgskontrolle auf Google Plus

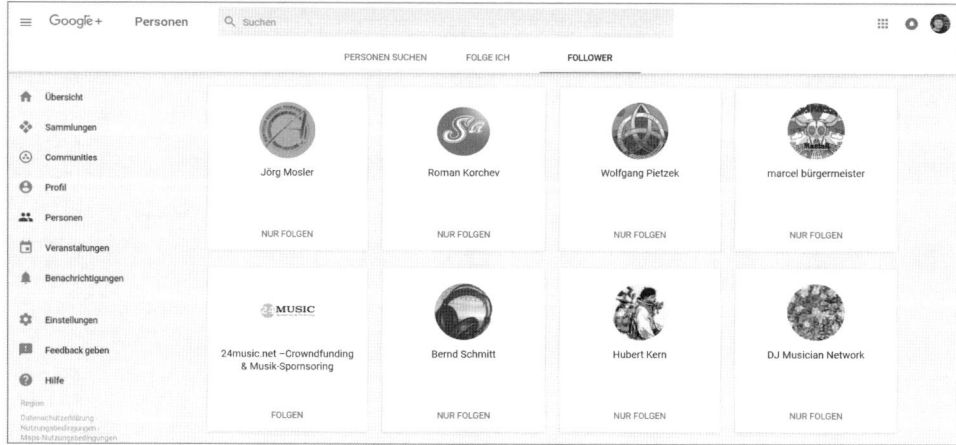

**Bild 3.84:** Kontrolle der Follower auf Google Plus.

Über ein eigenes Analysetool verfügt Google Plus nicht. Sie können zwar ersatzweise Google Analytics verwenden, aber das hieße, mit Kanonen auf Spatzen zu schießen. Es gibt wichtigere Bühnen als Google Plus. Beschränken Sie sich darauf, im Hauptmenü von Google Plus den Punkt *Personen* aufzurufen.

Rufen Sie dann die Unterpunkte *Folge ich* und *Follower* auf, um Ihre Fanbase zu managen.

### 3.4.6 Instagram Insights

Das Statistiktool von Instagram nennt sich *Insights*. Voraussetzung für die Nutzung ist die Freischaltung der *Instagram Business Tools*. Am besten klicken Sie einmal auf Ihre Profilseite. Steht dort oben rechts *Kein Unternehmen*? Dann müssen Sie Ihr Instagram-Profil erst umwandeln. Falls Sie das mit Ihrem aktuellen Profil nicht möchten: kein Problem. Sie können mehrere Instagram-Accounts haben und auch auf dem Smartphone zwischen den Konten hin- und herwechseln.

**Bild 3.85:**  Die *Instagram Business Tools* beinhalten auch die statistische Auswertung.

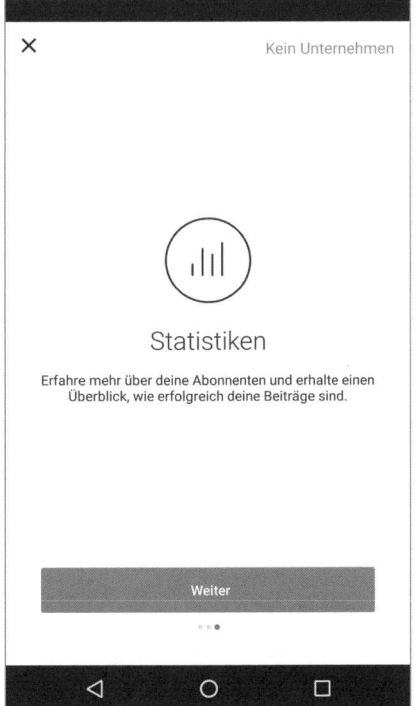

**Bild 3.86:**  Mit der Umwandlung in einen Unternehmensaccount werden die Statistiken freigeschaltet.

Die Umwandlung zum Unternehmensaccount starten Sie auf Ihrer Instagram-Profilseite. Voraussetzung ist eine eigene Facebook-Seite. Falls Sie mehrere Facebook-Seiten besitzen, müssen Sie eine davon für die Verknüpfung mit Instagram auswählen.

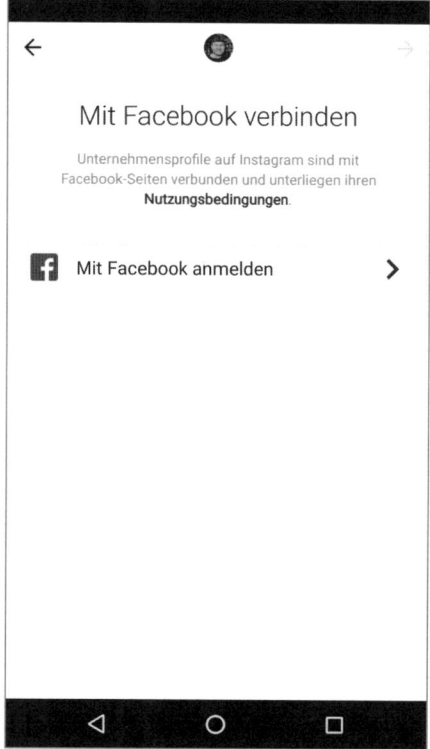

**Bild 3.87:** Instagram wird mit Facebook verknüpft.

Nach der Verknüpfung mit Facebook beginnt *Instagram Insights* mit der Arbeit. Am besten erstellen Sie für den schnellen Einstieg einen neuen Beitrag.

Nach Absenden des Beitrags wird Ihnen unterhalb des Bilds ein neuer Link eingeblendet: *Statistiken anzeigen.*

**Bild 3.88:** Unterhalb des Beitragsbilds erscheint der Link *Statistiken anzeigen*.

## Aufruf der Statistiken über den Beitrag

Nach Klick auf *Statistiken anzeigen* erhalten Sie folgende Informationen zu Ihrem Beitrag:

* *»Gefällt mir«*-Angaben

* *Kommentare*

* *Gespeicherte Posts*

* *Impressionen*

* *Reichweite*

* *Interaktionen*

Um Ihre Beiträge vergleichen zu können, orientieren Sie sich am besten an der Zahl der Interaktionen. Summiert werden dabei alle *Gefällt mir*-Angaben und *Kommentare.*

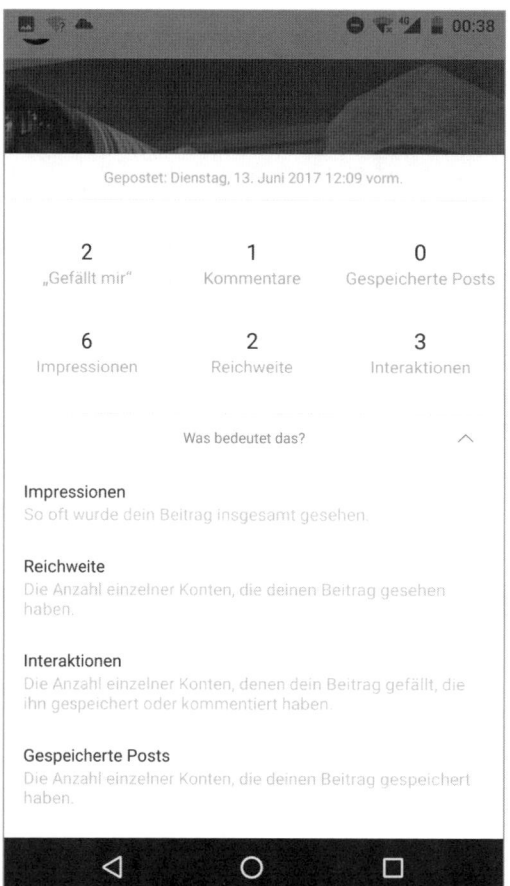

**Bild 3.89:** Abruf der Statistik zu einem einzelnen Beitrag.

### Demografische Informationen

Zu den ausführlichen Statistiken gelangen Sie über Ihre Profilseite. Klicken Sie dort im oberen Menü auf das Icon mit den vier Balken. Neben den Kennzahlen für Ihre Beiträge finden Sie auch allgemeine demografische Informationen über Ihre Abonnenten, beispielsweise zu Geschlecht, Alter und Standort. Voraussetzung für die Freischaltung der demografischen Informationen ist allerdings eine Mindestanzahl von 100 Abonnenten. Ab dieser Schwelle erhalten Sie auch Details zu diesen Kennzahlen:

- *Webseitenklicks*: Anzahl der Konten, die im Unternehmensprofil auf den Webseitenlink getippt haben.

- *Abonnentenaktivität*: Uhrzeiten, zu denen Ihre Abonnenten an einem normalen Tag Instagram verwenden.

- *Videoaufrufe*: Anzahl der Videoaufrufe ab mindestens drei Sekunden Sehdauer.

**Statistiken zu Instagram-Stories**

Neu sind die Statistiken zu den Instagram-Stories, den Inhalten, die nach 24 Stunden wieder verschwinden. Die dazugehörigen Statistiken stehen Ihnen etwas länger zur Verfügung, nämlich bis zu 14 Tage nach dem Erstellen der Story. Aufschlussreich ist vor allem der Wert *Antworten*: Er zeigt, wie oft Ihr Publikum die Option *Nachricht senden* verwendet hat.

### 3.4.7 Pinterest Analytics

**Bild 3.90:** Voraussetzung für die Nutzung von Pinterest Analytics ist ein Unternehmensaccount auf Pinterest.

Mit einem Unternehmensaccount haben Sie Pinterest Analytics schon an Bord. Sie müssen nur diese URL aufrufen:

*https://analytics.pinterest.com/*

Ob das Analysetool freigeschaltet ist, erkennen Sie auf der Startseite Ihres Accounts. Zwischen dem Pinterest-Icon und dem Suchfeld sollte der Menüpunkt *Analytics* angezeigt werden.

**Bild 3.91:** Im Unternehmenskonto ist Pinterest Analytics bereits freigeschaltet.

### Das Analytics-Menü

**Bild 3.92:** Das Startmenü von Pinterest Analytics.

Im Startmenü von Pinterest Analytics finden Sie die drei Punkte *Übersicht*, *Profil* und *Zielgruppenreichweite*. Klicken Sie sich hier erst einmal durch, um einen schnellen Überblick zu erhalten.

### Zielgruppenreichweite analysieren

**Bild 3.93:** Die Anzeige der *Zielgruppenreichweite*.

Im Fenster *Zielgruppenreichweite* können Sie im Menü *Ihre Follower* zwischen zwei Ansichten wählen:

- *Alle Zielgruppen* – Anzeige der Reaktionen aller User (Pinterest verwendet hier den etwas unglücklichen Begriff »Alle Zielgruppen«).

- *Ihre Follower* – Anzeige der Reaktionen der eigenen Followerschaft.

Nutzen Sie diese Vergleichsmöglichkeit, um Ihre Präsentation auf Pinterest zu überprüfen. Im Idealfall regieren Ihre Follower häufiger auf Ihre Pins als zufällige Betrachter. Arbeiten Sie an einer Profilierung Ihrer Bildersprache, falls Ihre Followerschaft zu wenig Begeisterung zeigt.

### Standardanalysedaten

In der Übersicht stellt Ihnen Pinterest diverse Analysedaten zur Verfügung:

- Durchschnittliche Anzahl der Aufrufe pro Tag.

- Durchschnittliche Anzahl der Besucher pro Tag.

- Durchschnittliche Interaktionen pro Monat.

Sehr aufschlussreich sind auch die demografischen Daten. Klicken Sie im Fenster *Zielgruppenreichweite* auf *Demografische Informationen* und *Interessen,* um mehr über Standort, Geschlecht, Sprache und Vorlieben Ihres Publikums zu erfahren.

**Interaktionen mit externen Websites**

Interessant sind nicht nur die Aktivitäten auf der Bühne selbst, aufschlussreich ist auch der Traffic zwischen Pinterest und der Website bzw. dem Blog Ihres Unternehmens. Voraussetzung für die Freischaltung dieses Features ist die Verifizierung Ihres Unternehmensblogs. Eine Anleitung für WordPress-Websites finden Sie in Kapitel 3.3.

**Bild 3.94:** Nach der Verifizierung der Website liefert Pinterest weitere Analysedaten.

## 3.4.8 Externe Social-Media-Tools

Nicht jede Bühne bietet komfortable Monitoring-Tools. Zur Erfolgskontrolle bei WhatsApp sind Sie auf spezialisierte Dienstleister angewiesen, und das Snapchat-Monitoring steckt noch in den Kinderschuhen. Zudem haben sich einige externe Tools auf das Social-Media-Listening spezialisiert. Sie scannen die Bühnen nach Ihrem Unternehmensnamen und geben Ihnen die Chance, dort mitzureden, wo andere über Ihr Unternehmen diskutieren. Beobachten können Sie außerdem die Verbreitung von Hashtags und Begriffen.

### Talkwater

**Bild 3.95:** Social-Media-Listening mit Talkwater.

Ebenso übersichtlich wie informativ ist das Analysetool Talkwater. Die Funktionsweise ist ganz einfach. Sie fahnden nach bestimmten Begriffen, beispielsweise Ihrem Firmennamen, und Talkwater präsentiert Ihnen die Erwähnungen auf den Social-Media-Bühnen.

Einen Haken hat die Sache allerdings, denn Talkwater lässt sich diesen Service fürstlich bezahlen. Was Sie aber kostenlos verwenden können, ist eine Demoversion. Klicken Sie auf *www.talkwater.com* und nutzen Sie den Button *Kostenlose Demo*, um eine Anfrage an den Hersteller abzuschicken.

### Simply Measured

**Bild 3.96:** Social-Media-Analyse mit Simply Measured.

Ein etwas günstigeres Social-Media-Listening erhalten Sie mit Simply Measured, vor allem wenn Sie die *Free Tools* einsetzen. Sie erreichen sie unter dieser URL: *https://simplymeasured.com/free-social-media-tools/.* Besonders hilfreich ist, angesichts der nicht sehr komfortablen Analysefunktionen von *Instagram Insights*, das Tool *Instagram User Analysis.*

**Bild 3.97:** Unter der URL *https://simplymeasured.com/free-social-media-tools/* stellt Simply Measured kostenlose Analysetool für Twitter, Instagram und Facebook zur Verfügung.

**Social-Media-Listening mit der Hootsuite**
In Kapitel 3.2.4 haben Sie die Hootsuite kennengelernt. Auch dieses Tool stellt umfangreiche Features für das Social-Media-Listening zur Verfügung.

## 3.4.9 CHECKLISTE MONITORING

- Konkrete Ziele und Zeiträume festgelegt.

- Umwandlung in Unternehmensaccount abgeschlossen.

- Mindestens 30 Fans bei Facebook für die Freischaltung der Statistik.

- Twitter Analytics freigeschaltet.

- YouTube Creator Studio freigeschaltet.

- Verbindung von Instagram mit Facebook-Seite.

- Mindestens 100 Instagram-Abonnenten für demografische Daten.

- Pinterest Analytics freigeschaltet.
- Website für Pinterest verifiziert.
- Social-Media-Listening mit Hootsuite.
- Optional Social-Media-Listening mit Talkwater.
- Nutzung der Free Social Media Analytics Tools von Simply Measured.

# 3.5   In der Werbeabteilung

Die Intention, die sich hinter dem Social-Media-Auftritt eines Unternehmens verbirgt, ist klar: Das Publikum soll sich für ein Produkt, eine Dienstleistung oder ein ideelles Anliegen begeistern. Der Weg zum Erfolg führt über mehrere Stufen:

1. **Storytelling**: Eine Welt wird erschaffen.
2. **Influencer-Marketing**: Verbündete werden angeheuert.
3. **Virales Marketing**: Das Publikum wird eingespannt.
4. **Call-to-Action**: Das Publikum erhält Handlungsanweisungen.

Mit leichten Schritten bewegen sich bekannte Unternehmen wie Apple oder Lego auf den Stufen des Erfolgs. Die Großen müssen dem Publikum den Zweck Ihres Unternehmens nicht mehr ständig unter die Nase zu reiben. Sie dürfen es schon als Erfolg verbuchen, wenn sich ihr Firmenname verbreitet. Die Zuschauer wissen um das jeweilige Kerngeschäft und handeln entsprechend; sie kaufen ein iPhone oder verschenken Legosteine, und sie interessieren sich für neue Produkte. Die Marke strahlt Vertrauen aus und erleichtert auch den schnellen Aufbau einer Followerschaft.

## 3.5.1 Das Publikum ist im Foyer

Und nun treten Sie auf den Plan, um Ihr Unternehmen oder Ihr Projekt nach vorne zu bringen. Sie sind noch relativ unbekannt? Dann hüten Sie sich vor diesen Kardinalfehlern:

- **Größenwahn**: Orientieren Sie sich nicht an den ganz großen Unternehmen, die mit riesigen Marketingbudgets arbeiten.
- **Minderwertigkeitskomplex**: Outen Sie sich nicht als kleiner Fisch, der allen sofort etwas verkaufen möchte.
- **Blinder Aktionismus**: Bleiben Sie locker und schauen Sie erst mal, was die anderen so auf die Beine gestellt haben.

Treiben Sie sich ein bisschen herum. Dort, wo das Publikum ist. Im Foyer.

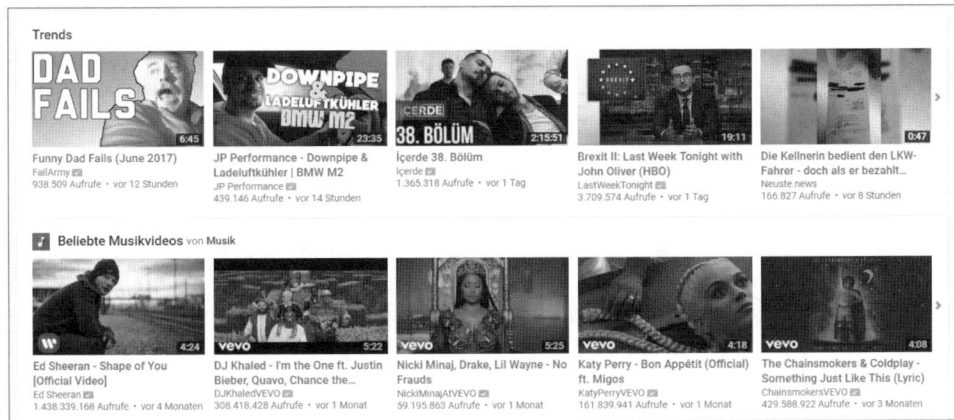

**Bild 3.98:** Die Startseite von YouTube erinnert an das Foyer eines Theaters. Die Thumbnails kündigen die Stücke an.

Foyers sind wunderbare Orte. Hier gibt es Leckereien und Sekt, hier darf man promenieren, Leute treffen und sich ein bisschen unterhalten. Für Gesprächsstoff sorgen die großen Plakate und Bilder. Sie geben einen Vorgeschmack auf laufende und zukünftige Aufführungen – auf neue Geschichten. Willkommen beim Storytelling.

## 3.5.2 Storytelling neu entdeckt

Ist Storytelling der neueste Hype? Nein, es wurde für das Social-Media-Marketing nur neu entdeckt. Storytelling zählt zu den ersten Zeugnissen menschlicher Kultur. Eine kleine Chronologie:

- Rund 40.000 Jahre alt sind die Überreste der Höhlenmalerei, der Frühform des Storytellings, die Forscher in Spanien, Frankreich und der indonesischen Insel Sulawesi entdeckt haben.

- Einen Boom erlebte das Storytelling um das Jahr 800 vor Christus, als ein gewisser Homer zwei gewaltige Epen niederschrieb – die Ilias und die Odyssee. Zwar werden die dicken Wälzer heute kaum noch gelesen, aber Teile der Handlung sind bis heute populär, zum Beispiel die Geschichte vom Trojanischen Pferd.

Das war es im Kurzen mit der Vor- und Frühgeschichte, nun dürfen Sie sich in die Neuzeit begeben.

### Storytelling im Journalismus

Überfliegen Sie mal einige Artikel im Nachrichtenmagazin »Der Spiegel« und achten Sie nicht auf den Inhalt, sondern auf die Perspektive des Autors. Sie werden feststellen, dass eine Reihe von Reportagen mit der Schilderung eines persönlichen Eindrucks beginnt, etwa in dieser Form:

»Als Winfried Krüger aus dem Flugzeug stieg, war er den Tränen nahe ...«

Inhaltlich mag es im Artikel um einen Streik bei der Lufthansa gehen, um ein weltpolitisches Ereignis oder den Empfang der deutschen Olympiamannschaft – eröffnet und durchwoben wird der Text immer wieder von subjektiven Empfindungen.

Dieser Winfried Krüger – nicht selten ist der Name frei erfunden – steht für eine Person, in die sich der Leser hineinversetzen soll. Streng genommen ist der Spiegel gar kein Nachrichtenmagazin, sondern ein Magazin für Nachrichten und Geschichten.

Als Urvater dieser »Verpackungstechnik für trockene Nachrichten« gilt der Erzähler und Journalist Mark Twain (1835–1910).

Mark Twain, der heute vor allem durch seine »Abenteuer von Tom Sawyer und Huckleberry Finn« bekannt ist, veröffentlichte 1905 eine Streitschrift unter dem Titel »König Leopolds Selbstgespräch«, im Original »King Leopold's Soliloquy – A Defense of His Congo Rule«. Darin lässt er in einem erfundenen Monolog den belgischen König Leopold II. zu Wort kommen, der sich für seine Herrschaftsmethoden im Kongo rechtfertigt. Das Werk reicherte Mark Twain mit fiktiven Personen an – und echten Fotografien vom Schauplatz der Handlung. Der Autor erreichte dank der erzählerischen Komponenten eine breite Öffentlichkeit, und sein Buch trug maßgeblich dazu bei, der Schreckensherrschaft des Monarchen ein Ende zu setzen.

**Fazit**: Das Storytelling bewegt die reale Welt, wenn es sich moderner Kommunikationsarten bedient. Zu Zeiten Mark Twains waren das Texte und Bilder, heute sind es vor allem Bilder und Videos, die die Emotionen der Menschen bewegen.

**Storytelling im Bild**

**Bild 3.99:** Das Moulin Rouge.

Betrachten Sie das Plakat, das der Maler Henri de Toulouse-Lautrec als einer der ersten Werbegrafiker im Jahr 1891 im Auftrag des legendären Nachtclubs Moulin Rouge entworfen hatte, und lassen Sie Ihrer Fantasie freien Lauf. Was der Künstler auf einem einzigen Bild eingefangen hat, ist Storytelling vom Feinsten. So könnte die Geschichte im Kopf des Betrachters entstehen:

»Die Tänzerin La Goulue begeistert das Publikum. Als sich ihr ein älterer Herr gefährlich nähert, setzt sie zur Verteidigung an. Ob der Unvorsichtige bald seinen Zylinder verliert – per gezieltem Fußeinsatz?«

Den Ausgang der Geschichte deutet das Bild nur an. Wer wissen will, wie es weitergeht, muss selbst einen Abend im Moulin Rouge verbringen.

Das geniale Storytelling von Henri de Toulouse-Lautrec war für alle Beteiligten von Erfolg gekrönt:

- Die Tänzerin La Goulue avancierte zum Publikumsliebling.

- Die Darbietungen im Moulin Rouge gewannen immer mehr Zuschauer.

- Der Künstler erfuhr auch jenseits der Halbwelt des Pariser Montmartre eine gewisse Anerkennung.

Orientieren Sie sich bei Ihrem visuellen Storytelling an der Dynamik, aber auch an der »Unvollständigkeit« des Bilds. Verraten Sie viel, aber nicht alles. Geben Sie der Fantasie des Betrachters etwas Raum.

### Storytelling im Video

**Bild 3.100:** Der Handelsriese Otto gewährt Einblick in die Lebenswelten seiner Kunden.

Ein gelungenes Storytelling präsentiert das Versandhaus Otto in einer Reihe von Videoclips. Geben Sie mal »Eugen testet Otto« in die YouTube-Suche ein. Hauptperson ist ein etwas verschrobener Modellbahnfan, der die Otto-Monteure für einen Moment an seiner kleinen Welt teilhaben lässt. Das humorvolle Video verzeichnet ca. 1,5 Millionen Klicks und ist damit für einen Werbefilm außergewöhnlich erfolgreich. Die Produzenten haben die Prinzipien des modernen Storytellings verstanden:

- Reduktion auf das Persönliche.
- Authentizität.
- Spontanität.

### Reduktion auf das Persönliche

Die moderne Welt ist kompliziert, es dominiert die mediale Berichterstattung von Ereignissen, die der Einzelne in ihrer Komplexität nicht mehr nachvollziehen kann. Im Storytelling wird diese Komplexität auf das persönliche und subjektive Empfinden reduziert.

### Authentizität

Die moderne Welt ist voller Experten. Sie wissen alles, und sie erklären alles in wohlgeformten Worten – und mit einem gefrorenen Lächeln, um das Kalkül zu überspielen. Experten sind professionell, allzu professionell. Im Storytelling ist Authentizität gefragt. Kernige Typen sind interessanter und glaubwürdiger.

### Spontaneität

Die moderne Welt ist strukturiert. Der Mensch genießt zwar in unseren Breiten (noch) eine große politische Freiheit, ist aber im Alltag zugeschüttet mit Terminen, Fristen und Verpflichtungen. Was auf der Strecke bleibt, ist die Spontaneität, die Freude am Entdecken und am Zufall. Von vielen Lasten befreit ist der Protagonist im Storytelling. Er gerät zufällig in eine Situation und packt einfach mit an. Er hat aber auch noch Zeit, sich inspirieren zu lassen – von einem Sonnenuntergang, einer Stimmung oder einer Begegnung. Vermitteln Sie Ihrem Publikum die Kraft der Inspiration. Beispiel für einen Einspieler in einem Videoclip: »Die Idee für die neue Mützenkollektion entstand an einem stürmischen Tag auf Wangerooge.«

## 3.5.3 Influencer-Marketing

In aller Munde ist das sogenannte Influencer-Marketing, also das Einspannen von irgendwie bedeutsamen Menschen für das eigene Geschäft. Da stellt sich natürlich die Frage, nach welchen Kriterien man jemandem diesem Kreis zuordnen kann.

### Wer ist ein Influencer?

Für gewisse Phänomene werden immer mal wieder die Begriffe ausgetauscht. Vor der Erfindung des Internets gab es den »Opinion Leader«, den Meinungsführer. Mit diesem Etikett wurde bezeichnet, wer eine Gefolgschaft hinter sich versammelte, eine gewisse Haltung in der Öffentlichkeit vertrat und damit andere Menschen beeinflusste. Typische Vertreter waren Gewerkschaftsführer, Politiker, Redakteure und Publizisten. Im Internetzeitalter wurde aus dem Opinion Leader der Influencer. Er entstammt folgenden Personenkreisen:

- Prominenz aus Show und Sport.
- Social-Media-Stars.
- Echte Experten.
- Blogger mit hoher Reichweite.

**Prominenz aus Show und Sport**

**Bild 3.101:** Über fast drei Millionen Fans verfügt die offizielle Facebook-Seite von Dirk Nowitzki.

Sportler und Showstars sind zwar nicht auf den Social-Media-Bühnen berühmt geworden, finden aber aufgrund ihrer Popularität überall eine große Anhängerschaft.

**Social-Media-Stars**

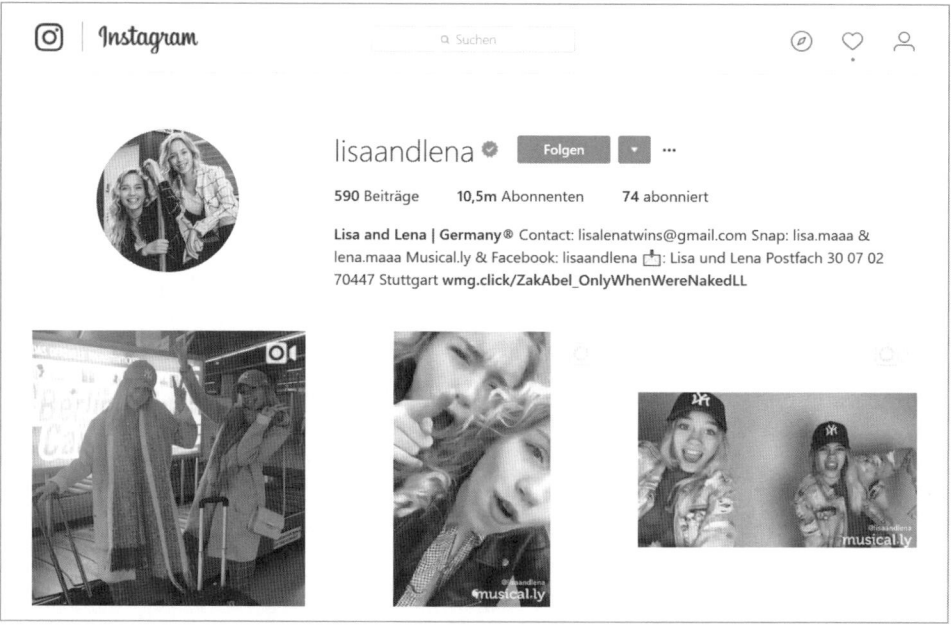

**Bild 3.102:** Die Zwillinge Lisa und Lena freuen sich über mehr als zehn Millionen Fans auf Instagram.

Social-Media-Stars sind auf den Social-Media-Bühnen berühmt geworden, wie beispielsweise die Zwillinge Lisa und Lena. Auf ihrem Instagram-Account präsentieren sie vorzugsweise kurze Videos. Lisa und Lena sind »Muser«, benutzen also die *musical.ly*-App zur Erstellung ihrer Clips.

**Echte Experten**

**Bild 3.103:** Der Gitarrenlehrer Georg Norberg überzeugt ein Fachpublikum.

Experten zeichnen sich durch hohes Wissen und Können in ihrem Spezialgebiet aus. Das Spektrum ist sehr weit gestreut.

Manche Menschen begeistern sich für schwarze Löcher und ferne Galaxien, andere geben Schminktipps oder sind Experten für Brettspiele.

Für das Influencer-Marketing ist nicht nur die Größe der Anhängerschaft relevant, sondern auch die Qualität und Homogenität.

**Beispiel**: Der Gitarrenlehrer Georg Norberg verfügt über 100.500 YouTube-Abonnenten, die Sängerin Lena Meyer-Landrut über 375.000.

Allerdings ist die Zielgruppe des Gitarrenlehrers ganz klar einzugrenzen. Wer die Videos von Georg Norberg ansieht, ist mit hoher Wahrscheinlichkeit ein potenzieller Kunde für die Anbieter von Gitarren, Zubehör und Musikunterricht. Lena Meyer-Landrut verfügt auf YouTube über eine vergleichsweise diffuse Anhängerschaft:

· Hörerinnen und Hörer ihrer Hits.

· Fans, die sich für ihren Lifestyle interessieren.

· Käufer von Beautyprodukten.

Eine etwas homogenere Zielgruppe hat sie dagegen auf Instagram. Auf dieser visuellen Bühne, auf der Fashion und Beauty eine gewichtige Rolle spielen, bewirbt sie Kosmetika.

**Bild 3.104:**  Lena Meyer-Landrut bewirbt Kosmetika auf Instagram.

### Blogger mit hoher Reichweite

Auch Blogger sind Experten auf ihrem Gebiet, allerdings mit einer etwas distanzierteren Sicht auf die Materie. Nicht wenige Blogger nehmen die Rolle eines Kritikers ein. Sie berichten über Neuerscheinungen und Trends in ihrem Fachgebiet.

**Bild 3.105:**  Caschys Blog gilt als glaubwürdige Quelle für IT-News.

## Geeignete Influencer finden

Ein schwerer Fehler wäre es, mehrere Influencer nach dem Gießkannenprinzip zu hegen und zu pflegen – sprich zu bezahlen. Influencer-Marketing ist echte Präzisionsarbeit. Beschränken Sie sich auf ein Zugpferd und überprüfen Sie deshalb ganz genau, wer dafür infrage kommt. Die Kriterien:

- Reichweite.
- Interessen der Followerschaft.
- Glaubwürdigkeit.
- Eignung für Präsentationen.

## Reichweite

Influencer, die diese Bezeichnung auch verdienen, verfügen über eine große Anhängerschaft, und um eben die dreht sich der ganze Deal: Ein Unternehmen, das in jahrelanger mühsamer und teurer Kleinarbeit eine eigene Followerschaft aufbauen müsste, bedient sich der Followerschaft des Influencers.

Doch ab welcher Schwelle lohnt es sich, den Betreiber eines großen Accounts anzusprechen? Accounts mit 5.000 Followern auf Twitter oder 10.000 Abonnenten auf YouTube verdienen zwar Respekt, aber für eine Qualifizierung als Influencer genügt diese Anhängerschaft noch nicht. Setzen Sie eine grobe Untergrenze von 20.000 bis 100.000 Followern – nach diesen Kriterien:

- 20.000 Follower für Nischenthemen. Beispiel: Gitarre lernen.

- 100.000 Follower für allgemeine Themen. Beispiel: Musik.

Achten Sie dabei darauf, dass die Followerschaft aus echten Personen besteht und nicht aus Anhängern, die über dubiose Dienstleister erworben wurden. Außerdem sollte sich der Influencer seine Anhängerschaft nicht über gegenseitiges Folgen erworben haben. Echte Influencer erkennen Sie an einem unausgewogenen Folgen-Follower-Verhältnis.

**Beispiel**: Ein Account hat 100.000 Follower, folgt selbst aber nur 2.000 Personen.

### Interessen der Followerschaft

Für das Marketing sind Influencer deshalb attraktiv, weil direkte Aufforderungen wie »Kaufen Sie unser Produkt« oder »Treten Sie unserer Initiative bei« beim Social-Media-Publikum auf taube Ohren stoßen.

Der Influencer dagegen gilt als unabhängig. Seine Fans nehmen ihm ab, dass er seinen Lebensstil selbst bestimmt, und deshalb interessieren sie sich dafür, was er gern anzieht, welche Musik er hört und ob er lieber beim Metzger einkauft oder sich vegan ernährt.

An diesen Schnittstellen finden Sie die Anknüpfungspunkte für Ihr Produkt, Ihre Dienstleistung oder Ihr ideelles Anliegen. Voraussetzung für ein gelungenes Marketing ist natürlich, dass die Followerschaft des Influencers mit Ihrer Zielgruppe übereinstimmt.

**Beispiel**: Ein Reiseblogger lässt seine Leserschaft an kleinen und großen Erlebnissen an einem bestimmten Ort teilhaben.

### Glaubwürdigkeit

Nerven Sie mal einen Jugendlichen mit der Frage, welchen Informationsquellen er besonders vertraut. Das Ergebnis ist vom Thema abhängig:

- In der großen Politik genießen die öffentlich-rechtlichen Sender und die Tageszeitungen allen Unkenrufen zum Trotz noch immer hohes Vertrauen. Ob Atomkraftwerke gut oder schlecht sind? Hier übernehmen Jugendliche gerne die Meinung von Eltern und Lehrern.

- Anders sieht es bei altersspezifischen Themen aus. Ob Kaugummis beim Zungenkuss stören oder der neue Look der Boyband attraktiv ist? Für diese Themen fehlt es dem Tagesschausprecher und den Eltern an Expertenwissen und damit an Glaubwürdigkeit, ebenso wie zu den meisten Fragen rund um Lifestyle, Ernährung, Mode und Reisen.

Jugendliche betreiben bei Themen, die ihnen am Herzen liegen, zunächst Quellenkritik. Sie fragen danach, von wem eine Aussage stammt, bevor sie den Inhalt zur Kenntnis nehmen. Ein jugendlicher Influencer genießt bei altersspezifischen Themen größere Autorität als die Autorinnen und Autoren pädagogischer Ratgeber.

Die Sache funktioniert allerdings nur, wenn der Influencer selbst glaubwürdig ist und sich als Person mit einem Produkt, einer Dienstleistung oder einer Idee identifiziert.

### Eignung für Präsentationen

Nicht jeder, der über eine große Followerschaft verfügt, eignet sich auch für eine Präsentation von Produkten und Dienstleistungen. Der ideale Influencer beherrscht diese Klaviatur:

- **Informationen filtern**: Nicht nur auf Jugendliche, sondern auf alle Zielgruppen stürzt täglich eine ungeheure Informationsflut ein. Um darin nicht unterzugehen, sucht der überforderte Medienkonsument nach Möglichkeiten einer Vorsortierung von Spreu und Weizen. Was für ihn irrelevant oder kompliziert ist, möchte er nicht einmal als Überschrift sehen. Ein passender Influencer nimmt diese Filterfunktion wahr.

- **Den Weg weisen**: Ideale Influencer sortieren nicht nur aus, sie nehmen den Konsumenten auch bei der Hand und machen ihn auf neue Angebote und Initiativen aufmerksam, die er von sich aus links liegen gelassen hätte.

- **Bürgschaft übernehmen**: Wenn Otto Normalverbraucher ein Produkt bevorzugt, ist das ja schön und gut, aber ein Influencer gilt als Bürge. Er bürgt mit seinem Namen für die Qualität.

- **Mit Kritik umgehen**: Wer sich in die Öffentlichkeit begibt, muss mit Begleiterscheinungen rechnen: mit sachlicher, aber auch persönlicher und beleidigender Kritik.

- **Sympathien gewinnen**: Influencer sind emotionale Projektionsflächen. Ihr Image überträgt sich auf die von ihnen ins Spiel gebrachten Produkte und Dienstleistungen.

- **Mediale Präsenz**: Der ideale Influencer ist auch in den klassischen Medien präsent. Zeitungen und Fernsehen nennen seinen Namen.

### Nach Influencern recherchieren

Je nach Budget haben Sie unterschiedliche Möglichkeiten, einen geeigneten Influencer aufzuspüren:

- **InfluencerDB**: Für 179 Euro pro Monat erhalten Sie einen Basiszugang zur weltweit größten Influencer-Datenbank: *https://www.influencerdb.net/*.

- **Influma**: Mit einem kostenlosen Zugang spuckt die Influencer-Suchmaschine bis zu 25 Ergebnisse aus. Für 59 Euro pro Monat wird die Limitierung auf Influma aufgehoben: *http://www.influma.com/de/service*.

- **Eigene Recherche**: Völlig kostenlos ist die eigene Recherche. Nutzen Sie Google und die bühneneigenen Suchmaschinen, um mögliche Kandidaten ausfindig zu machen.

### Mit Influencern in Kontakt treten

Sie haben einen geeigneten Kandidaten gefunden? Dann klicken Sie auf das Impressum und überprüfen Sie die Möglichkeiten zur Kontaktaufnahme. Bei Prominenten ist in der Regel eine Agentur angegeben, an die Sie sich mit Ihrem Vorhaben wenden können. Ist das nicht der Fall, mailen Sie den Influencer direkt an – mit dem nötigen Fingerspitzengefühl:

- Signalisieren Sie, dass Sie den Content des Influencers mitlesen und dass das Profil und die Followerschaft des Influencers zu Ihrer Zielgruppe passen.

- Weisen Sie den Influencer dezent auf Vorteile hin, die er durch die Kooperation mit Ihnen gewinnen kann.

- Wählen Sie den richtigen Zeitpunkt. Kontaktieren Sie keinen Autor kurz vor der Buchmesse und keinen Künstler während seiner Tournee. Setzen Sie den Influencer nicht unter Zeitdruck und bauen Sie den Kontakt langsam auf.

- Winken Sie nicht sofort mit großen Beträgen, aber signalisieren Sie, dass Sie über ein Werbebudget verfügen und für Leistungen auch bezahlen.

- Akzeptieren Sie Absagen. Brechen Sie den Kontakt höflich, aber bestimmt ab, falls der Influencer an einer Zusammenarbeit nicht interessiert ist.

## 3.5.4 Virales Marketing

Den höchsten Gipfel des viralen Marketings haben Sie erklommen, wenn Ihr Beitrag nach der Veröffentlichung auf den Social-Media-Bühnen oder dem Unternehmensblog auch einen Niederschlag auf großen Portalen wie T-Online, Web.de oder Spiegel Online findet – oder gar im Fernsehen oder den Printmedien.

Allerdings erreichen Sie dieses Ziel selten alleine durch Storytelling und Influencer-Marketing. Wichtige Faktoren sind nicht nur der Unterhaltungswert und die bisherige Verbreitung Ihres Beitrags, sondern auch die journalistische Brauchbarkeit. Nehmen Sie selbst einmal die Perspektive eines Journalisten ein.

### Die Facetten des Journalismus

Einen bedenkenswerten Satz formulierte der 1995 verstorbene Tagesthemen-Moderator Hanns Joachim Friedrichs:

»Einen guten Journalisten erkennt man daran, dass er sich nicht gemeinmacht mit einer Sache, auch nicht mit einer guten.«

Dieses Dogma der Objektivität gilt aber nicht für sämtliche Bereiche, die der Journalismus abdeckt. Was in einer Nachrichtensendung wünschenswert ist und heute vom Publikum zu Recht und mit Vehemenz eingefordert wird, taugt fast nie für die Rubrik Unterhaltung. Dort muss der Funke vom »Gegenstand« auf den Journalisten überspringen, damit überhaupt eine Meldung produziert wird. Ihre Aufgabe ist es, Journalisten zu begeistern – und ihnen die Arbeit zu erleichtern.

### Den Journalisten die Arbeit erleichtern

Die Arbeit eines Journalisten unterscheidet sich am frühen Morgen wenig von der Arbeit eines Mitarbeiters der Müllabfuhr. Es türmen sich Massen von E-Mails im Postfach auf, und jeder Absender beansprucht, mit seinem Anliegen auf der Titelseite zu stehen.

Dabei wird der Löwenanteil der Berichte gar nicht über das Postfach generiert. Viel häufiger bedienen sich die Medien großer Nachrichtenagenturen, oder sie legen in einer Redaktionskonferenz bestimmte Themen fest, zu denen die hauseigenen Journalisten dann recherchieren.

Im Idealfall haben Sie Ihre Story in Text und Bild so aufbereitet, dass sie von Journalisten ohne große Mühe und ohne aufwendige Recherche eingebaut werden kann.

Präsentieren Sie ein knackiges Set aus Bild, Überschrift, Anreißer und Text. Erhöhte Chancen auf eine Veröffentlichung erhalten Sie, wenn Ihr Influencer mit seinem Namen in der Überschrift erwähnt wird – und natürlich sollte er auch auf dem Bild zu sehen sein.

## 3.5.5 Call-to-Action

Das Social-Media-Publikum lauscht Ihnen, weil es unterhalten werden möchte. Nach der Vorstellung spendet es Applaus – und wie in der realen Welt tritt es dann den Heimweg an.

Stopp. Lassen Sie es nicht so weit kommen. Die Phase kurz nach dem Senken des Vorhangs ist für Sie nämlich die wichtigste. Jetzt werden beim Publikum die Glückshormone ausgeschüttet, und jetzt gilt es, das Publikum zu konkreten Aktionen zu provozieren. Platzieren Sie in Texten, Bildern, Animationen und Videos passgenaue Aufforderungen. Die Marketingfachleute nennen so etwas Call-to-Action. Passen Sie die folgenden Vorlagen an Ihre Bedürfnisse an:

### Verkauf von Waren und Dienstleistungen

Arbeiten Sie mit Zuckerbrot und Peitsche. Werden Sie persönlich und betonen Sie Ihre Exklusivität, verweisen Sie aber auch auf die Begrenztheit Ihres Angebots. Beispiele:

- Das Basispaket erhältst du als Frühbucher bis zum X.X. mit 20 % Rabatt.

- Eröffnungsangebot. 50 % Rabatt für alle Kunden von Version 1.0.

- Last Chance: Bis heute Abend um 21.59 Uhr kannst du noch an der Verlosung für das Bonuspaket teilnehmen.

- Das Premiumpaket mit lebenslangem Zugriff gibt es nur noch bis X.X: Nach Ablauf der Frist ist es nicht mehr erhältlich.

- Ich möchte dich ganz herzlich zu meinem Hausbrauerei-Workshop am 31. August einladen.

### Provokation von Klicks

Beginnen Sie nicht immer sofort mit Aufforderungen, sondern errichten Sie ein Vorfeld für die Kaufentscheidung. Arbeiten Sie mit Tutorials, Gewinnspielen, Statistiken, Vorschauen oder einem kleinen Quiz. Mit solchen Floskeln locken Sie Ihre Besucher auf die entsprechenden Seiten:

- Wie gut kennst du dich aus? Klicke hier für den Check.

- So startest du ganz entspannt.

- In der Statistik sehen Sie den aktuellen Trend.

- Wenn Sie jetzt schon in unsere neue Kollektion hineinspitzen möchten …

- Das Gefühl ist einfach unbeschreiblich. Und das nach nur 14 Tagen.

- Ein Workshop-Teilnehmer hat mich gestern nach möglichen Risiken gefragt. Meine Antwort: Vermeide diese beiden Fehler.

- Vielleicht hast du es auch schon auf Facebook oder Twitter gelesen: Über 360 Teilnehmer machen bei meiner Sommer-Challenge mit. Wäre prima, wenn du auch dabei wärst.

### Klicks auf Videos

Mit diesen Floskeln motivieren Sie Ihr Publikum zu einem Klick auf ein Video:

- Falls du den Live-Workshop verpasst hast: Bis Montag um 23.59 Uhr kannst du unter diesem Link die Aufzeichnung ansehen: *Workshop anschauen.*

- Im Video-Tutorial zeige ich dir Schritt für Schritt den Aufbau und die Montage: *Tutorial starten.*

- Im Video zeige ich dir die besten Plätze: *Jetzt entdecken.*

- Kennst du die neuen DIY-Trends? Im Video lernst du heute, wie du dein erstes Projekt startest: *Video anschauen.*

- Stress gibt es genug, ich bevorzuge die ganz entspannte Methode. Sichere deinen Platz im Video-Workshop »Alles im Griff«: *Jetzt reservieren.*

- Weil ich weiß, wie wichtig die richtige Ausrüstung ist, habe ich die Neuheiten ganz genau unter die Lupe genommen: *Zum Video.*

### Abruf von Informationen

Mit den richtigen Aufforderungen bringen Sie Ihre Besucher dazu, sich näher mit Ihren Angeboten zu beschäftigen:

- So meistern Sie den Start.

- Mit diesen Basics schaffen Sie es.

- Auf die Reihenfolge kommt es an. Im Tutorial sind die ersten drei Schritte erklärt.

- Setze dir ein Lesezeichen, damit du immer wieder auf den Artikel zugreifen kannst, wenn du etwas nachsehen möchtest.

**Kommentare provozieren**

Mit diesen Aufforderungen erhöhen Sie die Anzahl von Kommentaren zu Ihren Texten, Bildern und Videos:

- Ich freue mich über Ergänzungen und Fehlerhinweise. Schreibt einen Kommentar, wenn euch irgendetwas am Herzen liegt.

- Habt ihr Fragen, Wünsche oder Anregungen? Dann her damit.

- Wer Lust hat, darf hier gerne seine Ergebnisse präsentieren. Traut euch ;).

- Hilf mit, die Infos zu vervollständigen.

## 3.5.6 CHECKLISTE WERBEABTEILUNG

- Texte, Bilder und Videos erzählen eine Geschichte.
- Auswahl eines geeigneten Influencers nach vier Kriterien: Reichweite, Interessengebiet, Glaubwürdigkeit und Eignung für Präsentationen.
- Kontaktaufnahme und Vertragsabschluss mit Influencer.
- Influencer unterstützt den Content mit Name und Bild.
- Aufbereitung des Contents für Journalisten.
- Aufbereitung des Contents für das virale Marketing.
- Provokation zu Klicks.
- Provokation von Kommentaren.
- Call-to-Action passgenau hinzugefügt.

# 3.6   Die Kampagne

Warum überhaupt eine Kampagne? Weil die wenigsten Interessenten auf Anhieb eine Ware kaufen, eine Dienstleistung buchen, sich einer Initiative anschließen oder zum Follower werden. In einer Kampagne bündeln Sie Ihre Kräfte und sorgen innerhalb einer festgelegten Zeitspanne nicht nur für einen, sondern auch für einen zweiten, dritten und viele weitere Kontakte mit Ihrem Zielpublikum, und das auf unterschiedlichen Ebenen:

- Auf den Social-Media-Bühnen.
- Auf Ihrem Unternehmensblog.
- Optional auf fremden Blogs.
- Optional auch vor Ort und in den klassischen Medien.

## 3.6.1 Ein starkes Team

Checken Sie vor Beginn einer Kampagne, ob die Chemie zwischen allen Mitarbeitern des Social-Media-Teams stimmt. Der Zusammenhalt lässt sich am besten bei einem unverfänglichen Treffen mit Häppchen und Sekt messen. Verstehen sich die Anwesenden auf persönlicher Ebene, herrscht hier sofort eine lockere Atmosphäre. Ist dies nicht der Fall, stimmt etwas mit der Zusammensetzung nicht – mit entsprechenden Folgen. Gehen Sie keine Kompromisse ein und stellen Sie gegebenenfalls noch vor dem Start das Team neu zusammen.

### Eine Social-Media-Kampagne ist interaktiv

Das Wort Kampagne wird für alles Mögliche verwendet, zum Beispiel für die Schaltung von Anzeigen oder die Durchsetzung politischer Interessen. Besonderes Kennzeichen einer Social-Media-Kampagne ist die Interaktivität. Der Adressat wird dazu animiert, sich persönlich zu beteiligen. Die neue Sichtweise auf den Kunden zeigt die folgende Tabelle:

|                     | Klassische Kampagne | Social-Media-Kampagne                  |
| ------------------- | ------------------- | -------------------------------------- |
| Rolle des Kunden    | Verbraucher         | Teilnehmer                             |
| Aktivität des Kunden | kaufen              | kaufen und das Marketing unterstützen  |

Durch diese Aktionen wird der Zuschauer zum Teilnehmer der Kampagne:

- Interaktionen in Form von Likes, Shares und Kommentaren.
- Weiterverbreitung des kampagnenspezifischen Hashtags.
- Beisteuerung von Content in Form von Texten, Bildern, Animationen und Videos.

### Die Kampagne benötigt ein Hauptquartier

Sie sind wild entschlossen, eine Kampagne zu organisieren? Dann benötigen Sie auch ein Hauptquartier. Wie, das haben Sie schon, nämlich Ihren Schreibtisch oder Ihr Sofa? In Ordnung, aber wie sieht es mit einer zentralen Anlaufstelle im Netz aus? Die Aufgaben des Kampagnen-Hauptquartiers:

- Vorankündigung der Kampagne.
- Vorstellung der Kampagne.
- Beantwortung von Fragen.
- Präsentation von Materialien.
- Downloadmöglichkeit für Materialien.
- Erfahrungsaustausch der Teilnehmer.
- Präsentation von Teilnehmerbeiträgen.
- Abschluss der Kampagne.

Entscheiden Sie sich für einen Ort im Internet, an dem Sie eine starke Präsenz besitzen und an dem Sie unterschiedliche Medien lagern und zur Verfügung stellen können. In der Regel gut geeignet sind diese beiden Anlaufstellen:

- Ihr Unternehmensblog.

- Eine von Ihnen administrierte Facebook-Gruppe.

Denken Sie daran, diese Anlaufstelle immer wieder zu kommunizieren.

**Beispiel:** »Habt ihr Fragen, Anregungen, tolle Ideen, oder wollt ihr von euren Erfahrungen erzählen? Unser Treffpunkt ist hier: *https://www.facebook.com/groups/unsere.prima. gruppe/.*

Platzieren Sie diesen Hinweis ans Ende Ihrer E-Mails und gut sichtbar auf allen Social-Media-Präsenzen. Sie schlagen damit zwei Fliegen mit einer Klappe:

- Ihre Teilnehmer finden zur richtigen Anlaufstelle.

- Ihre Teilnehmer bombardieren Sie nicht persönlich mit Boardmails, E-Mails und Anrufen.

---

**Social Media und Blog ausbalancieren**
Achten Sie auf die richtige Balance zwischen den Social-Media-Bühnen und der Website bzw. dem Blog Ihres Unternehmens. Behalten Sie im Hinterkopf, welchen Wert all die einst mühsam aufgebauten Präsenzen auf StudiVZ und Wer-kennt-wen heute haben: gar keinen, denn diese beiden sind abgeschaltet. Beobachten Sie die Entwicklung der großen Bühnen und setzen Sie auf die richtigen Pferde.

---

### 3.6.2  Ziele und Strategie

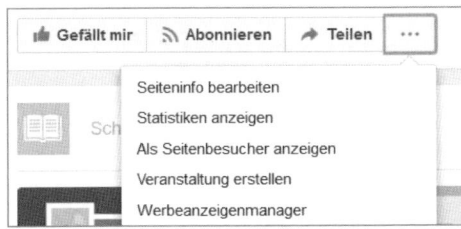

**Bild 3.106:** Facebooks *Werbeanzeigenmanager* aufrufen.

Das Hauptquartier steht? Dann legen Sie Ihre Kampagnenziele fest. Eine erste Orientierung finden Sie in Facebooks *Werbeanzeigenmanager* – auch dann, wenn Sie keine Werbeanzeigen schalten möchten. Öffnen Sie Ihre Facebook-Seite und klicken Sie auf die drei waagerechten Punkte. Wählen Sie dann den *Werbeanzeigenmanager* aus.

Wie lautet dein Marketingziel?

| Bekanntheit | Erwägung | Conversion |
|---|---|---|
| Markenbekanntheit | Besucherverkehr | Conversions |
| Regionaler Bekanntheitsgrad | Interaktionen | Produktkatalogverkäufe |
| Reichweite | App-Installationen | Besuche im Geschäft |
| | Videoaufrufe | |
| | Leadgenerierung | |

**Bild 3.107:** Facebook listet im *Werbeanzeigenmanager* unterschiedliche Ziele auf.

Für diese Ziele hält Facebook kostenpflichtige Angebote bereit:

- *Markenbekanntheit*
- *Regionaler Bekanntheitsgrad*
- *Reichweite*
- *Besucherverkehr*
- *Interaktionen*
- *App-Installationen*
- *Videoaufrufe*
- *Leadgenerierung*
- *Conversions*
- *Produktkatalogverkäufe*
- *Besuche im Geschäft*

Gegen Bezahlung unterstützt Sie Facebook bei der Erreichung dieser Ziele. Sie möchten aber mit kleinem Budget arbeiten, Ihrer Kampagne einen individuellen Charakter geben und sich nicht auf die von Facebook betriebenen Bühnen beschränken? Dann schöpfen Sie die kostenlosen Möglichkeiten aus. Bündeln Sie die obigen Punkte und entscheiden Sie sich für eine der folgenden Kampagnen:

- **Follower-Kampagne**: Erhöhung der Reichweite.
- **Produktkampagne**: Verkauf von Waren und Dienstleistungen.

Was Sie zur Umsetzung benötigen: Ihren Fundus an Texten, Bildern, Animationen und Videos – und einen Redaktionsplan.

### Der Redaktionsplan

Was soll wann, wo und von wem veröffentlicht werden? Zeitungen erstellen dafür einen Redaktionsplan. Nun müssen Sie ja keine Deadlines einer Druckerei einhalten – wie minutiös Sie den Plan einhalten, liegt bei Ihnen. Bleiben Sie also locker dran und schieben Sie einen spontanen Tweet dazwischen, wenn Ihnen danach ist.

### Der Eigenrhythmus der Bühnen

Auf Twitter kursieren immer wieder mal zum Spaß aufgestellte »Wochenpläne« mit den für dieses Netzwerk typischen Themen. Am Montagmorgen ist beispielsweise »Mimimi« angesagt, so eine Art kollektives inneres Klagen über den Beginn der Arbeitswoche. Tweets über Talkshows werden dagegen in den Abendstunden verschickt. Vom Fußball wird Twitter an Spieltagen der Bundesliga dominiert.

**Fazit**: Jede Bühne hat einen eigenen Rhythmus. Sie arbeiten effektiver, wenn Sie beim Timing darauf Rücksicht nehmen.

### Die Länge eines Beitrags

Ein guter Redaktionsplan berücksichtigt auch die Länge eines Beitrags.

## 3.6.3 Die Follower-Kampagne

Der Wert einer Social-Media-Präsenz setzt sich aus der Anzahl und der Qualität der Follower zusammen. Und die wollen erst einmal gewonnen werden. Zu den klassischen Instrumenten der Follower-Gewinnung gehören diese Methoden:

* Positives Image verbreiten.
* Nützliche Informationen liefern.
* Folgen auf Gegenseitigkeit.

### Positives Image verbreiten

Ein positives Image bauen Sie sich auf den Bühnen nicht anders auf als im echten Leben. Beliebt ist, wer die Leute zum Lachen bringt, am besten mit lustigen Sprüchen, und seine Bürotür auch mal offen lässt. Weil die Leute neugierig sind, schauen sie Ihnen beim Arbeiten oder in Ihrer Mittagspause gerne über die Schulter. Sie betreiben einen Shop und haben neue Ware erhalten? Dann dürfen Sie auch mal ganz locker mit dem Kaffeebecher in der Hand davor posieren.

### Nützliche Informationen liefern

Als Privatperson ist es schön und gut, wenn Sie den Clown spielen, als Unternehmen ist das aber zu wenig. Bieten Sie Ihren Followern auch handfeste Informationen: Tipps und kleine Tutorials zu Ihren Produkten und Dienstleistungen.

### Folgen auf Gegenseitigkeit

Am schwierigsten ist der Aufbau einer Followerschaft am Anfang, aber das geht nicht nur Ihnen so. Das Problem lässt sich zwar durch gegenseitiges Folgen am schnellsten lösen, aber wer nimmt schon gern so mir nichts dir nichts Kontakt mit Unbekannten auf?

Auf Twitter und Instagram sinkt dafür an jedem Freitag die Hemmschwelle. Da ist nämlich Ritualtag: Follow Friday. Üblich ist es, einen Tweet bzw. Beitrag mit dem Namen anderer User und dem Hashtag *#followfriday* oder *#ff* zu versehen.

### Follower kaufen

Lassen Sie es. Die Sache geht schief, wenn sich potenzielle Follower Ihre gekauften Follower etwas näher ansehen. Sie gewinnen dann nämlich keine hochwertigen Follower mehr hinzu.

### Adressaten der Follower-Kampagne

In welche Richtungen sollten die Fühler ausgestreckt werden? Aus der Sicht eines Unternehmens lässt sich das Social-Media-Publikum in fünf Gruppen aufteilen. Als Adressaten sind diese drei Gruppen besonders geeignet:

- **Die Gleichgesinnten**: Leute, die sich in einem Metier zu Hause fühlen. Beispiel: Sie bewerben ein Comedyevent. Mit Sicherheit ist es für aktive Comedians interessant, Ihnen zu folgen.

- **Die Interessierten**: Leute, die sich in Ihrem Metier bewegen. Im Beispiel wären das Menschen, die gern Comedyevents besuchen.

- **Die Professionellen**: Firmenaccounts, mit denen Sie geschäftliche Interessen teilen, aber nicht in direkter Konkurrenz stehen.

### Ungeeignet für die Follower-Kampagne

- **Die Konkurrenz**: Möglicherweise lassen sich mit Konkurrenten auch Allianzen bilden, aber Sie sollten dieses sensible Thema nicht innerhalb einer Follower-Kampagne abhandeln.

- **Die Prominenz**: Verifizierte Promi-Accounts von Stars, Sportlern und Politikern werden zumeist von Social-Media-Agenturen betreut. Rechnen Sie nicht damit, dass Sie von dieser Seite kostenlose Unterstützung für Ihre Kampagne erhalten.

Ideale Partner zum Follower-Wachstum sind vor allem am Anfang private Accounts und Businesspräsenzen mit ähnlichem, aber nicht gleichem Interesse.

**Beispiel**: Sie treten auf Hochzeitspartys als Comedian auf. Ein schlechter Verbündeter ist ein anderer Comedian. Besser ist die gegenseitige Followerschaft mit einem Hochzeitsfotografen oder Hochzeits-DJ. Dann nehmen Sie sich nicht die Butter vom Brot, wenn Sie sich gegenseitig liken, retweeten und Postings teilen.

### 3.6.4  Die Produktkampagne

Ziel der Kampagne ist es, Produkte und Dienstleistungen bekannt zu machen und im stationären Handel oder im Onlineshop zu verkaufen. Voraussetzung ist ein Grundstock an Followern, denn sonst läuft die gesamte Aktion ins Leere.

#### Materialsammlung und Planung

Sie benötigen vor allem Fotos und Beschreibungen, idealerweise von neuen Produkten in Ihrem Sortiment. Beachten Sie dabei das Urheberrecht, am besten verwenden Sie eigene Fotos und Texte. Für die Zeitplanung beziehen Sie besondere Ereignisse ein, zum Beispiel Messen und Feiertage.

#### Startphase

Vorfreude ist die schönste Freude. Beginnen Sie Ihre Kommunikation einige Zeit vor Verkaufsstart. Verwenden Sie Überschriften, die Neugierde wecken, zum Beispiel: »Noch 9 Tage, dann ist es so weit.«

#### Heiße Phase

Nach dem Verkaufsstart erklären Sie die Vorteile des neuen Produkts auf verschiedenen Levels. Liefern Sie täglich einen Tipp und kennzeichnen Sie das Niveau. Beispiel für Überschriften: »3 Tipps für blutige Anfänger« oder »5 Profitipps«.

### 3.6.5  Name und Keywords definieren

Name und Keywords entscheiden darüber, ob und wie Ihre Kampagne von den Suchmaschinen und vom Publikum wahrgenommen wird. Mit der richtigen Auswahl legen Sie den Grundstein für den Erfolg.

#### Keyword-Brainstorming

Beginnen Sie mit den Keywords. Zücken Sie einen Stift und umreißen Sie das Thema Ihrer Kampagne ganz spontan mit etwa 20 Wörtern.

#### Der Name der Kampagne

Haben Sie Ihrer Fantasie freien Lauf gelassen? Dann wird es konkret. Verpassen Sie Ihrer Kampagne einen attraktiven, aber auch erklärenden Namen. Mixen Sie flotte Begriffe wie Challenge oder Schnitzeljagd mit Hinweisen auf den Zeitraum, die Bühne oder das Thema. Beispiele:

- Osterchallenge

- Twitterschnitzeljagd

- Fahrradfotocontest

### Die Keywordliste

Der Name steht? Dann analysieren Sie die übrigen Keywords nach folgenden Kriterien:

- Relevanz für die Kampagne.

- Relevanz für Suchmaschinen.

- Nennung von Details wie Zeit und Ort.

Trennen Sie die Spreu vom Weizen. Drucken Sie dann Ihre endgültige Keywordliste aus und hängen Sie sie überall hin – an den Monitor, den Kühlschrank und an die Toilettentür.

Die Liste muss überall da in Sichtweite sein, wo Ideen in Texte und Bilder gegossen werden – wo Postings, Tweets, Pins und Blogbeiträge entstehen.

### Die Funktionen der Keywordliste

- Zeitersparnis beim Erstellen von Texten, Slogans und Hashtags.

- Sicherung der inhaltlichen Konsistenz.

- Der Kern der Kampagne rückt für Sie und Ihr Team immer wieder ins Bewusstsein.

- Die einzelnen Elemente einer Kampagne bleiben präsent: Bühnen, Ort, Zeit und Aufgaben für das Publikum.

Weiter geht es mit der Definition von Hashtags. Wählen Sie aus der Keywordliste fünf bis zehn Begriffe aus, die Sie in allen Beiträgen als Hashtags hinzufügen.

## 3.6.6 Branded Hashtags definieren

Ist ein Hashtag mit einem Firmennamen verbunden, handelt es sich um ein Branded Hashtag. Die Tabelle zeigt den Unterschied am Beispiel der Kampagne für das Musikfestival Chiemsee Summer 2017.

| Gewöhnliche Hashtags | Branded Hashtags |
| --- | --- |
| #chiemsee | #ChiemseeSummer |
| #festival | #CS17 |

Ideal ist eine Mischung aus beiden Hashtag-Kategorien. Die gewöhnlichen Hashtags ziehen ein Publikum im Umfeld der Kampagne an, die Branded Hashtags verbreiten das eigentliche Ereignis.

### Kriterien für Branded Hashtags

Die Auswahl des Branded Hashtags sollte sich am Kampagnenziel orientieren, bei Events aber auch Ort und Zeit beinhalten. Beispiele:

- **Branded Hashtag für eine Produktkampagne** – Beworben wird eine Fotokamera mit der Typenbezeichnung K36: *#k36shooting.*

- **Branded Hashtag für eine Follower-Kampagne** – Beworben wird eine Musikinitiative in Leipzig: *#followLEmusic.*

- **Branded Hashtag für ein Event** – Beworben wird ein Musikfestival am 18. August in Leipzig: *#LE1808festival.*

### Es kann nur einen geben

Auf jeder Bühne kann es ein Hashtag nur einmal geben. Überprüfen Sie deshalb vor dem Start der Kampagne auf allen wichtigen Bühnen, ob nicht schon ein anderer Ihre Idee hatte und das Hashtag zur Laufzeit Ihrer Kampagne bereits im Umlauf ist. Ändern Sie es gegebenenfalls.

### Branded Hashtags verbreiten

Ihren Followern erklären brauchen Sie Hashtags heute nicht mehr, denn die Funktionsweise ist dem Social-Media-Publikum in Fleisch und Blut übergegangen. Es genügt, wenn Sie für eine ordentliche Verbreitung sorgen, und zwar an diesen Orten:

- Auf allen Social-Media-Bühnen in Ihren Beiträgen.

- Auf allen Social-Media-Bühnen auf Ihren Profilseiten.

- Auf Ihrem Unternehmensblog.

- Auf Messen, Events und Seminaren. Sie halten einen Vortrag? Dann platzieren Sie das Branded Hashtag auf der ersten und der letzten Folie.

- Auf Plakaten, Flyern, Broschüren, Aufklebern und T-Shirts.

- In Schaufenstern.

## 3.6.7 Generalprobe und Start

Überprüfen Sie die Bilder und Videos auf ihre technische Bühnentauglichkeit, bevor es losgeht. Was schiefgehen kann, zeigt der folgende Twitter-Screenshot:

**Bild 3.108:** Bei diesem gesponserten Tweet ist Microsoft ein kritischer Fehler unterlaufen: Weil das Bild auf dem Blog zu klein ist, wird auf Twitter nur ein hässlicher Platzhalter angezeigt.

Eigentlich sollte auf der grauen Fläche ein Bild angezeigt werden. Weil aber das Bild auf der Quellseite *news.microsoft.com* nicht Twitters Logo aufweist, ist nur ein hässlicher grauer Platzhalter zu sehen.

Vermeiden Sie solche Pannen, indem Sie sich an Twitters Vorgaben halten – die minimale Größe zur Einbindung von Bildern beträgt zurzeit 440 × 220 Pixel –, oder starten Sie einen Testballon. Auf die von den Bühnen angegebenen Werte können Sie sich nämlich nicht immer verlassen.

### Die Vorankündigung

Warum es keine gute Idee ist, ein Theaterstück von heute auf morgen auf den Spielplan zu setzen? Darum:

- Das Publikum kann sich zeitlich nicht darauf einstellen.

- Das Publikum liebt die Vorfreude.

- Mit einer Vorankündigung schaffen Sie sich selbst etwas Raum, um der Kampagne noch den nötigen Feinschliff zu geben.

## 3.6.8 Die Kampagne forcieren

Waren Sie schon einmal in einem Improvisationstheater? Bei dieser interaktiven Form des Theaters rufen die Zuschauer den Schauspielern auf der Bühne bestimmte Begriffe zu und bestimmen damit den Ablauf der Handlung. Mit anderen Worten: Die Schauspieler hören zu.

Auf den Internetbühnen nennt sich diese Technik Social-Media-Listening. Sie können dafür ein Tool einsetzen – eine Anleitung zu Hootsuite finden Sie in Kapitel 3.2.4 – oder die Reaktionen manuell auswerten. Die Kriterien:

- Welche Keywords werden von den Followern verwendet?

- Welche Hashtags werden von den Followern verwendet?

- Welche Texte, Bilder, Animationen und Videos erzeugen die meisten Interaktionen?

- Auf welchen Bühnen erzielt die Kampagne die größte Resonanz?

Schaffen Sie sich einen Überblick und rufen Sie sich dann dieses indianische Sprichwort ins Gedächtnis:

»Wenn du merkst, dass du auf einem toten Pferd reitest: Steig ab.«

Das Schlimmste, was Sie tun könnten, wäre die weitere Beschäftigung mit denjenigen Keywords, Hashtags, Beiträgen und Bühnen, auf denen es nicht so läuft.

Richten Sie Ihren Blick auf Ihre Erfolge. Ein Beitrag hat 100 Likes erhalten? Dann nutzen Sie den Rückenwind und schieben Sie ein ähnliches Posting in Text und Bild hinterher. Was mit 100 Likes bedacht wurde, erzielt auch 200.

## 3.6.9  Die Kampagne auswerten

Natürlich ist es wichtig und richtig, den Erfolg einer Kampagne an den festgesetzten Zielen zu messen. Weil sich aber die Social-Media-Szene schnell ändert, können auch unerwartete Effekte eine große Rolle spielen.

**Beispiel**: Sie haben die Generierung von 100 neuen Facebook-Fans als Kampagnenziel festgelegt. Nach Abschluss der Kampagne haben Sie dort zwar nur magere fünf neue Fans gewonnen, doch über einen auf Facebook platzierten Hinweis 200 neue Snapchat-Follower. Werten Sie deshalb nach mehreren Kriterien aus.

- Erreichung der Kampagnenziele.

- Erzielung von Nebeneffekten.

- Resonanz an Likes, Shares und Kommentaren.

- Besucher, die über die Social-Media-Bühnen auf die Website Ihres Unternehmens gelangt sind.

- Umsatzwachstum bei den in der Kampagne beworbenen Produkten und Dienstleistungen.

## 3.6.10  CHECKLISTE KAMPAGNE

- Entscheidung zwischen Follower- und Produktkampagne.

- Festlegung von Kampagnenzielen.

- Bestimmung eines Hauptquartiers, geeignet sind eine Facebook-Seite oder ein Blog.

- Kampagnenteam zusammenstellen.

- Ausarbeitung und interne Verbreitung von Keywords.

- Aussagekräftiger Kampagnentitel.

- Definition allgemeiner Hashtags.

- Definition von Branded Hashtags.

- Vorrat von Texten, Bildern, Animationen und Videos anlegen.

- Platzierung von Kampagnenname und Branded Hashtags in Bildmaterial.

- Probelauf mit Test, ob Bilder korrekt angezeigt werden.

- Vorankündigung der Kampagne.

- Start der Kampagne.

- Forcierung mit Social-Media-Listening.

- Auswertung der Kampagne anhand der Kampagnenziele.

- Auswertung von Nebeneffekten.

## 3.7 Anzeigen schalten

Sind Werbeanzeigen überhaupt notwendig? Nicht unbedingt. Mit einer ordentlichen Reichweite auf den Social-Media-Bühnen lassen sich Werbebotschaften auch ohne die Strapazierung des Budgets unter das Volk bringen. Allerdings dauert es für unbekannte Unternehmen Monate bis Jahre, eine relevante Reichweite aufzubauen. Mit Anzeigen erreichen Sie auch Personen außerhalb Ihrer Fanbase. Sie werden auch Nutzern angezeigt, die Ihrem Account nicht folgen.

> **Anzeigen-Faustregel Nummer eins**
> »Je kleiner die Followerschaft, desto zwingender die Schaltung von Anzeigen.«

So funktioniert die Schaltung in der Praxis:

- Sie bestimmen eine Zielgruppe.

- Sie buchen eine Werbeform, die die betreffende Bühne zur Verfügung stellt.

- Der Zielgruppe wird an verschiedenen Stellen Werbung eingeblendet.

> **Tschüs, statische Werbebanner**
> Die klassische Werbeform des Internets ist das statische Banner. Es soll die Besucher einer Webseite irgendwohin locken, und zwar alle Besucher, die sich gerade auf einer Seite befinden. Es ist zwar leicht zu produzieren und einzurichten, doch es benötigt viel Platz und verursacht hohe Streuverluste. Zudem hat das Publikum gelernt, dass sich hinter statischen Bannern uninteressante Werbung verbirgt. Das statische Werbebanner hat ausgedient.

## 3.7.1 Zielgruppengerechte Ansprache

Wie funktioniert es genau, dieses zielgruppengerechte Ansprechen, also das Targeting? Gehen Sie auf Ihrem Weg zum Bäcker doch mal ganz bewusst an allen Plakatwänden vorbei. Sie werden feststellen, dass Sie die meisten Plakate noch gar nicht wahrgenommen haben – weil die beworbenen Dinge für Sie nicht relevant sind.

**Beispiel**:

- Die Bierwerbung interessiert Sie nicht, weil Sie lieber Wein trinken.

- Die Werbung für den Salsakurs interessiert Sie nicht, weil Sie lieber abrocken.

- Die Werbung für das Folklorefestival interessiert Sie nicht, weil Sie lieber Jazz hören.

Stellen Sie sich statt der Plakatwände elektronische Displays vor, die auf Ihre Vorlieben reagieren. Sobald Sie in Sichtweite sind, zeigen die Displays Anzeigen für Wein, Rock und Jazz.

**Science-Fiction wird Realität**
Falls Sie ein Freund von Science-Fiction-Filmen sind, wird Sie das Szenario an John Carpenters Film »Sie leben« erinnern, in dem an allen Ecken und Enden penetrante Konsumbotschaften lauern und aufleuchten. Carpenters Vision wird Realität – auf den Social-Media-Bühnen, aber auch in der Außenwerbung. Die Supermarktkette Real experimentiert bereits mit Displays, die Alter und Geschlecht der Kunden erkennen und daraufhin spezifische Werbebotschaften einblenden.

### Datenerhebung für das Targeting

Die User von Facebook und anderen Bühnen geben bei der Registrierung und der Ausgestaltung ihres Profils ganz freiwillig selbst eine Menge Daten ein, beispielsweise den Geburtstag, das Geschlecht und die Ausbildung. Noch aufschlussreicher ist allerdings die von den Bühnenbetreibern vorgenommene Auswertung des Surf- und Klickverhaltens. Daraus lassen sich viele weitere persönliche Dinge ableiten. Beispiele:

- Musikgeschmack.

- Bevorzugter Aufenthaltsort.

- Bevorzugte Urlaubsziele.

- Politische Einstellungen.

- Persönlicher Tagesrhythmus.

- Sexuelle Orientierung.

- Krankheiten.

- Lieblingsverein.

- Hobbys.

- Familienstand.

- Religion.

- Ernährung.

Die Datenschützer geraten angesichts dieser Totalerfassung zwar in Schnappatmung, aber eben diese Daten ermöglichen ein exaktes Targeting. Sie als Anzeigenkunde sind damit in der Lage, Ihre Zielgruppe ganz genau ins Visier zu nehmen und Streuverluste zu vermeiden.

### Targeting zur Manipulation nutzen

Dem gewöhnlichen User würde die Kinnlade herunterklappen, wüsste er um diese Mechanismen und die daraus sich ergebenden Möglichkeiten der Werbung. Diese Sorglosigkeit dürfen Sie zu Ihrem Vorteil nutzen und einen interessanten Effekt erzielen. Die Adressaten einer kleinen Zielgruppe sind sich über den Targeting-Mechanismus zumeist im Unklaren. Sie sind der naiven Meinung, dass eine Anzeige einer größeren Gruppe oder gar der Allgemeinheit eingeblendet wird. Ihr Unternehmen erscheint dadurch größer, als es tatsächlich ist. Gerade für Newcomer ergeben sich deshalb beste Möglichkeiten für einen schnellen Markteintritt.

> **Anzeigen-Faustregel Nummer zwei**
> »Je spezifischer die Zielgruppe, desto wichtiger das Targeting.«

**Praxisbeispiel**: Sie möchten eine Tanzveranstaltung bewerben. Beim klassischen Marketing würden Sie ein Banner platzieren, das möglichst viele Betrachter erreicht. Das Problem ist allerdings, dass eine Hip-Hop-Disco ein anderes Publikum anspricht als eine Ü30-Singleparty. Sie würden also wertvolle Ressourcen verschwenden.

Beim zielgruppenorientierten Marketing wählen Sie Ihr Publikum ganz gezielt aus. Eine Werbeeinblendung erhält nur, wer in die Altersgruppe passt und weitere Kriterien erfüllt, bei der Singleparty wäre das der Beziehungsstatus. Und natürlich spielt auch der Aufenthaltsort des Betrachters eine große Rolle. Um ein Event in München zu bewerben, sollten Sie kein Geld für die Anzeigenschaltung in Hamburg ausgeben.

Auch für Projekte dieser Art bietet das Targeting enorme Vorteile:

- **Kurse**: Beispiel »Yoga für Schwangere in Saarbrücken«.

- **Reisen**: Beispiel »Tanzreisen für Singles«.

- **Dienstleistungen**: Beispiel »Reitbeteiligungen im Raum Hannover«.

- **Software**: Beispiel »Individuelle Plug-ins für WordPress-Anwender«.

- **Produkte**: Beispiel »Gewandungen für Mittelalterfestivals«.

Voraussetzung für einen Erfolg ist neben dem Targeting auch die Qualität der Anzeige. Was immer Sie zu sagen haben: Machen Sie es kurz und plakativ.

**Basics der Anzeigengestaltung**

*   Die Anzeige muss Emotionen wecken und den Blick des Betrachters sofort einfangen.

*   Der Betrachter muss erkennen, welche Vorteile er genießen kann, wenn er dem Werbeaufruf folgt.

**Bild 3.109:** Das Anzeigenbild spricht Emotionen an, der Text über dem Bild nennt einen konkreten Vorteil: »Wenn doch mal etwas ist, ermöglichen wir unseren Versicherten moderne Hightech-Prothesen.«

**Kennzeichnung von Werbung**
Das Wettbewerbsrecht schreibt vor, dass Werbung erkennbar sein muss. Die Bühnen blenden deshalb in unmittelbarer Nähe der Anzeige entsprechende Hinweise ein, zum Beispiel »Gesponsert«.

## 3.7.2  Welche Anzeigen funktionieren?

Sie können die Effektivität von Anzeigen entweder mit der Methode von Versuch und Irrtum testen oder auf bewährte Erfolgsmuster zurückgreifen. Falls Sie sich systematisch bei der Konkurrenz auf Facebook umsehen möchten – dafür gibt es ein spezielles Tool, das auf der gleichnamigen Webseite *https://whichadswork.com/* angeboten wird.

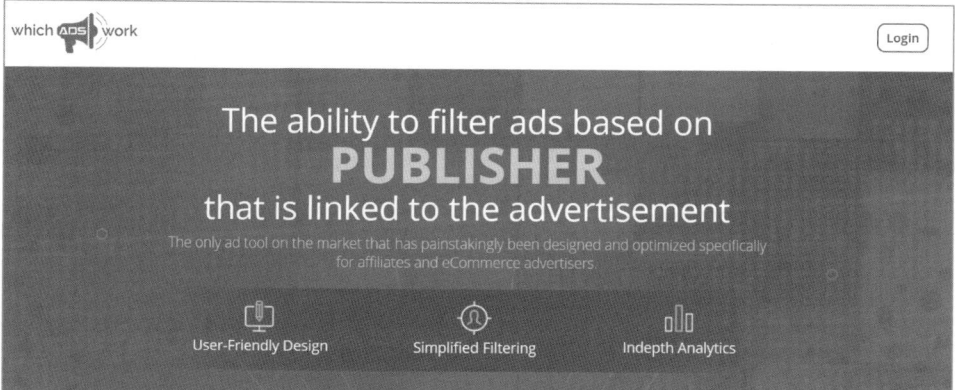

**Bild 3.110:** Das Anzeigentool WhichAdsWork misst den Erfolg von Facebook-Anzeigen.

Der Facebook-Spion analysiert, wie das Publikum mit Anzeigen in Form von Likes, Shares, Verlinkungen und anderen Faktoren interagiert. Allerdings ist WhichAdsWork mit einem monatlichen Preis von 175 US-Dollar nicht ganz billig.

Sie arbeiten mit knappem Budget, möchten aber das Prinzip von Versuch und Irrtum nicht überstrapazieren? Dann lassen Sie sich von den beiden folgenden Anzeigen inspirieren.

Der Spaßfaktor darf bei einer viralen Anzeige nicht zu kurz kommen, und am besten funktioniert die Sache da, wo sie so gar nicht erwartet wird – hier beispielsweise bei einer Metzgerei, die ja nicht unbedingt als Hort von Hipness und Jugendlichkeit gelten, sondern als langweilig und konservativ.

**Bild 3.111:** Anzeigen mit Humor verbreiten sich viral.

Mit diesem Klischee spielt die obige Anzeige einer Metzgerei aus dem tiefsten Bayern. Die wesentlichen Zutaten:

- Der Markenname »Hack«.

- Eine sexy Rapperin vor Schweinehälften im Kühlraum.

- Die Headline »Du willst mit coolen Säuen abhängen?«

Das obige Bild zeigt, wie ein typischer Twitterer die Werbeanzeige aufnimmt und kommentiert: »Eine Metzgerei mit Humor … sind die bei Twitter?«

Was überrascht: Die Metzgerei Hack ist gar nicht auf Twitter vertreten, jedenfalls nicht direkt. Stattdessen haben sich einige Spaßvögel die Mühe gemacht, das Anzeigenbild von Facebook oder einer anderen Bühne zu speichern und dann auf Twitter hochzuladen und zu verbreiten.

**Fazit**: Für den Twitter-Erfolg musste das Werbebudget nicht einmal angetastet werden. Die beste Anzeige ist immer noch diejenige, die kaum geschaltet werden muss – weil das Publikum für die Verbreitung sorgt.

**Bild 3.112:** Über 1,5 Millionen Views erzielte die Kaufladen-Kampagne des Lebensmitteldiscounters Netto.

Kinder spielen gerne Kaufladen, und Erwachsene haben eine bestimmte Vorstellung, wie das Spiel abzulaufen hat. Im Kaufladen-Spot von Netto wird das Klischee vom guten Tante-Emma-Laden und dem bösen Discounter ein wenig auf die Schippe genommen. Der Spot erhielt zwar eine relativ hohe Anzahl von Dislikes, wurde aber mit über 1,5 Millionen Views zum Erfolg.

### Relevanz für die Zielgruppe

Die beste Anzeige ist unnütz, wenn sie vom Zielpublikum nicht als relevant wahrgenommen wird. Versuchen Sie nicht, einem Abstinenzler Whiskygläser zu verkaufen oder einen Vegetarier ins Steakhaus zu locken: Das Verhältnis zwischen eingesetztem Kapital und generiertem Umsatz wäre extrem ungünstig. Arbeiten Sie sich in die Anzeigentools ein, um Streuverluste zu vermeiden.

## 3.7.3 Anzeigentools für Facebook und Instagram

Es ist sehr einfach, eine Anzeige »irgendwie« zu schalten. Die Kunst besteht darin, die Anzeige optimal zu gestalten, zu platzieren und das richtige Publikum zu erreichen. Facebook stellt dazu vier Tools zur Verfügung:

- Der Creative Hub.
- Der Business Manager.
- Der Werbeanzeigenmanager.
- Der Power-Editor.

### Der Creative Hub

**Bild 3.113:** Der Creative Hub dient der Erstellung von Anzeigen.

Dieses Tool dient nicht der Schaltung von Anzeigen, sondern der Erstellung. Nutzen Sie es, um sich in Facebooks unterschiedliche Anzeigentypen einzuarbeiten und ein bisschen zu experimentieren. Unter dieser URL loggen Sie sich in den Creative Hub ein: *https://www.facebook.com/ads/creativehub/.*

**Bild 3.114:** Facebook fordert zur Erstellung eines Mock-ups auf.

Nach dem Einloggen werden Sie von Facebook aufgefordert, ein sogenanntes Mock-up zu erstellen, also einen Entwurf. Klicken Sie rechts oben auf den grünen Button und wählen Sie einen Anzeigentyp aus.

**Bild 3.115:** Die unterschiedlichen Anzeigentypen für Facebook und Instagram.

## Für Facebook stehen diese Typen zur Auswahl:

- *Bild*: Einzelbild mit oder ohne Link.

- *Video*: Slideshows oder Videos.

- *360°-Video*: Videos, die mit einer 360-Grad-Kamera aufgenommen wurden.

- *Webseitenlink*: Link zu einer Website.

- *Karussell*: Kombination von bis zu zehn Bildern und Videos, die sich horizontal »durchblättern« lassen. Die Inhalte fahren am Betrachter vorbei wie auf einem Kirmeskarussell.

- *Canvas*: Eine Anzeige, die den gesamten Bildschirm eines Mobilgeräts belegt.

**Anzeigentypen für Instagram:**

- *Bild*: Wie bei Facebook.

- *Video*: Wie bei Facebook.

- *Karussell*: Wie bei Facebook.

- *Stories*: Gesponserte Stories mit einer maximalen Dauer von 15 Sekunden, die zwischen den normalen Stories eingefügt werden.

Testen Sie einige Anzeigentypen und nutzen Sie dabei die Möglichkeit zur Smartphone-Vorschau. Was Sie auf jeden Fall ausprobieren sollten, sind Karussell-Ads in Kombination mit Storytelling und einem Call-to-Action.

Platzieren Sie die Elemente wie in einer kurzen Bildergeschichte und nutzen Sie das letzte Element für eine Verlinkung auf eine Website. Verwenden Sie, um Absprünge zu vermeiden, nicht mehr als fünf Elemente und maximal einen kurzen Videoclip.

**Der Business Manager**

**Bild 3.116:** Der Business Manager dient der Verwaltung von Werbekonten.

Der Einsatz des Business Manager ist nur dann wirklich notwendig, wenn Sie in einem Team arbeiten oder eine Werbeagentur mit der Schaltung Ihrer Facebook- und Instagram-Anzeigen beauftragt haben. Das Tool ermöglicht Ihnen nämlich eine feine Einstellung von Zugriffsrechten auf Ihre Werbekonten und Budgets.

Auf diese Weise können Sie Ihrem Dienstleister bei der Arbeit über die Schulter schauen.

Für den internen Gebrauch lohnt sich der Business Manager nur, wenn Sie über mehrere Facebook-Seiten und Instagram-Business-Accounts verfügen.

### Der Werbeanzeigenmanager

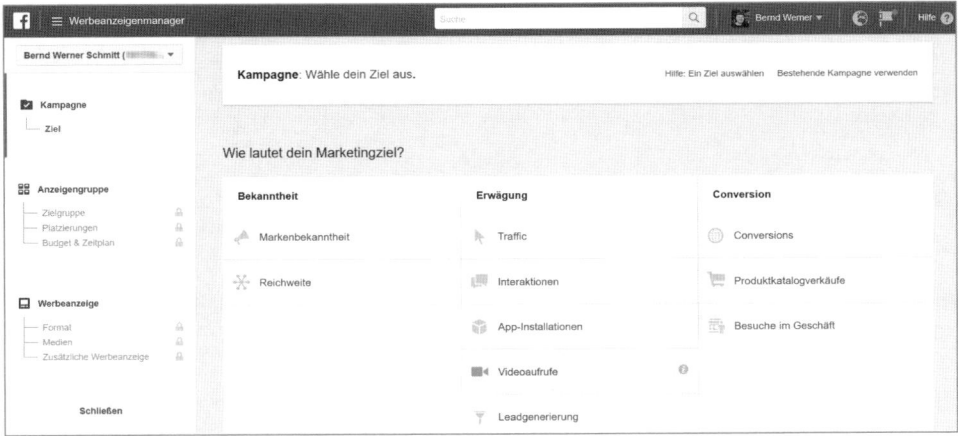

**Bild 3.117:** Der Werbeanzeigenmanager.

Das mit Abstand wichtigste Anzeigentool ist der Werbeanzeigenmanager. Hier erstellen Sie Ihre Kampagne, bestimmen die Platzierung und weisen ein Budget zu. Die Optionen variieren je nach Marketingziel.

Rufen Sie den Werbeanzeigenmanager über folgende URL auf, um mit der Auswahl des Marketingziels zu starten: *https://www.facebook.com/ads/manager/creation.*

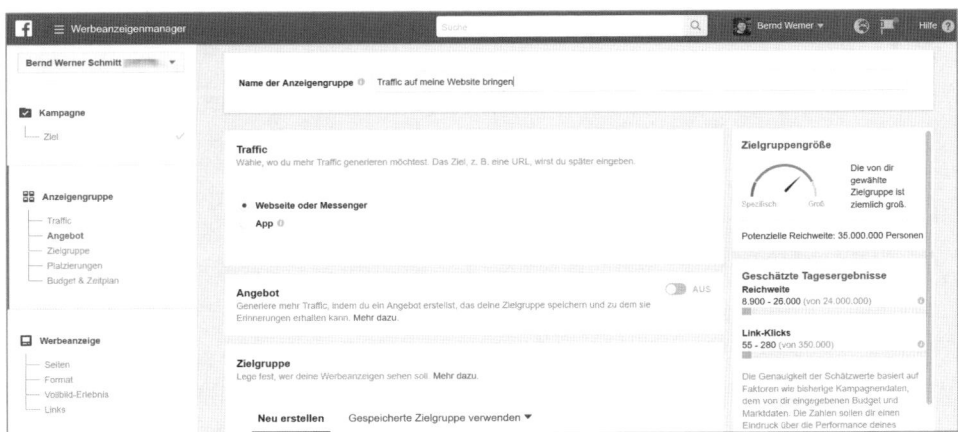

**Bild 3.118:** Festlegung der Zielgruppe und des Budgets.

Im Werbeanzeigenmanager legen Sie eine Zielgruppe und eine Obergrenze für Ihr Budget fest.

## Der Power-Editor

**Bild 3.119:** Neue Anzeigentypen können zunächst nur über den Power-Editor geschaltet werden.

Facebooks Power-Editor wurde für fortgeschrittene Anwender konzipiert. Das Tool bietet die Möglichkeit, eine große Menge von Anzeigenkampagnen zu verwalten und zu vergleichen. Allerdings arbeitet der Power-Editor nicht unabhängig, sondern greift auf das Datenmaterial des Werbeanzeigenmanagers zurück.

### Neue Features werden im Power-Editor getestet

Das Tool ist ideal, um Features zuerst zu nutzen und sich damit von der Konkurrenz abzuheben. Facebook hat den Power-Editor nämlich in der Vergangenheit immer wieder zur Einführung neuer Anzeigenformen verwendet, zum Beispiel der Instagram- und Canvas-Ads.

> **Instagram-Marketing**
> Weil sich Instagram vor der Übernahme durch Facebook als nicht kommerzielle Fotocommunity definierte, hagelte es schon bei der Ankündigung von Werbemöglichkeiten Proteste. Doch die Konzernmutter hat es geschickt verstanden, den Kritikern den Wind aus den Segeln zu nehmen, und zwar Schritt für Schritt. 2015 war es erstmals möglich, Anzeigen direkt zu schalten. Seit 2017 dürfen Instagram-Stories durch Anzeigen unterbrochen werdet.

### Anzeigen für Instagram

Werbeanzeigen lassen sich zwar auch direkt über die Instagram-App erstellen, aber nur mit eingeschränkten Funktionen. Am besten verwenden Sie auch hierfür Facebooks Anzeigenmanager oder den Power-Editor. Die Voraussetzungen für Instagram-Anzeigen:

- Ein Instagram-Businesskonto.
- Ein Facebook-Werbekonto.

- Eine Facebook-Seite.

- Eine Verknüpfung zwischen Instagram-Businesskonto und Facebook-Seite.

Sie haben Ihr Instagram-Businesskonto noch nicht mit Ihrer Facebook-Seite verknüpft? Dann gehen Sie so vor:

1. Facebook-Seite öffnen.

2. *Einstellungen* öffnen.

3. Im Menü links den Punkt *Instagram-Werbeanzeigen* auswählen.

4. Benutzername und Passwort eingeben.

### Preisunterschied zwischen Facebook und Instagram

Unternehmen, die eine Werbekampagne auf beiden Bühnen parallel schalten, wundern sich manchmal, dass ihre Anzeige auf Instagram gar nicht ausgeliefert wird.

Des Rätsels Lösung: Ist das Budget für die Kampagne eher knapp gewählt, bedient der Algorithmus nur die etwas preisgünstigeren Facebook-Anzeigen. Sie haben zwei Möglichkeiten, diesen Effekt zu umgehen:

- Erhöhung des Budgets.

- Definition separater Zielgruppen für Facebook und Instagram.

### Anzeigen nachbetreuen

Sie haben Ihre Anzeige auf Instagram platziert? Dann hat sie hoffentlich eine ordentliche Resonanz in Form von *Gefällt mir*-Angaben und Kommentaren ausgelöst. Jetzt heißt es, diesen Schwung zu nutzen und das Publikum bei der Stange zu halten. Beantworten Sie offene Fragen zu den beworbenen Produkten, Dienstleistungen und Events. Vorsichtshalber sollten Sie kontrollieren, ob sich in den Kommentaren auch unsachliche oder überzogene Kritik angesammelt hat, und entsprechend reagieren. In einfachen Fällen genügt eine Richtigstellung, aber manchmal hilft nur der Löschbutton.

## 3.7.4  Targeting und Remarketing mit dem Facebook-Pixel

Es gibt unterschiedliche Möglichkeiten, Ressourcen zu verschleudern. Zwei Beispiele:

- Eine Operninszenierung in einer Shishabar.

- Die Einblendung einer Anzeige vor dem falschen Publikum.

Es gilt, das interessierte und kaufwillige Publikum zu kennen und anzusprechen. Doch wer interessiert sich überhaupt für Ihre Produkte und Dienstleistungen?

- Ihre Fans und Follower auf Facebook und

- die Besucher Ihrer Unternehmens-Website. Gelandet sind sie dort nämlich, weil sie die entsprechenden Inhalte gegoogelt hatten.

Ideal ist es, wenn Ihre Besucher zwischen Facebook und der Website hin- und herpendeln, Traffic erzeugen, Werbebotschaften empfangen und früher oder später zu Kunden werden. Was Sie für eine professionelle Verknüpfung brauchen? Das Facebook-Pixel.

Das Facebook-Pixel ist ein kleiner Code, den Sie auf Facebook erzeugen und auf der Website Ihres Unternehmens einbauen. Der Zweck des Pixels ist die Spionage. Die Datenkrake Facebook möchte ganz genau wissen, wie sich die Besucher zwischen Facebook und Ihrer Website bewegen, wohin sie klicken, wie lange sie auf einer einzelnen Seite verweilen. Das Facebook-Pixel triggert dazu Cookies an, die sich im Browser des Besuchers einnisten.

Das Ganze dient dazu, die Effektivität von Facebooks Anzeigenmaschinerie zu steigern. Nebenbei erhalten Sie präzise Angaben darüber, wie viele Besucher über eine Facebook-Anzeige auf Ihre Website gelangt sind.

### Das Retargeting

Wichtig ist das Pixel auch für das Retargeting, das Verfolgen Ihrer Besucher, verbunden mit dem mehrmaligen und geräteunabhängigen Einblenden von Anzeigen. Angesichts der heutigen Werbeflut ist diese Methode schon fast zur Notwendigkeit geworden. Wenn ein potenzieller Kunde nur ein einziges Mal und auf einem einzigen Gerät auf etwas hingewiesen wurde, vergisst er es schnell wieder. Empfängt er die Botschaft mehrmals und auf unterschiedlichen Geräten, behält er sie im Gedächtnis.

Um das Facebook-Pixel kommen Sie also nicht herum, wenn Sie vernünftig mit Facebook-Anzeigen arbeiten möchten. Auch wenn Datenschützer bei diesem Instrument mit den Augen rollen: Machen Sie sich ans Werk.

### Facebook-Pixel erstellen

**Bild 3.120:** Ein Facebook-Pixel erstellen.

Gar nicht so einfach zu finden ist der Screen zur Erstellung des Pixels. Unter Garantie funktioniert diese Methode:

1. Facebook-Werbeanzeigenmanager öffnen.

2. In das Suchfeld »Pixel« eingeben.

Anschließend erscheint ein Fenster mit der Aufforderung »Erstelle ein Facebook-Pixel«. Sie können an dieser Stelle wenig falsch machen: Das zweite und das dritte Feld sind noch nicht aktiv, das erste versucht, in etwas nebulösen Worten zu erklären, worum es geht:

»Erstelle dein Pixel. Das Facebook-Pixel für dein Konto ermöglicht es dir, Conversions zu messen, Werbeanzeigen für bedeutende Handlungen zu optimieren und Zielgruppen für das Remarketing zu erstellen.«

Denken Sie nicht über jedes einzelne Wort nach, denn die Bedeutung erschließt sich im praktischen Einsatz. Klicken Sie unten auf den Button *Pixel erstellen*.

Im nächsten Fenster müssen Sie noch einmal den Facebook-AGB zustimmen, beachten Sie dazu auch den Mustertext für Ihre Datenschutzerklärung in Kapitel 3.11.3 (Abschnitt Tracking). Dann geben Sie dem Pixel einen beliebigen Namen.

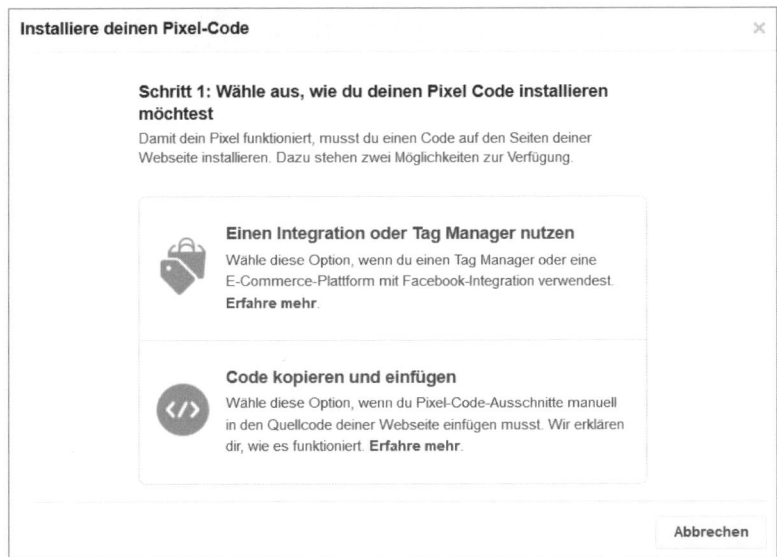

**Bild 3.121:** Facebook erzeugt den Code über *Code kopieren und einfügen*.

Anschließend leitet Facebook Sie auf einen Schirm mit zwei Optionen. Sie entscheiden nun, auf welche Weise das Facebook-Pixel eingefügt werden soll:

• Nutzung eines Tag-Managers.

• Code kopieren und einfügen.

Für 95 % aller Fälle ist die zweite Option die bessere: *Code kopieren und einfügen.* Lassen Sie sich dann den *Pixel-Basiscode* anzeigen.

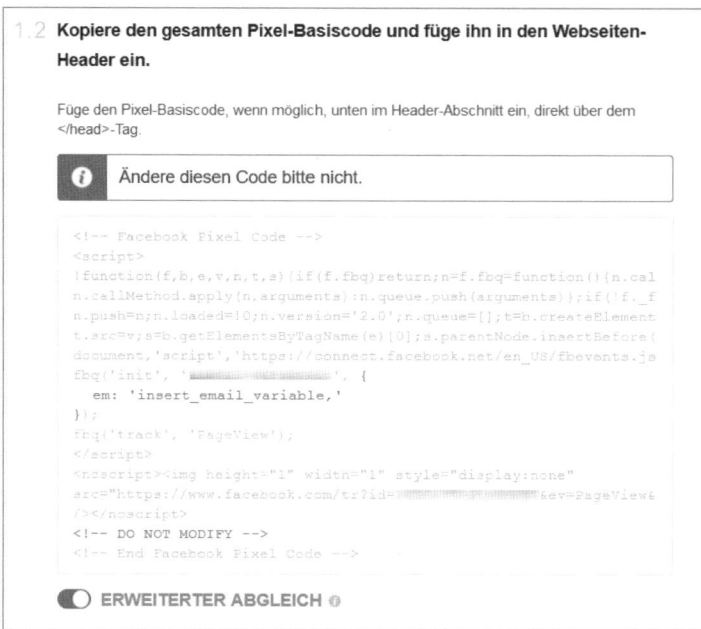

**Bild 3.122:**
Facebook gibt den
*Pixel-Basiscode* aus.

Den ausgegebenen Code können Sie später noch durch Schnipsel ergänzen, die einzelne Ereignisse exakt protokollieren, zum Beispiel das Hineinlegen eines Produkts in einen Warenkorb. Für den Anfang genügt aber der Basiscode.

### Es kann nur eines geben

Was nicht funktioniert, ist das Anlegen eines zweiten Pixels. Jedes Facebook-Werbekonto spuckt nur ein einziges Facebook-Pixel mit einer eindeutigen ID aus.

### Facebook-Pixel einfügen

Das Pixel muss auf jede einzelne Seite Ihrer Website eingefügt werden, und zwar im oberen Bereich zwischen `<head>` und `</head>`. Sie können das per Hand erledigen, aber die meisten CMS stellen dafür ein Plug-in zur Verfügung.

In WordPress erledigt diese Aufgabe beispielsweise *Insert Headers and Footers.*

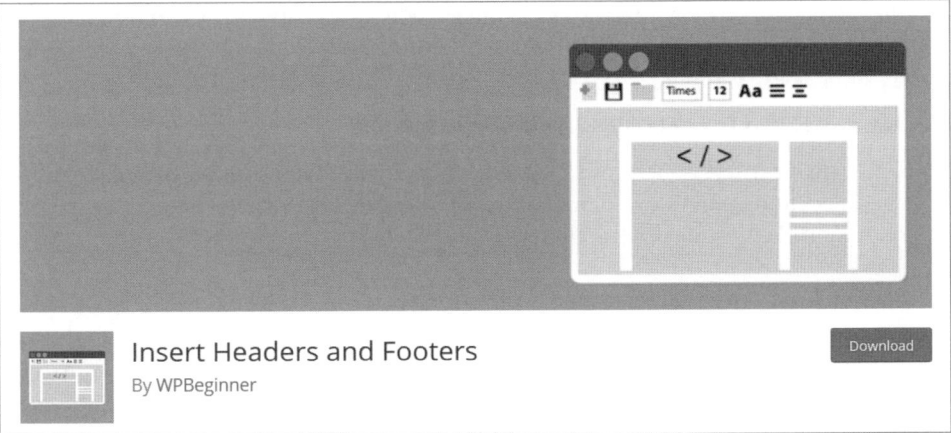

**Bild 3.123:** Für WordPress bietet das Plug-in *Insert Headers and Footers* einen bequemen Weg, Code einzufügen.

### Pixel-Funktionstest

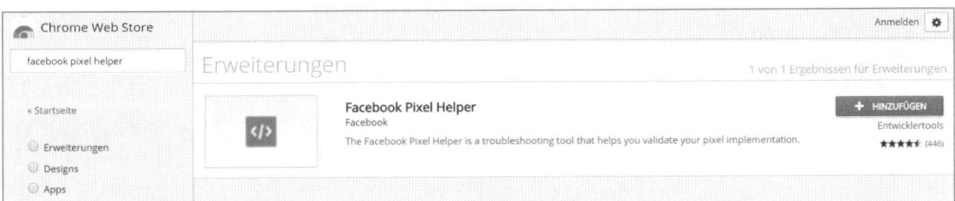

**Bild 3.124:** Die Chrome-Erweiterung *Facebook Pixel Helper*.

Sie haben das Pixel in Ihre Website eingebaut? Dann sollten Sie kurz überprüfen, ob der Code auch funktioniert. Am einfachsten funktioniert das über eine Erweiterung für den Browser Chrome, den *Facebook Pixel Helper*.

Öffnen Sie Chrome bzw. installieren Sie den Browser nach. Anschließend klicken Sie im Chrome-Menü auf *Weitere Tools/Erweiterungen* und im sich öffnenden Fenster ganz unten auf *Mehr Erweiterungen herunterladen*. Geben Sie dann »Facebook Pixel Helper« in das Suchfeld ein. Mit einem Klick auf *Hinzufügen* ist die Erweiterung installiert und einsatzfähig. Surfen Sie nun Ihre Website an.

Falls beim Einfügen etwas schiefgegangen ist, erhalten Sie eine Fehlermeldung. Wechseln Sie gegebenenfalls zu Facebook zurück, kopieren Sie den Code noch einmal und achten Sie beim Einfügen besonders auf die richtige Platzierung.

### Retargeting auf Facebook

Retargeting – Facebook verwendet auch das Synonym Remarketing – lässt sich im Deutschen nur mit einem holprigen Begriff wie »wiederholte Zielgruppenansprache« übersetzen. Darum geht es:

1. Ein Interessent hat irgendwann Ihre Website besucht, beispielsweise mit dem Laptop am Arbeitsplatz, und sich dort über etwas kundig gemacht, zum Beispiel über Ausgrabungen am Vesuv.

2. Das Facebook-Pixel hat diesen Besuch registriert.

3. Genau dieser Interessent wird später noch einmal mit einer passenden Anzeige angesprochen, und zwar auch dann, wenn er diesmal mit seinem Smartphone surft. Retargeting funktioniert geräteübergreifend.

### Website Custom Audience erstellen

Anzeigenplatz auf Facebook ist teuer. Um Ihr Budget nicht unendlich zu strapazieren, sollte Ihre Kampagne vor allem diejenigen erreichen, die wirklich an Ihren Waren oder Dienstleistungen interessiert sind – Facebook verwendet dafür den Begriff Custom Audience, also Wunschpublikum. Mithilfe des Facebook-Pixels können Sie Ihr Wunschpublikum auf Basis Ihrer Website-Besucher sehr genau ins Visier nehmen.

Gehen Sie in den Werbeanzeigenmanager, um eine neue Kampagne zu starten. Wählen Sie zunächst ein Marketingziel aus.

**Bild 3.125:** Auswahl eines Marketingziels im Werbemanager.

Nach Auswahl eines Marketingziels klicken Sie in der Menüspalte links auf *Zielgruppe* und im Hauptfenster auf *Neu erstellen.*

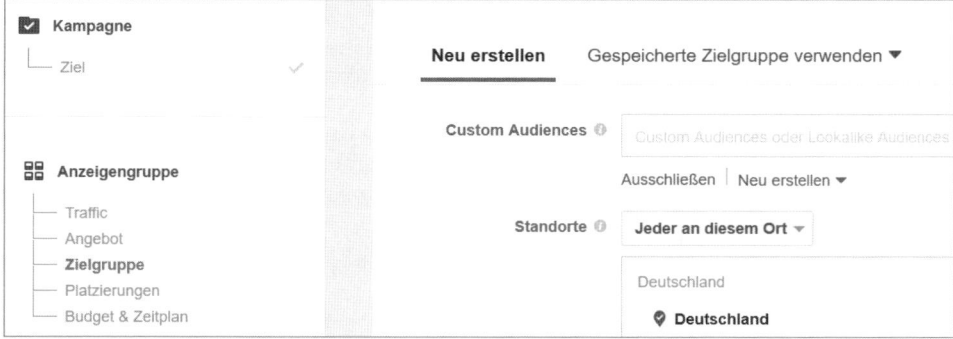

**Bild 3.126:** Eine Zielgruppe wird neu erstellt.

Es öffnet sich das Fenster *Custom Audience erstellen*. Dort definieren Sie Ihre gewünschte Zielgruppe anhand einer dieser vier Datenquellen:

- *Kundenkartei*: Eine Kundenkartei, die Sie bereits besitzen und anschließend auf Facebook hochladen.

- *Webseiten Traffic*: Abgleich mit den Besuchern Ihrer Website.

- *App-Aktivität*: Abgleich mit den Nutzern einer von Ihnen erstellten App.

- *Interaktionen auf Facebook*: Abgleich mit Nutzern, die mit Ihnen bereits auf Facebook interagieren.

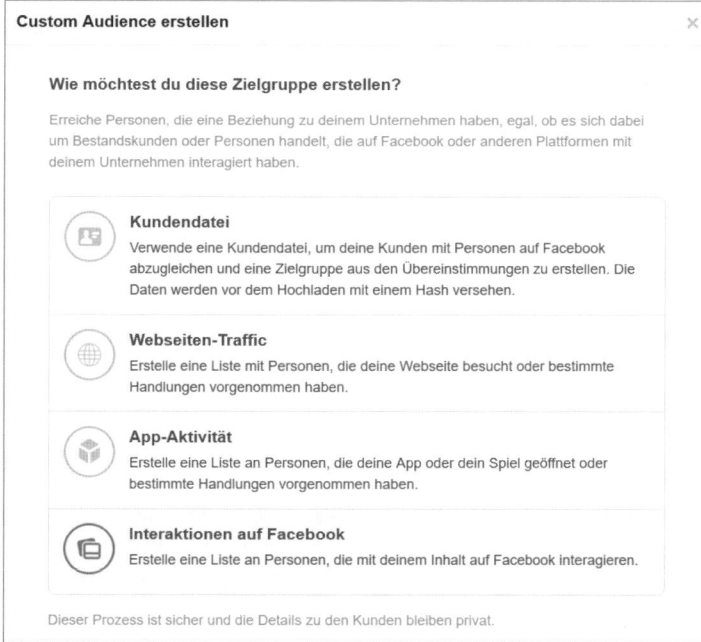

**Bild 3.127:**
Auswahl von vier
Möglichkeiten zur
Erstellung einer
Custom Audience:
*Kundenkartei*,
*Webseiten-Traffic*,
*App-Aktivität* und
*Interaktionen auf
Facebook*.

### Custom Audience aus den Besuchern einer Website

Um denjenigen Personen, die bereits Ihr Unternehmensblog besucht haben auch auf Facebook nachzuspüren, klicken Sie auf die Option *Webseiten-Traffic*.

Anschließend haben Sie die Möglichkeit, Ihre Website Custom Audience weiter zu verfeinern. Nutzen Sie diese Möglichkeit, falls Sie auf Ihrem Blog unterschiedliche Besuchergruppen ansprechen, aber mit Ihrer Facebook-Anzeige ein ganz bestimmtes Angebot bewerben möchten.

**Beispiel**: Sie betreiben das Blog *www.bildungsreise-italien.de* und berichten darauf über verschiedene Regionen – von Südtirol bis Sizilien.

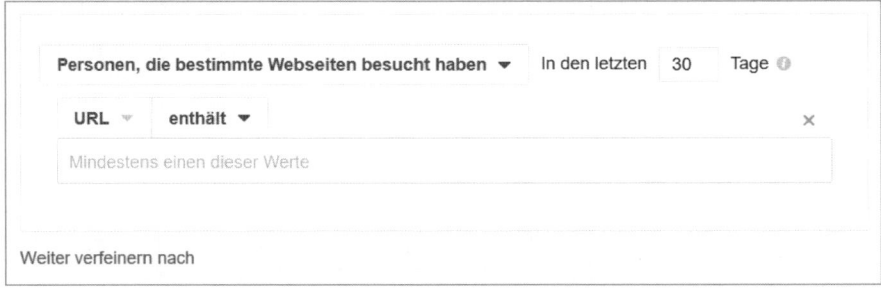

**Bild 3.128:** Eingrenzung der Zielgruppe über bestimmte URLs.

Angenommen, Ihre Facebook-Anzeige bewirbt ganz konkret eine Reise zu den archäologische Stätten rund um den Vesuv, und zwar zu Ostern 2018, wenn es noch nicht so heiß ist. Im Blog selbst haben Sie dazu hochwertige Beiträge angelegt, die alle das Wort Vesuv in der URL enthalten:

* *www.bildungsreise-italien.de/vesuv-pompeji*

* *www.bildungsreise-italien.de/vesuv-ausgrabungen*

* *www.bildungsreise-italien.de/vesuv-ostern-2018*

Auf diesen URLs landen Ihre Besucher, wenn sie nach relevanten Begriffen für eine archäologische Reise gegoogelt haben, und genau diese Besucher sind für Sie besonders relevant.

Wer hingegen auf der URL *www.bildungsreise-italien.de/venedig-gondelfahrt* gelandet ist, wird nur mit einer geringen Wahrscheinlichkeit auf Ihre Facebook-Anzeige anspringen. Besucher, die nach Gondelfahrten gegoogelt haben, sind nicht unbedingt am Thema Archäologie interessiert.

Vermeiden Sie Streuverluste und wählen Sie im Drop-down-Menü den Eintrag *Personen, die bestimmte Webseiten besucht haben*. Im Feld darunter haben Sie die Möglichkeit, bestimmte URLs anzugeben und auszuschließen.

### Zeitfenster für eine Website Custom Audience

Nützlich ist auch die Möglichkeit, ein Zeitfenster für die Custom Audience einzustellen. Wählen können Sie alles vom letzten Tag bis zu maximal den letzten 180 Tagen. Je kürzer die Spanne, desto wahrscheinlicher ist es, dass ein Kunde vor einer Kaufentscheidung steht. Setzen Sie den Zeitraum herab, wenn Sie viele Besucher verzeichnen.

### Mindestgröße einer Website Custom Audience

Sie können das Spielchen auf die Spitze treiben und die Website Custom Audience so passgenau eingrenzen, bis Sie die idealen Besucher gefunden haben. Anzeigen werden dann aber nur noch eingeblendet, wenn Ihre Website schon sehr populär ist. Kontrollieren Sie deshalb in Facebook ab und zu die Anzahl der Personen in Ihrer Website Custom Audience.

Faustregel: Ab einer Größe von 1.000 Personen ist eine Website Custom Audience kampagnentauglich.

## 3.7.5 Twitter Ads

**Bild 3.129:** Die Anlaufstelle für die Werbung auf Twitter finden Sie unter *https://ads.twitter. com*.

Sie möchten Anzeigen auf Twitter schalten? Dann loggen Sie sich ein und rufen diese URL auf: *https://ads.twitter.com*.

Anschließend fragt Twitter einige Informationen von Ihnen ab. Achtung, nicht alle Daten, die Sie bei der Anmeldung eingeben, können Sie später noch einmal ändern. Stellen Sie also sicher, dass Sie Land und Zeitzone korrekt eingeben, wenn Sie später keine Scherereien mit dem Finanzamt haben möchten. Ihre Informationen werden nämlich auch zum Erstellen von Rechnungen verwendet.

### Ziele der Kampagne

**Bild 3.130:** Auswahl des Ziels der Anzeigenkampagne.

Im nächsten Bildschirm wählen Sie das Ziel Ihrer Anzeigenkampagne aus. Twitter stellt Ihnen diese Optionen zur Verfügung:

- *Websiteklicks oder Conversions* (Beta): Sie bewerben Tweets, die auf Ihre Website führen, erzeugen also zusätzlichen Traffic. Bezahlen müssen Sie für die Anzahl der durchgeführten Link-Klicks.

- *Follower*: Sie bewerben Ihren neuen Account, um schnell eine Followerschaft aufzubauen. Bezahlen müssen Sie für die Anzahl der neu erhaltenen Follower. Dieses Feature steht nur für Accounts mit weniger als 1.000 Followern zur Verfügung.

- *Markenbekanntheit*: Sie bewerben Ihre Tweets, um die Bekanntheit Ihrer Marke zu stärken. Bezahlen müssen Sie nach Anzahl der Impressionen Ihrer beworbenen Tweets.

- *Tweet-Interaktionen*: Sie bewerben Ihre Tweets mit dem Schwerpunkt auf Interaktionen, zum Beispiel dem Klick auf ein von YouTube eingebundenes Video. Bezahlen müssen Sie für die erste Interaktion, aber nicht für weitere organische Interaktionen, zum Beispiel einen Retweet für das Video.

- *Video bewerben*: Sie bewerben Ihre Videos, die daraufhin von Twitter automatisch angespielt werden. Bezahlen müssen Sie für die Anzahl der angesehenen Videos.

- *Conversions fördern/App-Installationen oder erneute Interaktionen*: Sie bewerben Tweets für eine Zielgruppe, die Ihre App installieren soll. Bezahlen müssen Sie für die Anzahl der App-Klicks oder -Installationen.

### Welche Option ist die richtige?

Falls Sie unsicher sind, wählen Sie die erste Option: *Websiteklicks oder Conversions*. Da bezahlen Sie nämlich für eine sehr konkrete Leistung: Klicks von Twitter auf die Website Ihres Unternehmens. So ganz nebenbei erhalten Sie kostenlose Impressions, denn Twitter berechnet nur die Klicks. Starten Sie Ihre Anzeigenschaltung via *Websiteklicks oder Conversions/Kampagne erstellen*.

### Anzeigenkampagne einrichten

**Bild 3.131:** Einrichten der Anzeigenkampagne auf Twitter.

In vier Schritten erwecken Sie Ihre Anzeigenkampagne zum Leben:

1. Übersicht

2. Zielgruppe

3. Budget

4. Creatives

### Übersicht

In der Übersicht geben Sie einen Namen und ein paar allgemeine Daten für Ihre Anzeigenkampagne ein. Vergessen Sie nicht, häufiger mal auf *Speichern* rechts oben zu klicken. So müssen Sie nicht immer wieder von vorne anfangen, wenn Sie nachträglich etwas ändern möchten.

### Zielgruppe

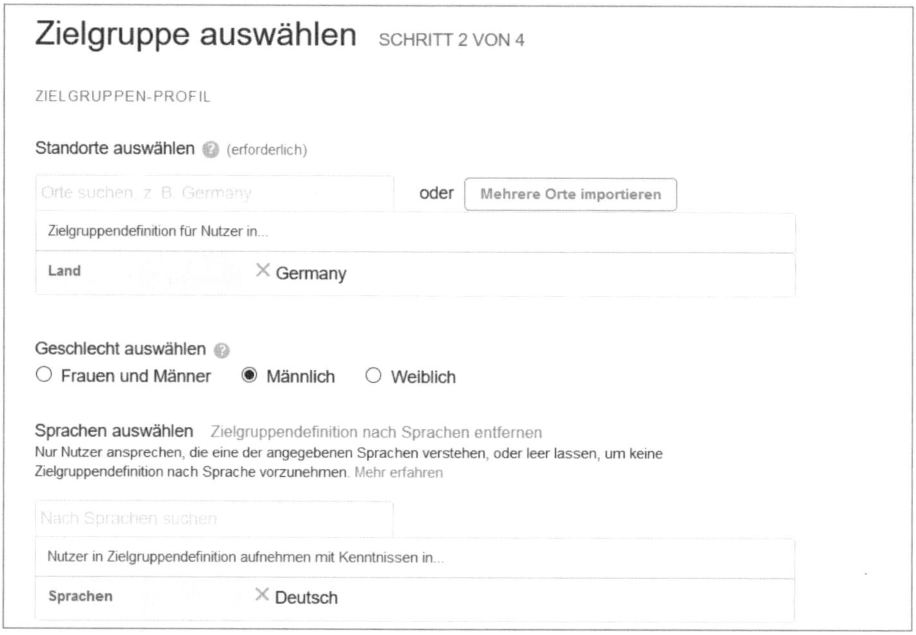

Bild 3.132: Auswahl der Zielgruppe.

Voll ausschöpfen sollten Sie die Möglichkeiten zur Eingrenzung Ihrer Zielgruppe. Falls Sie ein Publikum in einer bestimmten Region ansprechen möchten, ist die Standortangabe besonders wichtig. Sie bieten Yoga für Schwangere an? Dann genügt es, wenn die Anzeige Ihrem weiblichen Publikum eingeblendet wird.

### Budget

Bild 3.133: Einrichtung des Budgets.

Weiter geht es mit der Einrichtung des Budgets. Verpflichtend ist nur die Festlegung eines Maximums pro Tag. Nicht schaden kann aber die Angabe eines Gesamtbudgets.

Auf diese Weise läuft die Kampagne nach einer gewissen Zeit automatisch aus. Nutzen Sie die Beendigung, um Ihre Anzeigen zu variieren, neu zu schalten und zu vergleichen.

**Creatives**

**Bild 3.134:** Das Anzeigenmaterial hochladen.

Zuletzt gestalten Sie Ihren Anzeigentweet und fügen gegebenenfalls Bildmaterial hinzu. Zugelassene Formate sind JPG und PNG. Achten Sie darauf, die von Twitter vorgegebene Idealgröße von 1.200 × 628 Pixeln einzuhalten.

## 3.7.6 Google AdWords für YouTube nutzen

Bekannt ist Google als Suchmaschine, aber Geld verdient das Unternehmen durch die Vermittlung von Anzeigen über die Programme AdWords und AdSense. Der Unterschied ist schnell erklärt:

- **AdWords**: Die Betreiber von Websites oder YouTube-Kanälen bezahlen an Google, um die Sichtbarkeit ihrer Inhalte zu verbessern.

- **AdSense**: Die Betreiber von Websites oder YouTube-Kanälen erhalten Geld für die Einblendung von Werbeanzeigen.

**Bild 3.135:** Google AdWords ermöglicht die Schaltung von Videoanzeigen auf YouTube.

Für die Schaltung von Werbung auf YouTube sind Sie also bei AdWords richtig. Melden Sie sich unter dieser URL an: *https://adwords.google.com/intl/de_de/home/*.

### Bei AdWords angenommen werden

Um bei AdWords angenommen zu werden, brauchen Sie ein Google-Konto. Das haben Sie bereits, wenn Sie einen YouTube-Kanal besitzen oder einen Dienst wie beispielsweise Google Plus oder Google Analytics nutzen. Loggen Sie sich also mit Ihren bereits existierenden Zugangsdaten ein.

### YouTube mit AdWords verbinden

Nach der Freischaltung müssen Sie Ihren YouTube-Kanal mit AdWords verknüpfen. Klicken Sie dazu oben rechts auf das Zahnrad und wählen Sie aus dem Drop-down-Menü den Punkt *Verknüpfte Konten*.

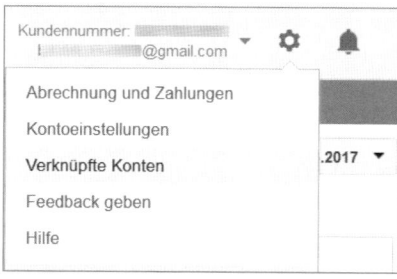

**Bild 3.136:** *Verknüpfte Konten* wählen.

Im nächsten Fenster klicken Sie im Menü links auf *Verknüpfte Konten/YouTube* und dann auf den roten Button *+Kanal*.

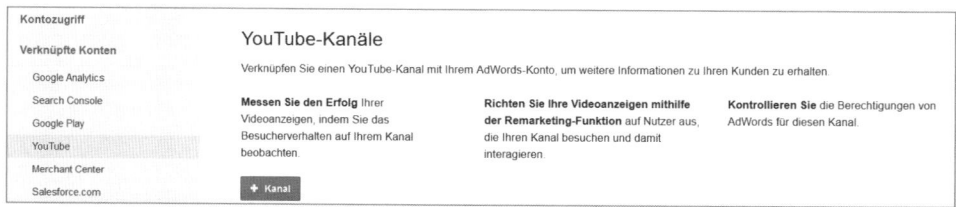

**Bild 3.137:** Hinzufügen eines YouTube-Kanals.

Geben Sie Ihren YouTube-Kanal ein. Anschließend werden Sie auf ihn weitergeleitet und müssen die Verknüpfung in einem letzten Schritt bestätigen. Weisen Sie dem AdWords-Konto einen Namen zu, aktivieren Sie die Checkboxen und klicken Sie rechts unten auf *Fertigstellen*.

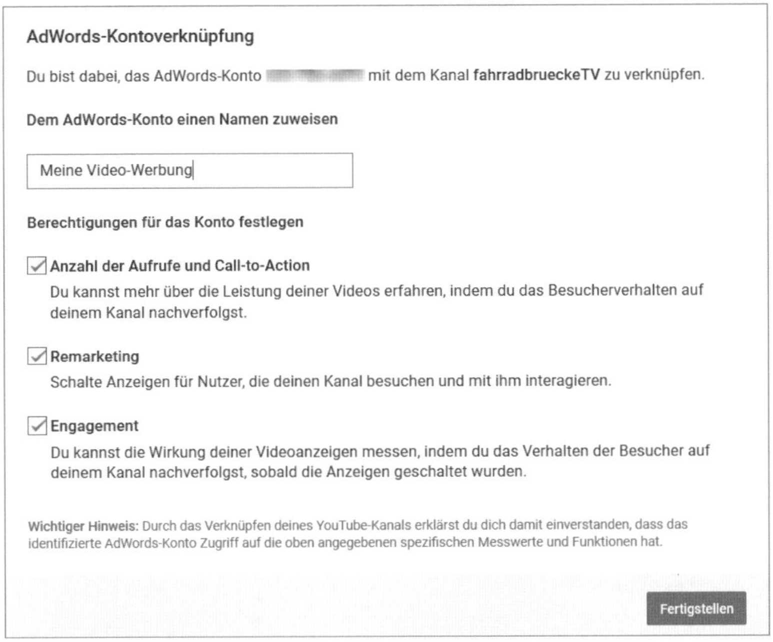

AdWords-Kontoverknüpfung

Du bist dabei, das AdWords-Konto ▓▓▓▓▓▓▓ mit dem Kanal **fahrradbrueckeTV** zu verknüpfen.

Dem AdWords-Konto einen Namen zuweisen

Meine Video-Werbung

Berechtigungen für das Konto festlegen

☑ **Anzahl der Aufrufe und Call-to-Action**
Du kannst mehr über die Leistung deiner Videos erfahren, indem du das Besucherverhalten auf deinem Kanal nachverfolgst.

☑ **Remarketing**
Schalte Anzeigen für Nutzer, die deinen Kanal besuchen und mit ihm interagieren.

☑ **Engagement**
Du kannst die Wirkung deiner Videoanzeigen messen, indem du das Verhalten der Besucher auf deinem Kanal nachverfolgst, sobald die Anzeigen geschaltet wurden.

**Wichtiger Hinweis:** Durch das Verknüpfen deines YouTube-Kanals erklärst du dich damit einverstanden, dass das identifizierte AdWords-Konto Zugriff auf die oben angegebenen spezifischen Messwerte und Funktionen hat.

Fertigstellen

**Bild 3.138:** Fertigstellung der Verknüpfung von AdWords und YouTube.

AdWords und YouTube sind nun miteinander verknüpft. Keine Verbindung ist dagegen zwischen AdWords und Google Plus möglich – aus einem ganz simplen Grund: Die Schaltung von Anzeigen ist auf Google Plus nicht vorgesehen.

## 3.7.7 Anzeigen auf YouTube schalten

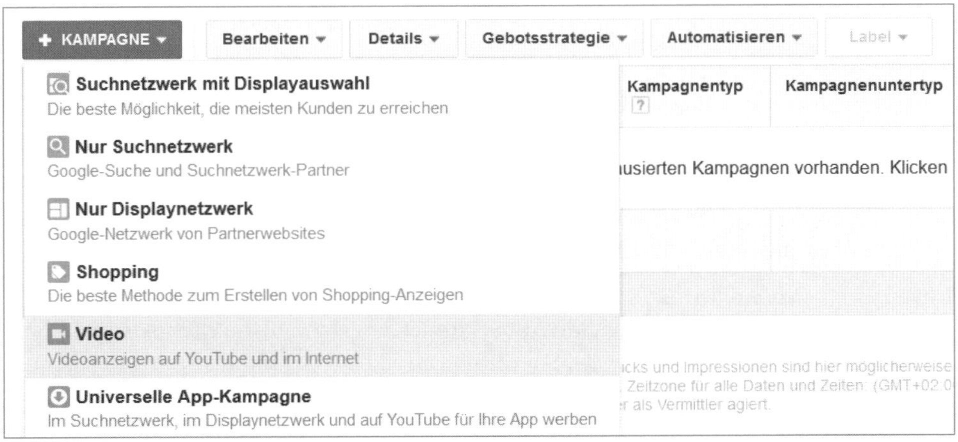

| + KAMPAGNE ▾ | Bearbeiten ▾ | Details ▾ | Gebotsstrategie ▾ | Automatisieren ▾ | Label ▾ |

**Suchnetzwerk mit Displayauswahl**
Die beste Möglichkeit, die meisten Kunden zu erreichen

**Nur Suchnetzwerk**
Google-Suche und Suchnetzwerk-Partner

**Nur Displaynetzwerk**
Google-Netzwerk von Partnerwebsites

**Shopping**
Die beste Methode zum Erstellen von Shopping-Anzeigen

**Video**
Videoanzeigen auf YouTube und im Internet

**Universelle App-Kampagne**
Im Suchnetzwerk, im Displaynetzwerk und auf YouTube für Ihre App werben

Kampagnentyp

Kampagnenuntertyp

**Bild 3.139:** Die YouTube-Kampagne wird in Google AdWords erstellt.

Öffnen Sie Google AdWords und klicken Sie auf +*Kampagne/Video*, um eine Kampagne zu erstellen und Ihr Video hinzuzufügen.

## Kampagne erstellen

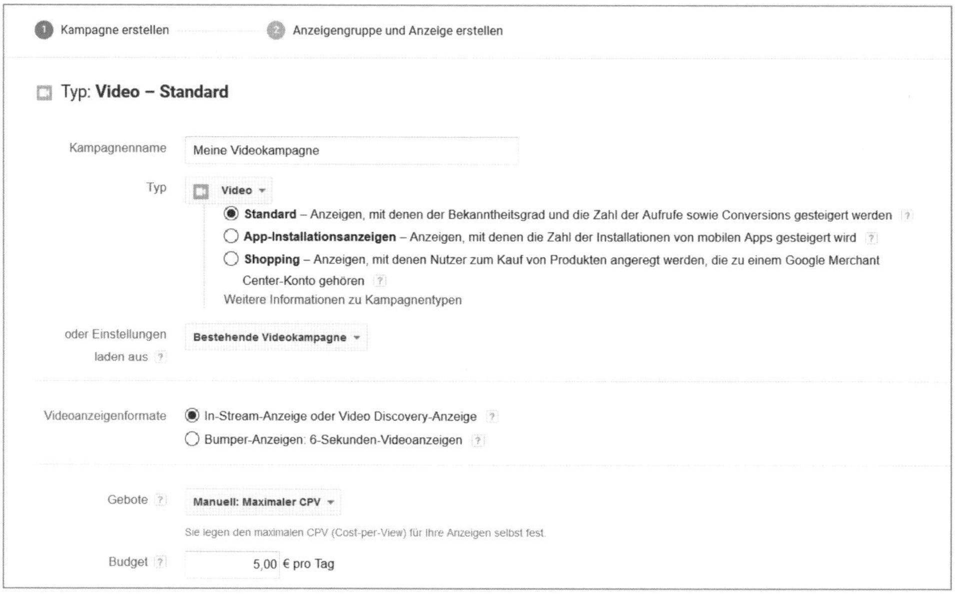

**Bild 3.140:** Festlegung des Kampagnentyps und des Budgets.

AdWords bietet die Möglichkeit, einen bestimmten Kampagnentyp auszuwählen. Voreingestellt ist der Typ *Standard – Anzeigen, mit denen der Bekanntheitsgrad und die Zahl der Aufrufe sowie Conversions gesteigert werden.* Behalten Sie diese Einstellung bei, falls Sie nicht gerade App-Installationen bewerben möchten oder ein »Google Merchant Center«-Konto haben. Interessanter ist die Auswahl der Videoanzeigenformate. Ihre beiden Möglichkeiten:

* *In-Stream-Anzeige oder Video Discovery-Anzeige*
* *Bumper-Anzeige: 6-Sekunden-Videoanzeigen*

In-Stream-Anzeigen starten automatisch, und zwar vor, während oder nach dem eigentlichen Video, das der Betrachter ausgewählt hat. Allerdings kann eine In-Stream-Anzeige nach fünf Sekunden übersprungen werden.

Kulant zeigt sich AdWords in der Abrechnung. Bezahlen müssen Sie nämlich nur für Clips, wenn »sich ein Nutzer das Video 30 Sekunden lang bzw. bis zum Ende ansieht oder wenn er mit dem Video interagiert«. Sie können also kostenlos Impressionen erhalten.

Bei Video Discovery-Anzeigen platziert YouTube ein Thumbnail Ihres Clips und einen kurzen Text an diesen Positionen:

* In YouTube-Suchergebnissen.

- Neben ähnlichen YouTube-Videos.
- Auf der YouTube-Startseite.
- Als Overlay auf einer YouTube-Wiedergabeseite.
- Auf Video-Websites oder in Apps von Partnern im Displaynetzwerk.

Bezahlen müssen Sie auch hier nicht für die Impressionen, sondern nur für Klicks auf das Thumbnail. Bumper-Anzeigen bestehen aus Videos mit einer maximalen Dauer von sechs Sekunden. Sie werden vor, während oder nach anderen Videos abgespielt, lassen sich im Gegensatz zu den In-Stream-Anzeigen aber nicht überspringen. Abgerechnet werden Bumper-Anzeigen auf Basis von Impressionen, also unabhängig davon, ob der Betrachter in irgendeiner Weise reagiert. Eine Zahlungseinheit entspricht 1.000 Impressionen.

### Das Budget

Wie auf anderen Bühnen hängt auch auf YouTube der Preis für eine Anzeige von der Anzahl der Mitbewerber um das Thema ab. Besonders umkämpft und entsprechend hochpreisig sind die Bereiche Finanzen und Versicherungen. Google AdWords schlägt Ihnen ein Tagesbudget vor, sobald Sie Ihr Video ausgewählt haben, und nennt Ihnen eine ungefähre Reichweite, die Sie damit erzielen.

Nach der Festlegung Ihres Budgets werden Sie zu einem neuen Fenster geleitet: *Anzeigengruppe und Anzeige erstellen*.

### Video hinzufügen

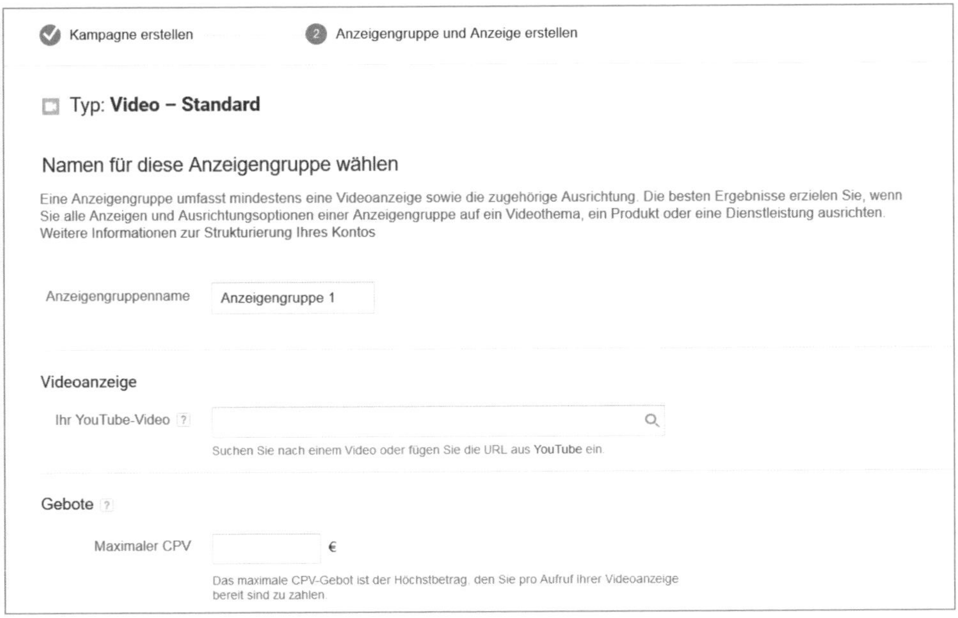

**Bild 3.141:** Das YouTube-Video hinzufügen.

Vergeben Sie für die Anzeigengruppe – so nennt AdWords Ihren Clip samt Festlegung Ihrer Zielgruppe – einen Namen und geben Sie dann die Video-URL ein.

Begehen Sie anschließend nicht den Fehler, die Kampagne schnell loszuschicken. Denn damit würden Sie Ihr Budget schnell verbraten – vor einem beliebig zusammengewürfeltem Publikum. Nutzen Sie die Optionen *Ausrichtung* und *Interesse*.

### Demografie

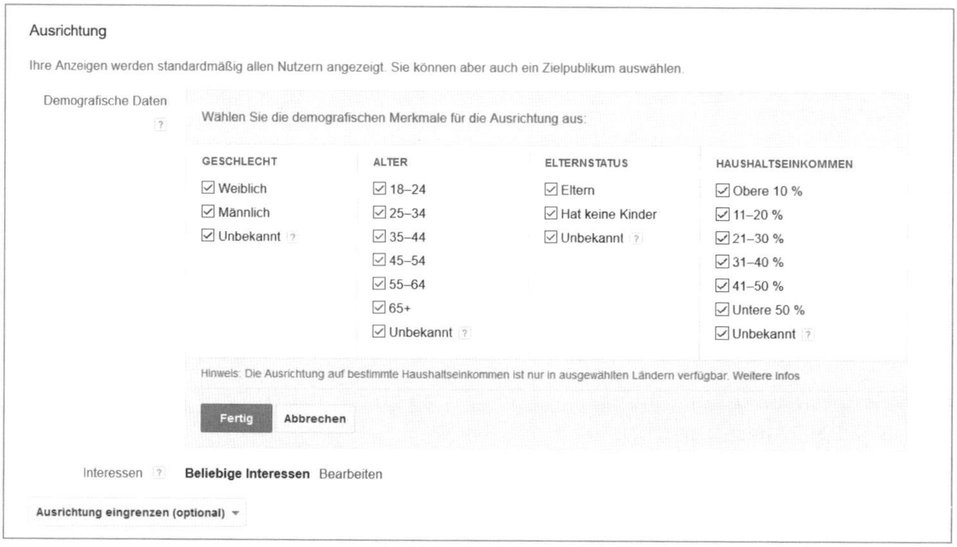

**Bild 3.142:** Ausrichtung auf *Geschlecht*, *Alter*, *Elternstatus* und *Haushaltseinkommen*.

Hinter dem Menüpunkt *Ausrichtung* verbirgt sich die Möglichkeit, Ihre Zielgruppe nach diesen vier Kriterien einzugrenzen:

- *Geschlecht*
- *Alter*
- *Elternstatus*
- *Haushaltseinkommen*

Standardmäßig hat AdWords alle Checkboxen aktiviert. Vermeiden Sie Streuverluste und nehmen Sie die entsprechenden Häkchen heraus.

**Beispiel**: Für die Bewerbung von Treppenliften sind die unteren Altersgruppen irrelevant, für Schwangerschaftstests die oberen.

## Interessen und Keywords

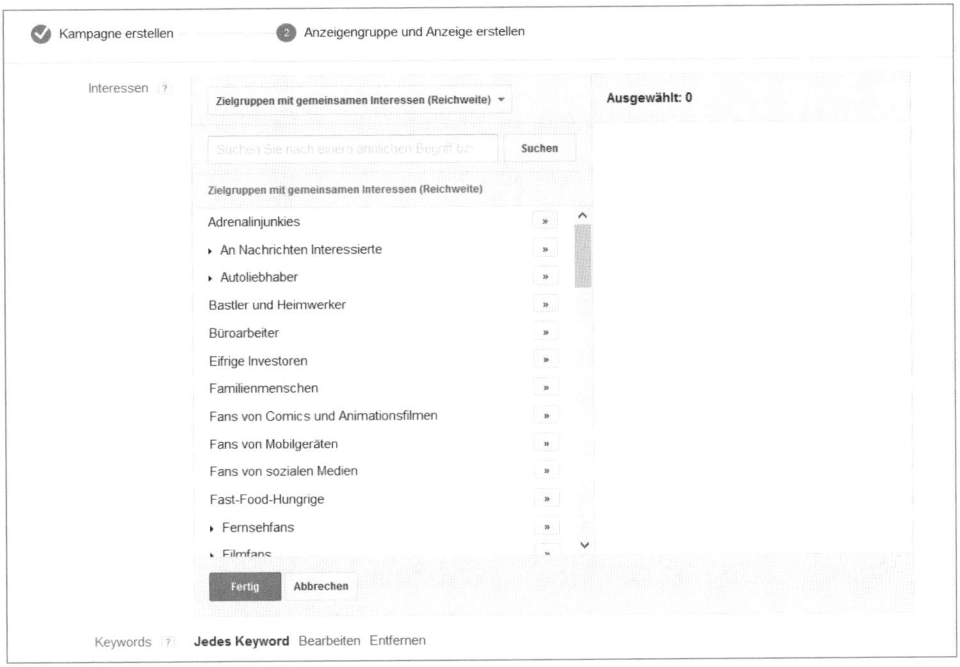

**Bild 3.143:** Eingrenzung der Zielgruppe über Interessen und Keywords.

Nutzen Sie auch die Möglichkeit, Ihre Zielgruppe über Interessen und Keywords einzugrenzen. Es kommt nicht darauf an, dass Ihre Anzeige von möglichst vielen Menschen betrachtet wird, sondern von den richtigen. Vergessen Sie nicht, den Namen Ihrer Stadt einzugeben, falls Sie ein regionales Publikum ansprechen möchten.

## 3.7.8 Anzeigenschaltung auf Pinterest

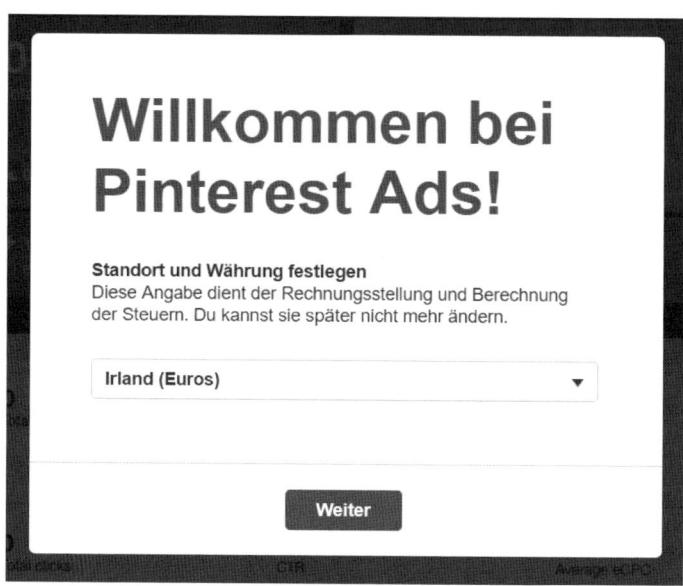

**Bild 3.144:** Die Angabe des Standorts dient der Rechnungsstellung, der steuerlichen Erfassung und der Festlegung der Währung.

Das Anzeigentool von Pinterest erreichen Sie unter dieser URL: *https://ads.pinterest.com/*. Voraussetzung für die Freischaltung ist die Einrichtung eines Unternehmenskontos. Falls Sie noch keins besitzen, können Sie an dieser Stelle eine Umwandlung vornehmen.

Pinterest Ads begrüßt Sie mit einem Fenster zur Festlegung Ihres Unternehmensstandorts. Begehen Sie hier keinen Fehler, denn die Einstellungen, die der Rechnungsstellung, der steuerlichen Erfassung und der Festlegung der Währung dienen, lassen sich nachträglich nicht mehr ändern.

Da Pinterest hierzulande keine Niederlassung hat, steht Deutschland nicht zur Auswahl. Wählen Sie *Irland* aus dem Drop-down-Menü.

### Funktionsweise von Pinterest Ads

Sie wählen einen Ihrer Pins aus und definieren eine bestimmte Zielgruppe. Pinterest rückt den beworbenen Pin gegen Bezahlung in den Vordergrund. Abgerechnet wird je nach Ziel Ihrer Anzeigenkampagne. Während der Kampagne können Sie die Reaktionen des Publikums beobachten und gegebenenfalls nachjustieren.

## Ziel der Anzeigenkampagne festlegen

**Bild 3.145:** Das Ziel der Kampagne festlegen.

Pinterest Ads unterscheidet diese Ziele:

- *Steigern Sie die Bekanntheit Ihrer Marke*: Sie bezahlen pro 1.000 Impressionen Ihrer Pins.

- *Steigern Sie die Interaktion mit Ihren Pins*: Sie bezahlen pro Interaktion mit Ihrem Pin. Abgerechnet wird nach Klicks, darunter fallen auch das Aufrufen der Großansicht und der Repin.

- *Generieren Sie Traffic für Ihre Website*: Hier bezahlen Sie nur für Klicks vom Pin auf Ihre Website.

- *Increase installs for your app*: Bei dieser Option bezahlen Sie für das Herunterladen von Apps.

**Pin auswählen und Ziel-URL festlegen**

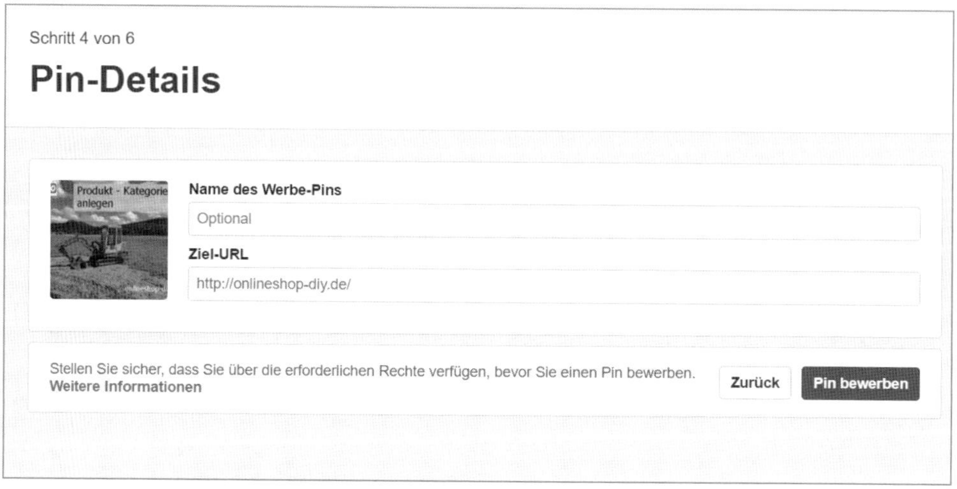

Schritt 4 von 6

# Pin-Details

Name des Werbe-Pins

Optional

Ziel-URL

http://onlineshop-diy.de/

Stellen Sie sicher, dass Sie über die erforderlichen Rechte verfügen, bevor Sie einen Pin bewerben. Weitere Informationen

Zurück    Pin bewerben

**Bild 3.146:** Festlegen der Ziel-URL.

Am besten beginnen Sie mit dieser Kampagne: *Generieren Sie Traffic für Ihre Website.* Was Sie dafür tun müssen:

1. Ein Budget festlegen.

2. Einen Pin auswählen.

3. Die Ziel-URL angeben, in der Regel Ihre Homepage. Möglich ist aber auch eine Unterseite, beispielsweise die Produktseite eines Shops.

Vorsichtshalber weist Pinterest Sie an dieser Stelle noch einmal auf das Urheberrecht hin. Achten Sie darauf, dass Sie für das eingesetzte Bild über die notwendigen Lizenzen verfügen, falls Sie kein Eigenmaterial einsetzen.

## 3.7.9 Marketingoptionen via WhatsApp

Noch ist es nicht möglich, Banner oder andere Werbeformate für WhatsApp zu buchen, doch der Mutterkonzern Facebook führt Studien mit ausgewählten Nutzern durch, um die Reaktion auf Werbeanzeigen zu analysieren. Was Ihnen im Moment bleibt, ist die Inanspruchnahme externer Dienstleister zum Einsatz von WhatsApp-Newslettern. Diese werden aber nur Ihren Abonnenten angezeigt.

**Bild 3.147:** Der Dienstleister WhatsBroadcast bietet einen Newsletter-Service an, aber keine Anzeigenschaltung.

Das Prinzip: Sie kommunizieren mit Ihren Abonnenten via WhatsApp über eine vom Dienstleister zur Verfügung gestellte Weboberfläche. Dabei stehen Ihnen zwei Kommunikationsarten zur Verfügung:

- Massenversendung wie im klassischen E-Mail-Newsletter.

- Individuelle Betreuung, beispielsweise zur Beantwortung von Fragen.

### Die Zukunft der WhatsApp-Werbung

Natürlich möchte Facebook auch mit WhatsApp so viel Geld wie möglich verdienen. Ob die Anzeigenschaltung dafür der richtige Weg ist? Verbunden wäre dieser Schritt sicherlich mit einer Abwanderung von Nutzern, die sich von Werbung belästigt fühlen. Denkbar ist die Aufspaltung von WhatsApp in eine kostenlose Basisversion inklusive Werbeanzeigen und eine werbefreie Premiumvariante.

## 3.7.10 Snapchat-Advertising

Kurz vor der Freischaltung stehen Snapchat-Anzeigenformate, die Sie selbst buchen können – also ohne Zwischenschaltung einer Agentur. Nutzen Sie die Gelegenheit, um frühzeitig Fuß zu fassen. Zum Zeitpunkt der Drucklegung dieses Buchs erreichen Sie die Anzeigenabteilung über diesen Weg:

1. Snapchat-Profilseite aufrufen.

2. Rechts oben auf das Zahnrad tippen.

3. *Mehr Informationen/Support* auswählen.

4. *Business/Werbung* auswählen.

**Bild 3.148:** Anzeigenprodukte für Snapchat.

Anschließend gelangen Sie auf den Begrüßungsbildschirm für die Anzeigenprodukte von Snapchat – die Snap Ads.

## Snap Ads

**Bild 3.149:** Die Snap Ads in der Übersicht.

Auf dem nächsten Schirm nennt Snapchat die Basics für die Snap Ads: Ein Hochformat-video mit einer maximalen Länge von 10 Sekunden kann durch interaktive Elemente ergänzt werden.

**Kontakt mit Snapchat aufnehmen**

**Bild 3.150:** Snapchat versendet eine Empfangsbestätigung über die Anmeldung für Snap Ads.

Vermutlich ab Herbst 2017 wird die direkte Buchung von Snap Ads möglich sein. Aktuell werden die Werbewilligen noch mit einem Schirm zur Eingabe der Unternehmensdaten vertröstet. Nach der Absendung folgt eine automatisierte Empfangsbestätigung.

### Snapchat frühzeitig nutzen

Bei der Preisgestaltung der Anzeigen verfährt Snapchat wie jede andere Bühne. Die Anzeigenplätze werden versteigert, und je nach Anzahl der Mitbieter müssen Sie Ihr Budget strapazieren. Nutzen Sie Snapchat deshalb frühzeitig.

**Tipp:** Bei der Eingabe Ihrer Unternehmensdaten fragt Snapchat nach Ihrem voraussichtlichen Monatsbudget. Um frühzeitig angenommen zu werden, sollten Sie hier nicht zu sehr tiefstapeln.

## 3.7.11  CHECKLISTE ANZEIGEN SCHALTEN

- Schaltung von Anzeigen ist notwendig bei kleiner Followerschaft.
- Vergleich erfolgreicher Anzeigen der Konkurrenz.

- Abstimmung von Anzeige und Zielgruppe.

- Vier Anzeigentypen für Facebook: Creative Hub, Business Manager (optional), Werbeanzeigenmanager und Power-Editor (optional).

- Auswahl geeigneter Anzeigentypen, beispielsweise Karussell-Ads.

- Verknüpfung zwischen Instagram-Businesskonto und Facebook-Seite.

- Facebook-Pixel erstellen.

- Facebook-Pixel für das Retargeting auf der Website einfügen.

- Funktionstest mit dem Facebook Pixel Helper (Erweiterung für Chrome).

- Website Custom Audience erstellen.

- Budget erstellen.

- Twitter Ads erstellen.

- Google AdWords für YouTube nutzen.

- In YouTube zwischen In-Stream-Anzeige und Bumper-Anzeige wählen.

- Pinterest Ads mit Ziel-URL erstellen.

- Anmeldung für Snap Ads.

# 3.8 Marketing mit Gewinnspielen

Der Mensch ist nun mal ein Jäger und Sammler. Er trachtet danach, etwas zu erbeuten oder zu finden. Diesen Trieb gilt es für das Marketing zu nutzen. Mit einem Gewinnspiel erzeugen Sie Neugierde und Aufmerksamkeit, ohne Ihr Budget für Anzeigen strapazieren zu müssen. Als Orte geeignet sind Ihre Social-Media-Präsenzen ebenso wie Ihr Blog. Im Idealfall erhalten Sie nicht nur Publicity, sondern auch Käufe von Gewinnspielteilnehmern, die keinen Preis ergattern konnten. Voraussetzung ist, dass Sie die Sache richtig anpacken.

## 3.8.1 Basics zu Gewinnspielen

Die Ausgangslage ist nicht gerade rosig. Die Social-Media-Welt ist geflutet mit Gewinnspielen, und auch Ihre Follower lassen täglich Teilnahmeaufforderungen links liegen. Wenn Sie ebenfalls ignoriert werden möchten, belästigen Sie Ihre Followerschaft in dieser Art:

»Schicken Sie eine E-Mail an unsere Adresse und beantworten Sie diese Frage:

Wie heißt die Hauptstadt der USA?

a) New York

b) Washington

Mit der richtigen Antwort erhalten Sie von uns einen Einkaufsgutschein im Wert von 50 Euro.«

Was ist an dieser Konzeption so schlimm? Die Fehler im Detail:

- Niemand öffnet heute für ein Gewinnspiel einen E-Mail-Client. Wenn der Besucher nicht sofort etwas eintippen kann, wird er nicht teilnehmen.

- Falls Sie nicht gerade einen USA-Fanshop vermarkten, ist die Frage thematisch falsch gewählt. Besser ist ein Bezug zu Ihrem Unternehmen.

- Der Gewinn sollte aus einem ganz bestimmten Produkt oder einer ganz bestimmten Dienstleistung bestehen. Verzichten Sie nicht auf die Möglichkeit, die Leistungen Ihres Unternehmens in den Vordergrund zu rücken. Spekulieren Sie darauf, dass sich bis zu 10 % derjenigen, die nichts gewonnen haben, später für einen Kauf entscheiden.

- Der Text ist zu allgemein und mit bürokratischen Wörtern verunstaltet. »Beantworten Sie diese Frage« und »erhalten Sie von uns« klingt so sexy wie eine gerichtliche Vorladung.

- Sie generieren mit der Beantwortung einer Frage per E-Mail weder Content noch Traffic.

Konzipieren Sie Ihr Gewinnspiel nicht aus dem Bauch heraus, sondern gehen Sie die wesentlichen Aspekte Schritt für Schritt durch.

## 3.8.2 Gewinnspiele konzipieren

Ihr Spiel ist perfekt, wenn Sie selbst den Hauptgewinn einfahren. Definieren Sie ein konkretes Ziel:

- Ein Produkt oder eine Marke ins Gespräch bringen.

- Eine Dienstleistung oder ein Event bewerben.

- Likes gewinnen.

- Follower gewinnen.

- Besucher auf eine Website bringen.

- Traffic auf den Social-Media-Präsenzen erhöhen.

- Kommentare generieren.

- Newsletter-Abonnenten gewinnen.

### Gewinnspieltyp auswählen

Welche Art von Gewinnspiel ist die beste? Das kommt auf Ihre Zielsetzung an. Unterscheiden lassen sich diese drei Typen:

- **Verlosung nach dem Zufallsprinzip** – Bei diesem Typ grenzen Sie niemanden aus. Das Zufallsprinzip ist gut geeignet, wenn Sie zum ersten Mal ein Gewinnspiel veranstalten und über eine eher geringe Anzahl von Followern verfügen.

- **Beantwortung von Quizfragen** – Etwas anspruchsvoller ist ein Gewinnspiel, bei dem produktbezogene Quizfragen beantwortet werden müssen. Der Vorteil: Sie zwingen Ihre Teilnehmer dazu, sich mit Ihren Waren oder Dienstleistungen zu beschäftigen.

- **Foto- oder Videowettbewerb** – Für diesen Typ benötigen Sie ausgefeilte Teilnahmebedingungen und eine Jury. Mit einem Wettbewerb gewinnen Sie usergenerierten Content. Voraussetzung ist, dass Sie sich eine Followerschaft aufgebaut haben, bei der Sie Vertrauen genießen.

## Die Teilnahmebedingungen

Raucher kennen das: Weil die Glimmstängel ungesund sind, wird der Erwerb künstlich verkompliziert. Drehen Sie dieses Prinzip um und machen Sie es Ihrem Publikum so leicht wie möglich, an Ihrem Gewinnspiel teilzunehmen. Gestalten Sie, unter Einhaltung des Wettbewerbsrechts und der AGB der jeweiligen Bühnenbetreiber, möglichst einfach zu verstehende Teilnahmebedingungen.

## Die Zielgruppe definieren

Praktische Übung: Bummeln Sie mal wieder durch die Stadt und beobachten Sie die Verteiler von Flyern. Meistens sind Schüler im Einsatz, die von ihren Auftraggebern genau instruiert wurden. Deshalb gehen sie nicht wahllos auf die Passanten zu, sondern haben eine bestimmte Zielgruppe im Visier. Als Teilnehmer für einen Skaterwettbewerb kommen junge Leute zwischen 12 und 30 Jahren in Betracht, für die Verlosung zur Eröffnung eines Gitarrenshops sind es alle, die sich gerade im Umfeld eines Musikfestivals aufhalten. Die Vorteile einer Zielgruppenansprache:

- Keine Streuverluste, falls Sie das Gewinnspiel auch mit Anzeigen bewerben.

- Der Gewinner freut sich und kommuniziert seinen Erfolg im richtigen Umfeld. Ihr Gewinn gerät nicht in die falschen Hände, also zu Leuten, die professionell oder aus Langeweile an allen möglichen Spielen teilnehmen und den Gewinn dann bei eBay verhökern.

- Nur die Zielgruppe ist dazu bereit, hochwertigen Content zu produzieren, zum Beispiel für Foto- oder Videowettbewerbe.

## Mit Hashtags arbeiten

Hashtags sind ein hervorragendes Mittel, ein Gewinnspiel viral zu verbreiten. Am besten kreieren Sie einen Begriff, der die wesentlichen Bedingungen umreißt.

Beispiel für ein Yogastudio, das einen Fotowettbewerb zu Nikolaus veranstaltet: *#NikolausYogaChallenge*.

Die passende Aufforderung: Poste am 6. Dezember ein Relax-Selfie mit Nikolausmütze auf Instagram und füge *#NikolausYogaChallenge* hinzu. Eine Jury entscheidet über den Gewinn.

**Wettbewerbsrecht und Promotion-Guidelines beachten**
Für die Konzeption von Gewinnspielen müssen Sie das Wettbewerbsrecht beachten, insbesondere die Vorgaben aus dem UWG, aber auch die Promotion-Guidelines der betroffenen Bühne. Sie können die Promotion-Guidelines nur umgehen, wenn Sie das Gewinnspiel auf Ihrem Unternehmensblog veranstalten.

### 3.8.3 Gewinne auswählen

Die meisten Leute nehmen an einem Spiel teil, wenn sie Spaß an der Sache haben, sich eine reelle Gewinnchance ausrechnen und den Hauptpreis zu schätzen wissen.

Die Motivation zur Teilnahme können Sie durch die Vergabe von Trostpreisen ein bisschen ankurbeln. Empfehlenswert ist diese Stückelung:

- Ein Hauptpreis als Zugpferd. Beispiel: Eine private Yogastunde.

- 100 originelle Trostpreise. Beispiel: Kultige Bürotassen.

### 3.8.4 Ein Gewinnspiel durchführen

Ihr Konzept steht? Dann legen Sie los – in fünf Phasen:

1. Ankündigungsphase.

2. Startphase.

3. Durchführungsphase.

4. Preisverleihungsphase.

5. Auswertungsphase.

#### Ankündigungsphase

In der Ankündigungsphase eines Gewinnspiels kommunizieren Sie auf allen Bühnen zunächst die ganz wesentlichen Dinge:

- **Termin** – Beispiel: 6. Dezember

- **Preise** – Beispiel: eine private Yogastunde und 100 kultige Bürotassen

- **Social-Media-Ort** – Beispiel: auf Instagram

- **Hashtag** – Beispiel: #NikolausYogaChallenge

Liefern Sie mehr Details, wenn der Termin näher rückt. Achten Sie aus wettbewerbsrechtlichen Gründen darauf, die genauen Teilnahmebedingungen zu Beginn des Gewinnspiels zu kommunizieren.

### Startphase

In der Startphase kommt es darauf an, möglichst viele Likes, Shares, Reaktionen und natürlich neue Teilnehmer zu gewinnen. Trommeln Sie auf allen Plattformen und interagieren Sie mit den Teilnehmern. Sorgen Sie für Kommentare und Likes.

### Die Durchführungsphase

Befeuern Sie das Gewinnspiel, indem Sie Ihr Publikum ständig auf dem Laufenden halten. Kommunizieren Sie Teilnehmerzahlen und verweisen Sie auf besonders originelle Beiträge.

### Die Preisverleihungsphase

Ihre Jury hat den ersten Preis gekürt? Dann berichten Sie vom strahlenden Gewinner. Ideal wäre jetzt eine Bildersession auf der Yogamatte, die sich auch auf Ihrem Blog gut einsetzen lässt. Voraussetzung ist natürlich, dass der Gewinner sein Einverständnis erklärt.

### Die Auswertungsphase

Sie haben sich mit dem Gewinnspiel große Mühe gegeben? Dann erfinden Sie das Rad nicht immer wieder neu. Analysieren Sie Ihr Konzept, um beim nächsten Mal noch etwas effektiver zu sein. Die Kriterien:

- Wurde die richtige Zielgruppe angesprochen und erreicht?
- Welche Ziele wurden erreicht?
- War die Bühne richtig gewählt?
- Waren die Preise attraktiv und originell?
- War das Hashtag richtig gewählt?
- Wurden die Teilnahmebedingungen verständlich formuliert?
- Wurde das Wettbewerbsrecht verletzt?
- Wurden die AGB der betroffenen Bühne verletzt?

## 3.8.5 CHECKLISTE GEWINNSPIELE

- Zielgruppe definiert.
- Ziele des Gewinnspiels festgelegt.
- Gewinnspieltyp ausgewählt.

- Hauptpreis und Trostpreis passend zu Ziel und Zielgruppe.

- Bühne ausgewählt.

- Optional: Bewerbung des Gewinnspiels mit Anzeigen.

- Teilnahmebedingungen sind transparent formuliert und sichtbar platziert.

- Teilnahmebedingungen verstoßen nicht gegen die Promotion-Guidelines der Bühne.

- Teilnahmebedingungen verstoßen nicht gegen Wettbewerbsrecht.

- Hashtag festgelegt.

- Ablaufplan für fünf Phasen: Ankündigung, Start, Durchführung, Preisverleihung, Auswertung.

## 3.9   Der Sicherheitsdienst

**Bild 3.151:** Der Astor Place Riot: Theaterbesucher prügeln aufeinander ein. (Quelle: wiki)

Jedem stationären Theater drohen zwei Arten von Gefahr:

- Brände und technisches Versagen.

- Außer Rand und Band geratene Emotionen.

Eine kleine Chronologie der schlimmsten Theaterkatastrophen:

### 1689: Opernhausbrand von Kopenhagen

Am 19. April 1689, wenige Tage nach Eröffnung des neuen Opernhauses, bricht während einer Vorstellung ein Brand aus. Die Flammen verschlingen nicht nur die Spielstätte, sondern greifen auch auf das benachbarte Schloss Amalienborg über, den Sitz der dänischen Königsfamilie. Insgesamt 171 Menschen kommen ums Leben.

### 1849: Astor Place Riot

William Shakespeares Drama Macbeth wird am 10. Mai in New York in zwei Theatern parallel aufgeführt. In Konkurrenz stehen dabei nicht nur die Spielstätten, sondern auch die Hauptdarsteller und das Publikum. Als die Besucher des Broadway Theatre und des Astor Opera House aufeinandertreffen, brechen schwere Krawalle aus. Beide Theater werden völlig verwüstet, die Nationalgarde kann gerade noch verhindern, dass die Gebäude in Flammen aufgehen. Die Bilanz: mindestens 25 Tote und über 120 Verletzte.

### 1920/21: Tumulte in Berlin und Wien

Die erotischen Dialoge in Arthur Schnitzlers Stück »Der Reigen« erregen nicht nur die Aufmerksamkeit des preußischen Kultusministeriums, sie sind auch der Anlass für eine Serie von Theatertumulten – zunächst in Berlin und später auch in Wien. Trotz eines Verbots bei Haftandrohung wird das Stück am 23. Dezember in Berlin uraufgeführt. Immer wieder kommt es zu Zwischenrufen und Störungen, die im Februar 1921 zu Saalschlachten eskalieren. Das daraufhin von Schnitzler selbst verhängte Aufführungsverbot blieb bis 1981 in Kraft.

**Fazit**: Wo Emotionen angesprochen werden, lauert auch der menschliche Zerstörungsdrang. Ergreifen Sie die richtigen Maßnahmen und verhindern Sie, dass Ihre Aufführungen in Orgien der Verwüstung enden. Beginnen Sie mit dem Follower-Management.

## 3.9.1 Das Follower-Management

Fahren Sie öfter mit der Bahn? Dann kennen Sie vielleicht folgende Situation:

Nach Ihrem Einstieg nehmen Sie Platz und sehen sich ein wenig um. Sie stellen fest, dass die anwesenden Fahrgäste einen Querschnitt der Bevölkerung repräsentieren. Sämtliche Altersklassen sind vertreten und ebenso Auszubildende, Studenten, Berufstätige, Arbeitslose und Rentner.

An der nächsten Station steigt eine große Anzahl nicht mehr nüchterner Fußballfans hinzu, die nach der Niederlage ihrer Mannschaft ganz offensichtlich auf Krawall gebürstet sind. Vorsichtshalber stehen Sie auf und suchen sich einen ruhigeren Platz.

In einem anderen Wagen finden Sie nette Sitznachbarn, mit denen Sie sich dann bis zum Ziel der Reise vergnüglich unterhalten.

Mit anderen Worten: Um nicht mit Aggressionen konfrontiert zu werden, haben Sie rechtzeitig die Umgebung gewechselt. Diese Strategie der Prävention empfiehlt sich auch im Hexenkessel eines Social-Media-Theaters. Achten Sie darauf, in welchem Umfeld Sie sich bewegen und mit welchen Personen Sie über Followerschaften, Likes und Kommentare interagieren.

### Offensichtliche Krawallmacher meiden

Die offensichtlichen Krawallmacher erkennen Sie schnell an den äußeren Umgangsformen:

- Accounts mit geschmacklosen Namen und Profilbildern.
- Häufung beleidigender Posts.
- Häufige Verwendung von Großbuchstaben, Ausrufezeichen und Kraftausdrücken.
- Völlige Abwesenheit von Humor.

Am besten meiden Sie diese offensichtlichen Krawallmacher. Folgen Sie ihnen nicht und interagieren Sie nicht mit ihnen. In Einzelfällen ist es auch notwendig, mit Stummschalten und Blocken zu reagieren. Halten Sie sich an diese Faustregel: Eine frühzeitige weiche Maßnahme wie das Entfolgen erspart eine spätere harte Maßnahme wie das Blocken.

## 3.9.2 Die Shitstorm-Reaktion

Wenn Sie innerhalb kurzer Zeit eine Masse von negativen Reaktionen erhalten, gespickt mit Beleidigungen, die in diesem Buch lieber nicht abgedruckt werden sollen, braut er sich zusammen, der gefürchtete Shitstorm.

### Die Stadien eines Shitstorms

Jede falsche Reaktion im Frühstadium lässt die Situation weiter eskalieren, und zwar in diesen sechs Stadien:

1. Der Ton verschärft sich.
2. Die Kritik breitet sich weiter aus.
3. Die Kritiker vernetzen sich und ziehen ihrerseits ein Publikum an.
4. Onlinemedien greifen den Shitstorm auf.
5. Printmedien, Radio und TV folgen den Onlinemedien.
6. Die Marke wird nachhaltig geschädigt.

### Sofortreaktion: Ruhe bewahren

Befinden Sie sich in einem größeren Gebäude? Dann gehen Sie zum Feuerlöscher und lesen, was ganz oben auf der Notfalltafel steht: Ruhe bewahren. Antworten Sie in Krisensituationen nicht aus dem Bauch heraus, sondern analysieren Sie zunächst die Ausgangslage.

### Jeden kann es treffen

Ob Promi, Sportler oder Unternehmen – ein Shitstorm kann jeden treffen, der sich auf eine Bühne begibt. Zudem sind die Auslöser für einen Shitstorm häufig sehr banal. Es bedarf nicht viel, damit sich irgendeine Person oder Gruppe tödlich beleidigt fühlt.

### Die Ursache feststellen

Lesen Sie die negativen Kommentare genau durch, bevor Sie reagieren. Werden Sie von einem einzelnen Fanatiker angefacht, oder steigt ein Teil des Publikums auf die Barrikaden, der normalerweise nicht zu Krawall neigt?

Im zweiten Fall ist es durchaus möglich, dass der Fehler bei Ihnen liegt. Prüfen Sie das nach – bevor Sie in eine dieser beiden Fallen tappen:

- Einen Fehler vertuschen, den Sie begangen haben.

- Sich für etwas rechtfertigen, das Sie nicht begangen haben.

### Vorsicht beim Löschen

Der Wasserschaden, den eine allzu eifrige Feuerwehr verursacht, übersteigt nicht selten die Kosten für den Brand. Löschen Sie also nicht einfach wild drauflos, sondern wählen Sie aus. Faustregel:

- Löschen eines eigenen Bilds, Videos oder Postings? Ja, wenn dadurch die Wogen geglättet werden können.

- Löschen eines kritischen Kommentars? Nur wenn dieser gegen ein Gesetz verstößt.

Die Sache ist nämlich so: Jeder gelöschte Kommentar kann das Aggressionspotenzial erhöhen. Möglicherweise wird der vor den Kopf gestoßene Schreiber auf diese Weise erst richtig zum Heißsporn – und wenn er beispielsweise von Ihrem Blog verbannt wurde, wird er auf Facebook oder einer anderen Bühne zurückschlagen.

### Nicht mit gleicher Münze heimzahlen

Verabschieden Sie sich von jedem Gedanken der Rache. Ihr Unternehmen wurde unter der Gürtellinie angegriffen? Reagieren Sie trotzdem freundlich und in einem sachlichen Tonfall. Wenn Sie sich nämlich auf die Ebene des polternden Angreifers herablassen, werden sich die Mitleser niemals auf Ihre Seite schlagen. Bleiben Sie relaxt und wählen Sie eine dieser vier Anti-Shitstorm-Strategien:

- Kopf in den Sand stecken.

- Bedingungslose Kapitulation.

- Auf dem Shitstorm surfen.

- Im Shitstorm wenden und weitersurfen.

## Strategie1: Kopf in den Sand stecken

**Bild 3.152:** »Warum lasst ihr Kinder verhungern?« Auf diese polemische Frage eines Twitterers hat der Nahrungsmittelkonzern Nestlé keine Antwort parat.

Der Nahrungsmittelkonzern Nestlé hatte das Publikum im September 2015 unter dem Hashtag *#FragNestle* zu einem Dialog aufgerufen und sich damit einen ebenso intensiven wie lange andauernden Shitstorm eingehandelt.

Auf unbequeme Fragen zur Unternehmenspolitik, etwa zum Aufkauf von Wasserrechten, antwortete die PR-Abteilung nämlich entweder gar nicht oder nur schablonenhaft. Als sich unter dem Hashtag nur noch die Nestlé-Kritiker zu Wort meldeten, entschied sich das Management für den schleichenden Rückzug. Das Hashtag wurde nicht weiter bedient, und der Dialog, der niemals geführt wurde, verlief im Sande.

Langfristig ging dieses Konzept der Schadensbegrenzung auf. Das Hashtag *#FragNestle* ist heute in Vergessenheit geraten.

## Strategie 2: Bedingungslose Kapitulation

**Atze Schröder** ✔
25. Juni 2016 · 🌐

Zum Wiesenhof-Spot möchte ich Folgendes sagen: Ich bin absolut und ausnahmslos gegen jede Form sexueller Gewalt. Seit Jahren engangiere ich mich deshalb öffentlich und finanziell für den Verein Roterkeil.net gegen Kinderprostitution.

Der Werbespot ist vor einem Jahr gedreht worden und hätte niemals veröffentlicht werden dürfen. Schon gar nicht jetzt, wo er einen Bezug herstellt, der ekelhaft ist und so nie gedacht war .

Wurde er aber. Ich entschuldige mich dafür.
Wie es so ist im Leben, manchmal denkt man nicht nach und macht eine große Dummheit, die man hinterher bereut. Ich werde umgehend 20.000 Euro an Roterkeil.net spenden und eine Benefizshow spielen.

Tut mir leid, dass ich so dämlich war. Euer Atze

**Bild 3.153:** Der Comedian Atze Schröder hat sich für den umstrittenen Wiesenhof-Clip öffentlich entschuldigt.

Markenzeichen: Sonnenbrille, Goldkettchen und Anmachsprüche. Interessen: Blondinen, Bier und Partys. Die Auftritte von Atze Schröder sind klar als Klamauk erkennbar und lösen normalerweise keine Proteste aus, auch nicht von Feministinnen. In einen Shitstorm geriet der Comedian aber dennoch, und zwar nach der Ausstrahlung eines Werbespots für den Lebensmittelhersteller Wiesenhof. Im Video stellte Atze Schröder nämlich einen sexuellen Bezug zwischen dem Model Gina-Lisa Lohfink und der Wiesenhof-Wurst her.

Was ihm zum Verhängnis wurde, war nicht nur der Spot selbst, sondern vor allem das Timing. Just zur Veröffentlichung im Sommer 2016 wurde nämlich der Vergewaltigungsprozess um Gina-Lisa Lohfink von einer breiten Öffentlichkeit verfolgt. Weil die Zuschauer nicht wussten, dass der Drehtermin schon weit zurücklag, vermuteten sie hinter dem Clip eine spontane Stellungnahme des Comedians zum Gerichtsprozess.

Der Künstler distanzierte sich daraufhin und bezeichnete die Ausstrahlung des Spots als Fehler:

»*Der Werbespot ist vor einem Jahr gedreht worden und hätte niemals veröffentlicht werden dürfen. Schon gar nicht jetzt, wo er einen Bezug herstellt, der ekelhaft ist und so nie gedacht war. […] Tut mir leid, dass ich so dämlich war. Euer Atze.*«

Mit dieser klaren Entschuldigung, verbunden mit der Ankündigung einer Spende an einen Verein gegen Kinderprostitution und einer Benefizshow, wurde dem Shitstorm der Wind aus den Segeln genommen.

Eine Shitstorm-Eskalation löste hingegen eine halbherzige Entschuldigung der Fluggesellschaft United Airlines aus, deren Mitarbeiter im April 2017 einen Passagier mit Gewalt aus einer überbuchten Maschine gezerrt hatten. In der Folge ging nicht nur das Image von United Airlines in den Keller, sondern auch der Aktienkurs.

**Fazit**: Eine halbe Entschuldigung sorgt für doppelten Schaden. Wer etwas zu erklären hat, sollte nicht um den heißen Brei herumreden.

### Strategie 3: Auf dem Shitstorm surfen

**Bild 3.154:** Aldi surft auf dem Shitstorm gegen Sarah Lombardi.

Den Kopf in den Sand stecken? Um Entschuldigung bitten? Das sind Lösungen für Weicheier. Wetterfeste Social-Media-Profis streichen nicht die Segel, sondern nutzen die Energie eines Sturms. Einen echten Coup landete das Mediateam von Aldi Süd – auf Kosten der Sängerin Sarah Lombardi.

### Die Story

Nach ihrem zweiten Platz in der Castingshow »Deutschland sucht den Superstar« konnte sich die Sängerin eine treue Fangemeinde aufbauen. Einen Shitstorm erlitt Sarah Lombardi aber nach der Veröffentlichung eines in ihrer Wohnung gedrehten Werbevideos.

Zu sehen ist sie dort bei der Zubereitung eines Tees, während ihr Kind Alessio im Hintergrund quengelt. Das Publikum auf Facebook war davon gar nicht begeistert und bezichtigte sie der Vernachlässigung ihrer Mutterpflichten.

Sarah Lombardi entgegnete ihren Kritikern, dass sie Alessio über alles liebe und sein Wohlergehen ihr wichtiger sei als ihre Karriere. Um dem Sohn eine gesicherte Zukunft zu bieten, würde sie auch »bei Aldi an der Kasse sitzen«.

### Der Aldi-Coup

An dieser Stelle griff nun der Lebensmitteldiscounter den Ball auf, und zwar mit folgendem Kommentar:

*»Hey Sarah, super, dass du lieber bei uns an der Kasse sitzen würdest. Besuch uns doch z. B. am 17.2. auf dem Berufsinformationstag am Karl-Schiller-Berufskolleg in Brühl. Bleib stark. Liebe Grüße sendet dir dein ALDI SÜD TEAM.«*

Die Lacher und die Sympathie des Publikums hatte der Lebensmitteldiscounter sofort auf seiner Seite, der Shitstorm gegen Lombardi mutierte zum Candystorm für Aldi.

> **Der Überraschungsangriff**
> Die technische Voraussetzung für überraschende Eingriffe in Diskussionen ist das Social-Media-Listening.

### Strategie 4: Im Shitstorm wenden und weitersurfen

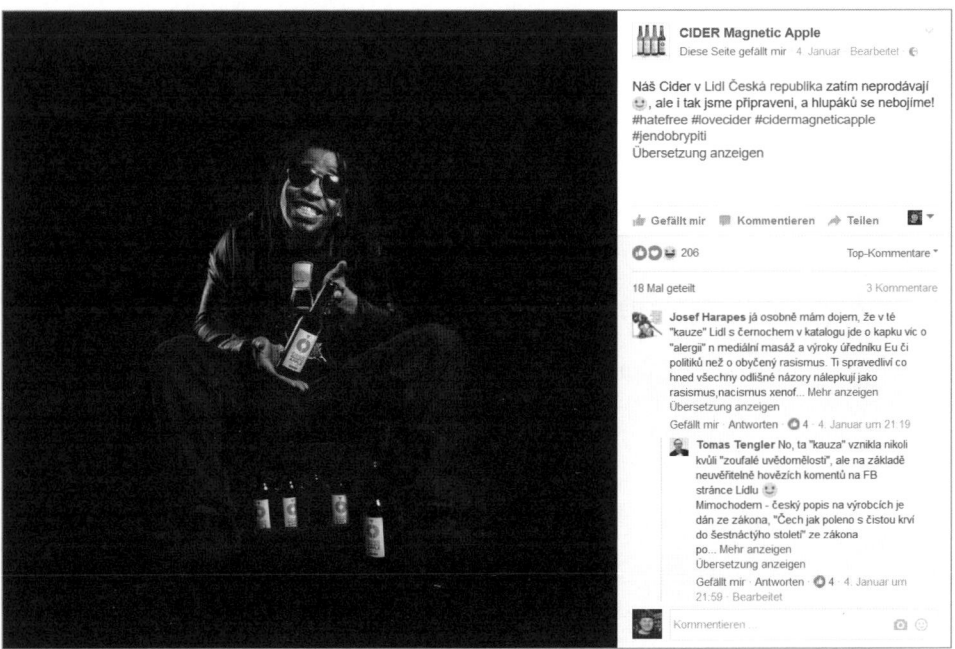

**Bild 3.155:** Cider Magnetic Apple springt Lidl gegen Kritiker zur Seite.

In Tschechien bildete sich ein Shitstorm, nachdem der Lebensmitteldiscounter Lidl auf Facebook ein ganz gewöhnliches Werbefoto für ein Sweatshirt gepostet hatte. Was die Kritiker erzürnte, war einzig und allein die schwarze Hautfarbe des darauf abgebildeten Models.

Das Unternehmen, das mit Models aus allen Teilen der Welt wirbt, reagierte sehr souverän und verwies darauf, dass das Zusammenleben von Menschen unterschiedlicher Hautfarben zu den Selbstverständlichkeiten des 21. Jahrhunderts gehöre.

Unterstützung erhielt der Discounter dafür nicht nur von vielen Verbrauchern, sondern auch aus der tschechischen Wirtschaft. Unter dem Hashtag #hatefree solidarisierten sich zahlreiche Unternehmen mit Lidl. Der Hersteller POLABSKÝ MOŠT veröffentlichte eine Anzeige für das Modegetränk Cider Magnetic Apple – ebenfalls mit einem schwarzen Model und vor einem betont schwarzen Hintergrund. Dank der klaren Positionierung und der Solidarisierung wurde der Shitstorm zugunsten von Lidl gewendet.

### 3.9.3 Die Trollabwehr

Jeder Admin kennt die sogenannten Trolle: Menschen, die nur deshalb Kommentare abgeben, um andere zu nerven. Allerdings verbergen diese Plagegeister im Unterschied zu den offen auftretenden Krawallbrüdern ihre wahren Absichten zunächst. Die raffinierteren Trolle verfügen über eine gewisse soziale Intelligenz und ein gepflegtes Halbwissen. Sie spielen so lange den friedlichen Diskussionsteilnehmer, bis sie sich das Vertrauen der Umgebung erschlichen haben.

Tarnung und Hemmungen fallen, sobald sie sich respektiert fühlen. Dann blockieren sie jede ernsthafte Diskussion und verbreiten in immer stärkerem Maße beleidigende und rechtswidrige Inhalte. Hier gilt die berühmte Regel: Nicht füttern! Wenn Sie sich nämlich auf das Spiel einlassen, fühlen sich die Trolle bestätigt und gewinnen an Energie.

#### Trolle weiterreichen

Leider verspricht es wenig Erfolg, einen erwachten Troll einfach zu ignorieren. Gehen Sie davon aus, dass er Sie früher oder später im Mondlicht zum Pistolenduell im Wald auffordert.

Die bessere Methode: Überzeugen Sie einen frisch identifizierten Troll davon, dass Sie ihm als Diskussionspartner nicht ebenbürtig sind, weil Ihnen dafür die notwendige Fachkompetenz fehlt. Verweisen Sie ihn möglichst unauffällig auf eine möglichst abstruse Facebook-Gruppe für Präastronautik, Nostradamusforschung und Hohlwelttheorie. Dort findet er geeignete Nahrung und Kameradschaft.

### 3.9.4 Der Accountschutz

Ein gehackter Social-Media-Account kann schweren Schaden hinterlassen. Im schlimmsten Fall übernimmt ein Angreifer nämlich Ihren Account, um strafrechtlich relevante

Inhalte zu verbreiten. Es drohen erboste Reaktionen und juristischer Ärger. Ergreifen Sie deshalb rechtzeitig die nötigen Vorsichts- und Abwehrmaßnahmen.

**Bild 3.156:** Über die gehackten Twitter-Accounts von Klaas Heufer-Umlauf und ProSieben wurden im März 2017 beleidigende und mit Hakenkreuzen versehene Tweets verbreitet.

## Die Apps in die Schranken weisen

Die feindliche Übernahme eines Accounts muss nicht unbedingt auf direktem Weg erfolgen. Schuld sind nicht selten Sicherheitslücken bei Drittanbietern, mit denen ein Social-Media-Account verknüpft wurde. Kontrollieren Sie deshalb für alle von Ihnen betriebenen Social-Media-Accounts, welche externen Apps darauf zugreifen können. Falls Sie gar nicht mehr wissen, wo und wie oft Sie auf irgendeine Schaltfläche mit Namen »Zugriff erlaubt« geklickt haben, wird es Zeit, hier generalstabsmäßig vorzugehen.

**Bild 3.157:** Die Drittzugriffe durch Apps sollten auf das absolut Notwendige reduziert werden.

In Twitter funktioniert das beispielsweise so: Klicken Sie auf *Einstellungen/Apps* und gehen Sie die Liste der Applikationen durch. Im Bild oben sehen Sie einen Account, der aus Sicherheitsgründen nicht mit Facebook verbunden ist; aus dieser Ecke droht also keine Gefahr. Ein Zugang besteht hingegen für Crowdfire, da dieses Tool auch aktiv für das Management des Twitter-Accounts eingesetzt wird.

Die Grundregeln zur Zugriffserlaubnis lauten:

- So wenig externe Zugriffe erlauben wie möglich.

- So viel externe Zugriffe erlauben wie nötig.

- Die App-Liste in regelmäßigen Abständen prüfen und nicht benötigte Zugriffe widerrufen.

- Finger weg von unseriösen Diensten, die Follower anbieten oder sonstige schräge Dienstleistungen versprechen. Ihre Log-in-Daten haben diese unseriösen Geschäftemacher nicht verdient. Sie überlassen ja auch nicht jeder Kneipenbekanntschaft Ihren Hausschlüssel.

### Sichere Passwörter

Passwörter wie *123456* oder *abcdef* sind ein absolutes Tabu, denn sie können ganz einfach erraten werden. Ungeeignet ist auch jedes Wort, das im Duden steht, der Unternehmensname und überhaupt sämtliche Namen und Geburtsdaten. Dies alles wird von Bösewichten mit automatisierten Angriffen in Sekundenschnelle geknackt.

Sie hatten aber beim Anlegen Ihres Social-Media-Accounts keinen Stift zur Hand und deshalb *123456* oder *Krötenschwanz* verwendet? Dann wird es jetzt Zeit, auf *e12@OrK;wöZ* zu wechseln oder irgendeine andere nicht zu erratende Kombination aus kleinen und großen Buchstaben, Ziffern und Sonderzeichen – jetzt, nicht später!

> **Zugriff aus dem Ausland**
> Sie möchten aus dem Ausland auf Ihre Social-Media-Accounts zugreifen, und das nicht vom eigenen PC oder Laptop aus? Dann sollten Sie die Buchstaben ä, ö, ü und ß im Passwort vermeiden. Nicht alle ausländischen Tastaturen verfügen nämlich über diese Buchstaben.

### Problembewusstes im Verhalten im Büro

Wenn Sie Onlinebanking betreiben, kennen Sie die Prozedur: Sie müssen sich vor den Transaktionen ein- und danach wieder ausloggen. Sollten Sie das Ausloggen einmal vergessen, werden Sie vom System automatisch hinausgeworfen. Die Banken haben diese Vorgehensweise aus verständlichem Eigeninteresse etabliert – um die Sicherheit zu erhöhen.

Im Fokus der Bühnenbetreiber stehen allerdings ganz andere Interessen:

- Die Verweildauer der Teilnehmer erhöhen.

- Die aktive Beteiligung erhöhen.

- Das Nutzerverhalten aufzeichnen, um Daten zu erheben, und zwar auch außerhalb der eigenen Bühne.

Um diese Ziele zu erreichen, haben Facebook, Twitter und Konsorten einen ganz einfachen Trick auf Lager: Sie verstecken den Button zum Log-out. Leider funktioniert diese Masche ganz prächtig, und die Social-Media-User haben sich daran gewöhnt, ständig eingeloggt zu sein – mit fatalen Folgen.

In vielen Büros sind die Computer ständig mit dem Internet verbunden; es kommt auch nicht selten vor, dass ein Teammitglied am Feierabend oder am Wochenende das Herunterfahren vergisst.

Wenn eine unbefugte Person im geeigneten Moment kurzen Zugriff erhält, ist das Kapern einer oder mehrerer Accounts ein Kinderspiel. Alles, was der Angreifer dazu tun muss, ist die Änderung des Passworts.

Ergreifen Sie deshalb diese Vorsichtsmaßnahmen:

- Nur speziell geschulte Mitarbeiter erhalten Zugriffe auf die Social-Media-Konten.
- Verpflichtung zum Ausloggen in Pausen und am Ende des Arbeitstags.

Eine weitere Möglichkeit zur Absicherung bietet die Zwei-Faktor-Authentifizierung, abgekürzt 2FA.

### Zwei-Faktor-Authentifizierung

Bei der Zwei-Faktor-Authentifizierung müssen beim Log-in nicht nur Nutzername und Passwort eingegeben werden, sondern beispielsweise auch ein zusätzlicher Code, der via SMS verschickt wurde. Die Aktivierung der 2FA kann zumeist in den Accounteinstellungen vorgenommen werden.

### Separate Accounts führen

Bequem ist es ja schon, mit dem bereits existierenden Facebook-Account weitere Accounts auf anderen Bühnen anzulegen. Doch wehe, wenn diese generellen Zugangsdaten in falsche Hände geraten. Hüten Sie sich vor dem Dominoeffekt und legen Sie lieber separate Accounts an.

## Sicherheitseinstellungen nutzen

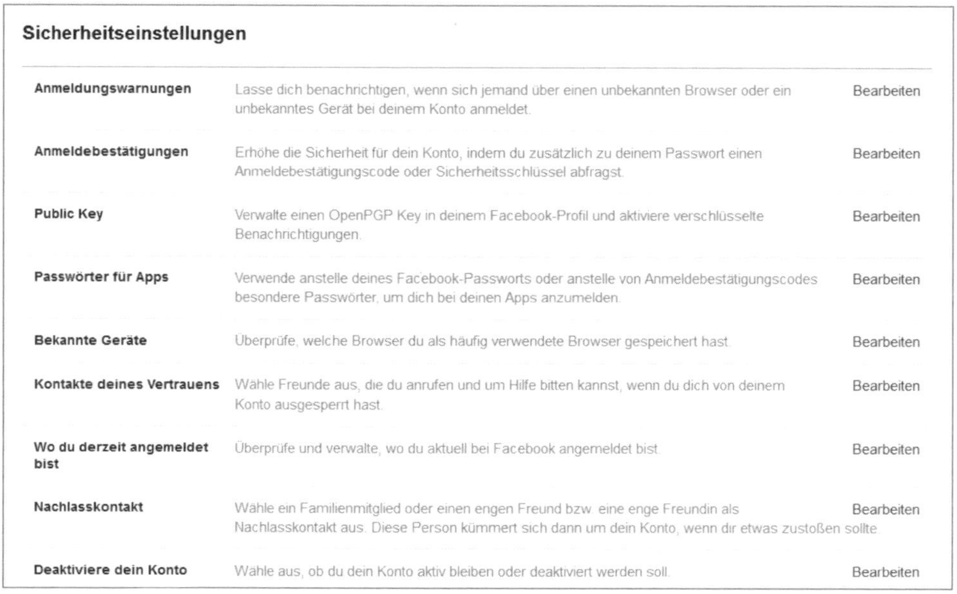

| Sicherheitseinstellungen | | |
|---|---|---|
| **Anmeldungswarnungen** | Lasse dich benachrichtigen, wenn sich jemand über einen unbekannten Browser oder ein unbekanntes Gerät bei deinem Konto anmeldet. | Bearbeiten |
| **Anmeldebestätigungen** | Erhöhe die Sicherheit für dein Konto, indem du zusätzlich zu deinem Passwort einen Anmeldebestätigungscode oder Sicherheitsschlüssel abfragst. | Bearbeiten |
| **Public Key** | Verwalte einen OpenPGP Key in deinem Facebook-Profil und aktiviere verschlüsselte Benachrichtigungen. | Bearbeiten |
| **Passwörter für Apps** | Verwende anstelle deines Facebook-Passworts oder anstelle von Anmeldebestätigungscodes besondere Passwörter, um dich bei deinen Apps anzumelden. | Bearbeiten |
| **Bekannte Geräte** | Überprüfe, welche Browser du als häufig verwendete Browser gespeichert hast. | Bearbeiten |
| **Kontakte deines Vertrauens** | Wähle Freunde aus, die du anrufen und um Hilfe bitten kannst, wenn du dich von deinem Konto ausgesperrt hast. | Bearbeiten |
| **Wo du derzeit angemeldet bist** | Überprüfe und verwalte, wo du aktuell bei Facebook angemeldet bist. | Bearbeiten |
| **Nachlasskontakt** | Wähle ein Familienmitglied oder einen engen Freund bzw. eine enge Freundin als Nachlasskontakt aus. Diese Person kümmert sich dann um dein Konto, wenn dir etwas zustoßen sollte. | Bearbeiten |
| **Deaktiviere dein Konto** | Wähle aus, ob du dein Konto aktiv bleiben oder deaktiviert werden soll. | Bearbeiten |

**Bild 3.158:** Die Facebook-Sicherheitseinstellungen bieten zahlreiche Möglichkeiten zum Schutz eines Accounts.

Schöpfen Sie aus, was die Bühnenbetreiber zur Erhöhung der Sicherheit bieten. In Facebook gelangen Sie über das weiße Dreieck rechts oben zu *Einstellungen/Sicherheit.*

Nutzen Sie diese Möglichkeiten in Kombination:

- **Anmeldewarnungen**: Lassen Sie sich über verdächtige Anmeldungen benachrichtigen.

- **Anmeldebestätigung**: Schalten Sie mit der Zwei-Faktor-Authentifizierung eine zweite Sicherheitsebene frei.

- **Bekannte Geräte**: Geben Sie ein, mit welchem Browser und welchem Gerät Sie sich gewöhnlich bei Facebook einloggen.

## Auf eine Anmeldungswarnung sofort reagieren

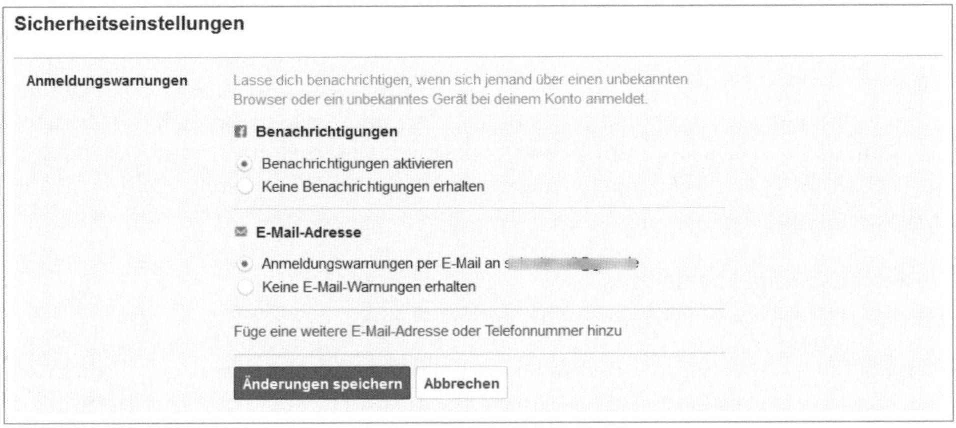

**Bild 3.159:** Die Anmeldungswarnung schlägt Alarm, wenn sich jemand über einen unbekannten Browser oder ein unbekanntes Gerät anmeldet.

Mit Aktivierung der Anmeldungswarnung werden Sie sofort benachrichtigt, sobald sich jemand über einen unbekannten Browser oder ein unbekanntes Gerät anmeldet. Gut, wenn Sie zuvor auch die Anmeldebestätigung aktiviert hatten, denn in diesem Fall haben Sie die Möglichkeit, fremde Sitzungen zu beenden, also den Eindringling hinauszuwerfen. Ändern Sie anschließend Ihre Zugangsdaten.

## 3.9.5  Aufklärung über Social Engineering

Sie verwenden sichere Passwörter für alle Social-Media-Präsenzen und haben für Ihr Blog ein SSL-Zertifikat eingesetzt? Schön und gut, aber zu einer soliden Hackerabwehr gehören nicht nur technische Maßnahmen. Gefahr droht auch durch Social Engineering, dem Erschleichen von Informationen mittels vorgetäuschter Vertraulichkeit.

### Unternehmensinformationen werden abgeschöpft

Öffentlich zugängliche Organigramme und andere Interna erfreuen das Herz jedes Angreifers, denn auf diese Weise lassen sich jede Menge Informationen abfischen – zur weiteren Verwendung. Als Rohmaterial besonders begehrt sind:

- Telefon- und Maillisten.
- Personal- und Mitarbeiterlisten.
- Dienst-, Raum- und Zeitpläne aller Art.
- Konferenzprotokolle und Anwesenheitslisten.
- Netzwerkadressen und Computernamen.
- PDFs mit internen Sicherheitsanweisungen.
- Dokumente zu technischen Zugangskontrollen.

### Manipulierte Eingabeseiten

Nach der ausführlichen Spionage folgt der eigentliche Angriff an einer vermuteten Schwachstelle.

**Beispiel**: Der Praktikant oder ein neues Mitglied Ihres Teams wird per E-Mail auf eine präparierte Seite oder ein präpariertes Eingabeformular gelotst. Dort gibt er Zugangsdaten oder andere sensible Informationen über Ihr Unternehmen preis. Anschließend wird Ihre Präsenz von den Angreifern übernommen – und Sie als rechtmäßiger Inhaber werden ausgesperrt.

### Klassisches Social Engineering

Ein Klassiker des Social Engineering ist der unverfrorene Anruf.

**Beispiel**: Eine sonore Stimme aus einem imaginären Serverraum fragt ganz locker nach Passwörtern. Je größer die Firma, desto wahrscheinlicher ist es, dass es irgendwo eine ähnliche Abteilung gibt. Besonders beliebt sind:

- Unternehmen mit hoher Personalfluktuation.

- Unternehmen und Organisationen während einer Umstrukturierung oder eines Umzugs in neue Räumlichkeiten.

- Ehrenamtliche Organisationen mit unklaren Verantwortlichkeiten.

Diese Methode ist deshalb so erfolgreich, weil niemand damit rechnet – über Gefahren, die von E-Mails ausgehen, weiß jeder Bescheid, aber wer denkt schon an das Telefon als Eingangstor?

PS: Auf Ihrem Flur werkeln gerade zwei Männer in Arbeitskleidung? Auch hier kann es nicht schaden, nach dem konkreten Anlass zu forschen.

### Verteidigung gegen Social Engineering

Ein Patentrezept gegen Social Engineering gibt es zwar nicht, aber mit diesen simplen Maßnahmen sind Sie schon ganz gut gewappnet.

- **Bewusstsein schärfen**: Wer Passwörter verwaltet oder Kenntnisse darüber hat, ist ein Angriffsziel. Die Gefahr des Social Engineering ist real und ganz alltäglich. Reden Sie mit Ihren Mitarbeitern darüber.

- **Szenarien durchspielen**: Manche Angreifer setzen auf die Angst. Es wird mit »Konsequenzen von oben« gedroht, wenn »dringend benötigte« Informationen nicht geliefert werden. Andere wiederum fahren auf der Mitleidsschiene und behaupten, selbst unter (Zeit-)Druck zu stehen. Rücken Sie diese Mechanismen ins Bewusstsein, indem Sie beide Szenarien einmal in Ihrem Team durchspielen.

- **Sicherheitsrichtlinien definieren**: Definieren Sie Sicherheitsrichtlinien für die Weitergabe von sensiblen Informationen und bestehen Sie darauf, bei verdächtigen Anfragen persönlich informiert zu werden.

- **Gesundes Misstrauen**: Die Welt ist voller Schurken. Seien Sie misstrauisch, selbst wenn Sie von manchen Zeitgenossen deshalb als pingelig eingestuft werden. Weitaus schlimmere Charakterzüge könnten Ihnen nach einer Übernahme Ihrer Accounts angedichtet werden – falls Angreifer unter Ihrem Namen Beiträge verfassen oder über Ihren Webspace Spam verschicken.

### 3.9.6 CHECKLISTE SICHERHEIT

- Follower-Management betreiben.

- Shitstorm erkennen.

- Ursache des Shitstorms analysieren.

- Entscheidung für eine Strategie zur Shitstorm-Abwehr.

- Trolle identifizieren und an geeignete Gruppen verweisen.

- Zugriffe von Apps beschränken.

- Sichere Passwörter.

- Ausloggen in zugänglichen Räumen während Abwesenheitszeiten.

- Separate Accounts für jede Bühne.

- Sicherheitseinstellungen restriktiv handhaben.

- Zwei-Faktor-Authentifizierung.

- Aufklärung über Social Engineering.

## 3.10  Rechtstheorie und Paragrafen

Zu Beginn ein wichtiger Hinweis: Alle Angaben zu Rechtsfragen in diesem und in anderen Kapiteln wurden nach bestem Wissen und Gewissen zusammengestellt. Eine anwaltliche Beratung können sie aber aus folgenden Gründen nicht ersetzen:

- Die juristischen Rahmenbedingungen sind nicht in Stein gemeißelt, schon gar nicht im Social-Media-Recht. Gesetze und Verordnungen ändern sich relativ häufig.

- Die Gerichte legen die oft schwammig formulierten Paragrafen immer wieder unterschiedlich aus. Heute so, morgen so.

### 3.10.1 Juristisches Kauderwelsch

Großen Wert legten die ehrwürdigen Väter des deutschen Grundgesetzes auf eine verständliche Sprache. Leider geriet diese Tugend danach schnell wieder in Vergessenheit. Moderne Gesetzestexte im Allgemeinen und die Gesetze für die Social-Media-Welt im

Besonderen klingen für Nichtjuristen wie eine Mischung aus Altgriechisch und Klingonisch.

Bevor Sie sich ins Vergnügen stürzen: Trennen Sie die Gesetze und Verordnungen von den AGB:

- **Gesetz**: Ein Gesetz ist eine Rechtsnorm, die von einem Parlament beschlossen wurde. Im Klartext: Sie müssen sich daran halten.

- **Verordnung**: Eine Verordnung wurde von einer Behörde erlassen. Für Sie als Bürger und Betreiber einer Social-Media-Präsenz macht das aber keinen Unterschied. Sie müssen sich ebenfalls daran halten, und Unwissenheit schützt vor Strafe nicht. Besonders betroffen von Verordnungen sind Onlinehändler. Wer einen Shop betreibt, muss die Preisangabenverordnung (PAngV) und die Verpackungsverordnung (VerpackV) beachten.

- **AGB**: Allgemeine Geschäftsbedingungen beschreiben die Hausordnung eines Bühnenbetreibers oder eines Unternehmensblogs. Gültig sind sie allerdings nur, wenn sie nicht gegen ein Gesetz oder eine Verordnung verstoßen.

### Die sieben wichtigsten Rechtsbereiche

Am besten sortieren Sie das Social-Media-Recht in diese sieben Bereiche vor:

1. Allgemeines Recht

2. Medienrecht

3. Datenschutzrecht

4. Urheberrecht

5. Persönlichkeitsrecht

6. Markenrecht

7. Wettbewerbsrecht

### Den Überblick behalten

Um alle Gesetze durchzulesen, muss man sehr viel Zeit haben – und entweder wahnsinnig oder Jurist sein. Das ist bei Ihnen nicht der Fall? Macht nichts. Sie finden die wichtigsten Stellen in diesem Buch. Halbwegs lesbare Paragrafen sind im Originaltext wiedergegeben. Aus den anderen wurden Zitate ausgewählt und Erläuterungen hinzugefügt.

### Die wichtigsten Stellen

- Grundgesetz (GG):
  Artikel 1 Abs. 1 (Würde des Menschen)
  Artikel 5 Abs. 1 und 2 (Freie Meinungsäußerung)

- Telemediengesetz (TMG):
  § 5 (Allgemeine Informationspflichten)
  § 6 (Besondere Informationspflichten)
  § 13 Abs. 4 (Datenschutz)

- Rundfunkstaatsvertrag (RStV):
  § 55 Abs. 2 (Informationspflichten und Informationsrechte)

- Bundesdatenschutzgesetz (BDSG):
  §11 Abs. 1 Satz 1 (Auftragsdatenverarbeitung)

- Gesetz gegen den unlauteren Wettbewerb (UWG):
  die »Schwarze Liste« des UWG

Die Reise kreuz und quer durch den Paragrafendschungel beginnt mit dem Grundgesetz, betrachtet durch die Brille des Betreibers von Social-Media-Präsenzen.

## 3.10.2 Allgemeines Recht

### Das Grundgesetz (GG)

Die Rechte und Pflichten aus dem Grundgesetz sind maßgeblich für alle anderen deutschen Gesetze – aber auch ganz direkt für Sie als Betreiber einer Social-Media-Präsenz. Sie dürfen dort nichts veröffentlichen, was gegen die Würde des Menschen verstößt.

In Artikel 1 Abs. 1 heißt es:

»Die Würde des Menschen ist unantastbar. Sie zu achten und zu schützen ist Verpflichtung aller staatlichen Gewalt.«

Die Meinungsfreiheit ist in Artikel 5 festgeschrieben. Für die Social-Media-Theater sind die ersten beiden Absätze relevant:

»(1) Jeder hat das Recht, seine Meinung in Wort, Schrift und Bild frei zu äußern und zu verbreiten und sich aus allgemein zugänglichen Quellen ungehindert zu unterrichten. Die Pressefreiheit und die Freiheit der Berichterstattung durch Rundfunk und Film werden gewährleistet. Eine Zensur findet nicht statt.

(2) Diese Rechte finden ihre Schranken in den Vorschriften der allgemeinen Gesetze, den gesetzlichen Bestimmungen zum Schutze der Jugend und in dem Recht der persönlichen Ehre.«

Der zweite Absatz setzt der Meinungsfreiheit Schranken, zum Beispiel im Fall des Angriffs auf die persönliche Ehre. Diese ist nämlich Teil der in Artikel 1 geschützten Menschenwürde.

Im Fall einer Kollision entscheiden die Gerichte, welchem Artikel Vorrang gegeben wird. Details zu Ehrverletzungen wie Beleidigung, übler Nachrede und Verleumdung bestimmt das Strafgesetzbuch, das StGB.

Sehr weitreichende Konsequenzen hat die grundgesetzliche Verankerung des Rechts auf Eigentum (Art. 14). Der Eigentumsbegriff umfasst nämlich nicht nur Immobilien und Waren, sondern auch Texte, Bilder, Musik und Filme. Geistiges Eigentum genießt besonders in Deutschland einen hohen Rechtsschutz. Details zu Artikel 14 regeln unter anderem das Bürgerliche Gesetzbuch (BGB) und das Urheberrechtsgesetz (UrhG).

Näheres zum Schutz vor Angriffen auf die Menschenwürde finden Sie im Strafgesetzbuch (StGB). Sie sollten die wichtigsten Gesetze kennen und wissen, ab wann und mit welcher Begründung Sie Streithähnen am besten die Bühne entziehen – bevor es zu spät ist und Sie selbst juristisch belangt werden können.

### Das Strafrecht (StGB)

Häufig gibt es juristische Auseinandersetzungen wegen Beleidigung (§ 185 StGB), übler Nachrede (§ 186) und Verleumdung (§ 187). Eine Beleidigung kann schon gegeben sein, wenn sich die Kontrahenten mit Schimpfworten bewerfen. Für die üble Nachrede sind Behauptungen erforderlich, die den Tatsachen nicht entsprechen. Noch eine Schippe obendrauf setzt die Verleumdung. Bei diesem Delikt setzt der Täter wider besseren Wissens irgendein Gerücht in die Welt; dazu gehört schon eine gehörige Portion Bosheit.

Lassen Sie sich in nichts hineinziehen und bieten Sie auch anderen keine Plattform für Schlammschlachten. Tragen Sie dafür Sorge, dass auf den von Ihnen betriebenen Social-Media-Präsenzen und in der Kommentarspalte Ihres Firmenblogs keine persönlichen Streitereien ausgetragen werden. Es macht nämlich einen erheblichen Unterschied, ob eines der genannten Delikte in einem kleineren Kreis begangen wird oder in der Öffentlichkeit des Internets. Unschön ist beides, aber der Schaden und das Strafmaß liegen in letzterem Fall erheblich höher.

Strafrechtlich unproblematisch ist dagegen in den meisten Fällen die bloße Verbreitung von Unwahrheiten, die sich nicht auf Personen beziehen. Sie dürfen völlig straflos verbreiten, dass zwischen Erde und Mars eine Teekanne um die Sonne kreist. Oder ein Bügeleisen.

> **Russels Teekanne**
> Die erste Spekulation um die Teekanne im Weltraum stammt von einem gewissen Herrn Bertrand Russel. Die Kanne wurde bisher noch nicht entdeckt. Es ist aber auch noch nicht mit absoluter Sicherheit auszuschließen, dass ein solcher Flugkörper existiert.

Auch die wissentliche Verbreitung von Falschnachrichten ist in den meisten Fällen kein Vergehen im Sinne des Strafgesetzbuchs. Eine große Ausnahme bildet die Leugnung des Holocausts.

### Volksverhetzung

Eine deutsche Besonderheit stellt das Delikt der Volksverhetzung (§ 130 StGB) dar. Das Strafgesetzbuch sieht für die Verherrlichung des Nationalsozialismus oder die Aufstachelung gegen Teile der Bevölkerung einen sehr hohen Strafrahmen vor – eine Gefängnisstrafe zwischen drei Monaten und fünf Jahren.

## 3.10.3 Medienrecht

### Das Telemediengesetz

Das TMG regelt zunächst die »allgemeinen Informationspflichten für Websites«. Gemeint ist das, was im Impressum zu stehen hat. Für kommerzielle Sites kommen »besondere Verpflichtungen« hinzu. Außerdem sind grundlegende Datenschutzbestimmungen im TMG verankert. Alles Weitere findet sich in einem eigenen Gesetzeswerk, dem Bundesdatenschutzgesetz (BDSG).

> **TMG ist nicht TKG**
> Gerne verwechselt wird das Telemediengesetz (TMG) mit dem Telekommunikationsgesetz (TKG). Letzteres ist für Sie als Betreiber von Social-Media-Präsenzen oder eines Firmenblogs aber nur indirekt relevant. Das TKG betrifft vor allem die Anbieter von IT-Infrastruktur. Es regelt zum Beispiel die Pflichten von Providern gegenüber ihren Kunden.

Diese drei Stellen des TMG sollten Sie zumindest einmal überflogen haben:

- § 5 (Allgemeine Informationspflichten) – der Paragraf für alle, die auf irgendeine Weise mit einer Social-Media-Präsenz oder einer Website Geld verdienen möchten – direkt oder indirekt. Der Gesetzgeber geht davon aus, dass die meisten Betreiber ein finanzielles Interesse verfolgen. Diese Annahme gilt auch für Hobbyprojekte und Präsenzen von anerkannt gemeinnützigen Organisationen.

- § 6 (Besondere Informationspflichten) – der Paragraf für Onlinehändler gilt auch für die Anbieter von Kursen oder Dienstleistungen.

- §13 Abs. 4 (Datenschutz) – der Datenschutzteil des TMG.

Los geht es mit den beiden Paragrafen zu den Informationspflichten:

### »§ 5 Allgemeine Informationspflichten

(1) Diensteanbieter haben für geschäftsmäßige, in der Regel gegen Entgelt angebotene Telemedien folgende Informationen leicht erkennbar, unmittelbar erreichbar und ständig verfügbar zu halten:

1. den Namen und die Anschrift, unter der sie niedergelassen sind, bei juristischen Personen zusätzlich die Rechtsform, den Vertretungsberechtigten und, sofern Angaben über das Kapital der Gesellschaft gemacht werden, das Stamm- oder Grundkapital sowie, wenn nicht alle in Geld zu leistenden Einlagen eingezahlt sind, der Gesamtbetrag der ausstehenden Einlagen,

2.  Angaben, die eine schnelle elektronische Kontaktaufnahme und unmittelbare Kommunikation mit ihnen ermöglichen, einschließlich der Adresse der elektronischen Post,

3.  soweit der Dienst im Rahmen einer Tätigkeit angeboten oder erbracht wird, die der behördlichen Zulassung bedarf, Angaben zur zuständigen Aufsichtsbehörde,

4.  das Handelsregister, Vereinsregister, Partnerschaftsregister oder Genossenschaftsregister, in das sie eingetragen sind, und die entsprechende Registernummer,

5.  soweit der Dienst in Ausübung eines Berufs im Sinne von Artikel 1 Buchstabe d der Richtlinie 89/48/EWG des Rates vom 21. Dezember 1988 über eine allgemeine Regelung zur Anerkennung der Hochschuldiplome, die eine mindestens dreijährige Berufsausbildung abschließen (ABl. EG Nr. L 19 S. 16), oder im Sinne von Artikel 1 Buchstabe f der Richtlinie 92/51/EWG des Rates vom 18. Juni 1992 über eine zweite allgemeine Regelung zur Anerkennung beruflicher Befähigungsnachweise in Ergänzung zur Richtlinie 89/48/EWG (ABl. EG Nr. L 209 S. 25, 1995 Nr. L 17 S. 20), zuletzt geändert durch die Richtlinie 97/38/EG der Kommission vom 20. Juni 1997 (ABl. EG Nr. L 184 S. 31), angeboten oder erbracht wird, Angaben über

    a) die Kammer, welcher die Diensteanbieter angehören,

    b) die gesetzliche Berufsbezeichnung und den Staat, in dem die Berufsbezeichnung verliehen worden ist,

    c) die Bezeichnung der berufsrechtlichen Regelungen und dazu, wie diese zugänglich sind,

6.  in Fällen, in denen sie eine Umsatzsteuer-Identifikationsnummer nach § 27a des Umsatzsteuergesetzes oder eine Wirtschafts-Identifikationsnummer nach § 139c der Abgabenordnung besitzen, die Angabe dieser Nummer,

7.  bei Aktiengesellschaften, Kommanditgesellschaften auf Aktien und Gesellschaften mit beschränkter Haftung, die sich in Abwicklung oder Liquidation befinden, die Angabe hierüber.

(2) Weitergehende Informationspflichten nach anderen Rechtsvorschriften bleiben unberührt.«

Umgesetzt werden diese Vorschriften im Impressum. Sie müssen beispielsweise Namen und Anschrift nennen sowie die zuständige Aufsichtsbehörde, falls Ihre Tätigkeit einer behördlichen Zulassung bedarf. Die Regelungen aus Nummer 5 beziehen sich auf Gruppen wie Apotheker, Psychologen und Steuerberater. Der Gesetzgeber möchte damit dem Missbrauch von Berufsbezeichnungen einen Riegel vorschieben.

Weiter geht es mit dem etwas kürzeren Paragrafen § 6 des TMG. Er betrifft die »kommerziellen Kommunikationen« in »Telemedien«. Tja, die Begriffe erinnern an die 80er-Jahre, als die Digitalisierung noch in den Kinderschuhen steckte.

Ersetzen Sie »Telemedien« durch »Werbung«, dann lesen sich die Paragrafen leichter.

### »§ 6 Besondere Informationspflichten bei kommerziellen Kommunikationen

(1) Diensteanbieter haben bei kommerziellen Kommunikationen, die Telemedien oder Bestandteile von Telemedien sind, mindestens die folgenden Voraussetzungen zu beachten:

1. Kommerzielle Kommunikationen müssen klar als solche zu erkennen sein.

2. Die natürliche oder juristische Person, in deren Auftrag kommerzielle Kommunikationen erfolgen, muss klar identifizierbar sein.

3. Angebote zur Verkaufsförderung wie Preisnachlässe, Zugaben und Geschenke müssen klar als solche erkennbar sein, und die Bedingungen für ihre Inanspruchnahme müssen leicht zugänglich sein sowie klar und unzweideutig angegeben werden.

4. Preisausschreiben oder Gewinnspiele mit Werbecharakter müssen klar als solche erkennbar und die Teilnahmebedingungen leicht zugänglich sein sowie klar und unzweideutig angegeben werden.

(2) Werden kommerzielle Kommunikationen per elektronischer Post versandt, darf in der Kopf- und Betreffzeile weder der Absender noch der kommerzielle Charakter der Nachricht verschleiert oder verheimlicht werden. Ein Verschleiern oder Verheimlichen liegt dann vor, wenn die Kopf- und Betreffzeile absichtlich so gestaltet sind, dass der Empfänger vor Einsichtnahme in den Inhalt der Kommunikation keine oder irreführende Informationen über die tatsächliche Identität des Absenders oder den kommerziellen Charakter der Nachricht erhält.

(3) Die Vorschriften des Gesetzes gegen den unlauteren Wettbewerb bleiben unberührt.«

Dieser Paragraf enthält nicht nur Vorschriften für das Impressum, sondern auch für die Gestaltung von Preisausschreiben und Gewinnspielen. Der Gesetzgeber möchte damit die Verschleierung kommerzieller Absichten verhindern.

Nicht, dass es verboten wäre, Geld zu verdienen. Das Kind muss aber beim Namen genannt werden. Abs. 3 verweist auf das UWG, das Gesetz gegen den unlauteren Wettbewerb. Darin findet sich ein ganzes Sammelsurium von ebenso originellen wie verbotenen Werbemaßnahmen. Die Vorschriften des TMG und des UWG ergänzen sich also.

Was das TMG auch noch beackert, ist das weite Feld des Datenschutzes. Das Wichtigste steht in § 13 Abs. 4.

### »§ 13 Abs. 4 Datenschutz

(4) Der Diensteanbieter hat durch technische und organisatorische Vorkehrungen sicherzustellen, dass

1. der Nutzer die Nutzung des Dienstes jederzeit beenden kann,

2. die anfallenden personenbezogenen Daten über den Ablauf des Zugriffs oder der sonstigen Nutzung unmittelbar nach deren Beendigung gelöscht oder in den Fällen des Satzes 2 gesperrt werden,

3. der Nutzer Telemedien gegen Kenntnisnahme Dritter geschützt in Anspruch nehmen kann,

4. die personenbezogenen Daten über die Nutzung verschiedener Telemedien durch denselben Nutzer getrennt verwendet werden können,

5. Daten nach § 15 Abs. 2 nur für Abrechnungszwecke zusammengeführt werden können und

6. Nutzungsprofile nach § 15 Abs. 3 nicht mit Angaben zur Identifikation des Trägers des Pseudonyms zusammengeführt werden können.«

Außerdem muss der Besucher einer Website, beispielsweise eines Unternehmensblogs, nach § 13 Abs. 2 TMG über eine Datenerhebung informiert werden und eine Einwilligung erklären oder widerrufen können.

Gnädigerweise kann die Information über die Datenerhebung »auch in elektronischer Form« geschehen. Sie müssen also keinen reitenden Boten aussenden. Üblich sind Opt-in- und Opt-out-Verfahren.

Das ist aber noch nicht alles, was an Gesetzen zum Datenschutz beachtet werden muss. Alles Weitere steht im BDSG, dem Bundesdatenschutzgesetz.

### Der Rundfunkstaatsvertrag (RStV)

Das Wort alleine flößt schon Ehrfurcht ein: Rundfunkstaatsvertrag. Ist er nur für Netradios und TV-Streams relevant, oder haben auch gewöhnliche Websites und Social-Media-Präsenzen damit zu tun?

Um das verstehen, muss man ein bisschen Internetarchäologie betreiben. Noch vor 30 Jahren lebten die Menschen ja völlig anders. Sie kannten schon das Rad, das Feuer und den Atari-Computer. Aber es wäre ihnen nicht im Traum eingefallen, dass Millionen von Bürgern eigene Websites oder einen eigenen Channel auf einer Bühne wie YouTube haben.

Ganz ohne Ironie: Im Jahr 1987, dem Geburtsjahr der *.de*-Domain, konnten sich nur große Firmen und Institutionen eine eigene Top-Level-Domain leisten. Gesetze zur Regelung der damals sogenannten »Neuen Medien« gab es nur wenige, und der stolze Domaininhaber fühlte sich tatsächlich wie der Chef einer Rundfunkanstalt.

In der Folge wurde ein Teil des IT-Rechts im Rundfunkstaatsvertrag festgeschrieben. So weit zu den Anfängen des Internets und zurück in die Jetzt-Zeit. Als Betreiber von Social-Media-Präsenzen und einem Unternehmensblog können Sie in zwei Bereichen vom RStV betroffen sein:

• Bei der Bewerbung von Produkten, Dienstleistungen und Events: Wer etwas auf YouTube oder einem Blog präsentiert oder präsentieren lässt, sollte die Spielregeln kennen.

• Bei der Produktion redaktioneller Inhalte: Sie produzieren regelmäßig Livestreams auf Ihrer Social-Media-Präsenz oder berichten auf Ihrem Unternehmensblog darüber, was in der Welt so vor sich geht? Gratulation, dann sind Sie so etwas wie ein Journalist oder Redakteur, jedenfalls nach dem RstV. Die Konsequenz: Im Impressum muss eine redaktionell verantwortliche Person genannt werden.

## Produktplatzierungen

Was sind eigentlich Produktplatzierungen? Auskunft erteilt § 2 Abs. 2 Nr. 11 RStV. Im Wortlaut:

»Produktplatzierungen sind die gekennzeichnete Erwähnung oder Darstellung von Waren, Dienstleistungen, Namen, Marken, Tätigkeiten eines Herstellers von Waren oder eines Erbringers von Dienstleistungen in Sendungen gegen Entgelt oder eine ähnliche Gegenleistung mit dem Ziel der Absatzförderung.«

Die folgenden drei Punkte sollten Sie unbedingt beachten, falls Sie Werbung auf fremden Blogs und Social-Media-Präsenzen platzieren möchten.

- Werbung auf einem Blog oder einer Social-Media-Präsenz bedarf einer entsprechenden Kennzeichnung.

- Werbung darf die redaktionelle Verantwortung und Unabhängigkeit nicht beeinträchtigen. Das wäre der Fall, wenn Sie eine Produktplatzierung davon abhängig machten, was der Blogger sonst so schreibt, zum Beispiel über die Konkurrenz.

- In der Produktplatzierung darf nicht unmittelbar, sprich mit dem Holzhammer, zum Kauf aufgefordert werden. Das Produkt darf nicht zu sehr im Mittelpunkt stehen, die Erwähnung in einem Video oder Artikel benötigt eine redaktionelle Rechtfertigung.

Weitgehend freie Hand haben Sie nur auf Ihrem Unternehmensblog und in Ihren eigenen Social-Media-Präsenzen. Da geht der Gesetzgeber nämlich davon aus, dass ein Besucher den werblichen Charakter sofort erkennt.

## Die Produktion redaktioneller Inhalte

Schwer zu schätzen ist die Anzahl der Journalisten und Redakteure in Deutschland. Es sind eine Million, vielleicht sogar zwei oder drei. Wie, das halten Sie für übertrieben?

Nun ja, der Witz dabei ist, dass die wenigsten Betroffenen wissen, in welche Schublade sie kraft des Gesetzes einsortiert werden.

Man muss das Wort Journalist oder Redakteur nicht schreiben können, um einer zu sein. Ebenfalls nicht notwendig ist es, damit Geld zu verdienen. Es genügt, »periodisch« irgendetwas an die Öffentlichkeit zu richten. Inhaltlich ist nichts vorgegeben und ebenso wenig die Dauer der Periode.

Vor dem Gesetz sind also alle Berichterstatter gleich. Die einen schreiben täglich über die Nahostpolitik, die anderen jährlich über den Murmelwettbewerb im Erzgebirge. Beide sind journalistisch-redaktionell tätig, so steht es in § 55 Abs. 2 RStV.

**»§ 55 Abs. 2 RStV**

Anbieter von Telemedien mit journalistisch-redaktionell gestalteten Angeboten, in denen insbesondere vollständig oder teilweise Inhalte periodischer Druckerzeugnisse in Text oder Bild wiedergegeben werden, haben zusätzlich zu den Angaben nach den §§ 5 und 6 des Telemediengesetzes einen Verantwortlichen mit Angabe des Namens und der Anschrift zu benennen. Werden mehrere Verantwortliche benannt, so ist kenntlich zu machen, für welchen Teil des Dienstes der jeweils Benannte verantwortlich ist. Als Verantwortlicher darf nur benannt werden, wer

1. seinen ständigen Aufenthalt im Inland hat,

2. nicht infolge Richterspruchs die Fähigkeit zur Bekleidung öffentlicher Ämter verloren hat,

3. voll geschäftsfähig ist und

4. unbeschränkt strafrechtlich verfolgt werden kann.

Ein Verstoß gegen § 55 Abs. 2 kann als Ordnungswidrigkeit mit einer Geldbuße von bis zu 50.000 EUR geahndet werden, vgl. § 49 Abs. 2 RStV.«

Die Passage »Inhalte periodischer Druckerzeugnisse in Text oder Bild« ist etwas irreführend. Das Gesetz gilt nämlich nicht nur für Onlineableger von typischen Druckmedien wie Zeitungen und Zeitschriften, sondern auch für reine Internetprojekte. Sobald Sie irgendetwas mit Journalismus fabrizieren, muss ein Verantwortlicher im Impressum genannt werden. Dieser arme Wicht haftet dann in vollem Umfang, und zwar sowohl im Sinne des Zivil- wie auch des Strafrechts. Entheben Sie also Ihren Praktikanten dieser Bürde.

### Werbung ist kein Journalismus

Definitiv kein Redakteur oder Journalist ist, wer ausschließlich Produkte beschreibt und verkauft. Die Überschrift »Zwei wunderschön vergoldete Ohrringe« sowie die dazugehörige Produktbeschreibung fallen unter die Kategorie der Werbung, zur Bildung der öffentlichen Meinung tragen sie nichts bei. Nicht das Geringste.

Aber schon ein Unternehmensblog, in dem über die Herstellung von Ohrringen in der Goldschmiede berichtet wird, macht sich des Journalismus verdächtig. Immerhin hat der Autor recherchiert und die Leserschaft über Hintergründe informiert. Damit fängt ja der ganze Journalismus an.

## 3.10.4 Datenschutz

Der Gesetzgeber reguliert die Erhebung und Verarbeitung personenbezogener Daten. Unstrittig ist dabei, dass diese Informationen Rückschlüsse auf eine bestimmte Person zulassen:

- Name

- Adresse

- Geburtsdatum

- Beruf und Familienstand

- Telefonnummer

- E-Mail-Adresse

- Bankverbindung

Diese und noch mehr Informationen werden von allen Bühnenbetreibern gesammelt und, so muss man es ganz klar sagen, unter Verletzung des deutschen Datenschutzrechts verwertet.

In einem datenschutzrechtlichen Graubereich befinden sich allerdings auch die Betreiber von Social-Media-Präsenzen und Unternehmensblogs.

### Datenschutz als Blogbetreiber

Sie betreiben eine Website bzw. ein Blog? Ihr Provider speichert die IP-Adressen, also die Einwahlnummern, in das Internet. Anhand dieser Adressen lassen sich einige Rückschlüsse auf den Besucher ziehen. Es lässt sich zum Beispiel feststellen, von welchem Knoten er sich ins Netz eingewählt hat. Ob auch IP-Adressen zu den personenbezogenen Daten gehören? Dazu erhalten Sie je nach Rechtsauffassung unterschiedliche Meinungen.

### Weitergabe von Daten ist Auftragsdatenverarbeitung

Mit dem Einsatz von Share-Buttons für die Social-Media-Bühnen oder dem Einsatz von Google Analytics reichen Sie als Blogbetreiber die IP-Adressen Ihrer Besucher an externe Stellen weiter. Der Gesetzgeber spricht in diesem Fall von Auftragsdatenverarbeitung.

Jetzt kommt der Clou. Sie tragen als Auftraggeber die Verantwortung dafür, was Facebook, Twitter, Google und andere mit den übertragenen Daten so alles anstellen. So steht es nämlich in § 11 Abs. 1 Satz 1 des BDSG: »Werden personenbezogene Daten im Auftrag durch andere Stellen erhoben, verarbeitet oder genutzt, ist der Auftraggeber für die Einhaltung der Vorschriften dieses Gesetzes und anderer Vorschriften über den Datenschutz verantwortlich.«

Harter Tobak also. Um sich vor Abmahnungen zu schützen, müssen Sie bei der Ausformulierung, Platzierung und Verlinkung Ihrer Datenschutzerklärung auf dem Unternehmensblog höllisch aufpassen. Weitere Arbeit kommt im Fall der Verwendung von Tracking-Tools auf Sie zu. Für den datenschutzgerechten Betrieb von Google Analytics müssen Sie nicht nur einige technische Einstellungen vornehmen, sondern auch einen förmlichen Vertrag mit Google abschließen.

Das nächste Gesetz ist eigentlich eine eher trockene Angelegenheit. Trotzdem sorgt das Thema in kürzester Zeit bei jeder Debatte für ordentlich Zündstoff. Die Kreativen meißeln es in Stein, die Konsumenten verdammen es. Richtig, es geht um das Urheberrecht.

## 3.10.5 Urheberrecht

Urheberrechtsverletzungen gehören heute zum Alltag von Social Media. Von den Usern werden Texte, Bilder, Videos und Musik millionenfach und ohne jegliches Schuldbewusstsein hochgeladen und geteilt. Sie als professioneller Nutzer sollten das Thema allerdings nicht auf die leichte Schulter nehmen.

### Das Urheberrechtsgesetz (UrhG)

Die Urheberschaft ist etwas, was Texter, Komponisten, Filmer oder Fotografen nicht wieder loswerden. Wer ein Bild geknipst hat, ist und bleibt ein Leben lang und über den Tod hinaus der Urheber. Er kann das Bild verschenken oder die Kamera verkaufen, trotzdem hat er das Bild gemacht und kein anderer. Die Bildqualität spielt dabei keine Rolle, das Gesetz gilt für Hobby- und professionelle Fotografen gleichermaßen.

Weil Profifotografen nicht von Luft und Liebe leben können, »verkaufen« sie Bilder, so heißt es landläufig. Tatsächlich werden aber nicht die Bilder verkauft, sondern die Nutzungsrechte, auch Lizenzen genannt. Die Rahmenbedingungen für die Nutzungsrechte setzt das Urheberrecht. Es schützt kreative Menschen davor, dass sich andere an ihren Werken bedienen, ohne dafür zu bezahlen.

Als Betreiber einer Website oder einer Social-Media-Präsenz dürfen Sie fremde Texte, Bilder, Animationen und Audiodateien nur unter diesen Voraussetzungen verwenden:

- Das Urheberrecht ist abgelaufen.
- Der Urheber hat Ihnen Nutzungsrechte persönlich eingeräumt, und er ist dazu auch befugt.
- Sie verfügen über eine gültige Lizenz.

### Lizenzumfang prüfen

Falls Sie eine Lizenz für Ihr Unternehmensblog erworben haben: Prüfen Sie nach, ob darin auch die weitere Verbreitung über die Social-Media-Bühnen enthalten ist.

Sich mit fremden Federn zu schmücken kann unangenehme Folgen haben. In einem Atemzug mit dem Urheberrecht wird oft das Markenrecht genannt. Es dient dazu, die Unverwechselbarkeit eines Unternehmens zu schützen – und Trittbrettfahrer abzuwehren.

## 3.10.6 Markenrecht

Wichtigste Rechtsquelle ist das Markengesetz (MarkenG). Das »Gesetz über den Schutz von Marken und sonstigen Kennzeichen« schützt nicht nur einzelne oder mehrere Wörter wie »Apple« oder »Coca Cola«, sondern unter anderem:

- Zeichen, etwa ein Firmenlogo,
- geografische Herkunftsangaben, z. B. »Nürnberger Lebkuchen«,

- Zahlen und Buchstaben, z. B. 4711 und das T der Telekom,

- Hörzeichen, etwa ein Erkennungston oder eine Erkennungsmelodie.

Einen gesetzlichen Schutz erwirbt eine Marke am sichersten durch einen Eintrag beim DPMA, dem Deutschen Patent- und Markenamt. Es gibt aber noch andere Wege. Wer ein Buch, ein Lied oder einen Film produziert und veröffentlicht hat, erwirbt auch ohne Eintragung diverse Schutzrechte.

Titel und Inhalt eines Buchs werden durch das Urheberrecht geschützt. Alleine durch die Veröffentlichung genießen sie einen ähnlichen Schutz wie eine Marke. Aus diesem Grund dürfen Sie zum Beispiel keinen Titel eines Romans als Domain (oder Teil einer Domain) verwenden oder ein Produkt danach benennen, wenn dessen Autor nicht schon seit mindestens 70 Jahren verstorben ist.

Auch Band- oder Künstlernamen benötigen zum Schutz keinen DPMA-Eintrag. Es genügt, wenn eine Band oder ein Künstler etwas veröffentlicht oder einen gewissen Bekanntheitsgrad erreicht hat.

## 3.10.7 Persönlichkeitsrecht

Das Persönlichkeitsrecht sichert dem Individuum die Privatsphäre. Im Gegensatz zum Marken- oder Urheberrecht ist es nicht in einem eigenen Gesetzbuch niedergeschrieben. Wichtigste Quellen sind das Grundgesetz und das BGB, das Bürgerliche Gesetzbuch. Zu den wichtigen Persönlichkeitsrechten zählen:

- Schutz der Ehre.

- Recht am eigenen Bild.

- Recht am gesprochenen und geschriebenen Wort.

- Recht auf Verschonung von der Unterschiebung nicht getätigter Äußerungen.

- Verfügung über Darstellungen der eigenen Person.

- Schutz der Privat-, Geheim- und Intimsphäre.

- Recht auf informationelle Selbstbestimmung.

### Öffentliche und private Sphäre

Prominente, Politiker und andere, die sich bewusst in der Öffentlichkeit bewegen, genießen im Vergleich zu Privatpersonen eher begrenzten Schutz. Tabu ist aber in jedem Fall, was die Privat- und insbesondere die Intimsphäre berührt. Klammern Sie diese Bereiche für Ihre Veröffentlichungen aus. Für Nichtprominente gilt ein sehr weitreichender Schutz der Persönlichkeit. Sie dürfen niemanden ungefragt für Ihre Zwecke einspannen.

### Das Urheberpersönlichkeitsrecht

Das Urheberpersönlichkeitsrecht schützt die Urheber eines Werks, zum Beispiel Kinderbuchautorinnen. Berühmt geworden ist dieses Recht durch den sogenannten Pumuckl-Prozess.

Dabei stritten sich die Koboldschöpferin Ellis Kaut und ihre ehemalige Zeichnerin Barbara von Johnson vor dem Münchner Landgericht, ob Pumuckl eine Freundin haben dürfe.

Im Kern ging es allerdings weniger um die Details aus dem Liebesleben des kleinen Kobolds, sondern ganz generell um das Recht zur Fortführung des literarischen Werks. Das Gericht entschied salomonisch. Dem Klabautermann wurden die Freuden der Liebe zugestanden, die Zeichnerin wurde dazu verpflichtet, den Namen der Urheberin in ihren Fortführungen herauszuheben.

Zum Glück nahm die Geschichte noch ein Happy End. Die beiden Pumuckl-Mütter versöhnten sich später wieder.

Urheberrecht, Persönlichkeitsrecht, Urheberpersönlichkeitsrecht … nach diesem Gesetzesgestrüpp brauchen Sie ein bisschen was fürs Gemüt, oder? Irgendwas Lustiges und Entspannendes. Ein Vorschlag: Gehen Sie schnell auf YouTube und suchen Sie nach Filmchen wie »Western von gestern« oder »Rauchende Colts«. Lassen Sie sich kein schlechtes Gewissen einreden, falls Sie dabei von Ihrer besseren Hälfte erwischt werden und diesen Satz an den Kopf geknallt bekommen: »Schatz, du wolltest doch mit diesem Paragrafenkram fertig werden.« Cowboyfilme sind keine Zeitverschwendung, im Gegenteil. Das Schauen hilft Ihnen, das nächste Kapitel besser zu verstehen.

## 3.10.8 Wettbewerbsrecht

Sie kennen doch diese typische Szene aus den Wildwestfilmen: Da kreuzt ein Planwagen in einem verschlafenen Nest auf, worauf sich die Bewohner gleich neugierig im Halbkreis um das Gefährt versammeln. Dann erscheint ein Wunderheiler und preist das berühmte »Schlangenöl« an. Es hilft gegen alles. Der Heiler verfügt über eine gute Redegabe und einen kränklich wirkenden Komplizen, der sich vor der Inszenierung heimlich unter das Publikum gemischt hat. Der derangierte Komplize erhält einige Tropfen Schlangenöl und versprüht sogleich unbändige Lebensfreude. Jetzt beginnt die kurze, aber intensive Verkaufsphase. Kaum ist das Elixier an die Kundschaft gebracht, werden die schnellen Pferde auch schon wieder angespannt. Das Wässerchen ist nämlich vollkommen wirkungslos.

Tja, vorbei diese seligen Zeiten. Die letzten Schlangenölverkäufer haben ihre Fläschchen selbst getrunken. Verboten ist alles aus der Blütezeit der Quacksalberei. Schuld ist das UWG, das Gesetz gegen den unlauteren Wettbewerb, in dem ein verbindlicher Rahmen für die Unternehmen auf dem Markt festgeschrieben ist.

Es folgt eine kurze Darstellung der in Juristenkreisen berühmten »Schwarzen Liste«, des Kerns des Gesetzeswerks, mit kleinen Kürzungen und einigen Anmerkungen. Das Original finden Sie hier: *https://www.gesetze-im-internet.de/uwg_2004/anhang.html*.

Die Schwarze Liste kennt nicht 10 Gebote, sondern 30. Du sollst nicht:

1. … behaupten, zu den Unterzeichnern eines Verhaltenskodex zu gehören, wenn dies nicht der Fall ist. Beispiel: Eine Erklärung gegen Kinderarbeit.

2. … ohne Genehmigung Gütezeichen, Qualitätskennzeichen oder Ähnliches verwenden. Beispiel: TÜV-geprüft oder Fair Trade.

3. … behaupten, ein Verhaltenskodex sei von öffentlicher oder anderer Stelle gebilligt. Beispiel: »Unser Unternehmenskodex ist staatlich anerkannt.«

4. … behaupten, von einer öffentlichen oder privaten Stelle bestätigt, gebilligt oder genehmigt zu sein. Beispiel: »Ich verkaufe im Einvernehmen mit dem Bundespräsidenten.«

5. … Lockangebote präsentieren, die nicht eingehalten werden können. Beispiel: »Buchen Sie Weltraumflüge für 99 Euro.«

6. … vortäuschen, einen bestimmten Preis einzuhalten, um dann etwas anderes zu liefern. Beispiel: »Die günstige Wellnessliege kann ich leider doch nicht liefern. Sie erhalten dafür einen wunderschönen Barhocker. Ist auch gut für den Rücken.«

7. … den Kunden irreführend mit einer begrenzten Verfügbarkeit locken. Beispiel: »Kaufen Sie heute, morgen ist nichts mehr da.«

8. … eine Dienstleistung ohne Rücksprache mit dem Kunden in einer Sprache erbringen, die nicht der Vertragssprache oder Amtssprache im Land des Dienstleisters ist. Beispiel: »Für den Webdesign-Kurs steht Ihnen ein chinesischer Referent zur Verfügung. Da er in seiner Muttersprache unterrichtet, arbeiten Sie sich bitte zügig in die chinesische Sprache ein. Ni Hao.«

9. … den unzutreffenden Eindruck machen, eine Ware oder Dienstleistung sei verkehrsfähig. Beispiel: »Dieses Elektrobauteil hat sich bewährt, Sie können es bedenkenlos anschließen.«

10. … gesetzliche Rechte als Besonderheit eines Angebots darstellen. Beispiel: »Wenn die Maschine nicht funktioniert, dürfen Sie sie gnädigerweise umtauschen. Merken Sie, wie kulant ich bin?«

11. … redaktionelle Inhalte mit nicht gekennzeichneter Werbung vermischen. Beispiel: »Beim Bergsteigen ist die Sicherheit oberstes Gebot. Regel Nr. 1: Verwenden Sie die Bergschuhe der Firma XY.«

12. … dem Verbraucher suggerieren, der Nicht-Kauf sei für ihn oder seine Familie gefährlich. Beispiel: »Wenn Sie kein Schlangenöl kaufen, wird Ihr Kind entführt.«

13. … zu einem Mitbewerber ähnliche Waren und Dienstleistungen so bewerben, dass die Herkunft verschleiert wird. Beispiel: »Unsere Ware stammt aus XY-Hausen. Wo die XY-Werke stehen. Wir sind wie XY.«

14. … mit Pyramidensystemen arbeiten. Beispiel: »Sie geben mir 100 Euro. Finden Sie zwei Leute, die Ihnen jeweils 100 Euro geben. Diese werden dann von vier Leuten mit jeweils 100 Euro gefüttert.«

15. … so tun, als ob eine Insolvenz oder ein Umzug bevorsteht. Beispiel: »Kaufen Sie heute, morgen gebe ich den Laden auf und ziehe nach Honolulu.«

16. … behaupten, eine bestimmte Ware oder Dienstleistung würde die Gewinnchancen bei einem Glücksspiel erhöhen. Beispiel: »Kaufen Sie Schlangenöl. Auf der Unterseite der Flasche stehen die Lottozahlen von morgen, die richtigen.«

17. … dem Verbraucher suggerieren, er hätte einen Preis gewonnen, wenn es diesen gar nicht gibt oder wenn damit die Zahlung eines Geldbetrags verbunden ist. Beispiel: »Sie haben 100 Euro gewonnen. Kaufen Sie Schlangenöl für 200 Euro, um den Gewinn einzustreichen.«

18. … widerrechtlich behaupten, eine Ware oder Dienstleistung hätte Heilkraft. Beispiel: »Mit Schlangenöl können Blinde wieder sehen.«

19. … den Verbraucher mit Tricks dazu bewegen, entgegen den Marktbedingungen zu kaufen. Beispiel: »Bei mir erhalten Sie die Ware zwar zum doppelten Preis, aber dafür wurde sie mit Schlangenölessenzen verfeinert.«

20. … mit Gewinnspielen locken, deren Preise nicht vergeben werden. Beispiel: »Der Sieger erhält einen Marsflug (hin und zurück).«

21. … etwas fälschlicherweise als gratis anbieten. Die Ausnahme bilden unvermeidbare Kosten für Abholung und Lieferung. Beispiel: »Sie erhalten gratis einen Schokokuchen, genauer gesagt die Schokostreusel. Der damit verknüpfte Kuchen kostet 19,90 Euro.«

22. … Werbung im Verbund mit einer Zahlungsaufforderung überreichen und dabei vortäuschen, der Kunde hätte schon gekauft. Beispiel: »Hier die Rechnung für Ihre Bestellung.«

23. … als Händler in die Rolle des Verbrauchers schlüpfen. Beispiel: »Ich verkaufe nichts. Ich verwende das Produkt selbst und sage nur, wie Sie es bekommen.«

24. … vortäuschen, einen Kundendienst im EU-Ausland anzubieten. Beispiel: »Wenn das Gerät in Palermo kaputtgeht, helfen wir gleich vor Ort.«

25. … den Verbraucher durch das Festhalten in einem Raum nötigen. Beispiel: »Unterschreiben Sie hier, dann lasse ich Sie wieder durch die Tür.«

26. … in der Wohnung eines Kunden Wurzeln schlagen. Beispiel: «Ich verlasse Ihre Wohnung nicht, bis Sie meinen Staubsauger gekauft haben.«

27. … bei Versicherungsangelegenheiten vom Verbraucher unnötige Unterlagen verlangen. Beispiel: »Bringen Sie den Passierschein A 39, wie er im Rundschreiben B 65 festgelegt ist, sonst können wir nichts für Sie tun.«

28. … Kindern eine Ware verkaufen oder sie unmittelbar auffordern, ihre Eltern dazu zu veranlassen. Beispiel: »Sag Papi, dass eine Kettensäge in jedes Haus gehört.«

29. … unbestellte Waren abkassieren. Beispiel: »Sie müssen dieses Konversationslexikon jetzt bezahlen.«

30. … behaupten, der Arbeitsplatz oder Lebensunterhalt des Unternehmers sei gefährdet, wenn der Verbraucher nichts kauft. Beispiel: »Entweder Sie kaufen mein Buch, oder ich muss mich erschießen. Ihretwegen.«

Sie haben es wahrscheinlich erkannt: Die Punkte 25 und 26 sind für das Internet nicht relevant, sondern nur der Vollständigkeit aufgeführt. Aber alle anderen Punkte zeigen ganz gut, welche Werbemaßnahmen von vornherein ausscheiden, und zwar auf allen Ebenen:

- Auf Social-Media-Präsenzen.

- Im Unternehmensblog, auf sonstigen Unternehmensseiten und im Onlineshop.

- Innerhalb von Newslettern.

- Bei der Gestaltung von Gewinnspielen.

Verwenden Sie einige ausgewählte Punkte der »Schwarzen Liste« auch als Inspiration für geeignete Maßnahmen. Erwerben Sie überprüfbare Gütesiegel oder stellen Sie die Herkunft von Produkten in den Vordergrund.

> **Die UWG-Novelle**
> Das UWG, es stammt aus dem Jahr 1896, wurde zuletzt 2008 umfangreich novelliert. Unter den Tatbestand der Belästigung fallen auch der Versand von Newslettern ohne Einwilligung und der unerwünschte Anruf. Falls Sie selbst vom Telefonterror betroffen sind: Weisen Sie den Anrufer doch höflich darauf hin, dass er eine Verletzung des UWG begeht.

Nun haben Sie die Rechtstheorie hinter sich gebracht und eine Pause verdient. Gönnen Sie sich einen Spaziergang und ein Häppchen Schokolade, bevor Sie mit der praktischen Arbeit beginnen und Ihre Rechtstexte so abmahnsicher wie möglich gestalten.

## 3.11  Rechtspraxis und Mustertexte

Wie bürgerfreundlich zeigt sich der Gesetzgeber doch im Fall von Mord, Trunkenheit am Steuer und Kokainhandel. Dank klarer Definitionen, Promilletabellen und dem Betäubungsmittelgesetz weiß der Bürger ganz genau, an welcher Schwelle er ein Gesetz übertreten würde. Schon die Befolgung simpelster Regeln bewahrt zuverlässig vor Verbrechen und Strafe:

- Nach Schnäpsen ein Taxi bestellen.

- Kein Messer anfassen, wenn die Schwiegermutter in der Nähe ist.

- Beim Rückflug aus Kolumbien kein fremdes Gepäck mit durch den Zoll nehmen.

Vor echten Herausforderungen steht dagegen, wer Social-Media-Präsenzen oder ein Unternehmensblog betreibt.

Zahllos sind die Paragrafen, und hinter jedem lauert Gefahr. Wenn Sie das nicht ertragen, sollten Sie besser keine Accounts bei Facebook, Twitter & Co. anlegen. Wenn Sie es ertragen: Verfallen Sie nicht in Fatalismus, sondern gehen Sie die Sache tapfer an. Gestalten Sie Ihre Präsenzen so rechtssicher wie möglich.

## 3.11.1 Tipps zur Haftung für fremde Inhalte

Zunächst einmal ist jeder für sich selbst und sein Geschreibe verantwortlich. Da stellt sich natürlich die Frage, ob und in welchem Umfang der Betreiber eines Blogs oder einer Social-Media-Präsenz für fremde Inhalte haftet. Die Antwort: Er haftet (nach § 7 Abs. 2 TMG) erst dann, wenn er vom Verstoß Kenntnis genommen hat. Im Streitfall muss darüber ein Gericht entscheiden. Dazu ein paar praktische Hinweise:

- In jedem Fall haben Sie Kenntnis erlangt, wenn der anstößige Beitrag von Ihnen beantwortet oder bearbeitet wurde.

- Sie sind nicht verpflichtet, alle zehn Minuten Ihre Userkommentare zu lesen, aber eine tägliche Kontrolle wird schon erwartet.

- Auch die Masse der Userbeiträge spielt eine Rolle für die Beurteilung, ob Sie als Betreiber zur Rechenschaft gezogen werden können. Bei 100 Userbeiträgen am Tag ist es glaubwürdig, dass Sie etwas übersehen haben, bei drei am Tag aber nicht.

Sollte ein User ein strafrechtlich relevantes Posting auf Ihrem Blog oder in Ihrer Social-Media-Präsenz hinterlassen haben, halten Sie am besten eine klare Linie ein und entfernen den betreffenden Inhalt möglichst schnell. Mal ganz von der juristischen Komponente abgesehen: Sie wollen ja Marketing betreiben und keine Streitereien entfesseln. Um Eskalationen vorzubeugen, empfiehlt sich auch immer wieder ein Appell an die sogenannte »Netiquette«, die Höflichkeitsregeln im Internet.

## 3.11.2 Tipps und Mustertexte zum Impressum

Ausgenommen von der Impressumspflicht sind nur rein private Websites und private Social-Media-Accounts, und selbst da sind die Grenzen sehr eng gesteckt. Als Unternehmer oder Verantwortlicher einer Initiative sind Sie ganz klar zur Angabe eines Impressums verpflichtet, und zwar:

- auf allen Ihrer Social-Media-Präsenzen sowie

- auf Ihrer Website.

Das Problem dabei ist, dass die meisten Bühnenbetreiber zu wenig Platz bieten, um ein rechtskonformes Impressum nach deutschem Standard unterzubringen. Die Lösung:

- Mini-Impressum auf den Social-Media-Profilseiten.

- Link zum ausführlichen Impressum auf der Website.

Auf der Website sollte der Gültigkeitsbereich des Impressums noch einmal genau definiert werden, zum Beispiel:

Dieses Impressum gilt für folgende Internetpräsenzen:

- *mein-unternehmen.de*

- *facebook.com/mein.unternehmen*

- *twitter.com/mein_unternehmen*

- *instagram.com/meinunternehmen*

- *snapchat.com/add/mein.unternehmen*

Falls Sie Ihre Snapchat-URL nicht parat haben und sich über den Einschub */add* in der obigen Beispiel-URL wundern: Das stimmt so. Öffnen Sie Snapchat und gehen Sie in fünf Schritten vor, um Ihre URL zu ermitteln:

1. Wischen Sie nach unten, um Ihre Snapchat-Profilseite aufzurufen.

2. Tippen Sie auf *Freunde adden*.

3. Tippen Sie auf *Nutzernamen teilen*.

4. Schicken Sie eine WhatsApp oder eine E-Mail an sich selbst. Snapchat versendet eine Nachricht dieser Art: »Adde mich bei Snapchat. Nutzername: *mein.unternehmen*. *https://www.snapchat.com/add/mein.unternehmen*.« Wie Sie sehen, schiebt Snapchat aktuell auf allen URLs das */add* ein.

5. Kontrollieren Sie die Gültigkeit der angezeigten URL durch Eingabe in Ihre Browserzeile und fügen Sie sie dann in Ihr Impressum ein.

**Unterschiedliche Namen in URLs**
Im Idealfall ist der Namensteil Ihrer URLs auf allen Bühnen gleich. In der Praxis sind die Wunsch-URLs aber oft belegt, und Kompromisse mit Punkten und Unterstrichen werden notwendig. Achten Sie darauf, jeweils Ihre exakten URLs angeben.

## Formalien des Impressums

Gesetzlich erforderlich ist es zwar nicht, aber Sie sollten dem Impressum auf Ihrer Website aus ganz praktischen Gründen eine eigene Seite spendieren. Auf diese Weise behalten Sie alles im Blick und können bei Gesetzesänderungen die nötigen Anpassungen flott erledigen. Vom Telemediengesetz strikt vorgeschrieben sind diese formalen Gütekriterien eines Impressums:

* Leichte Erkennbarkeit.

* Ständige Verfügbarkeit.

* Unmittelbare Erreichbarkeit.

### Leichte Erkennbarkeit

Als Linktext haben sich Begriffe wie »Impressum« oder »Kontakt« eingebürgert. »Info« ist als Impressumslink dagegen problematisch.

**Beste Lösung**: Eine Unterseite mit dem Seitennamen *mein-unternehmen.de/impressum* und eine Verlinkung mit dem Linktext *Impressum*. Damit nennen Sie das Kind beim Namen und setzen sich erst gar nicht dem Verdacht aus, irgendetwas verschleiern zu wollen.

### Ständige Verfügbarkeit

Nicht rechtskonform ist es, den Text eines Impressums als Bild einzufügen. Es ist dann zwar vorhanden, aber nicht für alle verfügbar. Aus diesen zwei Gründen muss der Impressumstext im Browser lesbar sein:

* Keine Diskriminierung blinder Benutzer.

* Gewährleistung der Sichtbarkeit auch für Smartphone-User.

Ein Link auf die Impressumsseite kann ohne böse Absicht verschwinden, nachdem Sie irgendwo herumgeschraubt haben, entweder auf Ihren Social-Media-Präsenzen oder im Menüsystem Ihrer Unternehmens-Website. Nach größeren Änderungen sollten Sie die Erreichbarkeit des Impressums deshalb noch einmal kontrollieren.

**Beste Lösung**: Die Verfügbarkeit per Klick überprüfen. Ein Tipp, falls Sie ein CMS für Ihre Unternehmens-Website einsetzen: Installieren Sie ein Plug-in, das fehlerhafte Links aufspürt, in WordPress zum Beispiel den *WP Broken Link Status Checker*.

---

Unzuverlässige Bühnenbetreiber

Die Bühnenbetreiber schrauben immer mal wieder und ohne Rücksicht auf die deutsche Gesetzgebung an der Darstellung der Profile herum. Google Plus hat bei einem Update 2014 ohne Vorwarnung alle als Impressum gekennzeichneten Seitenbereiche ins Nirwana verschwinden lassen. In solchen Fällen müssen Sie selbst aktiv werden und das Impressum an anderer Stelle wieder einfügen.

## Unmittelbare Erreichbarkeit

Das Impressum muss vom Durchschnittsanwender ohne langes Suchen und Scrollen gut aufzufinden sein. Zur Umsetzung gibt es unterschiedliche Gerichtsurteile. Nach Ansicht des BGH ist die Erreichbarkeit über zwei Links ausreichend.

Es bleibt Ihnen überlassen, an welcher Stelle der Unternehmenssite Sie zum Impressum verlinken. Sie können das Hauptmenü verwenden, belegen dann aber wertvollen Platz. Viele Webmaster verbannen den Link deswegen in ein Footer-Menü oder ein Footer-Widget.

**Beste Lösung**: Impressumslink im Footer.

## Schnelle und unmittelbare Kontaktaufnahme

Über die Notwendigkeit der Angabe einer Telefonnummer streiten sich die Gerichte. Aber als Unternehmer oder Vertreter einer Initiative sollten Sie kein Risiko eingehen und sämtliche Kontaktdaten zur Verfügung stellen: Name, Adresse, Telefonnummer und E-Mail-Adresse.

## Kompletter Name

Was zählt, ist Ihr im Personalausweis eingetragener Name. Den müssen Sie komplett mit Vor- und Nachnamen im Impressum angeben.

---

**Der Künstlername im Impressum**

Sie verwenden einen Künstlernamen und bewerben Ihre Musik oder Ihre Shows auch auf den Social-Media-Bühnen? Das ist prima, aber juristisch gesehen ist ein Künstler-, Spitz- oder Rufname so lange eine Privatangelegenheit, bis er im Personalausweis eingetragen ist. Wenden Sie sich an Ihr Einwohnermeldeamt, um diesen Status zu ändern. Was Sie dort vorlegen müssen, sind handfeste Nachweise Ihrer künstlerischen Tätigkeiten, zum Beispiel Verträge und Abrechnungen mit Veranstaltern und Verwertungsgesellschaften. Nicht schaden können auch Plakate und anderes Werbematerial zu Ihren öffentlichen Auftritten.

---

## Juristische Personen

Sie vertreten einen Verein, eine GmbH oder eine andere rechtsfähige Gesellschaftsform? In diesem Fall spricht man von einer juristischen Person. Auch der Name der juristischen Person muss vollständig im Impressum vertreten sein. Beispiele:

- Kickers Ballhausen e. V.

- Mode Musterfrau GmbH

**Achtung:** Falls sich Ihr Unternehmen in Abwicklung oder Liquidation befindet, sind Sie auch zu entsprechenden Angaben im Impressum verpflichtet.

### Geschäftsführung

Für jede juristische Person haften ein oder mehrere Geschäftsführer. Es müssen alle mit vollem Namen benannt werden.

- Falsch: Geschäftsführer Hr. H. Obermaier und Fr. G. Müller.
- Richtig: Geschäftsführer Hans Obermaier und Gerda Müller.

### Komplette Adresse

Nötig ist Ihre komplette Geschäftsadresse. Geben Sie Ihre Privatadresse an, falls Sie von zu Hause aus arbeiten. Ein Postfach genügt als Adresse nicht.

### Telefonnummer

Die Juristen streiten darüber, ob eine Telefonnummer im Impressum rechtlich verpflichtend ist. Auf jeden Fall sollten Sie eine Telefonnummer angeben, wenn Sie einen Onlineshop betreiben. Der Kunde ist nämlich bei der Ausübung seines Widerrufsrechts nicht an einen bestimmten Weg gebunden, und mit dem Ausschluss der telefonischen Möglichkeit könnten Sie Abmahner hinter dem Ofen hervorlocken. Zudem schaffen Sie mit einer telefonischen Erreichbarkeit Vertrauen – und damit auch Umsätze.

**Vorsicht bei Servicenummern**

Nach der deutschen Umsetzung einer europäischen Richtlinie zum Verbraucherrecht dürfen zum Beispiel für den Widerruf eines Onlineshopkunden keine höheren Telefongebühren als der Grundtarif verlangt werden. Teure Servicenummern, im Fachjargon auch Mehrwertnummern genannt, scheiden also aus. Zudem hat der Europäische Gerichtshof (EuGH) entschieden, dass 0180er-Servicenummern nicht für Vertragsfragen verwendet werden dürfen.

Gehen Sie auf Nummer sicher und bieten Sie im Impressum eine Telefonnummer zum Ortstarif an. Es hindert Sie natürlich niemand daran, einen Telefonsupport unter einer Mehrwertnummer anzubieten. Diese Supportnummer gehört aber nicht ins Impressum. Sie könnten sonst den Eindruck erwecken, dass es sich bei der kostenlosen Ortsnetznummer um eine selten oder nie besetzte Leitung handelt. Trennen Sie besser, was nicht zusammengehört.

### Berufsrechtliche Pflichtangaben

Für bestimmte Berufsgruppen gelten spezielle Pflichtangaben. Betroffen sind zum Beispiel Akustiker, Ärzte, Apotheker, Architekten, Hebammen, Heilpraktiker, Ingenieure, Logopäden, Optiker, Rechtsanwälte, Spielhallenbetreiber, diverse Therapeuten und Wirtschaftsprüfer.

Machen Sie sich bei Ihrer Berufsvertretung oder Ausbildungsstelle kundig, ob und welche Informationen im Impressum verpflichtend sind. Wahrscheinlich bezahlen Sie bei diversen Stellen ja immer brav Ihre Beiträge oder haben für eine Therapeutenausbildung eine

Stange Geld hingeblättert? Da dürfen Sie als Gegenleistung auch mal eine kleine Rechtsauskunft in Anspruch nehmen. Diese Angaben sind für viele Berufe vorgeschrieben:

- Die genaue Berufsbezeichnung.

- Informationen zu Erwerb und Gültigkeit Ihrer beruflichen Qualifikation.

- Name und Anschrift einer Kammer oder einer anderen berufsständischen Vertretung.

- Name und Anschrift einer Aufsichtsbehörde.

- Links zu berufsspezifischen Gebührenordnungen.

- Links zu berufsspezifischen Gesetzen und Verordnungen.

Beispiel der berufsrechtlichen Angaben für die Website einer Apotheke:

- Gesetzliche Berufsbezeichnung, verliehen in Deutschland: Apotheker.

- Aufsichtsbehörde: Behörde für Gesundheit, Ernährung und Verbraucherschutz. 12345 Musterstadt. Kneippweg 1.

- Zuständige Apothekerkammer: Apothekerkammer Musterstadt (mit hinterlegtem Link auf die Apothekerkammer).

- Es gelten die folgenden berufsrechtlichen Regelungen: Berufsordnung für die Apotheke, abzurufen bei der oben genannten Apothekerkammer: 16.11.2005 (mit hinterlegtem Link auf die Berufsordnung).

> **Impressum und Marketing**
> Denken Sie bei der Gestaltung des Impressums nicht nur an die rechtliche Seite, sondern auch ans Marketing. Mit einer übersichtlichen Darstellung beruflicher Qualifikationen gewinnen Sie Vertrauen bei Ihrem Publikum.

## Die Steuernummer

Falls Sie eine Umsatzsteuer-Identifikationsnummer nach § 27a des Umsatzsteuergesetzes (UStG) besitzen, müssen Sie sie im Impressum angeben. Relevant ist sie sowohl für den mehrwertsteuerfreien Warenaustausch innerhalb der Europäischen Union (EU) als auch für EU-Auslandsgeschäfte. Falls Sie keine solche Nummer besitzen, fragen Sie vorsichtshalber beim Finanzamt nach. Dort können Sie die USt.-IdNr. auch beantragen.

## Registereinträge

Ihr Unternehmen oder Verein ist im Handels-, Vereins-, Genossenschafts- oder Partnerschaftsregister eingetragen? In diesem Fall müssen Sie angeben:

- das zuständige Registergericht sowie

- Ihre Registernummer.

Nicht erforderlich ist die Angabe der genauen Gerichtsadresse. Es genügt diese Form:

Handelsregisternummer: Amtsgericht Musterstadt, HRA 1234.

### Rundfunkstaatsvertrag

Sobald Sie redaktionelle Inhalte verbreiten, müssen Sie einen Verantwortlichen dafür benennen. Für die Platzierung des Hinweises gelten die gleichen Spielregeln wie für das Impressum. Er muss »leicht erkennbar, unmittelbar erreichbar und ständig verfügbar« sein. Es spricht nichts dagegen, den Hinweis ins Impressum zu integrieren.

Beispiel:
Inhaltlich Verantwortlicher nach § 55 Abs. 2 RstV:
Thomas Sender
Müller und Sender GbR
Musterstraße 1
12345 Musterstadt

Vielleicht verfügen Ihre Präsenzen über mehrere Rubriken, die von unterschiedlichen Personen verantwortet werden? Unzulässig ist die Aneinanderreihung von Namen. Trennen Sie nach Ressorts:

*   Inhaltlich verantwortlich für das Ressort Sport: Hans Ballhauer.

*   Inhaltlich verantwortlich für das Ressort Gesundheit: Dr. med. Hildegard Lind.

### Link auf Streitschlichtungsplattform

Falls Sie einen Onlineshop betreiben oder auf sonstige Weise über das Internet Waren oder Dienstleistungen verkaufen, schreibt der Gesetzgeber einen Link auf diese EU-Streitschlichtungsplattform vor: *https://webgate.ec.europa.eu/odr/.*

Der Link ist auch dann verpflichtend, wenn Sie Ihre Leistungen nur innerhalb von Deutschland oder Österreich anbieten.

Als Begleittext zum Link können Sie folgende Formulierung übernehmen:

»Die Europäische Kommission stellt eine Plattform zur Onlinestreitbeilegung (OS) bereit. Die Plattform finden Sie unter *https://webgate.ec.europa.eu/odr/.*

Streit selbst beilegen
Noch besser und billiger als eine Streitbeilegung über eine amtlich anerkannte Stelle ist die direkte Klärung von Mensch zu Mensch. Schreiben Sie in Ihr Impressum, dass man Sie bei Streitfällen auch persönlich erreichen kann. Diesen Satz dürfen Sie übernehmen:

»Irren ist menschlich, und auch wir machen Fehler. Wenn Sie sich über etwas geärgert haben, schicken Sie uns eine E-Mail, oder rufen Sie uns an.«

## 3.11.3 Tipps und Mustertexte zum Datenschutz

Der Datenschutz auf den Social-Media-Bühnen ist eine Angelegenheit der jeweiligen Betreiber, und es ist offensichtlich, dass diese gegen die EU-Gesetze verstoßen. Sie setzen sich über das Recht hinweg, weil sie es können:

- Große Bühnen haben ihren Sitz außerhalb der EU.

- Große Bühnen können sich hohe Strafen leisten – und gute Anwälte.

Sie verfügen weder über Privilegien noch über Finanzpolster? Dann bemühen Sie sich um eine rechtskonforme Datenschutzerklärung auf Ihrer Website. Behalten Sie dabei auch die zukünftige Entwicklung im Blick.

### Umsetzung der Datenschutzgrundverordnung

Im Jahr 2018 laufen die Übergangsfristen für nationale Gesetzgebungen im Datenschutz aus; danach müssen alle EU-Mitgliedstaaten die Vorgaben der EU-DS-GVO umgesetzt haben, der Datenschutz-Grundverordnung.

Diese neue Verordnung hält so einige Überraschungen für Datensammler bereit. Eng wird es für Facebook, Google und andere Big Player, die ihre Europavertretungen nicht ohne Grund im Schlupfwinkel Irland angesiedelt haben. Dafür ausschlaggebend waren nämlich nicht der leckere Whisky und die schöne Landschaft, sondern niedrige Steuern und Irlands äußerst tolerante Gesetzgebung beim Datenschutz. Mit der europaweiten Verschärfung werden die großen Datenkraken bald gezwungen, ihre AGB in puncto Datenschutz anpassen – und ihr Geschäftsmodell zu überdenken.

### Die Datenschutzbürokratie entsteht

Und das sagt der Blick in die Glaskugel: Neue Datenschutzbehörden sprießen aus dem Boden und ahnden, ebenso wie die Verbraucherschutzverbände, diverse Regelverstöße. Ins Visier genommen werden dabei nicht nur ausgewiesene Datensammler wie Facebook und Google, sondern auch Browserhersteller und Website-Betreiber.

Viel Arbeit wird den Juristen das neue »Recht auf Vergessen« bereiten. Vorgesehen ist folgendes Verfahren: Eine Privatperson, die die Integrität ihrer Persönlichkeit durch das Internet in Gefahr wähnt, kann sich an die Datenschutzaufsichtsbehörde wenden, die gegebenenfalls ein Verfahren gegen ein Unternehmen einleitet.

**Fazit**: Wer sich vor Abmahnungen und anderem juristischem Ärger schützen will, darf das Thema Datenschutz nicht auf die leichte Schulter nehmen. Machen Sie sich also ans Werk.

### Platzierung der Datenschutzerklärung

Aus § 13 Abs.1 TMG geht hervor, dass der Nutzer »zu Beginn des Nutzungsvorgangs« über den Datenschutz informiert werden muss.

Zu diesem Zweck blenden viele Websites einen Datenschutzhinweis ein. In der Praxis funktioniert das so:

- Beim Erstaufruf einer Website wird der Besucher mit einem nervigen Hinweis konfrontiert, dessen Inhalt er nicht versteht.

- Er klickt den Datenschutzkram weg.

- Bei weiteren Aufrufen wird er nicht mehr damit belästigt.

Das ist zwar nicht sehr userfreundlich, aber weil es der Gesetzgeber verlangt, sollten Sie es ebenso handhaben. Für WordPress können Sie dazu das Plug-in *EU Cookie Law* nutzen: *https://de.wordpress.org/plugins/eu-cookie-law/*.

Zudem muss Ihre Datenschutzerklärung über jede einzelne Seite erreichbar sein. Legen Sie also eine separate Datenschutzseite an und platzieren Sie den Zugang über ein Menü. Am besten setzen Sie die Links zu Impressum und Datenschutz nebeneinander.

Wenn Sie wertvollen Platz im Hauptmenü sparen wollen, platzieren Sie Impressum und Datenschutzerklärung im Footer, dort allerdings nicht zu klein.

### Inhalte der Datenschutzerklärung

Mit der Anzahl der verknüpften Social-Media-Bühnen und dem Einsatz von Tracking-Tools und Partnerprogrammen wachsen auch die Anforderungen an die Datenschutzerklärung. Mit diesen acht Komponenten haben Sie alles im Griff:

- **Allgemeiner Teil**: verpflichtend.

- **Social-Media-Teil**: für alle mit Share-Buttons verknüpften Bühnen.

- **Tracking-Teil**: falls Sie Tracking-Tools einsetzen.

- **Partnerprogramme**: falls Sie Partnerprogramme einsetzen, beispielsweise Google AdWords oder Google AdSense.

- **Kommentarteil**: falls Sie ein Unternehmensblog betreiben und dort Kommentare zulassen.

- **Newsletter-Teil**: falls Sie einen Newsletter verschicken.

- **Cookie-Teil**: falls Sie Cookies einsetzen.

- **Abschlussteil**: verpflichtend.

Sie finden nun für alle Teile jeweils einen Mustertextbaustein, den Sie, ohne Haftung des Autors, als Vorlage für Ihre Website verwenden können.

### Teil 1: Allgemeines

Die Besucher Ihrer Unternehmens-Website müssen laut Gesetz »über Art, Umfang und Zweck der Erhebung und Verwendung personenbezogener Daten« aufgeklärt werden.

### Mustertext Allgemeiner Teil

»Wir messen dem Datenschutz einen hohen Stellenwert bei. Unsere Website ist mit technischen Maßnahmen gegen den unberechtigten Zugriff und den Missbrauch von Daten geschützt. Alle unsere Mitarbeiterinnen und Mitarbeiter sind zur Einhaltung der gesetzlichen Vorgaben verpflichtet.

Eine Weitergabe personenbezogener Daten an Behörden und staatliche Institutionen erfolgt nur aufgrund zwingender rechtlicher Vorschriften.«

Damit wäre der allgemeine Teil auch schon erledigt, es folgt die umfangreiche Abteilung Social Media.

### Teil 2: Social Media

Haben Sie Social-Media-Plug-ins auf Ihrer Unternehmens-Website aktiviert? Dann müssen Sie in Ihrer Datenschutzerklärung auch auf die Folgen hinweisen. Zimperlich sind die Bühnenbetreiber nicht gerade. Facebook sammelt ungefragt auch Daten derjenigen Besucher, die gar keinen Facebook-Account besitzen. Das Problem dabei:

Daten dürfen nach dem Telemediengesetz (TMG) nur erhoben werden, wenn sie für den Betrieb einer Website erforderlich sind. Deshalb darf ein Onlineshop beispielsweise Kundenadressen abfragen. Mit der Datensammelei von Facebook hat das allerdings nichts zu tun. Und nun? Bei strenger Auslegung des TMG sind die auf fast allen Websites anzutreffenden Social-Media-Buttons gesetzwidrig.

Gegen diese Gesetzwidrigkeit nützt die Datenschutzerklärung eigentlich nichts. Sie dürfen ja auch nicht straflos Ihre Schwiegermutter umbringen, nur weil Sie dazu eine detaillierte Erklärung abgeliefert haben.

### Unklare Rechtslage

Wie so oft im IT-Recht betreten Sie auch mit dem Einsatz von Social-Media-Plug-ins eine Grauzone. Auf der rechtlich sicheren Seite sind Sie nur mit diesen beiden Lösungen:

- Verzicht auf Social-Media-Plug-ins.
- Einsatz datenschutzgerechter Social-Media-Plug-ins.

**Bild 3.160:** Datenschutzgerechte Social-Media-Buttons für WordPress liefert das Plug-in *Shariff Wrapper*.

Die datenschutzgerechte Lösung: Der User muss die Share-Buttons durch das Anklicken »scharf schalten«, bevor Daten an Facebook und andere Netzwerke übertragen werden. Erst mit dem zweiten Klick führt er die eigentliche Aktion aus, also zum Beispiel das Liken eines Beitrags.

So weit die Idee. Und in der Praxis? Nach Abmahnungen durch Verbraucherschutzverbände haben einige große Websites reagiert und datenschutzgerechte Buttons eingesetzt, aber wirklich verbreitet hat sich die Methode noch nicht. Wohl nur eine sehr kleine und technisch interessierte Minderheit versteht den Sinn hinter dieser Konstruktion und klickt sich umständlich durch.

**Fazit**: Wer Social-Media-Plug-ins benutzerfreundlich einsetzen will, muss rechtliche Unwägbarkeiten in Kauf nehmen. Mit dem Einbau der folgenden Textbausteine lässt sich das Abmahnrisiko minimieren:

### Mustertext Social Media: Facebook

»Die Internetpräsenz unternehmensseite.de verwendet Schnittstellen zum sozialen Netzwerk Facebook. Anbieter: Facebook Inc., 1 Hacker Way, Menlo Park, CA 94025, USA.

Beim Besuch unserer Site wird eine Verknüpfung mit Facebook hergestellt, wodurch Facebook Informationen über Ihr Surfverhalten erhebt.

Über die Verwendung dieser Informationen haben wir keine Kenntnis. Hier finden Sie die Datenrichtlinie von Facebook: *https://de-de.facebook.com/policy*.

Um die Übermittlung an Facebook einzuschränken, empfehlen wir Ihnen, sich während des Besuchs auf Mustershop-Online bei Facebook auszuloggen.«

## Mustertext Social Media: Twitter

»Die Internetpräsenz unternehmensseite.de verwendet Schnittstellen zum sozialen Netzwerk Twitter.

Anbieter: Twitter Inc., 1355 Market Street, Suite 900, San Francisco, CA 94103, USA.

Beim Besuch unserer Site wird eine Verknüpfung zu Twitter hergestellt, und Daten werden an Twitter übertragen. Über die Verwendung dieser Informationen haben wir keine Kenntnis. Hier finden Sie die Datenschutzrichtlinie von Twitter: *https://twitter.com/privacy?lang=de.*

Um die Übermittlung an Twitter einzuschränken, empfehlen wir Ihnen, sich während des Besuchs auf unternehmensseite.de bei Twitter auszuloggen.«

## Mustertext Social Media: YouTube

»Die Internetpräsenz unternehmensseite.de verwendet Schnittstellen zum Videonetzwerk YouTube.

Anbieter: YouTube, LLC, 901 Cherry Ave., San Bruno, CA 94066, USA.

Beim Besuch unserer Site wird eine Verknüpfung zu YouTube hergestellt, und Daten werden an YouTube übertragen. Über die Verwendung dieser Informationen haben wir keine Kenntnis. Hier finden Sie die Datenschutzrichtlinie von YouTube: *https://www.google.com/intl/de_ALL/policies/privacy/.*

Um die Übermittlung an YouTube einzuschränken, empfehlen wir Ihnen, sich während des Besuchs auf unternehmensseite.de bei YouTube auszuloggen.«

## Mustertext Social Media: Google Plus

»Die Internetpräsenz unternehmensseite.de verwendet Schnittstellen zum sozialen Netzwerk Google Plus.

Anbieter: Google Inc., 1600 Amphitheatre Parkway, Mountain View, CA 94043, USA.

Beim Besuch unserer Site wird eine Verknüpfung zu Google Plus hergestellt, und Daten werden an Google Plus übertragen. Über die Verwendung dieser Informationen haben wir keine Kenntnis. Hier finden Sie die Datenschutzrichtlinie von Google Plus: *https://www.google.com/intl/de_ALL/policies/privacy/.*

Um die Übermittlung an Google Plus einzuschränken, empfehlen wir Ihnen, sich während des Besuchs auf unternehmensseite.de bei Google auszuloggen.«

## Mustertext Social Media: Instagram

»Die Internetpräsenz unternehmensseite.de verwendet Schnittstellen zum sozialen Netzwerk Instagram.

Anbieter: Instagram Inc., 1601 Willow Road, Menlo Park, California 94025, USA.

Beim Besuch unserer Site wird eine Verknüpfung zu Instagram hergestellt, und Daten werden an Instagram übertragen. Über die Verwendung dieser Informationen haben wir keine Kenntnis. Hier finden Sie die Datenschutzrichtlinien von Instagram: *https://help. instagram.com/155833707900388*.

Um die Übermittlung an Instagram einzuschränken, empfehlen wir Ihnen, sich während des Besuchs auf unternehmensseite.de bei Instagram auszuloggen.«

### Mustertext Social Media: Pinterest

»Die Internetpräsenz unternehmensseite.de verwendet Schnittstellen zum sozialen Netzwerk Pinterest.

Beim Besuch unserer Site werden Daten von unserer Seite an Pinterest übertragen. Anbieter: Pinterest Inc., 808 Brannan St, San Francisco, CA 94103, USA. Über die Verwendung dieser Daten haben wir keine Kenntnis.

Hier finden Sie die Datenschutzrichtlinien von Pinterest: *https://policy.pinterest.com/de/ privacy-policy*.

Um die Übermittlung von Daten an Pinterest zu verhindern, empfehlen wir Ihnen, sich während des Besuchs auf unternehmensseite.de bei Pinterest auszuloggen.«

### Mustertext Snapchat?

Noch stellt Snapchat keine Buttons zur Verfügung, mit denen Daten auf Ihrem Blog erhoben und dann vom Anbieter Snap Inc. verarbeitet werden können. Sie müssen aktuell also noch keinen Snapchat-Hinweis in Ihrer Datenschutzerklärung platzieren.

### Teil 3: Tracking

Sie kennen doch diese Schilder an Bahnhöfen und anderen Orten: »Dieser Bereich wird videoüberwacht.« Was für die Aufsteller von Kameras im öffentlichen Raum gilt, trifft auch auf Sie zu.

Sie dürfen die Aktivitäten Ihrer Besucher nicht heimlich verfolgen. Sobald Sie Tracking-Tools einsetzen – beliebt sind Piwik und Google Analytics –, müssen Sie in der Datenschutzerklärung darüber informieren. Außerdem dürfen Sie ohne ausdrückliche Einwilligung der Besucher keine personenbezogenen Daten erheben und speichern.

Bevor Sie die Textbausteine in Ihre Datenschutzerklärung übernehmen: Stellen Sie sicher, dass diese gesetzlichen Vorgaben für Ihr Tool auf technischer Seite eingerichtet sind:

- Anonymisierung der IP-Adressen.
- Opt-out-Möglichkeit.
- Im Fall von Google Analytics ein Vertrag zur Auftragsdatenverarbeitung.

**Achtung:** Der folgende Mustertext für Piwik ist nur dann gültig, wenn Sie Piwik auf Ihrem eigenen Webspace installieren.

## Mustertext Tracking: Piwik

»Wir setzen das Tracking-System Piwik ein, weil dadurch alle erhobenen Daten auf unserem Server bleiben. Es werden keine Informationen an Dritte übermittelt. Um das Tracking generell zu unterdrücken, empfehlen wir das Browser-Plug-in NoScript. Bitte beachten Sie, dass es dabei zu Funktionseinschränkungen kommen kann.«

## Mustertext Tracking: Google Analytics

»Diese Website benutzt Google Analytics, einen Webanalysedienst der Google Inc. (»Google«). Google Analytics verwendet sogenannte Cookies, Textdateien, die auf Ihrem Computer gespeichert werden und die eine Analyse der Benutzung der Website durch Sie ermöglichen. Die durch das Cookie erzeugten Informationen über Ihre Benutzung dieser Website werden in der Regel an einen Server von Google in den USA übertragen und dort gespeichert.

Auf dieser Website wurde Google Analytics um den Code »anonymizeIp« erweitert, um eine anonymisierte Erfassung von IP-Adressen (sogenanntes IP-Masking) zu gewährleisten.

Aus diesem Grund wird Ihre IP-Adresse von Google innerhalb von Mitgliedstaaten der Europäischen Union oder in anderen Vertragsstaaten des Abkommens über den Europäischen Wirtschaftsraum zuvor gekürzt. Nur in Ausnahmefällen wird die volle IP-Adresse an einen Server von Google in den USA übertragen und dort gekürzt. Im Auftrag des Betreibers dieser Website wird Google diese Informationen benutzen, um Ihre Nutzung der Website auszuwerten, um Reports über die Website-Aktivitäten zusammenzustellen und um weitere mit der Website-Nutzung und der Internetnutzung verbundene Dienstleistungen gegenüber dem Website-Betreiber zu erbringen.

Die im Rahmen von Google Analytics von Ihrem Browser übermittelte IP-Adresse wird nicht mit anderen Daten von Google zusammengeführt. Sie können die Speicherung der Cookies durch eine entsprechende Einstellung Ihrer Browsersoftware verhindern; wir weisen Sie jedoch darauf hin, dass Sie in diesem Fall gegebenenfalls nicht sämtliche Funktionen dieser Website vollumfänglich werden nutzen können. Sie können darüber hinaus die Erfassung der durch das Cookie erzeugten und auf Ihre Nutzung der Website bezogenen Daten (inkl. Ihrer IP-Adresse) an Google sowie die Verarbeitung dieser Daten durch Google verhindern, indem Sie das unter dem folgenden Link verfügbare Browser-Plug-in herunterladen und installieren: *http://tools.google.com/dlpage/gaoptout?hl=de.*

Sie können die Erfassung durch Google Analytics verhindern, indem Sie auf folgenden Code klicken. Es wird ein Opt-out-Cookie gesetzt, das die zukünftige Erfassung Ihrer Daten beim Besuch dieser Website verhindert:

*<a href="javascript:gaOptout()">Google Analytics deaktivieren</a>*

Nähere Informationen zu Googles Nutzungsbedingungen und Datenschutzeinstellungen finden Sie unter *http://www.google.com/analytics/terms/de.html* und *https://www.google.de/intl/de/policies/.*«

### Weitere Tracking-Programme

Falls Sie weitere Tracking-Programme einsetzen: Erkundigen Sie sich beim jeweiligen Anbieter über die datenschutzrechtlichen Folgen und fragen Sie nach etwaigen Textvorlagen.

### Teil 4: Partnerprogramme

Sie setzen Partnerprogramme ein, beispielsweise Google AdWords oder Google AdSense? Weil Google damit allerlei Informationen über das Nutzerverhalten aufzeichnet, müssen Sie Ihre Besucher darüber informieren.

Das Prinzip von Google AdWords: Sie bezahlen Google, um zusätzliche Besucher auf Ihre Website zu bringen oder Anzeigen in YouTube zu schalten.

### Mustertext Google AdWords

»Wir setzen das Partnerprogramm Google AdWords ein und in diesem Rahmen auch das Programm Conversion-Tracking. Betreiber des Programms ist die Firma Google Inc., Firmenadresse: Google Inc., 1600 Amphitheatre Parkway, Mountain View, CA 94043, USA. Der Analysedienst Conversion-Tracking platziert ein Cookie auf Ihrem Endgerät, falls Sie über eine Google-Anzeige auf unternehmensseite.de gelangt sind. Die von diesem Dienst platzierten Cookies verlieren nach 30 Tagen ihre Gültigkeit und enthalten keine personenbezogenen Daten.

Ist das Cookie noch nicht abgelaufen, können Google und wir erkennen, ob Besucher über eine Anzeige auf unternehmensseite.de gelangt sind. Die AdWords-Kunden erhalten Informationen über die Gesamtanzahl der Nutzer, die auf eine Anzeige geklickt haben und zu einer mit einem Conversion-Tracking-Tag versehenen Seite weitergeleitet wurden.

Es werden aber keine Informationen bereitgestellt, mit denen sich Nutzer persönlich identifizieren lassen.

Wenn Sie nicht am Tracking-Verfahren teilnehmen möchten, können Sie dieser Nutzung widersprechen, indem Sie das Platzieren von Cookies durch eine entsprechende Konfiguration Ihres Browsers verhindern. Bitte beachten Sie, dass damit möglicherweise Funktionseinschränkungen auf unserer Website auftreten können. Weitere Informationen zu Google AdWords finden Sie unter *http://www.google.com/policies/technologies/ads/*.

Bitte beachten Sie auch die Datenschutzerklärung von Google: *http://www.google.de/policies/privacy/*.«

### Google AdSense

Den umgekehrten Weg zu Google AdWords gehen Sie mit Google AdSense. Sie erhalten Geld dafür, dass Google auf Ihrer Website Anzeigen schaltet. Ein kleiner Hinweis am Rande: Sie können in AdSense die Anzeigen bestimmter Anbieter ausschließen, beispielsweise Ihrer Konkurrenz.

### Mustertext Google AdSense

»Die Website unternehmensseite.de nutzt Google AdSense, einen Onlinewerbedienst der Google Inc., Firmenadresse: Google Inc., 1600 Amphitheatre Parkway, Mountain View, CA 94043, USA.

Google AdSense verwendet sogenannte Cookies, kleine Dateien, die auf dem Computer der Nutzer gespeichert werden und eine Analyse der Benutzung der Website ermöglichen. Außerdem verwendet Google AdSense sogenannte Web Beacons. Durch diese unsichtbaren Grafiken können Informationen wie beispielsweise der Nutzerstrom ausgewertet werden. Die durch Cookies und Web Beacons erzeugten Informationen über die Benutzung dieser Website, einschließlich der IP-Adresse der Nutzer, und die Auslieferung von Werbeformaten werden an einen Server von Google in den USA übertragen und dort gespeichert. Diese Informationen können von Google an Vertragspartner von Google weitergegeben werden. Google führt Ihre IP-Adresse jedoch nicht mit anderen von Ihnen gespeicherten Daten zusammen.

Sie können die Installation der Cookies von Google AdSense auf diese Weise unterbinden:

- durch eine entsprechende Konfiguration Ihrer Browsersoftware,

- durch dauerhafte Deaktivierung über ein Browser-Plug-in,

- durch Deaktivierung der interessenbezogenen Anzeigen bei Google,

- durch Deaktivierung der interessenbezogenen Anzeigen der Anbieter, die Teil der Selbstregulierungskampagne »About Ads« sind.

Hinweis: Die Einstellungen der letzten beiden Optionen werden gelöscht, wenn Sie die Cookies in Ihrem Browser löschen. Bitte beachten Sie auch, dass Sie mit der Unterbindung der Annahme von Cookies möglicherweise nicht alle Funktionen von unternehmensseite.de verwenden können.

Weitere Informationen zu Datenschutz und Cookies für Werbung bei Google AdSense finden Sie unter den folgenden Links:

*www.google.de/policies/privacy/partners/*

*www.google.de/intl/de/policies/technologies/ads*

*http://support.google.com/adsense/answer/2839090«*

### Weitere Partnerprogramme

Falls Sie weitere Partnerprogramme einsetzen: Erkundigen Sie sich beim jeweiligen Anbieter über die datenschutzrechtlichen Folgen und fragen Sie nach etwaigen Textvorlagen.

### Teil 5: Kommentare

Auf Ihrem Blog dürfen die Besucher Kommentare hinterlassen? WordPress und die meisten anderen Blogsysteme ordnen Kommentare und IP-Adressen eindeutig zu. Sie müssen Ihre Besucher darüber informieren.

### Mustertext Kommentare

»Aus rechtlichen Gründen speichert unternehmensseite.de die IP-Adressen von Besuchern, die Kommentare im Blog oder an anderer Stelle hinterlassen. Dies dient der rechtlichen Absicherung des Anbieters. Sollten widerrechtliche Inhalte wie beispielsweise Beleidigungen, üble Nachrede oder Verleumdungen hinterlassen werden, so dient die IP-Adresse der Identitätsfeststellung des Autors.«

### Teil 6: Newsletter

Vorweg: Es genügt nicht, Newsletter-Interessenten nur zum Thema Datenschutz zu informieren, beachten Sie auch die rechtlichen Vorgaben:

1. Die Inhalte müssen zumindest grob umrissen werden. Beispiel: »Unser Newsletter informiert Sie über neue Produkte und aktuelle Angebote. Außerdem finden Sie wertvolle Tipps und Tricks zur optimalen Anwendung.«

2. Es ist eine ausdrückliche Einwilligung der Nutzer erforderlich, was in der Praxis heute im Bereich der E-Mail-Newsletter durch ein Double-Opt-in-Verfahren gewährleistet wird. Mit dem derzeit üblichen Verfahren zum Abonnement für WhatsApp-Newsletter betreten Sie einen juristischen Graubereich. Das Setzen rechtlicher Rahmenbedingungen hinkt hier der Praxis hinterher. Der folgende Mustertext bezieht sich auf E-Mail-Newsletter.

### Mustertext E-Mail-Newsletter

»Der Newsletter von unternehmensseite.de informiert über Produkte, Angebote, Events, Gewinnspiele und andere Aktionen.

Vor dem Versand des Newsletters geht Ihnen eine E-Mail zu, die einen Bestätigungslink enthält. Nicht bestätigte Anmeldungen werden automatisch und spätestens innerhalb von vier Wochen gelöscht.

Die Abonnenten können dem Empfang des Newsletters jederzeit widersprechen, z. B. per Abmeldelink am Ende des Newsletters.

Im Rahmen unserer Dokumentationspflicht speichern wir Anmelde- und Bestätigungszeitpunkt sowie die IP-Adresse des Abonnenten.«

## Teil 7: Cookies

**Bild 3.161:** Das Plug-in *EU Cookie Law* weist die Besucher von WordPress-Seiten auf den Einsatz von Cookies hin.

Die meisten mit WordPress oder einem anderen CMS erstellten Websites setzen Cookies ein.

Verwenden Sie deshalb ein Plug-in, das Ihre Besucher schon zu Beginn einer Sitzung deutlich auf die Verwendung von Cookies hinweist, und fügen Sie folgenden Abschnitt in Ihre Datenschutzerklärung ein:

### Mustertext Cookies

»Unsere Website setzt Cookies ein, kleine Dateien, die Informationen im Browser speichern. Cookies dienen dazu, das Angebot userfreundlicher zu gestalten. Gespeichert werden sie über das Ende des Aufenthalts auf unserer Site hinaus, um bei einem erneuten Besuch wieder aufgerufen zu werden. Sie können den Browser so konfigurieren, dass prinzipiell keine Cookies gespeichert werden. Unter Umständen kann dies bei der Nutzung unserer Website zu Funktionseinschränkungen führen.«

### Teil 8: Abschluss der Datenschutzerklärung

Am Ende der Datenschutzerklärung sollten Sie die Besucher noch einmal auf ihre gesetzlichen Rechte hinweisen und eine Kontaktmöglichkeit anbieten.

### Mustertext Abschlussteil

»Nutzerrechte: Sie sind dazu berechtigt, über personenbezogene Daten, die von unternehmensseite.de über Sie gespeichert wurden, eine unentgeltliche Auskunft zu erhalten.

Außerdem besteht das Recht auf Korrektur unrichtiger Daten, auf Widerruf von Einwilligungen sowie auf Sperrung und Löschung Ihrer personenbezogenen Daten. Ausgenommen sind Daten, die aus gesetzlichen Gründen von unternehmensseite.de aufbewahrt werden müssen. Eine Kontaktadresse finden Sie auf der Impressumsseite.«

---

**Datenschutzerklärung erweitern**
Content-Management-Systeme bieten ja immer wieder neue technische Möglichkeiten, und besonders die WordPress-Plug-ins sind hier am Puls der Zeit. Denken Sie deshalb daran, Ihre Datenschutzerklärung immer wieder zu ergänzen, um Abmahnern keine Angriffsflächen zu bieten. Die Faustregel: Plug-ins, die einen API-Schlüssel oder die Anmeldung bei einem externen Account benötigen – darunter fällt auch *wordpress.com* –, geben Informationen an ihre Hersteller weiter und erfordern gegebenenfalls eine Erweiterung der Datenschutzerklärung.

---

## 3.11.4 Tipps zum Urheberrecht

Nicht wenige Social-Media-Präsenzen und Websites bewegen sich auf urheberrechtlich heiklem Terrain. Erstaunlich verbreitet ist diese Praxis:

- Texte und Bilder werden irgendwo herauskopiert und auf der eigenen Präsenz oder Site eingebaut.

- Darunter ist (manchmal) ein Verweis auf die Quelle angegeben.

Zugegeben, der Verweis auf die Quelle ist ein Zeichen des Respekts gegenüber dem Urheber. Allerdings stehen die Chancen im Fall einer juristischen Auseinandersetzung trotzdem schlecht. Die Rechtslage ist klar: Wer fremde Texte, Bilder, Animationen und Videos für Social-Media-Präsenzen und/oder die eigene Website verwendet, benötigt eine Lizenz.

### Urheberhinweise für Ihre Unternehmens-Website

Sie haben über einen Stockfotoanbieter wie Fotolia, Pixelio oder iStockfoto Bildlizenzen erworben und verschiedene Bilder auf Ihrer Website eingebaut? Dann sind Sie zu Urheberangaben verpflichtet. Eine eigene Unterseite ist dafür nicht erforderlich, platzieren Sie die Angaben entweder direkt am Bild oder im Impressum. Genaue Hinweise zur Kennzeichnung und Platzierung finden Sie in den AGB der Stockfotoanbieter. Üblich ist eine Kennzeichnung im Impressum unter der Rubrik »Bildnachweis«.

**Beispiel**: © FredFotoshooter – fotolia.com

### Gültigkeit für Social-Media-Präsenzen

Um sich auf rechtlich sicherem Terrain zu bewegen, sollten Sie die AGB der Stockfotoanbieter genau studieren und im Zweifelsfall eine E-Mail an den Support senden. Diese beiden Fragen gilt es zu klären:

- Umfasst die Lizenz auch den Einsatz auf Social-Media-Präsenzen?

- Ist beim Einsatz auf Social-Media-Präsenzen ein Urheberhinweis anzubringen? Falls ja, an welcher Stelle?

## Das Zitatrecht

Zitate sind unter Einhaltung dieser Spielregeln erlaubt:

- Die Zitate müssen in einem Zusammenhang mit Ihren eigenen Gedanken verwendet werden.

- Angabe der Quelle.

- Keine unnötige Länge eines Zitats.

## Musikalische Untermalung bei Videos

Tabu ist die ungefragte musikalische Untermalung Ihrer Videos mit Musik, deren Urheber oder ausübende Künstler von einer Verwertungsgesellschaft vertreten werden, sprich von fast allen Stücken, die Sie im Radio hören oder im Laden kaufen können. Ohne eine entsprechende Lizenz machen Sie sich strafbar.

Dasselbe gilt auch für den Musikanteil von Live-Videos und für den flüchtigen Content innerhalb von Snapchat- oder Instagram-Stories. Sie dürfen nicht einfach ein Konzert besuchen und einen Auftritt übertragen. Verboten ist auch das Hochladen von Konzertmitschnitten – auf YouTube und allen anderen Bühnen.

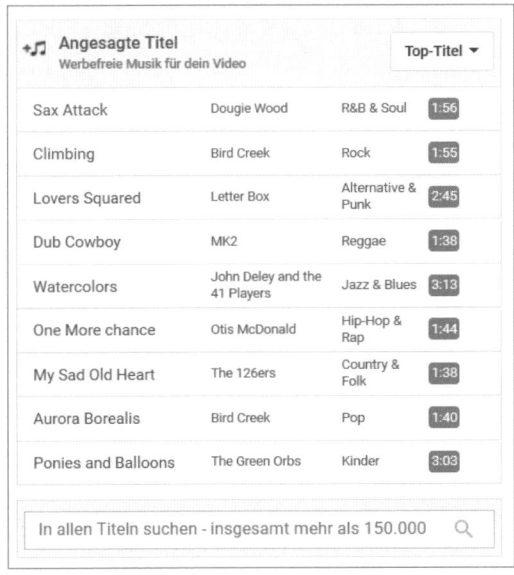

**Bild 3.162:** Zur Untermalung von Videos stellt YouTube mehr als 150.000 kostenlose Musiktitel zur Verfügung.

Als professioneller Akteur haben Sie diese Alternativen:

- Erwerb einer Lizenz bei der GEMA.

- Nutzung der kostenlosen Musikstücke von YouTube – allerdings gilt die Lizenz nur für YouTube. Sie sollten das Video in diesem Fall ausschließlich auf YouTube hochladen und auf anderen Bühnen einbetten.

- Nutzung von GEMA-freier, aber kosten- und lizenzpflichtiger Musik, zum Beispiel über den Anbieter Audiojungle: *https://audiojungle.net.*

- Nutzung von GEMA-freier und kostenloser Musik über Creative-Commons-Lizenzen, zum Beispiel über die Website *netlabels.de.*

## 3.11.5 Tipps zum Markenrecht

Markenrechte entstehen nicht nur durch die Eintragung beim DPMA, dem Deutschen Patent- und Markenamt, sondern auch durch häufige Benutzung, sprich eine große Bekanntheit.

### Die Verwechslungsgefahr

Vermeiden Sie es in jedem Fall, sich an eine Marke »anzulehnen«, indem Sie identische oder ähnliche Farben, Logos oder Slogans verwenden. Sobald eine Verwechslungsgefahr zwischen Ihnen und einer anderen Marke besteht, droht juristisches Ungemach.

Die Faustregel: Je bekannter eine Marke, desto ausgedehnter ist der Schutz. Typische Beispiele sind das »Telekom-Magenta« und das »Nivea-Blau«. Die Farben sind so bekannt, dass Sie selbst dann mit einem bösen Brief vom Anwalt des Markeninhabers rechnen müssen, wenn Sie lediglich die Farben einsetzen – selbst wenn Sie weder Kommunikationsdienste noch Hautpflegeprodukte anbieten.

### Markenrechte beachten

Firmeneigene Rechtsabteilungen wachen über große Marken wie Apple, Lego oder Telekom. Bei der Verwendung dieser (und ähnlich klingender) Namen in Ihrem Domainnamen oder in der URL Ihrer Social-Media-Präsenz kommen Sie schnell in Teufels Küche. Spaß verstehen die Markeninhaber keinen.

Legendär ist ein Streit aus dem Jahr 2010. Apple hatte damals gegen einen Hersteller geklagt, der ein Küchengerät unter dem Namen »eiPOTT« anbot. Der originelle Name musste schließlich wieder fallen gelassen werden. Lassen Sie lieber die Finger von jeglichen Experimenten. Die Großen haben genug Geld in der Schatulle, um sich lange Prozesse gegen Sie leisten zu können.

### Generische Begriffe

Begriffe wie Mode, Fußball, Computer oder Musik können von niemandem beansprucht oder geschützt werden. Mit diesen »generischen Namen«, sprich Alltagsnamen, sind Sie fast immer auf der sicheren Seite.

Warum nur fast? Weil es noch Zwitterwesen zwischen Marke und generischem Begriff gibt, zum Beispiel »Post« und »Bahn«. Große Unternehmen haben diese generischen

Begriffe gekapert. Auch hier gilt: Wer keine Lust auf langjährige Rechtsstreitigkeiten hat, verwendet Alternativen.

### Nur der Eigenname

Ihr Eigenname ist in den meisten, aber nicht in jedem Fall ein Garant dafür, dass Sie sich bei einem Rechtsstreit durchsetzen.

Heißen Sie Müller oder Schmidt? Dann können Sie leicht einem Unternehmen in die Quere kommen, das schon lange auf dem Markt und/oder im DPMA-Register eingetragen ist. Denken Sie zum Beispiel an den Drogeriemarkt Müller oder an Lebkuchen Schmidt.

Einen schweren Stand haben Sie auch, wenn Sie als Comedykünstler unter dem Namen »Schmidt« auftreten oder eine Internetdomain beanspruchen, selbst wenn Sie so heißen. Durch sein Lebenswerk hat sich ein gewisser Harald Schmidt auf seinen Nachnamen markenrechtliche Ansprüche im Bereich Comedy und Entertainment erworben.

## 3.11.6 Tipps zum Persönlichkeitsrecht

So schützen Sie sich vor juristischen Scherereien wegen Verletzung des Persönlichkeitsrechts:

*   *Unterlassen Sie Beleidigungen, üble Nachrede und Verleumdungen in Ihren Beiträgen.*

*   Verfälschen Sie keine Aussagen.

*   Weisen Sie die Kommentatoren Ihrer Beiträge darauf hin, das Persönlichkeitsrecht zu achten.

*   Verwenden Sie kein Bildmaterial, auf dem Privatpersonen erkennbar abgebildet sind, wenn diese nicht ausdrücklich zugestimmt haben.

*   Verwenden Sie kein Bildmaterial von Personen der Öffentlichkeit, wenn Sie dadurch deren Intimsphäre verletzen.

## 3.11.7 Tipps zu Abmahnungen

Die Idee der Abmahnung ist es, gerichtliche Auseinandersetzungen zu vermeiden und einen fairen Wettbewerb zu sichern. So weit die Theorie.

In der Praxis kosten Abmahnungen Zeit, Geld und Nerven. Sie sind so ziemlich das Übelste, was einem Unternehmen passieren kann. Allerdings sollte bei diesem heiklen Thema nicht alles über einen Kamm geschoren werden. Abmahnungen lassen sich ganz grob in zwei Kategorien unterteilen – verdiente und unverdiente:

*   **Verdiente** – Wer sich für ein illegales Geschäftsmodell entschieden hat, kennt in der Regel auch die Konsequenzen. Es ist keine nicht wirklich gute Idee, einen Onlineshop

für Elefantenstoßzähne zu betreiben oder zu bewerben. Da helfen auch keine Tricks in den Rechtstexten weiter.

- **Unverdiente** – Abmahnung wegen Lappalien? Als ehrlicher Wettbewerber gilt es den überflüssigen Abmahnungen einen Riegel vorzuschieben.

### Wer mahnt ab?

Wo kein Kläger, da kein Richter. Anwälte dürfen nicht ohne Auftrag gegen Sie vorgehen. Aus diesem Grund können Sie Ihre Social-Media-Präsenzen und Ihre Unternehmens-Website mit etwas Glück trotz diverser Rechtsverstöße über Jahrzehnte ohne Abmahnung betreiben. Es schläft sich aber angesichts dieser Gruppen besser, wenn Sie die gesetzlichen Vorgaben einhalten:

- Mitbewerber, sprich Ihre Konkurrenz. Von ihnen geht die größte Gefahr für eine Abmahnung aus. Tipp: Bleiben Sie selbst fair und drohen Sie nicht immer gleich mit dem Gang vor den Kadi. Die meisten Probleme lassen sich auch mit einem Telefonat erledigen.
- Verbraucherschutzverbände, zum Beispiel die Verbraucherzentrale Bundesverband (vzbv).
- Wettbewerbsverbände, zum Beispiel Integritas (Verein für lautere Heilmittelwerbung).

Um keine Missverständnisse aufkommen zu lassen: Die beiden genannten Verbände sind absolut seriös und mahnen nicht ab, um Unternehmer oder Initiativen zu ärgern. Sie müssen schon handfest gegen das UWG verstoßen, um unliebsame Post aus dieser Ecke zu erhalten.

Allerdings treten auch immer wieder obskure Verbände auf den Plan, die Abmahnungen als Geschäftsmodell betreiben. Typisch ist dieses Vorgehen: Nach einer Änderung in einem Gesetz oder einer Verordnung werden Websites ins Visier genommen, die sich noch auf dem alten Stand befinden. Leichte Opfer sind Onlinehändler, die die 2014 in Kraft getretene Neuregelung zur Widerrufsbelehrung oder den seit 2016 verpflichtenden Link auf die europäische Online-Streitbeilegungsstelle noch nicht umgesetzt haben.

### Notice and take down

Falls Sie sich über einen Konkurrenten ärgern, sollten Sie vor einer Abmahnung die Alternativen ausschöpfen. Eine stammt aus dem Angelsächsischen und nennt sich »Notice and take down«. Eine deutsche Übersetzung hat sich noch nicht so richtig durchgesetzt. Im Onlinebereich bedeutet es sinngemäß: »Du weißt Bescheid, entferne es von deiner Website und deinen Social-Media-Präsenten.«

Und so funktioniert es: Sie schicken dem Betroffenen eine E-Mail oder einen Brief mit der Aufforderung, ein wettbewerbswidriges Verhalten zu unterlassen. Damit verzichten Sie nicht auf weitere rechtliche Schritte, aber Sie kochen die Angelegenheit erst einmal auf niedriger Flamme.

### Folgen einer Abmahnung

Über Scheidungen gibt es diesen Witz: »Die Kinder hat die Frau, das Haus der Mann und das Vermögen der Anwalt.«

Ähnlich kann es laufen, wenn sich zwei Unternehmer ordentlich in die Wolle kriegen. Auf eine Abmahnung folgt nicht selten eine Gegenabmahnung. Als Anlass genügt schon ein Formfehler.

Eine Abmahnung ist eigentlich dazu gedacht, Gerichtsprozesse zu vermeiden. Eben deshalb ist sie in der Regel mit einer strafbewehrten Unterlassungserklärung verbunden. Unterzeichnet der Abgemahnte die Erklärung, ist der Streit vorerst beendet.

So richtig kommt die Auseinandersetzung aber ins Rollen, wenn ein erneuter Verstoß begangen wird. Das Ende vom Lied:

- Die Streithähne erleiden finanziellen Schaden und sind reif für eine Therapie.
- Die übrige Konkurrenz und die Anwälte bauen sich goldene Armaturen ins Badezimmer.

**Fazit**: Beauftragen Sie erst dann einen Anwalt mit einer Abmahnung, wenn

- Sie mit der sanften Tour auf Granit gebissen haben,
- Ihr Gegner satisfaktionsfähig ist (schießen Sie nicht mit Kanonen auf Spatzen),
- Sie selbst alle rechtlichen Vorgaben erfüllen und
- den »Streisand-Effekt« einkalkuliert haben. Möglicherweise verhelfen Sie Ihrem Gegner ungewollt zu medialer Sympathie, geraten aber selbst in die Schusslinie.

## 3.11.8 CHECKLISTE RECHT

- Zentrales und vollständiges Impressum auf der Website.
- Minimal-Impressum für jede Social-Media-Präsenz.
- Verlinkung von Social-Media-Präsenzen auf zentrales Impressum.
- Rechtssichere Datenschutzerklärung.
- Cookie-Plug-in informiert Website-Besucher.
- Link auf EU-Streitschlichtungsplattform, falls Waren oder Dienstleistungen angeboten werden.
- Schwarze Liste des UWG beachtet.
- Kennzeichnung von Werbung.
- Texte, Bilder, Animationen, Videos und Audiodateien verletzen keine Urheber-, Marken- oder Persönlichkeitsrechte.
- Keine Markenrechtsverletzungen in URLs oder Hashtags.

# 3.12    Hausrecht der Bühnen: die AGB

Den Bühnenbetreibern steht es frei, sich gegenüber den Usern wie Kneipenbesitzer zu gebärden. Kein Wirt ist dazu verpflichtet, allen ein Bier einzuschenken. Er genießt Hausrecht und darf zwar bestimmte Gruppen nicht pauschal diskriminieren, aber jeden Gast rausschmeißen, dessen Nase ihm persönlich nicht passt.

Nach der Sperrung eines Accounts hat der Betroffene auf dem Rechtsweg wenig Chancen. Ihm bleibt nur übrig, sich ein Büßerhemd überzustreifen und auf Knien um eine Aufhebung der Sperrung zu betteln.

## 3.12.1  Sonnenkönige und ihre AGB

Wer eine Social-Media-Präsenz anlegt, muss wissen, was er tut: sich den Nutzungsbedingungen unterwerfen und nach der Pfeife des Anbieters tanzen. Der gewöhnliche User macht sich über diese Bedingungen wenig Gedanken. Er ist auf Facebook, Twitter oder Snapchat, weil da auch die anderen sind. Sie als professioneller Accountinhaber sollten die Sache allerdings nicht auf die leichte Schulter nehmen. Das Damoklesschwert des zeitweiligen oder dauerhaften Verlusts aller Daten mitsamt Freunden, Fans und Followern schwebt nämlich ständig über Ihnen.

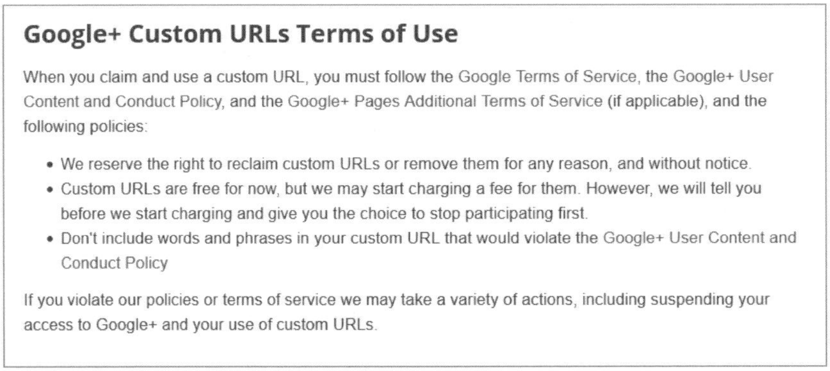

---

**Google+ Custom URLs Terms of Use**

When you claim and use a custom URL, you must follow the Google Terms of Service, the Google+ User Content and Conduct Policy, and the Google+ Pages Additional Terms of Service (if applicable), and the following policies:

- We reserve the right to reclaim custom URLs or remove them for any reason, and without notice.
- Custom URLs are free for now, but we may start charging a fee for them. However, we will tell you before we start charging and give you the choice to stop participating first.
- Don't include words and phrases in your custom URL that would violate the Google+ User Content and Conduct Policy

If you violate our policies or terms of service we may take a variety of actions, including suspending your access to Google+ and your use of custom URLs.

---

**Bild 3.163:** In den *Terms of Use* bestimmt Google, was auf den Inhaber eines Accounts zukommen kann: der Verlust der Custom-URL oder der Verlust des Google-Plus-Accounts. Ohne Vorwarnung und ohne Begründung.

An Deutlichkeit lassen die Richtlinien der Bühnenbetreiber nichts zu wünschen übrig. In den Nutzungsbedingungen von Google Plus ist beispielsweise zu lesen:

»We reserve the right to reclaim custom URLs to remove them for any reason, and without notice.« sowie »If you violate our policies or terms of service we may take a variety of actions, including suspending your access to Google+ and your use of custom URLs«

Lassen Sie sich die Drohungen noch einmal langsam auf der Zunge zergehen:

- Der Bühnenbetreiber behält sich vor, Ihnen die Custom-URL zu entziehen.

- Der Bühnenbetreiber behält sich vor, Ihnen den Account zu entziehen.

- Eine Mitteilung, Vorwarnung oder Begründung ist nicht notwendig.

**Rechtliche Sicherheit bieten nur Domains**
Für den Erwerb und Betrieb einer gewöhnlichen Domain, beispielsweise für ein Unternehmensblog, gelten für alle dieselben Spielregeln. Den Umgang der Provider mit den anvertrauten Domains regelt unter anderem das TKG, das Telekommunikationsgesetz. Eine Sperrung, Löschung oder gar Weitergabe der URL nach Lust und Laune bliebe nicht ohne Folgen. Bei Verstößen seitens eines Providers hätte der Kunde vor dem Kadi gute Aussichten auf Schadensersatz.

## 3.12.2 Streit um Fake-News

**Bild 3.164:** Facebook hat ein Meldesystem für sogenannte Fake-News eingerichtet.

Mit Fake-News, zu Deutsch Falschmeldungen, geistert ein Begriff durch das Internet, der George Orwells düsterem Roman 1984 entsprungen sein könnte. Der Gesetzgeber und die Bühnenbetreiber bezeichnen damit Nachrichten, deren Wahrheitsgehalt als zweifelhaft einzustufen ist.

Es steht zwar außer Frage, dass in den Medien auch allerlei Unsinn, Schabernack und Propaganda verbreitet werden, doch wie soll zwischen Richtig und Falsch unterschieden werden? Facebook setzt dazu diverse Instrumente ein:

- Ein Meldesystem, in dem sich User gegenseitig wegen Falschmeldungen denunzieren dürfen.

- Einsatz von Software, um verdächtige Postings automatisch herauszufinden.

- Beauftragung von externen Zensurorganisationen.

## Zensurorganisationen im Einsatz

**Bild 3.165:** Facebook vertraut auf Zensurorganisationen.

Facebook nennt diese Organisationen als offizielle Kooperationspartner für die Zensur:

- Deutschland sicher im Netz: *https://www.sicher-im-netz.de/*

- Correctiv: *https://correctiv.org/*

- Klicksafe: *https://www.klicksafe.de/*

- Stiftung Digitale Chancen *http://www.digitale-chancen.de/*

Zudem nimmt Facebook die Dienste der Bertelsmann-Tochter Arvato in Anspruch, die in Berlin ein großes Löschzentrum mit über 600 Mitarbeitern betreibt. In den Händen der Zensurorganisationen liegt es, ein von den Usern als umstritten gemeldetes Posting einer weiteren Überprüfung zu unterziehen, dem sogenannten Faktencheck. Stimmen mindestens zwei der vier Organisationen darin überein, dass es sich um eine Falschmeldung handelt, wird das Posting mit der auffälligen Markierung »Disputed« versehen.

**Bild 3.166:** *Correctiv.org* hat sich den Kampf gegen Falschmeldungen auf die Fahnen geschrieben.

An Motivation, ja an Opfergeist mangelt es den neuen Zensoren nicht. Correctiv beschwört gar den Untergang der Demokratie – falls die Beiträge der Bürger nicht eifrig genug gemeldet, begutachtet, markiert und gesperrt würden:

»Aus diesem Grund sind wir entschlossen, so viel wie möglich zu tun, um Fake-News zu bekämpfen. Unsere Demokratie darf nicht von Lügen und Lügnern missbraucht werden. Wir wissen, dass diese Aufgabe nicht leicht ist.«

### Kommunikation mit den Bühnenbetreibern

Vor einem Problem stehen die Betroffenen der Zensurmaßnahmen, wenn sie mit den Bühnenbetreibern in Kontakt treten möchten. Bei Unternehmen wie Facebook Inc. handelt es sich nämlich trotz ihrer wirtschaftlichen Macht und ihrer Börsennotierung de facto um Geisterorganisationen. Facebook unterhält zwar in Deutschland mehrere Büros, aber diese gehören zu einer Facebook-GmbH, die zu Facebook Inc. eine gewisse Distanz einhält.

Fast unmöglich ist es für Normalbürger, mit einem leibhaftigen Vertreter von Facebook in persönlichen Kontakt zu treten, eher erhalten Sie eine Audienz beim Papst. Paradoxerweise dürfen Sie nicht einmal erwarten, dass Facebook-Mitarbeiter über Facebook-Profile verfügen. Geheimtipp: Facebook-Mitarbeiter finden Sie eher auf XING oder LinkedIn als beim eigenen Laden.

**Fazit**: So einfach es ist, jemanden auf Facebook anzuschwärzen, so kompliziert gestaltet sich die Rehabilitation.

## 3.12.3 Justiz setzt Bühnenbetreiber unter Druck

Was verbinden Sie mit dem Netzwerkdurchsetzungsgesetz? Naheliegend wäre: den Ausbau von Internetzugängen. Dem ist allerdings nicht so, denn der Begriff dient der Verschleierung. Er steht für einen Gesetzentwurf des Bundesjustizministeriums, der hohe Bußgelder für strafrechtlich relevante Beiträge und Kommentare vorsieht.

Das Besondere daran: Adressaten sind nicht die Autorinnen und Autoren selbst, denn diese können ja jetzt schon durch das Strafrecht belangt werden, sondern die Bühnenbetreiber.

Facebook und andere wären nach Eingang einer Userbeschwerde verpflichtet, Inhalte auf Strafbarkeit zu kontrollieren und gegebenenfalls im Rahmen einer gesetzlichen Frist zu löschen. Für offensichtlich strafbare Beiträge sind 24 Stunden geplant, für genauer zu prüfende sieben Tage ab Eingang der Beschwerde. Verletzt ein Bühnenbetreiber seine Pflichten, drohen ihm Bußgelder in Millionenhöhe.

### Bühnenbetreiber geben Druck an Accountinhaber weiter

Im Zweifel um den Wahrheitsgehalt einer Nachricht werden sich die Bühnenbetreiber für Löschungen und Sperrungen entscheiden. Nicht üblich ist es, die Betroffenen zu informieren. Ob Satireaccount, geschliffene Kritik oder üble Hetzpropaganda – alle sitzen in einem Boot, wenn die formalen Kriterien für eine Zensur erfüllt sind.

**Bild 3.167:** Facebook sperrt Beiträge, ohne die Betroffenen näher zu informieren.

Um nicht von Sperrungen betroffen zu sein, sollten Sie den von Facebook selbst kommunizierten Katalog zur Identifizierung von Falschmeldungen studieren und Ihre Postings daraufhin überprüfen:

»1. Lies Überschriften kritisch. Falschmeldungen haben häufig reißerische Überschriften in Großbuchstaben und mit Ausrufezeichen. Wenn schockierende Behauptungen in der Überschrift unglaubwürdig klingen, sind sie es vermutlich auch.

2. Sieh dir die URL genau an. Eine unechte oder nachahmende URL kann ein Hinweis auf Falschmeldungen sein. Viele Seiten mit Falschmeldungen ahmen echte Nachrichtenquellen nach, indem sie minimale Änderungen an der URL vornehmen. Du kannst die Seite aufrufen, um die URL mit etablierten Quellen zu vergleichen.

3. Überprüfe die Quelle. Stelle sicher, dass die Meldung von einer Quelle stammt, der du vertraust und die für ihre Glaubwürdigkeit bekannt ist. Wenn die Meldung von einer unbekannten Organisation stammt, überprüfe den Abschnitt »Info«, um mehr zu erfahren.

4. Achte auf ungewöhnliche Formatierungen. Viele Seiten mit Falschmeldungen enthalten Tippfehler oder seltsame Layouts. Lies mit Vorsicht, wenn du so etwas bemerkst.

5. Sieh dir Fotos genau an. Falschmeldungen enthalten häufig manipulierte Bilder oder Videos. Manchmal ist das Foto echt, wurde jedoch aus dem Kontext gerissen. Du kannst nach dem Foto oder Bild suchen, um zu überprüfen, woher es stammt.

6. Überprüfe die Datumsangaben. Falschmeldungen können chronologisch unlogisch sein sowie geänderte Datumsangaben von Ereignissen enthalten.

7. Überprüfe die Beweise. Sieh dir die Quellen des Autors genau an. Mangelnde Beweise oder der Verweis auf ungenannte Experten können ein Hinweis auf eine Falschmeldung sein.

8. Sieh dir die URL genau an. Wenn keine andere Nachrichtenquelle dieselbe Meldung veröffentlicht, kann das ein Hinweis darauf sein, dass die Meldung falsch ist. Wenn die Meldung von mehreren vertrauenswürdigen Quellen veröffentlicht wird, ist die Wahrscheinlichkeit höher, dass sie wahr ist.

9. Ist die Meldung ein Scherz? Manchmal ist es schwierig, Falschmeldungen von Humor und Satire zu unterscheiden. Überprüfe, ob die Quelle für Parodien bekannt ist und ob die in der Meldung enthaltenen Details und ihr Ton darauf hindeuten, dass es sich lediglich um einen Scherz handelt.

10. Einige Meldungen sind bewusst falsch. Denke kritisch über die Meldungen nach, die du liest, und teile nur Neuigkeiten, von denen du weißt, dass sie glaubwürdig sind.«

# 3.13 Hausrecht der Präsenzen: Social-Media-Guidelines

Sie haben sich durch viele Paragrafen und Vorschriften gequält? Das ist löblich, aber diese Ochsentour können Sie nicht von Ihrer Followerschaft erwarten und auch nicht von allen Mitarbeiterinnen und Mitarbeitern Ihres Teams. Es liegt nun an Ihnen, die Wortakrobatik der Juristen in eine allgemein verständliche Sprache zu übersetzen und das Ergebnis allen drei Gruppen zu kommunizieren, mit denen Sie es zu tun haben:

- Den Freunden, Fans und Followern, sobald sie Kommentare auf Ihren Social-Media-Präsenzen und Ihrem Unternehmensblog abgeben.

- Ihrem eigenen Team.

- Ihrer Social-Media-Agentur, falls Sie einen externen Dienstleister in Anspruch nehmen.

## 3.13.1 Guidelines für die Follower

In der europäischen Rechtsschule gilt deshalb der Grundsatz »Nulla poene sine lege«, keine Strafe ohne Gesetz. Was nicht schriftlich fixiert ist, darf auch nicht bestraft werden. Dieses Prinzip lässt sich auch gut für die Administration von Social-Media-Präsenzen und Blogs mit Kommentarbereich anwenden. Was Sie benötigen, ist eine Hausordnung, auf die Sie verweisen können, falls der eine oder andere Kommentator über die Stränge schlägt.

Nutzen Sie die folgenden Bausteine als Vorlage:

### Umgangston

So wollen wir diskutieren: Der Umgangston ist wertschätzend und höflich. Wir freuen uns über konstruktive Beiträge und einen lebendigen Austausch.

Nicht gestattet sind Diskriminierungen auf Grundlage von Hautfarbe, Rasse, Nationalität, Religion, politischer Überzeugung, Geschlecht, sexueller Orientierung, Alter oder

Behinderung sowie Anstiftungen zu Hass und Gewalt. Persönliche Beleidigungen und strafrechtlich relevante Beiträge werden ohne Ankündigung gelöscht.

### Verantwortlichkeit

Alle Autorinnen und Autoren sind für ihre Beiträge selbst verantwortlich und haften für Rechtsverstöße, insbesondere gegen das Urheberrecht, das Markenrecht und das Persönlichkeitsrecht.

### Werbung

Werbepostings, Werbelinks oder Links ohne konkreten Bezug zum Diskussionsthema werden gelöscht.

### Folgen von Verstößen

Die Administration behält sich vor, auf Verstöße mit einer Verwarnung, dem Löschen von Beiträgen und dem Ausschluss aus der Community zu reagieren.

### Ansprechpartner

Bitte wenden Sie sich für Fragen und Anliegen zur Community an diese Kontaktadresse. Anmerkung: Am besten geben Sie hier eine E-Mail-Adresse ein.

## 3.13.2 Guidelines für die eigenen Mitarbeiter

Am schwierigsten ist der Aufbau einer relevanten Reichweite in der ersten Phase. Wo niemand ist, kommt keiner dazu. Leichter gelingt der Start von 0 auf 100 Follower mit einem Grundstock an Mitarbeitern. Wahrscheinlich sind nicht wenige Angestellte Ihres Unternehmens schon auf Facebook, Twitter und anderen Bühnen unterwegs. Das wäre natürlich eine gute Basis, um den Unternehmensaccount schnell voranzubringen.

Die Sache kann allerdings nach hinten losgehen. Mit diesen Pannen müssen Sie rechnen:

- Fehler in der Kommunikation verärgern Kunden.

- Konflikte im Team, die in der Öffentlichkeit ausgetragen werden, beschädigen das Ansehen eines Unternehmens.

- Unkenntnis oder ein sorgloser Umgang mit Urheber-, Persönlichkeits- und Markenrechten rufen Abmahner auf den Plan.

- Das Ausplaudern von Interna und Betriebsgeheimnissen erfreut die Konkurrenz.

- Unsichere Passwörter und sorgloser Umgang mit Zugangsdaten gefährden die Sicherheit.

- Beim Ausscheiden eines Mitarbeiters herrscht Unklarheit über die Weiterführung des Accounts.

Am besten ist es, frühzeitig für klare Verhältnisse zu sorgen. Verwenden Sie die folgenden Bausteine als Vorlage für Ihre Social-Media-Guidelines.

## Social-Media-Guidelines

- **Sinn und Zweck**: Unser Unternehmen betreibt Präsenzen auf Facebook, Twitter und in anderen Social-Media-Netzwerken. Die Social-Media-Guidelines dienen dazu, ein positives Erscheinungsbild zu prägen und eine Geschäftsschädigung durch Mitarbeiterinnen und Mitarbeiter zu verhindern.

- **Die Netikette**: Alle Mitarbeiterinnen und Mitarbeiter beachten die »Netikette«, verhalten sich also respektvoll gegenüber anderen Benutzern und Diskussionsteilnehmern.

- **Keine Pseudonyme**: Alle Mitarbeiterinnen und Mitarbeiter treten unter ihrem richtigen Namen auf.

- **Verantwortung der Autoren**: Alle Mitarbeiterinnen und Mitarbeiter sind für die eigenen Beiträge selbst verantwortlich, und zwar unabhängig davon, ob als Privatperson oder im Namen der Firma.

- **Private Beiträge kennzeichnen**: Alle Mitarbeiterinnen und Mitarbeiter, die innerhalb eines Unternehmensaccounts einen privaten Beitrag verfassen, haben diesen als persönliche Meinung zu kennzeichnen.

- **Gesetze einhalten**: Alle Mitarbeiterinnen und Mitarbeiter beachten die gesetzlichen Vorgaben, insbesondere die des Urheber-, Marken- und Persönlichkeitsrechts.

- **Verschwiegenheitspflicht**: Alle Mitarbeiterinnen und Mitarbeiter achten darauf, keine Betriebs- oder Geschäftsgeheimnisse zu verletzen. Die Verschwiegenheitspflicht besteht auch nach dem Ausscheiden aus dem Unternehmen.

- **Umgang mit Zugangsdaten**: Alle Mitarbeiterinnen und Mitarbeiter tragen dafür Sorge, dass sichere Zugangsdaten verwendet werden und nicht in die Hände von Unbefugten gelangen.

- **Unternehmensschädigende Beiträge**: Alle Mitarbeiterinnen und Mitarbeiter tragen dafür Sorge, den Ruf des Unternehmens sowie seiner Partner und Kunden nicht zu schädigen.

- **Unternehmensaccounts**: Unternehmensaccounts können nicht von Mitarbeiterinnen und Mitarbeitern weitergeführt werden, die das Unternehmen verlassen haben.

- **Ansprechpartner**: Für alle Fragen, insbesondere zur Reaktion auf rechtlich bedenkliche Beiträge, steht dieser Ansprechpartner zur Verfügung: Kontaktperson der Firma.

## Den Betriebsrat einbeziehen

Bevor Sie Ihre Mitarbeiter zum Liken, Sharen und Kommentieren einspannen, sollten Sie Ihre Social-Media-Guidelines vom Betriebsrat absegnen lassen und etwaige Bedenken nicht auf die leichte Schulter nehmen. In keinem Fall dürfen die Inhaber privater

Accounts unter Druck gesetzt werden, damit sie Likes, Shares und Kommentare produzieren.

### 3.13.3 Vertragliche Vereinbarungen mit Agenturen

Sie möchten für die Betreuung Ihrer Präsenzen eine Social-Media-Agentur beauftragen? Dann klären Sie vor der Vertragsunterzeichnung die Rahmenbedingungen.

#### Beschreibung der Leistung

Die Leistungen der Agentur sollten möglichst konkret festgeschrieben werden. Die wichtigsten Punkte:

- Ziele der Betreuung.
- Betreute Bühnen und Accounts.
- Arbeitsstunden für die Entwicklung eines inhaltlichen Konzepts.
- Kosten für die Entwicklung eines bühnenübergreifenden Designs.
- Kosten für die Erstellung und Lizenzierung von Bildern, Animationen und Videos.
- Budgetierung für das Social-Media-Advertising.
- Qualität und Anzahl von Beiträgen.
- Qualität und Umfang von Moderation.
- Abgrenzung der Aufgabengebiete von Agentur und Unternehmen.
- Klärung der Mitwirkungspflicht des Unternehmens.
- Klärung der Haftung für den von der Agentur erstellten Content.
- Qualität und Umfang für das Monitoring.
- Zeitrahmen insgesamt und pro Woche.
- Festlegung von Besprechungszeiten mit der Agentur.

#### Accounts und Zugangsdaten

Insbesondere im Konfliktfall und bei plötzlicher Beendigung des Vertragsverhältnisses schont es die Nerven aller Beteiligten, wenn der Umgang mit den Zugangsdaten klar festgeschrieben wurde. Bestehen Sie auf diesen Regelungen:

- Ihr Unternehmen bleibt Inhaber aller Accounts, einschließlich aller temporär angelegten Kampagnen- und Projektpräsenzen.
- Sämtliche Zugangsdaten sind bei Beendigung des Vertrags von der Agentur zu übergeben.

### Bildrechte

Aus allen Wolken fallen die Betreiber von Social-Media-Präsenzen, falls die beauftragte Agentur bei der Lizenzierung von Bild- und Videomaterial so geschlampt hat, dass eine Abmahnung wegen Verstößen gegen das Urheber-, Marken- oder Persönlichkeitsrecht ins Haus flattert.

Lassen Sie es sich Schwarz auf Weiß geben, dass die Agentur für die Rechtssicherheit des von ihr in Umlauf gebrachten Materials haftet. Üblich ist nämlich auch der umgekehrte Fall.

**Beispiel**: Auf einer Weihnachtsfeier wurde eine Mitarbeiterin fotografiert, und das Bild wurde ohne Erlaubnis an eine Social-Media-Agentur weitergegeben – ein klarer Verstoß gegen das Persönlichkeitsrecht. Um nicht selbst für diesen oder einen anderen Rechtsverstoß in die Mangel genommen zu werden, sichert sich jede halbwegs seriöse Agentur gegenüber ihren Auftraggebern vertraglich ab.

### Weiterverwendung von Agenturmaterial

Für Streit sorgen häufig Unklarheiten zur Weiterverwendung von Agenturmaterial.

**Beispiel**: Eine Social-Media-Agentur hat ein Maskottchen entworfen und verbreitet es auftragsgemäß in einer Kampagne. Während der Kampagne herrscht noch eitel Sonnenschein, doch nach Abschluss prallen höchst unterschiedliche Vorstellungen aufeinander:

- Der Auftraggeber geht davon aus, dass er das Motiv weiterhin nutzen darf.
- Die Agentur stellt für die Übertragung der Nutzungsrechte eine Rechnung aus.

Für beide Seiten entspannter gestaltet sich die Zeit nach dem Ablauf der Kampagne, wenn über die Weiterverwendung von Agenturmaterial schon bei Abschluss des Vertrags eine klare Regelung getroffen wurde.

## 3.14 Großes Finale

Sie können für Ihren Social-Media-Auftritt nur auf ein kleines Team zurückgreifen oder treten gar allein an? Als Einzelkämpfer sind Sie gleichzeitig Texter und Lektor, Fotograf und Designer, Filmer und Videoproduzent, Blogger und SEO-Experte sowie Kaufmann und Justiziar. Mit anderen Worten: am Rande des Nervenzusammenbruchs. Vergessen Sie nicht, dass abseits der Bühnen auch noch eine andere Welt existiert, das wahre Leben, Ihr Leben.

### 3.14.1 Social Media und das wahre Leben

Verlieren Sie nicht den Bodenkontakt. Mit diesen Sicherheitsmaßnahmen ersparen Sie sich den Gang zum Burn-out-Therapeuten:

- Grenzen setzen.
- Unperfekte Darbietungen wagen.

- Zeitpläne aufstellen und einhalten.

- Externe professionelle Hilfe.

### Grenzen setzen

Denken Sie an Molière, Friedrich Schiller und Rainer Werner Fassbinder. Diese drei (und viele weitere kreative Köpfe) mussten für ihre Bühnensucht einen sehr hohen Preis bezahlen – sie starben früh.

Wie sieht es bei Ihnen aus? Da Sie dicke Fachbücher bis zum letzten Kapitel durchlesen, gehören Sie vermutlich auch zu den Perfektionisten, die hohe Ansprüche stellen – an andere und, noch schlimmer, an sich selbst.

Fühlen Sie sich ertappt? Dann setzen Sie sich diese Grenzen:

- Bespielen Sie mehrere Bühnen, aber nicht alle.

- Beschränken Sie sich am Anfang auf lediglich eine Rolle, zum Beispiel die des Erklärers oder Comedians.

- Beschränken Sie sich am Anfang auf zwei Sparten, zum Beispiel Text & Animation oder Bild & Video. Wählen Sie Sparten, in denen Sie über technisches und gestalterisches Vorwissen verfügen.

- Bekennen Sie sich zu Lücken in Details. Wenn Sie hilfreiche Tutorials bieten, werden Ihnen ein paar flüchtige Rechtschreibfehler von 99 % der Zuschauerschaft verziehen.

- Ignorieren Sie Kritiker, die nicht zu Ihrem Wunschpublikum zählen.

- Ignorieren Sie Menschen, deren Lebensmaxime darin besteht, überall das Haar in der Suppe zu suchen.

- Seien Sie sich bewusst, dass Sie es niemals allen recht machen können. Es genügt, wenn Sie zunächst einigen und später vielen gefallen.

### Unperfekte Darbietungen wagen

Es muss nicht immer alles perfekt sein. Das Social-Media-Publikum tickt nämlich so:

- Es mag ausgereifte Darbietungen.

- Es liebt Überraschungen.

Mit einer allzu perfekten Inszenierung verbauen Sie sich die Chance auf einen viralen Hit. Sperren Sie das wahre Leben nicht aus, lassen Sie die Tür auch mal einen Spalt offen und genießen Sie, wie sich eine Szene entwickelt.

### Die Panne als Zuschauermagnet

Die schönsten Geschichten schreibt immer noch das Leben selbst. Zu den meistgeklickten YouTube-Videos des Jahres 2017 gehört ein kurzer Ausschnitt eines BBC-Interviews zur politischen Lage in Südkorea. Zu sehen sind dort der BBC-Moderator im Londoner

Studio und der Koreaexperte Professor Robert E. Kelly, zugeschaltet per Skype aus dem Arbeitszimmer seiner Privatwohnung. Mitten im Interview, Thema ist die Amtsenthebung der südkoreanischen Präsidentin, betritt plötzlich die kleine Tochter des Professors das Arbeitszimmer und flirtet fröhlich mit der Kamera. Der Vater, ganz in seinem Element, lässt sich davon allerdings nicht beirren. Souverän kommentiert er die große Politik und bewahrt die Ruhe auch dann noch, als ein zweites Kind und das Kindermädchen ins Bild huschen.

**Bild 3.168:** Während Professor Robert E. Kelly dem Nachrichtensender BBC ein Skype-Interview gibt, betritt seine kleine Tochter das Arbeitszimmer und stiehlt ihm die Show.

Der Clip erreichte auf YouTube schon innerhalb weniger Tage mehr als zehn Millionen Zuschauer und verbreitete sich viral auf den anderen Social-Media-Bühnen.

**Fazit:** Nicht alles, was aus professioneller Sicht als Panne bezeichnet wird, muss sich negativ auf die Popularität eines Clips auswirken. Im Gegenteil, mancher Zwischenfall löst beim Publikum einen Sturm der Begeisterung aus. Unperfekt ist manchmal besser.

### Zeitpläne aufstellen und einhalten

Stellen Sie aus diesen beiden Gründen Zeitpläne auf:

- Realisierung Ihrer Idee.
- Schutz vor Überlastung.

Es mag ja sein, dass es von jeweils 10.000 Unternehmern einem Glückspilz oder Naturtalent gelingt, eine gute Idee mühelos zu einem erfolgreichen Projekt zu entwickeln, um das Business dann vom Palmenstrand aus in einer Vierstundenwoche zu managen. Der Alltag der meisten Social-Media-Regisseure sieht allerdings ganz anders aus, denn der Content erstellt sich nicht von allein, und die Kommunikation mit dem Publikum nimmt viel Zeit in Anspruch. Legen Sie deshalb zumindest für Ihre wichtigsten Arbeitsschritte einen Zeitrahmen fest.

Denken Sie im Eifer des Gefechts aber auch an einen Überlastungsschutz. Definieren Sie Pausen und kommunizieren Sie die persönlichen Schonzeiten ganz souverän mit Ihrem Publikum.

**Beispiel**: »Vom 22. Dezember bis zum 2. Januar legen wir eine wohlverdiente Pause ein. Wir wünschen Ihnen frohe Weihnachten und ein stimmungsvolles Silvester. Im nächsten Jahr sind wir dann wieder gut erholt für Sie da.«

Pausen und Reserven gehören aber nicht nur zu Weihnachten oder Ostern in jeden Zeitplan. Sie benötigen auch etwas Luft, um diese Ereignisse abzufedern:

- Ausfälle durch Krankheit.

- Umwege, Irrwege und abgebrochene Projekte.

- Technische Probleme.

- Umbesetzungen im Team oder Wechsel eines externen Dienstleisters.

### Externe professionelle Hilfe

Die Geschichte des Theaters kennt eine Reihe berühmter Stückeschreiber, die sich nebenbei noch in anderen Disziplinen versuchten. Goethe war von Hause aus Jurist, Schiller Mediziner. Weil den beiden aber das Theater am Herzen lag, und nur das Theater, übten sie ihre bürgerlichen Berufe ohne Begeisterung aus. Erst recht nicht wären sie auf die Idee gekommen, sich weitere lästige Aufgaben aufzuhalsen. Goethe hat keine Bühnenbretter gehobelt und Schiller keine Vorhänge genäht.

Nehmen Sie sich die beiden Berühmtheiten zum Vorbild. Für Aufgaben, die Sie nicht selbst erledigen können oder möchten, benötigen Sie externe und professionelle Helfer, zum Beispiel einen Grafiker oder einen Videospezialisten. Die Vorteile:

- Sie sparen Einarbeitungszeit und Nerven.

- Sie erhalten qualitativ hochwertigen Content.

- Externe Dienstleister betrachten Ihr Projekt aus einer neutralen Perspektive.

Der letzte Punkt kann allerdings, wenn Meinungsverschiedenheiten auf den Tisch kommen, durchaus Schmerzen hervorrufen. Wählen Sie deshalb einen Partner, dessen Kritik und Verbesserungsvorschläge Sie ertragen können. Das Social-Media-Theater ist kein steriler Raum – es menschelt vor und hinter den Kulissen.

## 3.14.2 Hinter den Accounts: der Mensch

Auf der Bühne und den Zuschauerrängen des Social-Media-Theaters sitzen immer noch Menschen, und die sind verletzlich. Nehmen Sie deshalb auf sich und andere Rücksicht. Fangen Sie bei sich an. Ihre Inszenierungen tragen Ihre Handschrift, sie sind und bleiben für immer Ihr Werk. Verbiegen Sie sich nicht und lassen Sie sich von niemandem verbiegen. Im Showbiz gilt mehr als in jedem anderen Beruf: Lebe nicht das Leben eines anderen.

### Kritik erfahren und verarbeiten

Wer sich in der Öffentlichkeit bewegt, erhält nicht nur Jubel. In jedes Publikum verirren sich Zuschauer, die etwas anderes erwartet haben, ihrer Enttäuschung freien Lauf lassen und dabei persönliche und verletzende Kritik äußern.

Sie wurden angegriffen? Dann schmollen Sie nicht, sondern nehmen den besten Platz ein – oben auf der Bühne. Blicken Sie auf Ihr Publikum und zählen Sie die vielen zufriedenen Freunde, Fans und Follower.

Genießen Sie den Ausblick und klopfen Sie sich auf die Schulter. Dann atmen Sie kräftig durch und rufen sich ein schönes Sprichwort ins Gedächtnis:

»Was kümmert es die Eiche, wenn eine Wildsau sich an ihr reibt?«

Und dort, im Gedächtnis, sollte der Spruch dann auch bleiben, denn die Reaktion auf eine harsche Kritik erfordert sprachliche Disziplin.

### Auf Kritik reagieren

Sie sind wütend? Das ist menschlich verständlich, aber seien Sie sich Ihrer Bühnenpräsenz bewusst.

Einer Privatperson wird eine Grobheit eher verziehen als dem Vertreter eines Unternehmens oder gar eines ideellen Projekts. Reagieren Sie in jedem Fall ruhig und gelassen. Das versammelte Publikum verfolgt Ihre Dialoge mit den Kritikern nämlich Wort für Wort. Bewahren Sie Ihre Contenance aber nicht nur aus profanen Erwägungen, sondern auch aus Ehrfurcht vor den ungeschriebenen Gesetzen des Theaters. Verscherzen Sie es sich nicht mit den Musen.

### Ungeschriebene Gesetze

Das Theater ist keine Börse, keine Bank und kein Marktplatz. Es kann, ja es darf nicht ausschließlich vom Prinzip der Nützlichkeit und dem Blick auf den Geldbeutel dominiert werden. Das Theater ist eine natürliche Heimstätte für gesellschaftliche Randexistenzen und Spinner, die zwar manchmal über die Stränge schlagen und den Laden gehörig durcheinanderwirbeln, aber im Gegenzug durch ihre Spielfreude und Leidenschaft eine ganz besondere Atmosphäre erzeugen.

Fehlen die Verrückten, so fehlt das kreative Brodeln, und es wird für die meisten Beteiligten stinklangweilig: Regisseure, Schauspieler und Publikum. Aufregung herrscht dann nur noch da, wo sie nicht hingehört, nämlich im Management – weil in der Kasse Ebbe herrscht.

Seien Sie nachsichtig und bringen Sie Ihre Umwelt, Ihr Team und die Betreiber anderer Social-Media-Präsenzen nicht mit bohrenden Fragen aus dem Takt. Wer sich in der Welt des Theaters bewegt, genießt ebenso einen Schutz wie ein Tänzer beim Tango Argentino. Den holt man nicht mit dem Rechenschieber hinter dem Ohr aus der Trance.

Gehen Sie pfleglich mit allen um, die die wunderbare Welt des Theaters erst ermöglichen. Einer Ihrer Follower trompetet täglich 20 Tweets hinaus, um seinen Lyrikband zu bewerben? Dann putzen Sie ihn nicht herunter – halten Sie es wie Wilhelm Busch. Seien Sie »verzeihlich«.

### Verzeihlich

Er ist ein Dichter; also eitel.

Und, bitte, nehmt es ihm nicht krumm,

Zieht er aus seinem Lügenbeutel

So allerlei Brimborium.

Juwelen, Gold und stolze Namen,

Ein hohes Schloß, im Mondenschein

Und schöne, höchstverliebte Damen,

Dies alles nennt der Dichter sein.

Indessen ist ein enges Stübchen

Sein ungeheizter Aufenthalt.

Er hat kein Geld, er hat kein Liebchen,

Und seine Füße werden kalt.

(Wilhelm Busch)

## 3.14.3 Blick in die Zukunft: Social Media 2020

Die Social-Media-Welt hat schon viele Höhenflüge und Abstürze erlebt. Lang ist die Liste der einst erfolgreichen, doch heute geschlossenen oder elend dahinsiechenden Theater. Niemand interessiert sich noch für MySpace, Studi- und sonstige VZ-Netzwerke, die Lokalisten, Wer-kennt-wen und Mister Wong. Diverse Wiederbelebungsversuche scheiterten kläglich. Die Lehren daraus:

- So schnell, wie eine Spielstätte gewachsen ist, kann sie auch wieder verschwunden sein.

- Die Quote der erfolgreichen Wiederbelebungen ehemals populärer Bühnen liegt bei null. Es ist wie bei einem Elefanten. Wenn der einmal am Boden liegt, steht er nie wieder auf.

Doch welche Bühnen und welche Präsenzen setzen sich in den nächsten Jahren durch, welche gewinnen das Rennen um das Publikum? Diejenigen, die der Konkurrenz eine Nasenlänge voraus sind – weil sie auf Veränderungen in der Social-Media-Welt schnell reagieren.

### Influencer-Marketing gewinnt an Bedeutung

Zu den größten Herausforderungen im Social-Media-Theater zählt die schnelle Gewinnung von Reichweite. Influencer, die über eine hohe Anzahl und Qualität von Fans und Followern verfügen, bieten Unternehmen und Initiativen eine schnelle Möglichkeit, mit begrenzten Ressourcen ein Zielpublikum zu erreichen, insbesondere für die Kampagnenarbeit. Das Rennen macht, wer auf die richtigen Pferde setzt: Influencer mit einer wachsenden und qualitativ hochwertigen Anhängerschaft.

### Teams schlagen Einzelkämpfer

Für Solodarsteller wird es zunehmend schwieriger, eine Lawine von Likes, Shares und Kommentaren auszulösen. Leichter haben es Unternehmen, Initiativen oder Netzwerke, die sich gegenseitig unterstützen.

### Professionalisierung der Social-Media-Teams

Die wachsende gesetzliche Regulierung und das Auftreten neuer Werbeformate erzwingen eine weitere Professionalisierung.

Der Social-Media-Manager etabliert sich als Beruf, und die entsprechenden Inhalte finden in einer Reihe von Ausbildungsordnungen und Studiengängen immer stärkere Berücksichtigung.

Schulung wird allerdings nicht nur für die professionellen Akteure relevanter, sondern für alle Mitarbeiter eines Unternehmens, die die Reichweite einer Präsenz stärken.

### Private Accounts werden bevorzugt

Um ihre Gewinne zu maximieren, setzen die Bühnenbetreiber auf die Teilung von privaten und geschäftlichen Accounts. Der Kniff dahinter:

*   Private Accounts werden in Bezug auf die Sichtbarkeit bevorzugt.
*   Unternehmen sollen die kostenpflichtigen Anzeigentools verwenden, um sich in die Sichtbarkeitszone zu hieven.

### Algorithmen bestimmen den Spielplan

In chronologischer Reihenfolge erscheinen Beiträge nur auf Blogs. Auf den Social-Media-Bühnen entscheiden in einem immer stärkeren Ausmaß die Algorithmen über die Sichtbarkeit eines Beitrags und damit über den gesamten Erfolg einer Präsenz – bei einer wachsenden Anzahl von Einflussfaktoren:

*   Reputation des Accounts.
*   Interaktionen, die ein Beitrag auslöst.

- Themengebiet des Beitrags.

- Lokalisierung. Beispiel: Für Hamburg besonders relevante Beiträge werden für User aus dem Raum Hamburg auffälliger platziert.

- Bestimmte Wörter, Begriffe, Bilder und Videoszenen führen zu Abwertungen, weil sie die von den Bühnenbetreibern definierten Standards verletzen.

### Staaten greifen in den Bühnenbetrieb ein

Den Zenit ihrer Freiheit haben die großen Bühnen Facebook, Twitter und YouTube seit etwa 2015 überschritten. In China und anderen Diktaturen sind sie gesperrt oder nur in bestimmten Regionen zugänglich, in Europa errichten die Staaten ein immer umfangreicheres Regelwerk samt Aufsichtsbehörden.

Zuwachs verzeichnen die sogenannten Behördenanfragen, in denen staatliche Organe die Bühnenbetreiber um die Herausgabe von Nutzerdaten ersuchen. Nach Eigenauskunft von Twitter waren im zweiten Halbjahr 2016 in Deutschland 404 Nutzerkonten betroffen – nach lediglich 165 im Vergleichszeitraum des Vorjahres. In etwas mehr als der Hälfte der Fälle kam Twitter dem Ersuchen nach.

Zensurdienstleister wie Arvato stocken ihr Personal weiter auf. Sie werden von den Bühnen beauftragt, nach problematischen Inhalten zu suchen. Was problematisch ist, bestimmen die Bühnenbetreiber – und in immer stärkerem Maße die staatlichen Aufsichtsbehörden.

### Automatische Sperrungen von Profilen

Nach eigenen Angaben hat Twitter im zweiten Halbjahr 2016 rund 377.000 Profile gesperrt. Es ist offensichtlich, dass eine derart hohe Zahl nicht von Mitarbeitern per Hand abgearbeitet werden kann. Im Einsatz ist eine Software zur Erkennung von Mustern, die auf Spam oder Terrorismusaccounts schließen lassen.

### Urheberrechtliche Grauzonen werden geschlossen

Immer dünner wird das Eis, auf dem sich viele YouTube-Stars oder Instagram-Influencer bewegen, die sich fröhlich an fremdem Bild-, Audio- und Videomaterial bedienen. Die Grauzonen werden von den Verwertungsgesellschaften geschlossen. Abmahnungen riskiert, wer sich über das Urheberrecht hinwegsetzt.

### Wachsende Bedeutung von Live-Content

Liveaufnahmen reizen das Publikum zu mehr Interaktionen als retuschierte Bilder und Videos. Den Platz der Videokamera hat das Handy eingenommen. Eine wachsende Zahl von Usern nutzt die Live-Features von Facebook, YouTube, Snapchat und dem Twitter-Dienst Periscope für das Videostreaming. Weitere Bühnen werden mit Livefunktionen ergänzt. Für erhöhte Aufmerksamkeit sorgen neue Techniken wie das 360-Grad-Video. Allerdings wird die Videobrille Spectacles erst dann den Markt erobern, wenn sie in unterschiedlichen Varianten erhältlich ist.

## Bearbeitungs- und Spaßfunktionen nehmen zu

Snapchat hat die Social-Media-Bühnen um Kreativ- und Spaßfunktionen erweitert. Die Konkurrenten greifen diesen Trend auf und stellen mehr Möglichkeiten zur schnellen Bearbeitung von Bildern, Animationen, Videos und Audiodateien zur Verfügung.

## Stummfilme werden wieder modern

Ein Aufschrei ertönte vor 100 Jahren in der Stummfilmszene. Die Produzenten empörten sich angesichts der jungen Tonfilmkonkurrenz. Genützt hat es ihnen freilich so wenig wie das Wehklagen eines Hufschmieds vor einer Reifenhandlung. Der technische Fortschritt ließ sich nicht aufhalten, und die Stummfilme wanderten von den Kinosälen in die Museen – bis vor Kurzem.

Seine Wiederauferstehung feiert der Stummfilm allerdings nicht in den Kinosälen, sondern auf den Social-Media-Bühnen, und zwar aus diesen Gründen:

- Auf einigen Bühnen werden Videos zunächst ohne Ton abgespielt. Ein Teil des Publikums lässt die Grundeinstellung unverändert.

- Nicht wenige User fühlen sich durch unerwartet startende Audiodateien belästigt.

- Clips ohne Ton sind besser als Clips mit einem schlechten Ton.

- Stummfilme sind schneller produziert als Tonfilme.

## Große Bühnen werden sich immer ähnlicher

Nicht nur das Facebook-Imperium kopiert bei der Konkurrenz. Im Jahr 2016 entschied sich der Erzrivale Twitter dazu, sein Zustimmungssystem umzubenennen. Aus den beliebten Sternen wurden über Nacht Herzchen und aus dem Besternen von Facebook das Liken. Sprachlich hat sich Twitter damit dem Mainstream angenähert. Hinzu kamen die (wenig genutzten) Twitter Moments, eine Kopie der Snapchat-Stories.

**Fazit**: Die Bühnen passen sich an, um dem Publikum einen Wechsel zu erleichtern.

## Nischenbühnen behaupten ihren Platz

Die Angleichung der großen Bühnen lässt Spielraum für Nischen: Businessnetzwerke wie LinkedIn und XING werden ihre Positionen ebenso behalten wie die Musik- und Audiobühnen Soundcloud und Musically.

## Sinkende Reichweiten

Weil sich immer mehr professionelle Anbieter auf den Social-Media-Bühnen tummeln, erhöht sich die Frequenz an neuen Beiträgen mit kommerziellem Hintergrund. Damit sinkt die Bedeutung jedes einzelnen Beitrags. Texte, Bilder und Videos, die keinerlei Likes, Shares und Kommentare provozieren, beeinflussen die Reputation eines Accounts negativ.

### Präsentation ja, Shopping nein

Der typische User ist sich darüber im Klaren, dass die Social-Media-Bühnen sein Surfverhalten bis ins kleinste Detail protokollieren und an die Werbewirtschaft verkaufen.

Dies hindert zwar nicht an der Teilnahme, aber es bleibt ein gewisses Grundmisstrauen, das mit einer Verschleierung der Identität kompensiert wird:

- Namen werden erfunden oder geändert.
- Das Geburtsdatum und der Wohnort werden falsch angegeben.

Für die Etablierung von Social-Media-Commerce, also einer komplett integrierten Shoplösung einschließlich Warenkorb, Kasse und Zahlungsabwicklung, stellt diese Verschleierung ein zu großes Hindernis dar.

Zur Lieferung und Zahlungsabwicklung müsste der User nämlich seine Schwindeleien eingestehen, und so weit reicht die Liebe dann doch nicht.

Hinzu kommt die Angst vor der Abmahnung auf der Seite der Händler. Ein rechtskonformer Betrieb eines Facebook-Shops ist aufgrund des strengen deutschen Wettbewerbsrechts nur schwer realisierbar.

Was wunderbar funktioniert, ist die Nutzung von Social-Media-Bühnen als Orte der Präsentation von Produkten, Dienstleistungen und Events. Gekauft, gebucht und bezahlt wird aber woanders, nämlich bei Amazon, eBay, im unabhängigen Onlineshop oder im stationären Handel.

### Das Werbebanner ist passé

Das klassische Werbebanner verzeichnet heute nur noch eine Klickrate von einem Prozent. Diese Form, noch dazu, wenn sie ohne Animation und in ausgelutschten Banner-Standardgrößen daherkommt, wird vom Publikum nicht einmal mehr als Störung wahrgenommen – weil sie instinktiv ausgeblendet wird.

### Verschwindender Content verliert an Bedeutung

Die begrenzte zeitliche Verfügbarkeit von Content hatte zwar einen wesentlichen Anteil am Aufstieg von Snapchat, wird sich aber langfristig nicht durchsetzen – nicht einmal auf Snapchat selbst.

Seit dem Börsenstart im März 2017 steht die Betreiberfirma Snap Inc. in der Pflicht, ein tragfähiges Geschäftsmodell zu präsentieren. Die Vorteile, die eine Konservierung von Inhalten mit sich bringt, werden sich die Bühnenbetreiber nicht entgehen lassen. Nur dauerhafter Content lässt sich modifizieren, recyceln und für die Suchmaschinenoptimierung verwerten.

### Kein Platz für simple Klone

Google Plus hatte von Beginn an ein klares Ziel: die Funktionen von Facebook zu kopieren und Mark Zuckerberg den Kaviar vom Brot zu nehmen. Nun stellt sich die Frage, warum dieser Ideenklau-Ansatz so grandios gescheitert ist, wo doch das Facebook-

Imperium jede Menge Features von Konkurrenten erfolgreich abgekupfert hat, insbesondere von Snapchat. Die Antwort: Das Abkupfern von der Konkurrenz verzeiht ein Publikum nur, wenn eine Bühne ihre Features ergänzt, aber nicht, wenn sie von Anfang an als Klon auftritt.

Ein »besseres Facebook« oder »anderes Twitter« findet auch in Zukunft kein Publikum.

Halten Sie die Augen offen und schauen Sie nach neuen Bühnen – aber nicht nach neuen Klonen.

# Anhang: Nützliche Ressourcen

## Social-Media-Bühnen

Facebook: *https://www.facebook.com/*

Google Plus: *https://plus.google.com/*

Instagram: *https://www.instagram.com/*

Pinterest: *https://www.pinterest.de/*

Snapchat: *https://www.snapchat.com/*

Twitter: *https://twitter.com/*

WhatsApp: *https://www.whatsapp.com/*

YouTube: *https://www.youtube.com/*

## Anzeigen schalten

Facebook und Instagram: *https://www.facebook.com/ads/manager/*

*Google Plus und YouTube: https://adwords.google.com/*

*Pinterest: https://ads.pinterest.com/*

Twitter: *https://ads.twitter.com*

*Snapchat: https://www.snapchat.com/l/de-de/ads*

## WhatsApp-Marketing

*WhatsATool: https://www.dtms.de/whatsatool*

*WhatsBroadcast: https://www.whatsbroadcast.com/de/*

*Whappodo:https://www.whappodo.com/*

*Informationen über zukünftige Features: #WABetaInfo auf Twitter*

## WordPress

Downloadseite: *https://de.wordpress.org/*

Newsseite der deutschen Community: *https://de.wordpress.org/news/*

Deutschsprachige WordPress Meetups: *www.wpmeetups.de*

Offizielles Themes-Verzeichnis: *https://de.wordpress.org/themes/*

Offizielles Plug-in-Verzeichnis: *https://de.wordpress.org/plugins/*

WooCommerce: *https://de.wordpress.org/plugins/woocommerce/* (Shop-Plug-in)

wpShopGermany: *http://wpshopgermany.maennchen1.de/* (Deutsches Shop-Plug-in)

## Kostenpflichtige Tools

Canva: *https://www.canva.com/de_de/* (Grafiken)

Crowdfire: *https://www.crowdfireapp.com/* (Follower-Management)

Easel.ly: *https://www.easel.ly/* (Infografiken)

Hootsuite: *https://hootsuite.com/de/* (Social-Media-Management)

SimplyMeasured: *https://simplymeasured.com* (Social-Media-Monitoring)

Talkwater: *https://www.talkwalker.com/de* (Social-Media-Monitoring)

WhichAdsWork: *https://whichadswork.com/* (Anzeigen-Monitoring)

## Kostenlose Tools

Audacity: *http://www.audacity.de* (Audioeditor)

GIMP: *https://www.gimp.org/* (Grafikprogramm)

ImageFlip: *https://imgflip.com/* (Animationen)

OpenShot: *http://www.openshot.org/* (Videoeditor)

Piwik: *https://piwik.org/* (Tracking-Tool)

Pixabay: *https://pixabay.com/* (Stockfotos)

# Recht und Sicherheit

Bundesamt für Sicherheit in der Informationstechnik: *https://www.bsi.bund.de*

Bundesministerium der Justiz und für Verbraucherschutz: *www.bmjv.de*

Gesetze im Originaltext: *https://www.gesetze-im-internet.de/*

WordPress-Sicherheitslücken: *https://wpvulndb.com/*

# Glossar

- **Abmahnung**: Die Aufforderung, ein bestimmtes Verhalten zu unterlassen, das gegen ein Gesetz oder eine Verordnung verstößt. Damit verbunden sind für den Abgemahnten nicht unerhebliche Kosten und die Aufforderung, eine Unterlassungserklärung zu unterzeichnen.

- **AGB**: Allgemeine Geschäftsbedingungen. Im »Kleingedruckten« einer Social-Media-Bühne sind die Spielregeln festgeschrieben. Der Rahmen für die Ausgestaltung der AGB wird durch andere Gesetze eingeschränkt, zum Beispiel durch das Wettbewerbs-, das Datenschutz- und das Urheberrecht. Die meisten Bühnenbetreiber agieren in einer rechtlichen Grauzone.

- **Anbieterkennzeichnung**: Das Impressum einer Website oder einer Social-Media-Präsenz.

- **Auftragsdatenverarbeitung**: Die Weitergabe von Besucherdaten einer Website an einen externen Dienst wie beispielsweise Google Analytics oder Piwik.

- **Backend**: Der Administrationsbereich einer Social-Media-Präsenz oder Website. Besucher haben hier keinen Zutritt.

- **Backlink**: Ein Link von einer fremden Website oder Social-Media-Präsenz zur eigenen.

- **Blog**: Ursprünglich ein öffentliches Webtagebuch, das Wort ist die Kurzform des englischen Begriffs »Weblog«. Heute umfasst der Begriff vielfältige Formen von Internetpublikationen, darunter das Unternehmensblog.

- **Cost-per-Click** (CPC): Abrechnungsmodus für die Anzeigenschaltung im Internet. Bei einer CPC-Anzeige wird nur dann ein Betrag fällig, wenn ein User tatsächlich auf die geschaltete Werbung klickt und damit eine Aktion auslöst – zum Beispiel eine Weiterleitung auf eine Website.

- **Cost-per-Impression** (CPI): Bei einer CPI-Anzeige wird nach Anzahl der Einblendungen abgerechnet – unabhängig davon, ob der User auf die geschaltete Werbung geklickt hat.

- **Dashboard**: Die erste Seite eines Administrationsbereichs. Hier werden die wesentlichen Einstellungen vorgenommen.

- **Datenbank**: Die Inhalte einer mit WordPress oder einem anderen CMS (zum Beispiel Joomla! oder Drupal) erstellten Website werden in einer MySQL-Datenbank gespeichert. Der Vorteil: Die Optik der Website lässt sich ohne Gefährdung der Inhalte ändern.

- **Diensteanbieter**: Der Betreiber einer Social-Media-Bühne oder einer Website.

- **Domain**: Adresse einer Website, zum Beispiel *www.mein-unternehmen.de.*

- **DPMA**: Deutsches Patent- und Markenamt. Hier werden Markennamen gegen eine Gebühr von 290,00 Euro für die ersten zehn Jahre eingetragen und gesichert.

- **Editor**: Eine grafische Oberfläche zur Erstellung von Texten und Hinzufügung von Bildern, Animationen und Videoclips.

- **Facebook-Pixel**: Ein von Facebook erzeugter Code. Er wird auf Websites eingefügt, um das Besucherverhalten an Facebook zu übermitteln.

- **Follower**: Die Anhänger- und damit auch die Leserschaft einer Social-Media-Präsenz.

- **Frontend**: Die Besucheransicht einer Social-Media-Präsenz oder einer Website.

- **FTP**: Mit einem FTP-Programm (*File Transfer Program*) laden Sie Dateien von Ihrem lokalen PC auf den Server des Providers hoch – und zur Sicherung auch herunter. Benötigt wird ein FTP-Programm beispielsweise für die Installation von WordPress oder einem anderen CMS.

- **Gesetz**: Eine Rechtsnorm, die im Unterschied zu einer Verordnung von einem Parlament beschlossen wurde.

- **Hashtag**: Wenn Wörter innerhalb eines Postings mit einem »Lattenzaun«, also dem Zeichen #, versehen sind, können thematisch ähnliche Nachrichten leichter gefunden werden. Populär wurden die Hashtags durch Twitter, inzwischen haben sie auf allen Netzwerken eine große Bedeutung.

- **Hoster**: Siehe Provider.

- **IP-Adresse**: Die Einwahlnummer in das Internet besteht aus vier durch einen Punkt getrennten Zahlenblöcken, zum Beispiel: 234.145.65.191.

- **Keywords**: Siehe Suchbegriffe.

- **Kommentar**: Reaktion auf ein Posting oder einen Blogbeitrag. Quantität und Qualität von Kommentaren sind wichtige Indizien für den Erfolg oder Misserfolg.

- **Kundencenter**: Das Backend des Providers. Hier verwalten Sie Ihre Domains und legen eine MySQL-Datenbank an.

- **Liken**: Die positive Bewertung eines einzelnen Postings oder einer gesamten Social-Media-Präsenz.

- **Mediathek**: In WordPress und anderen CMS die Lagerstätte für Bilder, Animationen, Audio- und Videodateien.

- **MySQL**: Siehe Datenbank.

- **Nutzungsbedingungen**: Die AGB einer Social-Media-Bühne oder einer Website.

- **PHP**: Eine Skriptsprache, die dynamische Seiten generiert. WordPress und die meisten anderen CMS basieren auf PHP.

- **Plug-in**: Die Funktionserweiterung einer Software. In WordPress stehen unter anderem die Plug-ins Jetpack und Blog2Social zur Verfügung, um Blogbeiträge automatisiert auf Social-Media-Bühnen zu streuen.

- **Posting**: Die Veröffentlichung einer Nachricht auf einem Social-Media-Netzwerk. Auf Twitter werden Postings Tweet genannt.

- **Provider**: Ein Anbieter von Webspace für eine unabhängige Website.

- **Seitenaufrufe** (Page Impressions): Gesamtzahl der besuchten Seiten während der Sitzung eines Besuchers.

- **Server**: Auf einem Server lagert Content, der von anderen abgerufen wird. Auf dem Server Ihres Providers installieren Sie Ihre eigene Website, in der Regel auf Basis eines Content-Management-Systems (CMS). Das bekannteste CMS ist WordPress.

- **Social-Media-Bühne**: Eine Plattform, auf der sich Personen und Unternehmen präsentieren und austauschen. Zu den wichtigsten Bühnen zählen Facebook, Twitter, YouTube, Instagram, Pinterest, WhatsApp und Snapchat.

- **Social-Media-Präsenz**: Der Auftritt eines Unternehmens auf einer Social-Media-Bühne.

- **Stream**: Der bei jedem Teilnehmer anders aussehende Nachrichtenstrom. Ihre Beiträge erscheinen erst dann direkt im Stream eines Teilnehmers, wenn er Ihr Follower geworden ist.

- **Suchbegriffe**: Suchbegriffe und Keywords sind zwei Seiten derselben Medaille. Der User gibt den Suchbegriff in eine Suchmaschine ein, der Admin versucht, ihn mit Keywords zu treffen.

- **Teilen**: Das Weiterverbreiten von Postings.

- **Theme**: Ein Theme ist für das Aussehen einer mit einem CMS erstellten Website verantwortlich.

- **Tracking**: Das Nachverfolgen von Besuchern auf Social-Media-Präsenzen und Websites.

- **Tracking-Code**: Code zum Aufzeichnen von Besucherströmen.

- **URL:** Eine einmalige Internetadresse, zum Beispiel *www.facebook.com/meinepraesenz*, *www.mein-unternehmen.de* oder *www.meine-unternehmen.de/tipps-und-tricks*.

- **Verordnung:** Der Unterschied zum Gesetz ist nur formal. Gesetze werden von einem Parlament beschlossen, Verordnungen von einer Behörde erlassen. Für Sie als Bürger und Betreiber einer Social-Media-Präsenz macht das aber wenig Unterschied. Halten müssen Sie sich an beides, und Unwissenheit schützt vor Strafe nicht.

- **Visit:** Visits stehen für die Anzahl der Besucher einer Website. Nicht zu verwechseln sind sie mit Page Impressions (Seitenaufrufen). Auch wenn sich ein Besucher durch mehrere Unterseiten klickt, hinterlässt er nur einen Visit.

- **Webseite:** Ein einzelne Seite, zum Beispiel *www.mein-unternehmen.de*.

- **Website:** Die gesamten Webseiten einer Domain.

- **Wettbewerbsrecht:** Der Oberbegriff für alle Gesetze und Verordnungen, die den Verkauf von Waren und Dienstleistungen betreffen. Besonders wichtig sind das UWG (Gesetz gegen den unlauteren Wettbewerb) und das BGB (Bürgerliches Gesetzbuch).

**Zivilrecht:** Akteure des Zivilrechts (auch Privatrecht genannt) sind Einzelpersonen, Firmen und Vereine. Im Zivilrecht fechten alle Beteiligten ihre Streitigkeiten auf Augenhöhe aus. Im Gegensatz dazu steht das öffentliche Recht. Hier stehen der Staat und seine Organe auf der einen, Personen, Firmen und Vereine auf der anderen Seite. Die stärkere Position nimmt dabei der Staat ein.

# Stichwortverzeichnis